SOLIDWORKS 2020 中文版

完全自学手册（标准版）

赵罘　马建军　杨晓晋　赵楠◎编著

清华大学出版社
北京

内 容 简 介

SOLIDWORKS 是世界上第一套基于 Windows 系统开发的三维 CAD 软件，该软件以参数化特征造型为基础，具有功能强大、易学、易用等特点。

本书针对 SOLIDWORKS 2020 中文版系统地介绍了草图绘制、基本特征、高级特征、进阶特征、焊件设计、钣金设计、装配体设计和工程图设计等方面的功能。内容安排上遵循由浅入深、循序渐进的原则。在具体写作上，每一章前半部分通过表格的方式介绍各功能的详细内容，后半部分利用几个内容较全面的范例来使读者了解具体的操作步骤，范例部分图文并茂，引领读者一步步完成模型的创建，使读者既快速又深入地理解 SOLIDWORKS 软件中的一些抽象的概念和功能。

本书适合 SOLIDWORKS 的初、中级用户，可以作为理工科高等院校相关专业的学生用书和 CAD 专业课程实训教材、技术培训教材，也可供工业企业的产品开发和技术部门人员自学使用。

图书在版编目（CIP）数据

SOLIDWORKS 2020 中文版完全自学手册：标准版 / 赵罘等编著. —北京：清华大学出版社，2021.3
（清华社“视频大讲堂”大系 CAD/CAM/CAE 技术视频大讲堂）
ISBN 978-7-302-56255-9

Ⅰ. ①S… Ⅱ. ①赵… Ⅲ. ①计算机辅助设计—应用软件—技术手册 Ⅳ. ①TH122-62

中国版本图书馆 CIP 数据核字（2020）第 151775 号

责任编辑：贾小红
封面设计：杜广芳
版式设计：文森时代
责任校对：马军令
责任印制：宋 林

出版发行：清华大学出版社
网 址：http://www.tup.com.cn，http://www.wqbook.com
地 址：北京清华大学学研大厦 A 座 **邮 编：**100084
社 总 机：010-62770175 **邮 购：**010-62786544
投稿与读者服务：010-62776969，c-service@tup.tsinghua.edu.cn
质量反馈：010-62772015，zhiliang@tup.tsinghua.edu.cn
印 装 者：小森印刷霸州有限公司
经 销：全国新华书店
开 本：203mm×260mm **印 张：**29 **字 数：**760 千字
版 次：2021 年 5 月第 1 版 **印 次：**2021 年 5 月第 1 次印刷
定 价：99.80 元

产品编号：085217-01

前　言

达索公司是一家专业从事三维机械设计、工程分析、产品数据管理软件研发和销售的国际性公司。其产品 SOLIDWORKS 是世界上第一套基于 Windows 系统开发的三维 CAD 软件，它有一套完整的三维 CAD 产品设计解决方案，即在一个软件包中为产品设计团队提供了所有必要的机械设计、验证、运动模拟、数据管理和交流工具。该软件以参数化特征造型为基础，具有功能强大、易学、易用等特点，是当前优秀的三维 CAD 软件。

本书主要内容如下。

（1）介绍 SOLIDWORKS 软件基础。包括基本功能、操作方法和常用模块的功用。

（2）草图绘制。讲解草图的绘制和修改方法。

（3）特征建模。讲解 SOLIDWORKS 软件大部分的特征建模命令。

（4）焊件设计。讲解焊件的建模步骤。

（5）钣金设计。讲解钣金零件的建立过程。

（6）装配体设计。讲解装配体的具体设计方法和步骤。

（7）工程图设计。讲解装配图和零件图的设计。

本书主要由赵罘、马建军、杨晓晋、赵楠编著，参与编著的还有龚堰珏、陶春生、张艳婷、刘玢、张娜。

本书的配套材料包括每章后面的实例文件和该实例制作过程的屏幕录像，可扫描封底“文泉云盘”二维码下载。

由于作者水平所限，本书错误之处在所难免，欢迎广大读者批评指正。

编　者

2019 年 9 月

目　录

第 1 章　SOLIDWORKS 2020 概述 1
1.1　SOLIDWORKS 2020 简介 1
1.1.1　启动 SOLIDWORKS 2020 1
1.1.2　新建文件 2
1.1.3　SOLIDWORKS 2020 的用户界面 4
1.2　SOLIDWORKS 工作环境设置 16
1.2.1　设置工具栏 17
1.2.2　设置单位 18
1.2.3　设置快捷键 19
1.2.4　设置背景 20
1.3　文件管理 23
1.3.1　打开文件 23
1.3.2　保存文件 24
1.3.3　另存为文件 25
1.3.4　退出 SOLIDWORKS 2020 25
1.4　视图操作 26
1.4.1　选择的基本操作 26
1.4.2　视图的基本操作 27
1.5　参考几何体 33
1.5.1　基准面 33
1.5.2　基准轴 36
1.5.3　坐标系 39
1.5.4　点 40
第 2 章　草图绘制 41
2.1　绘制草图基础知识 41
2.1.1　图形区域 41
2.1.2　草图选项 42
2.1.3　草图绘制工具 42
2.1.4　绘制草图的流程 42
2.2　草图图形元素 43
2.2.1　直线 43
2.2.2　圆 44
2.2.3　圆弧 44
2.2.4　矩形和平行四边形 45
2.2.5　槽口 46
2.2.6　文字 46
2.3　草图编辑 47
2.3.1　移动、旋转、缩放、复制草图 47
2.3.2　剪裁草图 48
2.3.3　转换实体引用 49
2.3.4　等距实体 49
2.4　几何关系 50
2.5　尺寸标注 51
2.5.1　智能尺寸 51
2.5.2　修改尺寸 53
2.6　范例——垫片草图 53
第 3 章　基本特征 59
3.1　拉伸凸台/基体特征 59
3.1.1　菜单命令启动 59
3.1.2　拉伸凸台/基体特征的知识点 60
3.2　旋转凸台/基体特征 66
3.2.1　菜单命令启动 66
3.2.2　旋转凸台/基体特征的知识点 66
3.3　扫描特征 71
3.3.1　菜单命令启动 71
3.3.2　扫描特征的知识点 71
3.4　放样特征 75
3.4.1　菜单命令启动 75
3.4.2　放样特征的知识点 76
3.5　筋特征 81
3.5.1　菜单命令启动 81
3.5.2　筋特征的知识点 81

3.6 拉伸切除特征 83
3.6.1 菜单命令启动 83
3.6.2 拉伸切除特征的知识点 83
3.7 旋转切除特征 93
3.7.1 菜单命令启动 93
3.7.2 旋转切除特征的知识点 93
3.8 扫描切除特征 99
3.8.1 菜单命令启动 99
3.8.2 扫描切除特征的知识点 99
3.9 放样切除特征 103
3.9.1 菜单命令启动 103
3.9.2 放样切除特征的知识点 104
3.10 简单直孔特征 109
3.10.1 菜单命令启动 110
3.10.2 简单孔特征的知识点 110
3.11 范例——手提箱模型建模 117
3.12 范例——零件实体模型建模 126

第4章 高级特征 137

4.1 异形孔特征 137
4.1.1 菜单命令启动 137
4.1.2 异形孔特征的知识点 138
4.2 圆角特征 144
4.2.1 菜单命令启动 144
4.2.2 圆角特征的知识点 145
4.3 倒角特征 149
4.3.1 菜单命令启动 149
4.3.2 倒角特征的知识点 149
4.4 抽壳特征 153
4.4.1 菜单命令启动 154
4.4.2 抽壳特征的知识点 154
4.5 拔模特征 156
4.5.1 菜单命令启动 156
4.5.2 拔模特征的知识点 157
4.6 圆顶特征 160
4.6.1 菜单命令启动 160
4.6.2 圆顶特征的知识点 161
4.7 弯曲特征 162
4.7.1 菜单命令启动 162
4.7.2 弯曲特征的知识点 163
4.8 包覆特征 167
4.8.1 菜单命令启动 167
4.8.2 包覆特征的知识点 167
4.9 分割特征 169
4.9.1 菜单命令启动 169
4.9.2 分割特征的知识点 170
4.10 自由形特征 171
4.10.1 菜单命令启动 171
4.10.2 自由形特征的知识点 172
4.11 变形特征 173
4.11.1 菜单命令启动 173
4.11.2 变形特征的知识点 173
4.12 压凹特征 179
4.12.1 菜单命令启动 179
4.12.2 压凹特征的知识点 179
4.13 组合特征 182
4.13.1 菜单命令启动 182
4.13.2 组合特征的知识点 182
4.14 装配凸台特征 183
4.14.1 菜单命令启动 183
4.14.2 装配凸台特征的知识点 184
4.15 弹簧扣特征 186
4.15.1 菜单命令启动 186
4.15.2 弹簧扣特征的知识点 187
4.16 弹簧扣凹槽特征 188
4.16.1 菜单命令启动 188
4.16.2 弹簧扣凹槽特征的知识点 188
4.17 通风口特征 188
4.17.1 菜单命令启动 189
4.17.2 通风口特征的知识点 189
4.18 唇缘/凹槽特征 190
4.18.1 菜单命令启动 190
4.18.2 唇缘/凹槽特征的知识点 191
4.19 缩放比例特征 192
4.19.1 菜单命令启动 192
4.19.2 缩放比例特征的知识点 192
4.20 范例——零件实体模型建模1 194
4.21 范例——零件实体模型建模2 202

第 5 章　进阶特征......218

5.1　线性阵列特征......218

5.1.1　菜单命令启动......218

5.1.2　线性阵列特征的知识点......219

5.2　圆周阵列特征......222

5.2.1　菜单命令启动......222

5.2.2　圆周阵列特征的知识点......222

5.3　镜向特征......226

5.3.1　菜单命令启动......226

5.3.2　镜向特征的知识点......227

5.4　填充阵列特征......229

5.4.1　菜单命令启动......229

5.4.2　填充阵列特征的知识点......229

5.5　曲线驱动的阵列特征......233

5.5.1　菜单命令启动......233

5.5.2　曲线驱动的阵列特征的知识点......234

5.6　由草图驱动的阵列特征......237

5.6.1　菜单命令启动......237

5.6.2　由草图驱动的阵列特征的知识点......237

5.7　范例——进阶特征模型建模......237

第 6 章　焊件设计......251

6.1　结构构件特征......251

6.1.1　菜单命令启动......251

6.1.2　结构构件特征的知识点......251

6.2　圆角焊缝特征......255

6.2.1　菜单命令启动......255

6.2.2　圆角焊缝特征的知识点......256

6.3　角撑板特征......258

6.3.1　菜单命令启动......258

6.3.2　角撑板特征的知识点......259

6.4　焊缝特征......263

6.4.1　菜单命令启动......263

6.4.2　焊缝特征的知识点......264

6.5　剪裁/延伸特征......267

6.5.1　菜单命令启动......267

6.6.2　剪裁/延伸特征的知识点......267

6.6　顶端盖特征......270

6.6.1　菜单命令启动......270

6.6.2　顶端盖特征的知识点......270

6.7　范例——焊接件模型建模......273

第 7 章　钣金设计......288

7.1　基体法兰特征......288

7.1.1　菜单命令启动......288

7.1.2　基体法兰特征的知识点......289

7.2　转换到钣金特征......292

7.2.1　菜单命令启动......292

7.2.2　转换到钣金特征的知识点......293

7.3　边线法兰特征......295

7.3.1　菜单命令启动......295

7.3.2　边线法兰特征的知识点......296

7.4　斜接法兰特征......302

7.4.1　菜单命令启动......302

7.4.2　斜接法兰特征的知识点......303

7.5　褶边特征......306

7.5.1　菜单命令启动......306

7.5.2　褶边特征的知识点......307

7.6　转折特征......311

7.6.1　菜单命令启动......311

7.6.2　转折特征的知识点......311

7.7　绘制的折弯特征......317

7.7.1　菜单命令启动......317

7.7.2　绘制的折弯特征的知识点......318

7.8　交叉折断特征......321

7.8.1　菜单命令启动......321

7.8.2　交叉折断特征的知识点......321

7.9　展开特征......322

7.9.1　菜单命令启动......322

7.9.2　展开特征的知识点......322

7.10　折叠特征......323

7.10.1　菜单命令启动......324

7.10.2　折叠特征的知识点......324

7.11　闭合角特征......325

7.11.1　菜单命令启动......325

7.11.2　闭合角特征的知识点......325

7.12　断开边角特征......327

7.12.1 菜单命令启动 327
7.12.2 断开边角特征的知识点 328
7.13 钣金角撑板特征 329
7.13.1 菜单命令启动 329
7.13.2 钣金角撑板特征的知识点 329
7.14 切口特征 335
7.14.1 菜单命令启动 335
7.14.2 切口特征的知识点 335
7.15 放样折弯特征 336
7.15.1 菜单命令启动 336
7.15.2 放样折弯特征的知识点 337
7.16 薄片和槽口特征 338
7.16.1 菜单命令启动 338
7.16.2 薄片和槽口特征的知识点 339
7.17 范例——钣金模型建模 346
第8章 装配体设计 362
8.1 装配体概述 362
8.1.1 插入零部件的属性设置 362
8.1.2 生成装配体的方法 362
8.2 生成配合 363
8.2.1 配合概述 363
8.2.2 【配合】属性管理器 363
8.3 生成干涉检查 365
8.3.1 干涉检查概述 365
8.3.2 【干涉检查】属性管理器 365
8.4 生成爆炸视图 366
8.4.1 爆炸视图概述 366
8.4.2 【爆炸】属性管理器 366
8.5 装配体性能优化 367
8.5.1 压缩状态的种类 367
8.5.2 压缩零件的方法 368
8.6 范例——标准配合装配体 368
8.7 范例——高级配合装配体 375
8.8 范例——机械配合装配体 394
第9章 工程图设计 417
9.1 工程图概述 417
9.2 工程图基本设置 417
9.2.1 工程图文件 417
9.2.2 线型和图层 419
9.2.3 图纸格式 421
9.3 生成工程视图 422
9.3.1 标准三视图 423
9.3.2 投影视图 423
9.3.3 剪裁视图 424
9.3.4 局部视图 424
9.3.5 剖面视图 425
9.3.6 断裂视图 426
9.4 生成尺寸及注释 427
9.4.1 绘制草图尺寸 427
9.4.2 添加注释 428
9.4.3 添加注释的操作步骤 429
9.5 打印图纸 429
9.5.1 页面设置 429
9.5.2 打印出图 430
9.6 范例——零件图制作 431
9.7 范例——装配图制作 441

第 1 章　SOLIDWORKS 2020 概述

本章导读

本章重点介绍 SOLIDWORKS 2020 的历史、软件的工作环境设置、文件的管理方法、视图的基本操作以及参考几何体的使用方法。

1.1　SOLIDWORKS 2020 简介

SOLIDWORKS 软件是法国达索公司旗下的一款基于 Windows 开发的三维 CAD 系统。SOLIDWORKS 公司于 1993 年由 PTC 公司的技术副总裁与 CV 公司的副总裁成立，并在马萨诸塞州的康克尔郡内设立公司总部，其初衷是想在每一个工程师的桌面上提供一套具有生产力的实体模型设计系统。

从 1995 年第一套 SOLIDWORKS 三维机械设计软件推出至今，已经出版到 SOLIDWORKS 2020 版本，它已经在全球多个地方拥有办事处，并经由 300 家经销商在 140 个国家进行销售与分销。SOLIDWORKS 软件是世界上第一个基于 Windows 开发的三维 CAD 系统。该软件以参数化特征造型为基础，功能强大、易学、易用，是当前最优秀的三维 CAD 软件之一，已经在机械、电子、航空、航天、汽车、船舶、军工、建筑、轻工纺织等领域得到了广泛的应用，许多高等院校也将 SOLIDWORKS 作为本科生的教学和课程设计的首选软件。

1.1.1　启动 SOLIDWORKS 2020

一般来说，启动 SOLIDWORKS 2020 的方法主要有两种。

（1）双击 Windows 桌面上的 SOLIDWORKS 2020 软件快捷图标。

说明

正常安装后，Windows 桌面上会显示 SOLIDWORKS 2020 软件快捷图标。对于快捷图标的名称，可根据需要进行修改。

（2）从 Windows 系统的【开始】菜单进入 SOLIDWORKS 2020，操作方法如下。

❶ 单击 Windows 桌面左下角的【开始】按钮。

❷ 在【所有程序】中找到【SOLIDWORKS 2020】文件，并在【SOLIDWORKS 2020】文件夹中找到【SOLIDWORKS 2020】，打开。

启动 SOLIDWORKS 2020 时，系统会显示启动界面，如图 1-1 所示。

图 1-1　SOLIDWORKS 2020 启动界面

启动 SOLIDWORKS 2020 之后，系统进入 SOLIDWORKS 2020 的初始界面，如图 1-2 所示。

图 1-2　SOLIDWORKS 2020 初始界面

1.1.2 新建文件

一般来说，在 SOLIDWORKS 2020 中新建文件的方法主要有 3 种。

（1）在 SOLIDWORKS 2020 的主窗口中单击窗口左上角的【新建】图标。

（2）在 SOLIDWORKS 2020 的主窗口中依次选择【文件】|【新建】菜单命令。

（3）在 SOLIDWORKS 2020 的主窗口中直接按 Ctrl+N 快捷键。

以上 3 种方法任选其一执行后，即可弹出【新建 SOLIDWORKS 文件】新手窗口。

图 1-3 所示为【新建 SOLIDWORKS 文件】新手窗口，可以进入 SOLIDWORKS 2020 的 3 种绘图界面。

☑ 单击【零件】按钮后，单击【确定】按钮，或双击【零件】按钮，即可生成单一的三维零件文件。

☑ 单击【装配体】按钮后，单击【确定】按钮，或双击【装配体】按钮，即可生成装配体（多个零件由特定的方式进行排布或约束）文件。

☑ 单击【工程图】按钮后，单击【确定】按钮，或双击【工程图】按钮，即可生成属于零件或装配体的二维工程图文件。

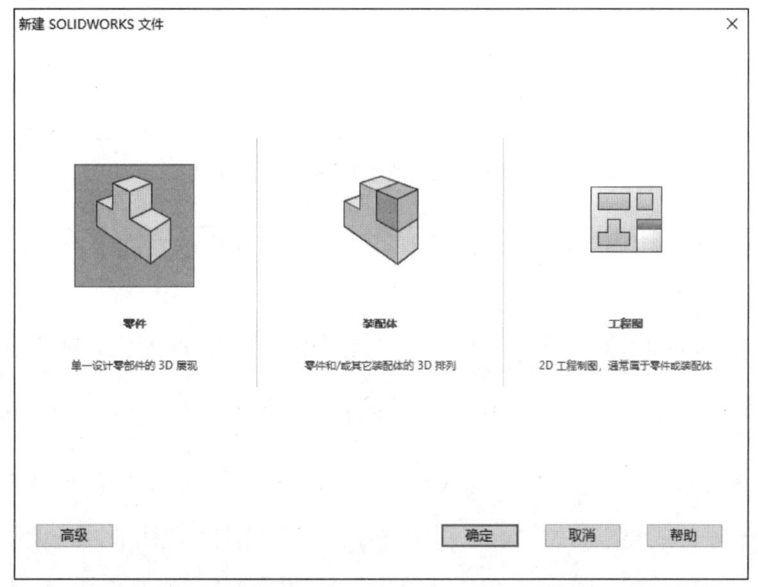

图 1-3　【新建 SOLIDWORKS 文件】新手窗口

SOLIDWORKS 软件可分为【零件】【装配体】【工程图】3 个模块，针对不同的功能模块，其文件类型各不相同，如果准备编辑零件文件，请在【新建 SOLIDWORKS 文件】对话框中单击【零件】按钮后，单击【确定】按钮，即可打开一张空白的零件图文件，后续存盘时，系统默认的扩展名为列表中的.sldprt。

如果准备编辑装配体文件，则在【新建 SOLIDWORKS 文件】对话框中单击【装配体】按钮后，单击【确定】按钮，即可打开一张空白的装配体图形文件，后续存盘时，系统默认的扩展名为列表中的.sldasm。

同理，如果准备编辑工程图文件，则在【新建 SOLIDWORKS 文件】对话框中单击【工程图】按钮后，单击【确定】按钮，即可打开一张空白的工程图图形文件，后续存盘时，系统默认的扩展名为列表中的.slddrw。

以上 3 种是专门提供给新手的新建方式，单击【高级】按钮，即可进入【新建 SOLIDWORKS 文件】高级窗口，如图 1-4 所示。其中，【模板】选项卡中专门提供了 8 种模板供有 SOLIDWORKS 绘图经验的相关人士使用。

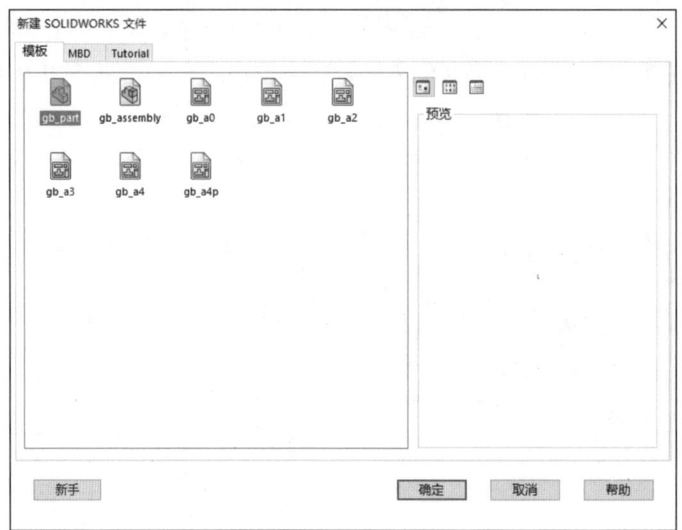

图 1-4 【新建 SOLIDWORKS 文件】高级窗口

- ☑ 单击【gb_part】按钮 gb_part 后，单击【确定】按钮 确定，或双击【gb_part】按钮 gb_part，即可生成单一的三维零件文件。
- ☑ 单击【gb_assembly】按钮 gb_assembly 后，单击【确定】按钮 确定，或双击【gb_assembly】按钮 gb_assembly，即可生成装配体（多个零件由特定的方式进行排布或约束）文件。
- ☑ 单击【gb_a0】按钮 gb_a0 后，单击【确定】按钮 确定，或双击【gb_a0】按钮 gb_a0，即可生成属于零件或装配体的二维工程图文件，其中二维工程图的图纸大小为 A0。
- ☑ 单击【gb_a1】按钮 gb_a1 后，单击【确定】按钮 确定，或双击【gb_a1】按钮 gb_a1，即可生成属于零件或装配体的二维工程图文件，其中二维工程图的图纸大小为 A1。
- ☑ 单击【gb_a2】按钮 gb_a2 后，单击【确定】按钮 确定，或双击【gb_a2】按钮 gb_a2，即可生成属于零件或装配体的二维工程图文件，其中二维工程图的图纸大小为 A2。
- ☑ 单击【gb_a3】按钮 gb_a3 后，单击【确定】按钮 确定，或双击【gb_a3】按钮 gb_a3，即可生成属于零件或装配体的二维工程图文件，其中二维工程图的图纸大小为 A3。
- ☑ 单击【gb_a4】按钮 gb_a4 后，单击【确定】按钮 确定，或双击【gb_a4】按钮 gb_a4，即可生成属于零件或装配体的二维工程图文件，其中二维工程图的图纸大小为横版的 A4。
- ☑ 单击【gb_a4p】按钮 gb_a4p 后，单击【确定】按钮 确定，或双击【gb_a4p】按钮 gb_a4p，即可生成属于零件或装配体的二维工程图文件，其中二维工程图的图纸大小为竖版的 A4。

1.1.3 SOLIDWORKS 2020 的用户界面

SOLIDWORKS 的用户界面与设计模式有关，3 种设计模式下用户界面的菜单与工具栏的构

成均有所不同。SOLIDWORKS 零件设计模式的用户界面如图 1-5 所示。它包括菜单栏、工具栏、管理区域、任务窗格、版本提示及状态栏。菜单栏包含了所有 SOLIDWORKS 命令，工具栏可根据文件类型（零件、装配体、工程图）来调整，而 SOLIDWORKS 窗口底部的状态栏则可以提供设计人员正执行的有关功能的信息。

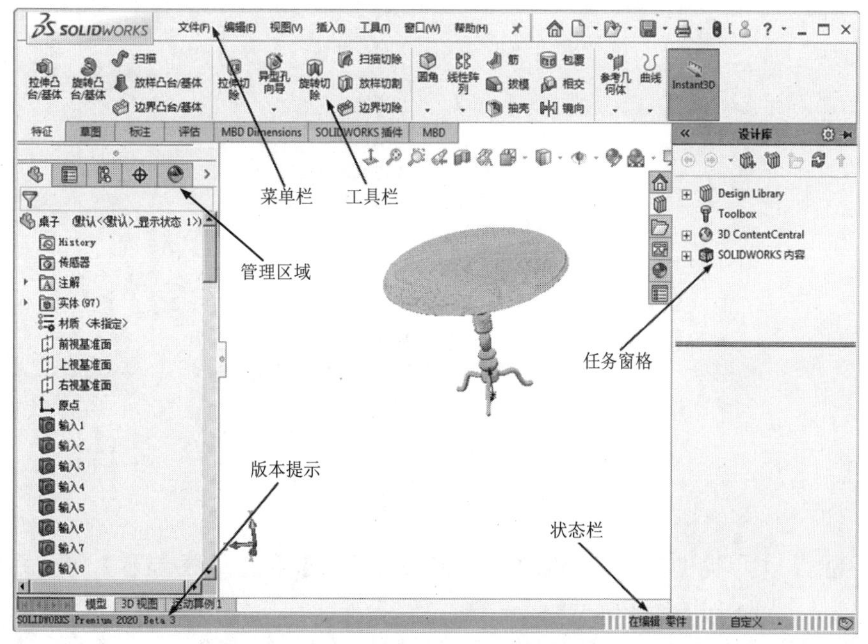

图 1-5　SOLIDWORKS 2020 的用户界面

1. 菜单栏

菜单栏显示在 SOLIDWORKS 2020 的用户界面的顶部，如图 1-6 所示。

图 1-6　菜单栏

（1）【文件】菜单提供 SOLIDWORKS【打开】和【保存】等一系列功能，单击【文件】菜单，显示如图 1-7 所示。

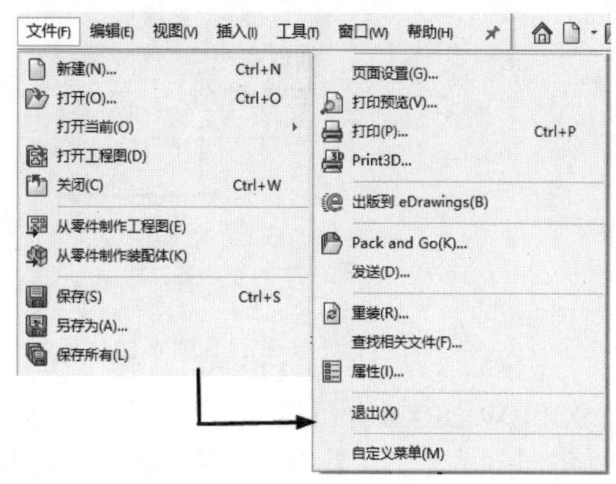

图 1-7　【文件】菜单

（2）【编辑】菜单提供 SOLIDWORKS【重复上一命令】和【选择所有】等一系列功能，单击【编辑】菜单，显示如图 1-8 所示。

图 1-8 【编辑】菜单

（3）【视图】菜单提供 SOLIDWORKS【光源与相机】和【隐藏/显示】等一系列功能，单击【视图】菜单，显示如图 1-9 所示。

（4）【插入】菜单提供 SOLIDWORKS 建立模型几乎所有的命令，包括【凸台/基体】【切除】【特征】【阵列/镜向】等一系列功能，单击【插入】菜单，显示如图 1-10 所示。

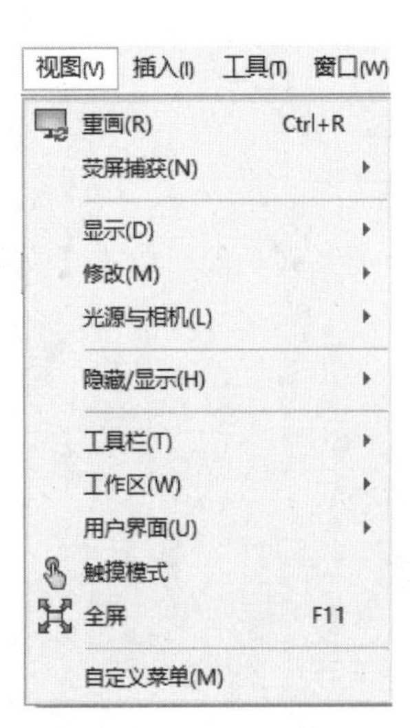

图 1-9 【视图】菜单

图 1-10 【插入】菜单

（5）【工具】菜单提供 SOLIDWORKS 分析模型几乎所有的命令，包括【尺寸】【关系】【几何分析】【评估】等一系列功能，单击【工具】菜单，显示如图 1-11 所示。

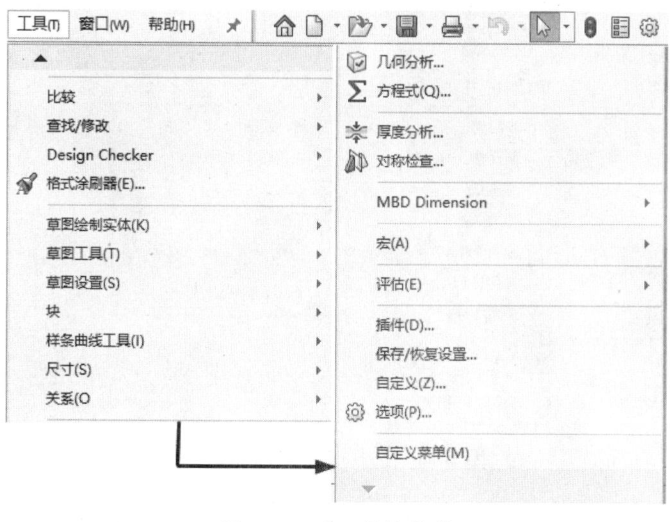

图 1-11　【工具】菜单

(6)【窗口】菜单提供 SOLIDWORKS【视口】和【层叠】等一系列功能，单击【窗口】菜单，显示如图 1-12 所示。

(7)【帮助】菜单提供 SOLIDWORKS【API 帮助】和【搜索】等一系列功能，单击【帮助】菜单，显示如图 1-13 所示。

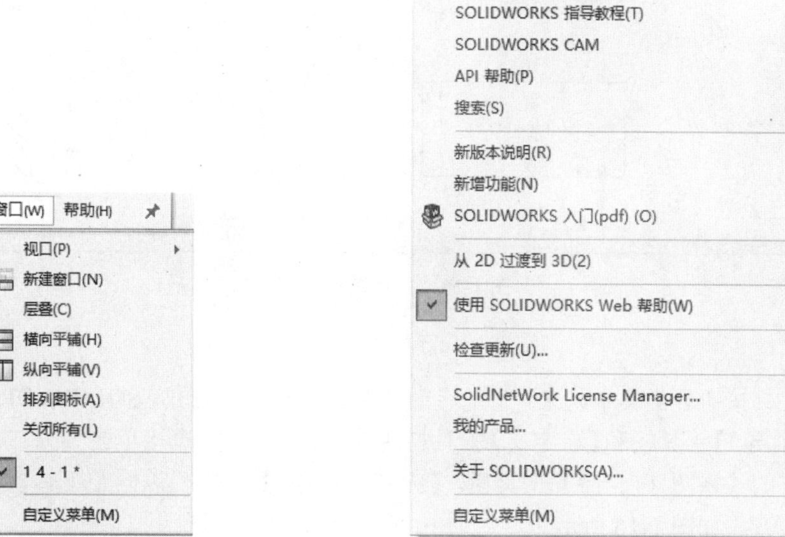

图 1-12　【窗口】菜单　　　　图 1-13　【帮助】菜单

其中三维建模的主要功能集中在【插入】和【工具】菜单中。对于不同的工作环境，SOLIDWORKS 中相应的菜单及其中的选项会有所不同。当进行特定的任务操作时，无效的菜单命令会临时变灰，此时将无法应用该菜单命令。以【窗口】菜单为例，选择【窗口】|【视口】命令，再选择【四视图】命令，如图 1-14 所示，此时视图切换为四视图查看模型，如图 1-15

所示。

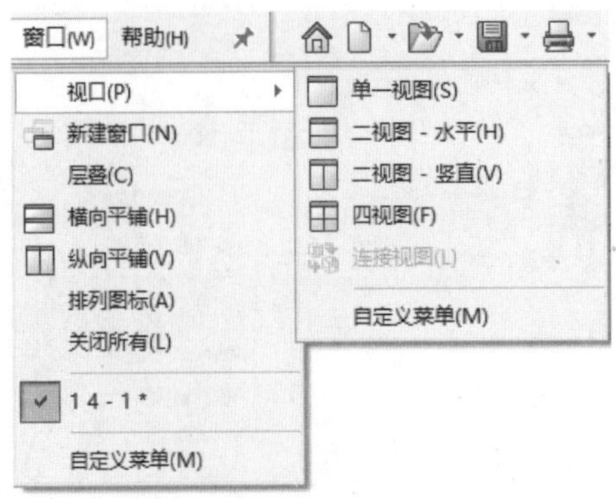

图 1-14　选择【四视图】命令

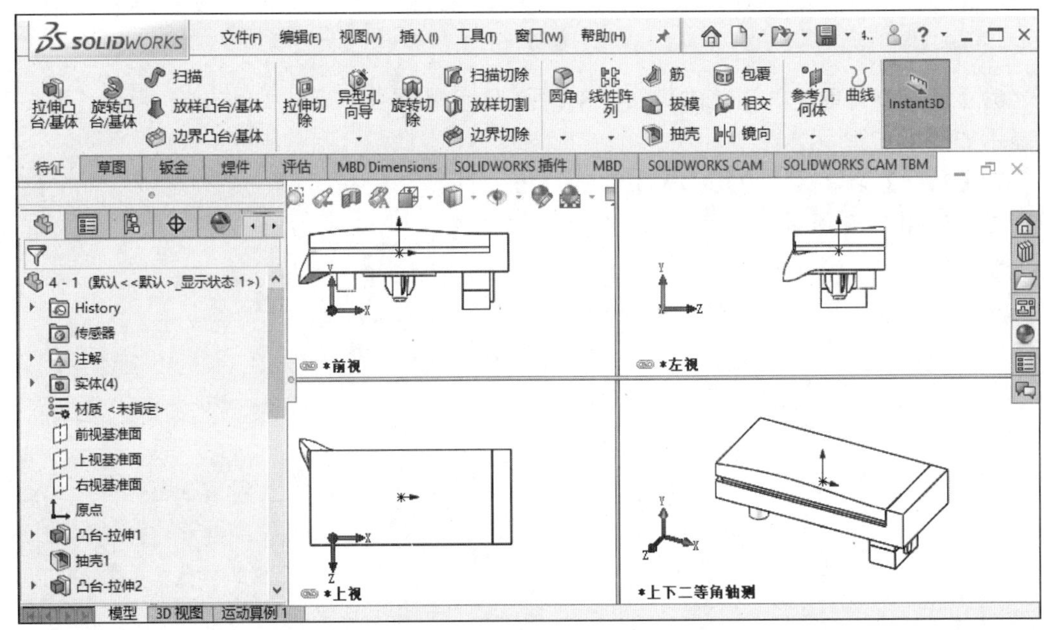

图 1-15　四视图查看

2. 工具栏

工具栏将工具按钮分类集中起来，它是启动命令的一种快捷方式。SOLIDWORKS 2020 工具栏包括【视图（前导）】工具栏和【自定义】工具栏两部分。用户可以直接单击 SOLIDWORKS 2020 的用户界面上方的【视图（前导）】工具栏，【视图（前导）】工具栏以固定工具栏的形式显示在绘图区域的正上方，如图 1-16 所示。

图 1-16　【视图（前导）】工具栏

用户可以选择菜单栏中的【视图】|【工具栏】命令，或在【视图】工具栏区域右击，【自定义】工具栏将显示在 SOLIDWORKS 窗口中，如图 1-17 所示。

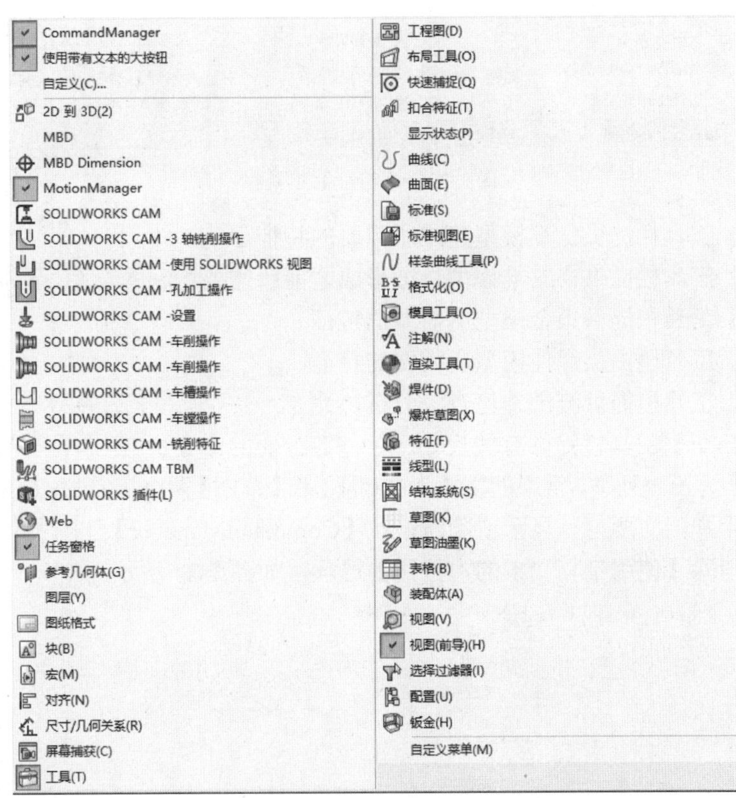

图 1-17　【自定义】工具栏

【自定义】工具栏为 SOLIDWORKS 2020 提供了丰富的工具栏，大大提升了用户使用体验。

用户可以打开某一特定的工具栏，以【块】工具栏为例，单击【自定义】工具栏中的【块】工具栏，一般会默认显示在主窗口的边缘，可以拖动该工具栏至图形区域，如图 1-18 所示。

在使用工具栏或是工具栏中的命令时，将鼠标移动到工具栏中的图标附近，会弹出一个显示该工具名称及相应功能的气泡，该内容会显示一段时间，过后会自动消失，起到给用户提示的作用，如图 1-19 所示。

图 1-18　【块】工具栏

图 1-19　提示信息

当不用该工具栏时，可以单击【关闭】按钮，暂时将其关闭或隐藏，需要再次使用该工具栏时，可以再在【自定义】工具栏中将其打开并使用。

【CommandManager】工具栏（命令管理器工具栏）为整个 SOLIDWORKS 的核心窗口，它可以根据使用的工具栏进行动态更新，默认情况下，它会放置在主窗口的上方，其中内嵌多种常用的工具栏，如【特征】工具栏、【草图】工具栏或【钣金】工具栏等。用户也可以自定义其工具栏使其显示或隐藏，还可以自定义各个工具栏的位置，如图 1-20 所示。

图 1-20 【特征】工具栏

- ☑ 【特征】工具栏提供三维模型建立所需要的特征。
- ☑ 【草图】工具栏提供在三维模型特征形成之前所需要绘制的草图。
- ☑ 【钣金】工具栏提供钣金模型所需要的特征。
- ☑ 【焊件】工具栏提供焊件模型所需要的特征。
- ☑ 【评估】工具栏提供测量、检查、分析等命令。
- ☑ 【DimXpert】工具栏提供有关尺寸、公差等方面的命令。

其余工具栏不再一一列举，常用的主要为【特征】和【草图】两个工具栏。【CommandManager】工具栏可以根据用户的需要自行显示或隐藏，在【CommandManager】工具栏下方右击，会显示其菜单，选择或消除【使用带有文本的大按钮】选项，如图 1-21 所示。

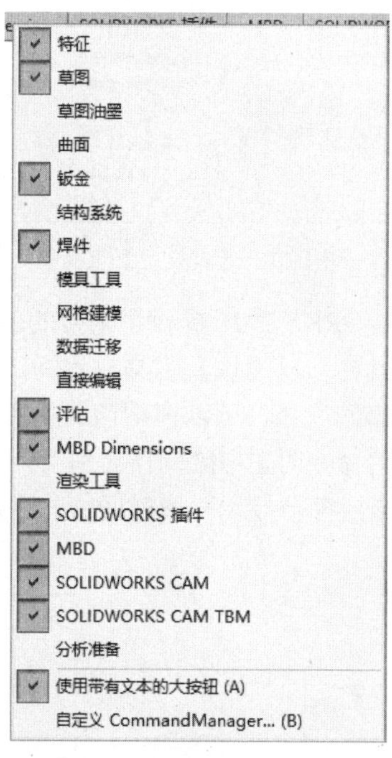

图 1-21 CommandManager 菜单

3. 状态栏

状态栏显示了正在操作中的对象所处的状态，包括当前任务的文字说明、指针位置坐标，以及草图状态等参考信息。它一般位于 SOLIDWORKS 2020 用户界面的右下方，如图 1-22 所示。

69.89mm 9.85mm 0mm 完全定义 在编辑 草图1 自定义

图 1-22 状态栏

SOLIDWORKS 2020 的状态栏可为用户提供的信息有如下几种。

（1）草图状态：在编辑草图过程中，状态栏会出现完全定义、过定义、欠定义、没有找到解、发现无效的解 5 种状态。

（2）当用户将鼠标拖动到工具按钮上选择菜单命令时显示简要说明。

（3）对所选实体或草图进行常规测量，如边线长度等。

（4）显示用户正在装配中编辑的零件信息。

（5）如果保存通知以分钟进行，则可显示最近一次保存后至下次保存前之间的时间间隔。

4. 管理区域

管理区域包括【特征管理器（FeatureManager）设计树】、【属性管理器（PropertyManager）】、【配置管理器（ConfigurationManager）】、【标注专家管理器（DimXpertManager）】、【外观管理器（DisplayManager）】、【SOLIDWORKS CAM 特征树】、【SOLIDWORKS CAM 操作树】和【SOLIDWORKS CAM 刀具树】共 8 种管理器，如图 1-23 所示。

其中使用较多的是【特征管理器设计树】和【属性管理器】两种管理器。

【特征管理器设计树】可以提供激活零件、装配体或工程图的设计流程，可以从中清楚地看出设计者的意图，也便于过后进行改图，如图 1-24 所示。

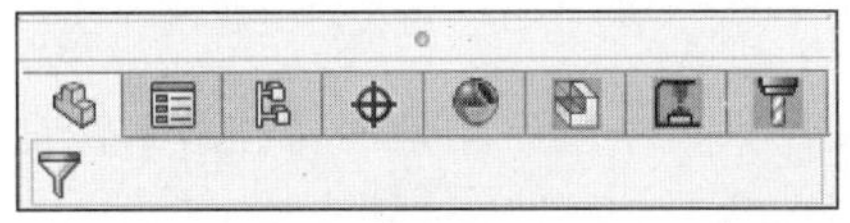

图 1-23 管理区域

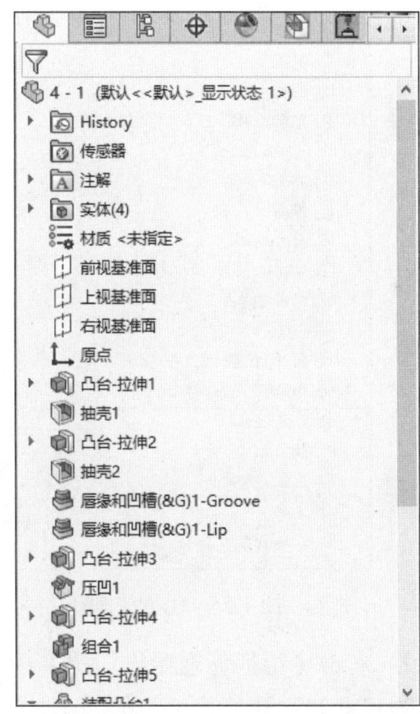

图 1-24 特征管理器（FeatureManager）设计树

【特征管理器设计树】的功能主要有如下几种。

（1）可以方便地在设计树中选择图形中的特征、草图、基准面及基准轴，而不需要一定要选择图形中的这些信息。在选取多个特征时，与 Windows 的操作界面几乎相同，若想选取多个连续的特征，可以在选择的同时按住 Shift 键；若想选取多个不连续的特征，可以在选择的同时按住 Ctrl 键。

（2）【特征管理器设计树】中的各个特征可以相互调整顺序（假如调整后模型没有错误的特征），按住设计树中的某个特征，并将其拖动到另一个特征之上或之下就可以调整设计树的特征顺序了。

（3）拖动【特征管理器设计树】下面的“退回控制棒”可以将模型暂时退回到早期的状态，当“退回控制棒”退回到早期状态时，用户可以在之前的位置添加特征，而不需要将之后的特征删除，待添加完成后再将“退回控制棒”移回到最后即可，如图1-25所示。

（4）双击【特征管理器设计树】中的特征可以在图形区域显示当前特征的尺寸信息。

（5）单击选择【特征管理器设计树】中的特征后，再单击一次该特征，可以将当前的特征重命名。

（6）右击【特征管理器设计树】中的特征后，可以显示出用于该特征的多个操作，其中主要包括【配置特征】【折叠项目】【隐藏/显示树项目】等操作，如图1-26所示。

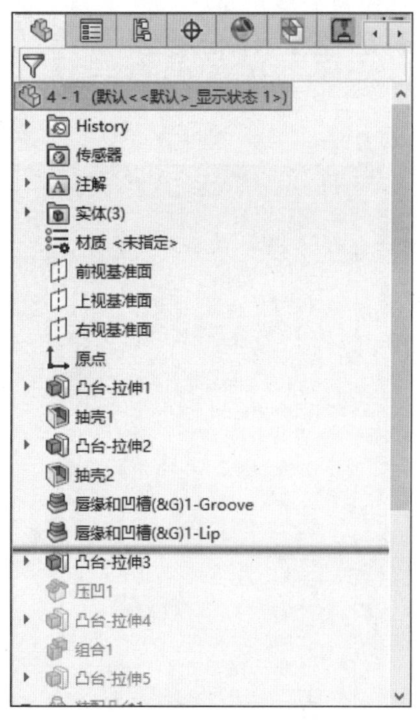

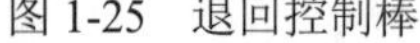
图1-25　退回控制棒

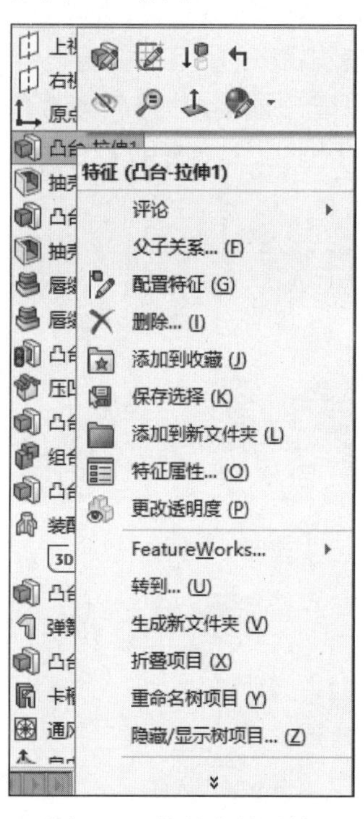

图1-26　特征右键属性

（7）右击【特征管理器设计树】中的【注解】文件夹，系统自动弹出【注解】快捷菜单，可以控制尺寸和注解的显示，如图1-27所示。

（8）右击【特征管理器设计树】中的【材质】文件夹，系统自动弹出【材质】快捷菜单，在弹出的快捷菜单中选择所需命令来添加或修改应用到零件的材质，如图1-28所示。

（9）右击【特征管理器设计树】中的【传感器】文件夹，系统自动弹出【传感器】快捷菜单，在弹出的快捷菜单中可以添加传感器，如图1-29所示。

（10）添加用户的自定义文件夹，并将特征拖动到文件夹以减小【特征管理器（Feature Manager）设计树】的设计树长度，如图1-30所示。

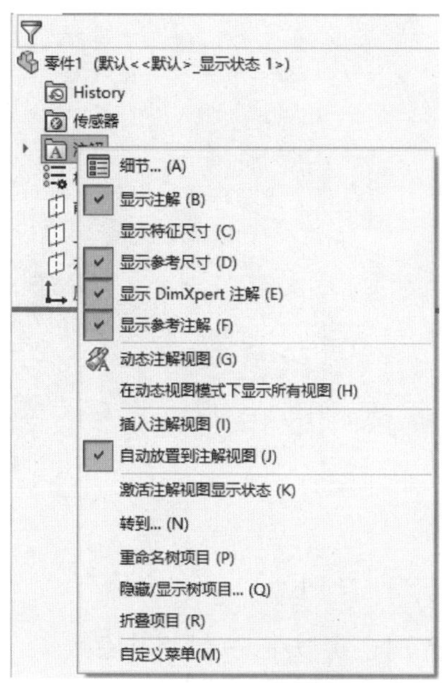

图 1-27 【注解】快捷菜单

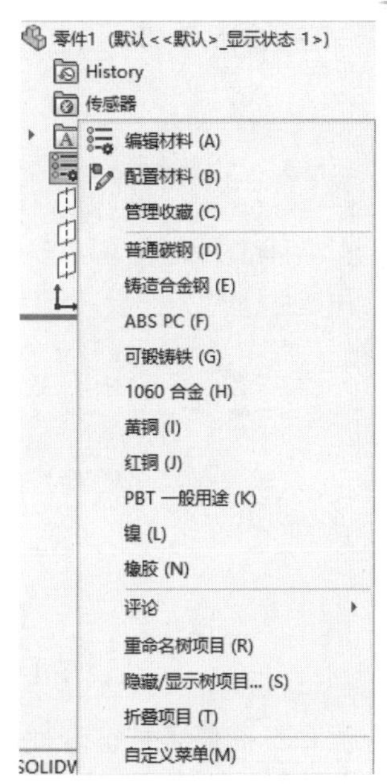

图 1-28 【材质】快捷菜单

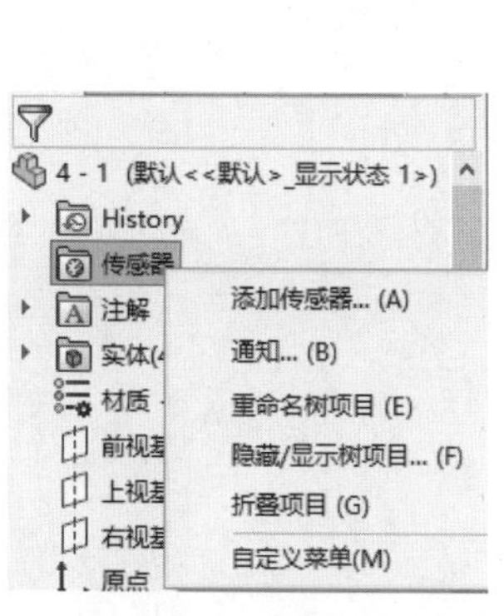

图 1-29 【传感器】快捷菜单

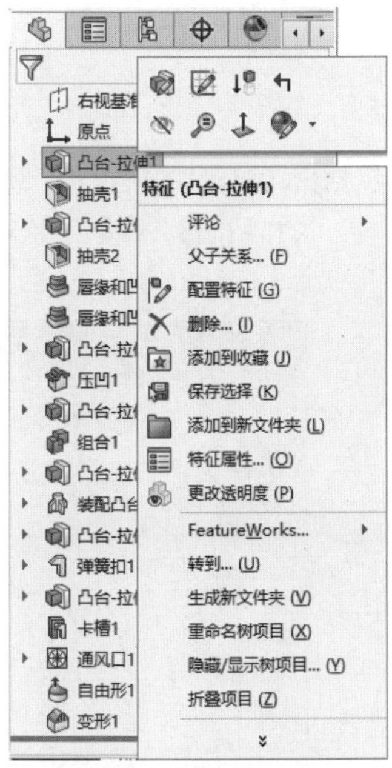

图 1-30 添加到新文件夹

（11）右击【特征管理器设计树】，在弹出的快捷菜单中单击【编辑】按钮，在弹出式特征管理器设计树查看模型并进行操作，而左窗格中显示【属性管理器】，如图 1-31 所示。

⚠注意

弹出式特征管理器设计树仅仅当在 SOLIDWORKS 创建或编辑特征时才会显示。通过弹出式特征管理器设计树可以很容易操作模型。

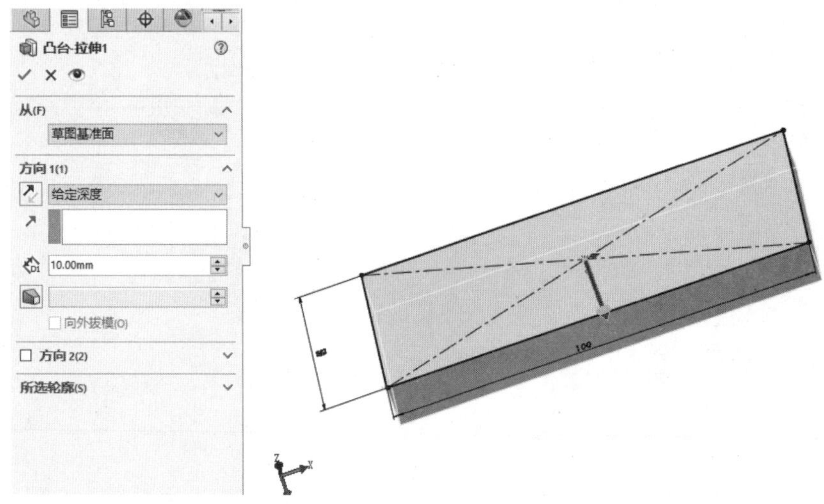

图 1-31　弹出式特征管理器设计树

而当用户暂时不需要【特征管理器设计树】显示时，可以按 F9 键将其隐藏。

【属性管理器】主要用于草图或实体的定义，也可以对多个特征进行约束。当用户选择所要定义的草图或实体时，【属性管理器】会弹出相应的信息，可以对其进行定义或修改，如图 1-32 所示。

5. 任务窗格

任务窗格包括【SOLIDWORKS 资源】、【设计库】、【文件探索器】、【查看调色板】、【外观、布景和贴图】、【自定义属性】和【SOLIDWORKS 论坛】共 7 种，如图 1-33 所示。

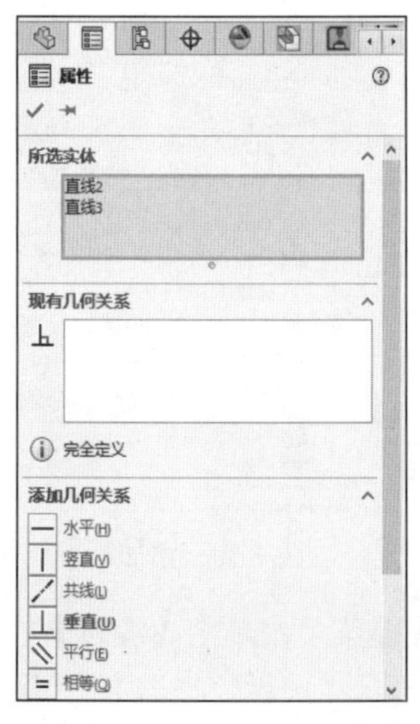

图 1-32　属性管理器（Property Manager）

图 1-33　任务窗格

其中，【SOLIDWORKS 资源】【设计库】【外观、布景和贴图】为用户主要使用的任务窗格。

（1）【SOLIDWORKS 资源】主要有【SOLIDWORKS 工具】【在线资源】【订阅服务】等选项，所有选项都方便于 SOLIDWORKS 新手用户，用户可以从中得到很多前期帮助，如图 1-34 所示。

（2）【设计库】中提供了 SOLIDWORKS 2020 中的标准件或典型结构，其中主要包括螺钉、齿轮和螺母等标准件，如图 1-35 所示。

图 1-34　SOLIDWORKS 资源

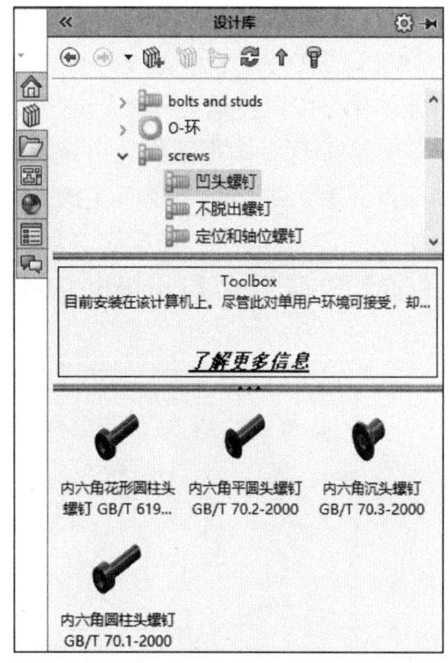

图 1-35　设计库

（3）【外观、布景和贴图】中可对三维图形进行修饰，可根据用户的需求进行相应设置，如图 1-36 所示。

（4）【文件探索器】可从 Windows 系统硬盘中打开 SOLIDWORKS 的文件。文件可以通过外部环境的应用软件打开，也可以从 SOLIDWORKS 软件中打开，如图 1-37 所示。

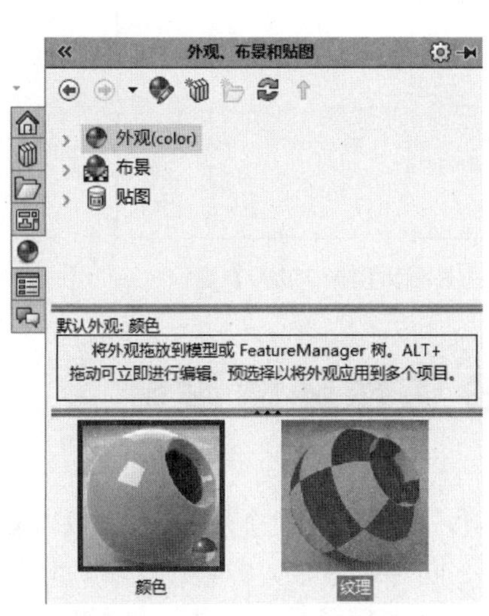

图 1-36　外观、布景和贴图

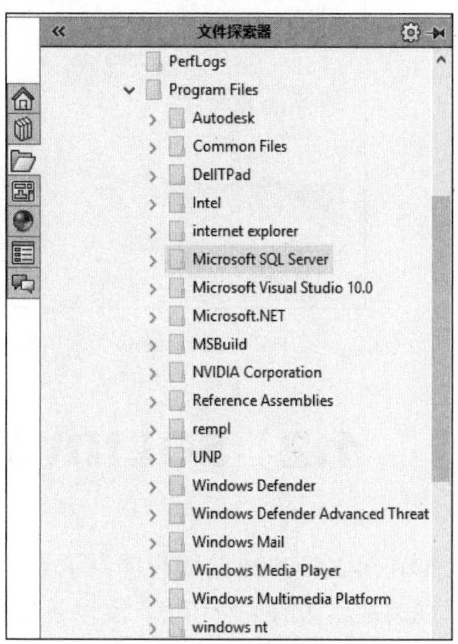

图 1-37　文件探索器

用户从 SOLIDWORKS 中打开的文件只能是零件图标的文件，而通过【文件探索器】用户可以直接将零件文件拖动到 SOLIDWORKS 的图形区域当中。

（5）用户可以在任务窗格中的【自定义属性】面板查看并将自定义及配置特定的属性输入 SOLIDWORKS 的文件中。

在装配体中，可以将这些属性同时分配给多个零件。如果选择装配体的某个轻化零部件，还可以在任务窗格中查看该零部件的自定义属性，而不将零部件进行还原操作。如果编辑值，则会提示将零部件还原，这样可以保存更改。

开始使用自定义属性时，【自定义属性】面板中没有要定义的属性页面，此时可单击面板中的【现在生成】按钮，启动【Property Tab Build 2020（属性标签编辑程序 2020）】窗口，如图 1-38 所示。

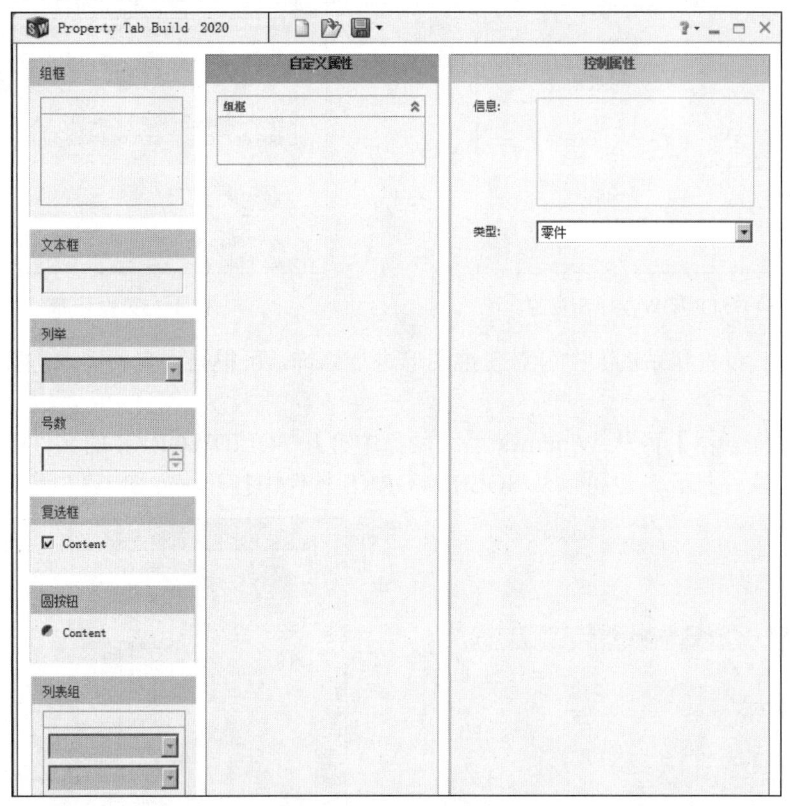

图 1-38 【Property Tab Build 2020（属性标签编辑程序 2020）】窗口

1.2 SOLIDWORKS 工作环境设置

SOLIDWORKS 2020 给用户提供了柔性的工作环境，在用户首次登录 SOLIDWORKS 2020 时，所呈现的是默认的工作环境，比较适合初学者使用，同时也适合大多数设计者，但是随着用户对 SOLIDWORKS 理解的加深，默认的工作环境逐渐无法满足用户的需求，这时设计者往往想根据自己的需要进行工作环境的设置，许多公司会根据公司的需要进行统一的工作环境设置，而

SOLIDWORKS 2020 的柔性工作环境恰好可以满足绝大多数的使用者，使用户得到最大的体验，使用 SOLIDWORKS 能得到最快速、方便、简洁、高效和智能的工作环境。

而对 SOLIDWORKS 2020 进行工作环境的设置主要是设置工具栏、设置单位、设置快捷键、设置背景等。

1.2.1　设置工具栏

前面介绍了工具栏分为【视图（前导)】工具栏和【自定义】工具栏两部分。其中【视图（前导)】工具栏以固定工具栏的形式显示在绘图区域的正上方，【视图（前导)】工具栏可以根据用户需要选择性地打开或隐藏，在视图工具栏区域右击，取消选中【视图（前导)】选项，可使其隐藏，如图 1-39 所示。

用户可以选择菜单栏中的【视图】|【工具栏】命令，或在视图工具栏区域右击，【自定义】工具栏将显示在 SOLIDWORKS 窗口中，用户可以激活【自定义】来自定义窗口中所显示的特征，下面以【自定义】工具栏中的【焊件】命令举例说明。

在视图工具栏区域右击，在弹出的【自定义】工具栏中选择【焊件】选项，如图 1-40 所示。

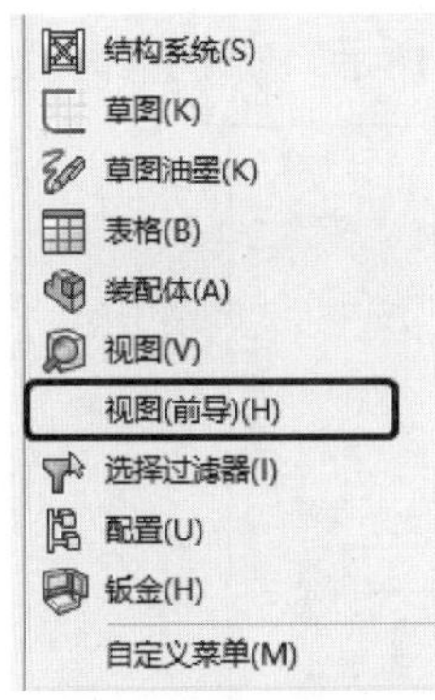

图 1-39　隐藏【视图（前导)】工具栏

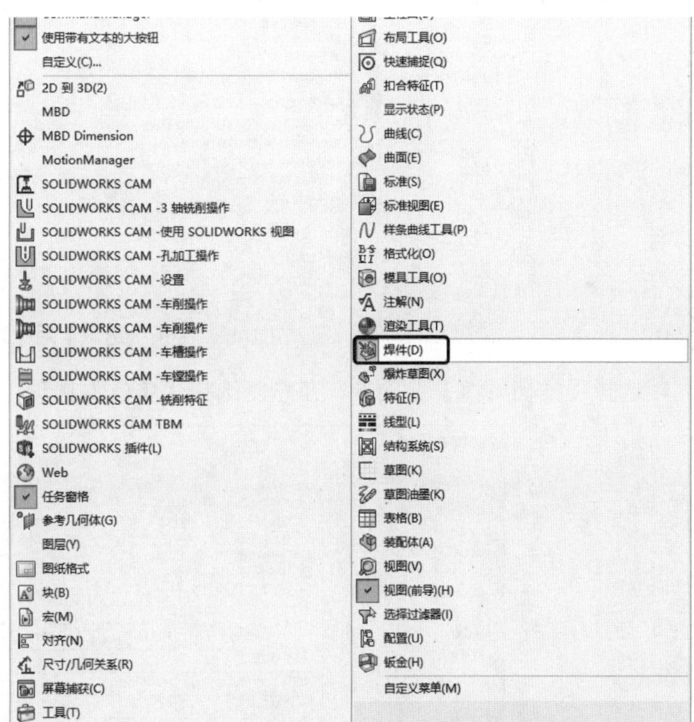

图 1-40　【自定义】工具栏选择【焊件】选项

选择【焊件】选项后，在 SOLIDWORKS 用户界面显示出【焊件】工具栏，系统默认将【焊件】工具栏放置在 SOLIDWORKS 用户界面的左侧，按住可将其拖至图形区变成浮动窗口，如图 1-41 所示。

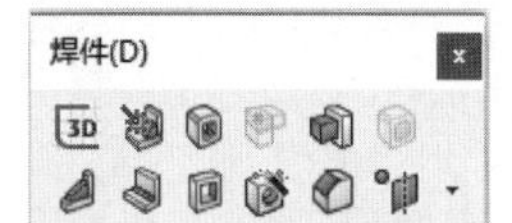

图 1-41　【焊件】工具栏

如果不需要显示【焊件】工具栏，用户可以在视图工具栏区域右击，在弹出的【自定义】工具栏中再次选择【焊件】命令或直接在【焊件】工具栏中单击【关闭】选项将其取消或隐藏。

1.2.2 设置单位

SOLIDWORKS 2020 为用户提供了丰富的单位，用户可以根据不同工作环境的需求进行设置。在对 SOLIDWORKS 2020 工作环境中的单位进行设置时，首先需要选择菜单栏中的【工具】|【选项】命令，这时，系统弹出【系统选项】对话框，如图 1-42 所示

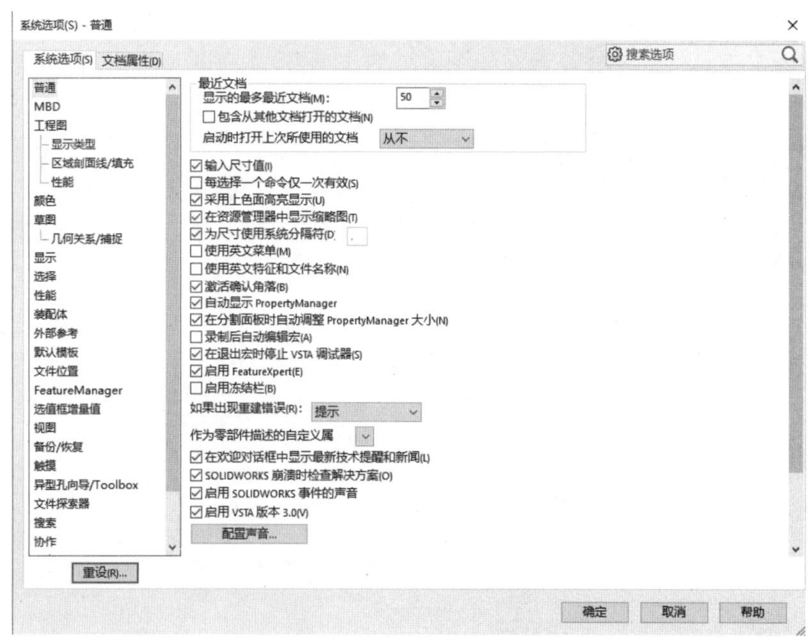

图 1-42 【系统选项】对话框

选择【文档属性】选项卡，在左侧选择【单位】选项，如图 1-43 所示。

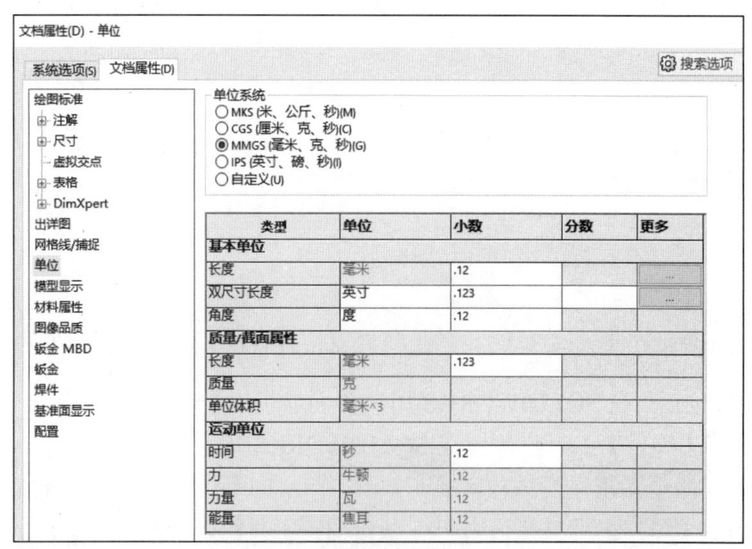

图 1-43 选择【单位】选项

在【单位】设置中，可以设置【单位系统】，其中包含【MKS（米、公斤、秒）】【CGS（厘米、克、秒）】【MMGS（毫米、克、秒）】【IPS（英寸、磅、秒）】【自定义】共 5 个选项，用户可以根据设计需求自行选择，通常所使用的选项为【MMGS（毫米、克、秒）】，用户也可以选择【自定义】选项自行设置，如图 1-44 所示。

单位系统
○ MKS (米、公斤、秒)(M)
○ CGS (厘米、克、秒)(C)
◉ MMGS (毫米、克、秒)(G)
○ IPS (英寸、磅、秒)(I)
○ 自定义(U)

图 1-44　【单位系统】

如果在【单位系统】选项中选择【自定义】选项，则可以在下方的列表中进行单位调整，如图 1-45 所示。

在【单位】设置中，可以设置【小数取整】，其中包含【舍零取整】【取整添零】【取整凑偶】【截断而不取整】4 个选项，用户可以根据设计需求自行选择，通常所使用的选项为【舍零取整】，如图 1-46 所示。

类型	单位	小数	分数	更多
基本单位				
长度	毫米	.12		...
双尺寸长度	英寸	.123		...
角度	度	.12		
质量/截面属性				
长度	毫米	.123		
质量	克			
单位体积	毫米^3			
运动单位				
时间	秒	.12		
力	牛顿	.12		
力量	瓦	.12		
能量	焦耳	.12		

图 1-45　单位调整

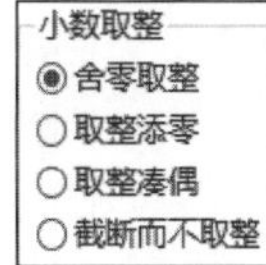

图 1-46　小数取整

1.2.3 设置快捷键

SOLIDWORKS 2020 为用户提供了丰富的快捷键，用户可以选择 SOLIDWORKS 所提供系统默认的快捷键，也可以根据操作习惯进行设置。在对 SOLIDWORKS 2020 快捷键进行设置时，首先选择菜单栏中的【工具】|【自定义】命令，系统弹出【自定义】对话框，如图 1-47 所示。

在【自定义】对话框中的【键盘】选项卡中可对 SOLIDWORKS 2020 中的命令进行设置，如图 1-48 所示。

在【自定义】对话框的【键盘】选项卡中包含 SOLIDWORKS 2020 中绝大多数的命令，都可以通过设置快捷键来进行方便、快速的操作，以【保存】命令为例，系统将【保存】命令默认设置为 Ctrl+S 快捷键，用户也可以对其进行更改。

图 1-47 【自定义】对话框

图 1-48 【键盘】选项卡

1.2.4 设置背景

在 SOLIDWORKS 2020 中，用户可以根据工作环境选择相应的背景。在对 SOLIDWORKS 2020 背景进行设置时，在图形区域的任意位置右击，系统弹出选择列表，如图 1-49 所示。

在弹出的选择列表中选择【编辑布景】选项，在左侧会弹出【编辑布景】设置栏，【背景】选项中包含 5 种选项供用户选择，分别为【无】【颜色】【梯度】【图像】【使用环境】，如图 1-50 所示。

（1）【无】选项为 SOLIDWORKS 2020 默认的背景选项。

（2）选择【颜色】选项，再单击【颜色】选项下的【白色】框格，系统弹出 SOLIDWORKS 2020 可供用户选择的颜色列表，如图 1-51 所示。当选择其中一种颜色后，单击【确定】按钮，SOLIDWORKS 会在图形区域显示用户所选择的颜色。

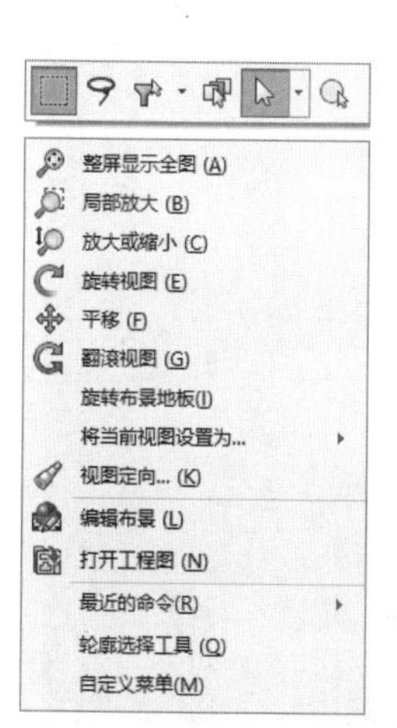

图 1-49　选择列表

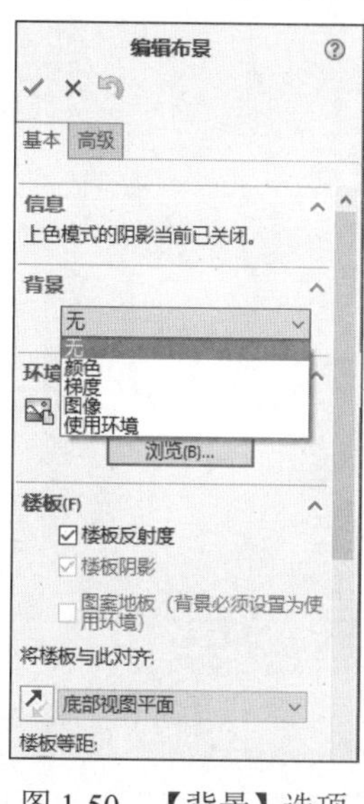

图 1-50　【背景】选项

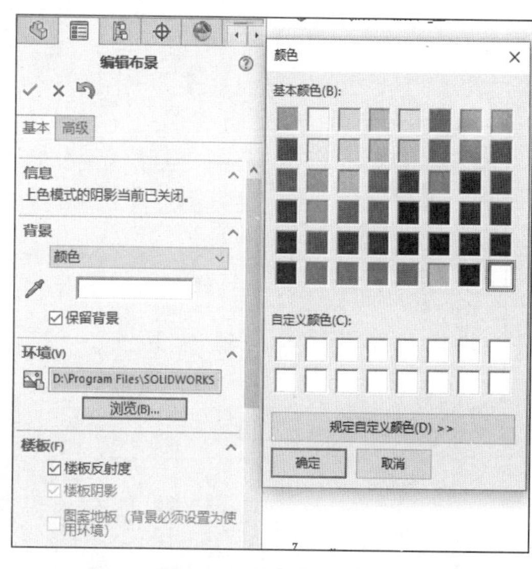

图 1-51　【颜色】选项

（3）选择【梯度】选项，并在【顶部渐变颜色】和【底部渐变颜色】中分别选择用户所需要的颜色，SOLIDWORKS 2020 会在图形区域显示用户所选择的梯度颜色，如图 1-52 所示。

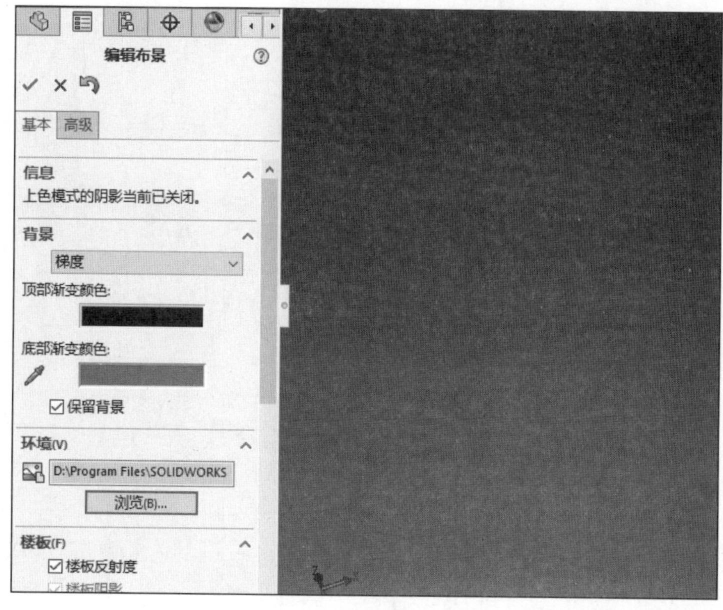

图 1-52　【梯度】选项

（4）选择【图像】选项，并单击【浏览】按钮，在用户的设备上选择所需要的图像，如果图像的宽度不足 SOLIDWORKS 的宽度，则可以在选项中选中【伸展图像以适合 SOLIDWORKS 窗口】复选框，这时，SOLIDWORKS 2020 会在图形区域显示用户所选择的图像，如图 1-53 所示。

图 1-53　【图像】选项

（5）选择【使用环境】选项，用户可在 SOLIDWORKS 所提供的环境中选择一款适合的环境，如图 1-54 所示。

图 1-54　【使用环境】选项

1.3　文件管理

1.3.1　打开文件

前文已经介绍过如何新建文件，选择【文件】|【新建】命令，系统会弹出【新建 SOLIDWORKS 文件】窗口，单击【零件】图标，系统会打开一张空白的零件图文件。而用户如果想打开设备中已有的 SOLIDWORKS 文件，可以选择【文件】|【打开】命令，系统会弹出【打开】对话框，在【打开】对话框中可以选择需要打开的 SOLIDWORKS 文件，并对其进行编辑操作，如图 1-55 所示。

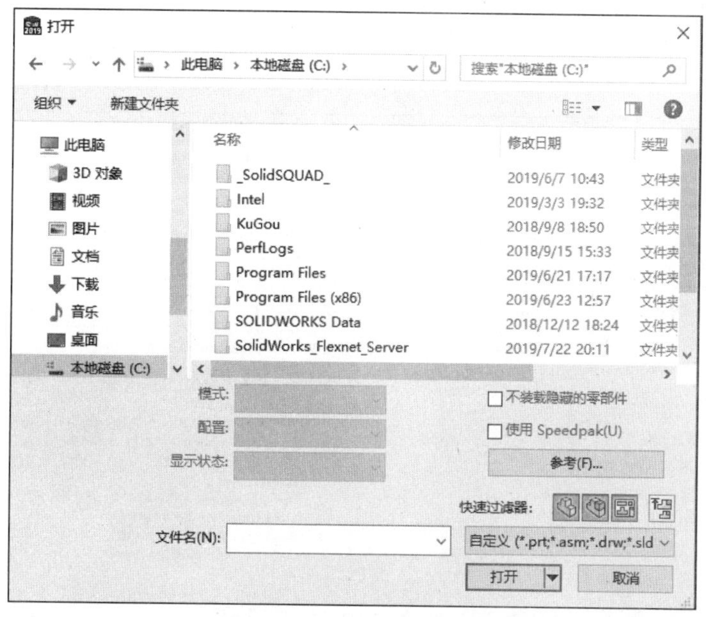

图 1-55　【打开】对话框

在【打开】对话框中，系统会默认读取用户上一次的使用文件格式，用户若想更改为其他格式的文件，可以在【文件类型】下拉列表框中进行更改，然后再根据选取的文件类型在文件夹中选择相对应的文件。

SOLIDWORKS 软件可以读取多种文件格式，并且可以用 SOLIDWORKS 软件转换的格式，而不同的文件格式对应不同的用途，综合归类如下。

☑　SOLIDWORKS 零件文件，扩展名为.prt 或.sldprt。

☑　SOLIDWORKS 装配体文件，扩展名为.asm 或.sldasm。

☑　SOLIDWORKS 工程图文件，扩展名为.drw 或.slddrw。

☑　DXF 文件，AutoCAD 格式，包括 DXF3D 文件，扩展名为.dxf。

☑　DWG 文件，AutoCAD 格式，扩展名为.dwg。

☑　Adobe Illustrator 文件，扩展名为.ai。此格式可以输入零件文件，但不能输入装配体草图。

- ☑ Lib Feat Part 文件，扩展名为.lfp 或.sldlfp。
- ☑ IGES 文件，扩展名为.igs 或.iges。可以输入 IGES 文件中的 3D 曲面作为 SOLIDWORKS 3D 草图实体。
- ☑ STEP AP203/214/242 文件，扩展名为.step 或.stp。SOLIDWORKS 软件支持 STEP AP214 文件的实体、面及曲线颜色转换。
- ☑ ACIS 文件，扩展名为.sat。
- ☑ VDAFS 文件，扩展名为.vda。VDAFS 是曲面几何交换的中间文件格式，VDAFS 零件文件可转换为 SOLIDWORKS 零件文件。
- ☑ VRML 文件，扩展名为.wrl。VRML 文件可以在 Internet 上显示 3D 图像。
- ☑ Parasolid 文件，扩展名为.x_t、.x_b、.xmt_txt 或.xmt_bin。
- ☑ Pro/ENGINEER 17 到 2001 的版本，以及 Wildfire 版本 1 和 2。
- ☑ Unigraphics/NX 文件，扩展名为.prt。SOLIDWORKS 支持 Unigraphics/NX 10 及以上版本输入零件和装配体。

以上部分 SOLIDWORKS 的格式列表如图 1-56 所示。

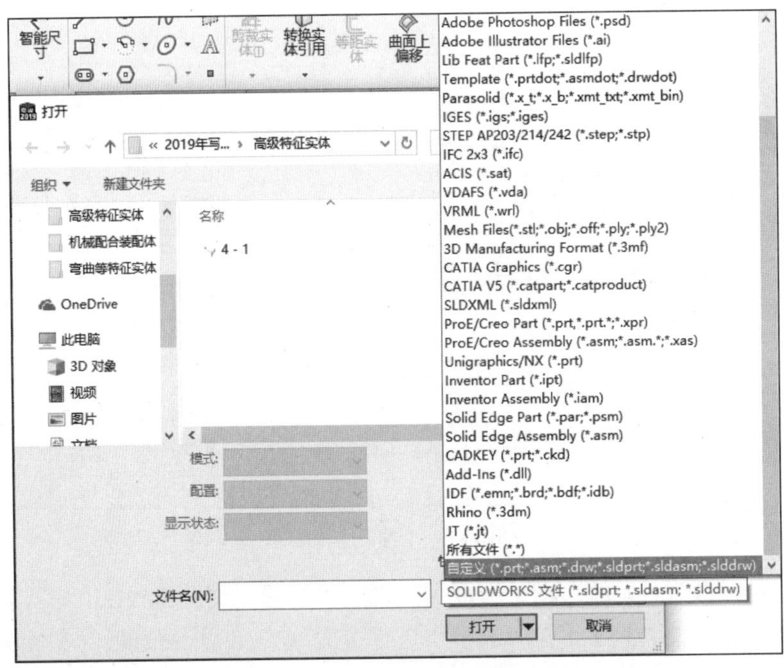

图 1-56　SOLIDWORKS 格式列表

1.3.2　保存文件

用户在使用 SOLIDWORKS 2020 绘制完图形时，需要将文件进行保存，或在设计的途中也可以进行保存。单击【标准】工具栏中的【保存】按钮，或选择菜单栏中的【文件】|【保存】命令，对于首次保存的 SOLIDWORKS 文件，在系统弹出的【另存为】对话框中输入要保存的文件名及保存的路径，即可将当前文件保存。也可以将 SOLIDWORKS 2020 文件存为用户所需要的其他格式，如图 1-57 所示。

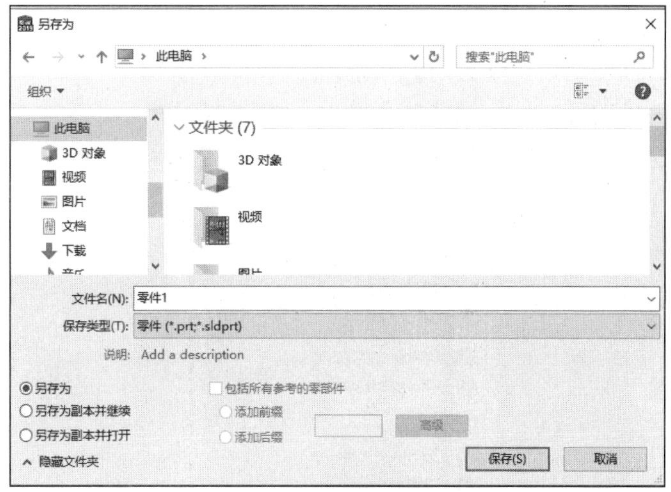

图 1-57　保存文件

如果 SOLIDWORKS 文件先前已经被用户保存过，再单击【保存】按钮则不会出现【另存为】对话框，则会默认将最新的 SOLIDWORKS 文件保存到先前保存的位置并进行替换。

1.3.3　另存为文件

用户也可以选择【另存为】选项进行保存。单击【标准】工具栏中的【另存为】按钮，或选择菜单栏中的【文件】|【另存为】命令，使用【另存为】命令可以将文件保存到其他位置而保留文件在起始位置，一般用于想保留文件的起初样子使用的功能。单击【另存为】按钮将弹出【另存为】对话框，与首次进行文件保存的对话框相同，如图 1-58 所示。

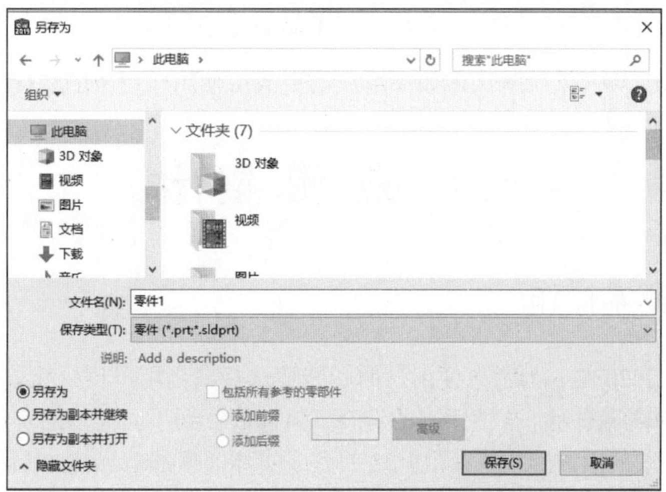

图 1-58　另存为文件

1.3.4　退出 SOLIDWORKS 2020

当用户完成绘图，在保存文件之后即可退出 SOLIDWORKS 2020。退出 SOLIDWORKS 2020

的方式有 3 种。

（1）直接单击界面右上角的【关闭】按钮×。

（2）选择菜单栏中的【文件】|【退出】命令，如图 1-59 所示。

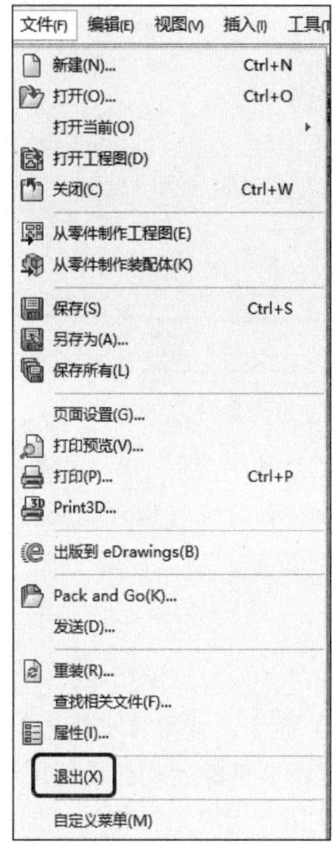

图 1-59　选择【退出】命令

（3）直接按 Ctrl+W（系统默认，如果用户已更改可使用所更改的快捷键）快捷键。

1.4　视图操作

1.4.1　选择的基本操作

SOLIDWORKS 2020 中，为了方便用户的智能化选择，当用户将鼠标放置到某个模型上时，系统会将此模型变为高亮显示，方便用户的选择。鼠标放置到不同类型的实体上时，形状也会有所不同，用户可以通过鼠标的形状来获取几何关系或实体类型的信息，如几何关系中的点、边线、面、端点、终点、重合、交叉线等；实体类型中的直线、矩形或圆等。

如果在 SOLIDWORKS 2020 的操作中想从其他命令退回到选择状态时，可以单击【标准】工具栏中的【选择】按钮，进入选择状态。

将鼠标放置到某一个实体模型上并单击，可以选择这个实体模型；若想同时选取多个实体模型时，需要在选择实体的同时按住 Ctrl 键；若在选取实体模型中有多个特征在同一位置无法精确

选择时，可以利用右键进行选择。

- ☑ 【选择环】：使用右键连续选择相连边线组成的环。
- ☑ 【选择其他】：要选择被其他项目遮住或隐藏的项目。
- ☑ 【选择中点】：可以选择实体的中点以生成其他实体，如基准面或基准轴。

除了直接在图形区域中单击图形外，还可以在【特征管理器设计树】中选择。

- ☑ 在【特征管理器设计树】中单击相应的名称，可以选择模型中的特征、草图、基准面或基准轴等命令。
- ☑ 在【特征管理器设计树】中选择的同时，按住 Shift 键可以将选择的两个命令中间所有连续的命令同时进行选择。
- ☑ 在【特征管理器设计树】中选择的同时，按住 Ctrl 键可以任意选择设计树中的多个命令（无论命令是否连续）。

在进行设计的过程中，无论是草图文件还是工程图文件，都可以利用鼠标进行模型操作。

- ☑ 选择草图实体。
- ☑ 拖动草图实体或端点以改变草图形状。
- ☑ 选择草图实体的边线或面。
- ☑ 拖动选框以选择多个草图实体。
- ☑ 选择尺寸并拖动到新的位置。

在工具栏右击，选择【选择过滤器】命令，可以将【选择过滤器】工具栏显示在 SOLIDWORKS 中，系统默认将【选择过滤器】工具栏放置在视图的左侧固定，用户可以将其拖动到图形区域变为浮动状态，如图 1-60 所示。

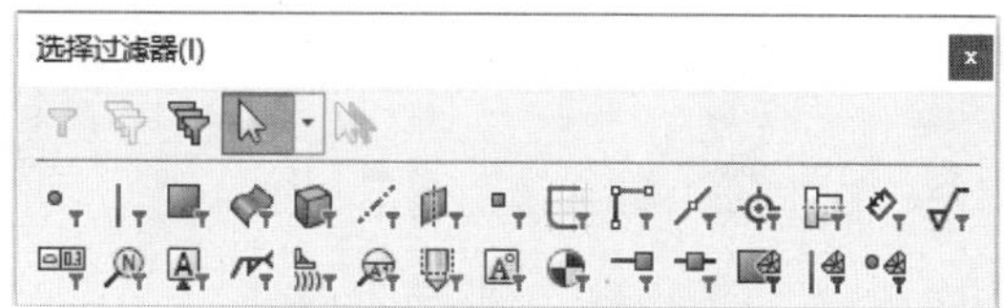

图 1-60 【选择过滤器】工具栏

【选择过滤器】工具栏有助于在图形区域或工程图图纸区域中选择待定项。例如，【过滤顶点】只允许顶点的选择；【过滤边线】只允许边线的选择；【过滤面】只允许面的选择；单击【选择所有过滤器】可以选择所有的过滤器项目；单击【清除所有过滤器】可以将用户所选的所有过滤器项目一次性全部清除。

1.4.2 视图的基本操作

SOLIDWORKS 2020 可以向用户呈现两种视图的基本操作：一方面，用户可以根据从不同视角的观察而得到模型的图像；另一方面，模型可以根据用户的需要以不同方式显示视图。在 SOLIDWORKS 的图形区域的上面所显示的【视图】工具栏如图 1-61 所示。

图 1-61 【视图】工具栏

【视图】工具栏中包含 11 个关于【视图】的命令，每个命令有不同的显示方式。

（1）单击【整屏显示全图】按钮，视图窗口会将整个图形呈现在中心位置并铺满视图窗口，如图 1-62 所示。

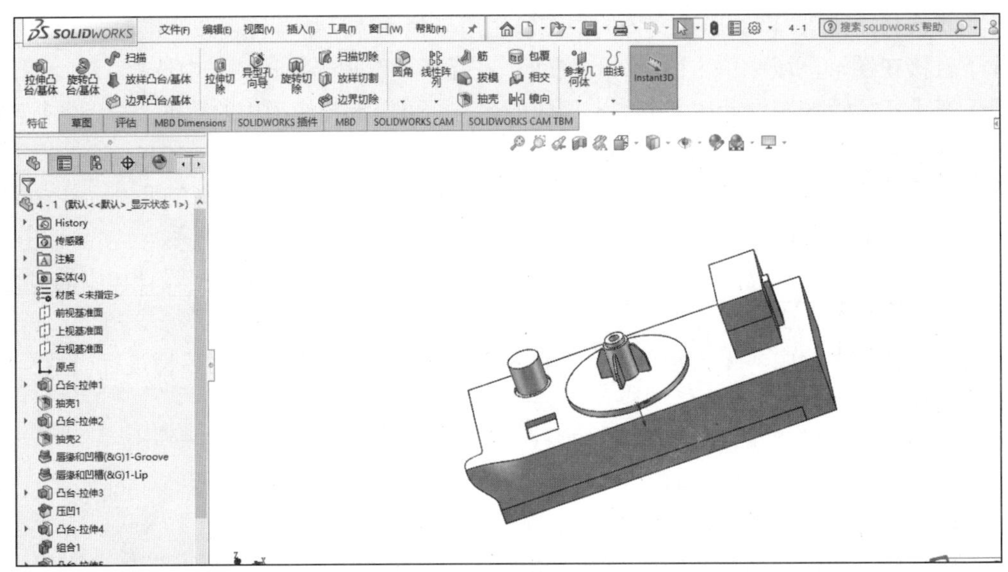

图 1-62　整屏显示全图

（2）单击【局部放大】按钮，可以将图形中用户想重点关注的部分呈现在中心位置并适当放大。若想观察图形中的凸台部分，单击【视图】工具栏中的【局部放大】按钮，将凸台部分圈起来，结果如图 1-63 所示。

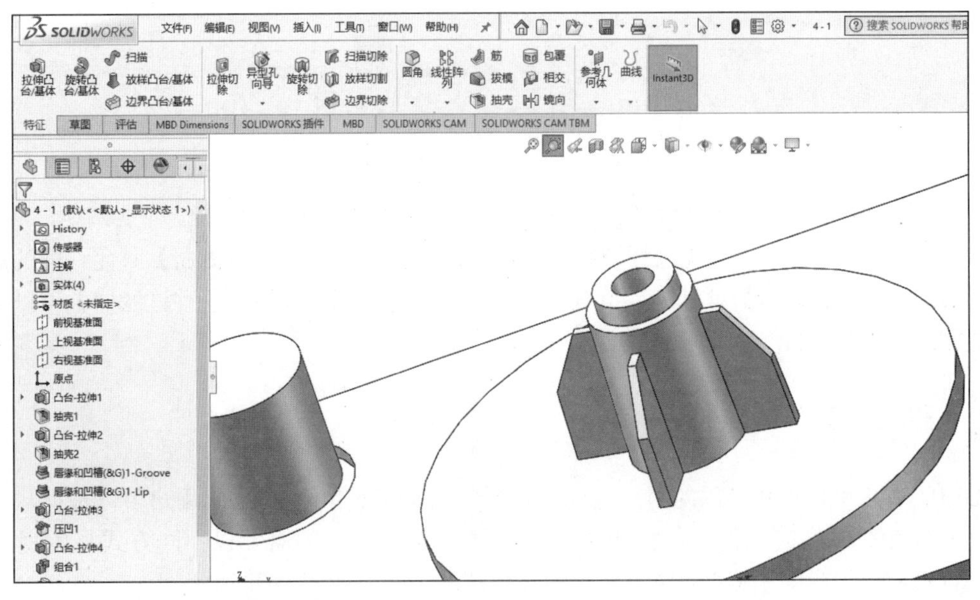

图 1-63　局部放大

（3）单击【上一视图】按钮，可以呈现出用户上一次的视图。

（4）单击【剖面视图】按钮，可以查看视图的某一截面的视图，通过设置查看截面即可

观察视图中的剖面现象，如图1-64所示。

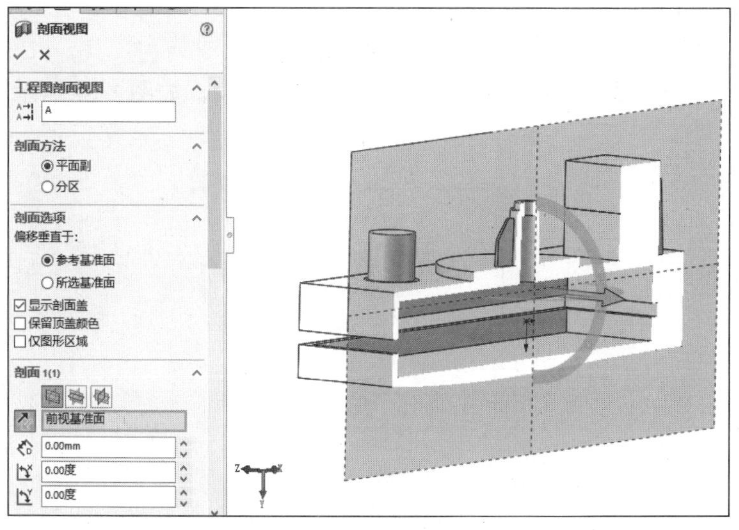

图1-64 剖面视图

（5）单击【动态注解视图】按钮，只能看到与当前模型方向相关的注解视图。在旋转模型时，并非垂直于模型方向的注解视图将会逐渐消失，而注解将在接近垂直于模型方向时出现。

（6）在设计过程中，通过改变视图的定向可以方便地观察模型。单击【视图定向】按钮右侧的下拉按钮，可以弹出【视图定向】列表，如图1-65所示，列表中提供了多种视角的视图方向，包括以下几种。

☑ 【前视】：将零件模型以前视图显示。

☑ 【后视】：将零件模型以后视图显示。

☑ 【左视】：将零件模型以左视图显示。

☑ 【右视】：将零件模型以右视图显示。

☑ 【上视】：将零件模型以上视图显示。

☑ 【下视】：将零件模型以下视图显示。

（7）单击【等轴测】按钮右侧的下拉按钮，可以弹出【等轴测】列表，里面包含与等轴测相关的命令，如图1-66所示，命令包括以下几种。

☑ 【等轴测】：将零件模型以等轴测图显示。

☑ 【左右二等角轴测】：将零件模型以左右等轴测视图显示。

☑ 【上下二等角轴测】：将零件模型以上下等轴测视图显示。

图1-65 【视图定向】列表　　图1-66 【等轴测】列表

此外，【视图定向】列表中还包括以下几个按钮。

☑ 【正视于】：正视于所选的任何面或基准面。

☑ 【单一视图】：以单一视图窗口显示零件模型。

☑ 【二视图-水平】：以前视图和上视图显示零件模型，如图 1-67 所示。

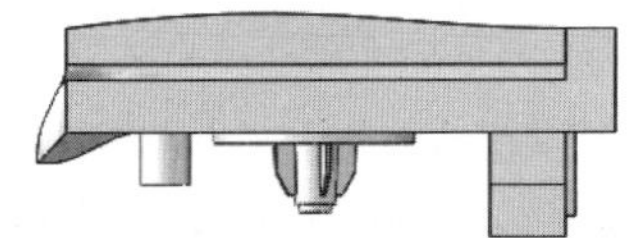

图 1-67　二视图-水平

☑ 【二视图-垂直】：以前视图和右视图显示零件模型，如图 1-68 所示。

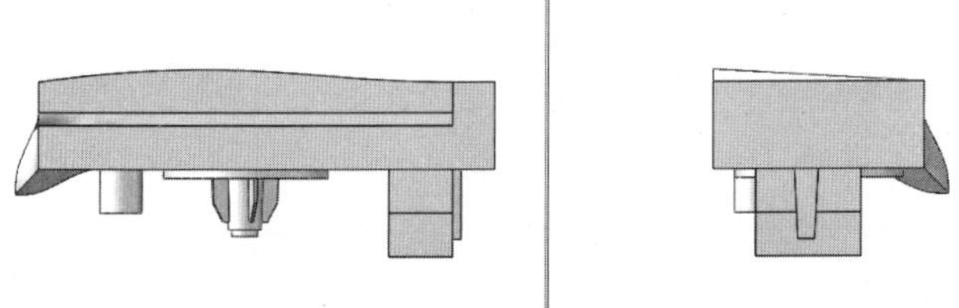

图 1-68　二视图-垂直

☑ 【四视图】：以单一和第三角度投影显示零件模型，如图 1-69 所示。

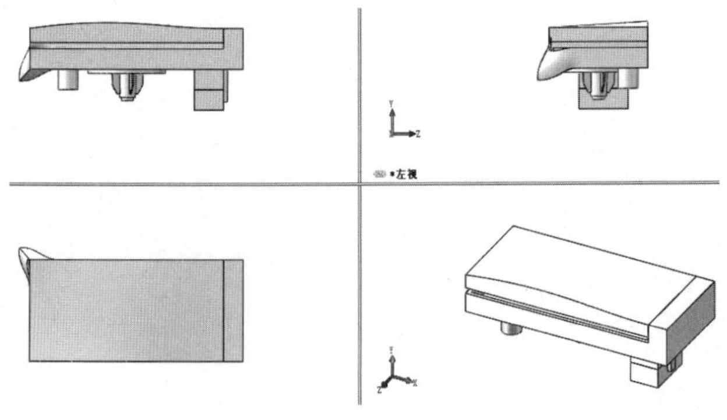

图 1-69　四视图

☑ 【连接视图】：连接视窗中的所有视图以便一起移动和旋转（当视图中包含多个视图时可用，在单一视图中不能使用）。

（8）单击【视图定向】列表右侧的»按钮，或直接单击空格键，可以显示出【方向】对话框，如图 1-70 所示。

☑ 【新视图】：单击该按钮，可以弹出【命名视图】对话框，可以将当前的视图方向以新名称保存在【方向】对话框中，如图 1-71 所示。

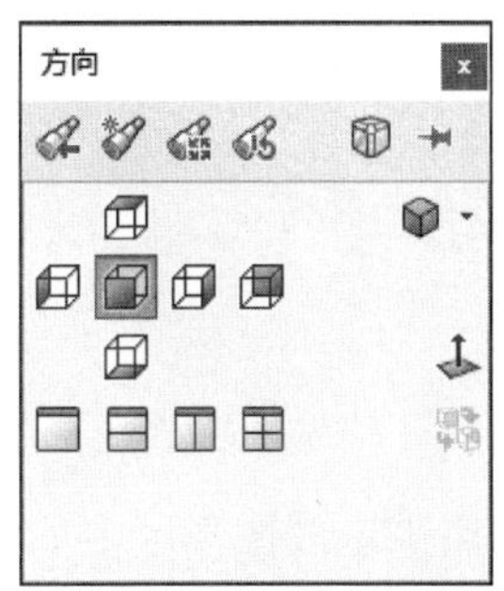

图 1-70　【方向】对话框

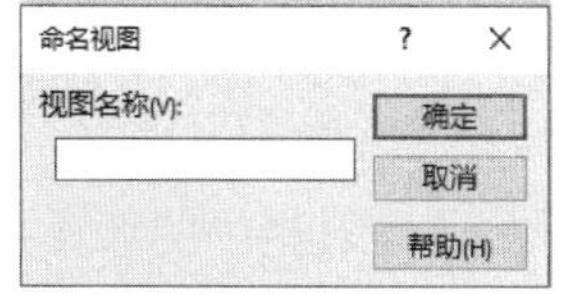

图 1-71　【命名视图】对话框

☑ 【更新标准视图】：将当前的视图方向定义为指定的视图。

☑ 【重设视图】：将所有标准模型视图恢复为默认设置。

（9）调整模型以线框图或着色图来显示，有利于模型分析和设计操作。单击【样式显示】按钮右侧的下拉按钮，弹出【样式显示】下拉列表，如图 1-72 所示。

【样式显示】下拉列表中含有 5 种样式显示。

☑ 【带边线上色】：对模型进行带边线上色，如图 1-73 所示。

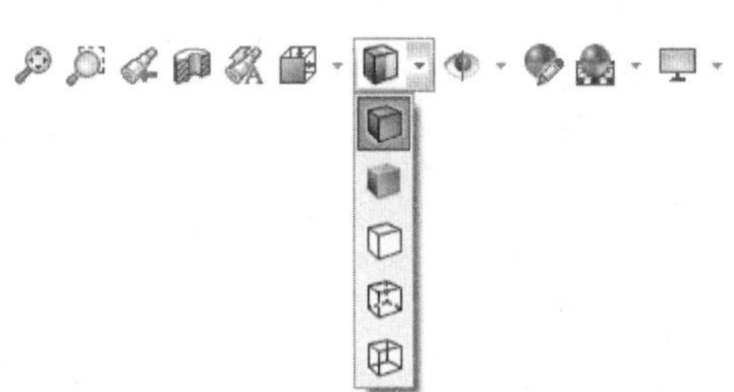

图 1-72　【样式显示】下拉列表

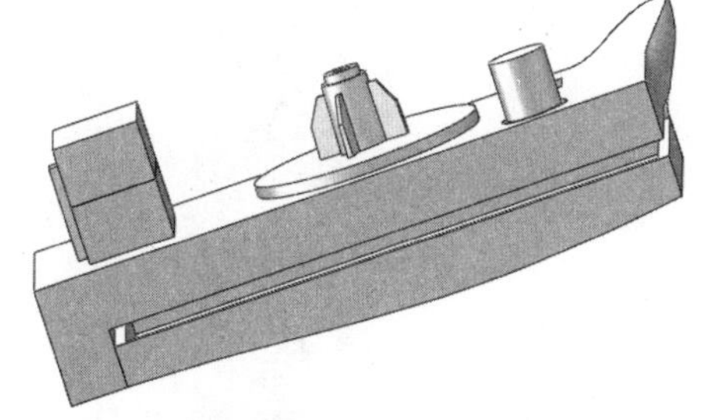

图 1-73　带边线上色

☑ 【上色】：对模型进行上色，如图 1-74 所示。

☑ 【消除隐藏线】：模型零件的隐藏线不可见，如图 1-75 所示。

图 1-74　上色

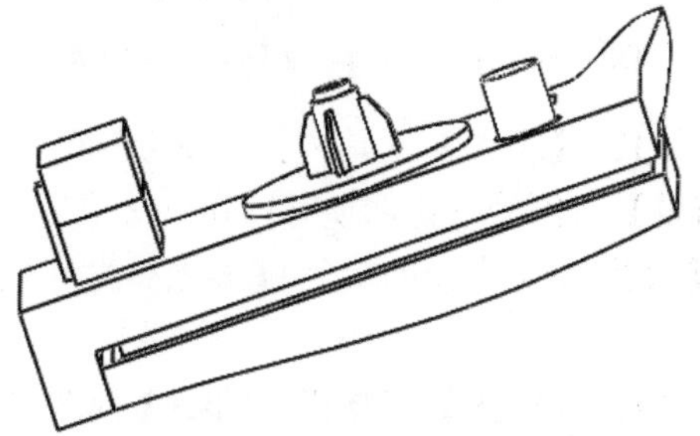

图 1-75　消除隐藏线

☑ 【隐藏线可见】：模型零件的隐藏线以细虚线表示，如图 1-76 所示。

☑ 【框架图】：模型零件的所有边线可见，如图 1-77 所示。

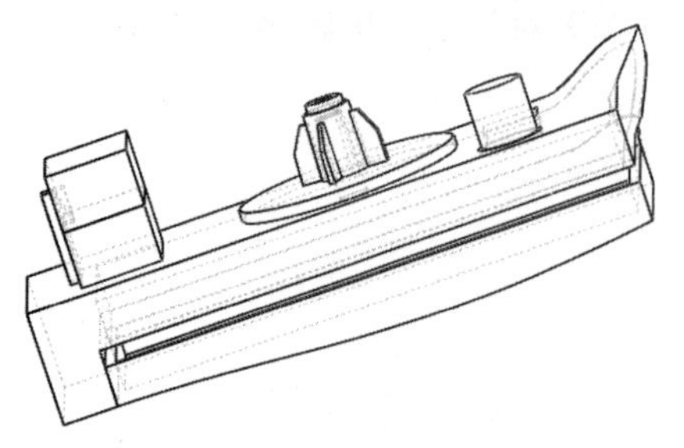

图 1-76　隐藏线可见

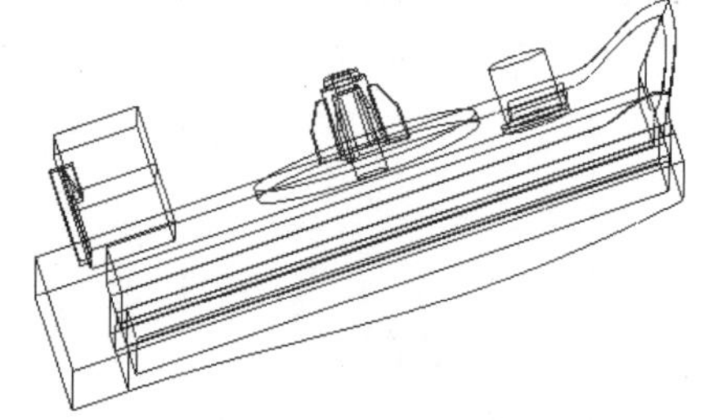

图 1-77　框架图

（10）【视图】工具栏中的【显示/隐藏项目】选项，可以用来更改图形区中项目的显示状态，单击【显示/隐藏项目】按钮可以隐藏所有项目，再次单击【显示/隐藏项目】按钮可以显示所有项目，单击【显示/隐藏项目】右侧下拉按钮，可以弹出【显示/隐藏项目】下拉列表，如图 1-78 所示。

（11）【视图】工具栏中的【编辑外观】选项，可以对图形的外观进行设置，系统会弹出【外观、布景和贴图】对话框，包含【外观】【布景】【贴图】选项可以对图形进行编辑，如图 1-79 所示。

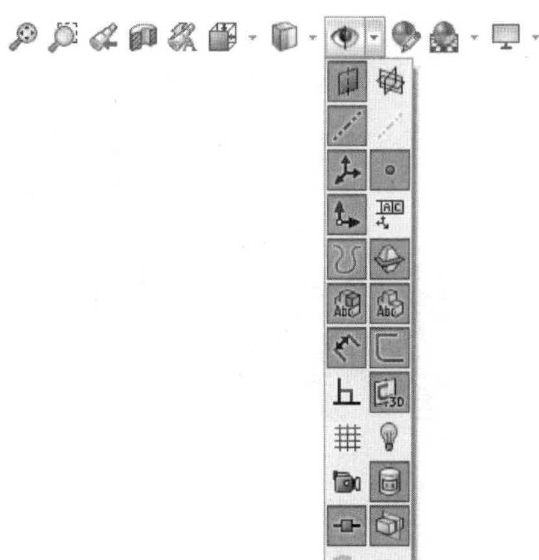

图 1-78　【显示/隐藏项目】下拉列表

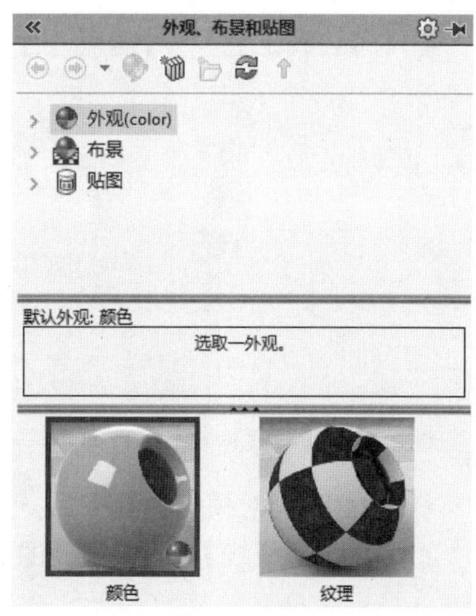

图 1-79　【外观、布景和贴图】对话框

（12）【视图】工具栏中的【应用布景】选项，可以用来对应用布景进行更改，单击【应用布景】右侧的下拉选项可以弹出【应用布景】下拉列表，其中含有【三点渐褪（默认）】【单白色】【背景-带顶光源的灰色】【柔光聚光灯】【屋顶】【院落背景】【城市 5 背景】7 个选项，如图 1-80 所示。

（13）【视图】工具栏中的【视图设定】选项，可以用来对视图设定进行更改，单击【视图设定】右侧的下拉选项可以弹出【视图设定】下拉列表，其中含有【上色模式中的阴影】【环境封闭】【透视图】【卡通】4 个选项，如图 1-81 所示。

图 1-80 【应用布景】下拉列表

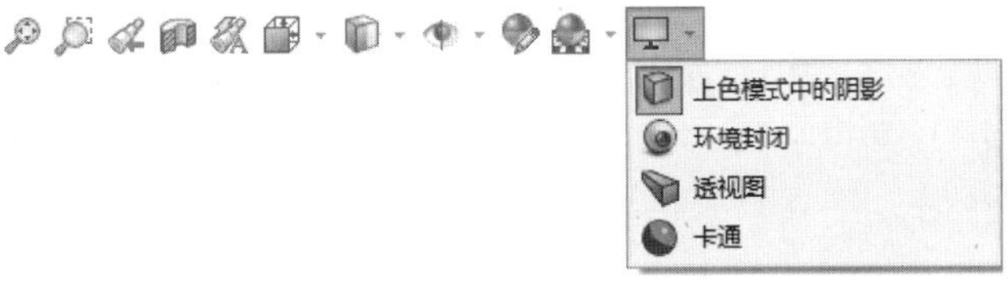

图 1-81 【视图设定】下拉列表

1.5 参考几何体

在 SOLIDWORKS 软件中，可以设置参考几何体。【参考几何体】包括【基准面】【基准轴】【坐标系】【点】【质心】【配合参考】。单击工具栏中的【参考几何体】下侧的下拉按钮，即可选择参考几何体，如图 1-82 所示。

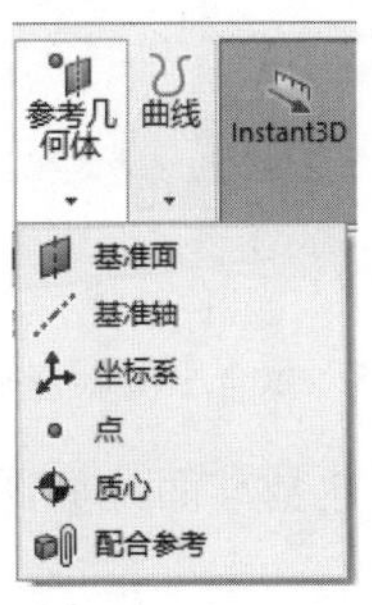

图 1-82 参考几何体

1.5.1 基准面

在 SOLIDWORKS 软件中，基准面是用于绘制草图、创建特征起始平面或终止平面的参考平面。在建立特征之前，SOLIDWORKS 向用户提供 3 个基准平面：前视基准面、右视基准面和上视基准面，用户可以在这 3 个基准面上建立起始特征，如图 1-83 所示。

设计图形时，SOLIDWORKS 所提供的 3 个基准面往往是不够的，除了使用原有的基准面外，还可以在零件或装配体文档中新建所需要的基准面，单击工具栏中的【参考几何体】下侧的下拉按钮，单击【基准面】按钮，系统弹出【基准面】属性管理器，用户可以在其中选择建立基准面的参考，系统默认提供 3 个参考，如图 1-84 所示。

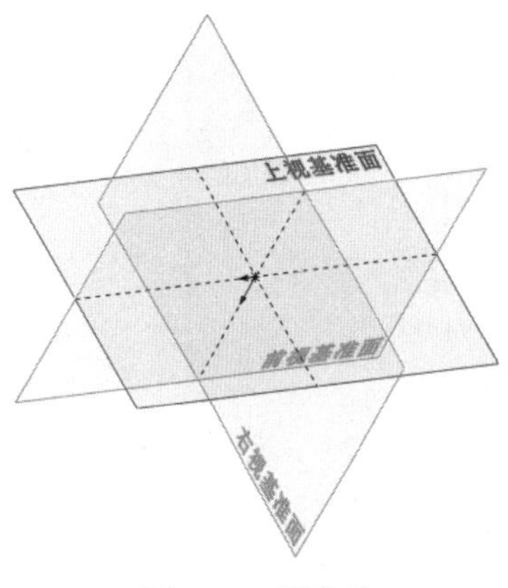

图 1-83　基准面

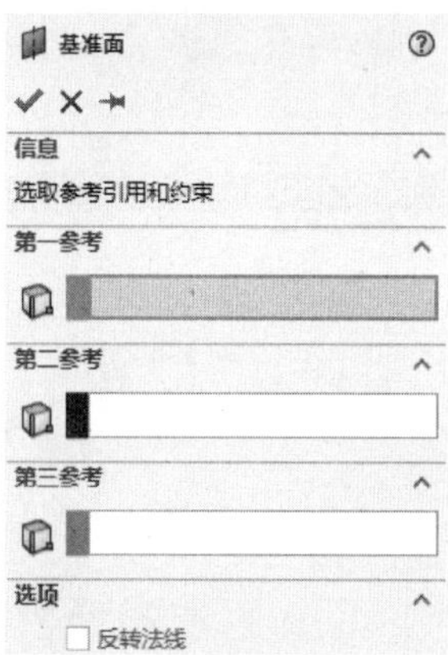

图 1-84　【基准面】属性管理器

1. 建立基准面 1

建立基准面的方式有很多种，例如：3 个点，1 个点和 1 条直线，2 条平行或相交的直线，1 个面等。

（1）可以根据与一个平面重合的方式创建面，如图 1-85 所示。

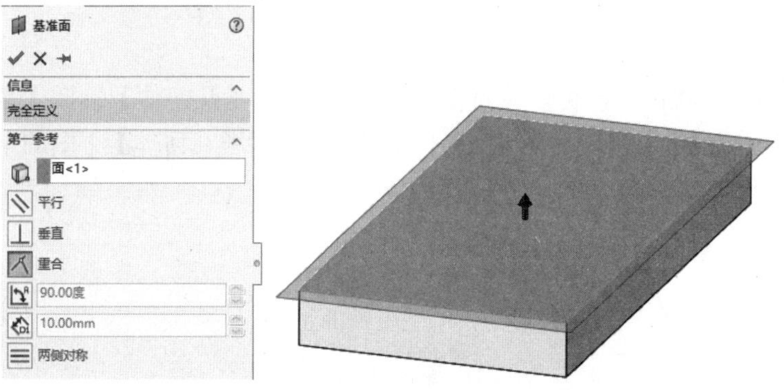

图 1-85　重合平面创建基准面

（2）距离参考面一定距离的方式创建基准面，如图 1-86 所示。

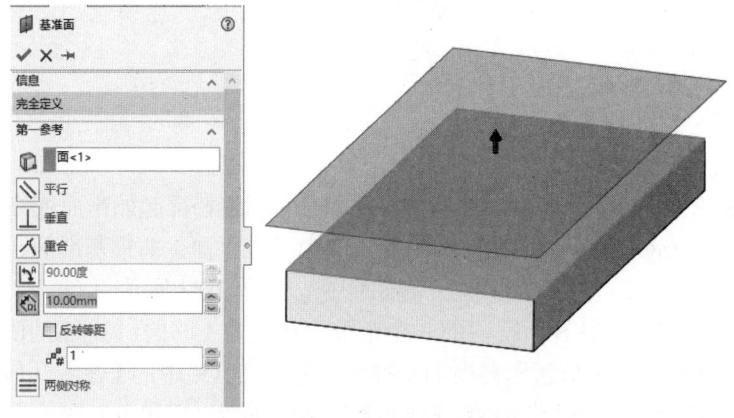

图 1-86　一定距离创建基准面

（3）用户可以选择一个圆弧面建立平面，当选择圆弧面时，系统会弹出【相切】等选项，如图 1-87 所示。

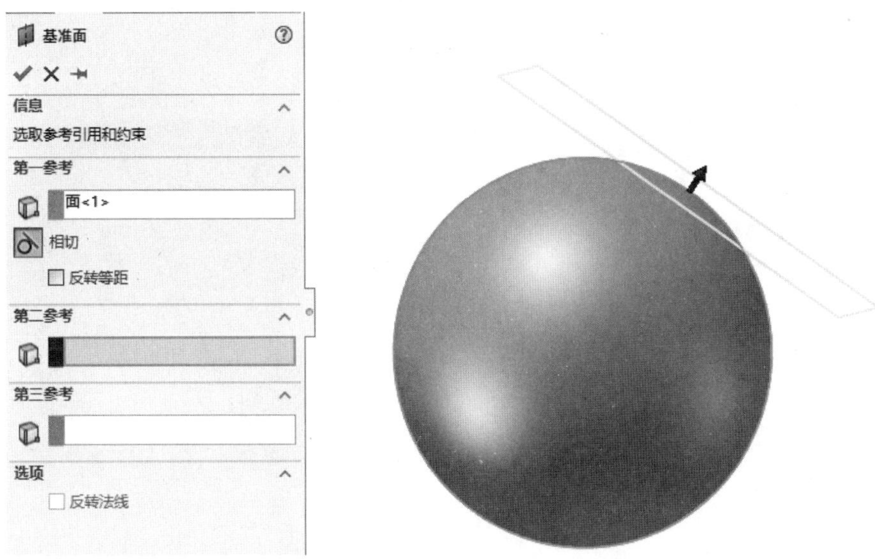

图 1-87　与圆弧相切创建基准面

2. 建立基准面 2

当 SOLIDWORKS 所提供的【第一参考】无法完全定义基准面时，需要再定义【第二参考】或同时定义【第二参考】和【第三参考】来完全定义基准面。

（1）使用 1 个点和 1 条直线的方式创建基准面，如图 1-88 所示。

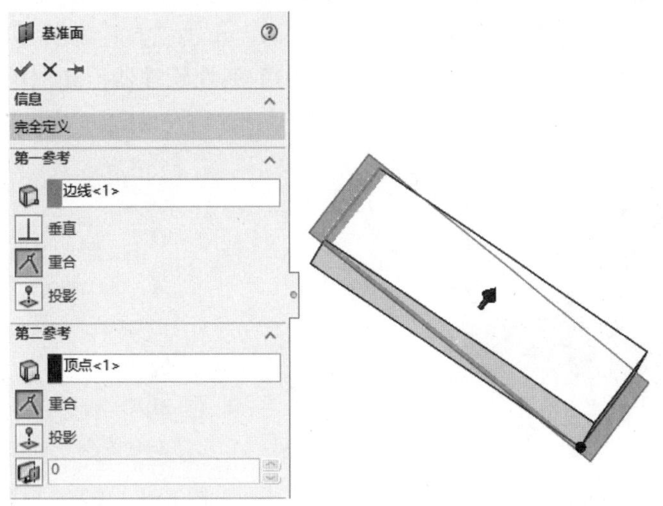

图 1-88　点和线的方式创建平面

（2）使用 3 个点的方式创建基准面，如图 1-89 所示。

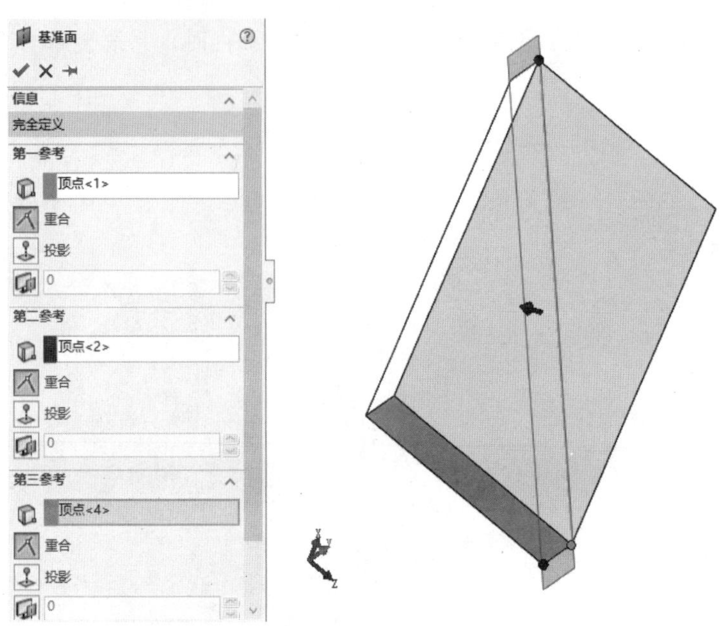

图 1-89　3 个点的方式创建基准面

1.5.2　基准轴

在 SOLIDWORKS 软件中，通常在创建几何体或创建阵列特征时会使用基准轴。当用户创建旋转特征或孔特征后，程序会自动在其中心显示临时轴。而临时轴通常在 SOLIDWORKS 软件中处于隐藏状态，用户需要在【视图】工具栏中单击【隐藏/显示项目】右侧的下拉按钮，单击【观阅临时轴】按钮，即可显示临时轴，如图 1-90 所示。

用户在设计图形时，还可以创建参考轴（构造轴），单击工具栏中的【参考几何体】下侧的下拉按钮，选择【基准轴】按钮，系统弹出【基准轴】属性管理器，如图 1-91 所示。

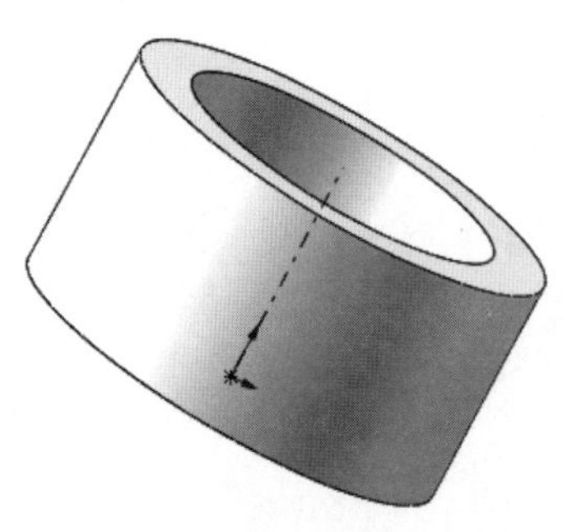

图 1-90　临时轴

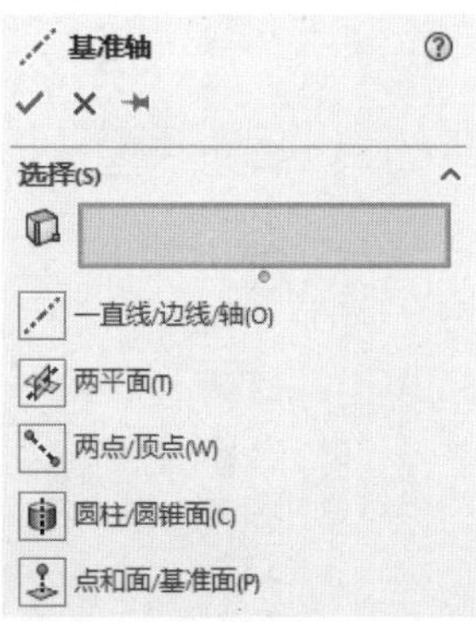

图 1-91　【基准轴】属性管理器

建立基准轴的方式有很多种，SOLIDWORKS 软件给用户提供 5 种基准轴定义方式，包含【一直线/边线/轴】【两平面】【两点/顶点】【圆柱/圆锥面】【点和面/基准面】。

（1）使用【一直线/边线/轴】方式建立基准轴，如图 1-92 所示。

（2）使用【两平面】方式建立基准轴，如图 1-93 所示。

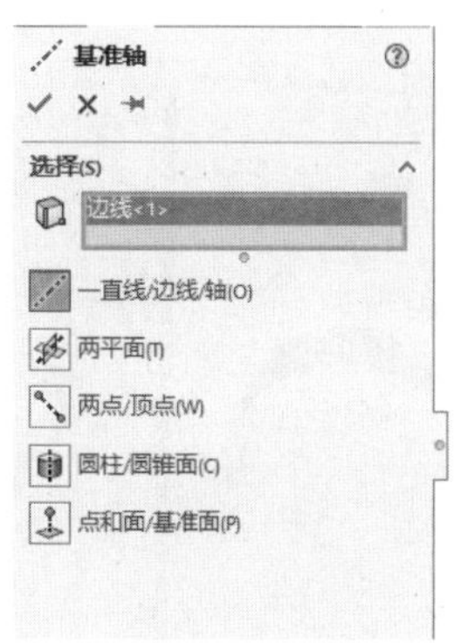

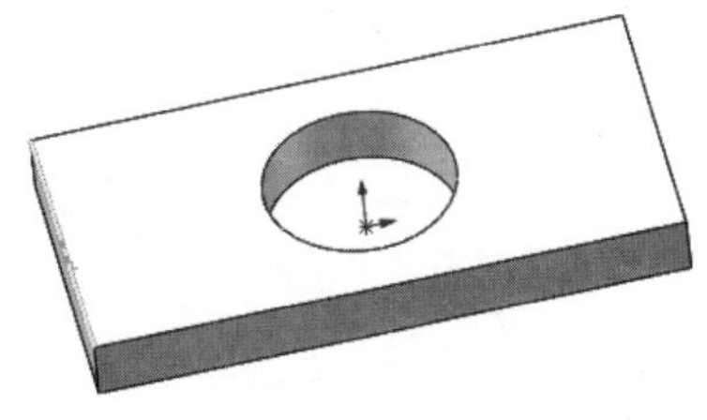

图 1-92 【一直线/边线/轴】方式建立基准轴

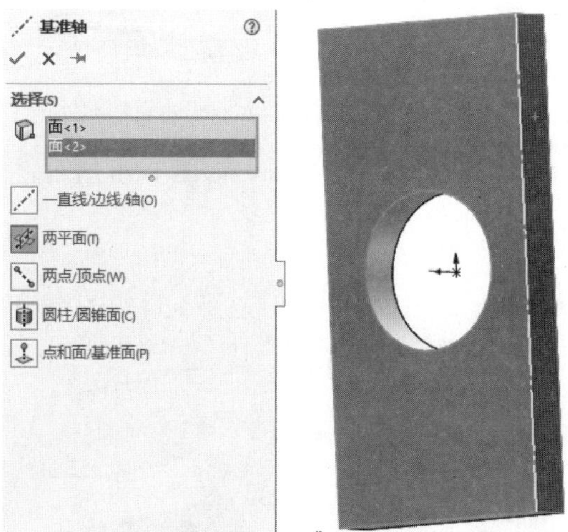

图 1-93 【两平面】方式建立基准轴

（3）使用【两点/顶点】方式建立基准轴，如图 1-94 所示。

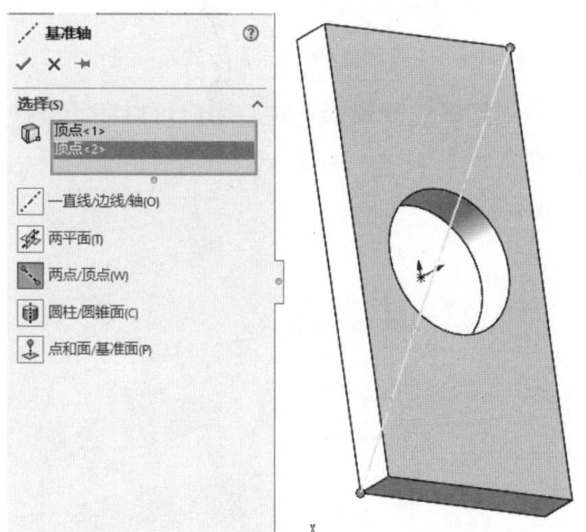

图 1-94 【两点/顶点】方式建立基准轴

（4）使用【圆柱/圆锥面】方式建立基准轴，如图 1-95 所示。

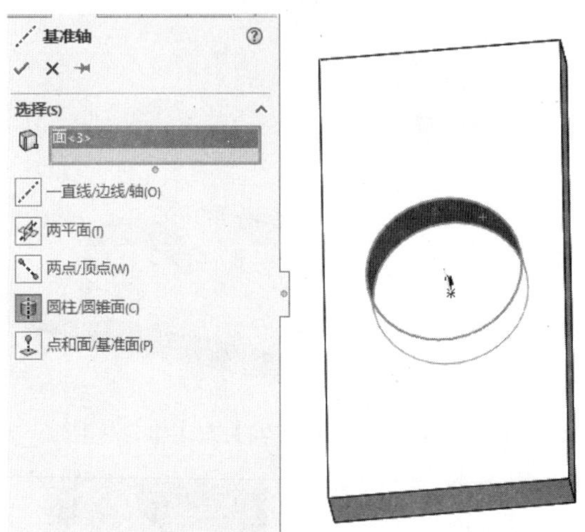

图 1-95 【圆柱/圆锥面】方式建立基准轴

（5）使用【点和面/基准面】方式建立基准轴，如图 1-96 所示。

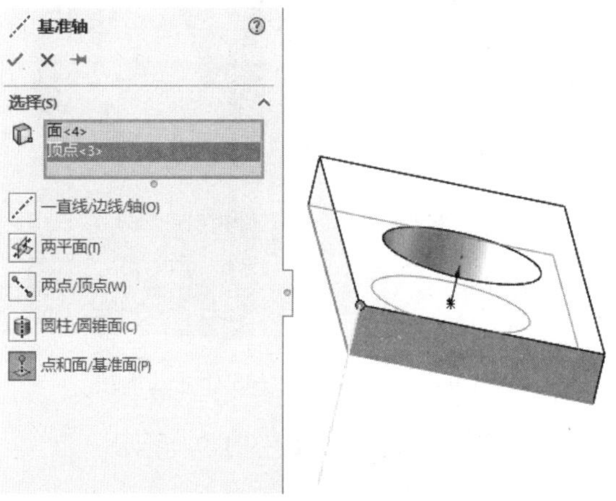

图 1-96 【点和面/基准面】方式建立基准轴

在建立基准轴的参考选项中如果出现错误选项，用户可以在【选择】处右击，在弹出的快捷菜单中选择【删除】或【消除选择】命令，如图 1-97 所示。

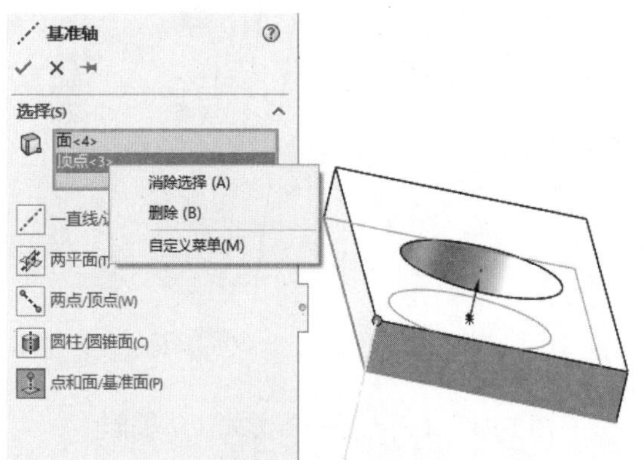

图 1-97 【删除】和【消除选择】命令

1.5.3 坐标系

在 SOLIDWORKS 软件中，通常坐标系用于确定模型在视图中的位置，以及定义实体的坐标参数。单击工具栏中的【参考几何体】下侧的下拉按钮，单击【坐标系】按钮，系统弹出【坐标系】属性管理器，如图 1-98 所示。

默认情况下，坐标系是建立在原点位置，如图 1-99 所示。

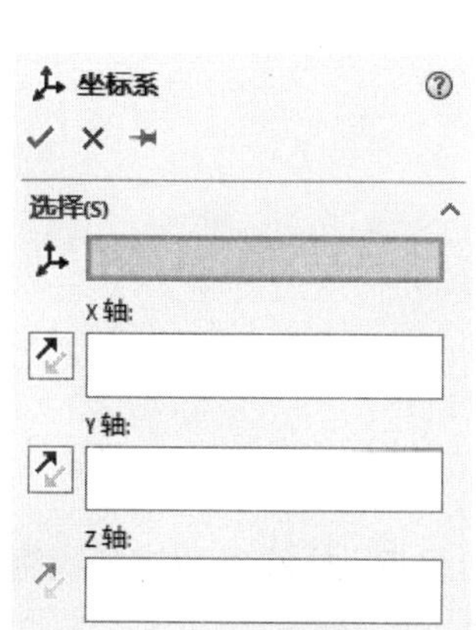

图 1-98　【坐标系】属性管理器

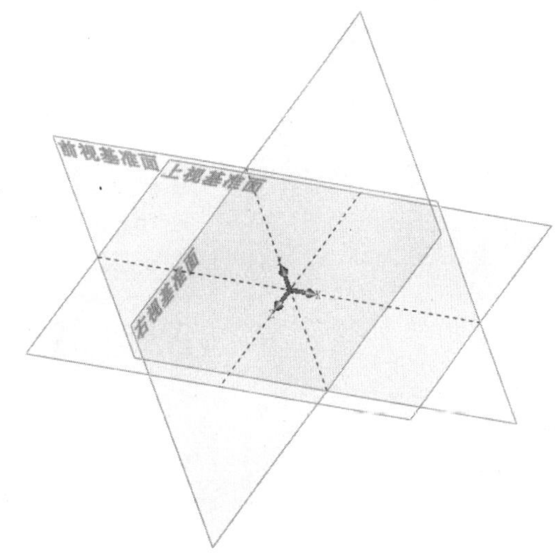

图 1-99　原点位置的坐标系

在 SOLIDWORKS 软件中建立坐标系的方式有很多种。

（1）使用实体中的一个点（顶点/边线中点）方式建立坐标系，如图 1-100 所示。

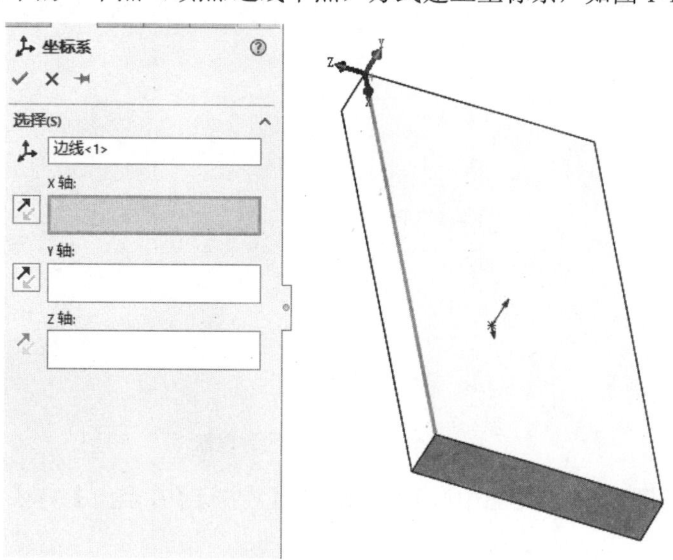

图 1-100　使用点的方式建立坐标系

（2）选择一个点，再选择实体边或草图曲线以指定坐标轴方向。

（3）选择一个点，再选择基准面以指定坐标轴方向。

（4）选择一个点，再选择非线性边线或草图实体以指定坐标轴方向。

当生成新的坐标系时，最好起一个容易理解的名字，这样在设计过程中会省去很多时间。在【特征管理器设计树】中，右击新添加的【坐标系】，单击【属性】按钮，系统弹出【特征属性】对话框，在【名称】处即可改名字，如图 1-101 所示。

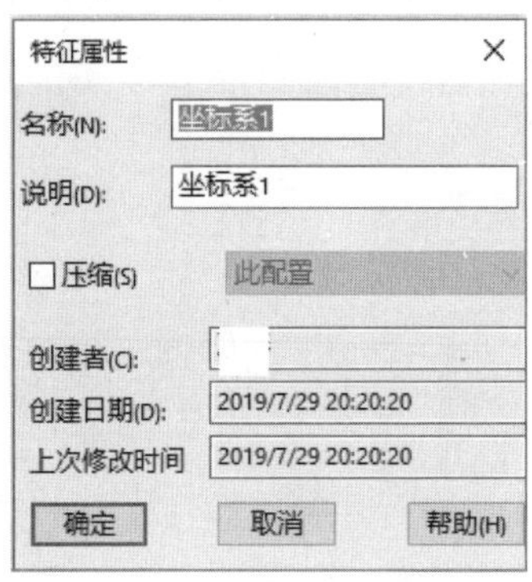

图 1-101　【特征属性】对话框

1.5.4　点

在 SOLIDWORKS 软件中，通常点用于构造对象，像直线的起点、标注参考位置或测量的参考点等。

SOLIDWORKS 软件提供了多种方法来创建点。单击工具栏中的【参考几何体】下侧的下拉按钮，单击【点】按钮，系统弹出【点】属性管理器，如图 1-102 所示。

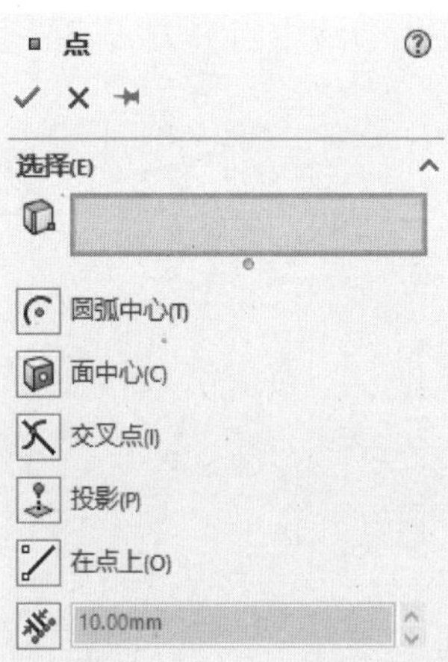

图 1-102　【点】属性管理器

用户可以选择【圆弧中心】【面中心】【交叉点】【投影】【在点上】方式创建参考点。

第2章 草图绘制

本章导读

在进行 SOLIDWORKS 零件设计时，绝大多数的特征命令都需要建立相应的草图，因此，草图绘制在 SOLIDWORKS 三维零件的模型生成中非常重要。SOLIDWORKS 的参变量式设计特性也是在草图绘制中通过指定参数而体现的。

2.1 绘制草图基础知识

草图是三维造型设计的基础，是由直线、圆弧、曲线等基本几何元素组成的几何图形，任何模型都是先从草图开始生成的。草图分为二维和三维两种，其中大部分 SOLIDWORKS 特征都是从二维草图绘制开始的。

2.1.1 图形区域

1.【草图】工具栏

【草图】工具栏中的工具按钮作用于图形区域中的整个草图，其中的按钮为常用的绘图命令，如图 2-1 所示。

图 2-1 【草图】工具栏

2. 状态栏

当草图处于激活状态时，在图形区域底部的状态栏中会显示出有关草图状态的帮助信息，如图 2-2 所示。

19.37mm 26.1mm 0mm 欠定义 正在编辑：草图1

图 2-2 状态栏

（1）绘制实体时显示鼠标位置的坐标。

（2）显示【过定义】【欠定义】或【完全定义】等草图状态。

（3）如果在工作时草图网格线为关闭状态，信息提示正处于草图绘制状态，例如，【正在编辑：草图 *n*】（*n* 为草图绘制时的标号）。

2.1.2 草图选项

选择【工具】|【草图设定】菜单命令，弹出【草图设定】菜单，如图 2-3 所示，在此菜单中可以使用草图的各种设定。

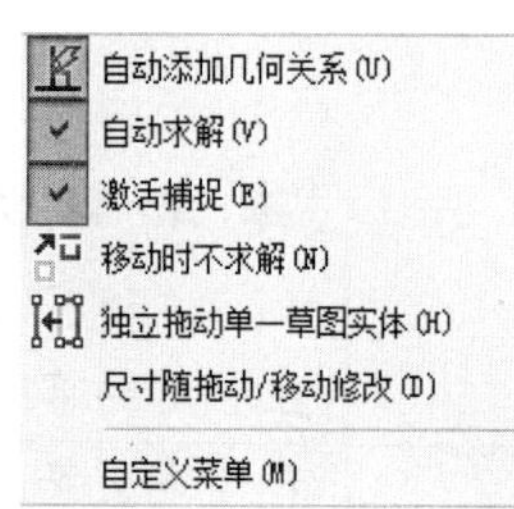

图 2-3 【草图设定】菜单

☑ 【自动添加几何关系】：在添加草图实体时自动建立几何关系。

☑ 【自动求解】：在生成零件时自动计算求解草图几何体。

☑ 【激活捕捉】：可以激活快速捕捉功能。

☑ 【移动时不求解】：可以在不解出尺寸或几何关系的情况下，在草图中移动草图实体。

☑ 【独立拖动单一草图实体】：在拖动时可以从其他实体中独立拖动单一草图实体。

☑ 【尺寸随拖动/移动修改】：拖动草图实体或在【移动】或【复制】的属性设置中将其移动以覆盖尺寸。

2.1.3 草图绘制工具

与草图绘制相关的工具有【草图绘制实体】【草图工具】【草图设定】等，可通过下列 3 种方法使用这些工具。

☑ 在【草图】工具栏中单击需要的按钮。

☑ 选择【工具】|【草图绘制实体】菜单命令。

☑ 在草图绘制状态中使用快捷菜单。在用鼠标右键单击时，只有适用的草图绘制工具和标注几何关系工具才会显示在快捷菜单中。

有一些工具只有菜单命令，而没有相应的工具栏按钮。

2.1.4 绘制草图的流程

绘制草图时的流程很重要，必须考虑先从哪里入手开始绘制复杂的草图，在基准面或平面上绘制草图时如何选择基准面等因素。绘制草图的大体流程如下。

（1）选择基准面或某一面后，单击【草图】工具栏中的【草图绘制】按钮或选择【插入】|【草图绘制】菜单命令。

（2）选择切入点。设计零件基体特征时经常会面临这样的选择。在一般情况下，利用一个复杂轮廓草图生成拉伸特征，与利用一个较简单的轮廓草图生成拉伸特征、再添加几个额外的特征，具有相同的结果。

提示

一般而言，最好是使用简单的草图几何体，然后添加更多的特征以生成较复杂的零件。较简单的草图在草图生成、维护、修改以及尺寸的添加等方面更加便捷。

（3）绘制草图实体。使用各种草图绘制工具生成草图实体，如直线、矩形、圆、样条曲线等。

（4）在【属性管理器】中对所绘制的草图进行属性的设置，或单击【草图】工具栏中的【智能尺寸】按钮和【添加几何关系】按钮，添加尺寸和几何关系。

（5）关闭草图。完成草图绘制后检查草图，然后单击【草图】工具栏中的【退出草图】按钮，退出草图绘制状态。

2.2　草图图形元素

下面介绍绘制草图常用的几种几何图形元素的方法。

2.2.1　直线

单击【草图】工具栏中的【直线】按钮或选择【工具】|【草图绘制实体】|【直线】菜单命令，在属性管理器中弹出【插入线条】属性管理器，如图 2-4 所示，鼠标变为形状。

在【插入线条】属性管理器中可以编辑所绘制直线的以下属性。

（1）【方向】选项组

☑　【按绘制原样】：使用单击左键并拖动鼠标的方法绘制一条任意方向的直线，然后释放鼠标；也可以使用单击左键并拖动鼠标的方法绘制一条任意方向的直线后，继续绘制其他任意方向的直线，然后双击左键结束绘制。

☑　【水平】：绘制水平线，直到释放鼠标。

☑　【竖直】：绘制竖直线，直到释放鼠标。

☑　【角度】：以一定角度绘制直线，直到释放鼠标（此处的角度是相对于水平线而言）。

（2）【选项】选项组

☑　【作为构造线】：可以将实体直线转换为构造几何体的直线。

☑　【无限长度】：可以生成一条可剪裁的无限长度的直线。

在图形区域中选择绘制的直线，在属性管理器中弹出【线条属性】属性管理器，可以编辑该直线的属性，如图 2-5 所示。

（1）【现有几何关系】选项组

该选项组显示现有的几何关系，即草图绘制过程中自动推理或手动使用【添加几何关系】选项组参数生成的现有几何关系。

（2）【添加几何关系】选项组

该选项组可以将新的几何关系添加到所选草图实体中，其中只列举了所选直线实体可以使用的几何关系，如【水平】【竖直】【固定】等。

（3）【选项】选项组

☑　【作为构造线】：可以将实体直线转换为构造几何体的直线。

☑　【无限长度】：可以生成一条可剪裁的无限长度的直线。

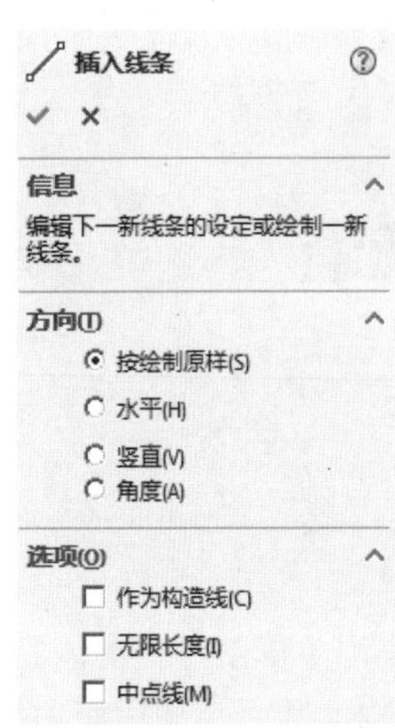

图 2-4　【插入线条】属性管理器

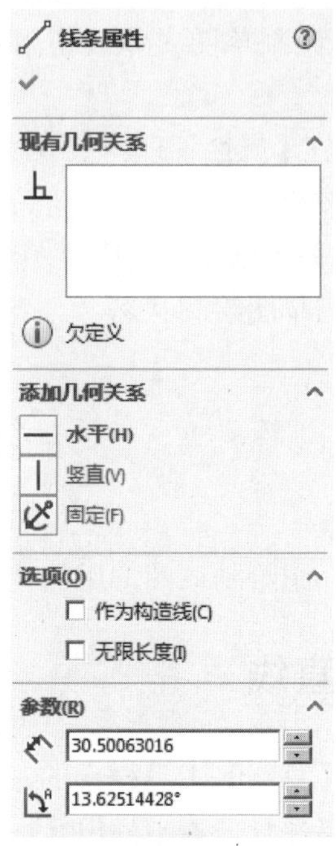

图 2-5　【线条属性】属性管理器

（4）【参数】选项组

☑　【长度】：设置该直线的长度。

☑　【角度】：相对于网格线的角度，水平角度为 180°，竖直角度为 90°，逆时针为正向。

2.2.2　圆

单击【草图】工具栏中的【圆】按钮或选择【工具】|【草图绘制实体】|【圆】菜单命令，在属性管理器中弹出【圆】属性管理器，如图 2-6 所示，鼠标变为形状。

（1）【圆类型】选项组

☑　：绘制基于中心的圆。

☑　：绘制基于周边的圆。

（2）【参数】选项组

☑　【X 坐标置中】：设置圆心 X 坐标。

☑　【Y 坐标置中】：设置圆心 Y 坐标。

☑　【半径】：设置圆的半径。

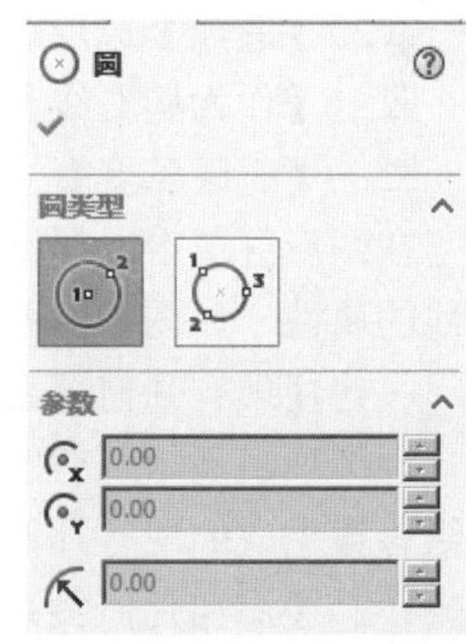

图 2-6　【圆】属性管理器

2.2.3　圆弧

圆弧有【圆心/起/终点画弧】【切线弧】【3 点圆弧】3 种类型。

单击【草图】工具栏中的【圆弧】按钮或选择【工具】|【草图绘制实体】|【圆弧】菜单

命令，在属性管理器中弹出【圆弧】属性管理器，如图 2-7 所示，鼠标变为形状。

- ☑ 【X 坐标置中】：设置圆心 X 坐标。
- ☑ 【Y 坐标置中】：设置圆心 Y 坐标。
- ☑ 【开始 X 坐标】：设置开始点 X 坐标。
- ☑ 【开始 Y 坐标】)：设置开始点 Y 坐标。
- ☑ 【结束 X 坐标】)：设置结束点 X 坐标。
- ☑ 【结束 Y 坐标】)：设置结束点 Y 坐标。
- ☑ 【半径】：设置圆弧的半径。
- ☑ 【角度】：设置端点到圆心的角度。

图 2-7　【圆弧】属性管理器

1. 绘制圆心/起/终点画弧

（1）单击【草图】工具栏中的【圆心/起/终点画弧】按钮或选择【工具】|【草图绘制实体】|【圆心/起/终点画弧】菜单命令，鼠标变为形状。

（2）确定圆心，在图形区域中单击左键以放置圆弧圆心，拖动鼠标放置起点、终点。单击左键，显示圆周参考线。拖动鼠标以确定圆弧的长度和方向，单击左键。

（3）设置圆弧属性，单击【确定】按钮，完成圆弧的绘制。

2. 绘制切线弧

（1）单击【草图】工具栏中的【切线弧】按钮或选择【工具】|【草图绘制实体】|【切线弧】菜单命令。

（2）在直线、圆弧、椭圆或样条曲线的端点处单击左键，在属性管理器中弹出【圆弧】属性管理器，鼠标变为形状。拖动鼠标以绘制所需的形状，单击左键。

（3）设置圆弧的属性，单击【确定】按钮，完成圆弧的绘制。

3. 绘制 3 点圆弧的方法

（1）单击【草图】工具栏中的【3 点圆弧】按钮或选择【工具】|【草图绘制实体】|【3 点圆弧】菜单命令，在属性管理器中弹出【圆弧】属性管理器，鼠标变为形状。

（2）在图形区域中单击左键以确定圆弧的起点位置。将鼠标拖动到圆弧结束处，再次单击左键以确定圆弧的终点位置。拖动圆弧以设置圆弧的半径，必要时可以反转圆弧的方向，单击左键。

（3）设置圆弧的属性，单击【确定】按钮，完成圆弧的绘制。

2.2.4　矩形和平行四边形

使用【矩形】命令可以生成水平或竖直的矩形；使用【平行四边形】命令可以生成任意角度的平行四边形。

单击【草图】工具栏中的【矩形】按钮或选择【工具】|【草图绘制实体】|【矩形】菜单

命令，在属性管理器中弹出【矩形】属性管理器，如图 2-8 所示，鼠标变为形状。

（1）【矩形类型】选项组

☑ 【边角矩形】：绘制标准矩形草图。

☑ 【中心矩形】：绘制一个包括中心点的矩形。

☑ 【3 点边角矩形】：以所选的角度绘制一个矩形。

☑ 【3 点中心矩形】：以所选的角度绘制带有中心点的矩形。

☑ 【平行四边形】：绘制标准平行四边形草图。

（2）【参数】选项组

☑ ：点的 X 坐标。

☑ ：点的 Y 坐标。

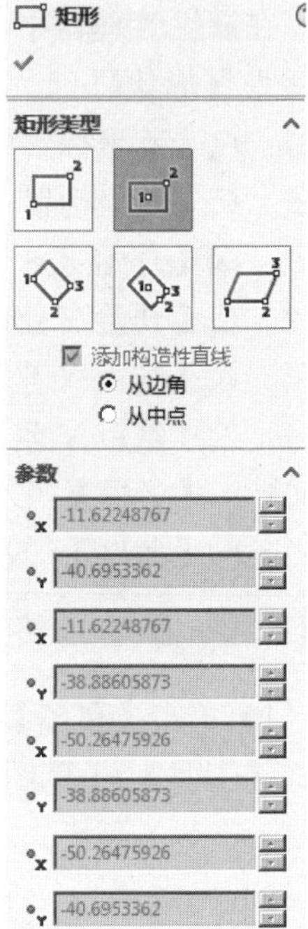

图 2-8 【矩形】属性管理器

2.2.5 槽口

使用【槽口】命令，可以将槽口插入草图和工程图中。

单击【草图】工具栏中的【槽口】按钮或选择【工具】|【草图绘制实体】|【槽口】菜单命令，在属性管理器中弹出【槽口】属性管理器，如图 2-9 所示。

（1）【槽口类型】选项组

☑ 【直槽口】：用两个端点绘制直槽口。

☑ 【中心点直槽口】：从中心点绘制直槽口。

☑ 【3 点圆弧槽口】：在圆弧上用 3 个点绘制圆弧槽口。

☑ 【中心点圆弧槽口】：用圆弧的中心点和圆弧的两个端点绘制圆弧槽口。

☑ 【添加尺寸】：显示槽口的长度和圆弧尺寸。

☑ 【中心到中心】：以两个中心间的长度作为直槽口的长度尺寸。

☑ 【总长度】：以槽口的总长度作为直槽口的长度尺寸。

（2）【参数】选项组

如果槽口不受几何关系约束，则可指定以下参数的任何适当组合来定义槽口。

☑ ：槽口中心点的 X 坐标。

☑ ：槽口中心点的 Y 坐标。

☑ ：槽口宽度。

☑ ：槽口长度。

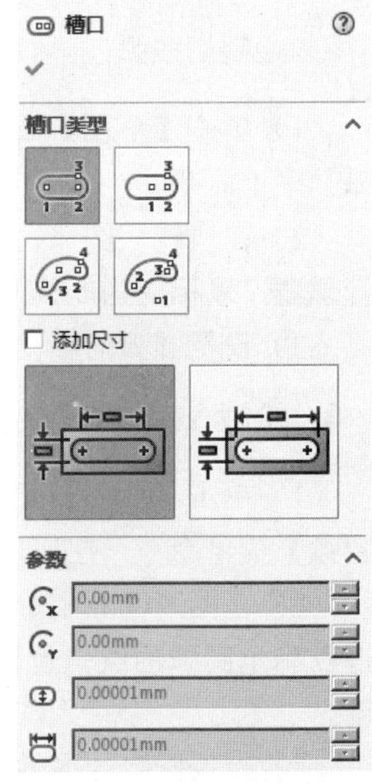

图 2-9 【槽口】属性管理器

2.2.6 文字

使用【文字】命令，可以将文字插入草图和工程图中。

单击【文字】工具栏中的【文字】按钮或选择【工具】|【草图绘制实体】|【文字】菜单命令，在属性管理器中弹出【草图文字】属性管理器，如图 2-10 所示。

（1）【曲线】选项组

☑ 【选择边线、曲线、草图及草图段】：所选实体的名称显示在框中，文字沿实体出现。

（2）【文字】选项组

☑ 【文字】：在文字框中输入文字。

☑ B I 【样式】：可选取单个字符或字符组来应用加粗、斜体或旋转。

☑ 【对齐】：调整文字左对齐、居中、右对齐或两端对齐。对齐只可用于沿曲线、边线或草图线段的文字。

☑ AB BA【反转】：以竖直反转方向及返回，或水平反转方向和返回来反转文字。

☑ 【宽度因子】：按指定的百分比均匀加宽每个字符。

☑ 【间距】：按指定的百分比更改每个字符之间的间距。

☑ 【使用文档字体】：消除可选择另一种字体。

☑ 【字体】：单击该按钮以打开字体对话框并选择一字体样式和大小。

图 2-10　【草图文字】属性管理器

2.3　草图编辑

SOLIDWORKS 为用户提供了比较完整的辅助绘图工具，使草图的后期修改更为方便。

2.3.1　移动、旋转、缩放、复制草图

如果要移动、旋转、按比例缩放、复制草图，可以选择【工具】|【草图工具】菜单命令，然后选择以下命令。

☑ 【移动】：移动草图。

☑ 【旋转】：旋转草图。

☑ 【缩放比例】：按比例缩放草图。

下面进行详细介绍。

1．移动

使用【移动】命令可以将实体移动一定距离，或以实体上某一点为基准，将实体移动至已有的草图点。使用【移动】命令的方法如下。

（1）选择要移动的草图。

（2）选择【工具】|【草图工具】|【移动】菜单命令，在属性管理器中弹出【移动】属性管理器，如图 2-11 所示。在【参数】选项组中，选中【从/到】单选按钮，再单击【起点】中的■【基准点】选择框，在图形区域中选择移动的起点，拖动鼠标定义草图实体要移动到的位置。

2．旋转

使用【旋转】命令可以使实体沿旋转中心旋转一定角度，方法如下。

（1）选择要旋转的草图。

（2）选择【工具】|【草图绘制工具】|【旋转】菜单命令，在属性管理器中弹出【旋转】属性管理器，如图 2-12 所示。在【参数】选项组中，单击【旋转中心】中的■【基准点】选择框，然后在图形区域中单击左键以放置旋转中心。在■【基准点】选择框中显示【旋转所定义的点】。

（3）在【角度】数值框中设置旋转角度，或将鼠标在图形区域中任意拖动，单击【确定】按钮✔，草图实体被旋转。

3．按比例缩放、复制

使用【按比例缩放】命令可以将实体放大或缩小一定的倍数，或生成一系列尺寸成等比例的实体，方法如下。

（1）选择要按比例缩放的草图。

（2）选择【工具】|【草图绘制工具】|【缩放比例】菜单命令，在属性管理器中弹出【比例】属性管理器，如图 2-13 所示。在【比例缩放点】中选取基准点，在【比例因子】中设定比例大小，并设置复制数值，可以将草图按比例缩放并复制。

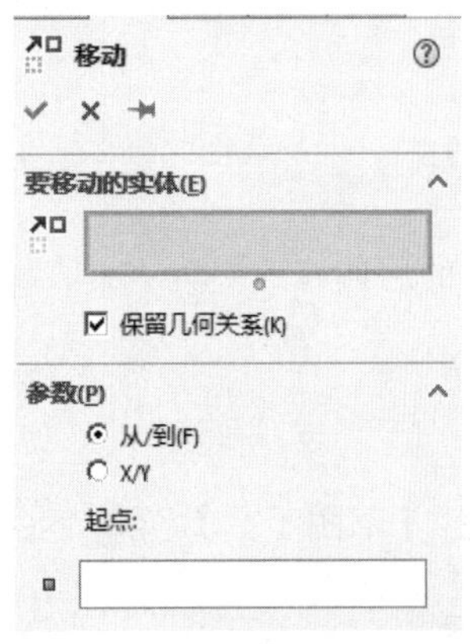

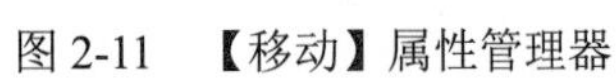
图 2-11 【移动】属性管理器

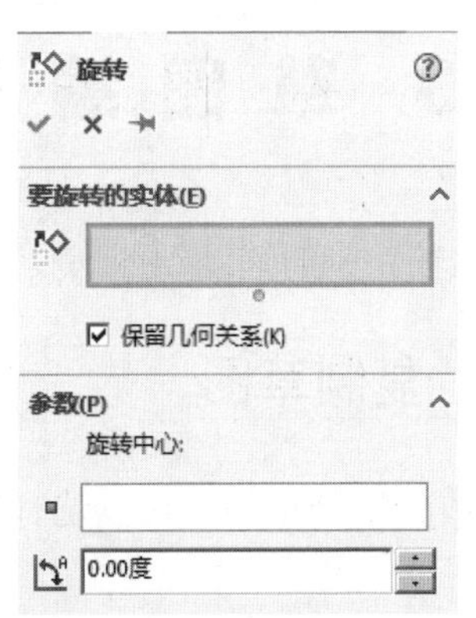

图 2-12 【旋转】属性管理器

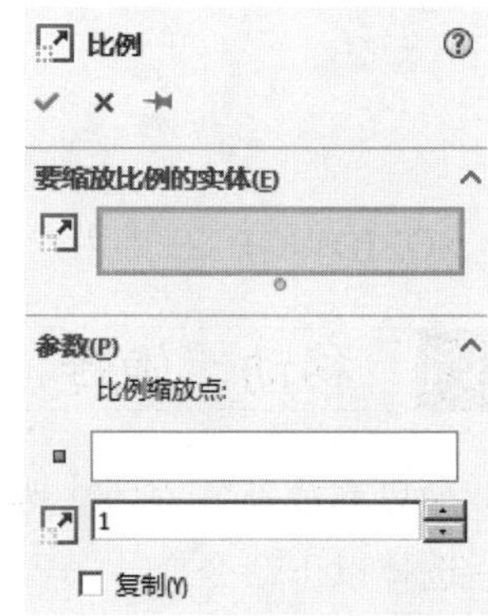

图 2-13 【比例】属性管理器

（3）单击【确定】按钮✔，草图实体被比例缩放。

2.3.2 剪裁草图

使用【剪裁】命令可以用来裁剪或延伸某一草图实体，使之与另一个草图实体重合，或删除某一草图实体。

单击【草图】工具栏中的【剪裁实体】按钮或选择【工具】|【草图绘制工具】|【剪裁】

菜单命令，在属性管理器中弹出【剪裁】属性管理器，如图 2-14 所示。

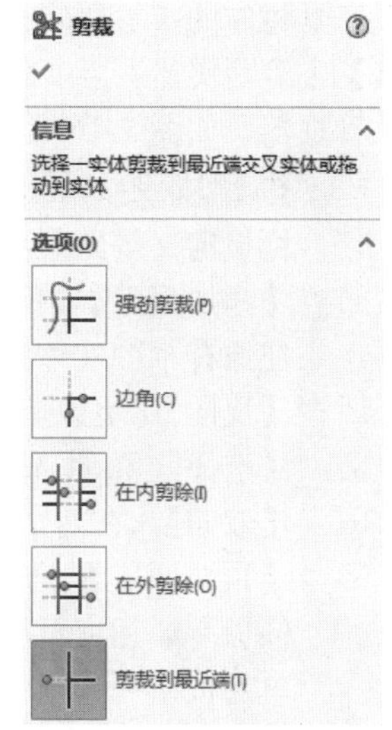

图 2-14　【剪裁】属性管理器

☑ 【强劲剪裁】：延伸草图实体。拖动鼠标时，剪裁一个或多个草图实体到最近的草图实体并与该草图实体交叉。

☑ 【边角】：修改所选两个草图实体，直到它们以虚拟边角交叉。沿其自然路径延伸一个或两个草图实体时就会生成虚拟边角。

☑ 【在内剪除】：剪裁交叉于两个所选边界上或位于两个所选边界之间的开环实体，例如，椭圆等闭环草图实体将会生成一个边界区域，方式与选择两个开环实体作为边界相同。

☑ 【在外剪除】：剪裁位于两个所选边界之外的开环草图实体。

☑ 【剪裁到最近端】：删除草图实体，直到与另一草图实体，如直线、圆弧、圆、椭圆、样条曲线、中心线等，或模型边线的交点处。

2.3.3 转换实体引用

使用【转换实体引用】命令可以将其他特征上的边线投影到草图平面上，此边线可以作为等距的模型边线，也可以作为等距的外部草图实体。使用【转换实体引用】命令的方法如下。

（1）单击【标准】工具栏中的【选择】按钮，在图形区域中选择模型面或边线、环、曲线、外部草图轮廓线、一组边线、一组曲线等。

（2）单击【草图】工具栏中的【草图绘制】按钮，进入草图绘制状态。

（3）单击【草图】工具栏中的【转换实体引用】按钮或选择【工具】|【草图绘制工具】|【转换实体引用】菜单命令，将模型面转换为草图实体，如图 2-15 所示。

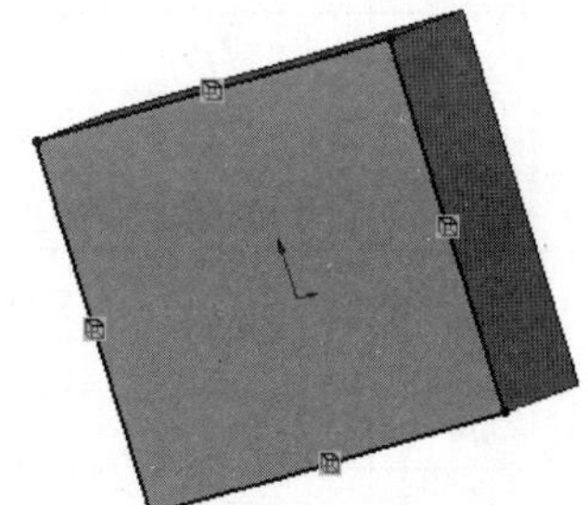

图 2-15　将模型面转换为草图实体

【转换实体引用】命令将自动建立以下几何关系。

（1）在新的草图曲线和草图实体之间的边线上建立几何关系，如果草图实体更改，曲线也会随之更新。

（2）在草图实体的端点上生成内部固定几何关系，使草图实体保持【完全定义】状态。当使用【显示/删除几何关系】命令时，不会显示此内部几何关系，拖动这些端点可以移除几何关系。

2.3.4 等距实体

使用【等距实体】命令可以将其他特征的边线以一定的距离和方向偏移，偏移的特征可以是一个或多个草图实体、一个模型面、一条模型边线或外部草图曲线。

选择一个草图实体或多个草图实体、一个模型面、一条模型边线或外部草图曲线等，单击【草

图】工具栏中的【等距实体】按钮或选择【工具】|【草图绘制工具】|【等距实体】菜单命令，在属性管理器中弹出【等距实体】属性管理器，如图 2-16 所示。

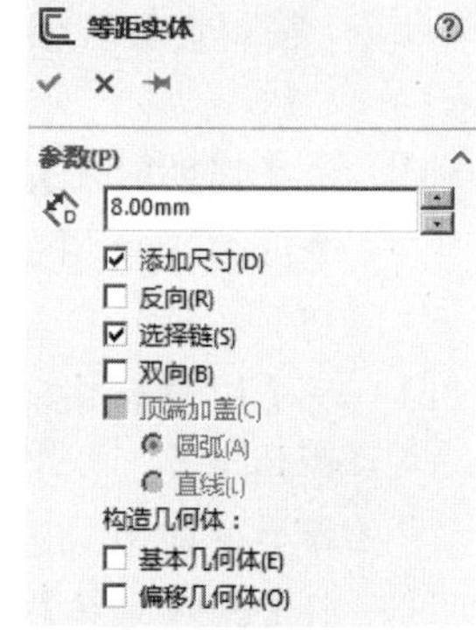

图 2-16 【等距实体】属性管理器

☑ 【等距距离】：设置等距数值，或在图形区域中移动鼠标以定义等距距离。
☑ 【添加尺寸】：在草图中包含等距距离，不会影响到包含在原有草图实体中的任何尺寸。
☑ 【反向】：更改单向等距的方向。
☑ 【选择链】：生成所有连续草图实体的等距实体。
☑ 【双向】：在两个方向生成等距实体。
☑ 【顶端加盖】：通过选中【双向】复选框并添加顶盖以延伸原有非相交草图实体，可以选中【圆弧】或【直线】单选按钮作为延伸顶盖的类型。

2.4 几何关系

绘制草图时使用几何关系可以更容易地控制草图形状，表达设计意图，充分体现人机交互的便利。几何关系与捕捉是相辅相成的，捕捉到的特征就是具有某种几何关系的特征。表 2-1 详细说明了各种几何关系要选择的草图实体及使用后的效果。

表 2-1 几何关系选项与效果

图　标	几何关系	要选择的草图实体	使用后的效果
	水平	一条或多条直线，两个或多个点	使直线水平，使点水平对齐
	竖直	一条或多条直线，两个或多个点	使直线竖直，使点竖直对齐
	共线	两条或多条直线	使草图实体位于同一条无限长的直线上
	垂直	两条直线	使草图实体相互垂直
	平行	两条或多条直线	使草图实体相互平行
	相切	直线和圆弧、椭圆弧或其他曲线，曲面和直线，曲面和平面	使草图实体保持相切
	同心	两个或多段圆弧	使草图实体共用一个圆心
	中点	一条直线或一段圆弧和一个点	使点位于圆弧或直线的中心
	重合	一条直线、一段圆弧或其他曲线和一个点	使点位于直线、圆弧或曲线上
	相等	两条或多条直线，两段或多段圆弧	使草图实体的所有尺寸参数保持相等
	对称	两个点、两条直线、两个圆、椭圆或其他曲线和一条中心线	使草图实体保持相对于中心线对称
	固定	任何草图实体	使草图实体的尺寸和位置保持固定，不可更改
	合并	两个草图点或端点	使两个点合并为一个点

【添加几何关系】命令⊥是为已有的实体添加约束，此命令只能在草图绘制状态中使用。

生成草图实体后，单击【草图】工具栏中的【添加几何关系】按钮⊥或选择【工具】|【几何关系】|【添加】菜单命令，在属性管理器中弹出【添加几何关系】属性管理器，可以在草图实体之间或在草图实体与基准面、轴、边线、顶点之间生成几何关系，如图 2-17 所示。

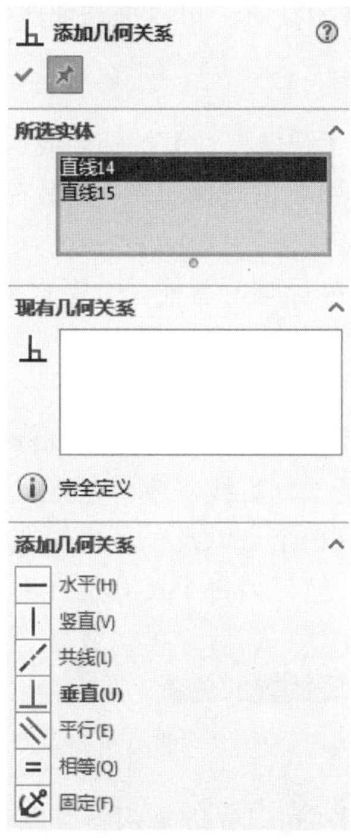

图 2-17　【添加几何关系】属性管理器

生成几何关系时，其中至少必须有一项是草图实体，其他项可以是草图实体或边线、面、顶点、原点、基准面、轴，也可以是其他草图的曲线投影到草图基准面上所形成的直线或圆弧。

2.5 尺寸标注

绘制完成草图后，需要标注草图的尺寸。

2.5.1 智能尺寸

通常在绘制草图实体时标注尺寸数值，按照此尺寸数值生成零件特征，然后将这些尺寸数值插入各个工程视图中。工程图中的尺寸标注是与模型相关联的，模型中的更改会反映在工程图中，在工程图中更改插入的尺寸也会改变模型；还可以在工程图文件中添加尺寸数值，但是这些尺寸数值是【参考】尺寸，并且是【从动】尺寸，不能通过编辑其数值改变模型。然而当更改模型的标注尺寸数值时，参考尺寸的数值也会随之发生改变。

在默认情况下，插入的尺寸显示为黑色，包括零件或装配体文件中显示为蓝色的尺寸（如拉伸深度等），参考尺寸显示为灰色，并带有括号。当尺寸被选中时，尺寸箭头上出现圆形控标。单击箭头控标，箭头向外或向内翻转（如果尺寸有两个控标，可以单击任一控标）。

使用【智能尺寸】命令可以给草图实体和其他对象标注尺寸。智能尺寸的形式取决于所选定的实体项目。对于某些形式的智能尺寸（如点到点、角度、圆等），尺寸所放置的位置也会影响其形式。在【智能尺寸】命令被激活时，可以拖动或删除尺寸。

1. 标注线性尺寸

（1）单击【草图】工具栏中的【智能尺寸】按钮或选择【工具】|【标注尺寸】|【智能尺寸】菜单命令，也可以在图形区域中用单击鼠标右键，然后在弹出的快捷菜单中选择【智能尺寸】命令。默认尺寸类型为平行尺寸。

（2）定位智能尺寸项目。移动鼠标时，智能尺寸会自动捕捉到最近的方位。当预览显示想要的位置及类型时，可以右击锁定该尺寸。

智能尺寸项目有下列几种。

☑ 直线或边线的长度：选择要标注的直线，拖动到标注的位置。

☑ 直线之间的距离：选择两条平行直线，或一条直线与一条平行的模型边线。

☑ 点到直线的垂直距离：选择一个点以及一条直线或模型上的一条边线。

☑ 点到点距离：选择两个点，然后为每个尺寸选择不同的位置，生成如图 2-18 所示的距离尺寸。

（3）单击左键确定尺寸数值所要放置的位置。

2. 标注角度尺寸

要生成两条直线之间的角度尺寸，可以先选择两条草图直线，然后为每个尺寸选择不同的位置。要在两条直线或一条直线和模型边线之间放置角度尺寸，可以先选择两个草图实体，然后在其周围拖动鼠标，显示智能尺寸的预览。由于鼠标位置的改变，要标注的角度尺寸数值也会随之改变。

（1）单击【草图】工具栏中的【智能尺寸】按钮。

（2）单击其中一条直线，单击另一条直线或模型边线，拖动鼠标显示角度尺寸的预览。

（3）单击左键确定所需尺寸数值的位置，生成如图 2-19 所示的角度尺寸。

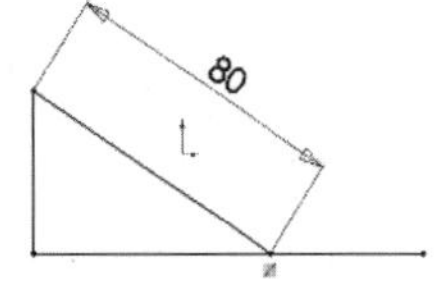

图 2-18　生成点到点的距离尺寸

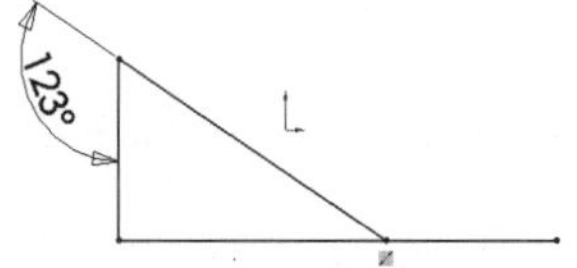

图 2-19　生成角度尺寸

3. 标注圆弧尺寸

标注圆弧尺寸时，默认尺寸类型为半径。如果要标注圆弧的实际长度，可以选择圆弧及其两个端点。

（1）单击【草图】工具栏中的【智能尺寸】按钮。

（2）单击圆弧的两个端点，拖动鼠标显示圆弧长度的预览。

（3）单击左键确定所需尺寸数值的位置，生成如图 2-20 所示的圆弧尺寸数值。

4．标注圆形尺寸

以一定角度放置圆形尺寸，尺寸数值显示为直径尺寸。将尺寸数值竖直或水平放置，尺寸数值会显示为线性尺寸。如果要修改线性尺寸的角度，则单击该尺寸数值，然后拖动文字上的控标，尺寸以 15° 的增量进行捕捉。

（1）单击【草图】工具栏中的【智能尺寸】按钮。

（2）选择圆形。拖动鼠标显示圆形直径的预览。

（3）单击左键确定所需尺寸数值的位置，生成如图 2-21 所示的圆形尺寸。

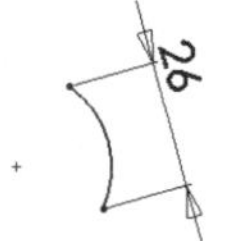

图 2-20　生成圆弧尺寸

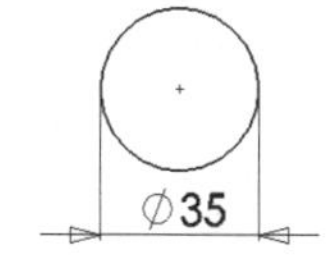

图 2-21　生成圆形尺寸

2.5.2　修改尺寸

要修改尺寸，可以双击草图的尺寸，在弹出的【修改】对话框中进行设置，如图 2-22 所示，然后单击【保存当前的数值并退出此对话框】按钮完成操作。

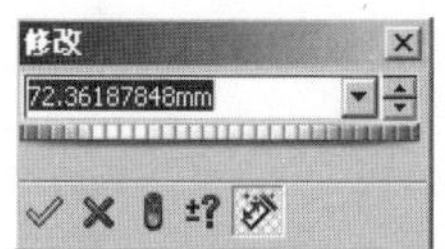

图 2-22　【修改】对话框

2.6　范例——垫片草图

本节将生成一个垫片草图模型，如图 2-23 所示。本模型使用的功能包括新建零件图、选择基准面、绘制中心线、绘制草图、删除多余线段。

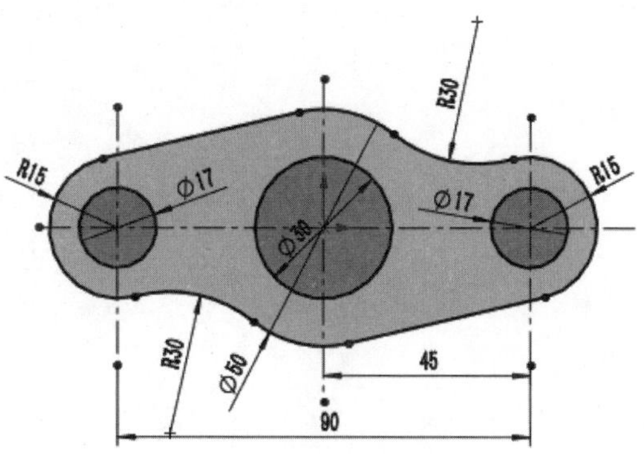

图 2-23　垫片草图模型

具体步骤如下。

1. 辅助部分

（1）新建零件图。启动中文版 SOLIDWORKS 软件后，选择【文件】|【新建】菜单命令，系统自动弹出【新建 SOLIDWORKS 文件】对话框；选择第一个【零件】模板后单击确定按钮，系统即可进入零件建模环境。

（2）单击【草图】工具栏中的【草图绘制】按钮，在弹出的选择基准面页面单击【前视基准面】。

（3）选择【前视基准面】后即可进入绘制草图的界面。

（4）单击【草图】工具栏中的【直线】右侧的下拉按钮，选择【中心线】选项，如图 2-24 所示。

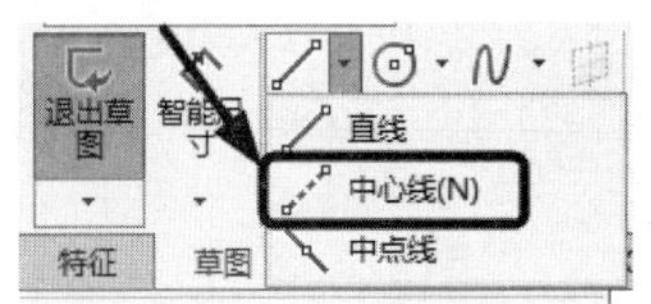

图 2-24　选择线型

（5）绘制中心线。在图纸中绘制出一横三竖的中心线，如图 2-25 所示。

（6）单击【草图】工具栏中的【智能尺寸】按钮，标注确定中心线的位置，如图 2-26 所示。

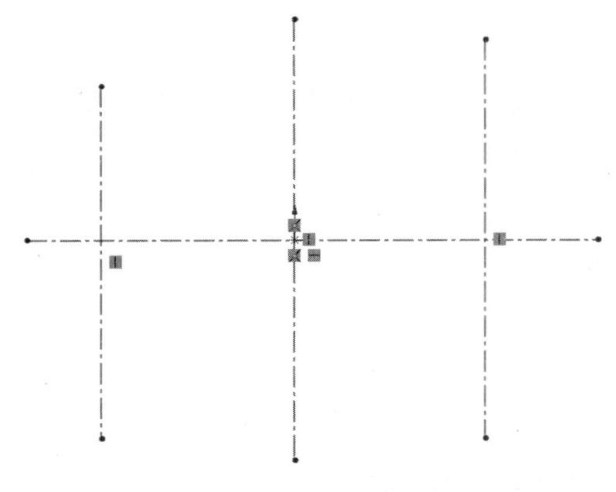
图 2-25　绘制中心线

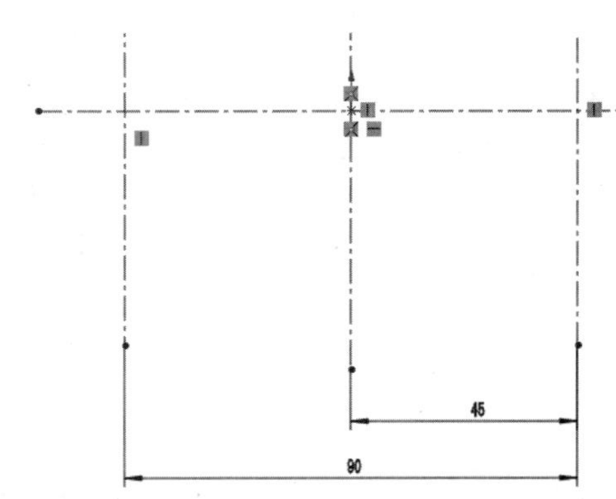

图 2-26　添加尺寸

2. 绘制草图

（1）单击【草图】工具栏中【圆】按钮，在【圆类型】下选择【圆】，如图 2-27 所示。

（2）在图纸的中心线中的 3 个交点位置为圆心绘制 3 个圆的轮廓，如图 2-28 所示。

图 2-27　选择圆类型

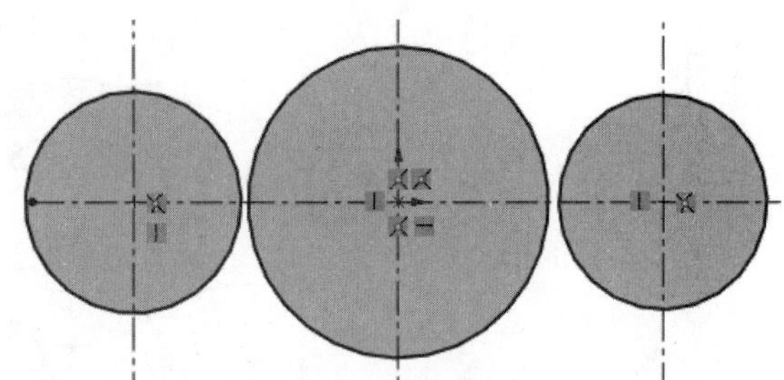
图 2-28　绘制圆草图（1）

（3）单击【草图】工具栏中的【智能尺寸】按钮，标注确定圆的大小，中间圆的直径为

30，两边圆的直径均为 17，如图 2-29 所示。

（4）单击【草图】工具栏中的【圆】按钮，在图纸的中心线中心交点位置为圆心绘制一个圆的轮廓，如图 2-30 所示。

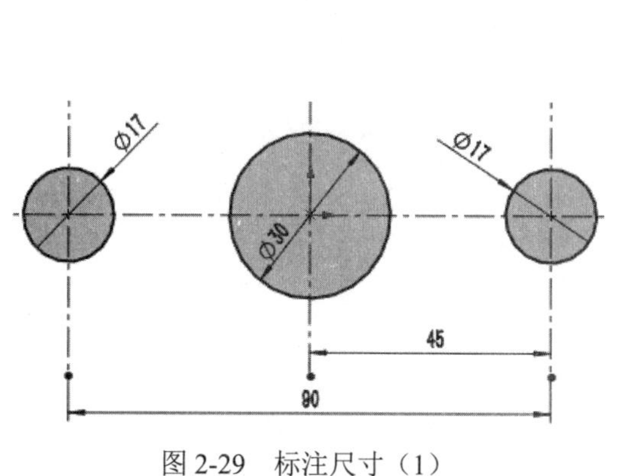

图 2-29　标注尺寸（1）

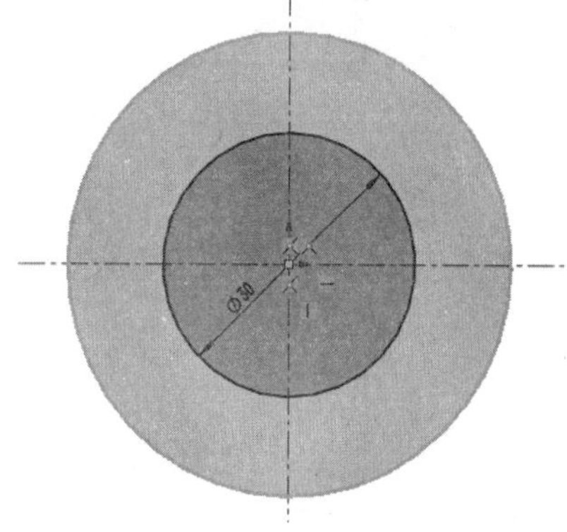

图 2-30　绘制圆草图（2）

（5）单击【草图】工具栏中的【智能尺寸】按钮，标注确定圆的大小，圆的直径为 50，如图 2-31 所示。

（6）单击【草图】工具栏中的【圆】按钮，在图纸的两边中心线交点位置为圆心绘制两个圆的轮廓，单击【草图】工具栏中的【智能尺寸】按钮，标注确定圆的大小，圆的直径为 30，如图 2-32 所示。

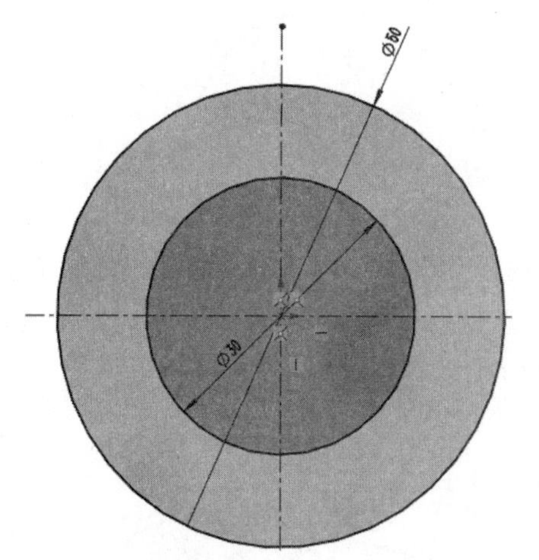

图 2-31　标注尺寸（2）

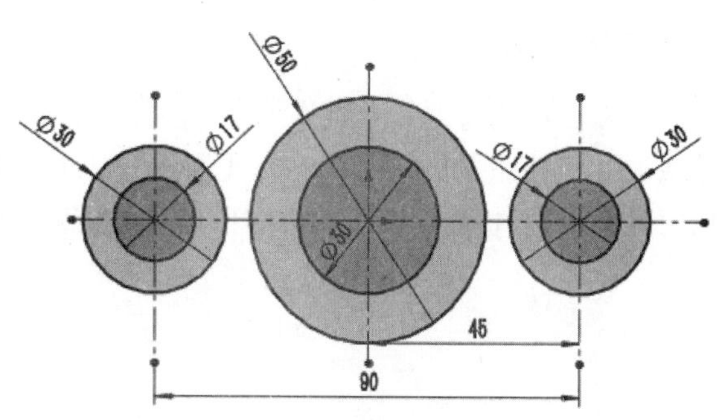

图 2-32　绘制并标注圆

（7）单击【草图】工具栏中的【直线】按钮，在左侧两个圆的上方大概位置任意画一条直线，如图 2-33 所示。

（8）单击【草图】工具栏中的【显示几何关系】按钮，在【显示/删除几何关系】下选择【添加几何关系】，如图 2-34 所示。

（9）在左侧弹出的【添加几何关系】的属性设置中，【所选实体】选择左侧直径 30 大圆和直线，在【添加几何关系】中选择 相切(A)，如图 2-35 所示，添加几何关系后如图 2-36 所示，图中出现相切符号。

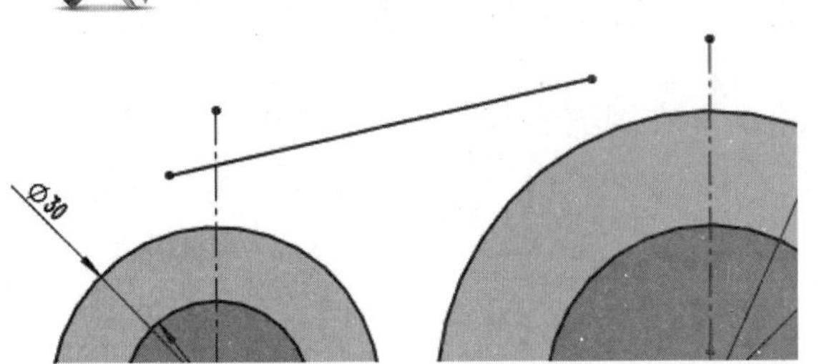

图 2-33　绘制直线

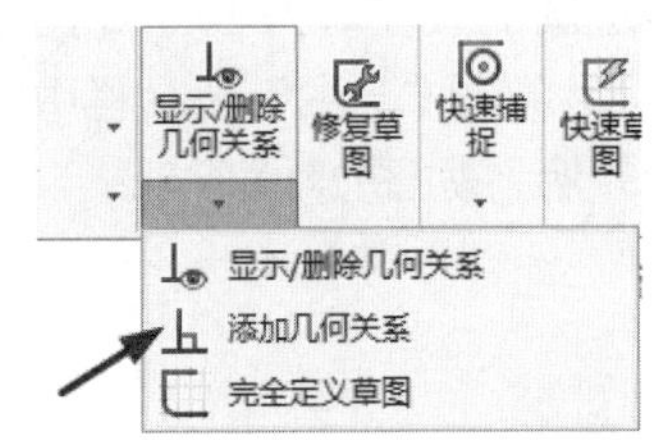

图 2-34　选择【添加几何关系】

（10）在左侧【添加几何关系】的属性设置中，【所选实体】选择左侧直径 30 大圆和直线的左端点，在【添加几何关系】中选择重合(D)，如图 2-37 所示，添加几何关系后如图 2-38 所示，图中出现重合符号。

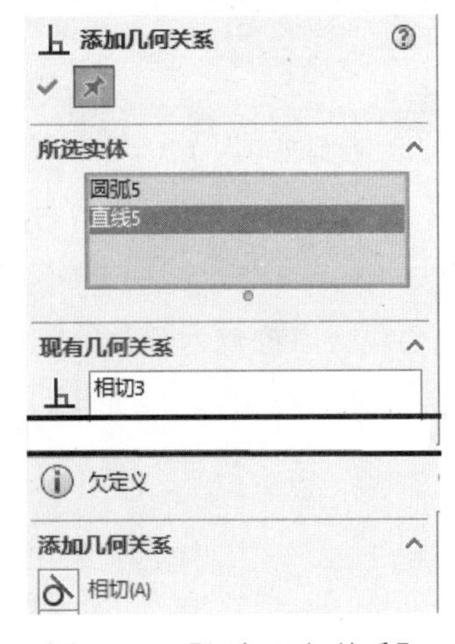

图 2-35　【添加几何关系】的属性设置（1）

图 2-36　相切（1）

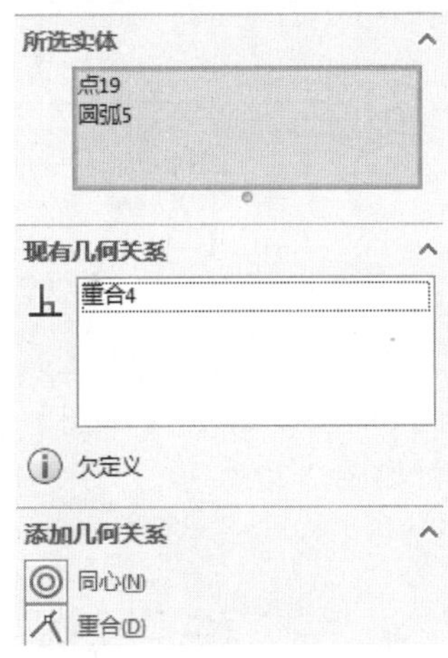

图 2-37　【添加几何关系】的属性设置（2）

（11）在左侧【添加几何关系】的属性设置中，【所选实体】选择中间直径 50 大圆和直线，在【添加几何关系】中选择相切(A)；【所选实体】选择中间直径 50 大圆和直线的右端点，在【添加几何关系】中选择重合(D)，完成添加几何关系后如图 2-39 所示。

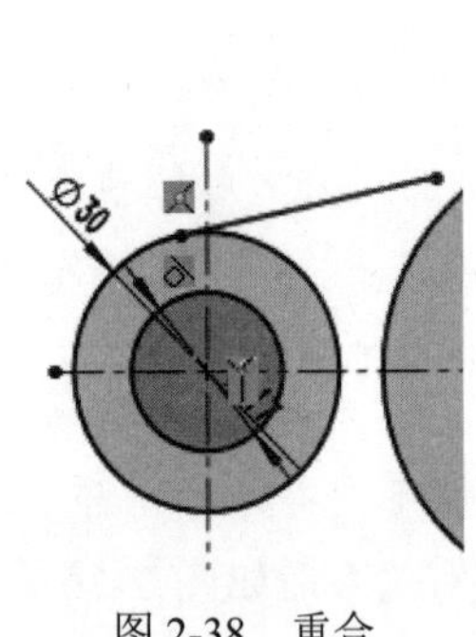

图 2-38　重合

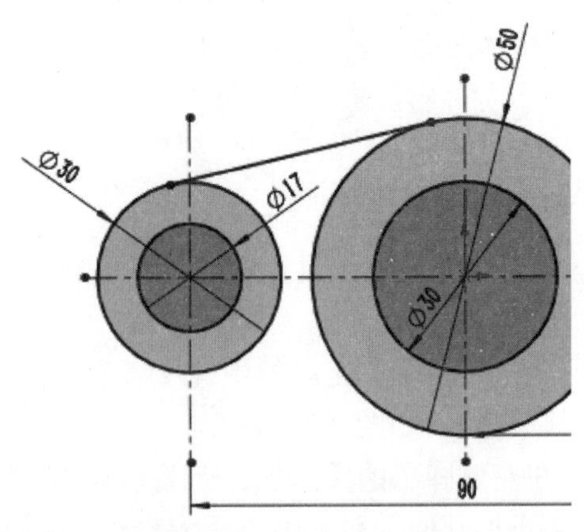

图 2-39　完成添加几何关系

（12）重复步骤（7）～步骤（11），在中间大圆和右侧大圆的下部分完成绘制直线、相切、重合命令，完成几何关系后如图 2-40 所示。

（13）单击【草图】工具栏中的【圆】按钮，在左侧大圆和中心大圆下方绘制一个圆的轮廓，如图 2-41 所示。

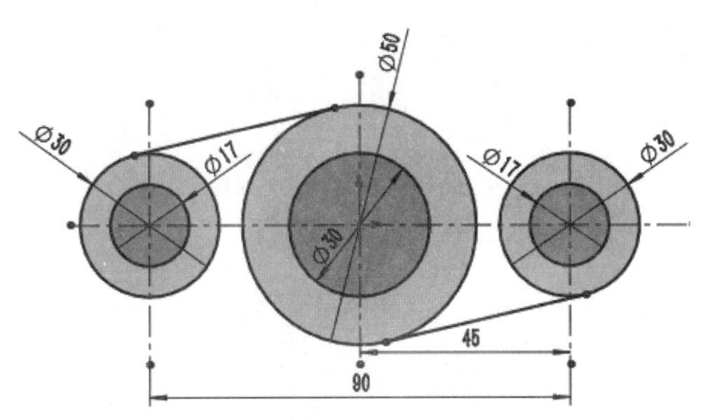

图 2-40　完成绘制直线、相切、重合命令

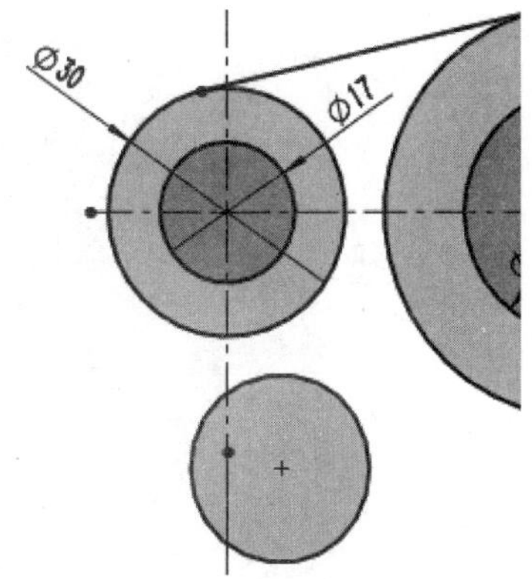

图 2-41　绘制圆草图（3）

（14）单击【草图】工具栏中的【智能尺寸】按钮，标注确定圆的大小，圆的直径为 60，如图 2-42 所示。

（15）单击【草图】工具栏中的【显示几何关系】按钮，在【显示/删除几何关系】下选择【添加几何关系】，在左侧弹出的【添加几何关系】的属性设置中，【所选实体】选择左侧直径 30 大圆和下侧直径 60 的圆，在【添加几何关系】中选择 相切(A)；【所选实体】选择中间直径 50 大圆和下侧直径 60 的圆，在【添加几何关系】中选择 相切(A)，图中出现相切符号，添加几何关系后如图 2-43 所示。

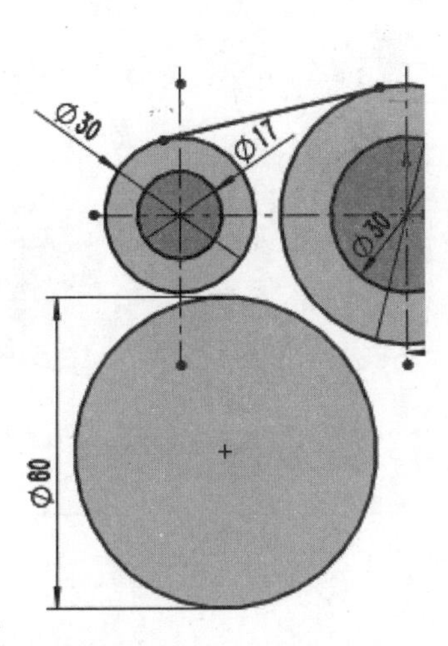

图 2-42　标注尺寸（3）

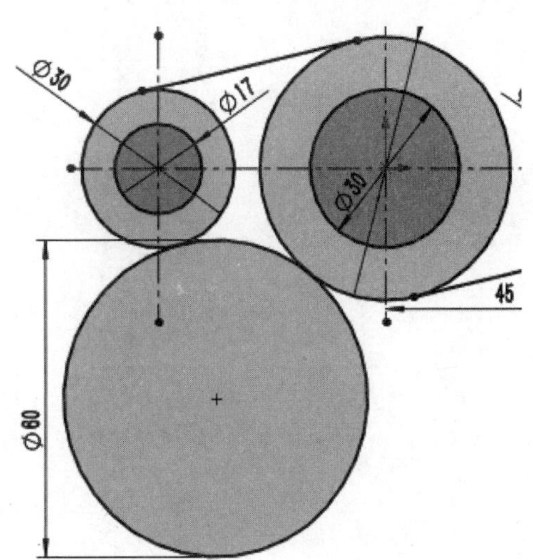

图 2-43　相切（2）

（16）重复步骤（15），在右侧大圆和中心大圆上方绘制一个直径 60 的圆，并且添加与中心大圆和右侧大圆的相切几何关系，图中出现相切符号，完成几何关系后如图 2-44 所示。

（17）单击【草图】工具栏中的【剪裁实体】按钮，左侧弹出【剪裁】属性设置，在【选项】中选择【强劲剪裁】，如图 2-45 所示。

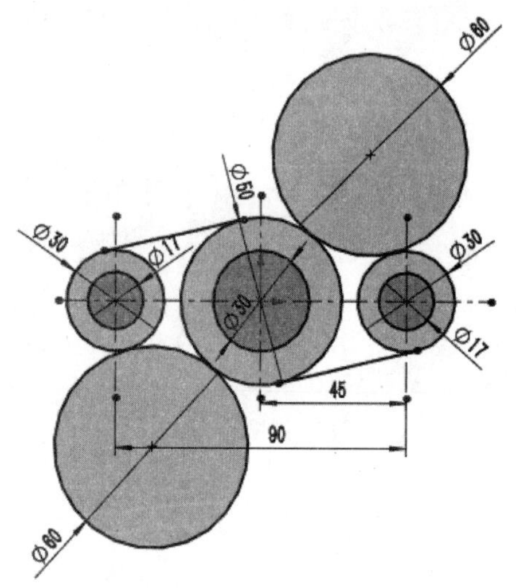

图 2-44　完成绘制圆、相切命令

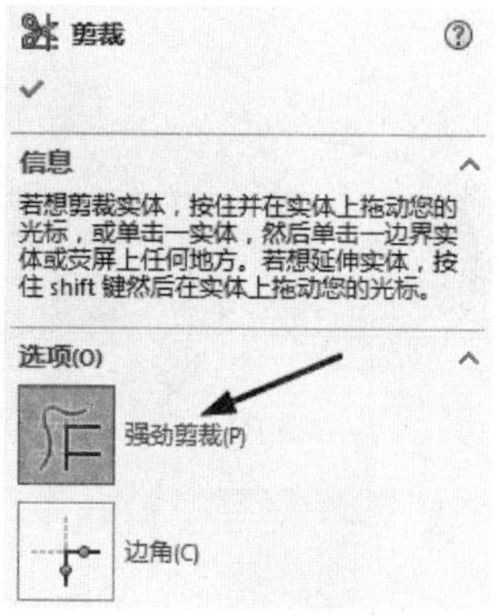

图 2-45　【剪裁】属性设置

（18）按住鼠标删去不需要的草图部分，如图 2-46 所示。

（19）部分圆由于删除了多余部分而变得不再完整，因此可以重新标注不完整的圆为半径尺寸，如图 2-47 所示。

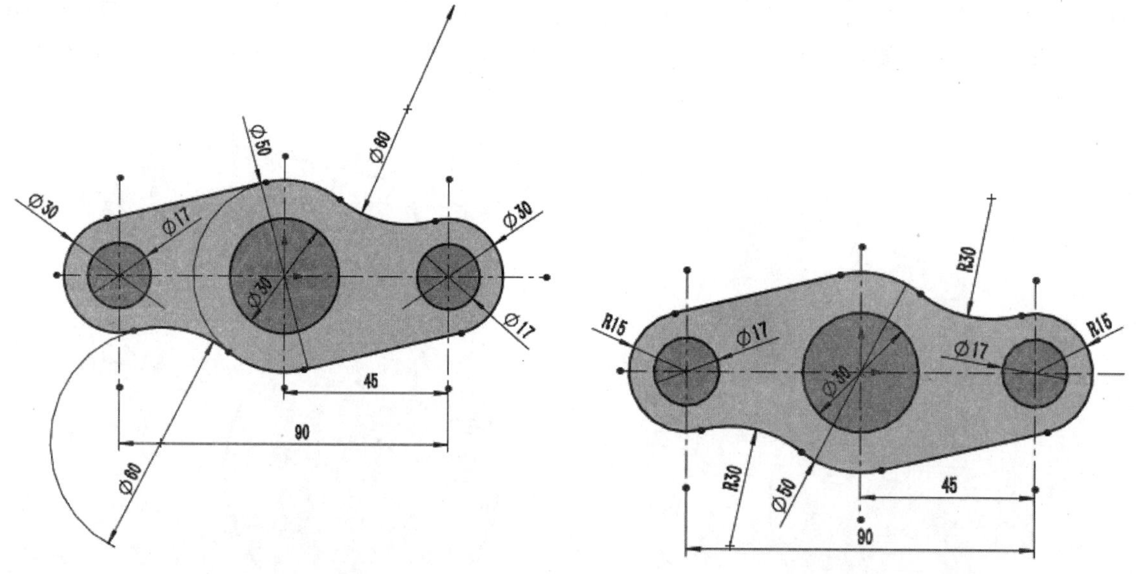

图 2-46　删除多余线段　　　　图 2-47　重新标注部分圆尺寸

（20）至此垫片草图绘制完成，单击右上角的按钮，结束草图绘制。

第3章 基本特征

本章导读

在进行 SOLIDWORKS 零件设计时，有些特征命令需要相应的草图，我们将这类特征命名为基本特征。基本特征要得到完全的定义需要两类参数：一类是草图的尺寸；另一类是特征的参数。本章将重点介绍基本特征的参数含义和使用方法。

3.1 拉伸凸台/基体特征

拉伸特征通过将一个轮廓沿直线方向来添加材料，拉伸特征可以生成凸台/基体或曲面。

3.1.1 菜单命令启动

可通过如下两种方式打开【凸台-拉伸】属性管理器，如图 3-1 所示。

☑ 选择【插入】|【凸台/基体】|【拉伸】菜单命令。

☑ 单击【特征】工具栏中的【拉伸凸台/基体】按钮。

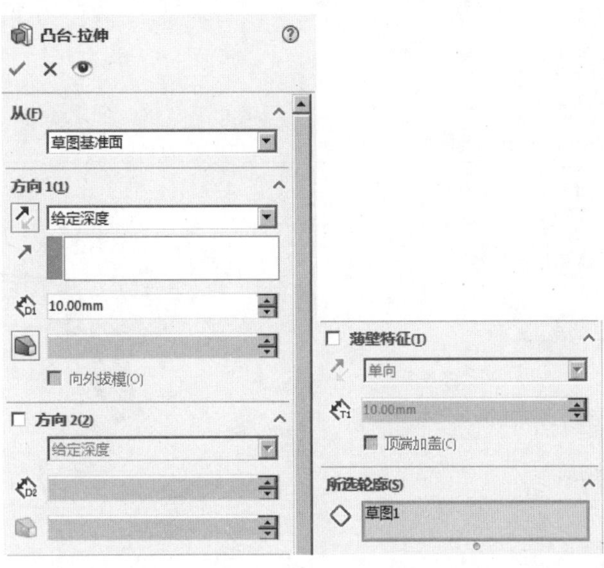

图 3-1 【凸台-拉伸】属性管理器

3.1.2 拉伸凸台/基体特征的知识点

1.【从】选项组

首先在【从】选项组中选择需要拉伸的面，如表 3-1 所示。

表 3-1 选择需要拉伸的面

操作选项	图示
 从草图基准面将草图拉伸	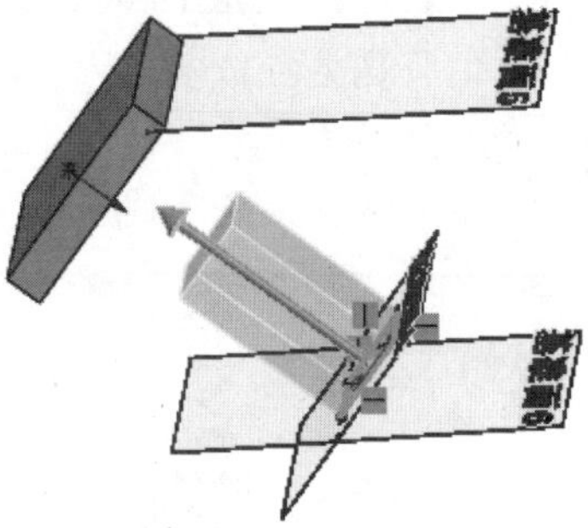
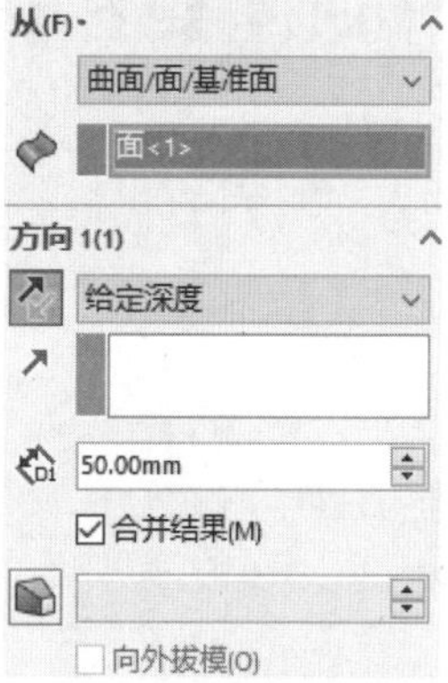 从所选曲面/面/基准面将草图拉伸	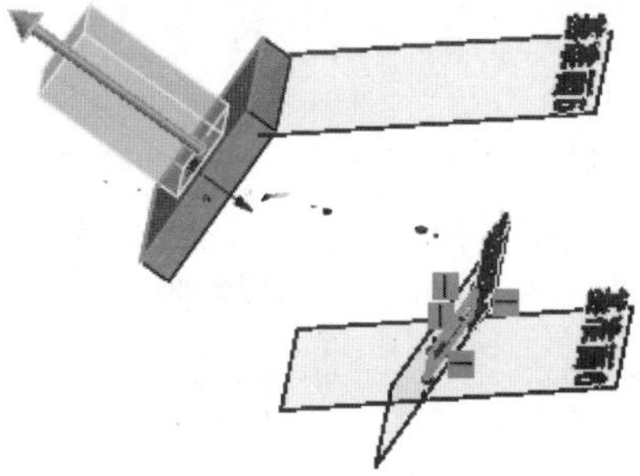
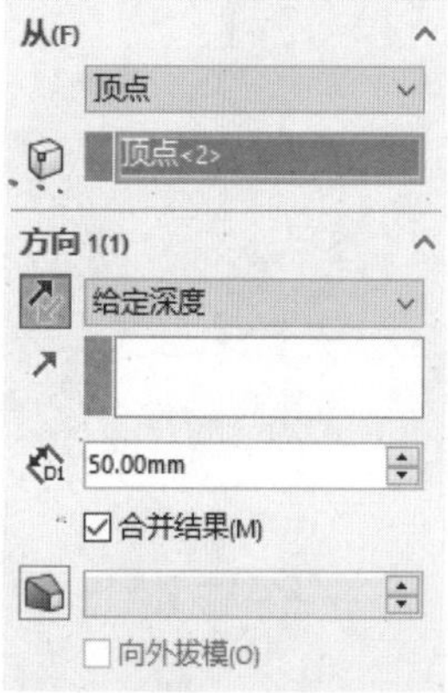 从所选顶点将草图拉伸	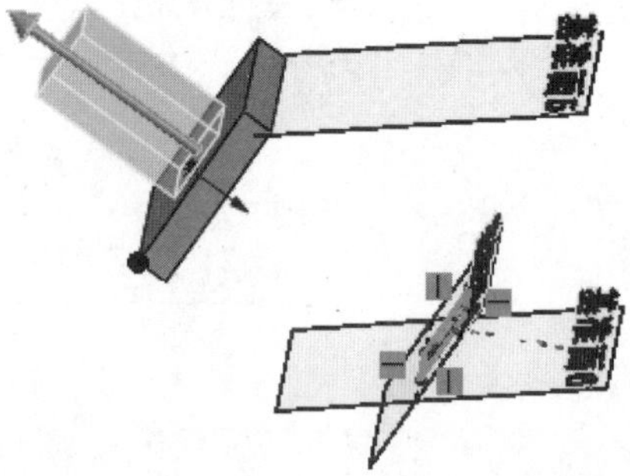

续表

操作选项	图示
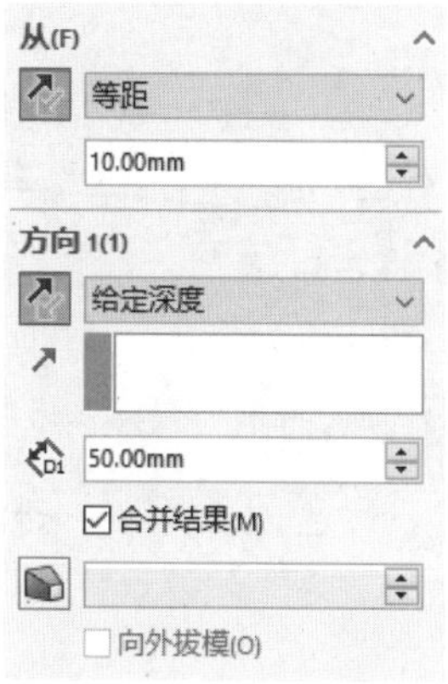 从草图所在平面一定距离将草图拉伸	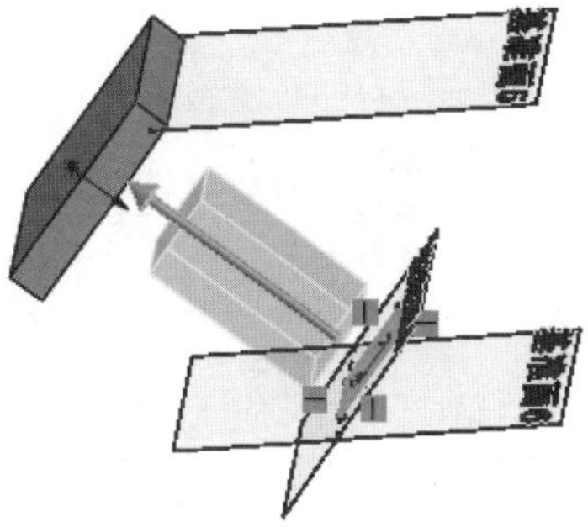
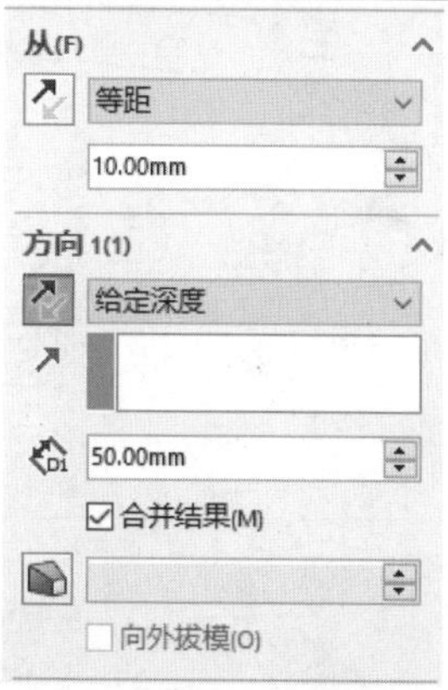 从草图所在平面反向一定距离将草图拉伸	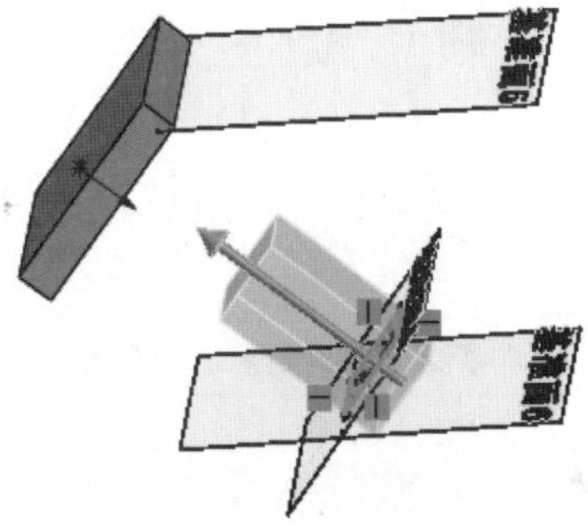

2.【方向 1】选项组

在【方向 1】选项组中选择拉伸方向，如表 3-2 所示。

表 3-2　选择拉伸方向

操作选项	图示
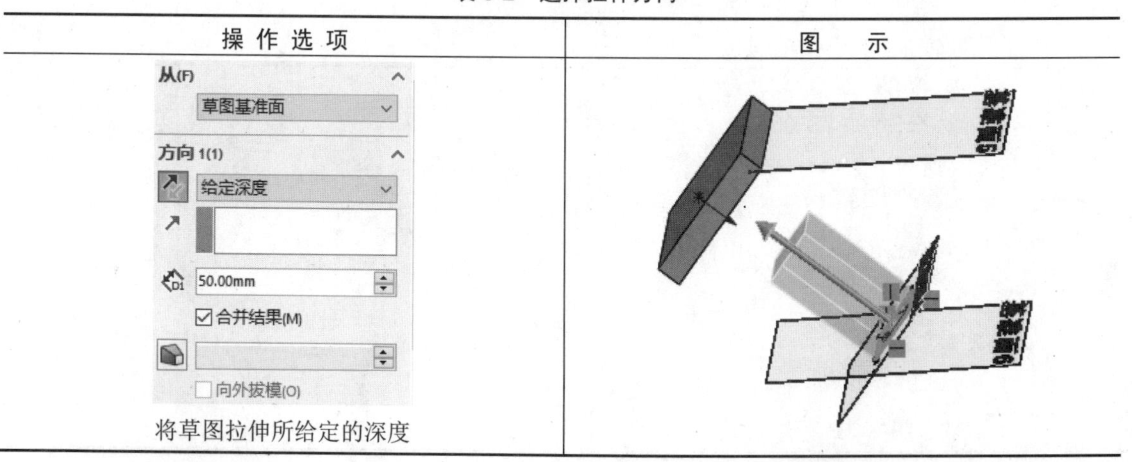 将草图拉伸所给定的深度	

续表

操 作 选 项	图　　示
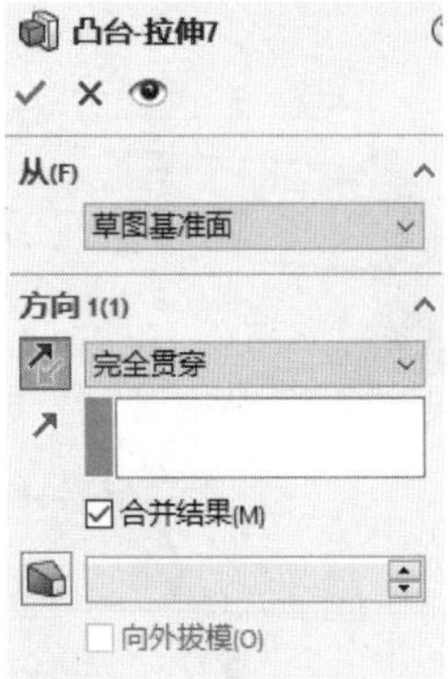 将草图拉伸到图形的终止位置	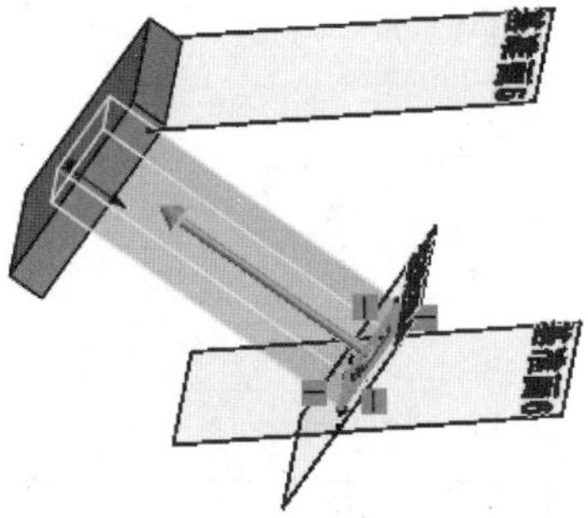
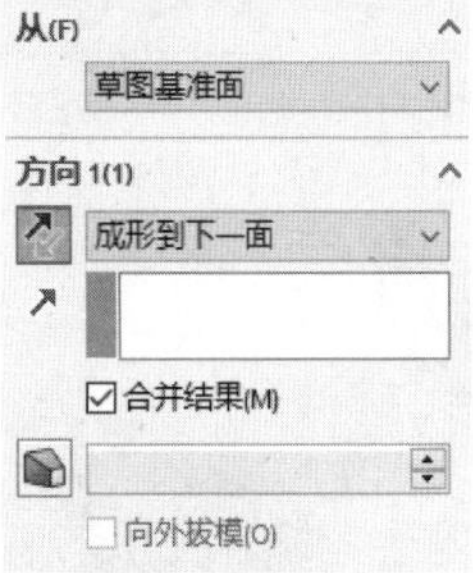 将草图拉伸到图形下一个面	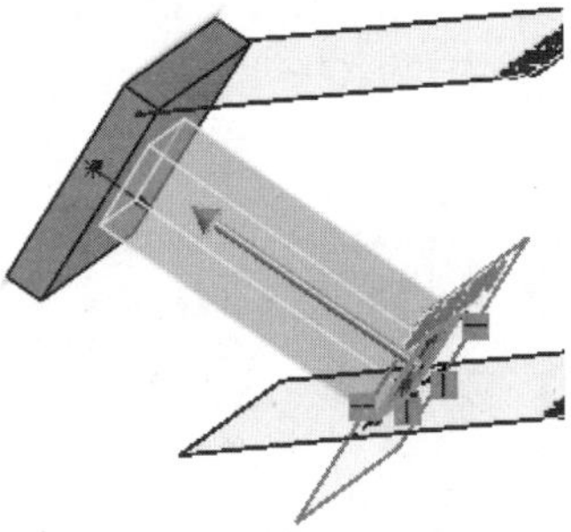
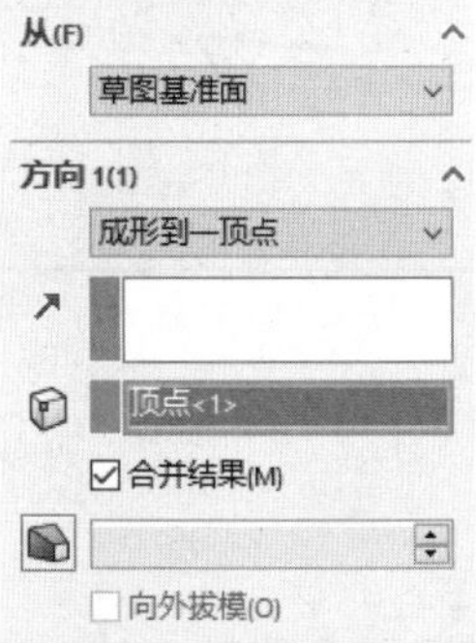 将草图拉伸到所选的顶点	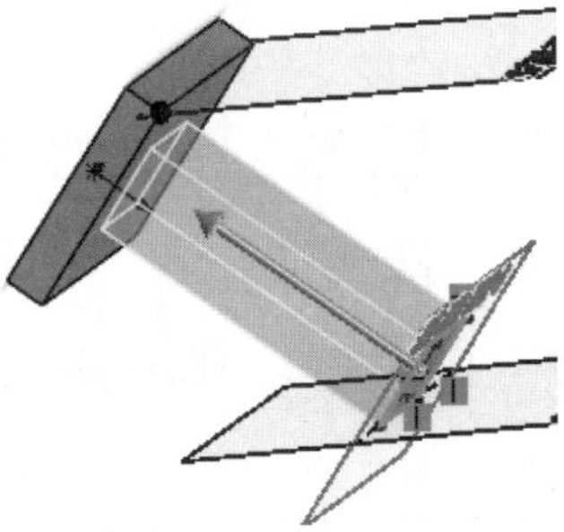
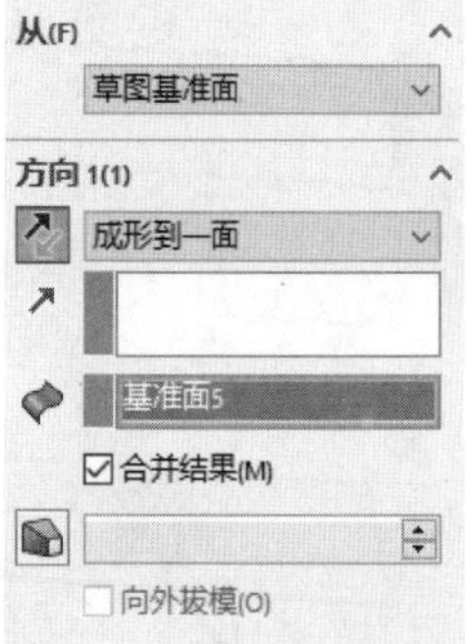 将草图拉伸到所选的面	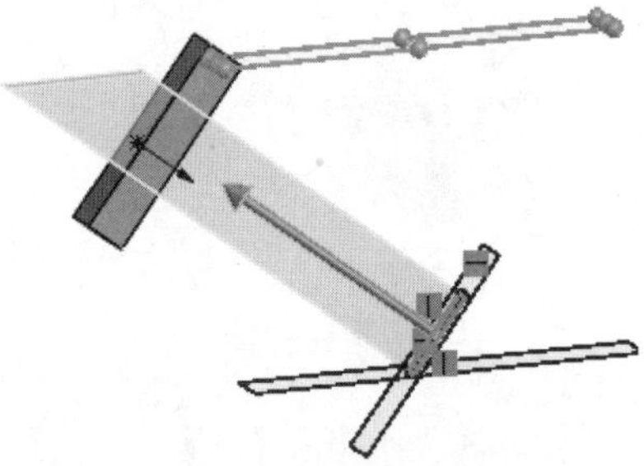

续表

操 作 选 项	图　　示
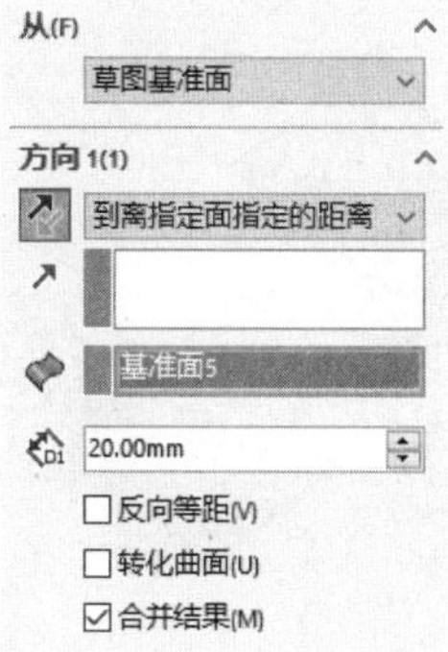 将草图拉伸到距离所选面有一定距离的位置	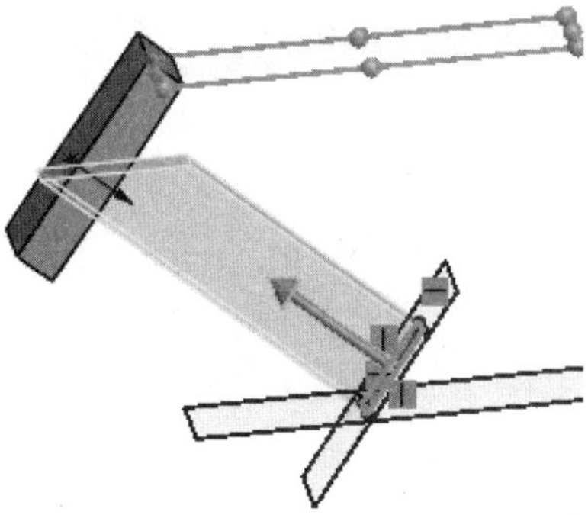
 将草图拉伸到距离所选面有一定反向距离的位置	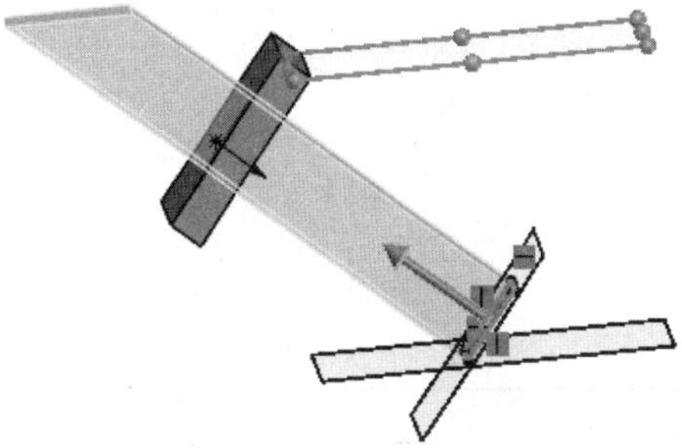
 将草图拉伸到所选的实体	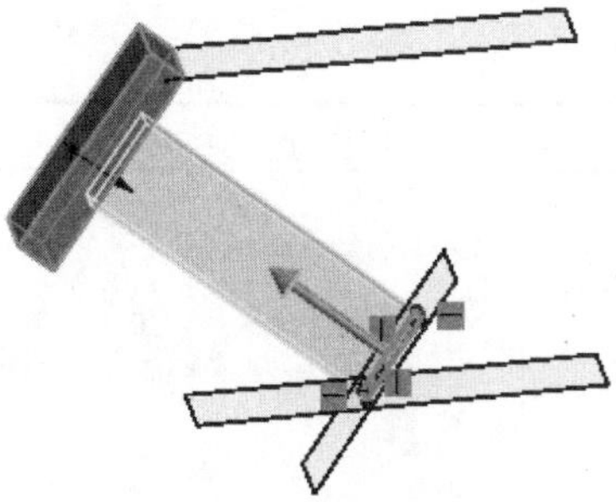
 将草图两侧对称进行拉伸	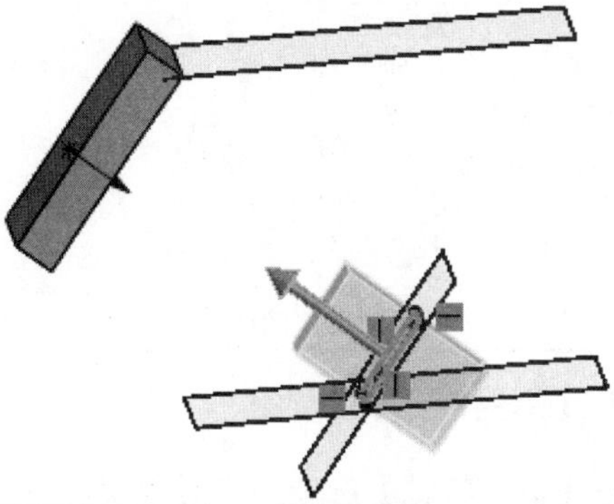

续表

操 作 选 项	图　　示
将草图拉伸并向内侧拔模	
将草图拉伸并向外侧拔模	

3.【方向 2】选项组

在【方向 2】选项组中选择向两侧进行拉伸，如表 3-3 所示。

表 3-3　向两侧进行拉伸

操 作 选 项	图　　示
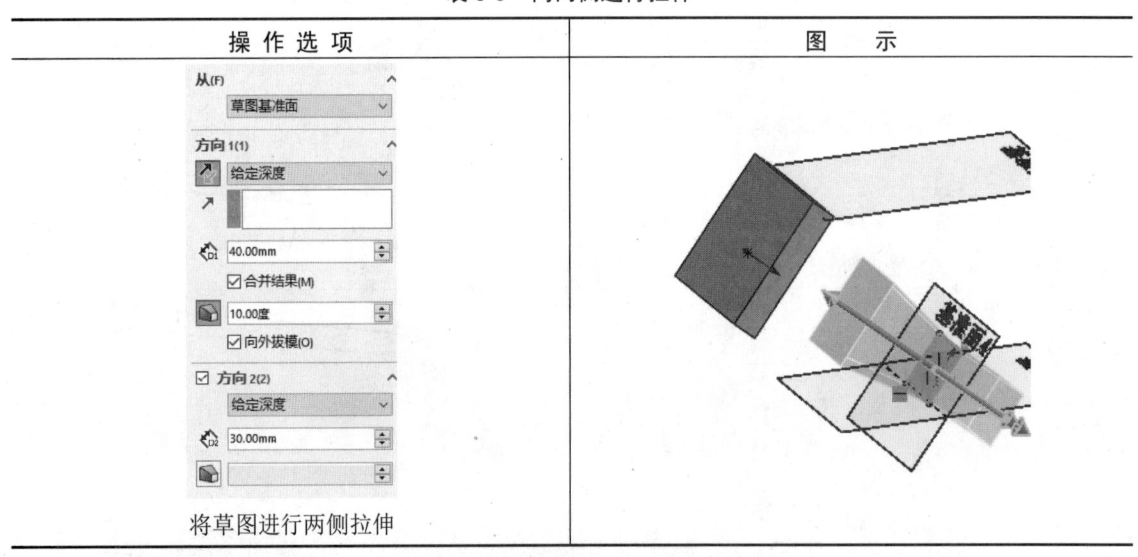 将草图进行两侧拉伸	

4.【薄壁特征】选项组

在【薄壁特征】选项组中对薄壁特征进行相关设置，如表 3-4 所示。

表 3-4　对薄壁特征进行相关设置

操作选项	图　　示
 将草图拉伸时保持单向一定距离薄壁	
 将草图拉伸时保持两侧对称一定距离薄壁	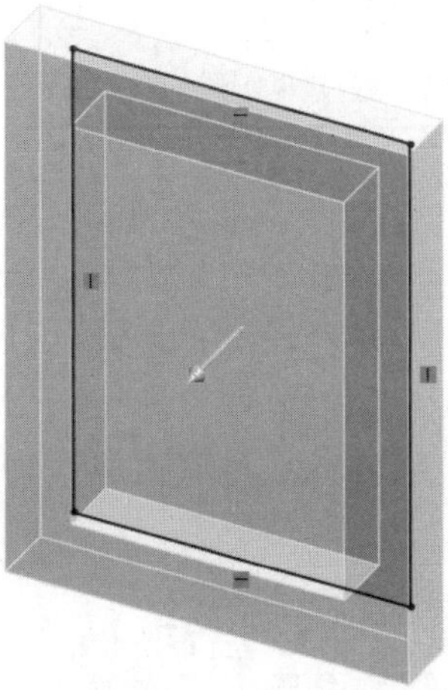
 将草图拉伸时保持双向（相同/不同）一定距离薄壁	

续表

操 作 选 项	图　　示
从(F) 草图基准面 方向 1(1) 给定深度 10.00mm 向外拔模(O) 方向 2(2) 薄壁特征(T) 单向 10.00mm 顶端加盖(C) 3.00mm 将草图薄壁拉伸时顶端有一定厚度的盖	

3.2　旋转凸台/基体特征

旋转特征通过绕中心线旋转一个或多个轮廓来添加材料，旋转特征可以生成凸台、基体或旋转曲面。

3.2.1　菜单命令启动

可通过如下两种方式打开【旋转】属性管理器，如图 3-2 所示。

☑　选择【插入】|【凸台/基体】|【旋转】菜单命令。

☑　单击【特征】工具栏中的【旋转凸台/基体】按钮。

图 3-2　【旋转】属性管理器

3.2.2　旋转凸台/基体特征的知识点

1.【方向 1】选项组

在【方向 1】选项组中选择旋转方向，如表 3-5 所示。

表 3-5　选择旋转方向

操 作 选 项	图　　示
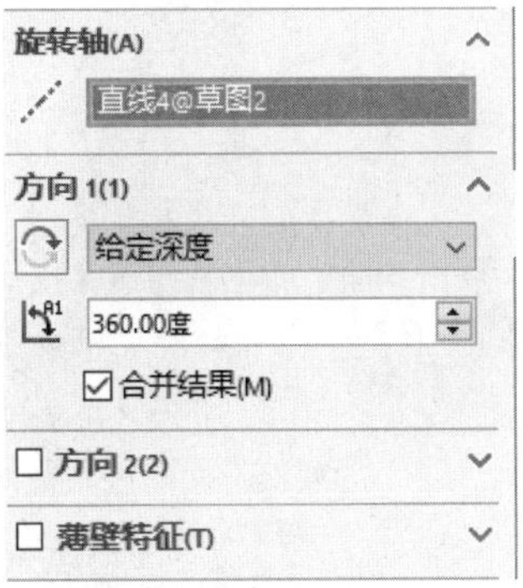 将草图旋转拉伸 360.00 度	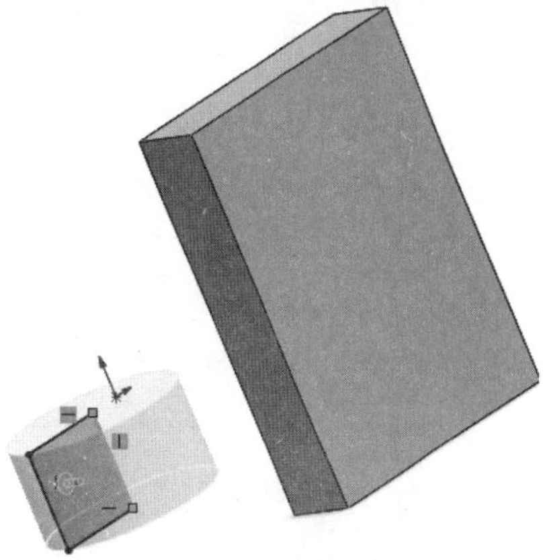
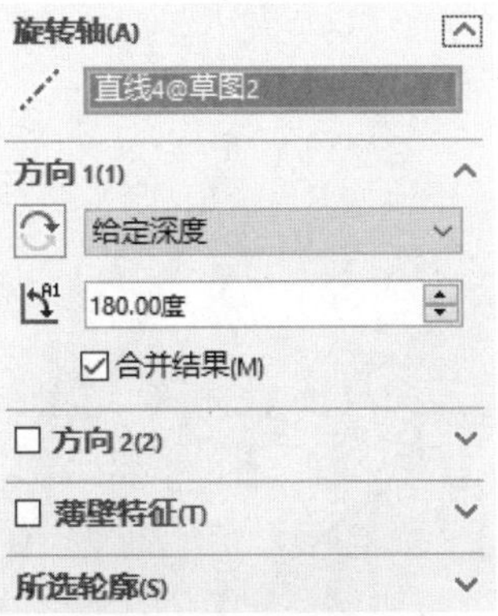 将草图旋转拉伸 180.00 度	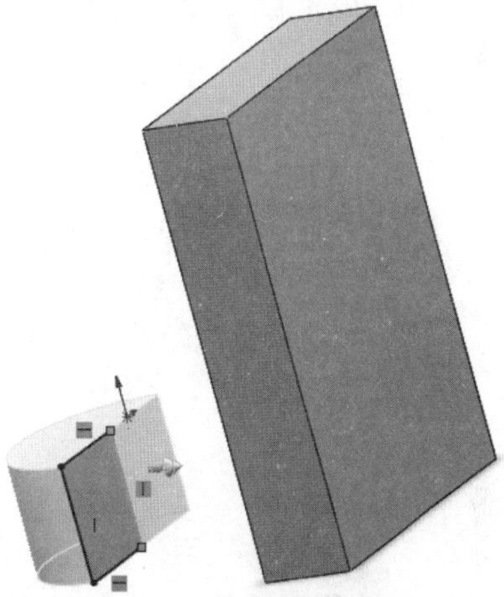
 将草图旋转拉伸到所选顶点所在平面	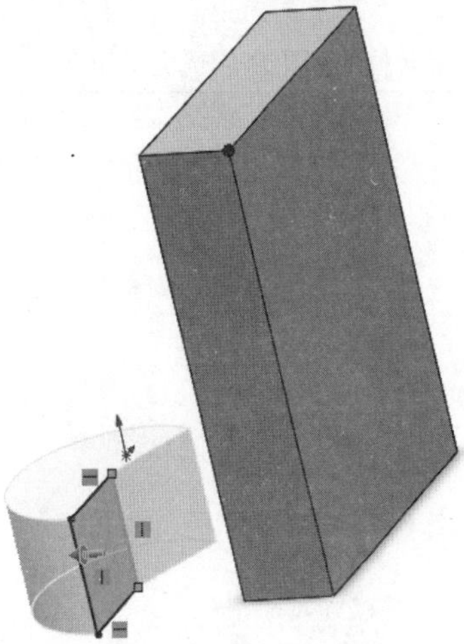

续表

操 作 选 项	图　　示
将草图旋转拉伸到所选面	
将草图旋转拉伸到距离所选面一定距离的位置	
将草图旋转拉伸到距离所选面一定反向距离的位置	

续表

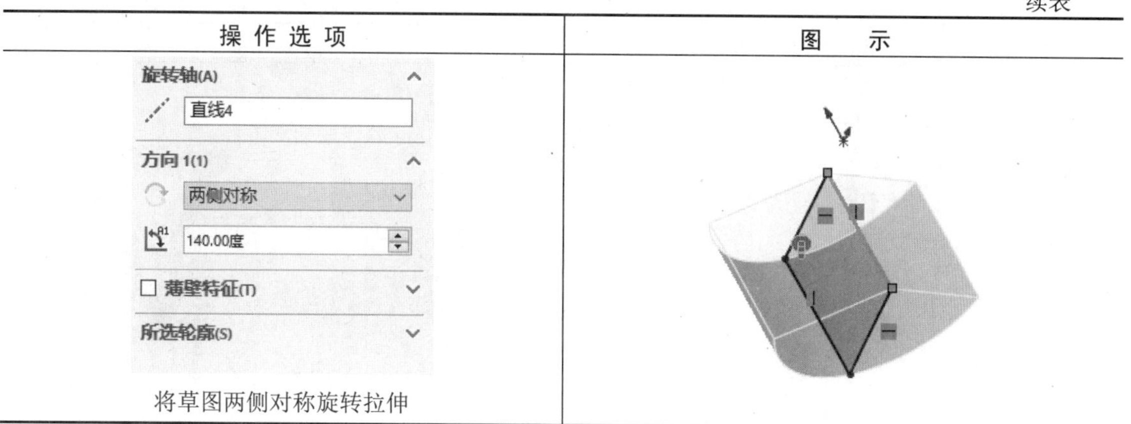

操 作 选 项	图　　示
旋转轴(A) 直线4 方向 1(1) 两侧对称 140.00度 ☐ 薄壁特征(T) 所选轮廓(S) 将草图两侧对称旋转拉伸	

2.【旋转轴】选项组

在【旋转轴】选项组中选择旋转轴，如表 3-6 所示。

表 3-6　选择旋转轴

操 作 选 项	图　　示
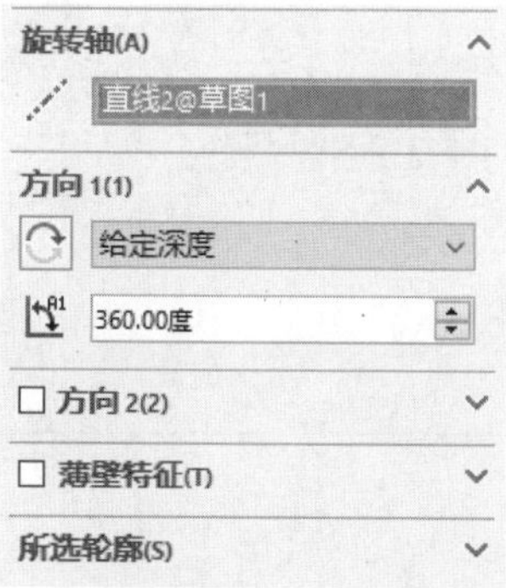 旋转轴(A) 直线2@草图1 方向 1(1) 给定深度 360.00度 ☐ 方向 2(2) ☐ 薄壁特征(T) 所选轮廓(S) 将草图绕草图边线旋转轴旋转拉伸	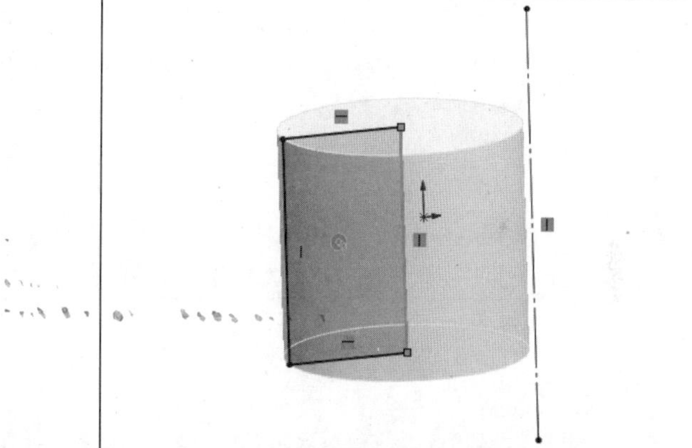
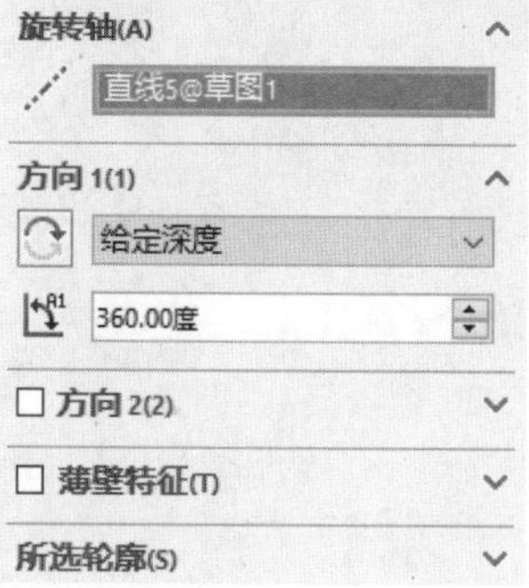 旋转轴(A) 直线5@草图1 方向 1(1) 给定深度 360.00度 ☐ 方向 2(2) ☐ 薄壁特征(T) 所选轮廓(S) 将草图绕草图外的旋转轴旋转拉伸	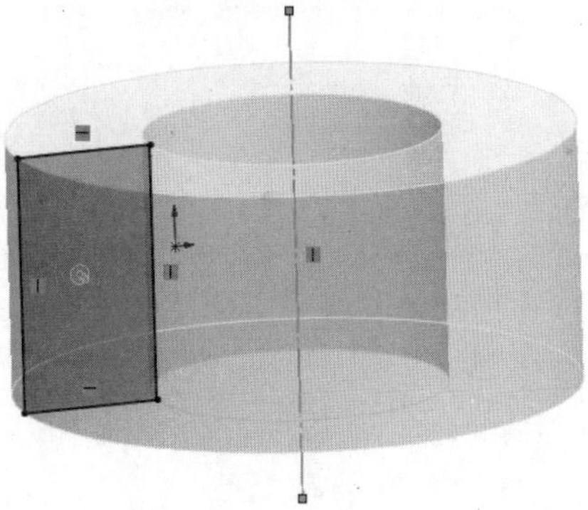

3.【薄壁特征】选项组

在【薄壁特征】选项组中对薄壁特征进行相关设置，如表 3-7 所示。

表 3-7　对薄壁特征进行相关设置

操 作 选 项	图　　示
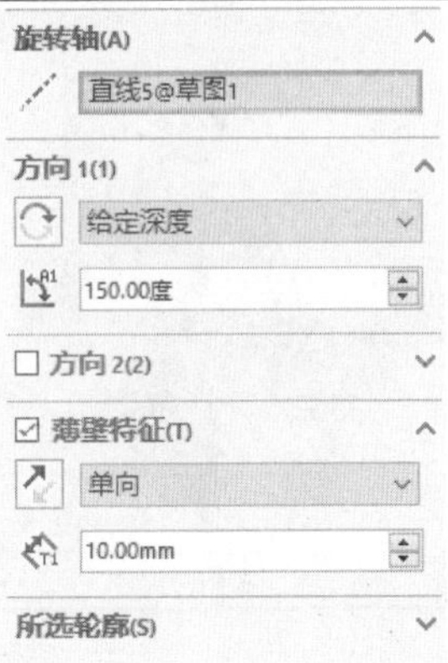 旋转轴(A) 直线5@草图1 方向 1(1) 给定深度 150.00度 方向 2(2) 薄壁特征(T) 单向 10.00mm 所选轮廓(S) 将草图旋转拉伸时保持单向一定距离薄壁	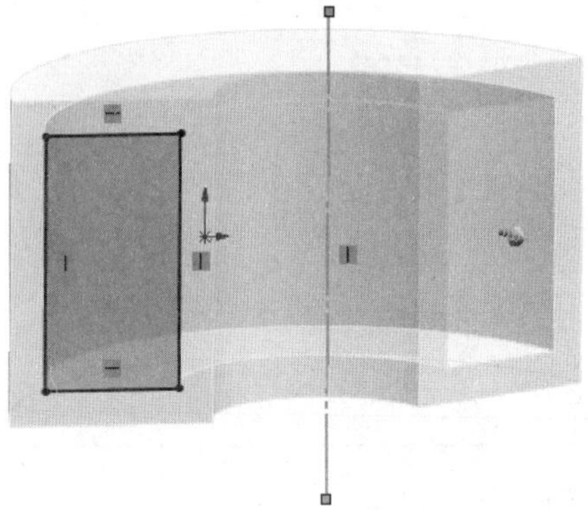
 旋转轴(A) 直线5@草图1 方向 1(1) 给定深度 150.00度 方向 2(2) 薄壁特征(T) 两侧对称 10.00mm 所选轮廓(S) 将草图旋转拉伸时保持两侧对称一定距离薄壁	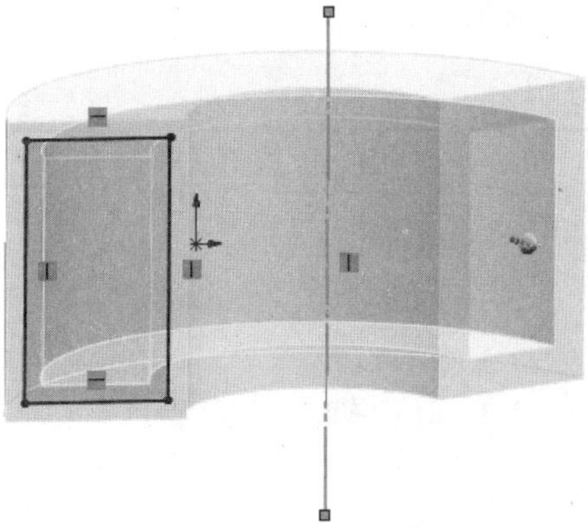
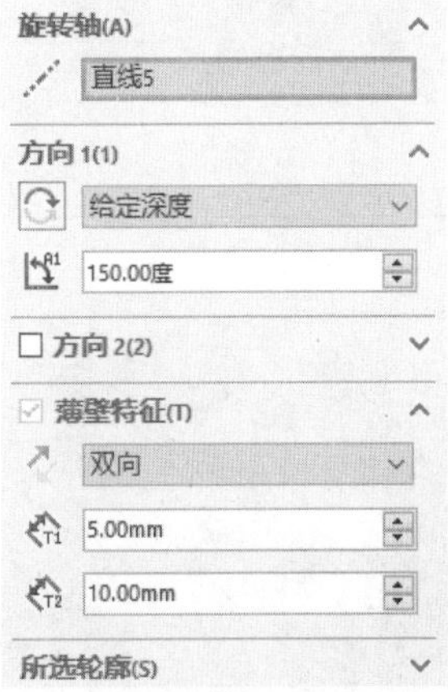 旋转轴(A) 直线5 方向 1(1) 给定深度 150.00度 方向 2(2) 薄壁特征(T) 双向 5.00mm 10.00mm 所选轮廓(S) 将草图旋转拉伸时保持双向（可同/不同）一定距离薄壁	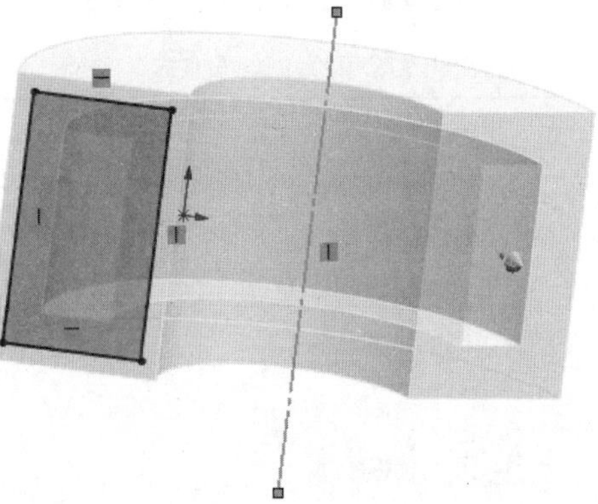

4.【方向 2】选项组

在【方向 2】选项组中选择对两侧进行旋转拉伸，如表 3-8 所示。

表 3-8　对两侧进行旋转拉伸

操作选项	图　示
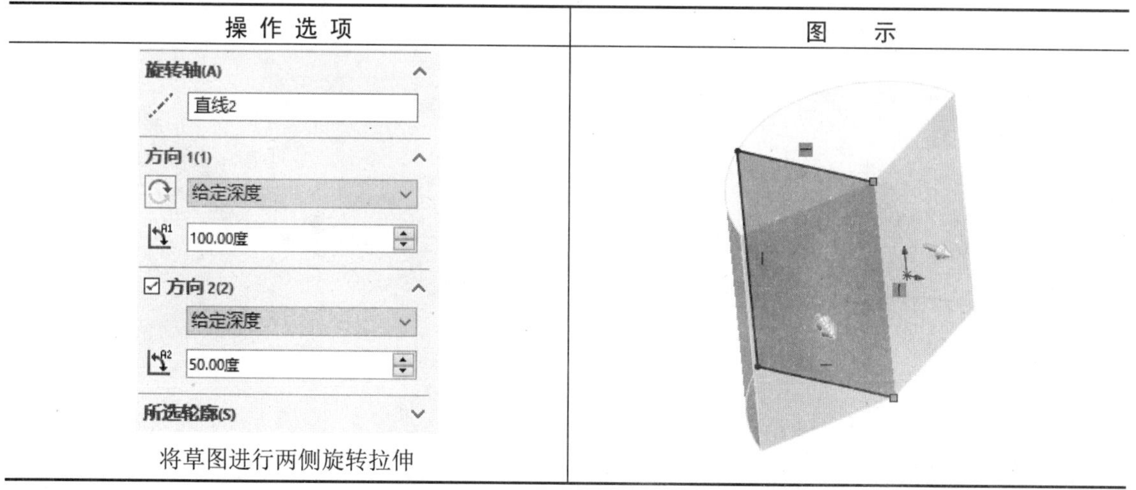 将草图进行两侧旋转拉伸	

3.3　扫描特征

扫描通过沿着一条路径移动轮廓（截面）来生成基体、凸台或曲面。

3.3.1　菜单命令启动

可通过如下两种方式打开【扫描】属性管理器，如图 3-3 所示。

☑　选择【插入】|【凸台/基体】|【扫描】菜单命令。

☑　单击【特征】工具栏中的【扫描】按钮。

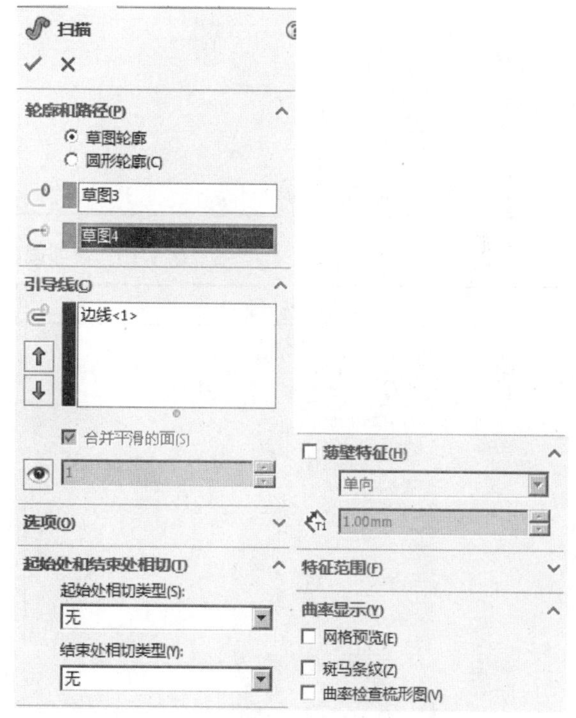

图 3-3　【扫描】属性管理器

3.3.2　扫描特征的知识点

1.【轮廓和路径】选项组

在【轮廓和路径】选项组中选择扫描轮廓和路径，如表 3-9 所示。

2.【轮廓方位】选项组

在【轮廓方位】选项组中对轮廓的方位进行设置，如表 3-10 所示。

表 3-9　选择扫描轮廓和路径

操 作 选 项	图　　示
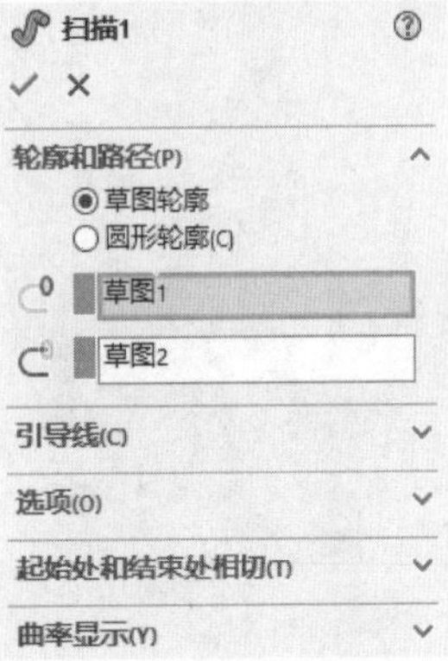 路径绕着所选的草图轮廓进行扫描	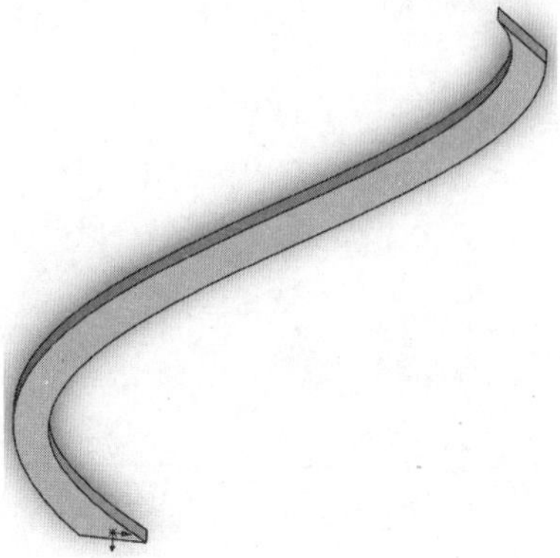
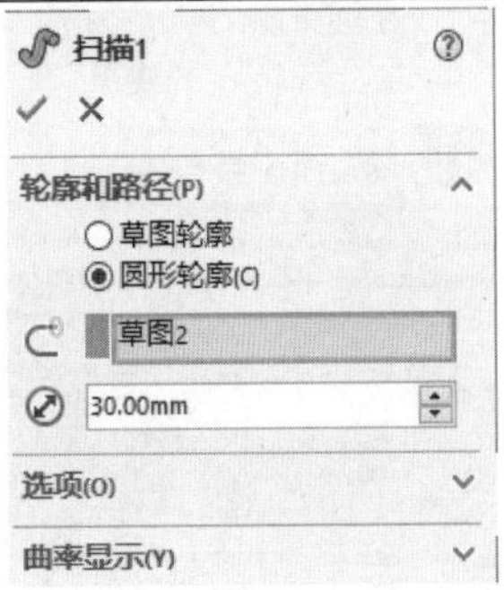 路径绕着一定直径的圆形轮廓进行扫描	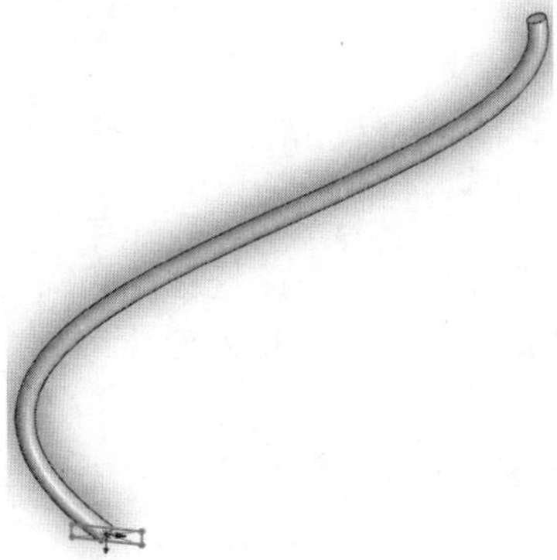

表 3-10　对轮廓的方位进行设置

操 作 选 项	图　　示

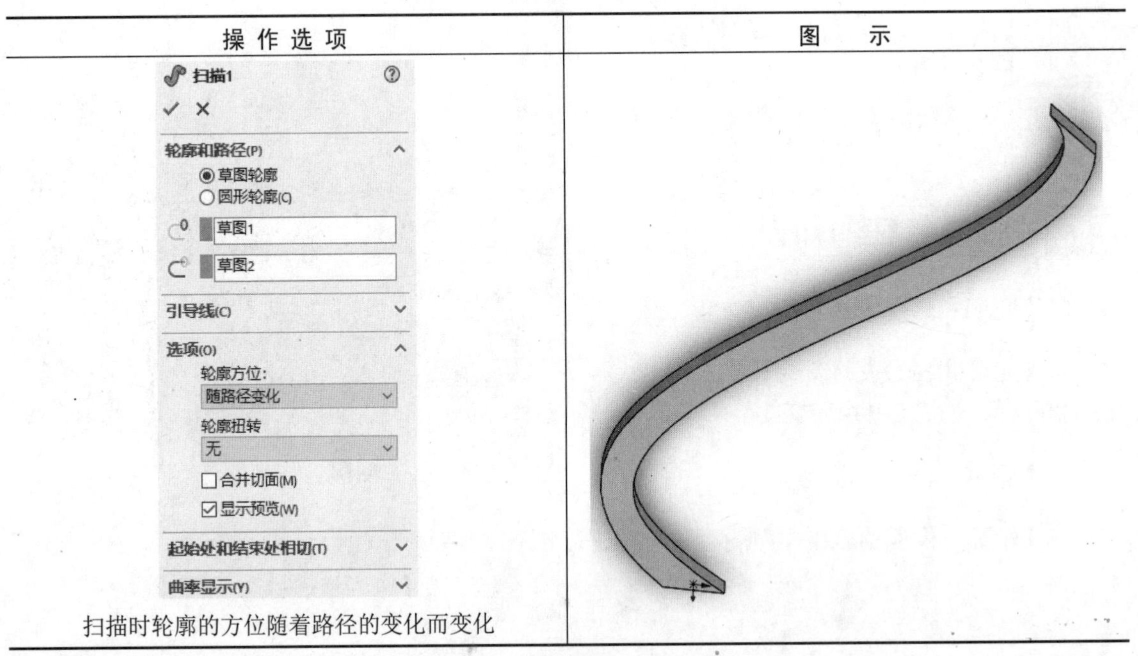

扫描时轮廓的方位随着路径的变化而变化

续表

操作选项	图示
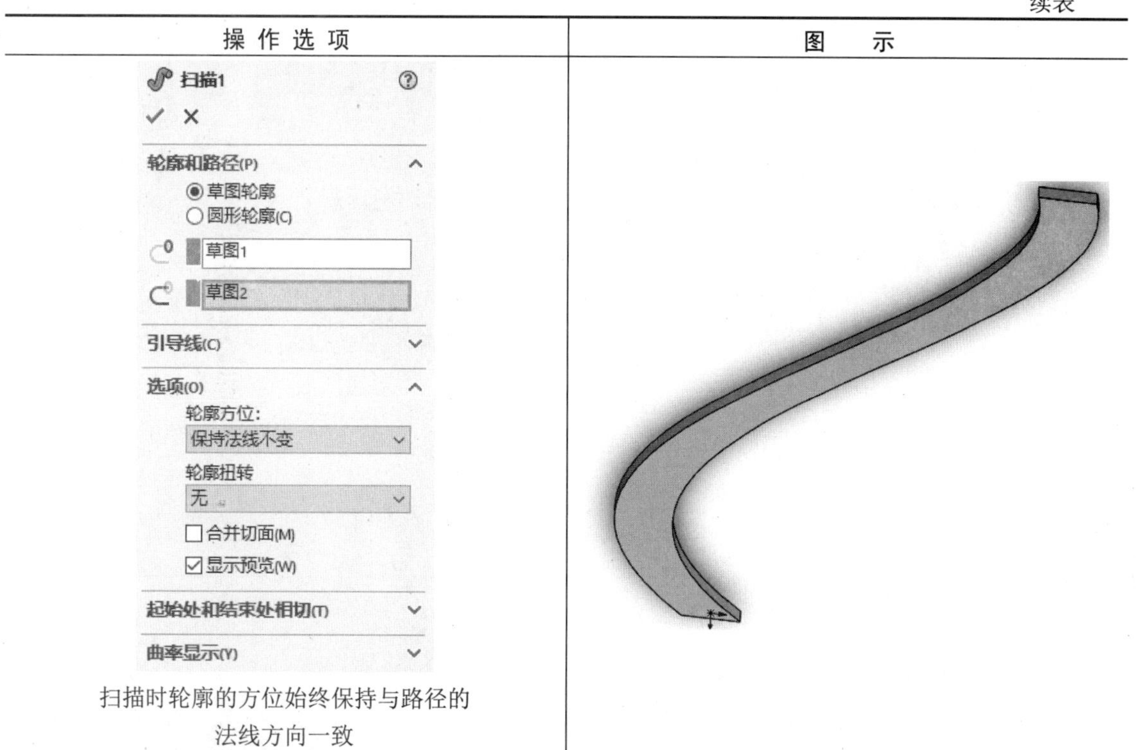扫描时轮廓的方位始终保持与路径的法线方向一致	

3.【轮廓扭转】选项组

在【轮廓扭转】选项组中设定轮廓扭转的方式，如表 3-11 所示。

表 3-11　设定轮廓扭转方式

操作选项	图示
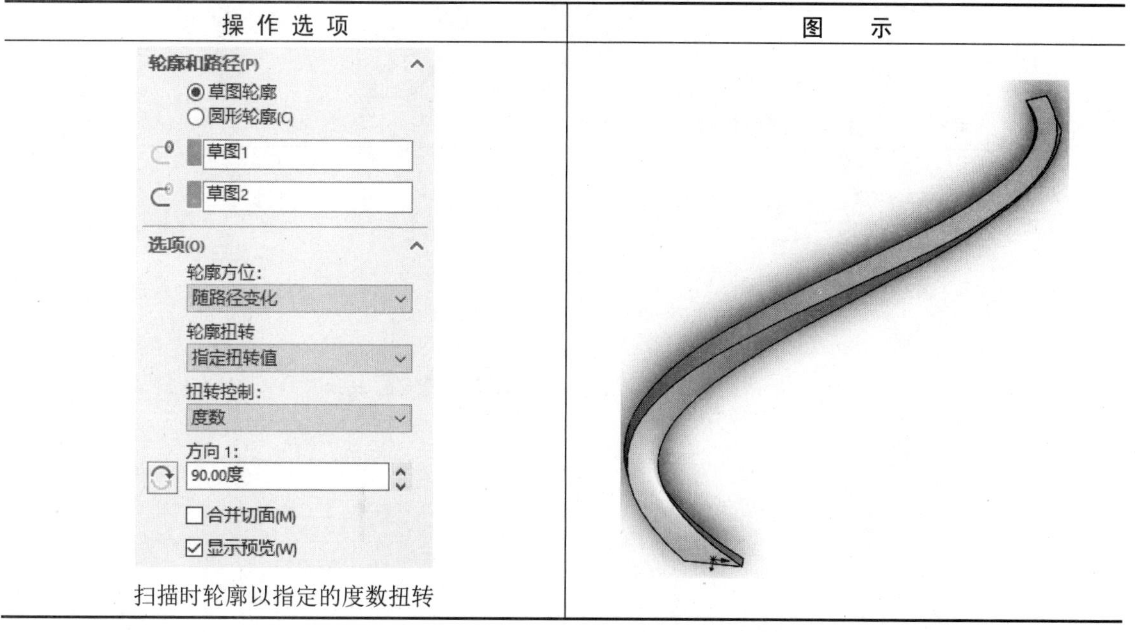扫描时轮廓以指定的度数扭转	

续表

操作选项	图示
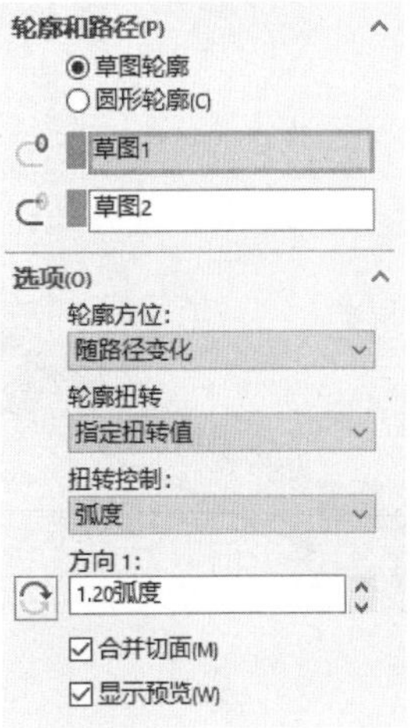 轮廓和路径(P) ◉ 草图轮廓 ○ 圆形轮廓(C) 草图1 草图2 选项(O) 轮廓方位：随路径变化 轮廓扭转：指定扭转值 扭转控制：弧度 方向 1：1.20弧度 ☑ 合并切面(M) ☑ 显示预览(W) 扫描时轮廓以指定的弧度扭转	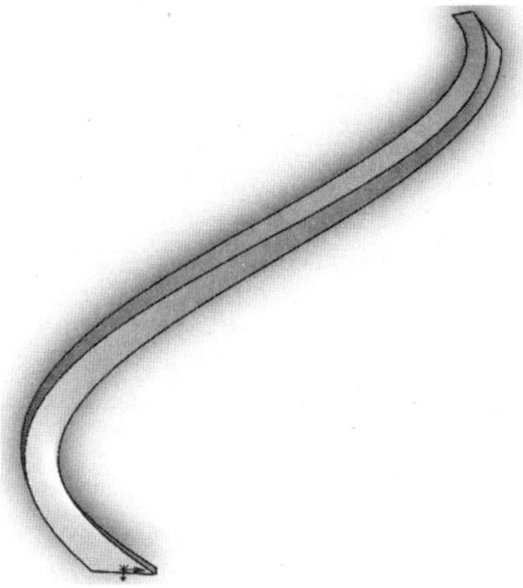
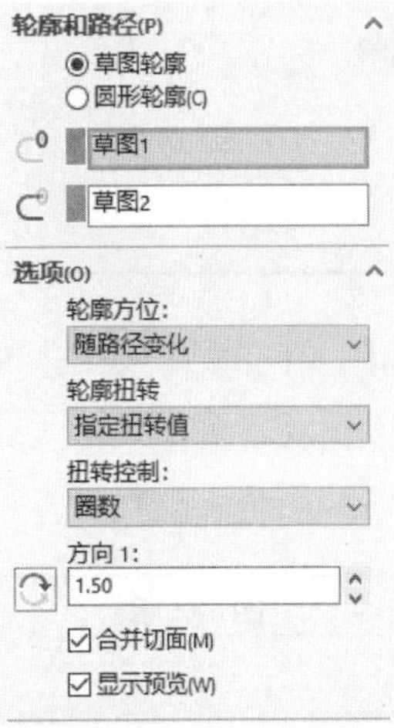 轮廓和路径(P) ◉ 草图轮廓 ○ 圆形轮廓(C) 草图1 草图2 选项(O) 轮廓方位：随路径变化 轮廓扭转：指定扭转值 扭转控制：圈数 方向 1：1.50 ☑ 合并切面(M) ☑ 显示预览(W) 扫描时轮廓以指定的圈数扭转	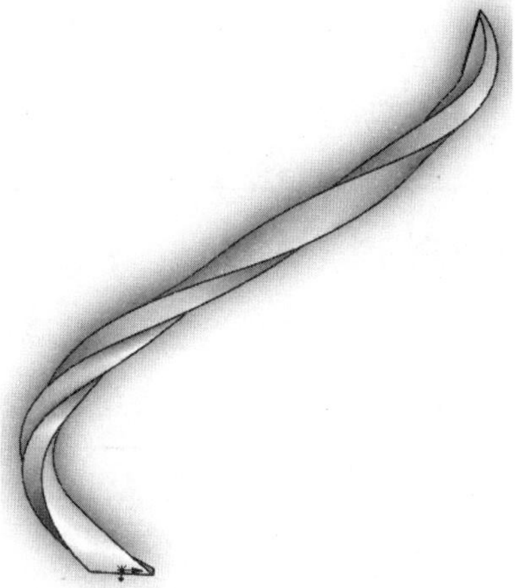
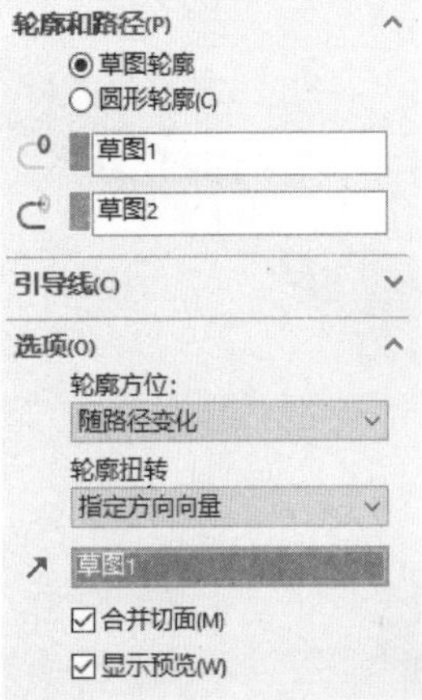 轮廓和路径(P) ◉ 草图轮廓 ○ 圆形轮廓(C) 草图1 草图2 引导线(C) 选项(O) 轮廓方位：随路径变化 轮廓扭转：指定方向向量 草图1 ☑ 合并切面(M) ☑ 显示预览(W) 扫描时轮廓以指定的方向向量扭转	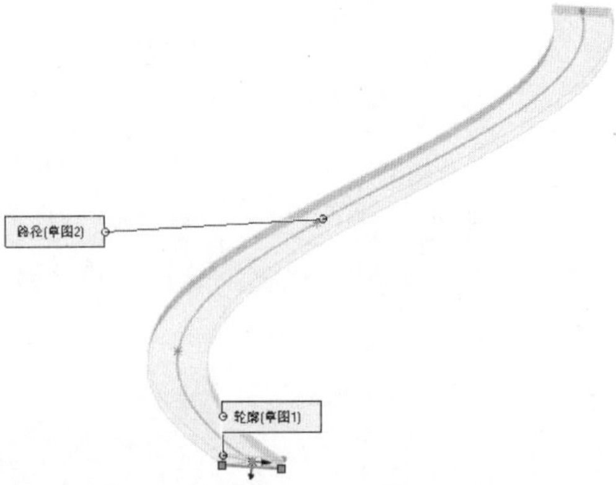 路径(草图2) 轮廓(草图1)

4.【引导线】选项组

在【引导线】选项组中设定是否以引导线扫描，如表 3-12 所示。

表 3-12　设定是否以引导线扫描

操 作 选 项	图　　示
 轮廓以指定的引导线进行扫描	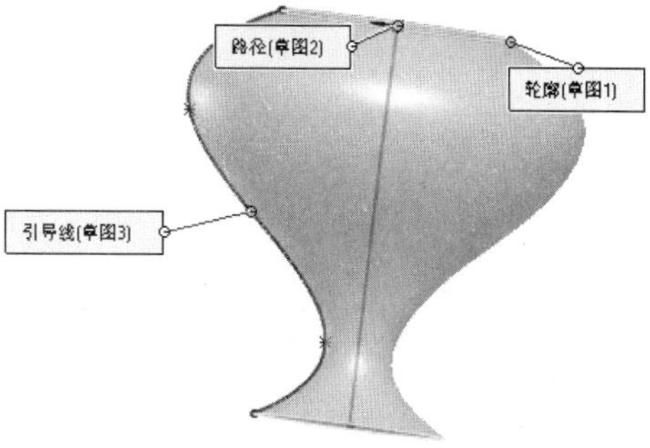
 轮廓不选择引导线进行扫描	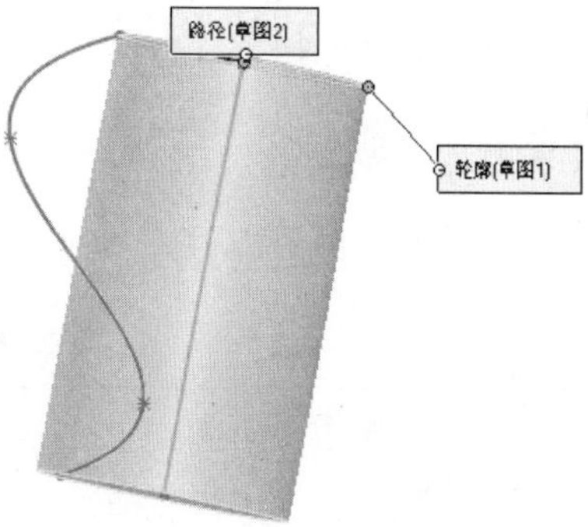

3.4　放 样 特 征

放样特征通过在轮廓之间进行过渡生成特征，放样可以是基体、凸台或曲面。

3.4.1　菜单命令启动

可通过如下两种方式打开【放样】属性管理器，如图 3-4 所示。

☑ 选择【插入】|【凸台/基体】|【放样】菜单命令。

☑ 单击【特征】工具栏中的【放样】按钮。

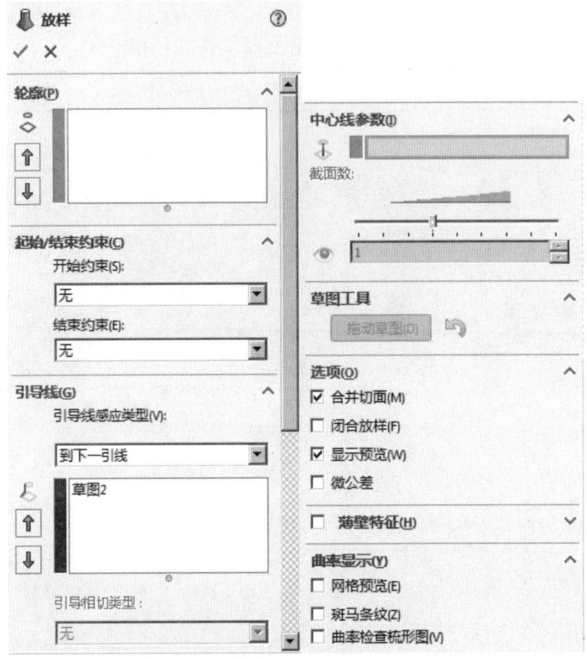

图 3-4 【放样】属性管理器

3.4.2 放样特征的知识点

1.【控制点】选项组

在【控制点】选项组中设置控制点位置，如表 3-13 所示。

表 3-13 设置控制点位置

操 作 选 项	图 示
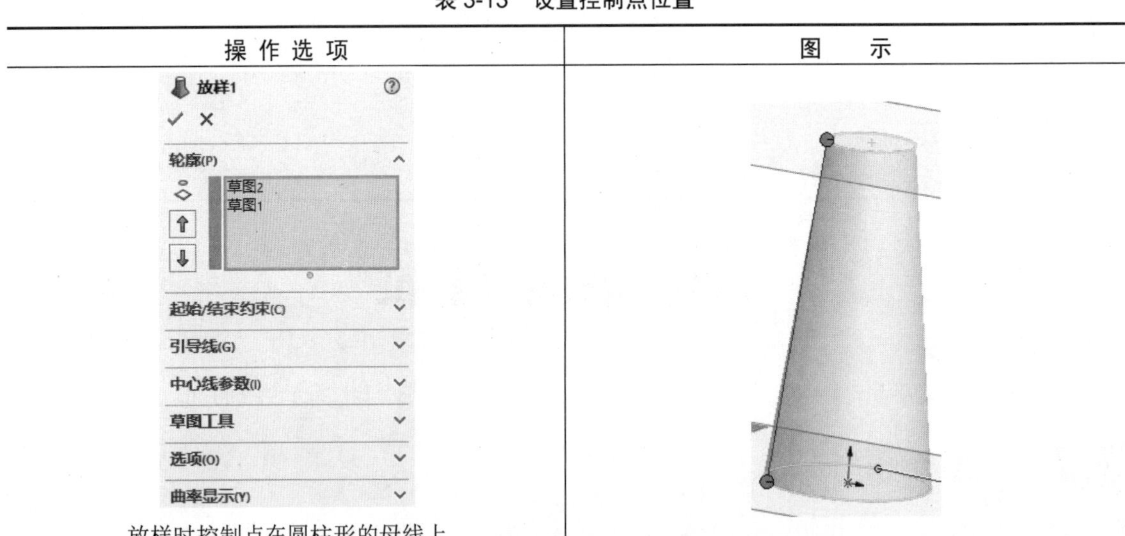 放样时控制点在圆柱形的母线上	

续表

操 作 选 项	图 示
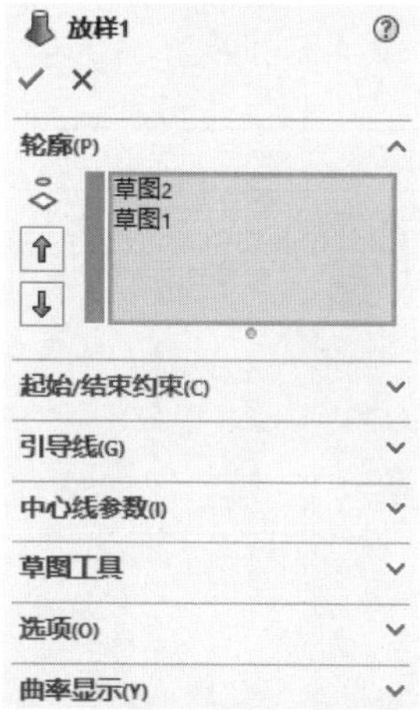 放样1 轮廓(P) 草图2 草图1 起始/结束约束(C) 引导线(G) 中心线参数(I) 草图工具 选项(O) 曲率显示(Y) 放样时控制点不在圆柱形的母线上会进行扭转	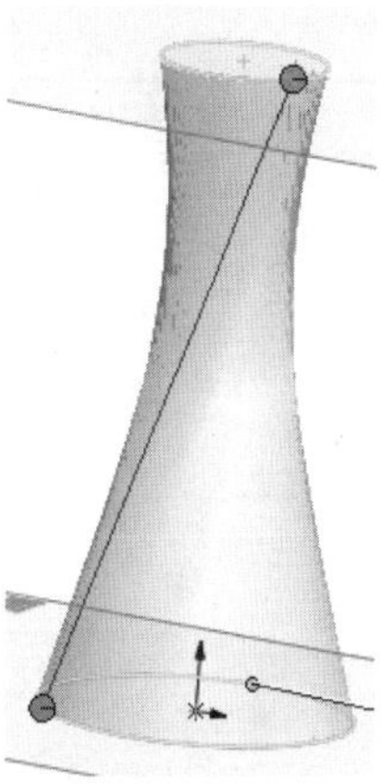
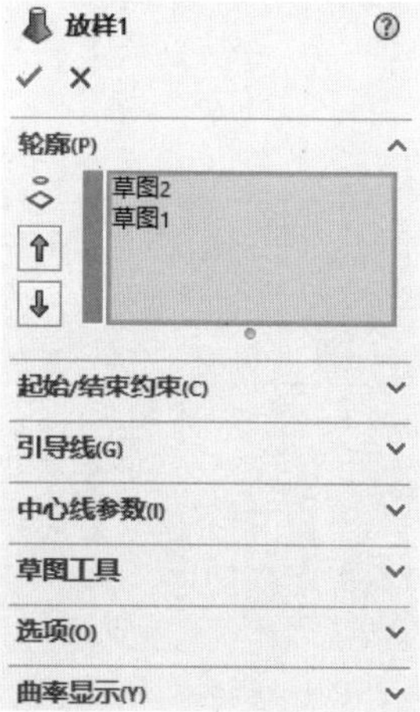 放样1 轮廓(P) 草图2 草图1 起始/结束约束(C) 引导线(G) 中心线参数(I) 草图工具 选项(O) 曲率显示(Y) 放样时控制点在同一上下棱线上	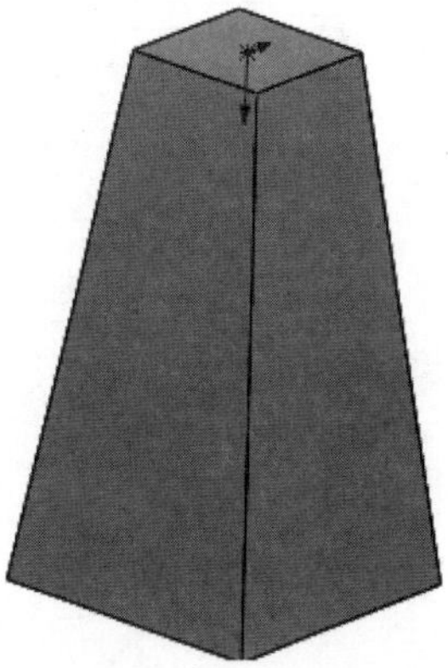
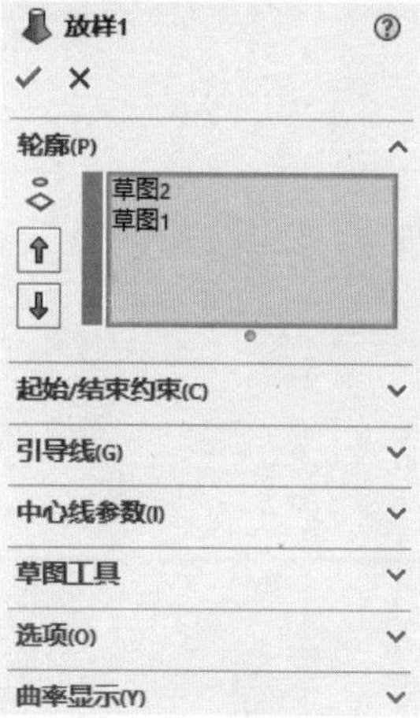 放样1 轮廓(P) 草图2 草图1 起始/结束约束(C) 引导线(G) 中心线参数(I) 草图工具 选项(O) 曲率显示(Y) 放样时控制点不在同一上下棱线上	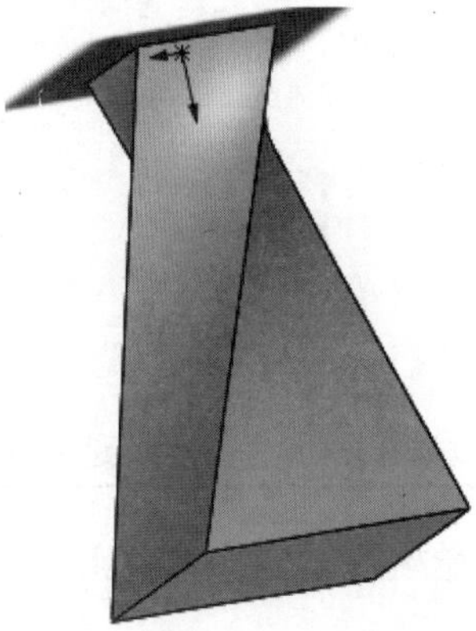

2.【引导线】选项组

在【引导线】选项组中选择引导线，如表 3-14 所示。

表 3-14　选择引导线

操作选项	图　　示
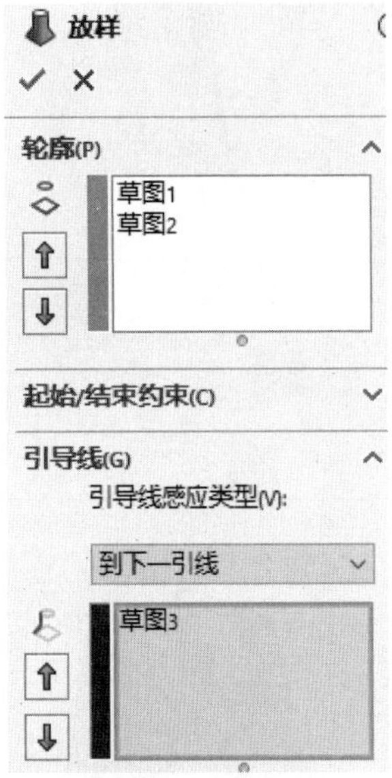 根据所选择的一条引导线进行放样	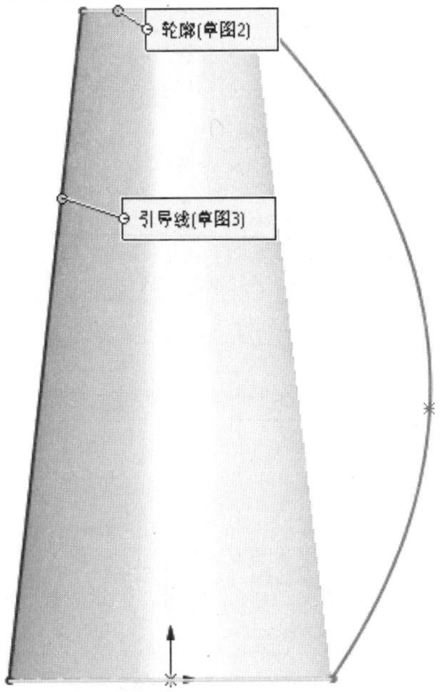
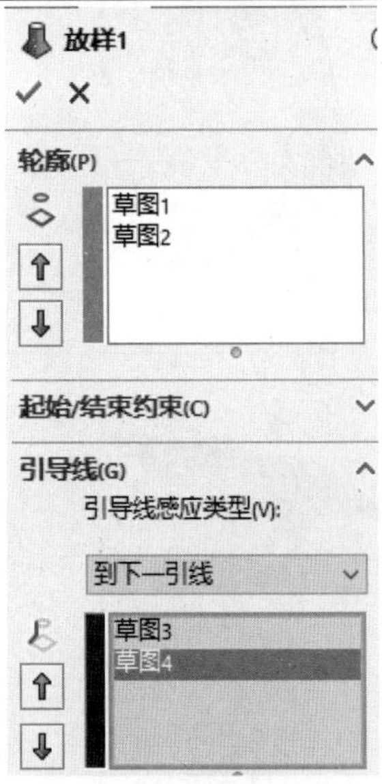 根据所选择的两条引导线进行放样	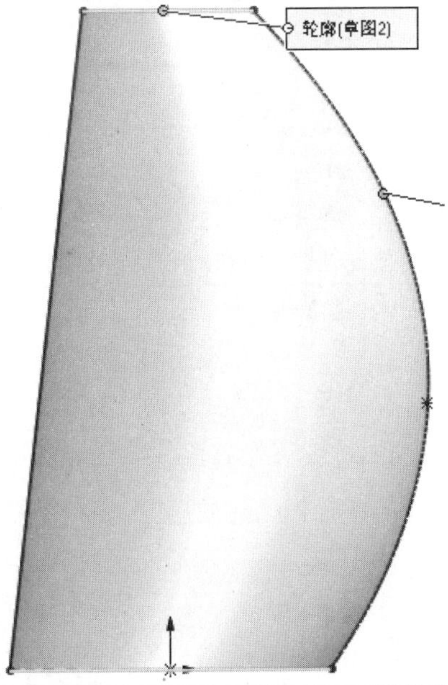

3.【起始/结束约束】选项组

在【起始/结束约束】选项组中对开始约束和结束约束进行设置，如表 3-15 所示。

表 3-15　对开始约束和结束约束进行设置

操 作 选 项	图　　示
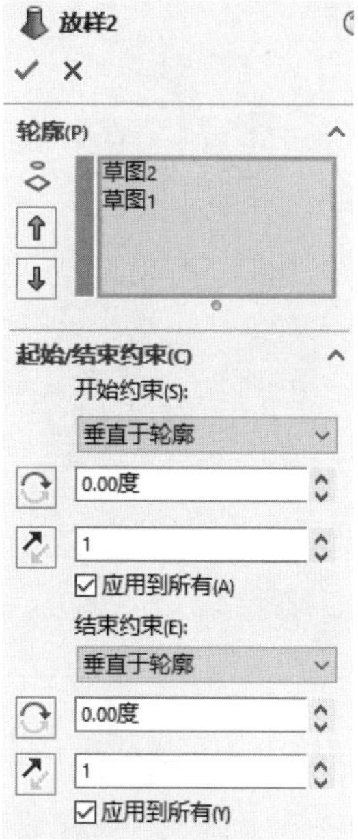 放样时开始约束和结束约束均垂直于轮廓	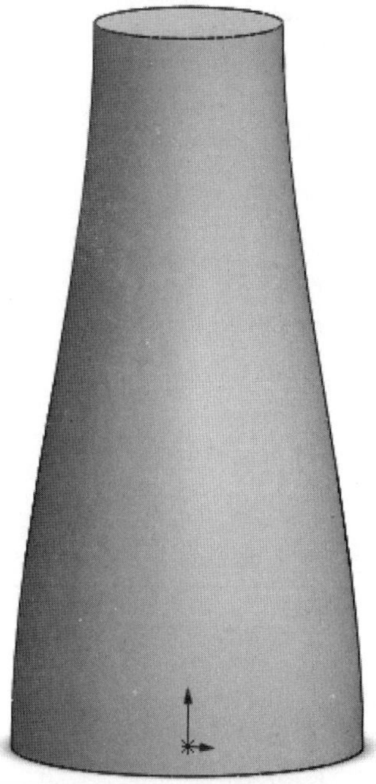
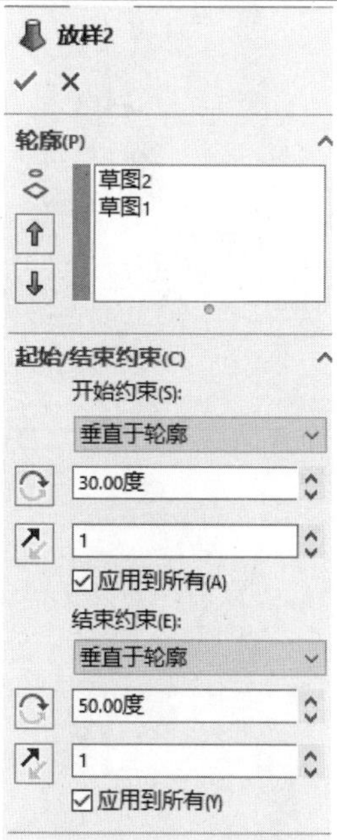 放样时开始约束和结束约束均垂直于轮廓并再旋转一定角度	

4.【薄壁特征】选项组

在【薄壁特征】选项组中对薄壁特征进行设置，如表 3-16 所示。

表 3-16　对薄壁特征进行设置

操作选项	图示
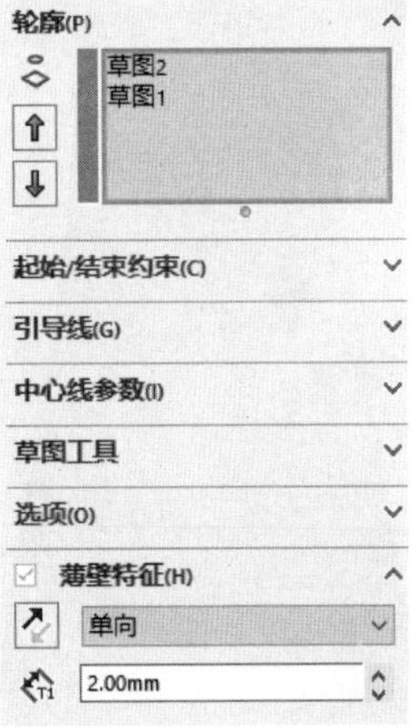 轮廓(P) 草图2 草图1 起始/结束约束(C) 引导线(G) 中心线参数(I) 草图工具 选项(O) 薄壁特征(H) 单向 2.00mm 放样时保持单向一定距离薄壁	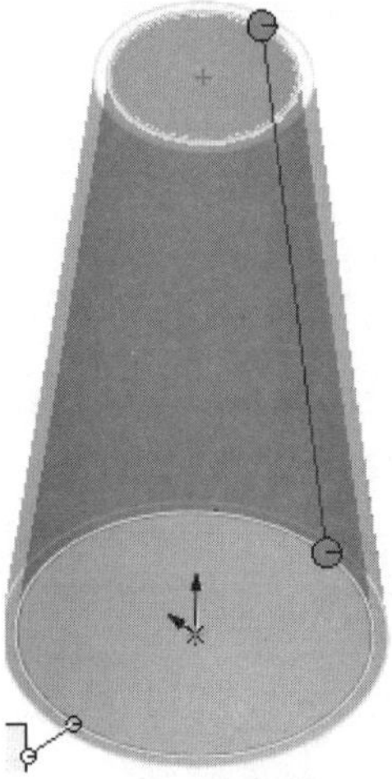
 轮廓(P) 草图2 草图1 起始/结束约束(C) 引导线(G) 中心线参数(I) 草图工具 选项(O) 薄壁特征(H) 两侧对称 2.00mm 放样时保持两侧对称一定距离薄壁	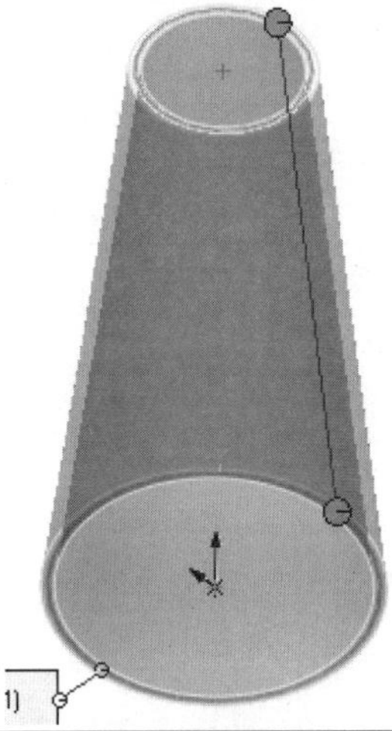
 轮廓(P) 草图2 草图1 起始/结束约束(C) 引导线(G) 中心线参数(I) 草图工具 选项(O) 薄壁特征(H) 双向 2.00mm 3.00mm 将草图拉伸时保持双向（相同/不同）一定距离薄壁	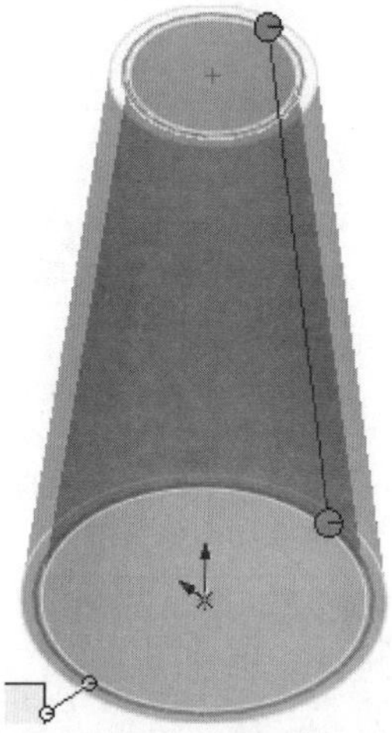

3.5　筋　特　征

筋是从开环或闭环绘制的轮廓所生成的特殊类型拉伸特征，它在轮廓与现有零件之间添加指定方向和厚度的材料。

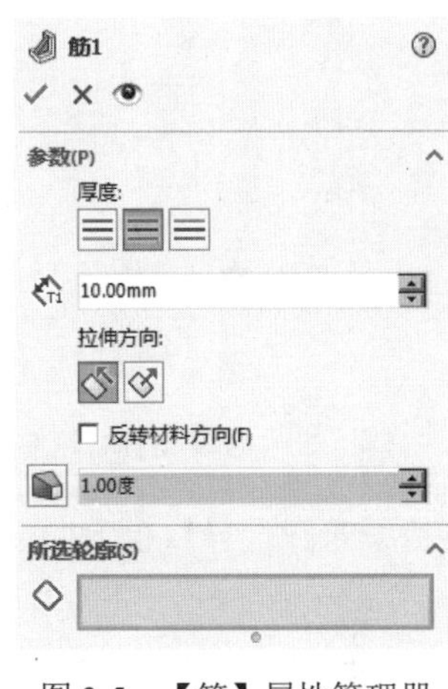

图 3-5　【筋】属性管理器

3.5.1　菜单命令启动

可通过如下两种方式打开【筋】属性管理器，如图 3-5 所示。

☑　选择【插入】|【特征】|【筋】菜单命令。

☑　单击【特征】工具栏中的【筋】按钮。

3.5.2　筋特征的知识点

在【厚度】选项组中选择拉伸厚度，如表 3-17 所示。

表 3-17　选择拉伸厚度

操 作 选 项	图　　示
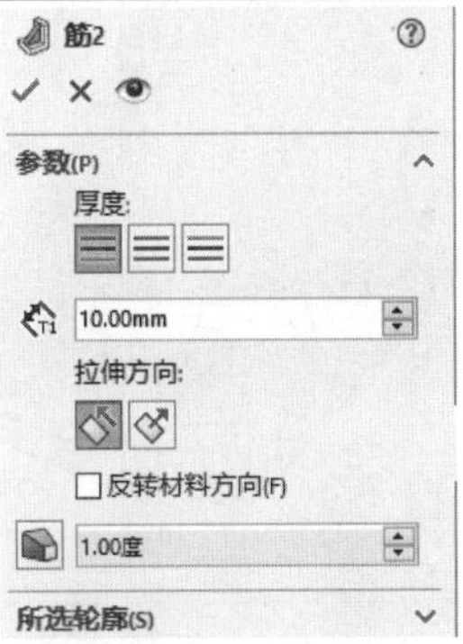 向草图左侧拉伸筋板	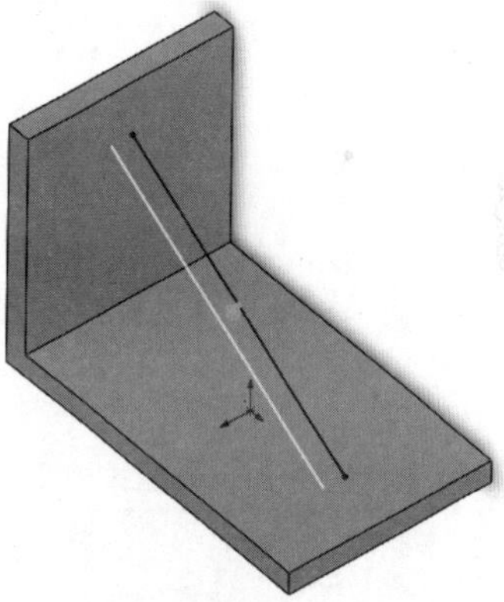
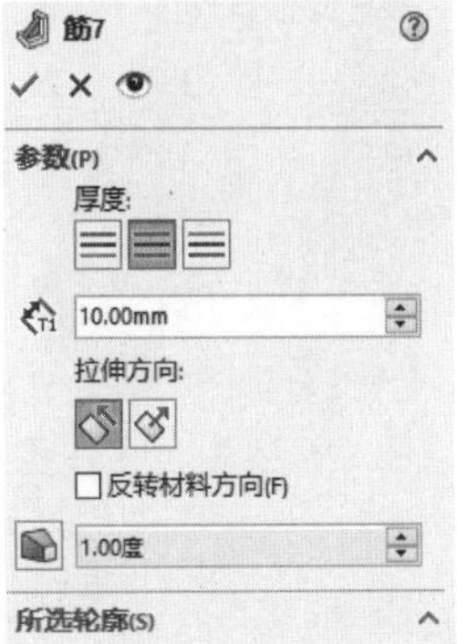 以草图为中间拉伸筋板	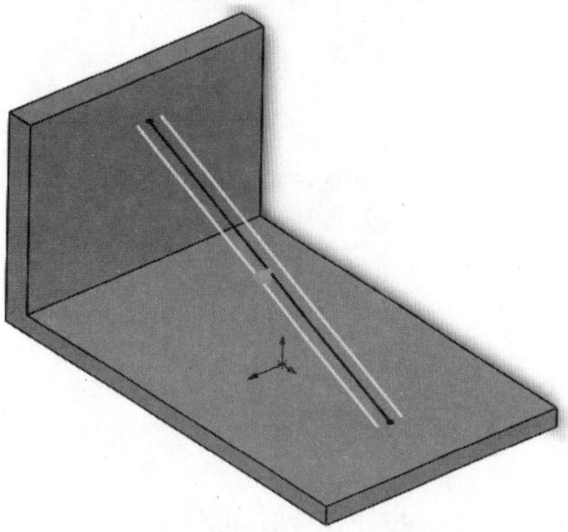

续表

操 作 选 项	图　　示
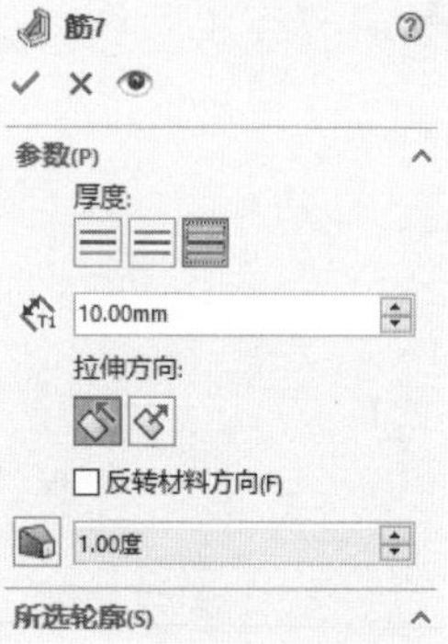 向草图右侧拉伸筋板	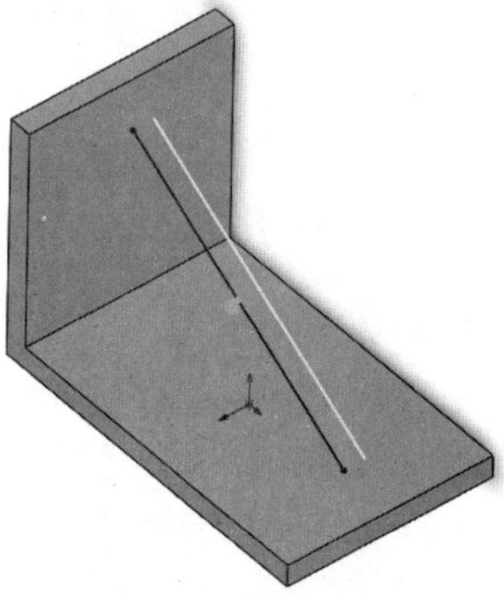

接下来在选择拔模方向，如表 3-18 所示。

表 3-18　选择拔模方向

操 作 选 项	图　　示
 拉伸筋板时向内侧拔模	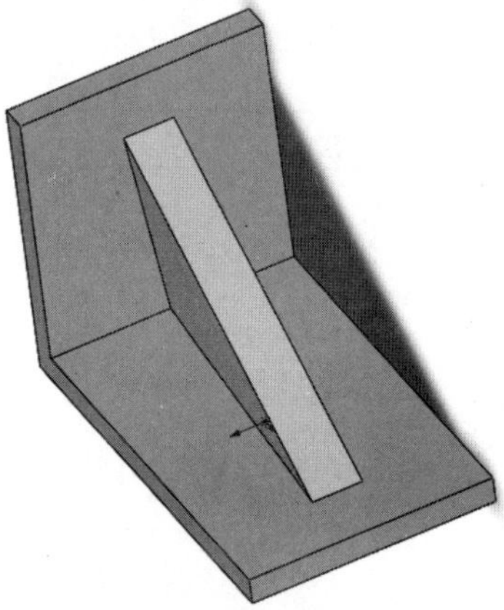
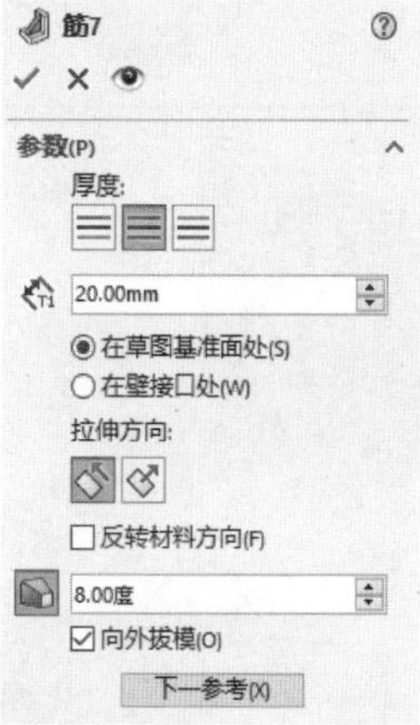 拉伸筋板时向外侧拔模	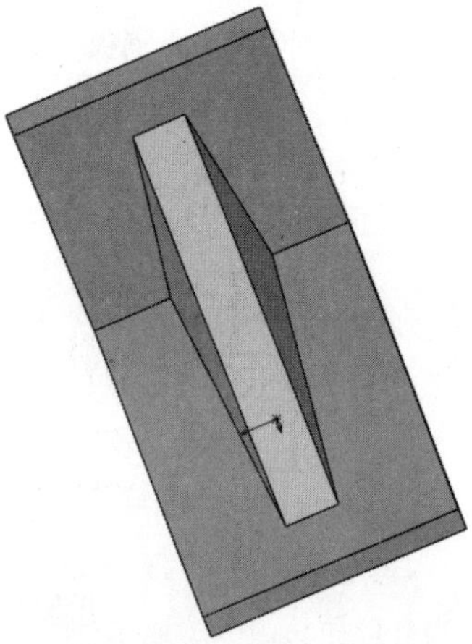

3.6 拉伸切除特征

拉伸切除特征通过将一个轮廓沿直线方向来移除材料，拉伸切除特征可以生成多实体零件。

3.6.1 菜单命令启动

可通过如下两种方式打开【切除-拉伸】属性管理器，如图 3-6 所示。

☑ 选择【插入】|【切除】|【拉伸】菜单命令。

☑ 单击【特征】工具栏中的【拉伸切除】按钮。

图 3-6 【切除-拉伸】属性管理器

3.6.2 拉伸切除特征的知识点

1.【方向】选项组

在【方向】选项组中选择是否反侧切除材料，如表 3-19 所示。

2.【从】选项组

在【从】选项组中选择切除拉伸的面，如表 3-20 所示。

表 3-19　选择是否反向切除材料

操 作 选 项	图　　示
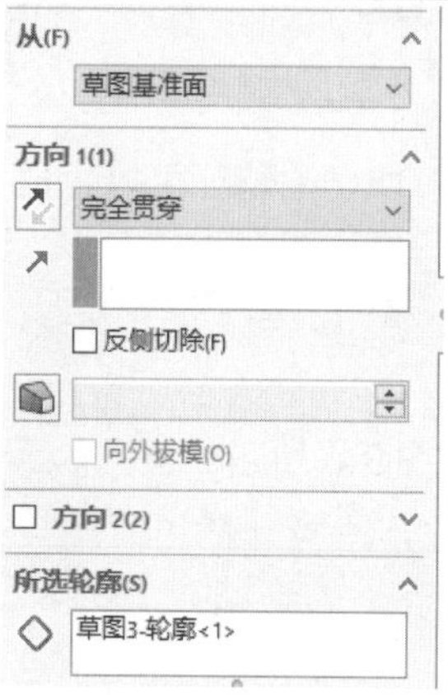 将草图内的材料切除	
 将草图外的材料切除	

表 3-20　选择切除拉伸的面

操 作 选 项	图　　示

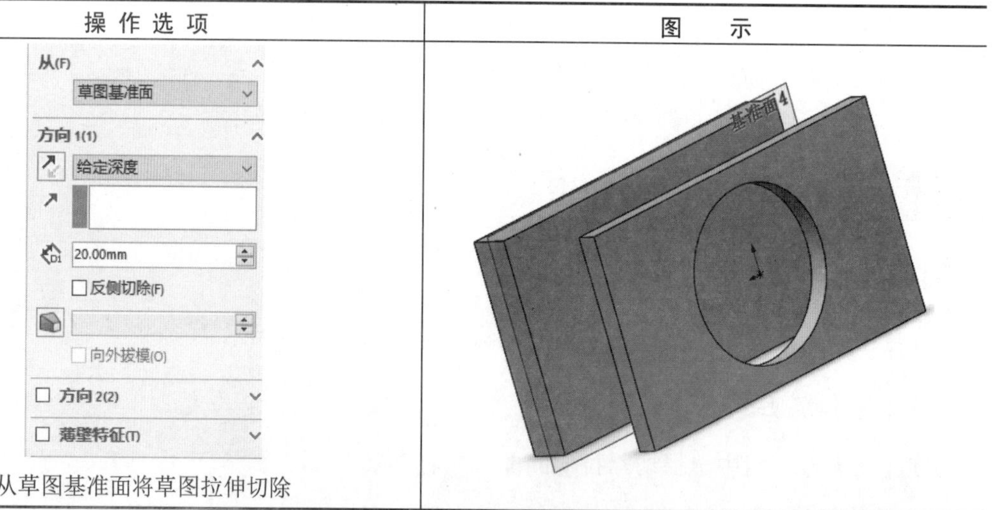

从草图基准面将草图拉伸切除

续表

操作选项	图示
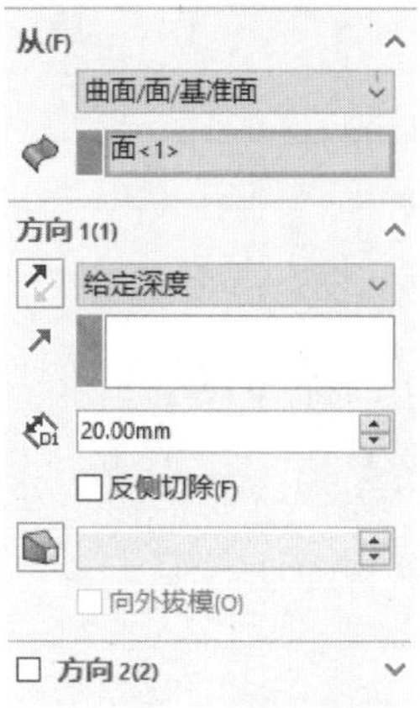 从所选曲面/面/基准面将草图拉伸切除	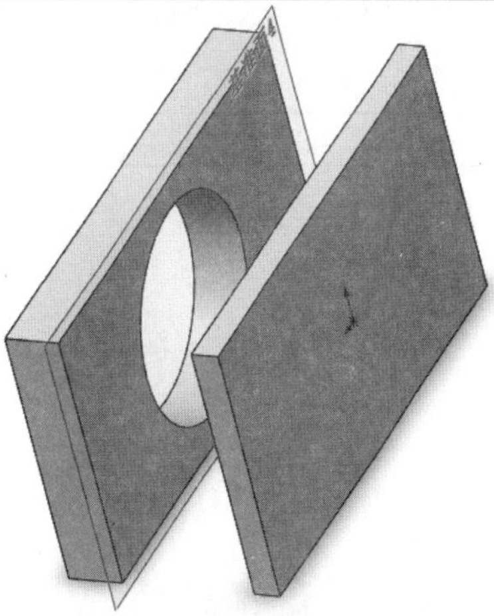
 从所选顶点将草图拉伸切除	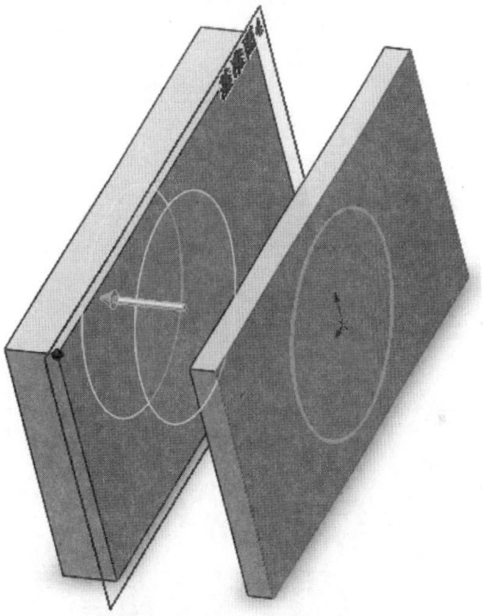
 从草图所在平面一定距离将草图拉伸切除	

3.【方向 1】选项组

在【方向 1】选项组中选择切除深度，如表 3-21 所示。

表 3-21 选择切除深度

操作选项	图示
 从(F) 草图基准面 方向 1(1) 给定深度 10.00mm 反侧切除(F) 向外拔模(O) 方向 2(2) 薄壁特征(T) 将草图拉伸切除所给定的深度	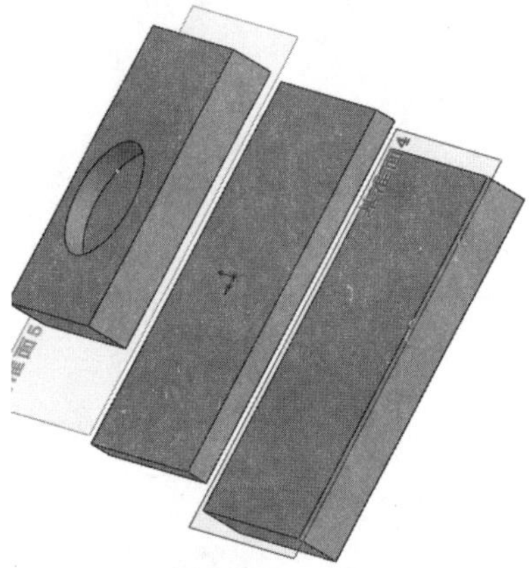
 从(F) 草图基准面 方向 1(1) 完全贯穿 反侧切除(F) 向外拔模(O) 方向 2(2) 所选轮廓(S) 草图8-轮廓<1> 将草图拉伸切除到图形的终止位置	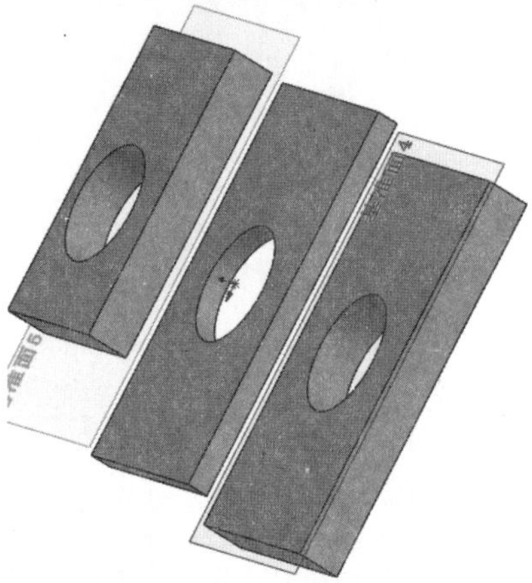
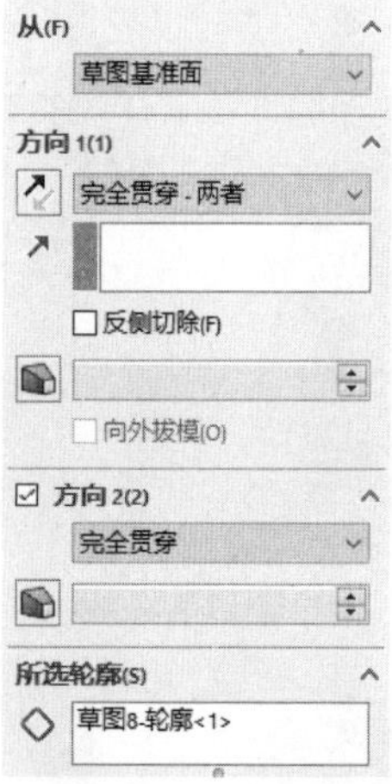 从(F) 草图基准面 方向 1(1) 完全贯穿 - 两者 反侧切除(F) 向外拔模(O) 方向 2(2) 完全贯穿 所选轮廓(S) 草图8-轮廓<1> 将草图两侧拉伸切除到图形的终止位置	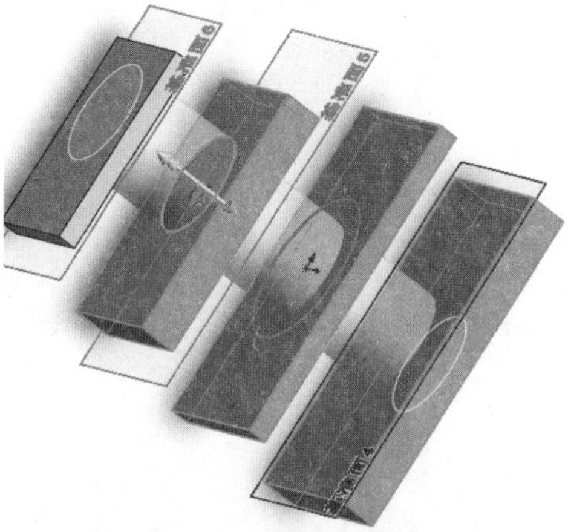

续表

操作选项	图示
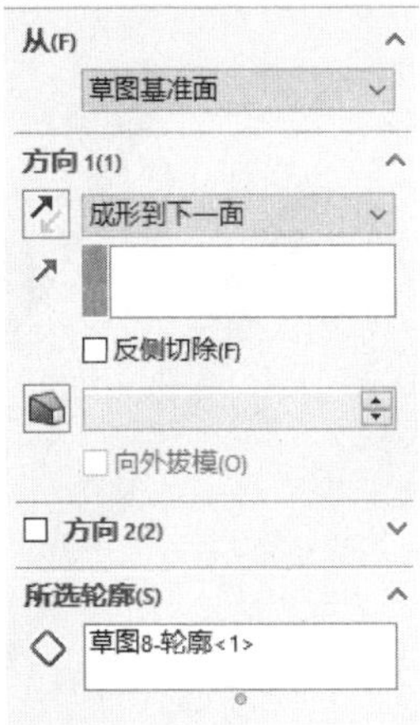 将草图拉伸切除到图形下一个面	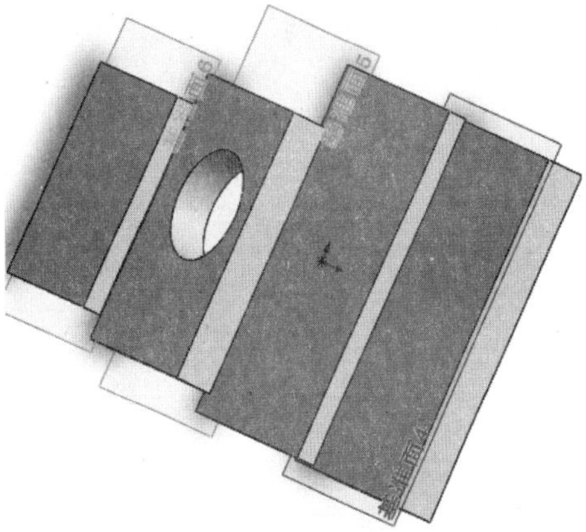
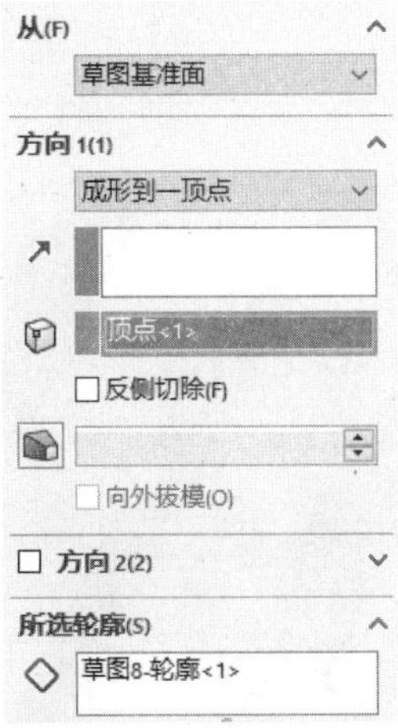 将草图拉伸切除到所选顶点	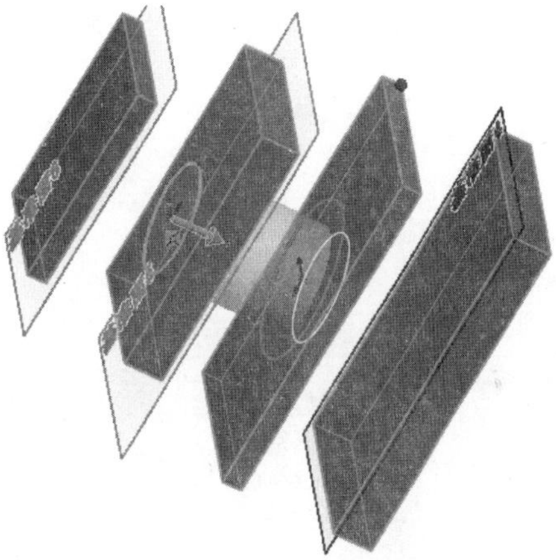
 将草图拉伸切除到所选的面	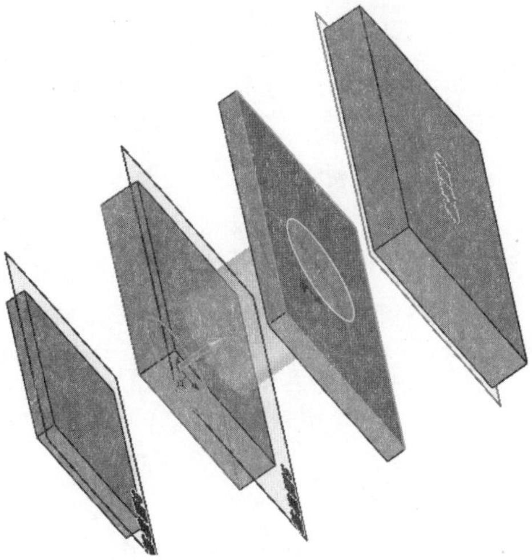

续表

操作选项	图　示
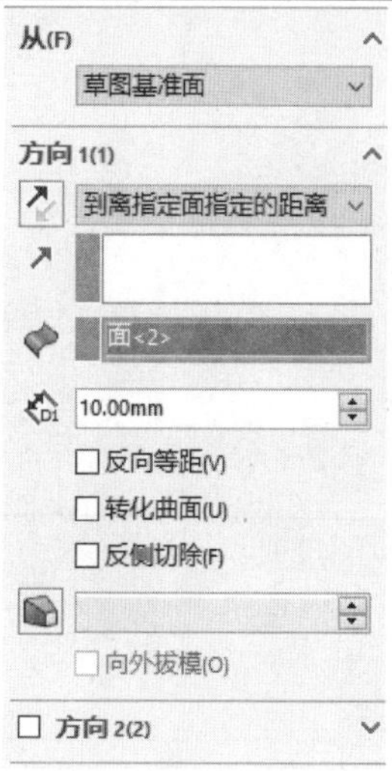 从(F) 草图基准面 方向 1(1) 到离指定面指定的距离 面<2> 10.00mm ☐反向等距(V) ☐转化曲面(U) ☐反侧切除(F) ☐向外拔模(O) ☐ 方向 2(2) 将草图拉伸切除到距离所选面有一定距离的位置	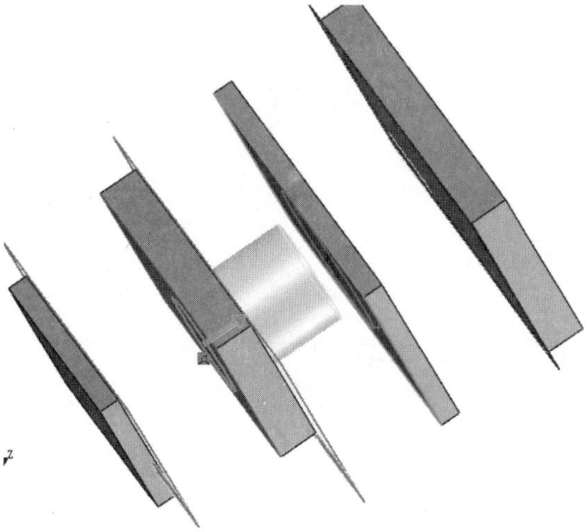
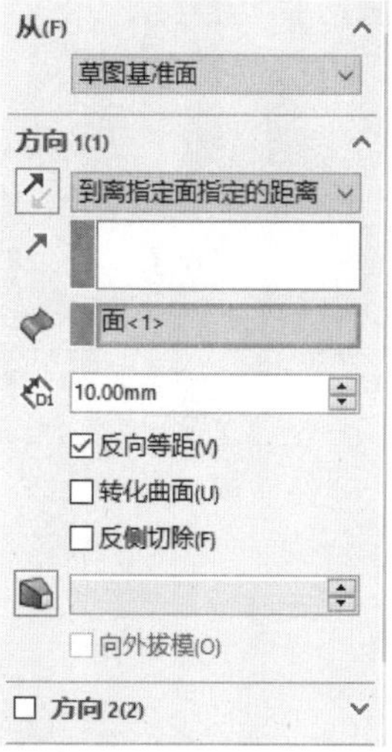 从(F) 草图基准面 方向 1(1) 到离指定面指定的距离 面<1> 10.00mm ☑反向等距(V) ☐转化曲面(U) ☐反侧切除(F) ☐向外拔模(O) ☐ 方向 2(2) 将草图拉伸切除到距离所选面有一定反向距离的位置	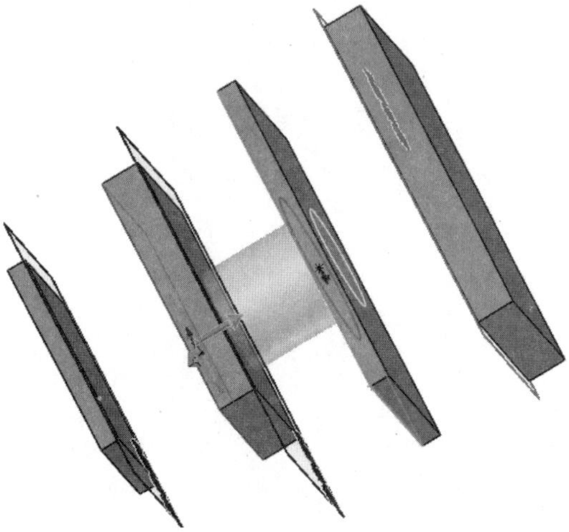
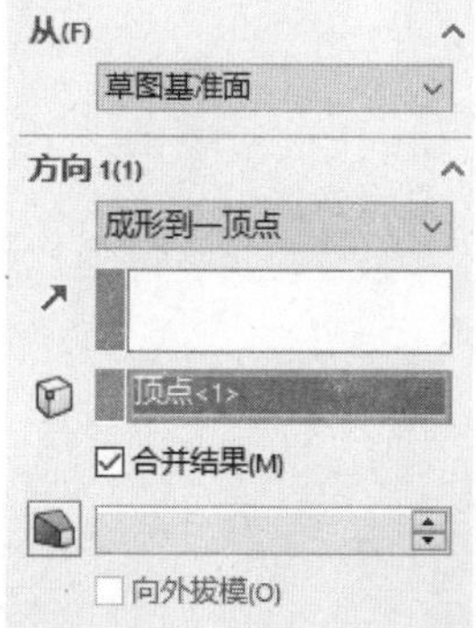 从(F) 草图基准面 方向 1(1) 成形到一顶点 顶点<1> ☑合并结果(M) ☐向外拔模(O) 将草图拉伸切除到所选的顶点	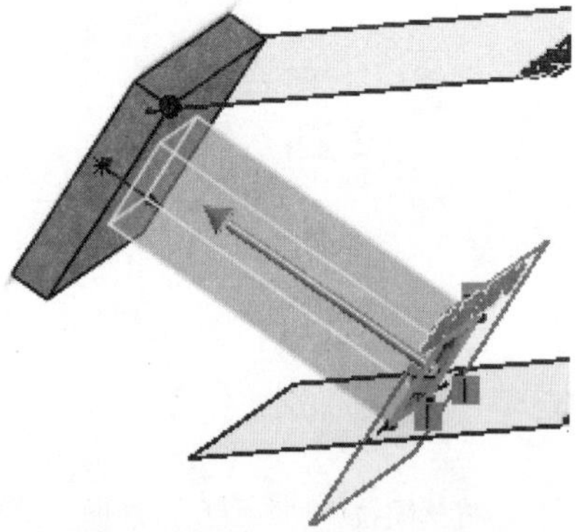

续表

操作选项	图示
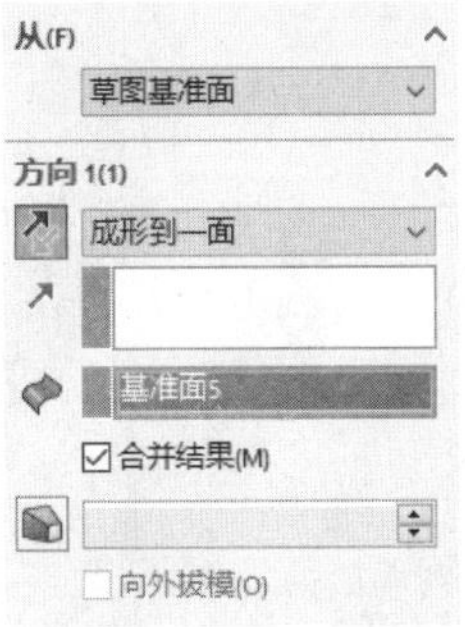 将草图拉伸切除到所选的面	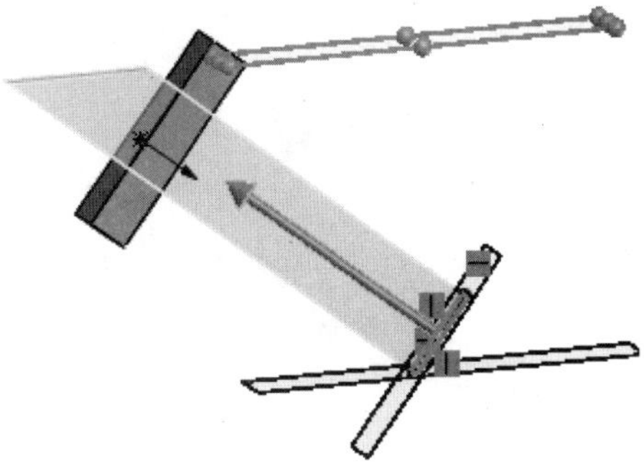
 将草图拉伸切除到距离所选面有一定距离的位置	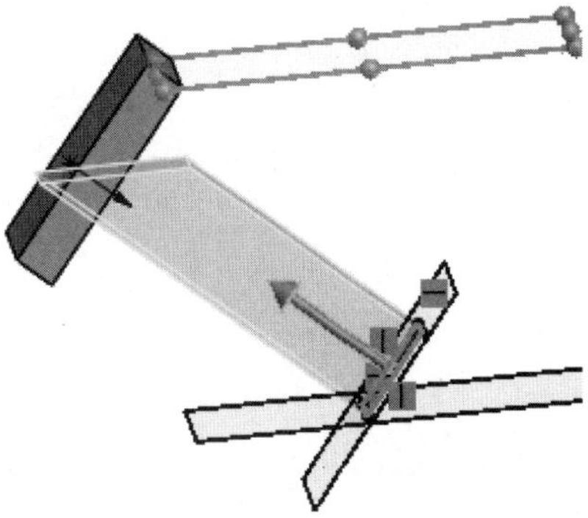
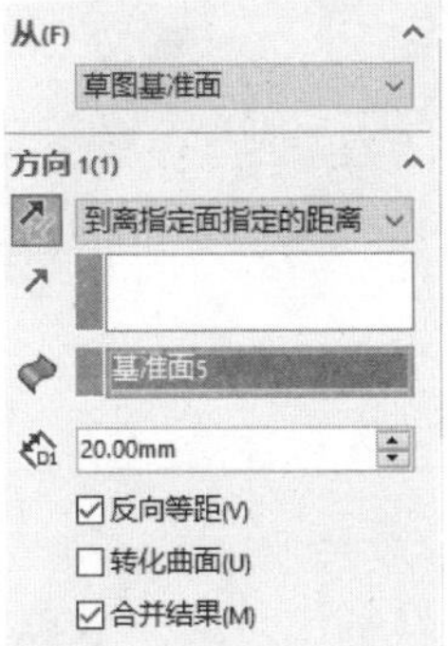 将草图拉伸切除到距离所选面有一定反向距离的位置	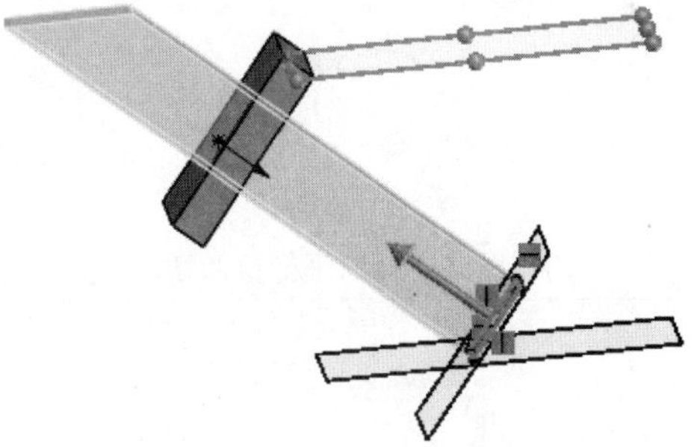
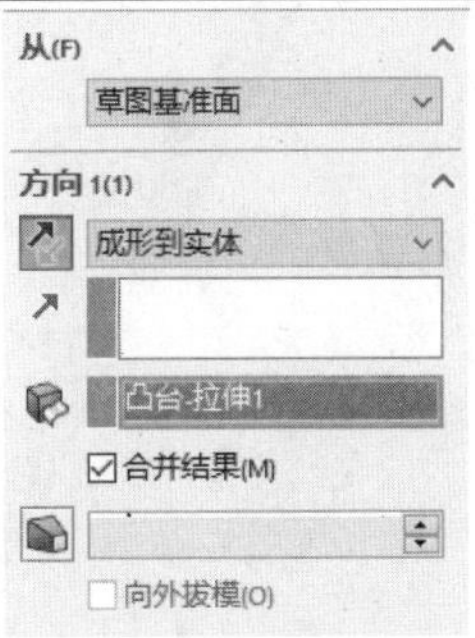 将草图拉伸切除到所选的实体	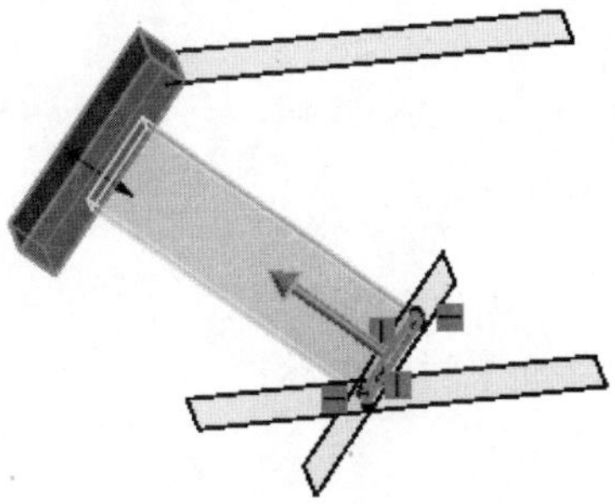

续表

操作选项	图示
 将草图拉伸切除到所选的实体	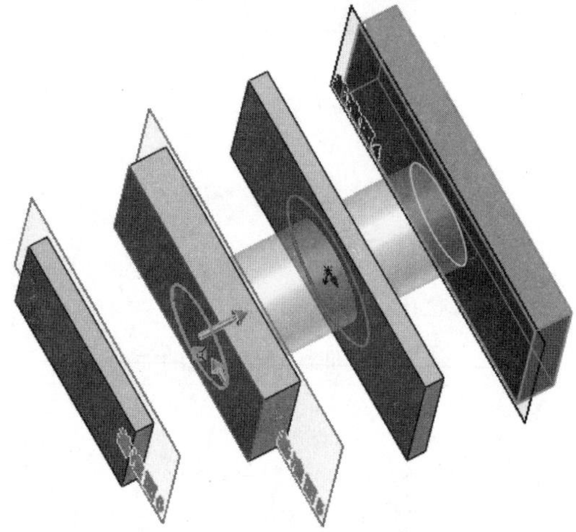
 将草图两侧对称进行拉伸切除	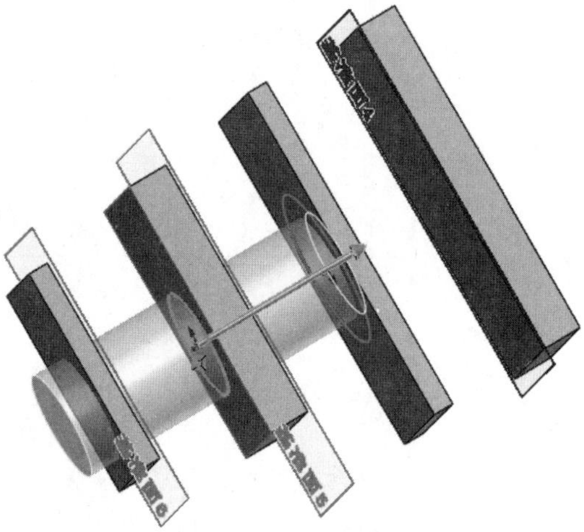
 将草图拉伸切除并向内侧拔模	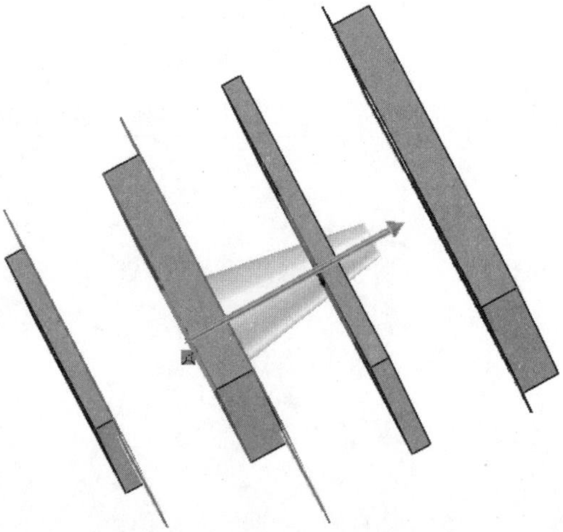

续表

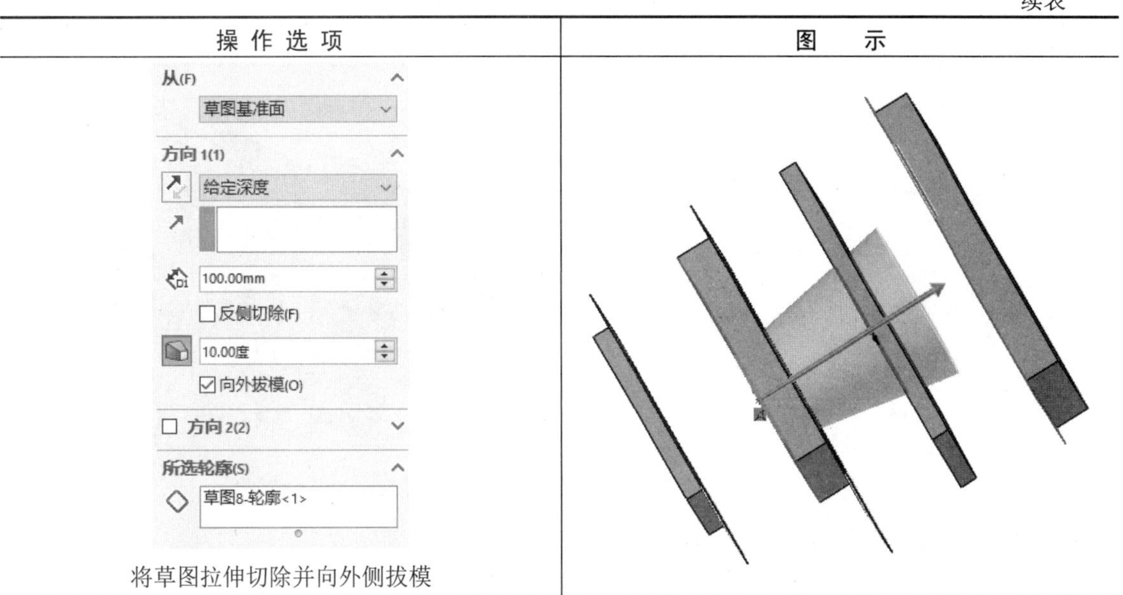

操 作 选 项	图　　示
从(F) 草图基准面 方向 1(1) 给定深度 100.00mm 反侧切除(F) 10.00度 向外拔模(O) 方向 2(2) 所选轮廓(S) 草图8-轮廓<1> 将草图拉伸切除并向外侧拔模	

4.【方向 2】选项组

在【方向 2】选项组中选择对两侧进行拉伸切除，如表 3-22 所示。

表 3-22　对两侧进行拉伸切除

操 作 选 项	图　　示
从(F) 草图基准面 方向 1(1) 给定深度 100.00mm 反侧切除(F) 10.00度 向外拔模(O) 方向 2(2) 完全贯穿 所选轮廓(S) 草图8-轮廓<1> 将草图进行两侧拉伸切除	

5.【薄壁特征】选项组

在【薄壁特征】选项组中对薄壁特征进行设置，如表 3-23 所示。

表 3-23　对薄壁特征进行设置

操 作 选 项	图　　示
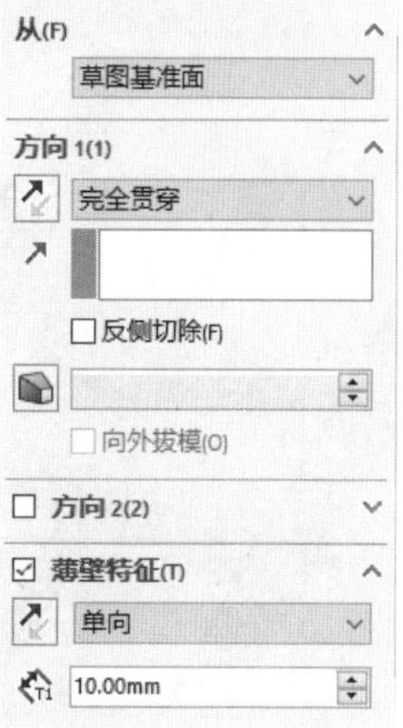 从(F) 草图基准面 方向 1(1) 完全贯穿 反侧切除(F) 向外拔模(O) 方向 2(2) 薄壁特征(T) 单向 10.00mm 将草图拉伸切除时保持单向一定距离薄壁	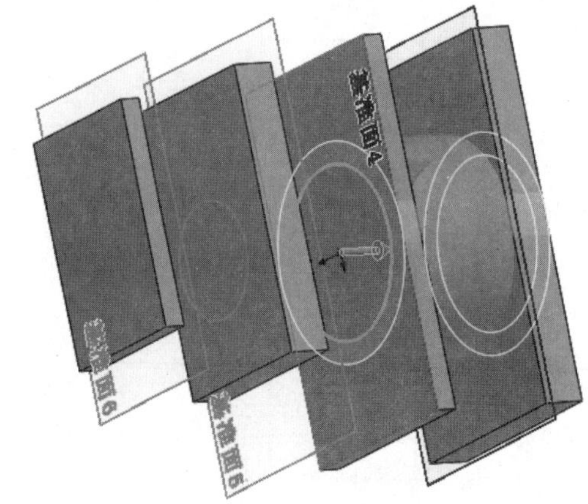 基准面4 基准面6 基准面5
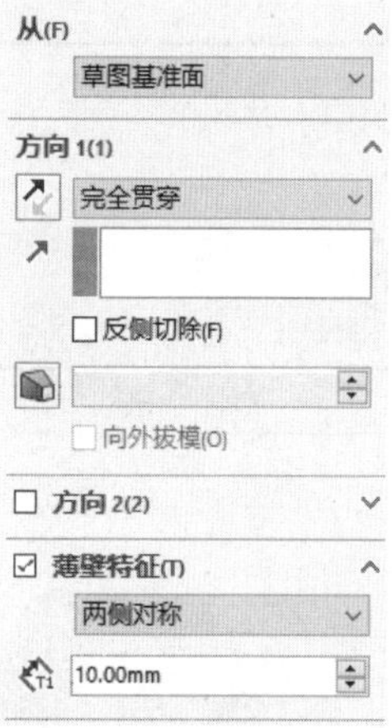 从(F) 草图基准面 方向 1(1) 完全贯穿 反侧切除(F) 向外拔模(O) 方向 2(2) 薄壁特征(T) 两侧对称 10.00mm 将草图拉伸切除时保持两侧对称一定距离薄壁	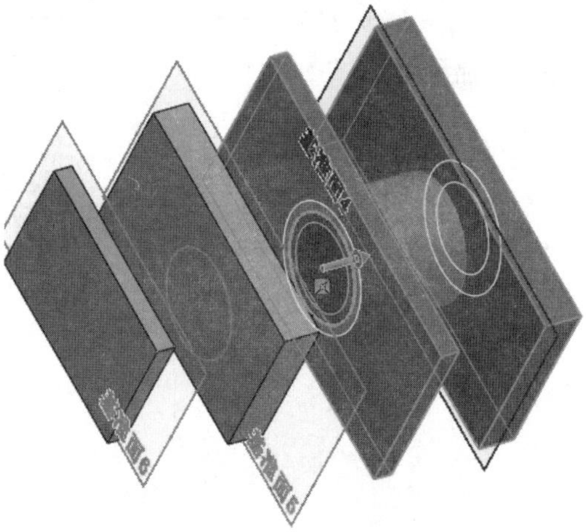 基准面4 基准面6 基准面5
 从(F) 草图基准面 方向 1(1) 给定深度 10.00mm 向外拔模(O) 方向 2(2) 薄壁特征(T) 双向 10.00mm 10.00mm 将草图拉伸切除时保持双向（相同）一定距离薄壁	

续表

操 作 选 项	图　　示
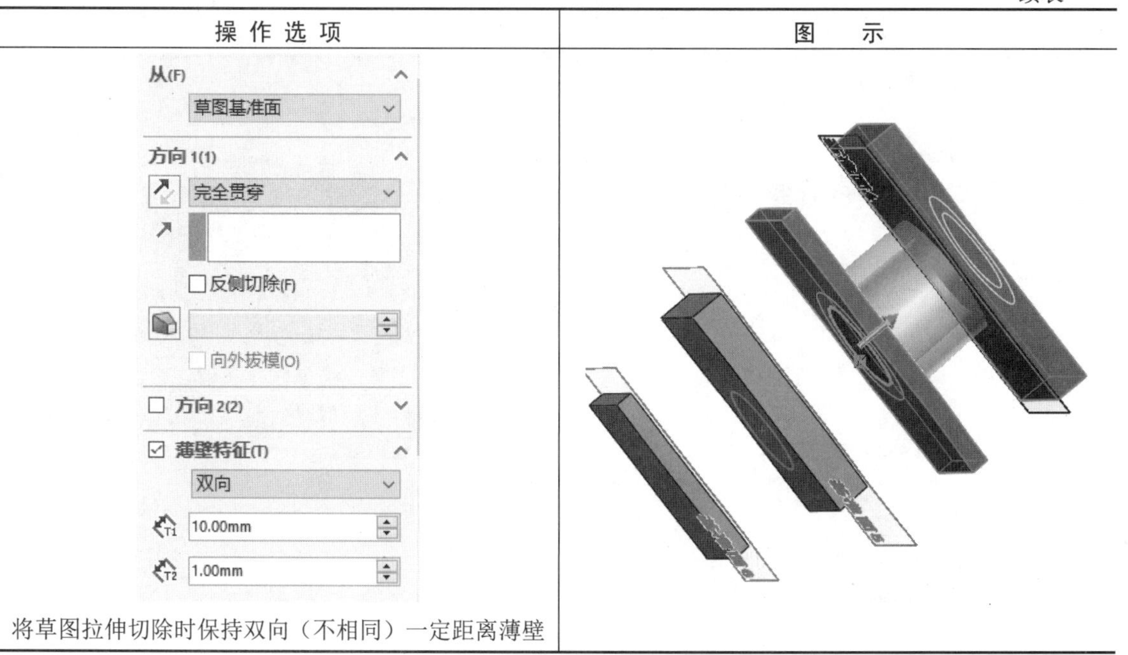	
将草图拉伸切除时保持双向（不相同）一定距离薄壁	

3.7　旋转切除特征

旋转切除特征通过绕中心线旋转一个或多个轮廓来移除材料。

3.7.1　菜单命令启动

可通过如下两种方式打开【切除-旋转】属性管理器，如图 3-7 所示。

☑　选择【插入】|【切除】|【旋转】菜单命令。

☑　单击【特征】工具栏中的【旋转】按钮。

图 3-7　【切除-旋转】属性管理器

3.7.2　旋转切除特征的知识点

1.【方向 1】选项组

在【方向 1】选项组中选择要旋转切除的部分，如表 3-24 所示。

表 3-24　选择要旋转切除的部分

操 作 选 项	图　　示
 将草图旋转切除 360.00 度	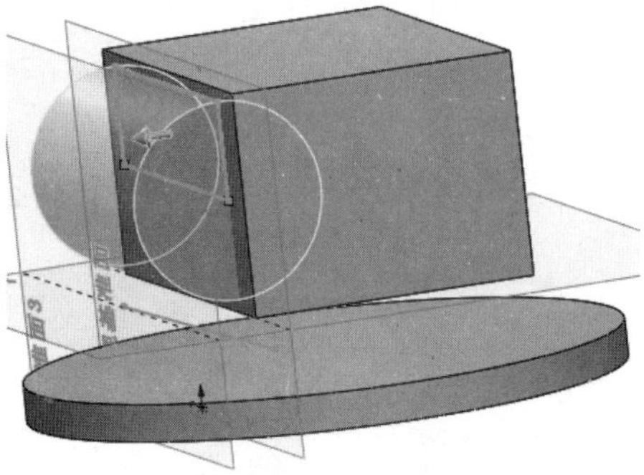
 将草图旋转切除 60.00 度	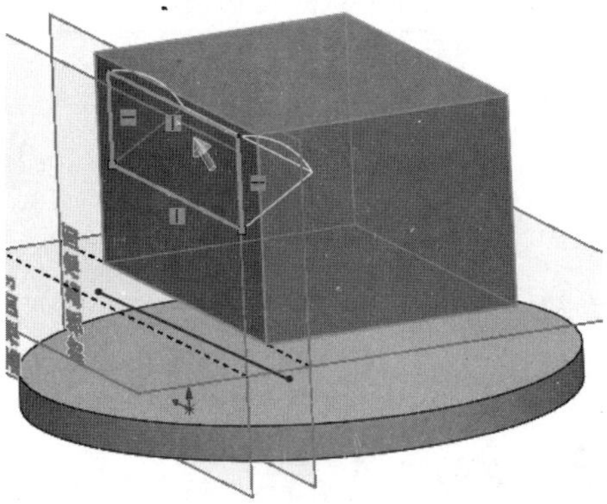
 将草图旋转切除到所选顶点所在平面	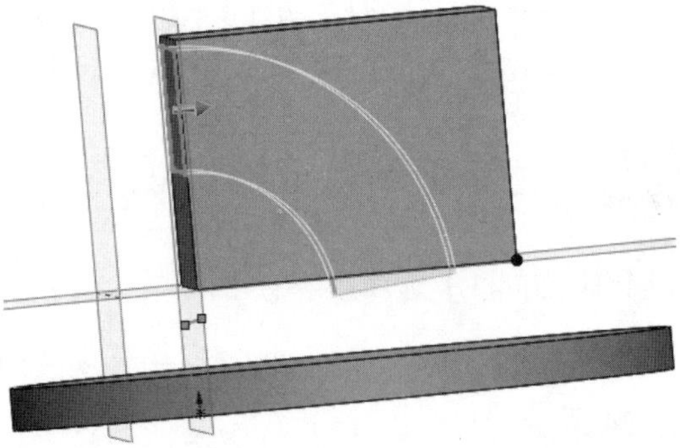

续表

操作选项	图示
 切除-旋转2 旋转轴(A)：直线5 方向1(1)：成形到一面 面<2> □方向2(2) 所选轮廓(S)：草图7-轮廓<1> 特征范围(F) 将草图旋转切除到所选面	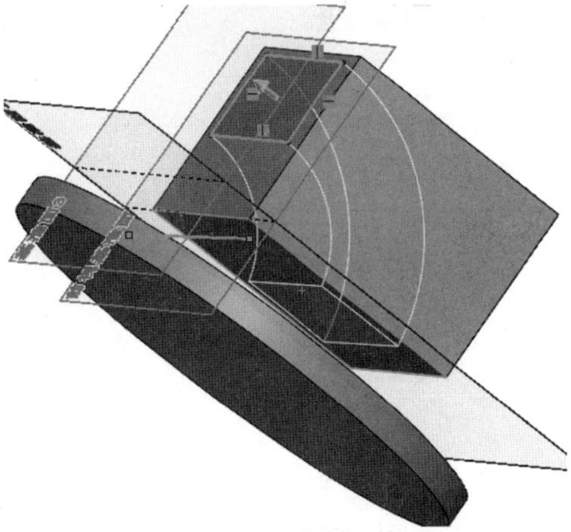
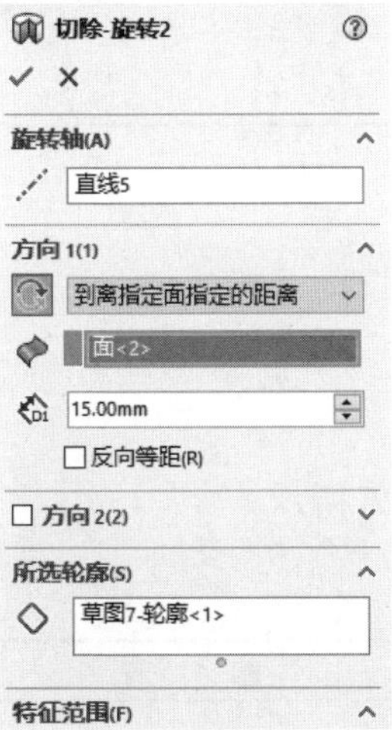 切除-旋转2 旋转轴(A)：直线5 方向1(1)：到离指定面指定的距离 面<2> 15.00mm □反向等距(R) □方向2(2) 所选轮廓(S)：草图7-轮廓<1> 特征范围(F) 将草图旋转切除到距离所选面一定距离的位置	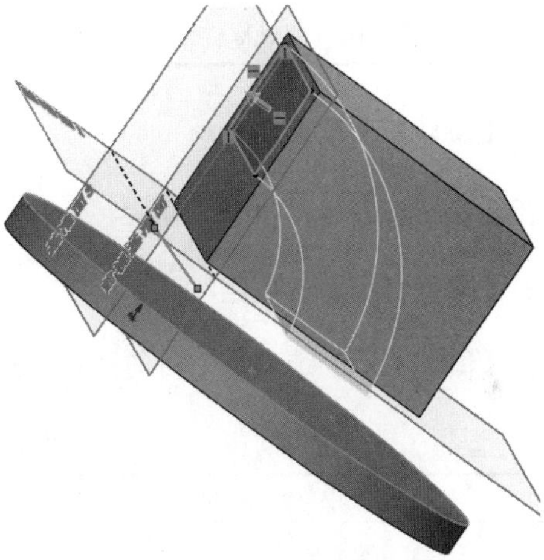
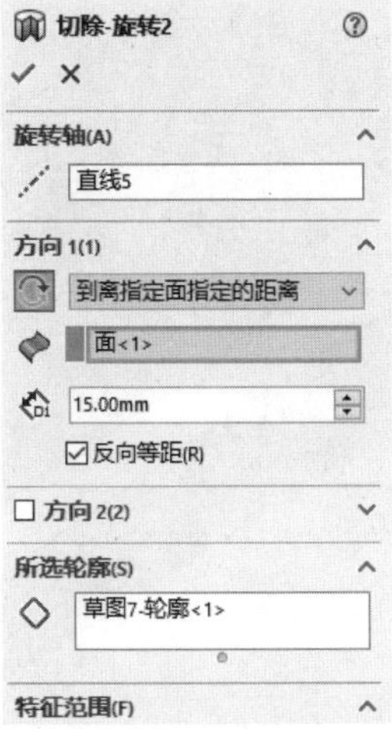 切除-旋转2 旋转轴(A)：直线5 方向1(1)：到离指定面指定的距离 面<1> 15.00mm ☑反向等距(R) □方向2(2) 所选轮廓(S)：草图7-轮廓<1> 特征范围(F) 将草图旋转切除到距离所选面一定反向距离的位置	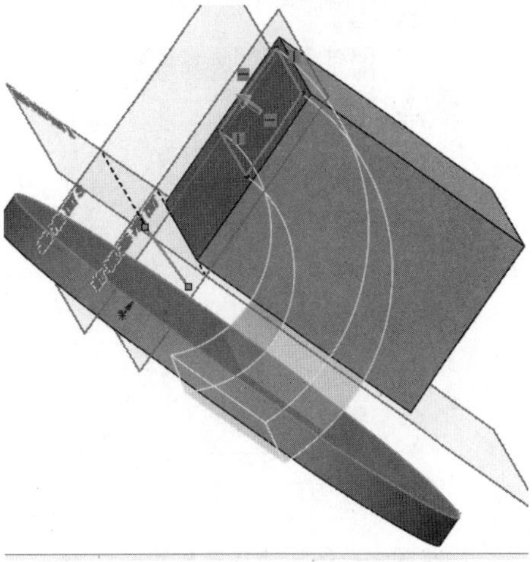

续表

操 作 选 项	图　　示
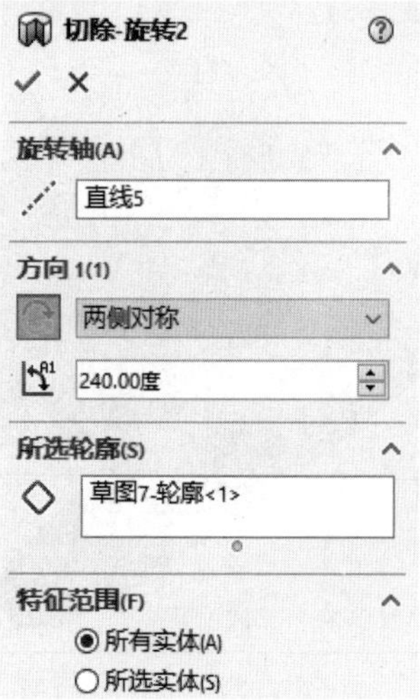 将草图两侧对称旋转切除	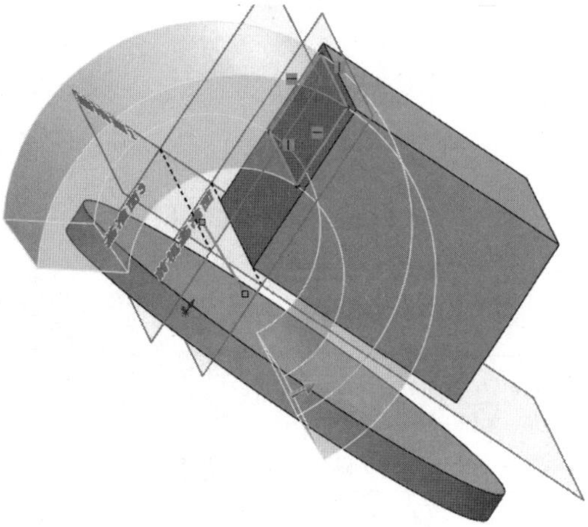

2.【旋转轴】选项组

在【旋转轴】选项组中选择旋转轴，如表 3-25 所示。

3.【薄壁特征】选项组

在【薄壁特征】选项组中对薄壁特征进行设置，如表 3-26 所示。

表 3-25　选择旋转轴

操 作 选 项	图　　示
 将草图绕草图边线旋转轴旋转切除	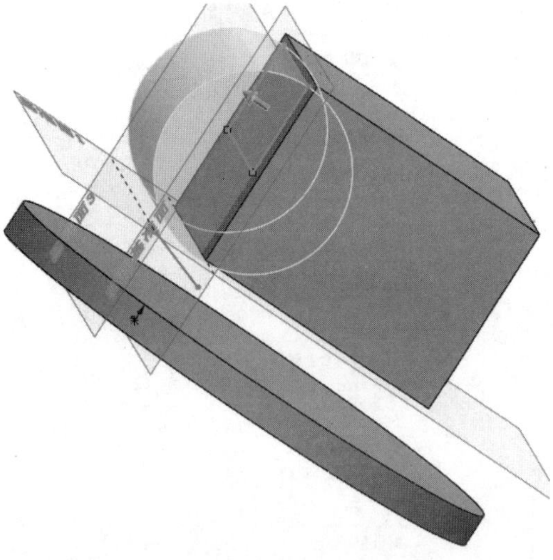

续表

操作选项	图　　示
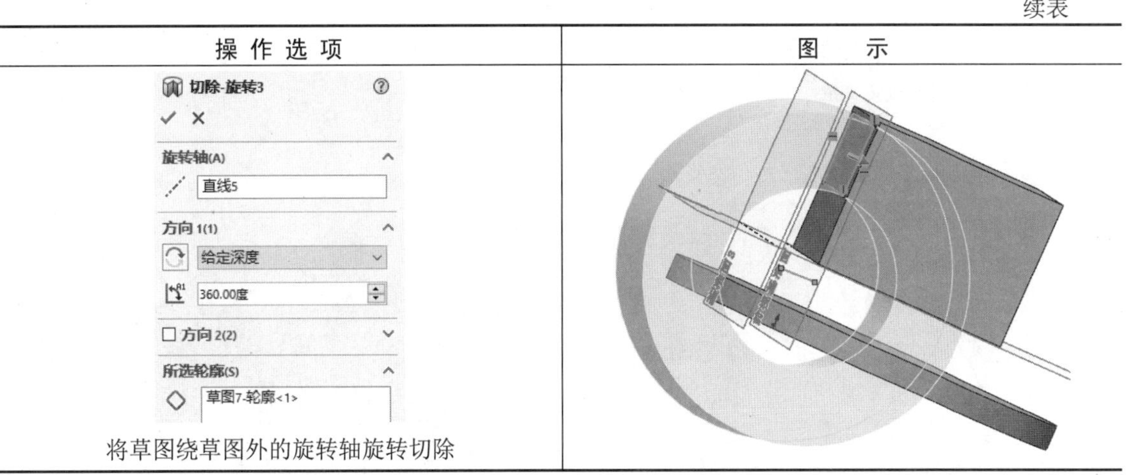 将草图绕草图外的旋转轴旋转切除	

表 3-26　对薄壁特征进行设置

操作选项	图　　示
 将草图旋转切除时保持单向一定距离薄壁	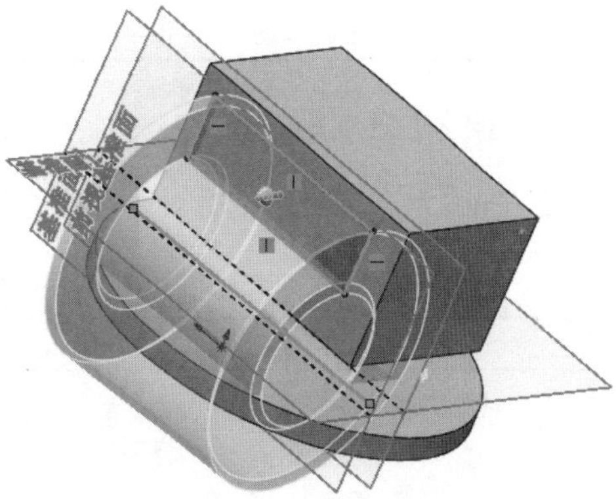
 将草图旋转切除时保持两侧对称一定距离薄壁	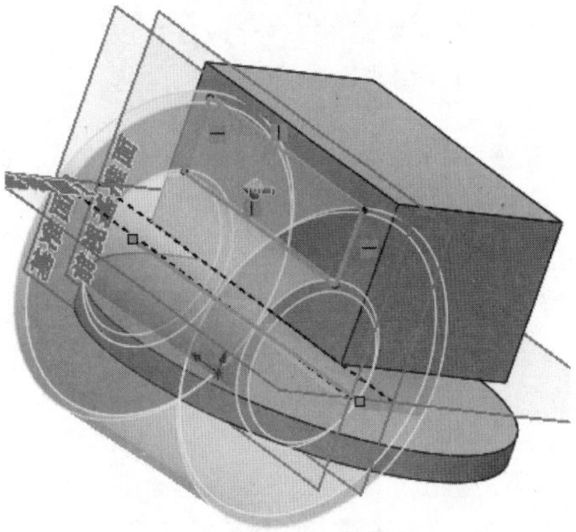

续表

操 作 选 项	图　　示
切除-旋转-薄壁3 旋转轴(A) 直线5 方向 1(1) 给定深度 360.00度 方向 2(2) 薄壁特征(T) 双向 3.00mm 5.00mm 将草图旋转切除时保持双向（相同/不同）一定距离薄壁	

4.【方向 2】选项组

在【方向 2】选项组中选择对两侧进行旋转切除，如表 3-27 所示。

表 3-27　对两侧进行旋转切除

操 作 选 项	图　　示
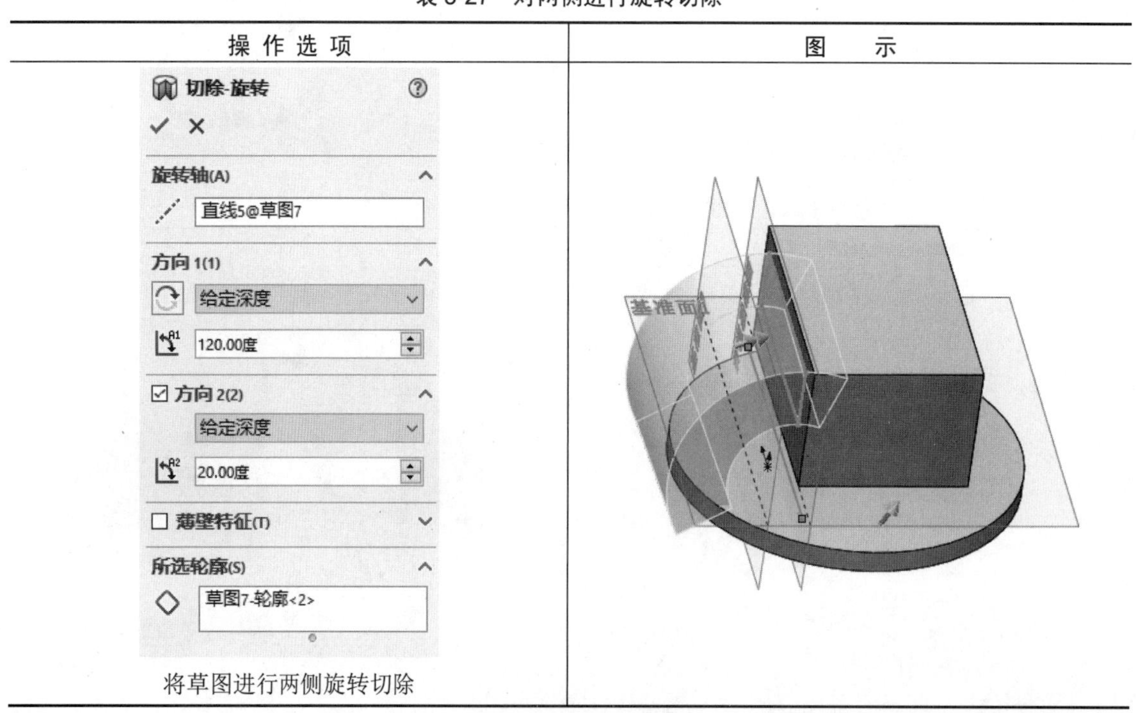 将草图进行两侧旋转切除	

3.8 扫描切除特征

扫描切除特征通过沿着一条路径移动轮廓（截面）来切除基体、凸台或曲面。

3.8.1 菜单命令启动

可通过如下两种方式打开【切除-扫描】属性管理器，如图3-8所示。

☑ 选择【插入】|【切除】|【扫描】菜单命令。

☑ 单击【特征】工具栏中的【扫描】按钮。

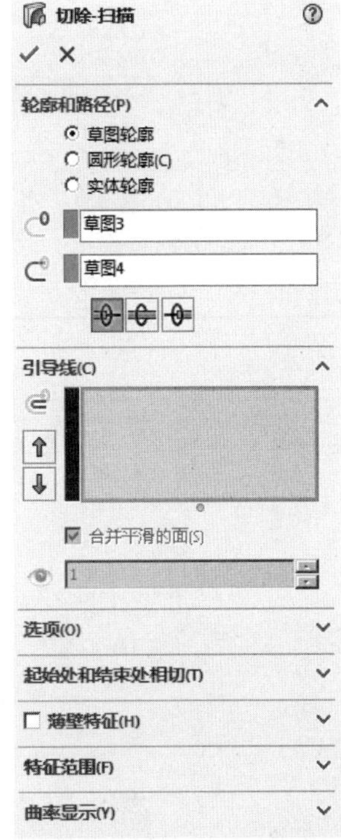

图3-8 【切除-扫描】属性管理器

3.8.2 扫描切除特征的知识点

1.【轮廓和路径】选项组

在【轮廓和路径】选项组中选择扫描切除的轮廓，如表3-28所示。

2.【轮廓方位】选项组

在【轮廓方位】选项组中选择轮廓的方位，如表3-29所示。

表3-28 选择扫描切除的轮廓

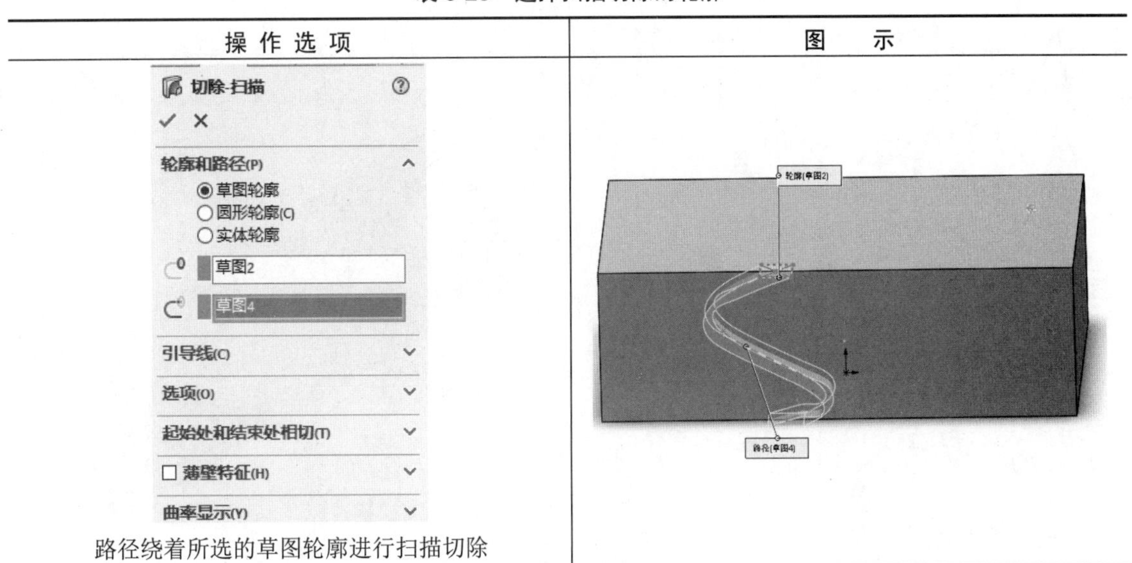

操作选项	图示
路径绕着所选的草图轮廓进行扫描切除	

续表

操作选项	图　示
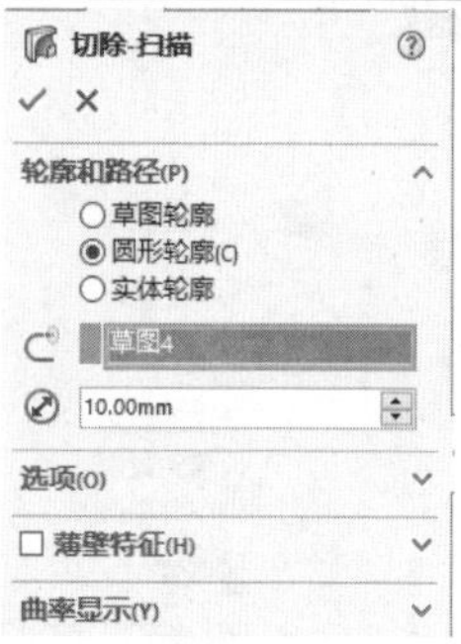 路径绕着一定直径的圆形轮廓进行扫描切除	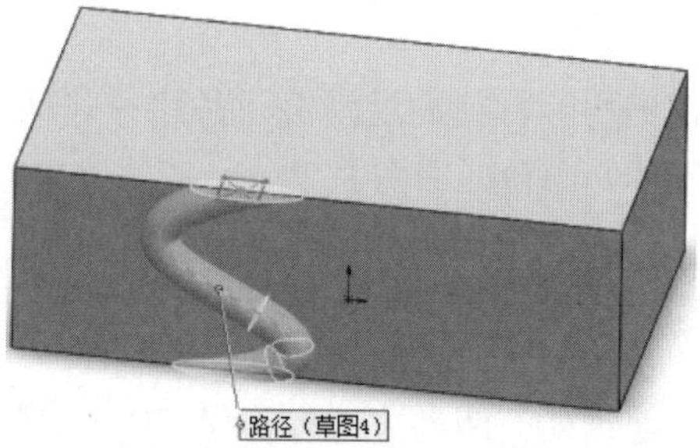 路径（草图4）

表 3-29　选择轮廓的方位

操作选项	图　示
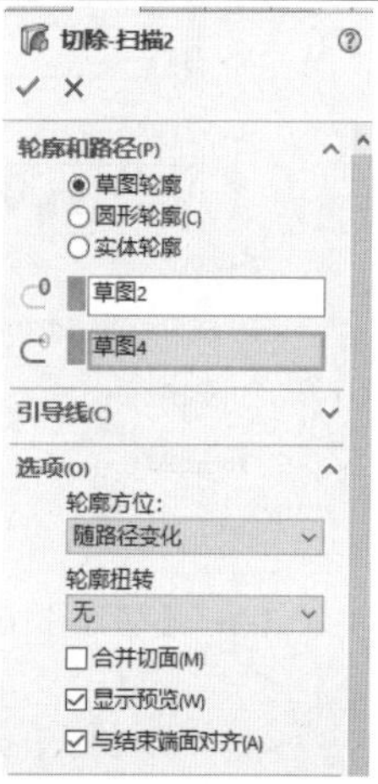 扫描切除时轮廓的方位随着路径的变化而变化	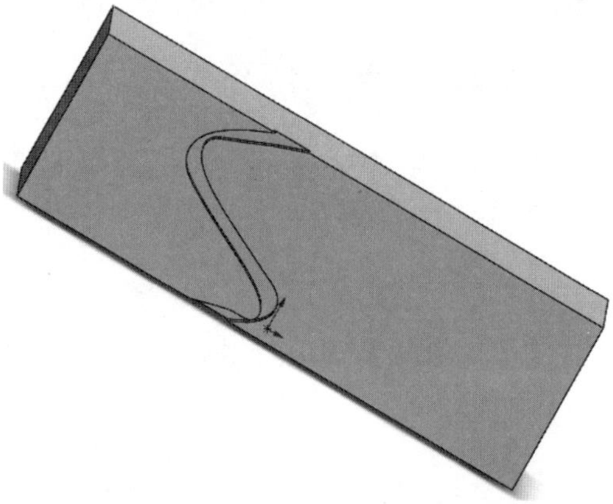
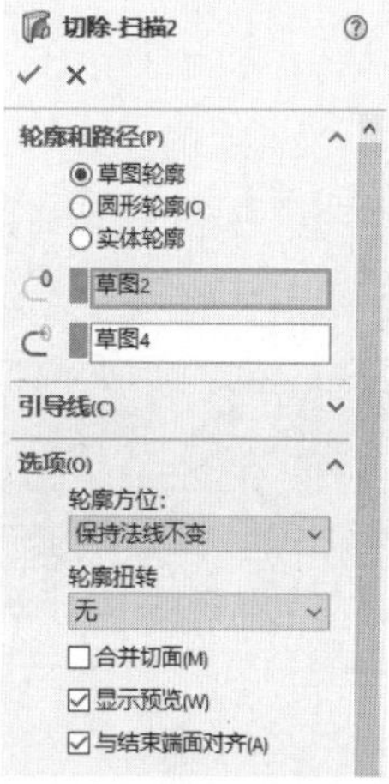 扫描切除时轮廓的方位始终保持与路径的法线方向一致	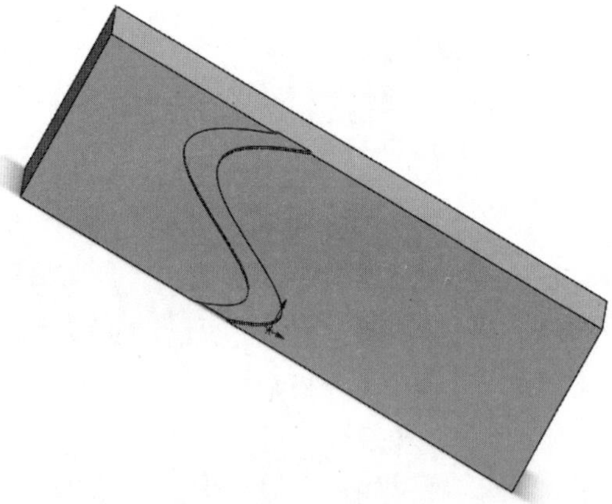

3.【轮廓扭转】选项组

在【轮廓扭转】选项组中对轮廓扭转进行设置，如表 3-30 所示。

表 3-30　对轮廓扭转进行设置

操 作 选 项	图　示
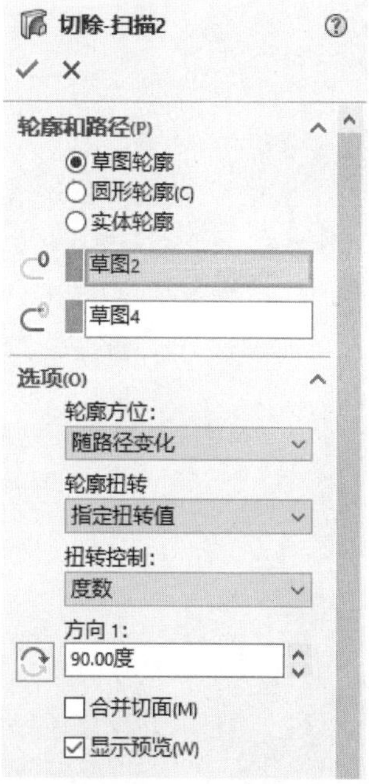 扫描切除时轮廓以所给定的度数扭转	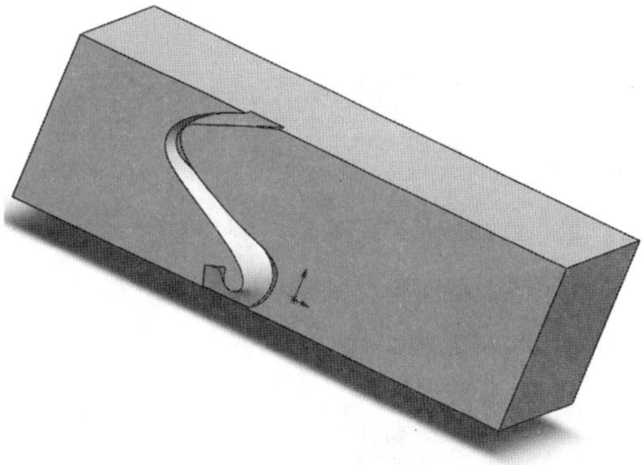
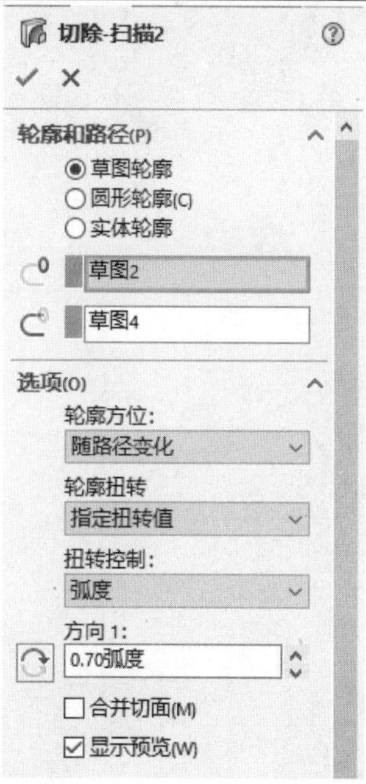 扫描切除时轮廓以所给定的弧度扭转	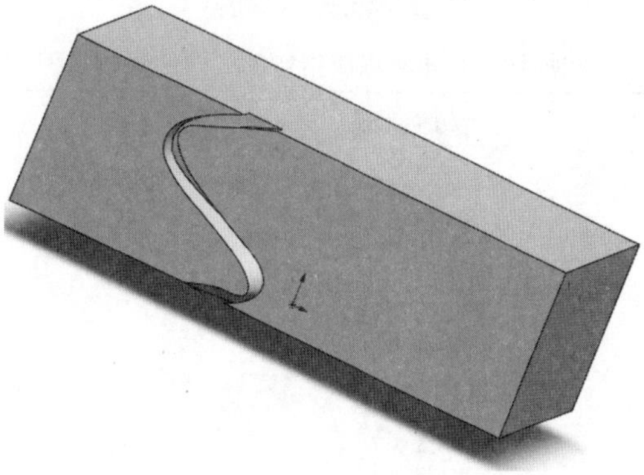

续表

操 作 选 项	图　　示
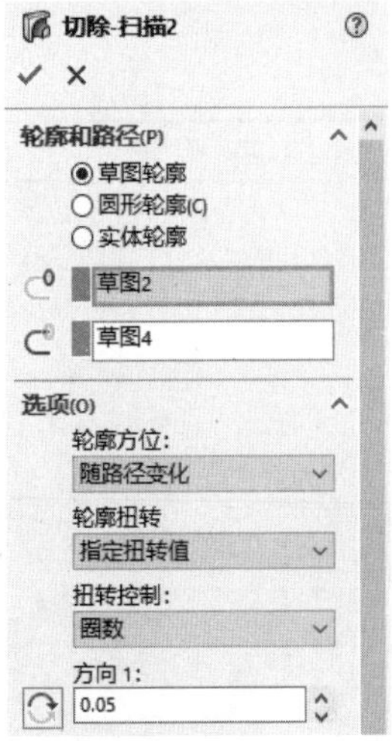 扫描切除时轮廓以所给定的圈数扭转	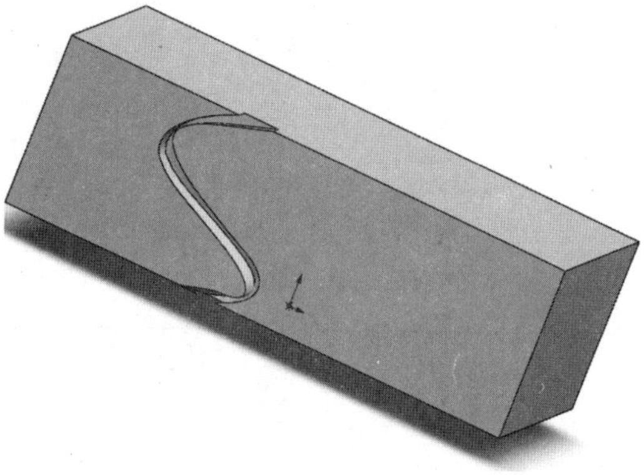
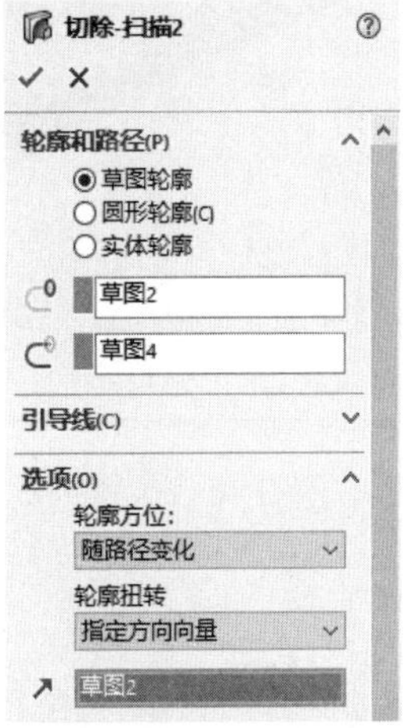 扫描切除时轮廓以所指定的方向向量扭转	
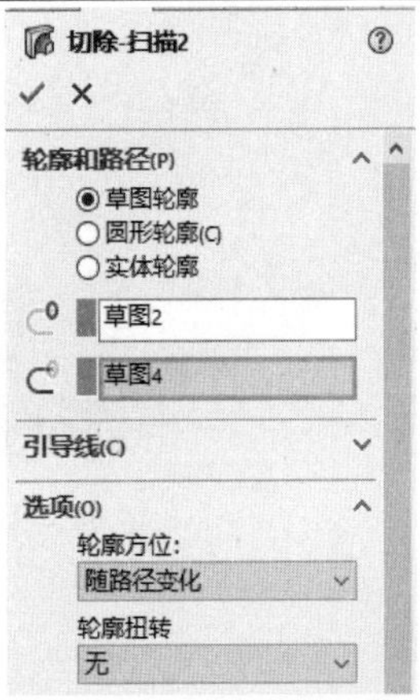 扫描切除时轮廓与结束端面对齐	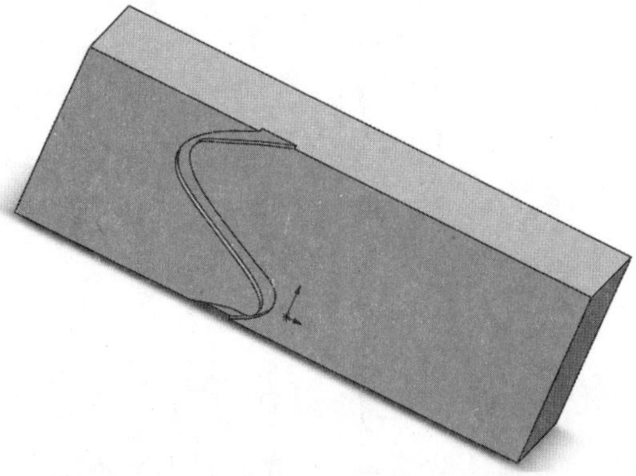

4.【引导线】选项组

在【引导线】选项组中选择引导线，如表 3-31 所示。

表 3-31　选择引导线

操 作 选 项	图　　示
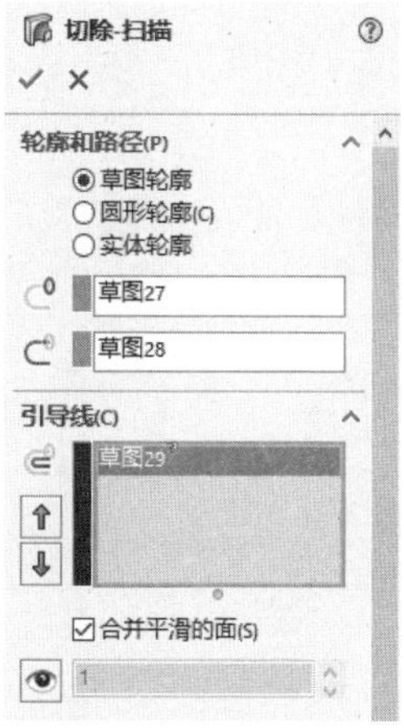 轮廓以指定的引导线进行扫描切除	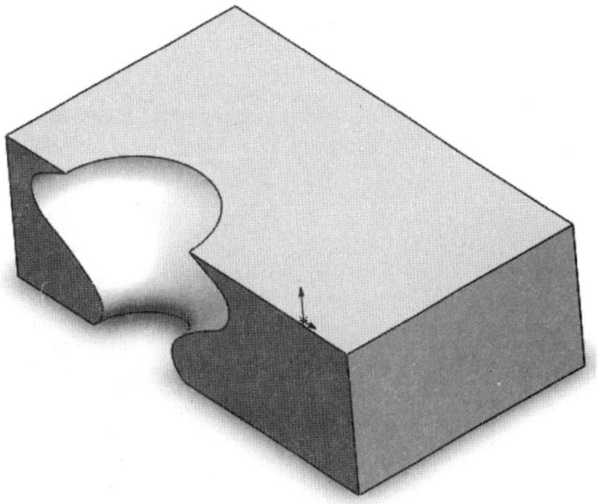
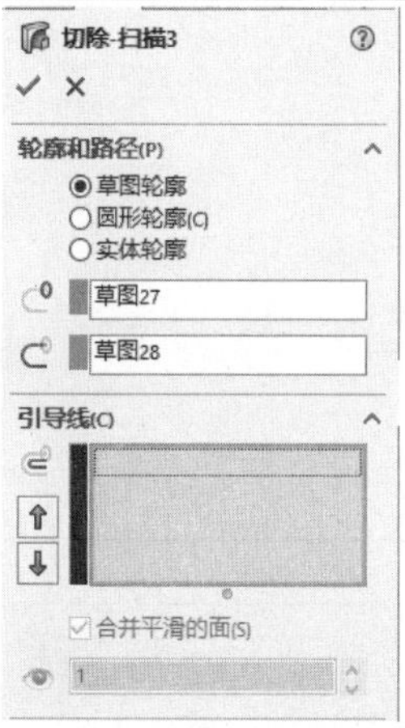 轮廓不选择引导线进行扫描切除	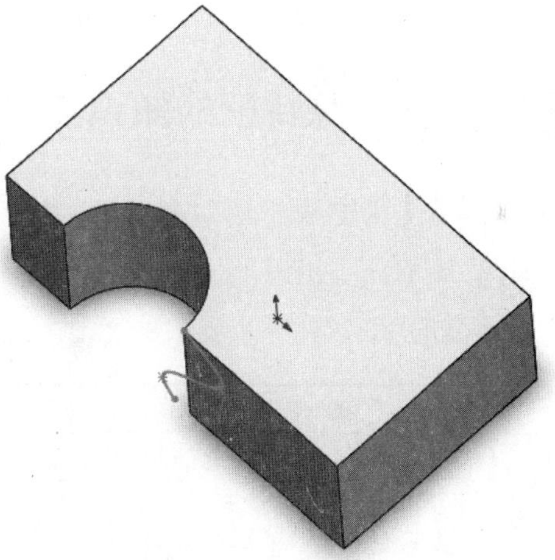

3.9　放样切除特征

放样切除特征通过在轮廓之间进行过渡生成切除特征，可以使用两个或多个轮廓生成放样切除特征。

3.9.1　菜单命令启动

可通过如下两种方式打开【切除-放样】属性管理器，如图 3-9 所示。

☑ 选择【插入】|【切除】|【放样】菜单命令。

☑ 单击【特征】工具栏中的【放样】按钮。

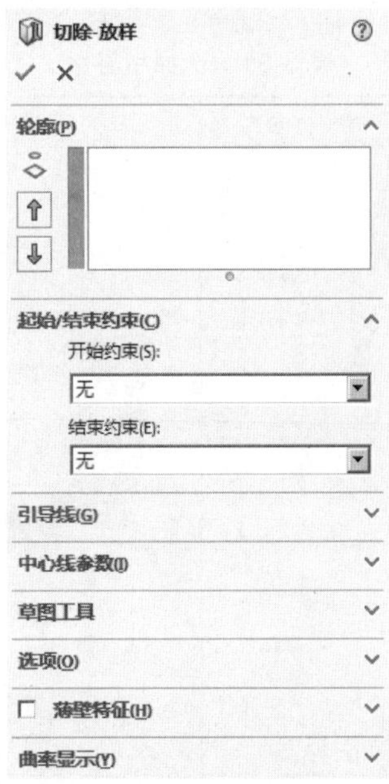

图 3-9 【切除-放样】属性管理器

3.9.2 放样切除特征的知识点

1.【轮廓】选项组

在【轮廓】选项组中选择控制点位置，如表 3-32 所示。

表 3-32 选择控制点位置

操 作 选 项	图 示
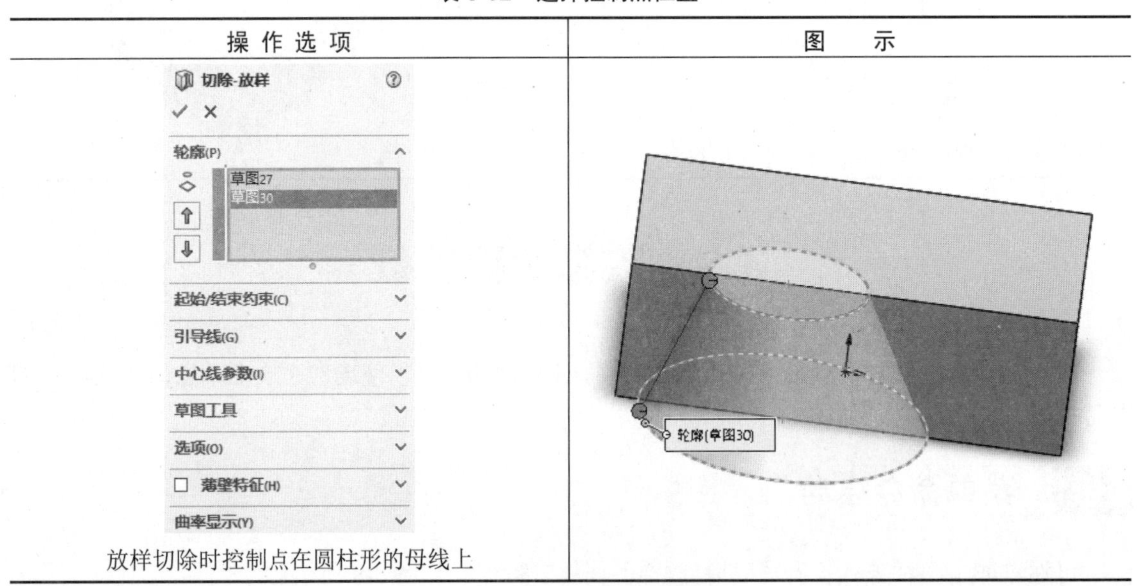 放样切除时控制点在圆柱形的母线上	

续表

操作选项	图　　示
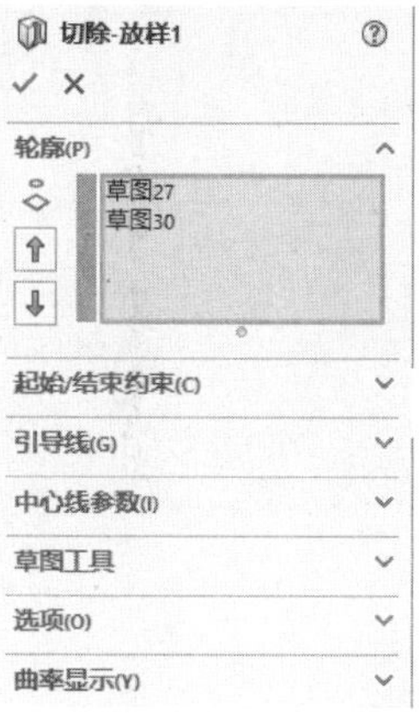 放样切除时控制点不在圆柱形的母线上会进行扭转	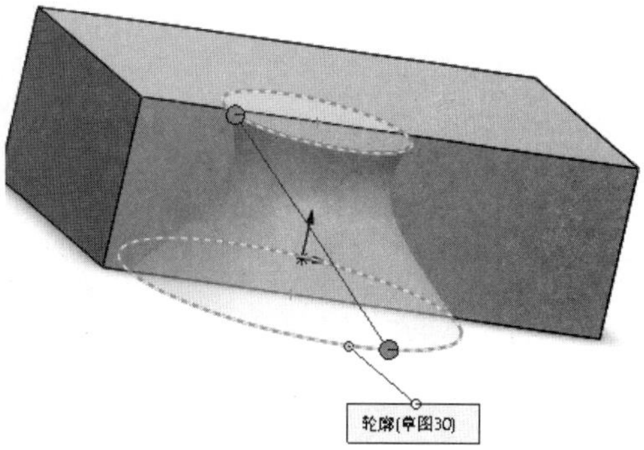
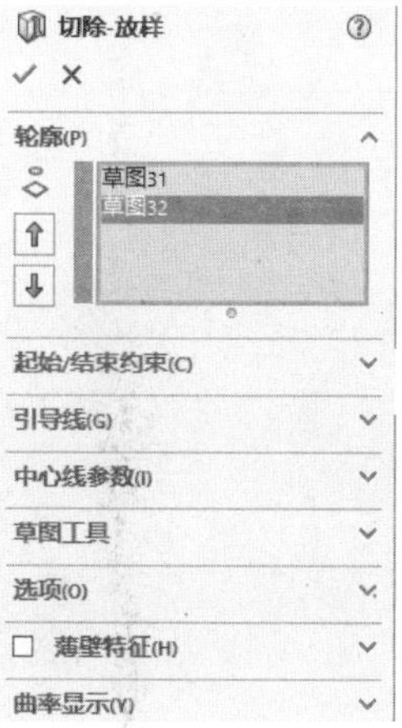 放样切除时控制点在同一上下棱线上	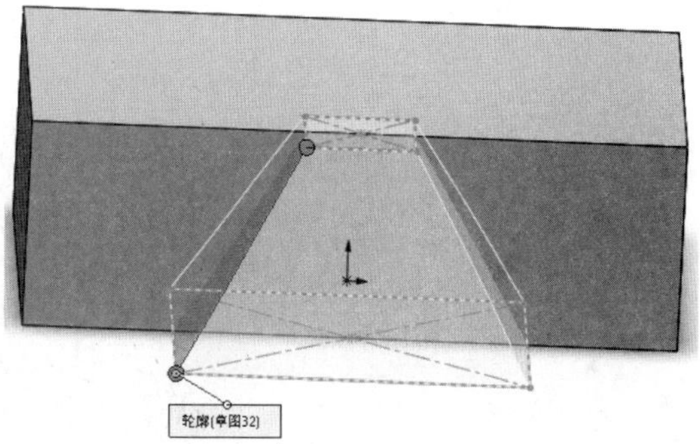
 放样切除时控制点不在同一上下棱线上	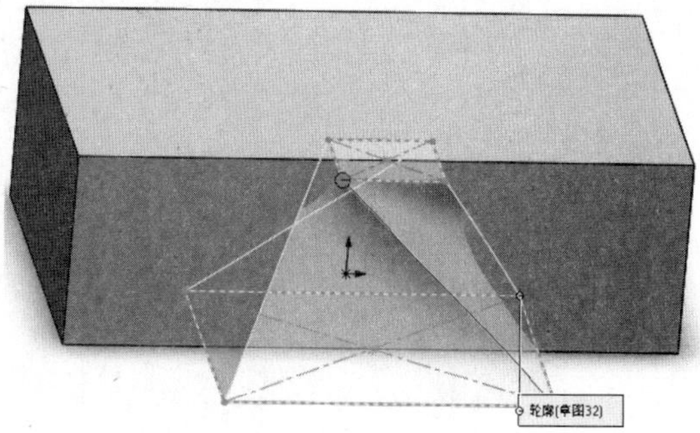

2.【引导线】选项组

在【引导线】选项组中选择引导线，如表3-33所示。

表 3-33　选择引导线

操 作 选 项	图　　示
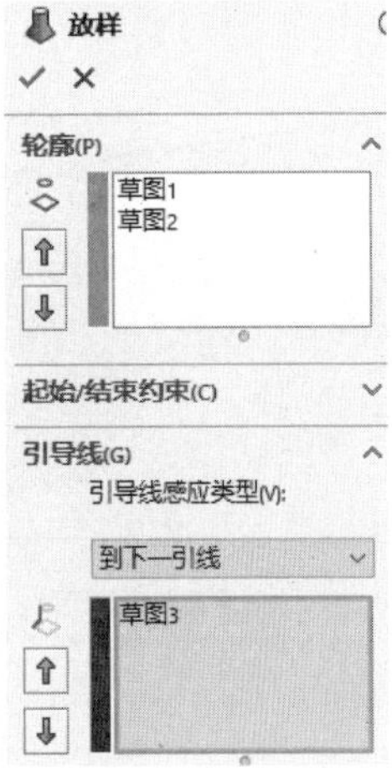 根据所选择的一条引导线进行放样切除	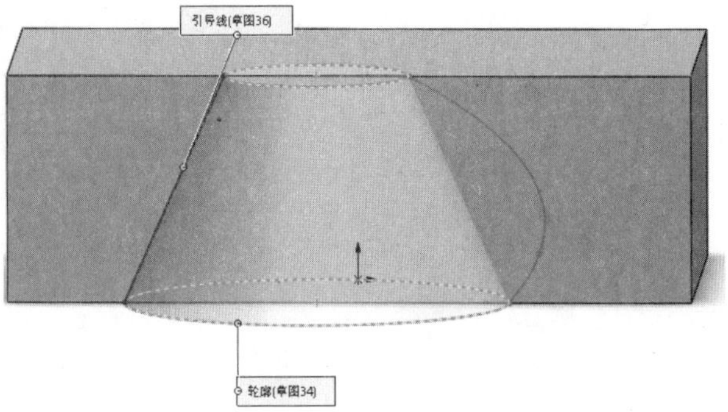
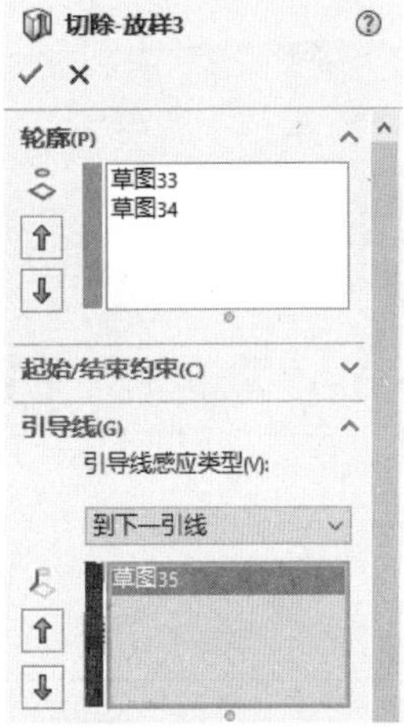 根据所选择的另一条引导线进行放样切除	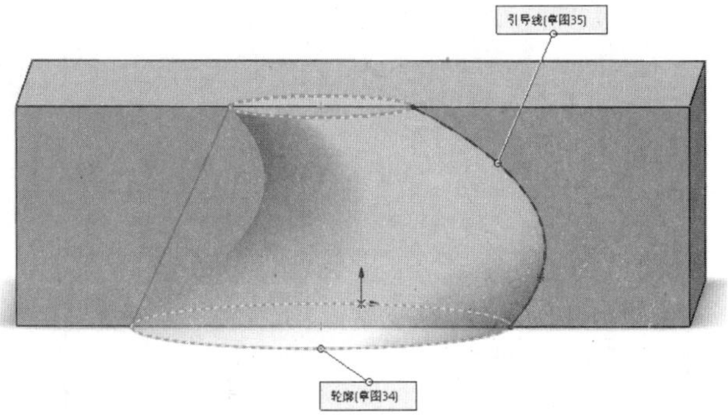
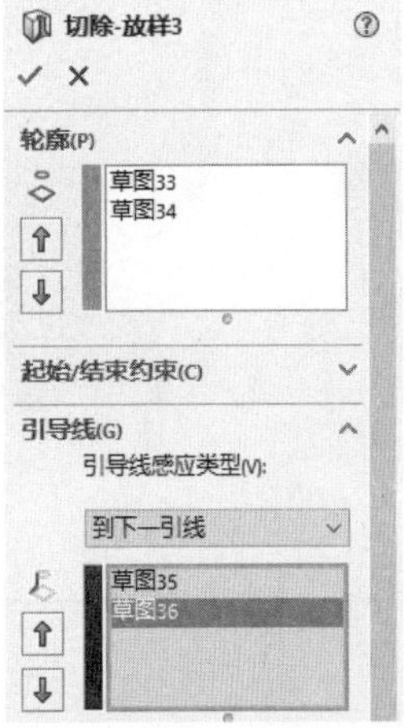 根据所选择的两条引导线进行放样切除	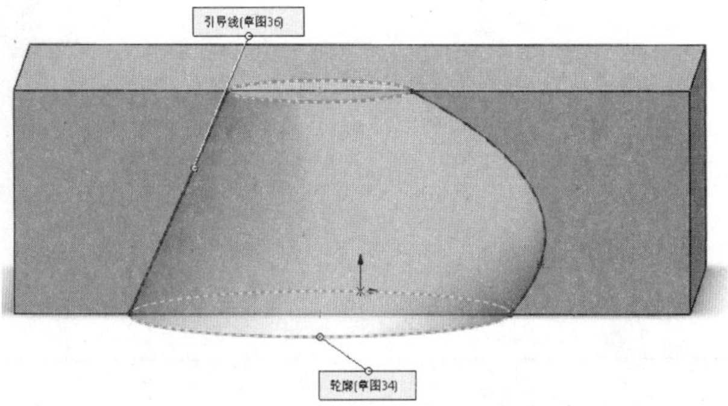

3.【起始/结束约束】选项组

在【起始/结束约束】选项组中对开始约束和结束约束进行设置，如表 3-34 所示。

表 3-34　对开始约束和结束约束进行设置

操 作 选 项	图　示
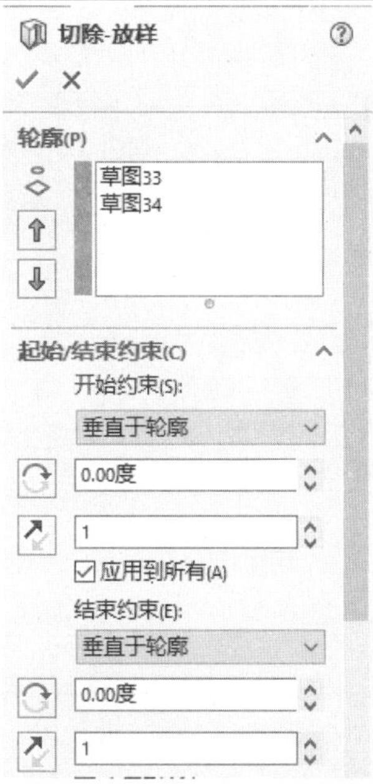 放样切除时开始约束和结束约束均垂直于轮廓	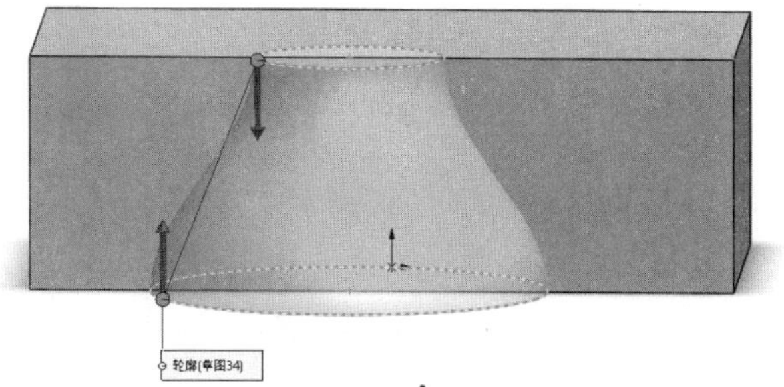
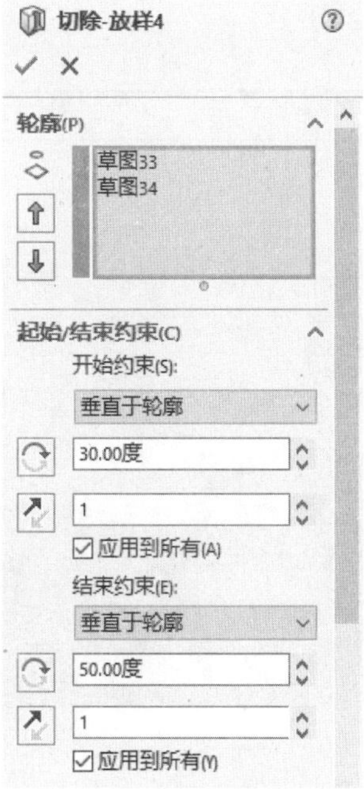 放样切除时开始约束和结束约束均垂直于轮廓并旋转一定角度	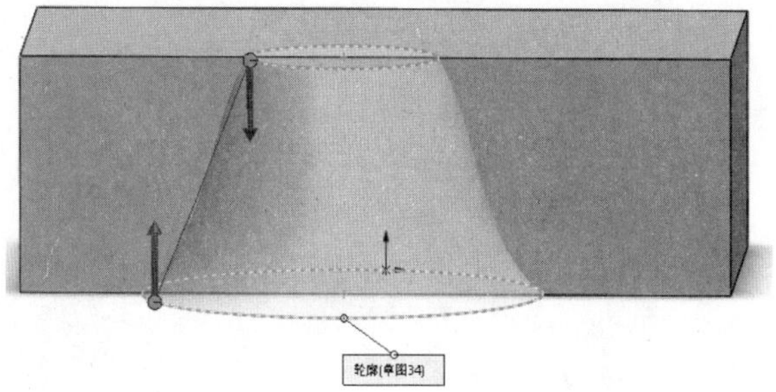

续表

操 作 选 项	图　　示
放样切除时开始约束和结束约束均垂直于轮廓并旋转一定角度（下面一侧角度反向）	

4.【薄壁特征】选项组

在【薄壁特征】选项组中对薄壁特征进行设置，如表 3-35 所示。

表 3-35　对薄壁特征进行设置

操 作 选 项	图　　示
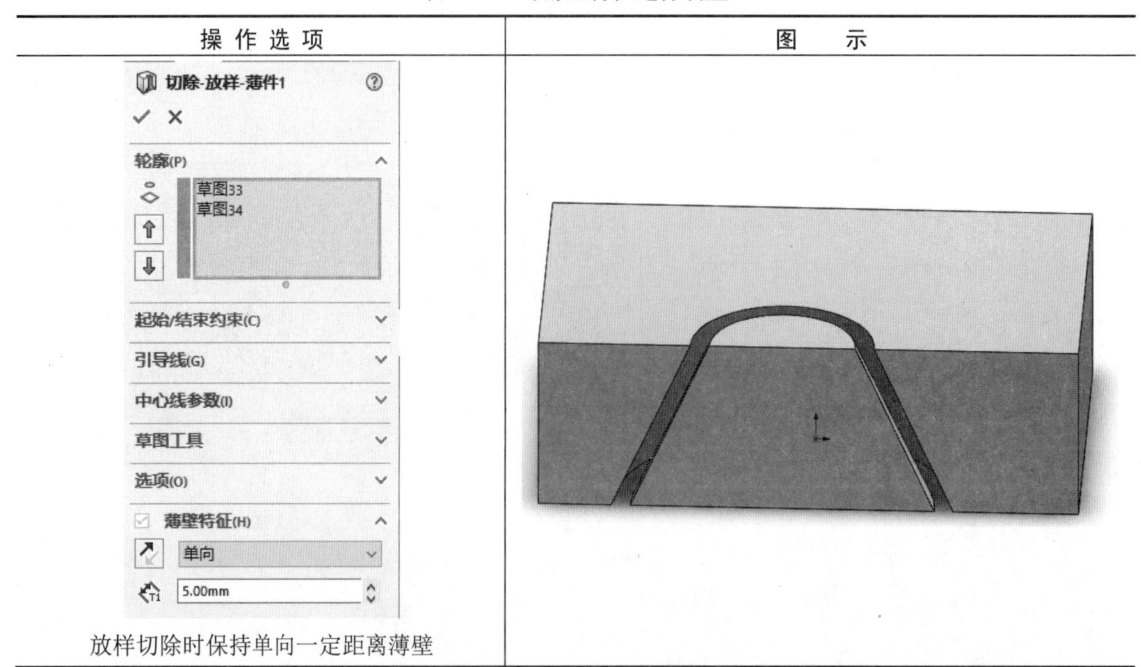 放样切除时保持单向一定距离薄壁	

续表

操 作 选 项	图　示
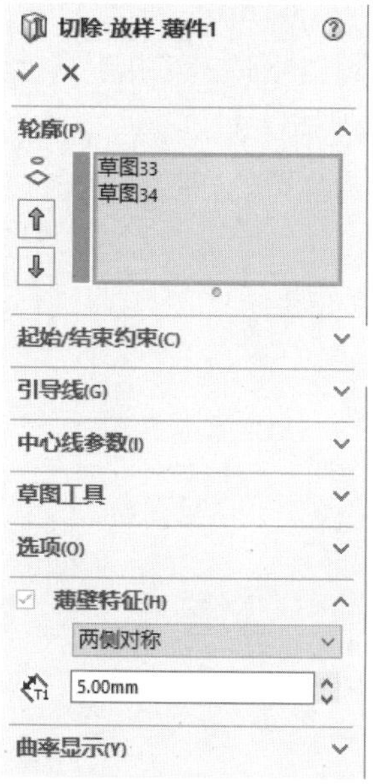 放样切除时保持两侧对称一定距离薄壁	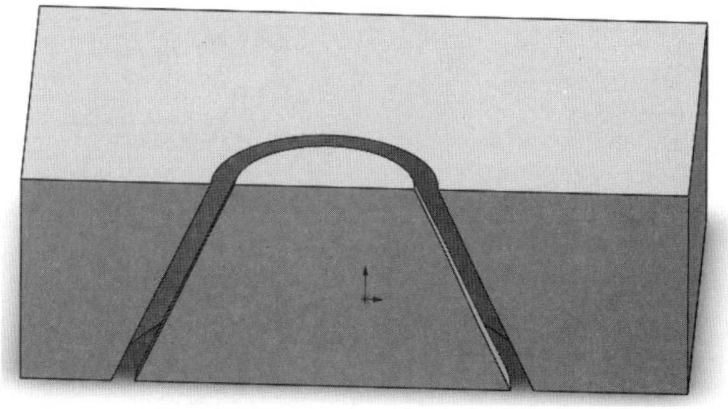
 将草图拉伸时保持双向（相同/不同）一定距离薄壁	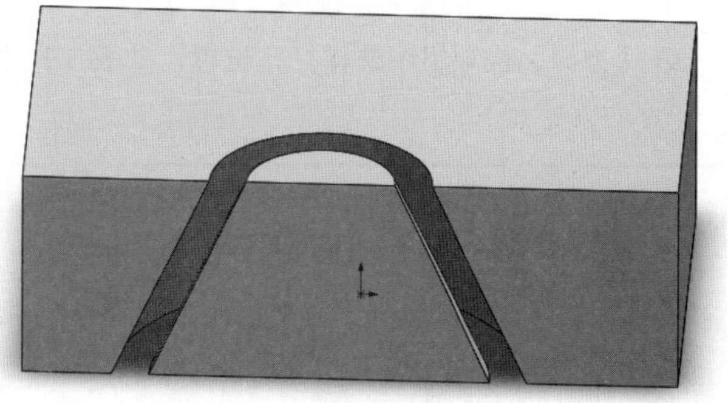

3.10　简单直孔特征

简单直孔特征可以通过输入深度和直径直接生成孔。

3.10.1 菜单命令启动

选择【插入】|【特征】|【简单直孔】菜单命令，在属性管理器中弹出【孔】属性管理器，如图 3-10 所示。

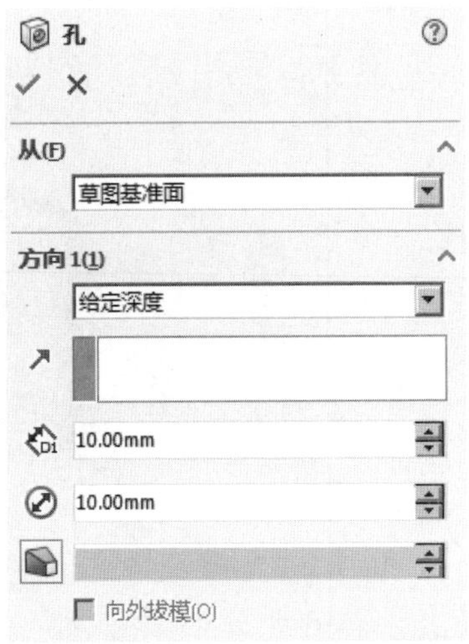

图 3-10　【孔】属性管理器

3.10.2 简单孔特征的知识点

1.【方向】选项组

在【方向】选项组中选择打孔位置，如表 3-36 所示。

表 3-36　选择打孔位置

操 作 选 项	图　示
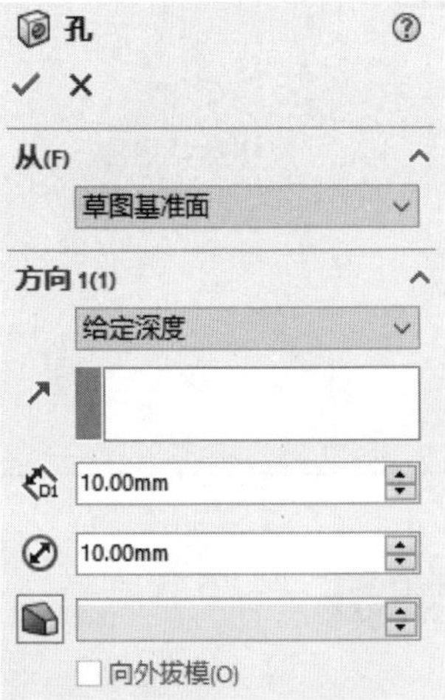 打孔的深度为指定的深度	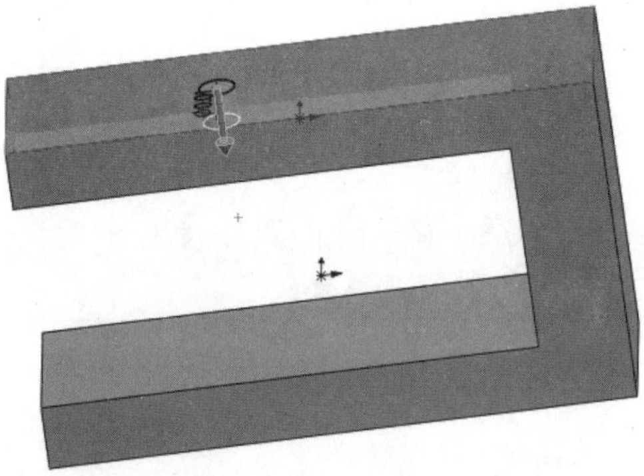

续表

操 作 选 项	图　　示
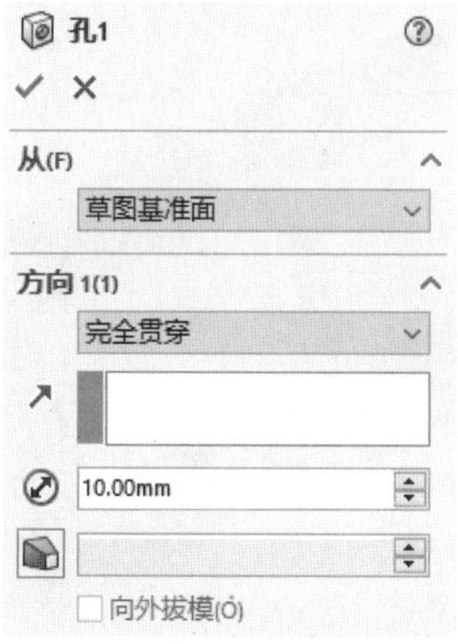 打孔的深度为图形的终止位置	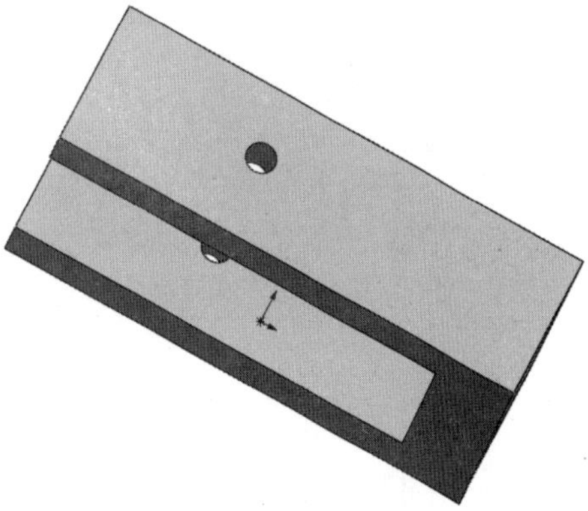
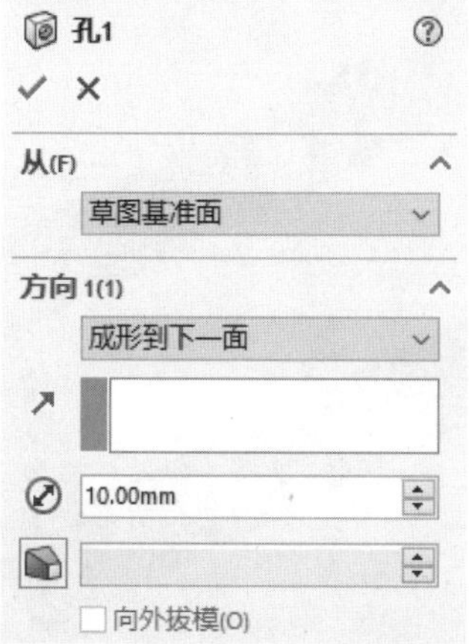 打孔的深度到下一面处	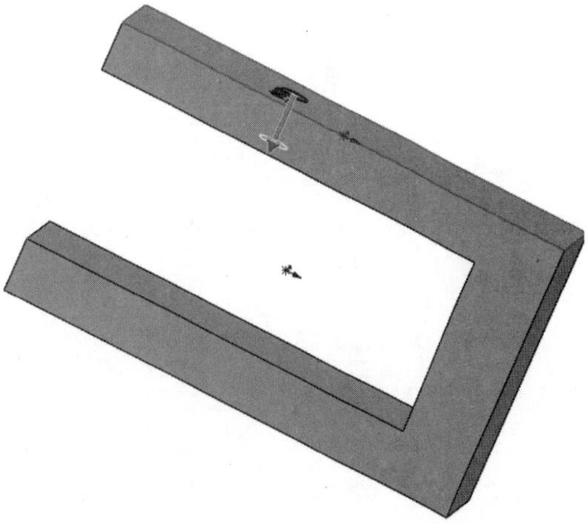
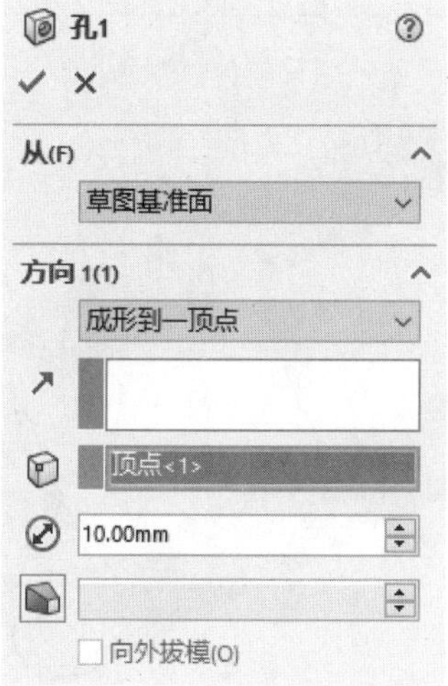 打孔深度到所指定的顶点	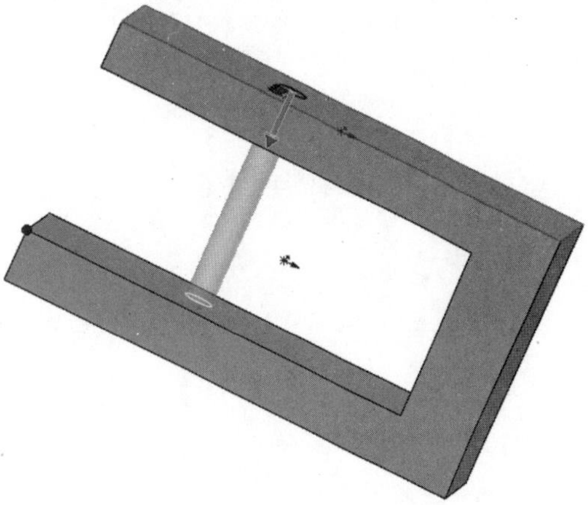

续表

操作选项	图示
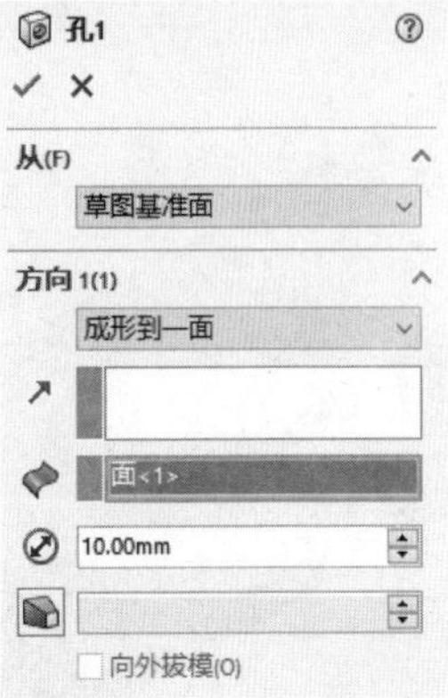 打孔深度到所指定的面	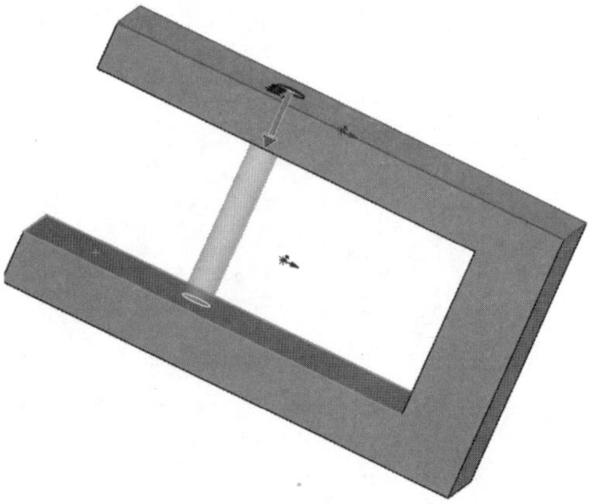
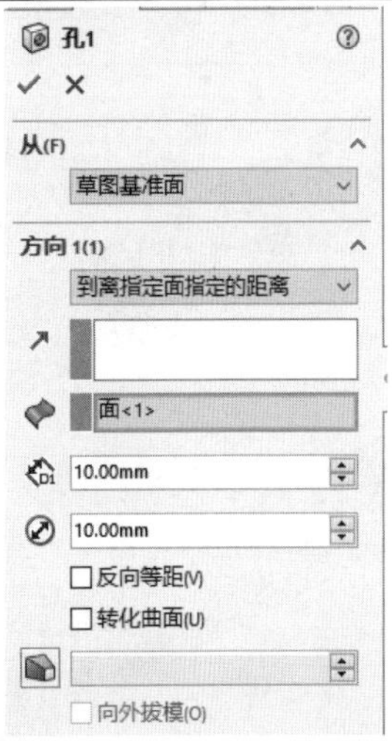 打孔深度到距离指定面一定距离的面	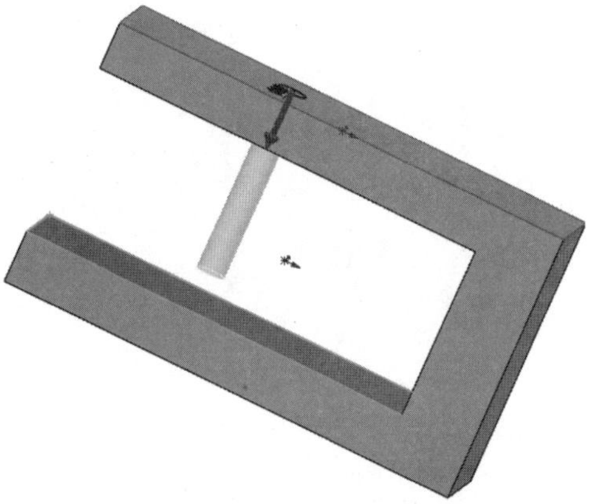
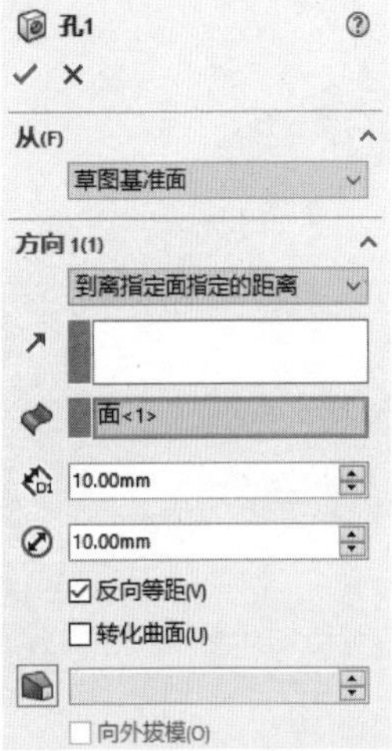 打孔深度到距离指定面一定反向距离的面	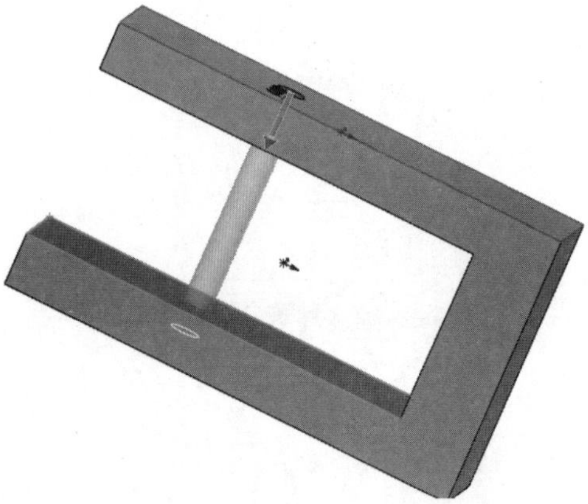

2.【深度】文本框

在【深度】文本框中选择打孔深度，如表 3-37 所示。

表 3-37　选择打孔深度

操 作 选 项	图　　示
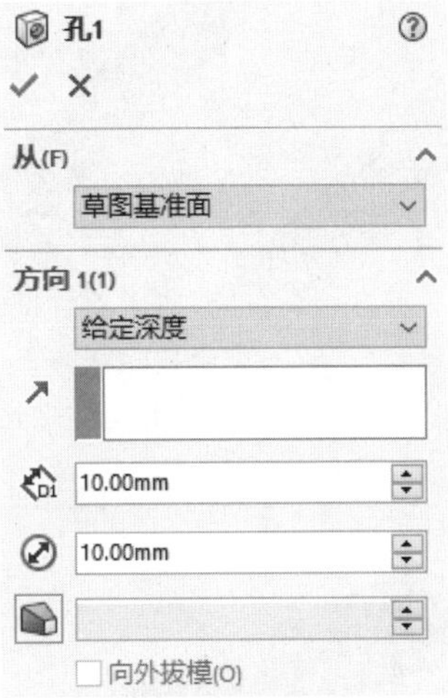 将孔打深到 10.00mm 处	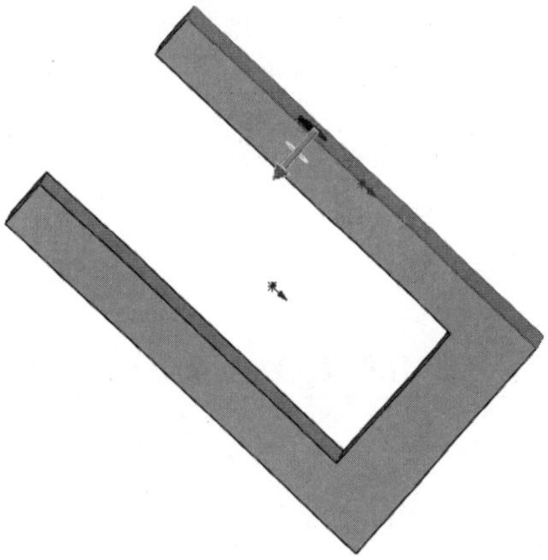
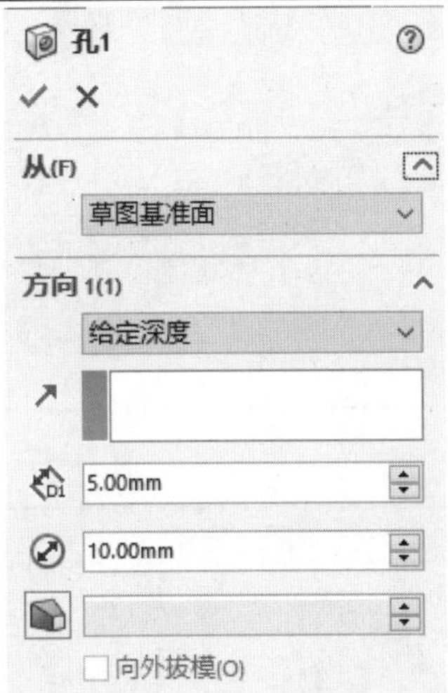 将孔打深到 5.00mm 处	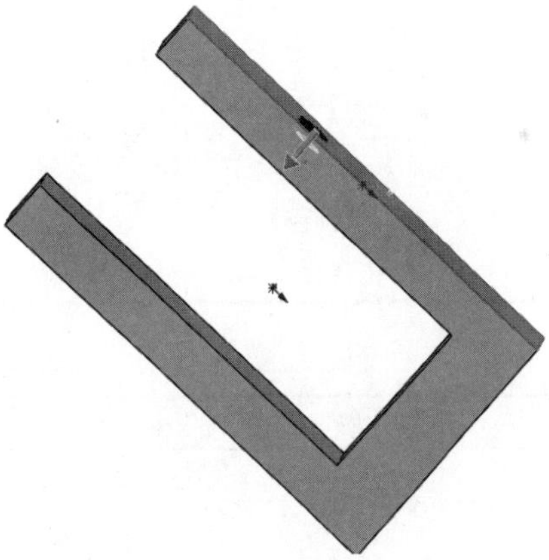

3.【直径】文本框

在【直径】文本框中设置打孔直径，如表 3-38 所示。

4.【拔模】文本框

在【拔模】文本框中设置拔模方向，如表 3-39 所示。

表 3-38　选择打孔直径

操 作 选 项	图　　示
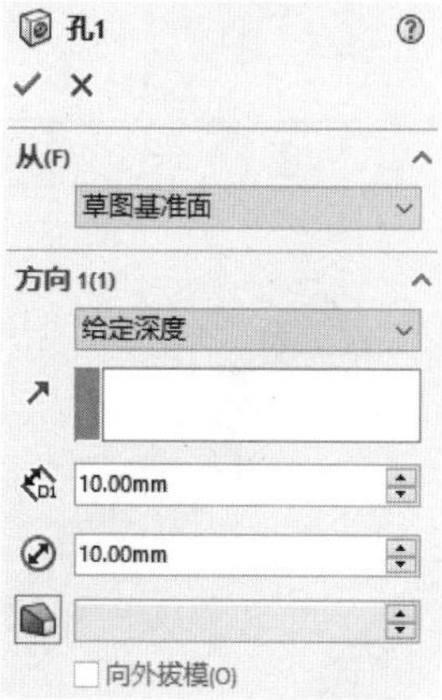 打孔直径为 10.00mm	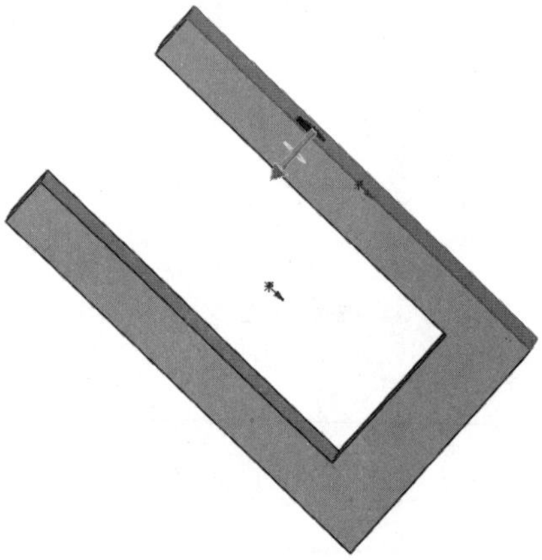
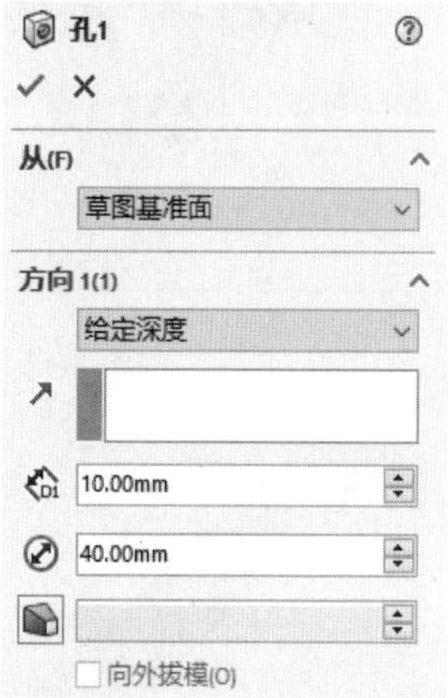 打孔直径为 40.00mm	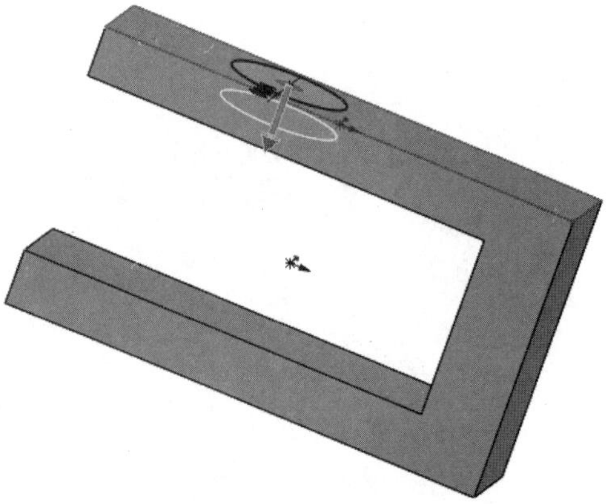

表 3-39　选择拔模方向

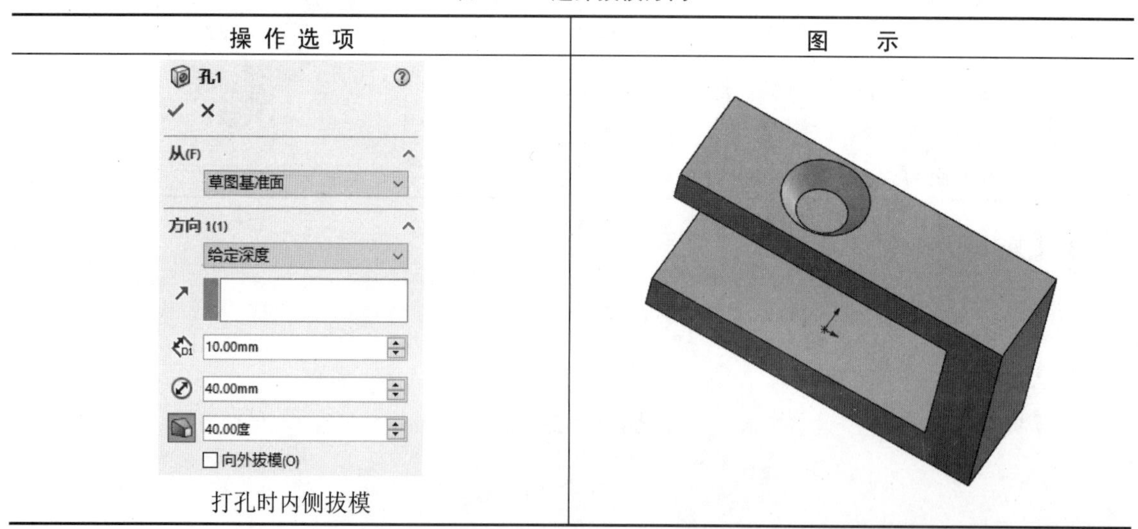

续表

操 作 选 项	图　　示
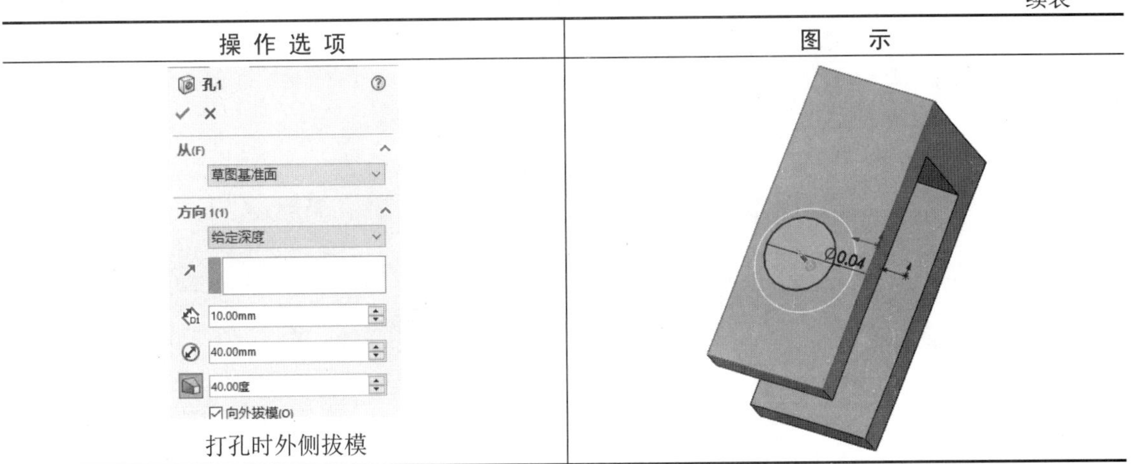 打孔时外侧拔模	

5.【从】选项组

在【从】选项组中选择要打孔的平面，如表 3-40 所示。

表 3-40　选择要打孔的平面

操 作 选 项	图　　示
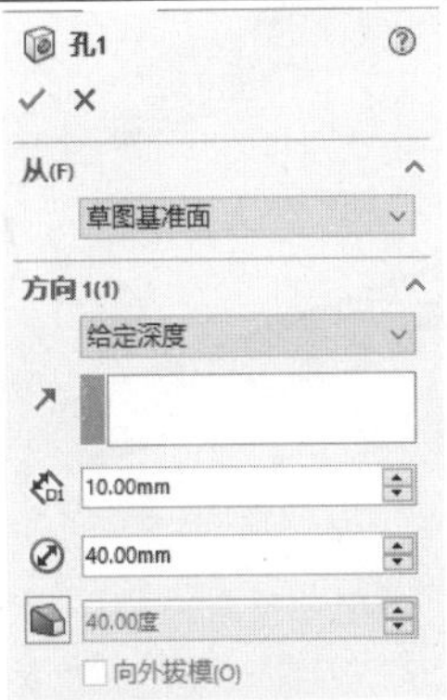 孔1 从(F) 草图基准面 方向 1(1) 给定深度 10.00mm 40.00mm 40.00度 向外拔模(O) 从草图基准面进行打孔	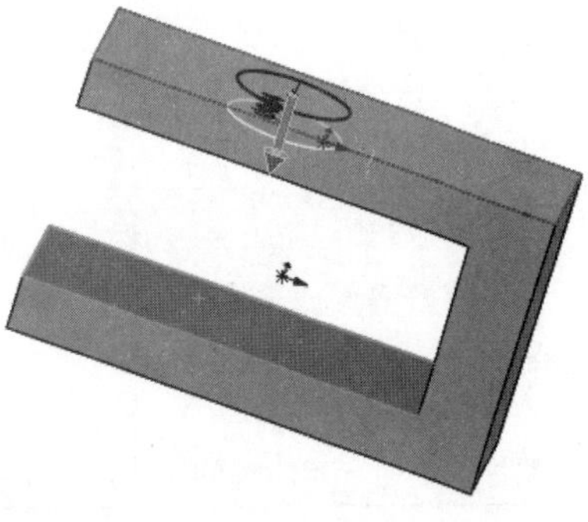
 孔1 从(F) 曲面/面/基准面 面<1> 方向 1(1) 给定深度 10.00mm 40.00mm 40.00度 向外拔模(O) 从所选曲面/面/基准面进行打孔	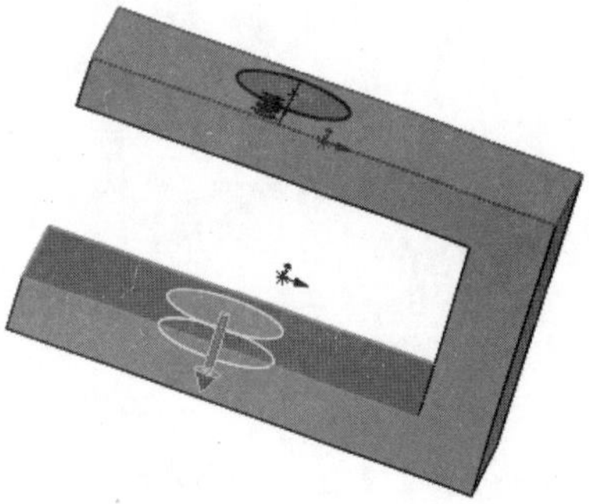

续表

操 作 选 项	图　示
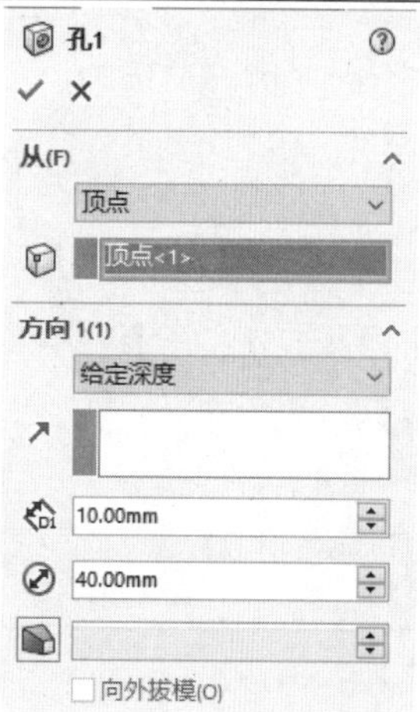 从所选顶点所在平面进行打孔	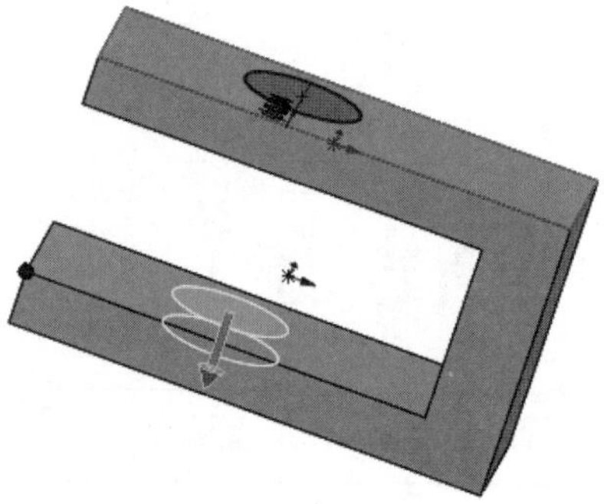
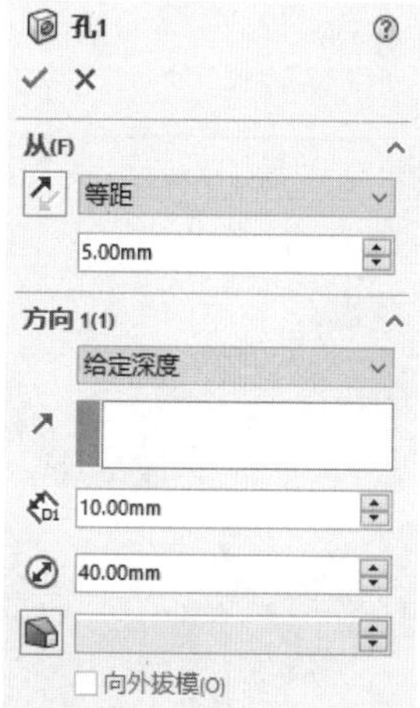 从距离所选平面一定距离的平面进行打孔	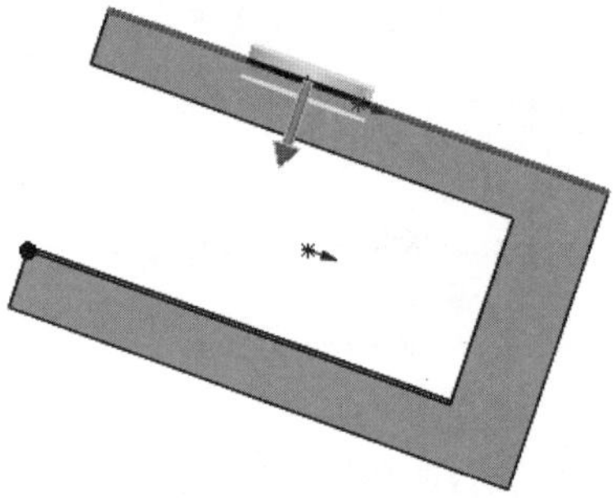
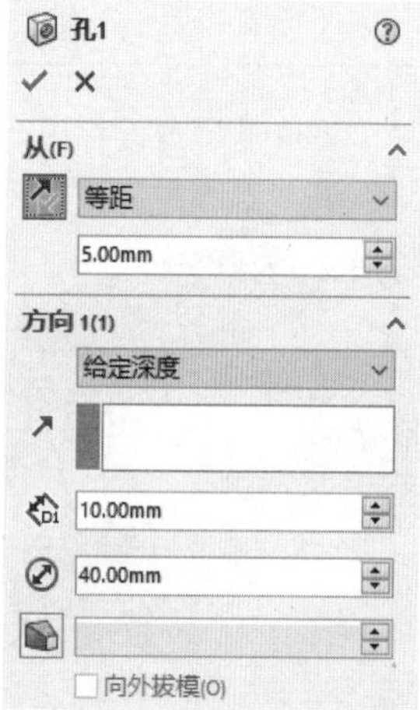 从距离所选平面一定反向距离的平面进行打孔	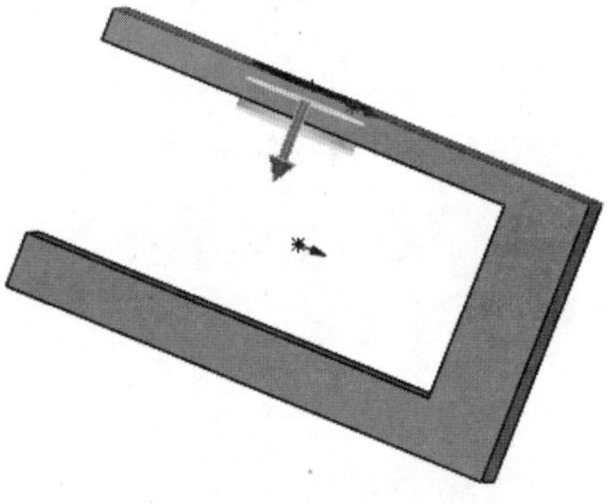

视频讲解

3.11　范例——手提箱模型建模

本例将生成一个手提箱模型，如图 3-11 所示。本模型使用的功能有拉伸凸台、扫描特征和旋转凸台等。

图 3-11　手提箱模型

主要步骤如下。

1. 新建 SOLIDWORKS 零件并保存文件

（1）启动 SOLIDWORKS，选择菜单栏中的【文件】|【新建】命令，弹出【新建 SOLIDWORKS 文件】对话框，单击【零件】按钮，单击【确定】按钮，如图 3-12 所示。

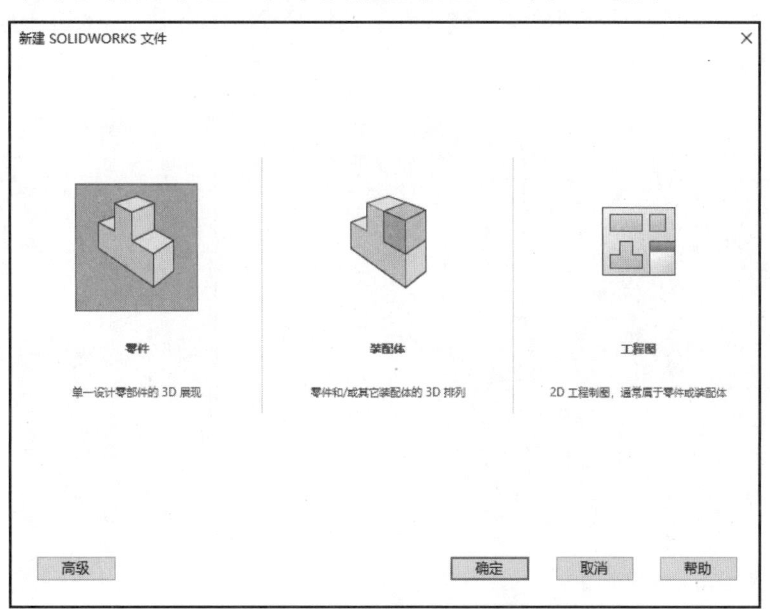

图 3-12　【新建 SOLIDWORKS 文件】对话框

（2）选择【文件】|【另存为】菜单命令，弹出【另存为】对话框，在【文件名】文本框中输入4-1，单击【保存】按钮，如图3-13所示。

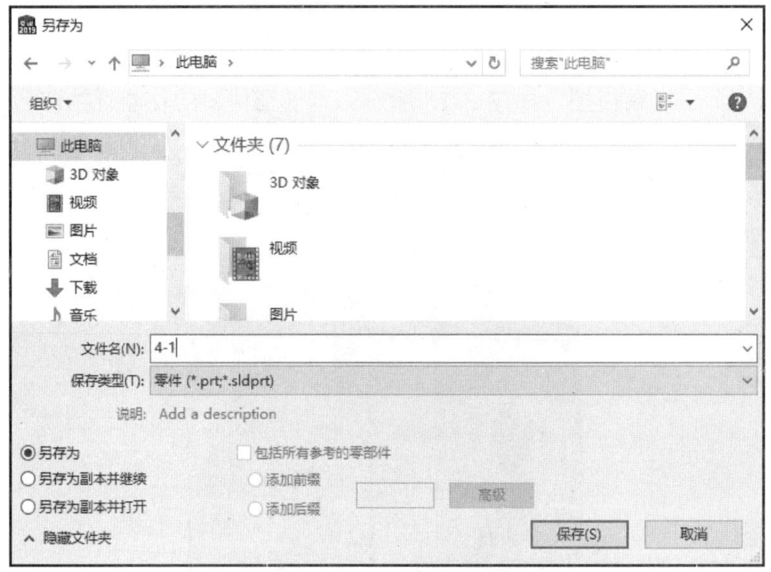

图3-13 【另存为】对话框

2. 使用拉伸凸台特征建立实体

（1）单击【特征管理器设计树】中的【前视基准面】图标，使前视基准面成为草图1绘制平面。单击【视图定向】下拉图标中的【正视于】按钮，并单击【草图】工具栏中的【草图绘制】按钮，进入草图绘制状态。单击【草图】工具栏中的【中心矩形】按钮，绘制草图1，如图3-14所示。

（2）单击【草图】工具栏中的【智能尺寸】按钮，标注所绘制草图1的尺寸，双击退出草图，如图3-15所示。

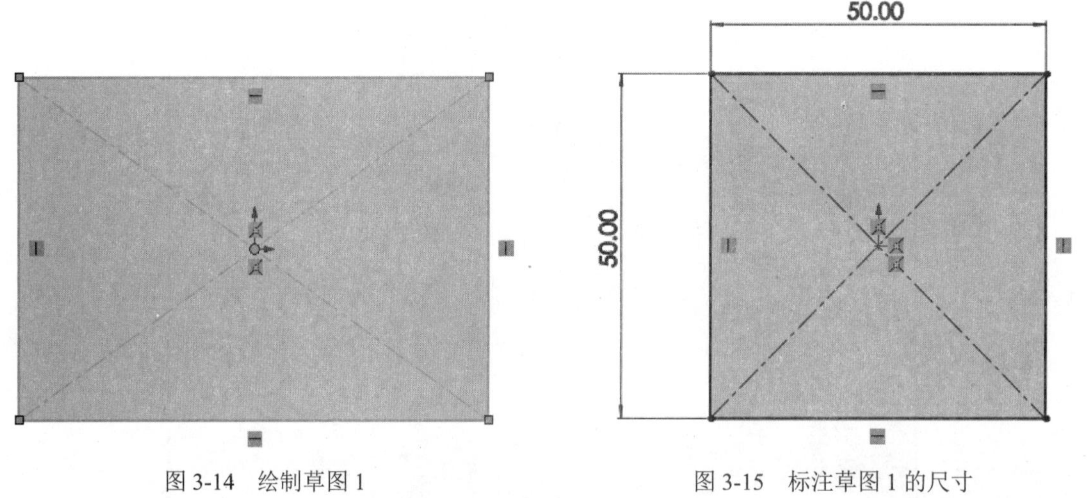

图3-14 绘制草图1　　图3-15 标注草图1的尺寸

（3）单击【特征】工具栏中的【拉伸凸台/基体】按钮，在【从】中的【开始条件】选项

中选择【草图基准面】选项，在【方向 1】中的【终止条件】选项中选择【两侧对称】选项，在【深度】文本框中输入 40.00mm，单击【确定】按钮，如图 3-16 所示。

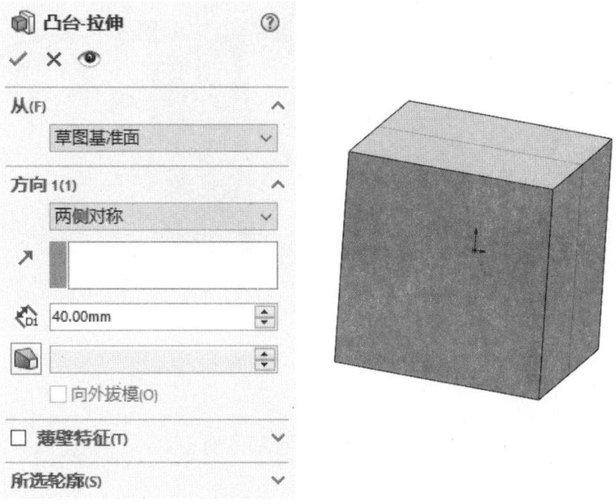

图 3-16　拉伸凸台

3. 使用放样凸台特征添加实体

（1）单击拉伸凸台的前表面，使其成为草图 2 绘制平面。单击【视图定向】下拉图标中的【正视于】按钮，并单击【草图】工具栏中的【草图绘制】按钮，进入草图绘制状态。单击【草图】工具栏中的【中心矩形】按钮，绘制草图 2 与凸台实体边线重合，双击左键退出草图，如图 3-17 所示。

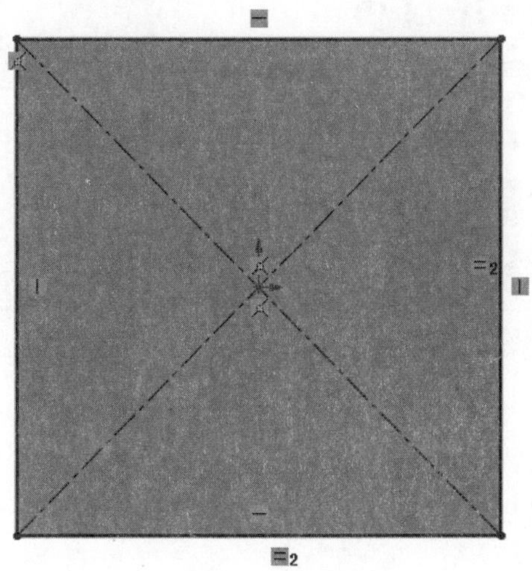

图 3-17　绘制草图 2

（2）选择【插入】|【参考几何体】|【基准面】命令，在【第一参考】选项中选择拉伸凸台的前表面，激活【偏移距离】选项，并且在【偏移距离】文本框中输入 10.00mm，单击【确定】按钮，如图 3-18 所示。

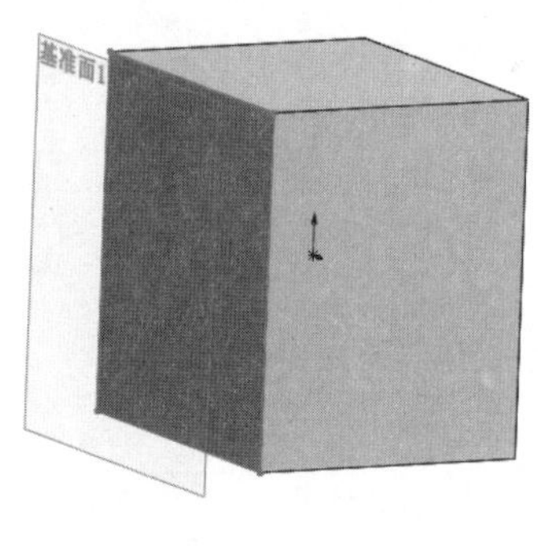

图 3-18　参考基准面

（3）单击基准面 1，使基准面 1 成为草图 3 绘制平面。单击【视图定向】下拉图标中的【正视于】按钮，并单击【草图】工具栏中的【草图绘制】按钮，进入草图绘制状态。单击【草图】工具栏中的【中心矩形】按钮，绘制草图 3，如图 3-19 所示。

（4）单击【草图】工具栏中的【智能尺寸】按钮，标注所绘制草图 3 的尺寸，双击左键退出草图，如图 3-20 所示。

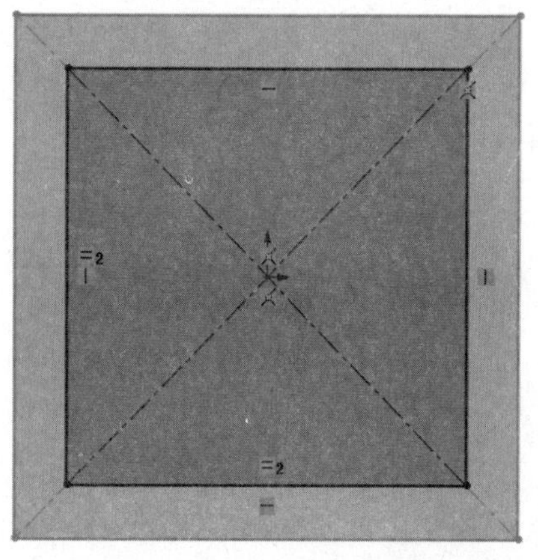

图 3-19　绘制草图 3

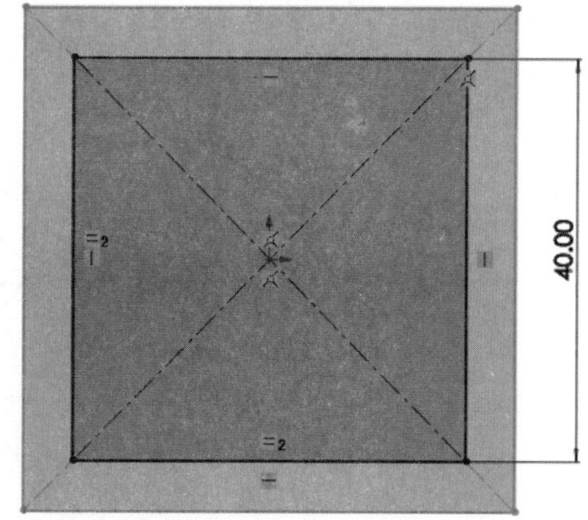

图 3-20　标注草图 3 的尺寸

（5）单击【特征】工具栏中的【放样凸台/基体】按钮，在【轮廓】选项组中选择草图 2 和草图 3，并且将草图 2 和草图 3 闭合点移动至相同位置，其他选项默认，单击【确定】按钮，如图 3-21 所示。

4. 使用扫描特征添加实体

（1）单击拉伸凸台的上表面，使其成为草图绘制平面。单击【视图定向】下拉图标中的【正视于】按钮，并单击【草图】工具栏中的【草图绘制】按钮，进入草图绘制状态。单击【草图】工具栏中的【圆】按钮，绘制草图 4，如图 3-22 所示。

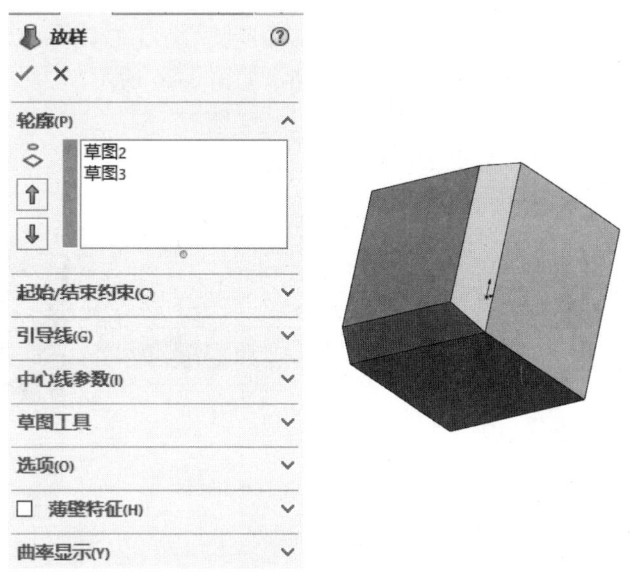

图 3-21　放样凸台

（2）单击【草图】工具栏中的【智能尺寸】按钮，标注所绘制草图 4 的尺寸，双击左键退出草图，如图 3-23 所示。

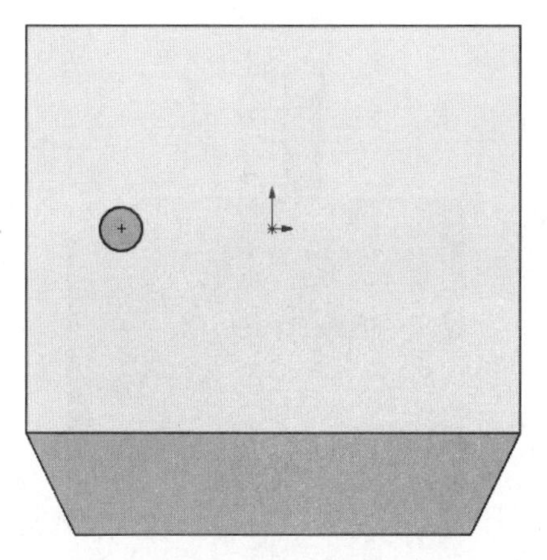

图 3-22　绘制草图 4

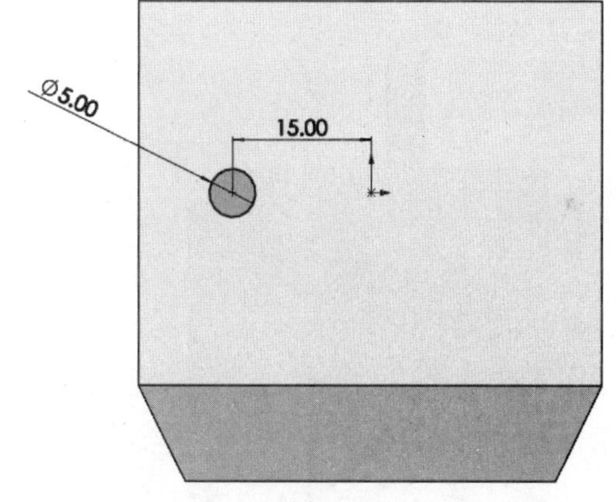

图 3-23　标注草图 4 的尺寸

（3）单击【特征管理器设计树】中的【前视基准面】图标，使前视基准面成为草图 5 绘制平面。单击【视图定向】下拉图标中的【正视于】按钮，并单击【草图】工具栏中的【草图绘制】按钮，进入草图绘制状态。单击【草图】工具栏中的【圆心/起/终点画弧】按钮，绘制草图 5，双击左键退出草图，如图 3-24 所示。

（4）单击【特征】工具栏中的【扫描】按钮，在【轮廓和路径】中选中【草图轮廓】单选按钮，在【轮廓】选项中选择草图 4，在【路径】选项中选择草图 5，其他选项保持默认，单击【确定】按钮，如图 3-25 所示。

5. 使用拉伸切除特征切除实体

（1）单击拉伸凸台的左侧面，使其成为草图 6 绘制平面。单击【视图定向】下拉图标中的【正视于】按钮，并单击【草图】工具栏中的【草图绘制】按钮，进入草图绘制状态。单击【草图】工具栏中的【圆】按钮，绘制草图6，如图3-26所示。

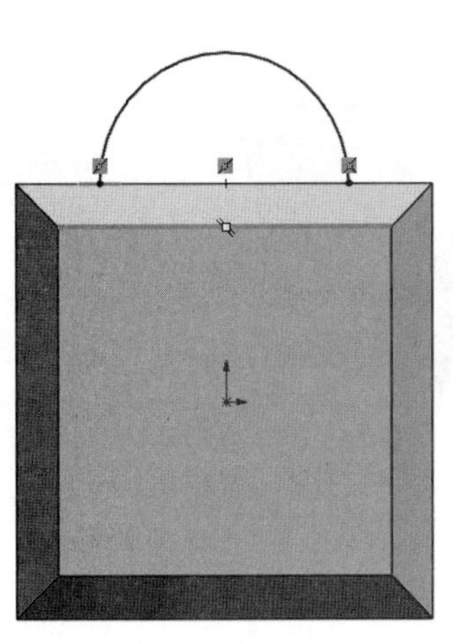

图3-24　绘制草图5

图3-25　扫描

（2）单击【草图】工具栏中的【智能尺寸】按钮，标注所绘制草图6的尺寸，如图3-27所示。

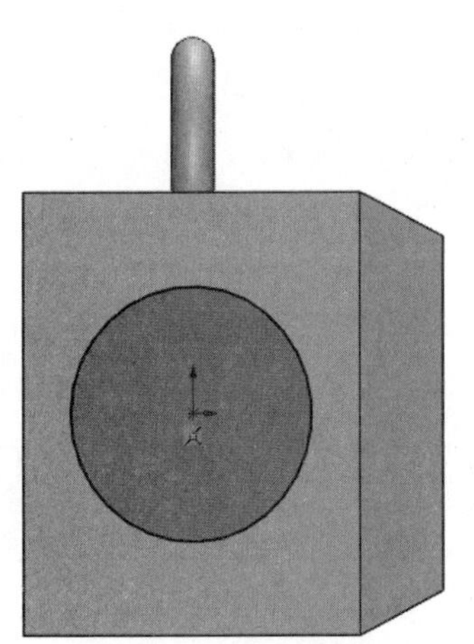

图3-26　绘制草图6

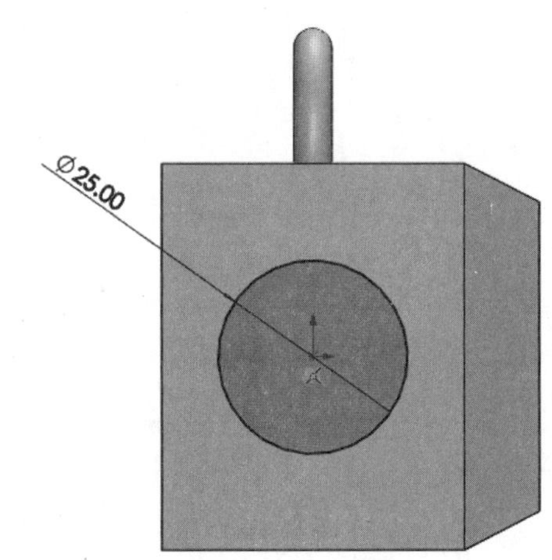

图3-27　标注草图6的尺寸

（3）单击【特征】工具栏中的【拉伸切除】按钮，在【从】中的【开始条件】选项中选择【草图基准面】选项，在【方向1】中的【终止条件】选项中选择【给定深度】选项，在【深度】文本框中输入2.00mm，单击【确定】按钮，如图3-28所示。

（4）单击拉伸凸台的右侧面，使其成为草图7绘制平面。单击【视图定向】下拉图标中的【正视于】按钮，并单击【草图】工具栏中的【草图绘制】按钮，进入草图绘制状态。单击【草图】工具栏中的【圆】按钮，绘制草图7，如图3-29所示。

（5）单击【草图】工具栏中的【智能尺寸】按钮，标注所绘制草图7的尺寸，如图3-30所示。

图 3-28　拉伸切除（1）

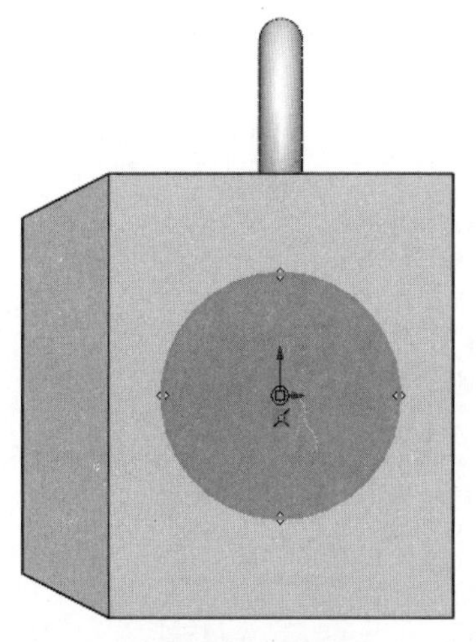

图 3-29　绘制草图 7

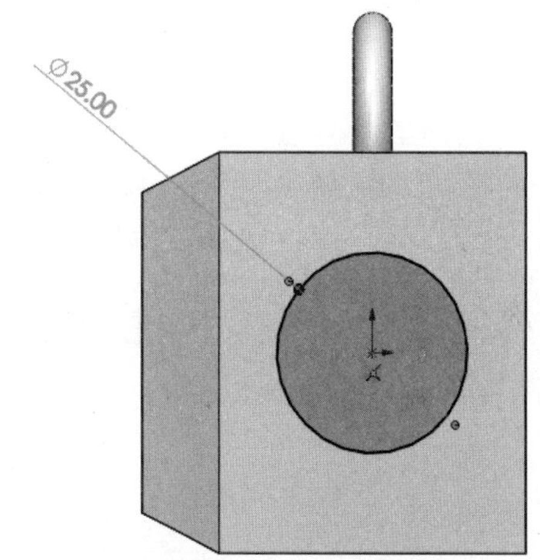

图 3-30　标注草图 7 的尺寸

（6）单击【特征】工具栏中的【拉伸切除】按钮，在【从】中的【开始条件】选项中选择【草图基准面】选项，在【方向 1】中的【终止条件】选项中选择【给定深度】选项，在【深度】文本框中输入 2.00mm，单击【确定】按钮，如图 3-31 所示。

6. 使用旋转凸台特征添加实体

（1）单击【特征管理器设计树】中的【右视基准面】图标，使右视基准面成为草图 8 绘制平面。单击【视图定向】下拉图标中的【正视于】按钮，并单击【草图】工具栏中的【草图绘制】按钮，进入草图绘制状态。单击【草图】工具栏中的【边角矩形】按钮，绘制草图 8，如图 3-32 所示。

（2）单击【草图】工具栏中的【智能尺寸】按钮，标注所绘制草图 8 的尺寸，如图 3-33 所示。

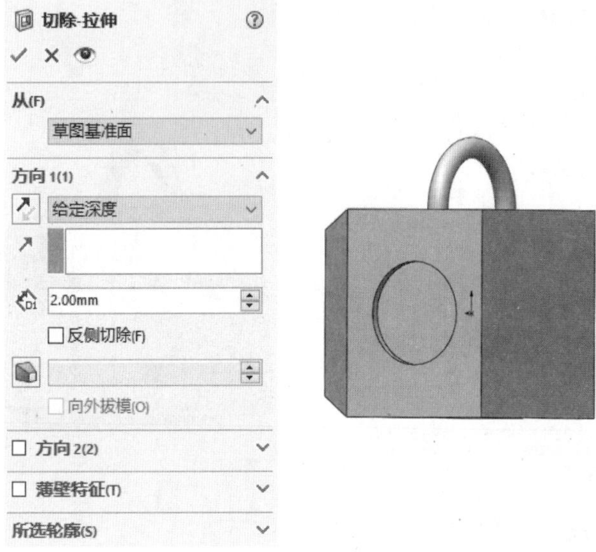

图 3-31　拉伸切除（2）

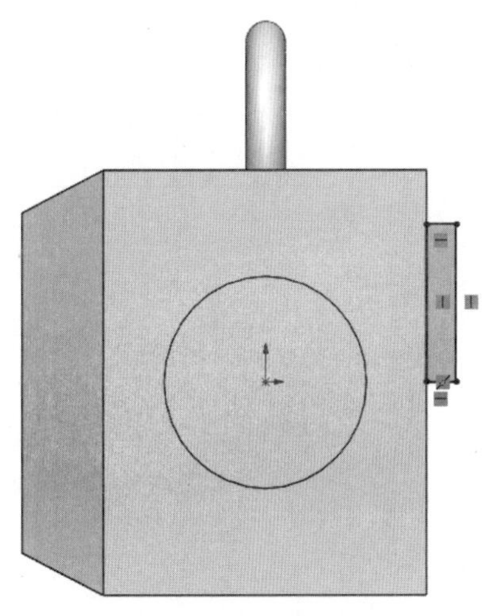

图 3-32　绘制草图 8

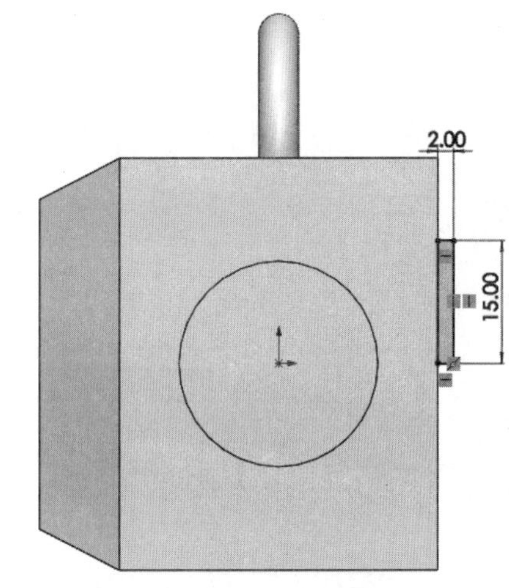

图 3-33　标注草图 8 的尺寸

（3）单击【特征】工具栏中的【旋转凸台/基体】按钮，在【旋转轴】选项中单击矩形草图的下边线，在【方向 1】中的【旋转类型】选项中选择【给定深度】选项，在【角度】文本框中输入 360.00 度，选中【合并结果】复选框，单击【确定】按钮，如图 3-34 所示。

7. 使用旋转切除特征切除实体

（1）单击【特征管理器设计树】中的【右视基准面】图标，使右视基准面成为草图 9 绘制平面。单击【视图定向】下拉图标中的【正视于】按钮，并单击【草图】工具栏中的【草图绘制】按钮，进入草图绘制状态。单击【草图】工具栏中的【边角矩形】按钮，绘制草图 9，如图 3-35 所示。

（2）单击【草图】工具栏中的【智能尺寸】按钮，标注所绘制草图 9 的尺寸，如图 3-36 所示。

图 3-34 旋转凸台

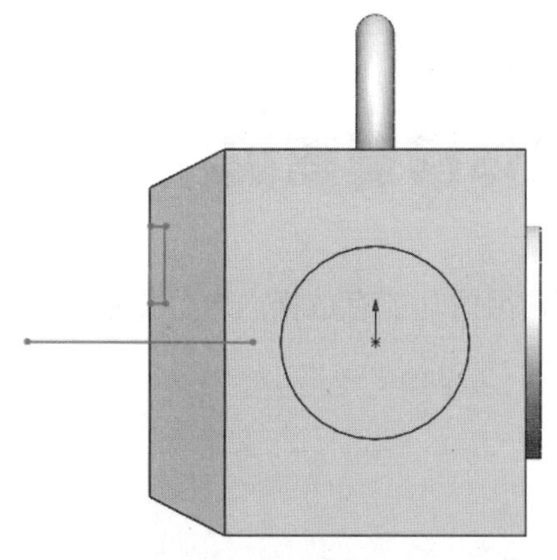

图 3-35 绘制草图 9

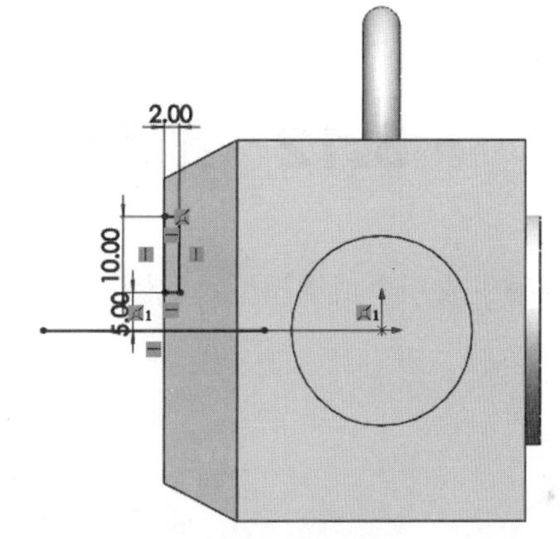

图 3-36 标注草图 9 的尺寸

（3）单击【特征】工具栏中的【旋转切除】按钮，在【旋转轴】选项中单击草图矩形下直线，在【方向 1】中的【旋转类型】选项中选择【给定深度】选项，在【角度】文本框中输入 360.00 度，在【所选轮廓】选项中选择矩形草图，单击【确定】按钮，如图 3-37 所示。

图 3-37 旋转切除

至此，手提箱模型绘制完成，如图 3-38 所示。

图 3-38　手提箱模型

视 频 讲 解

3.12　范例——零件实体模型建模

本例将生成一个三维模型，如图 3-39 所示。本模型使用的功能有放样凸台、扫描切除和筋特征等。

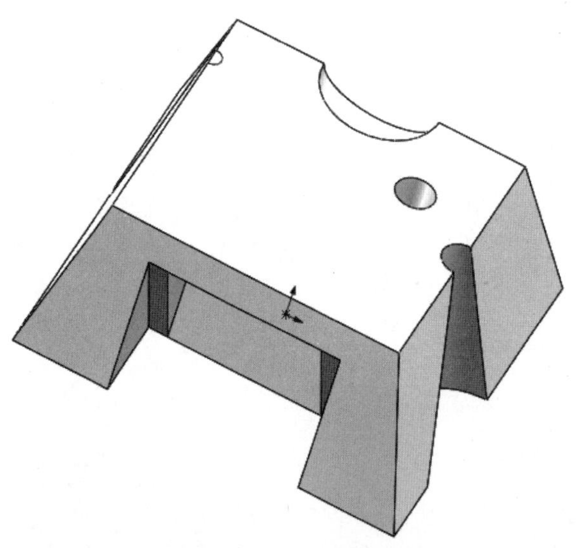

图 3-39　零件实体模型

主要步骤如下。

1. 新建 SOLIDWORKS 零件并保存文件

（1）启动 SOLIDWORKS，选择菜单栏中的【文件】|【新建】命令，弹出【新建 SOLIDWORKS 文件】对话框，单击【零件】按钮，单击【确定】按钮，如图 3-40 所示。

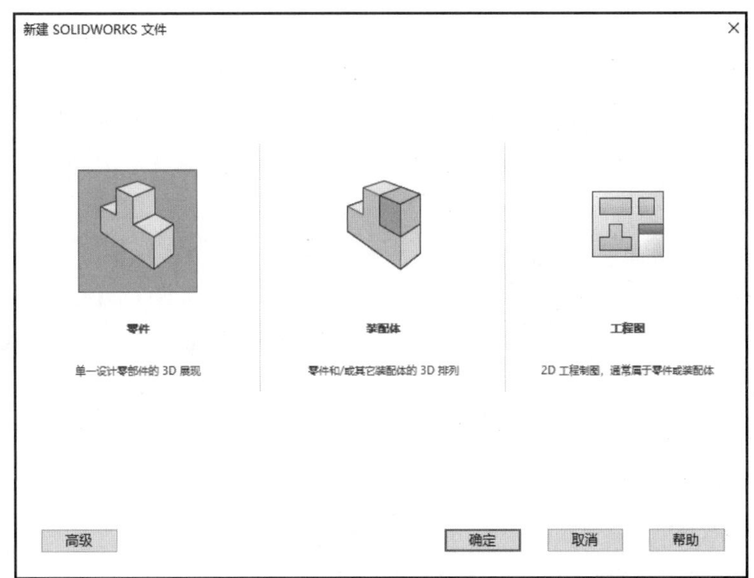

图 3-40　【新建 SOLIDWORKS 文件】对话框

（2）选择【文件】|【另存为】菜单命令，弹出【另存为】对话框，在【文件名】文本框中输入 4-2，单击【保存】按钮，如图 3-41 所示。

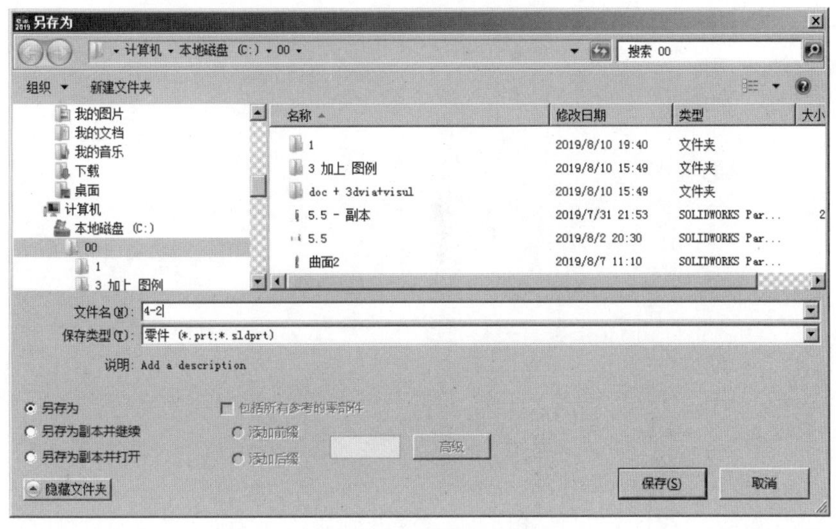

图 3-41　【另存为】对话框

2. 使用放样凸台特征建立实体

（1）单击【特征管理器设计树】中的【上视基准面】图标，使上视基准面成为草图 1 绘制平面。单击【视图定向】下拉图标中的【正视于】按钮，并单击【草图】工具栏中的【草图绘制】按钮，进入草图绘制状态。单击【草图】工具栏中的【中心矩形】按钮，绘制草图 1，如图 3-42 所示。

（2）单击【草图】工具栏中的【智能尺寸】按钮，标注所绘制草图 1 的尺寸，双击左键退出草图，如图 3-43 所示。

图 3-42　绘制草图 1

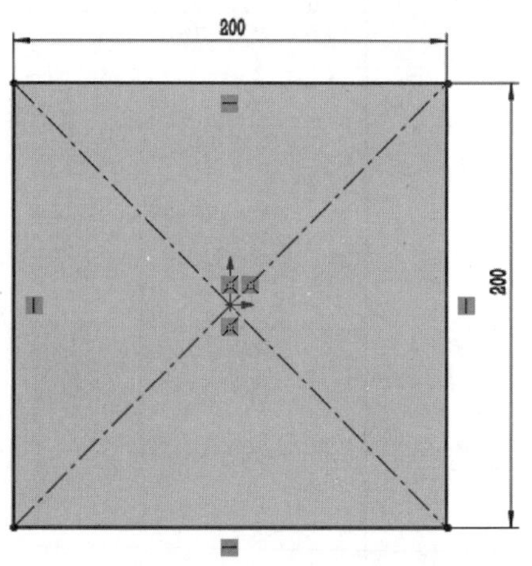

图 3-43　标注草图 1 的尺寸

（3）选择【插入】|【参考几何体】|【基准面】命令，在【第一参考】选项中选择上视基准面，激活【偏移距离】选项，并且在【偏移距离】文本框中输入 100.00mm，取消选中【反转等距】复选框，在【要生成的基准面数】文本框中输入 1，单击【确定】按钮，如图 3-44 所示。

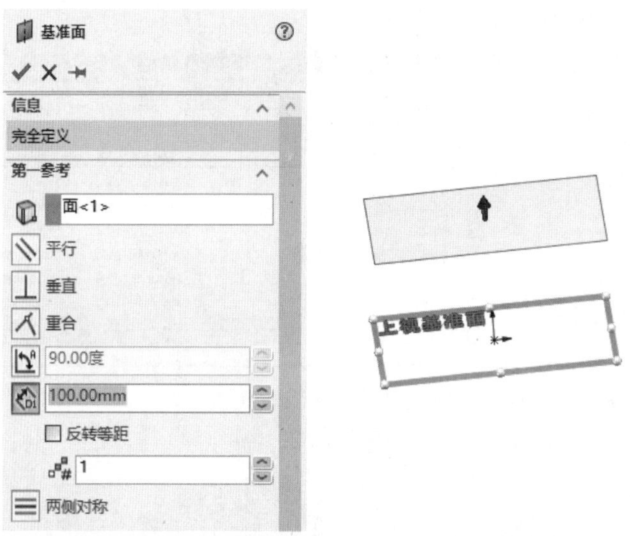

图 3-44　参考基准面

（4）单击基准面 1，使基准面 1 成为草图 2 绘制平面。单击【视图定向】下拉图标中的【正视于】按钮，并单击【草图】工具栏中的【草图绘制】按钮，进入草图绘制状态。单击【草图】工具栏中的【中心矩形】按钮，绘制草图 2，如图 3-45 所示。

（5）单击【草图】工具栏中的【智能尺寸】按钮，标注所绘制草图 2 的尺寸，双击左键退出草图，如图 3-46 所示。

（6）单击【特征】工具栏中的【放样凸台/基体】按钮，在【轮廓】选项中选择草图 1 和草图 2，并且将草图 1 和草图 2 的闭合点移动至相同位置，其他选项保持默认，单击【确定】按钮，如图 3-47 所示。

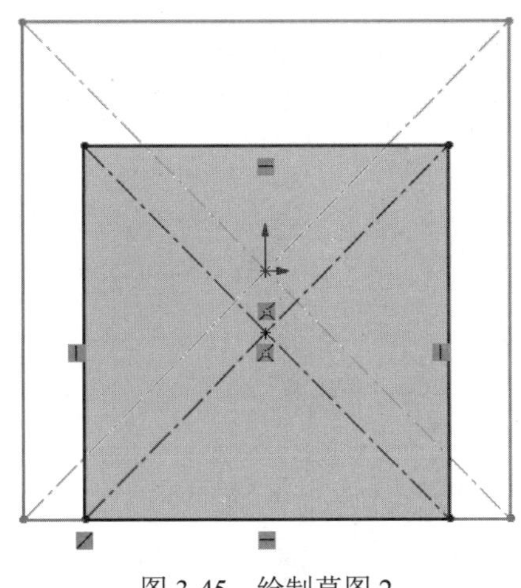

图 3-45　绘制草图 2

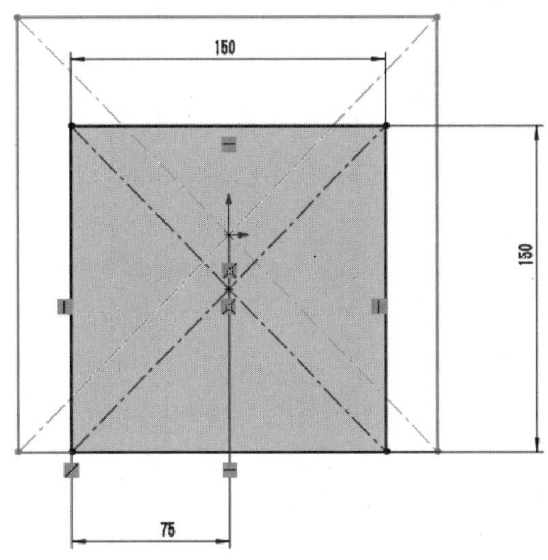

图 3-46　标注草图 2 的尺寸

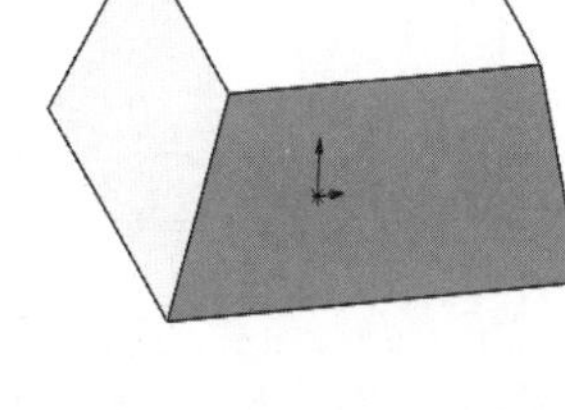

图 3-47　放样凸台

3. 使用扫描切除特征切除实体

（1）单击放样拉伸凸台的上表面，使其成为草图 3 绘制平面。单击【视图定向】下拉图标中的【正视于】按钮，并单击【草图】工具栏中的【草图绘制】按钮，进入草图绘制状态。单击【草图】工具栏中的【圆】按钮，绘制草图，如图 3-48 所示。

（2）单击【草图】工具栏中的【智能尺寸】按钮，标注所绘制草图 3 的尺寸，双击左键退出草图，如图 3-49 所示。

（3）单击图形的左侧面图标，使左侧面成为草图 4 绘制平面。单击【视图定向】下拉图标中的【正视于】按钮，并单击【草图】工具栏中的【草图绘制】按钮，进入草图绘制状态。单击【草图】工具栏中的【样条曲线】按钮，绘制草图 4，双击左键退出草图，如图 3-50 所示。

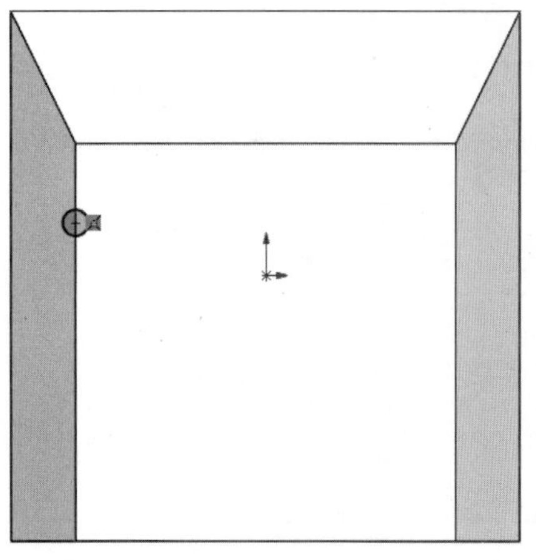

图 3-48　绘制草图 3

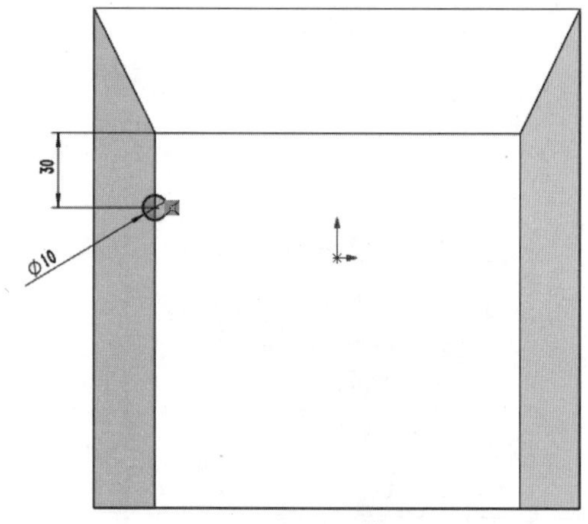

图 3-49　标注草图 3 的尺寸

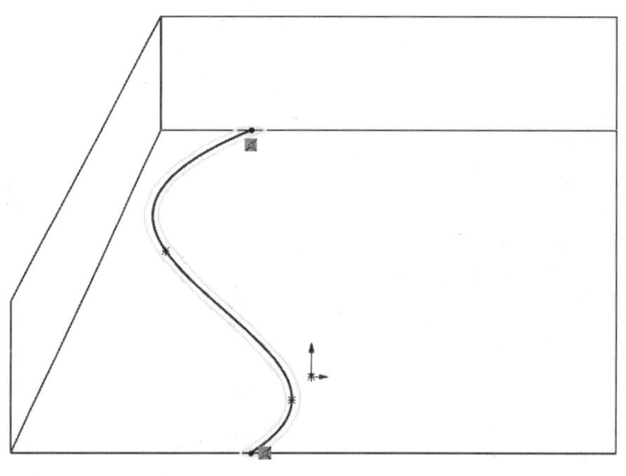

图 3-50　绘制草图 4

（4）单击【特征】工具栏中的【扫描切除】按钮，在【轮廓和路径】中选中【草图轮廓】单选按钮，在【轮廓】选项中选择草图 3，在【路径】选项中选择草图 4，其他选项保持默认，单击【确定】按钮，如图 3-51 所示。

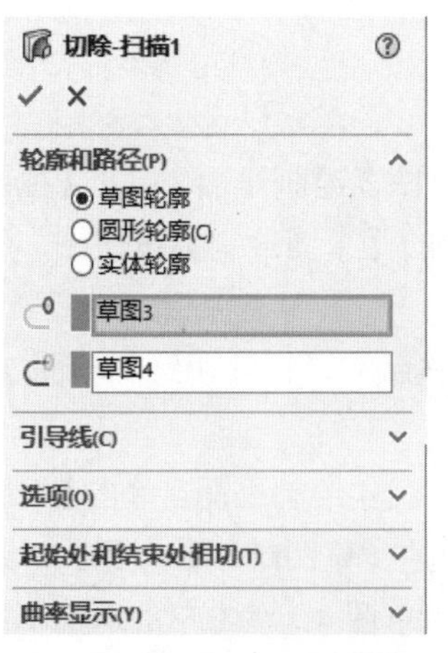

图 3-51　扫描切除

4. 使用放样切除特征切除实体

（1）单击图形的上表面，使上表面成为草图5的绘制平面。单击【视图定向】下拉图标中的【正视于】按钮，并单击【草图】工具栏中的【草图绘制】按钮，进入草图绘制状态。单击【草图】工具栏中的【圆】按钮，绘制草图5，如图3-52所示。

（2）单击【草图】工具栏中的【智能尺寸】按钮，标注所绘制草图5的尺寸，双击左键退出草图，如图3-53所示。

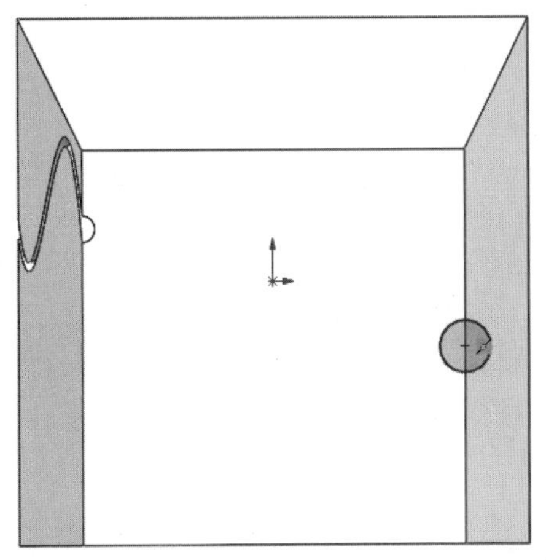

图3-52　绘制草图5

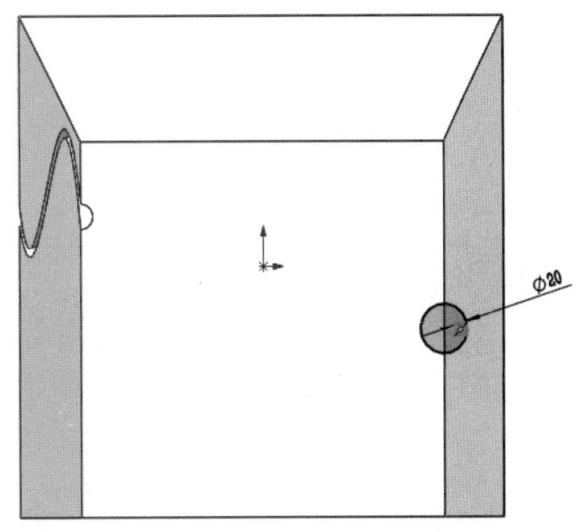

图3-53　标注草图5的尺寸

（3）单击图形的下表面，使下表面成为草图6的绘制平面。单击【视图定向】下拉图标中的【正视于】按钮，并单击【草图】工具栏中的【草图绘制】按钮，进入草图绘制状态。单击【草图】工具栏中的【圆】按钮，绘制草图6，如图3-54所示。

（4）单击【草图】工具栏中的【添加几何关系】按钮，添加草图6的几何约束关系，双击左键退出草图，如图3-55所示。

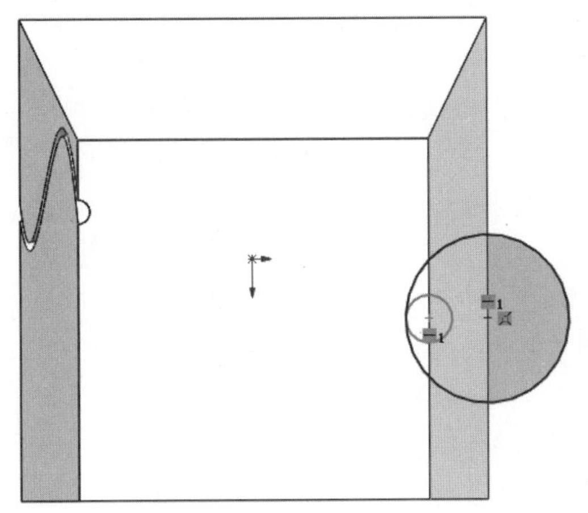

图3-54　绘制草图6

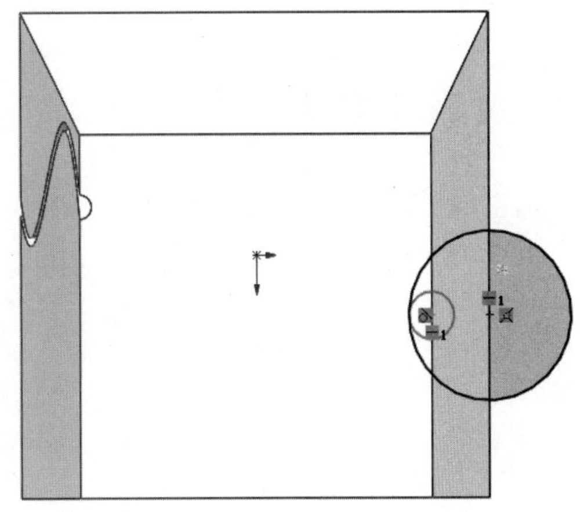

图3-55　添加草图6的几何约束关系

（5）单击【特征】工具栏中的【放样切除】按钮，在【轮廓】选项中选择草图5和草图6，并且将草图5和草图6的闭合点移动至相同位置，其他选项保持默认，单击【确定】按钮，如图3-56所示。

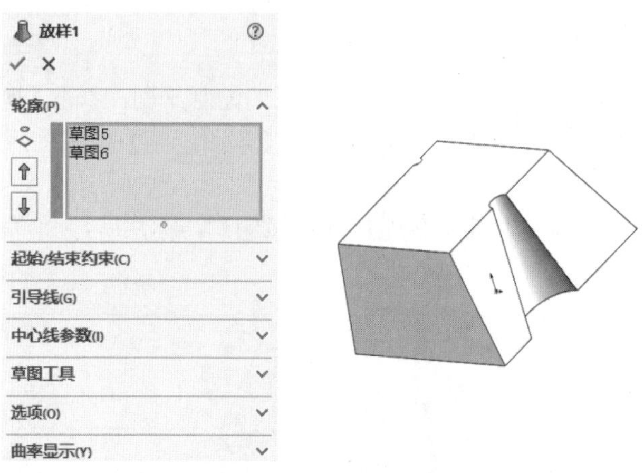

图 3-56　放样切除特征

5. 使用拉伸切除特征切除实体

（1）单击实体的正面，使其成为草图 7 绘制平面。单击【视图定向】下拉图标中的【正视于】按钮，并单击【草图】工具栏中的【草图绘制】按钮，进入草图绘制状态。单击【草图】工具栏中的【中心矩形】按钮，绘制草图 7，如图 3-57 所示。

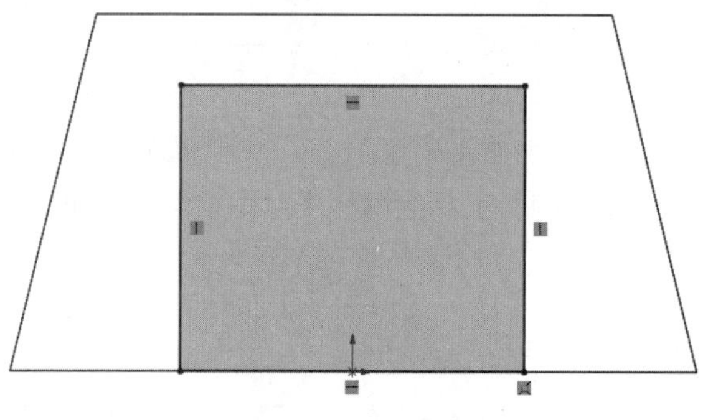

图 3-57　绘制草图 7

（2）单击【草图】工具栏中的【智能尺寸】按钮，标注所绘制草图 7 的尺寸，如图 3-58 所示。

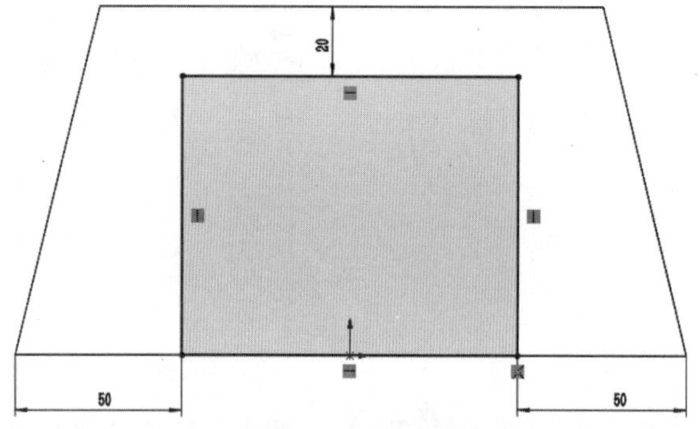

图 3-58　标注草图 7 的尺寸

（3）单击【特征】工具栏中的【拉伸切除】按钮，在【从】中的【开始条件】选项中选

择【草图基准面】选项，在【方向 1】中的【终止条件】选项中选择【给定深度】选项，在【深度】文本框中输入 50.00mm，单击【确定】按钮✓，如图 3-59 所示。

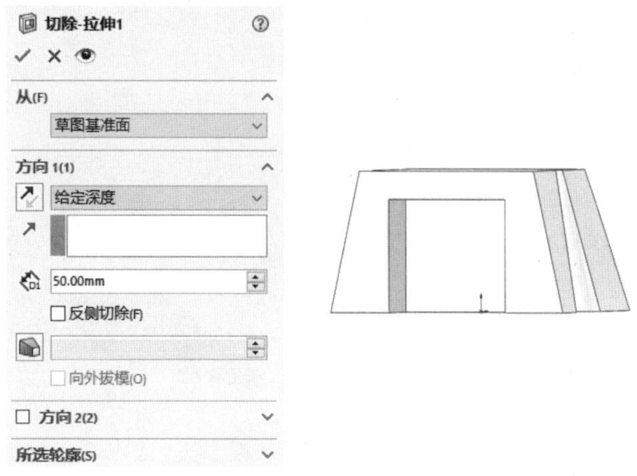

图 3-59　拉伸切除

6. 在实体添加筋特征

（1）单击拉伸切除后的右侧面，使其成为草图 8 绘制平面。单击【视图定向】下拉图标中的【正视于】按钮，并单击【草图】工具栏中的【草图绘制】按钮，进入草图绘制状态。单击【草图】工具栏中的【直线】按钮，绘制草图 8，如图 3-60 所示。

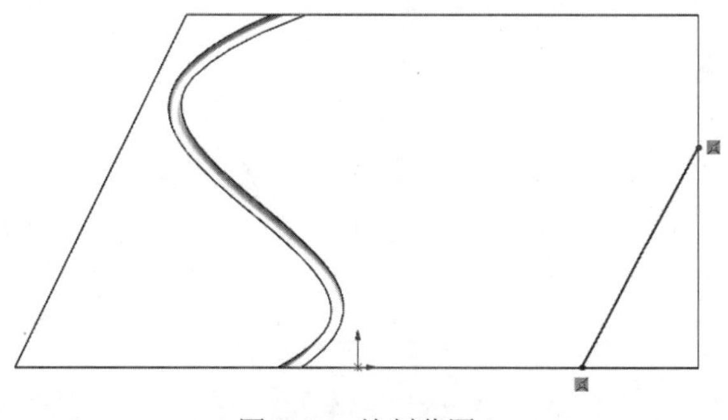

图 3-60　绘制草图 8

（2）将图形旋转一个角度后，单击【草图】工具栏中的【添加几何关系】按钮，添加草图 8 的几何约束关系，双击左键退出草图，如图 3-61 所示。

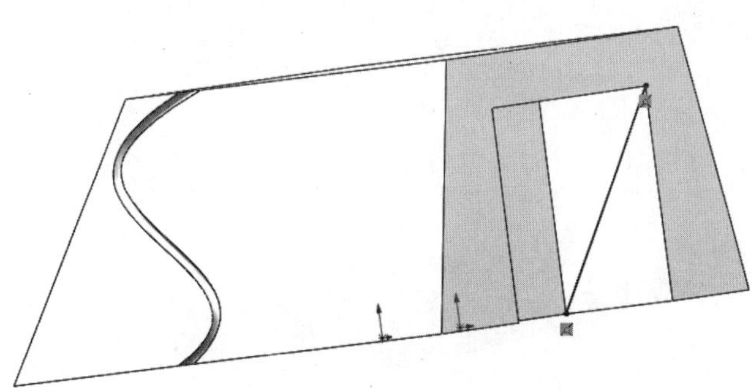

图 3-61　添加草图 8 的几何约束关系

（3）单击【特征】工具栏中的【筋】按钮，在【参数】中的【厚度】选项中选择【第一边】特征，在【筋厚度】文本框中输入10.00mm，在【拉伸方向】选项中选择【平行于草图】选项，单击【确定】按钮，如图3-62所示。

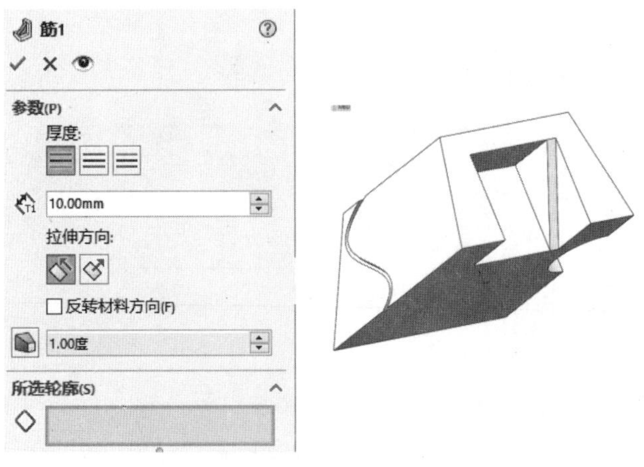

图3-62　筋特征1

（4）单击拉伸切除后的左侧面，使其成为草图9绘制平面。单击【视图定向】下拉图标中的【正视于】按钮，并单击【草图】工具栏中的【草图绘制】按钮，进入草图绘制状态。单击【草图】工具栏中的【直线】按钮，绘制草图9，如图3-63所示。

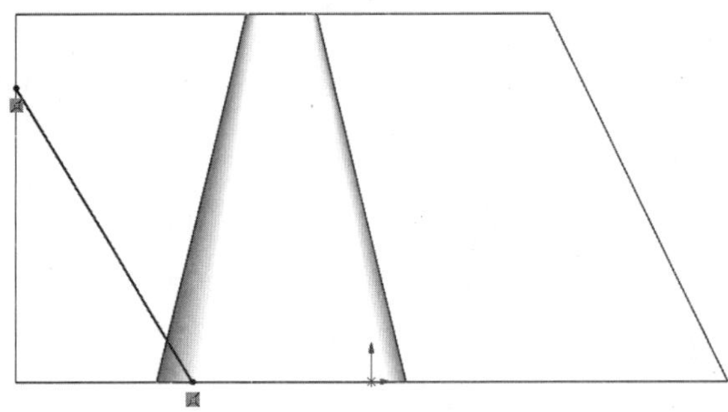

图3-63　绘制草图9

（5）将图形旋转一个角度后，单击【草图】工具栏中的【添加几何关系】按钮，添加草图9的几何约束关系，双击左键退出草图，如图3-64所示。

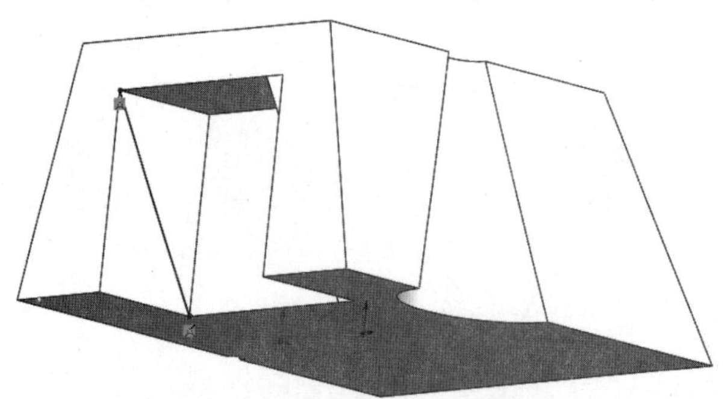

图3-64　添加草图9的几何约束关系

（6）单击【特征】工具栏中的【筋】按钮，在【参数】中的【厚度】选项中选择【第一边】特征，在【筋厚度】文本框中输入 10.00mm，在【拉伸方向】选项中选择【平行于草图】选项，选中【反转材料方向】复选框，单击【确定】按钮，如图 3-65 所示。

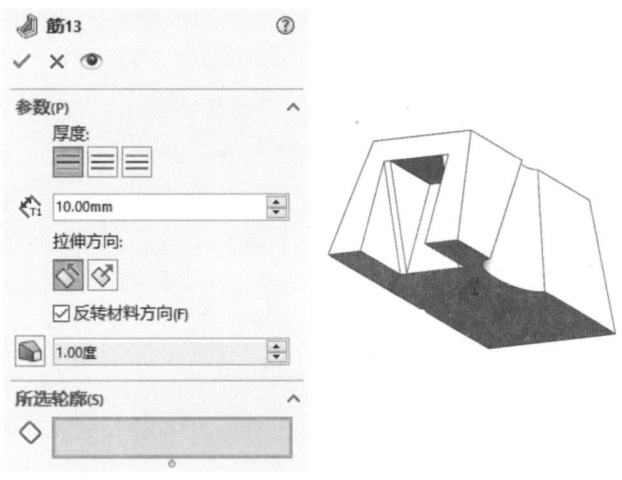

图 3-65 筋特征 2

7. 使用旋转切除特征切除实体

（1）单击图形的上表面，使上表面成为草图 10 绘制平面。单击【视图定向】下拉图标中的【正视于】按钮，并单击【草图】工具栏中的【草图绘制】按钮，进入草图绘制状态。单击【草图】工具栏中的【圆心/起/终点画弧】按钮和【直线】按钮，绘制草图 10，如图 3-66 所示。

（2）单击【草图】工具栏中的【智能尺寸】按钮，标注所绘制草图 10 的尺寸，如图 3-67 所示。

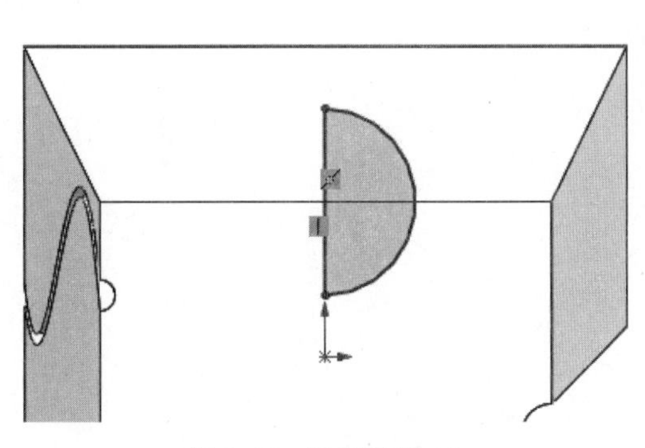

图 3-66 绘制草图 10

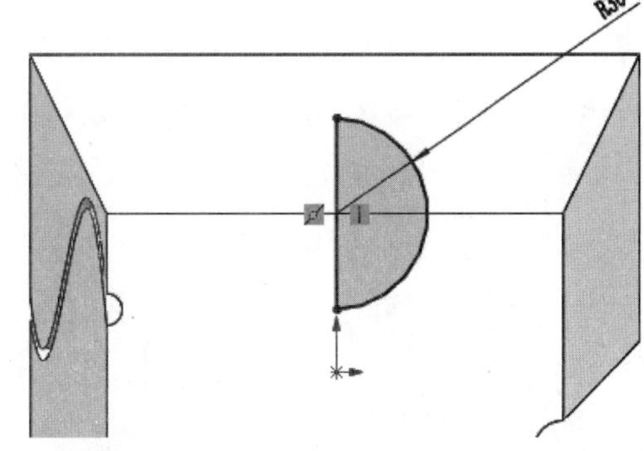

图 3-67 标注草图 10 的尺寸

（3）单击【特征】工具栏中的【旋转切除】按钮，在【旋转轴】选项中单击草图的直线，在【方向 1】中的【旋转类型】选项中选择【给定深度】选项，在【角度】文本框中输入 360.00 度，在【所选轮廓】选项中选择草图，单击【确定】按钮，如图 3-68 所示。

8. 使用简单孔特征修饰实体

选择【插入】|【特征】|【简单直孔】命令，在【从】选项中选择【草图基准面】选项，

在【方向 1】中的【终止条件】中选择【给定深度】选项，在【深度】文本框中输入 30.00mm，在【孔直径】文本框中输入 20.00mm，单击【确定】按钮✔，如图 3-69 所示。

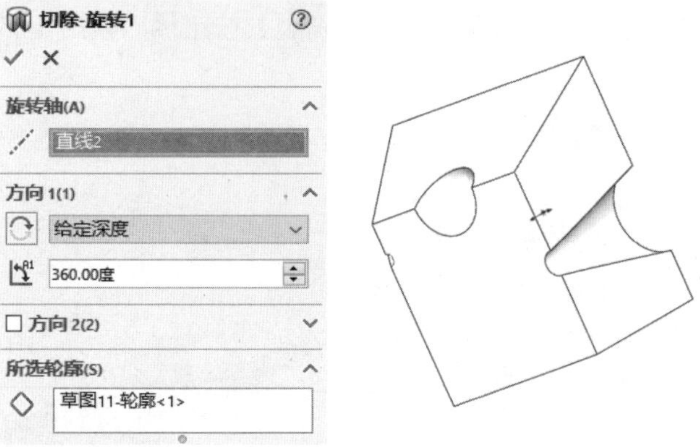

图 3-68　旋转切除

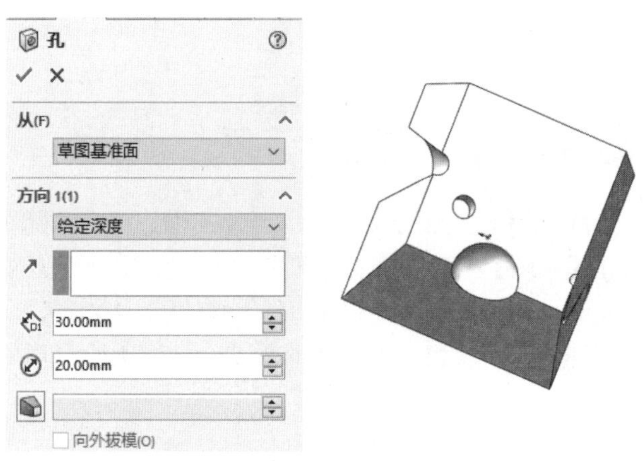

图 3-69　简单直孔特征

至此，零件实体模型已经绘制完成，如图 3-70 所示。

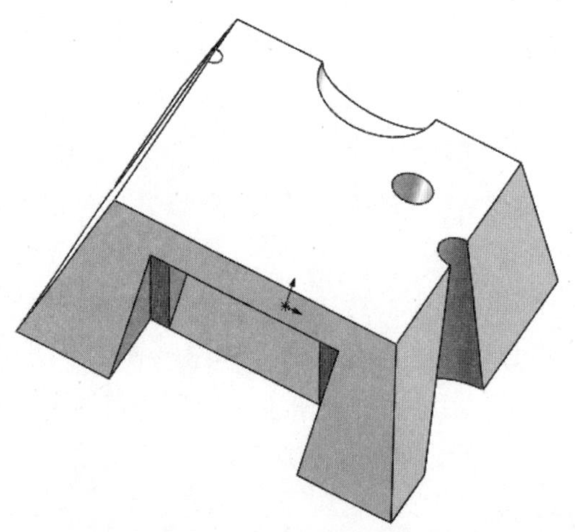

图 3-70　零件实体模型

第4章 高级特征

本章导读

在进行 SOLIDWORKS 零件设计时，有些特征命令不需要相应的草图，我们将这类特征命名为高级特征。高级特征要得到完全的定义只需要改变特征的参数。本章将重点介绍高级特征的参数含义和使用方法。

4.1 异形孔特征

使用异形孔特征可以生成各种类型的自定义孔。

4.1.1 菜单命令启动

选择【插入】|【特征】|【孔向导】菜单命令，在属性管理器中弹出【孔规格】属性管理器，如图 4-1 所示。

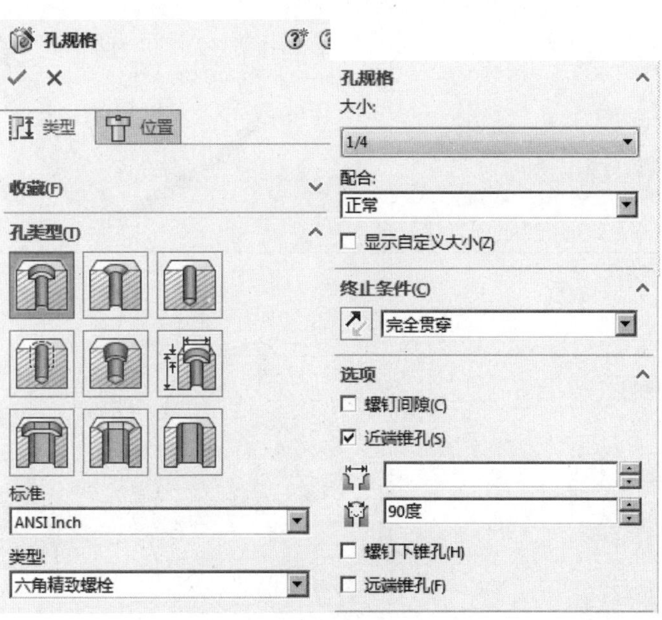

图 4-1 【孔规格】属性管理器

4.1.2 异形孔特征的知识点

1.【孔类型】选项组

在【孔类型】选项组中选择打孔类型，如表 4-1 所示。

表 4-1 选择打孔类型

操 作 选 项	图 示
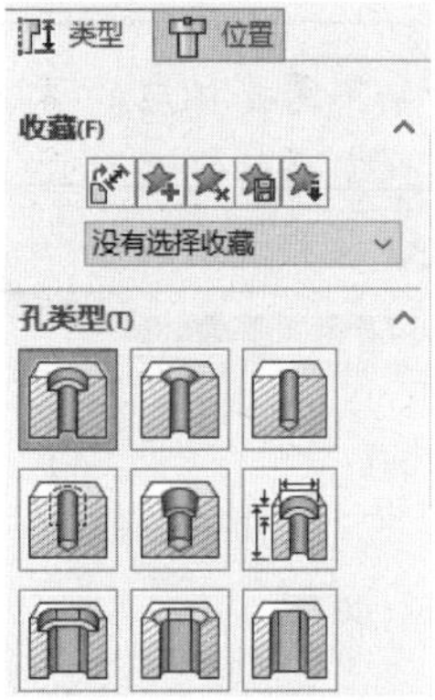 在所在平面打一个柱形沉头孔	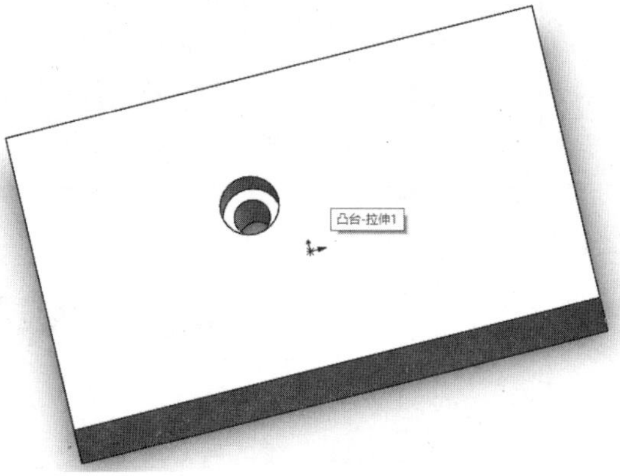
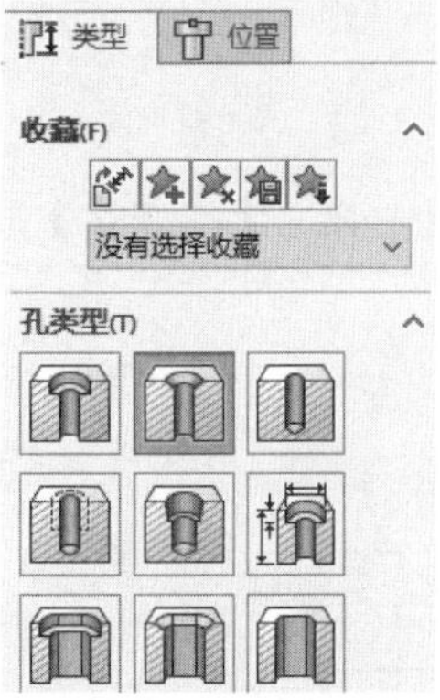 在所在平面打一个锥形沉头孔	
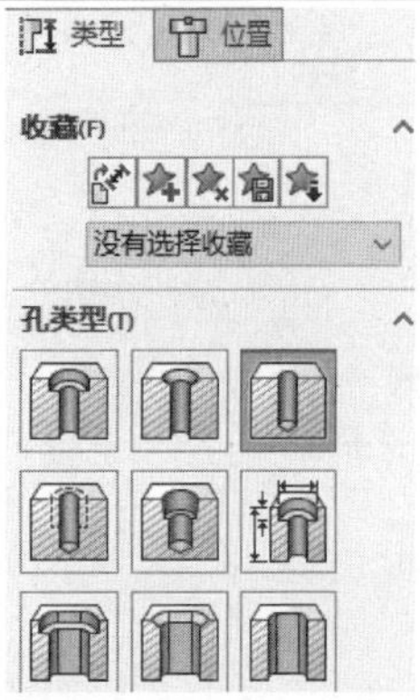 在所在平面打一个光孔	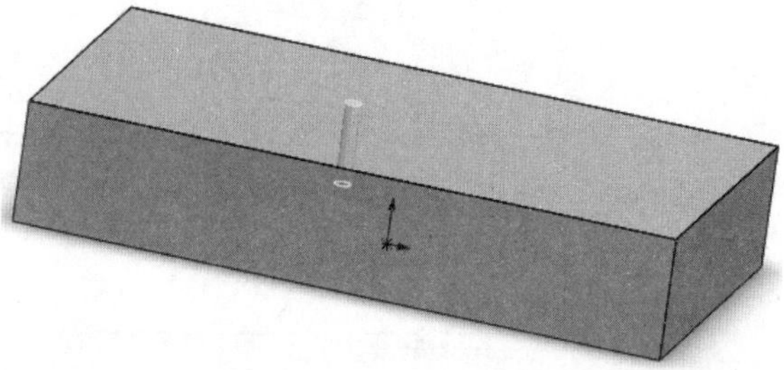

续表

操 作 选 项	图 示
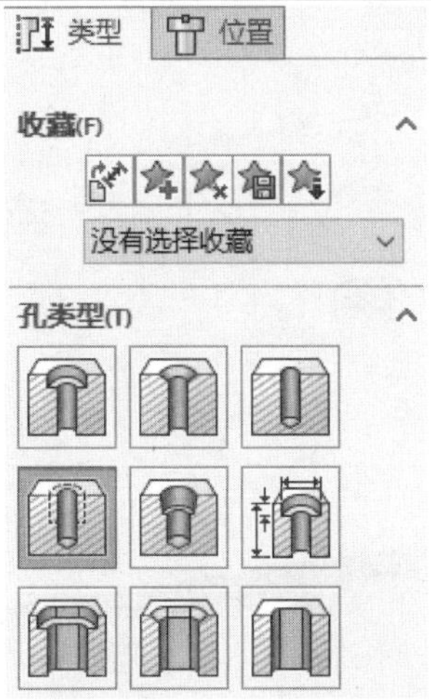 在所在平面打一个直螺纹孔	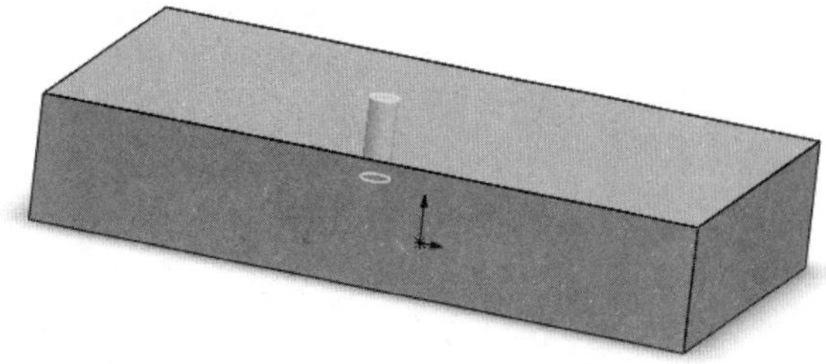
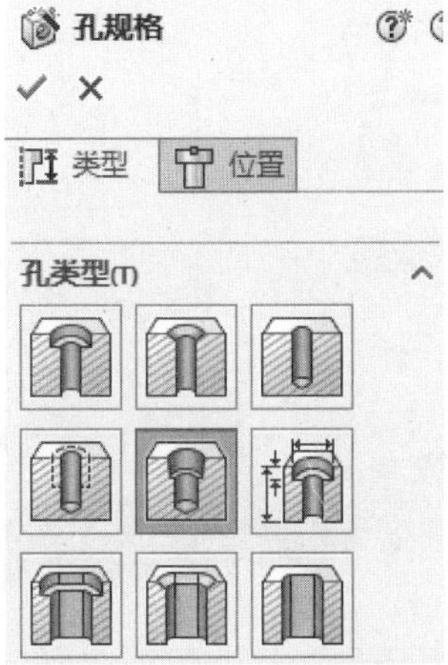 在所在平面打一个锥形螺纹孔	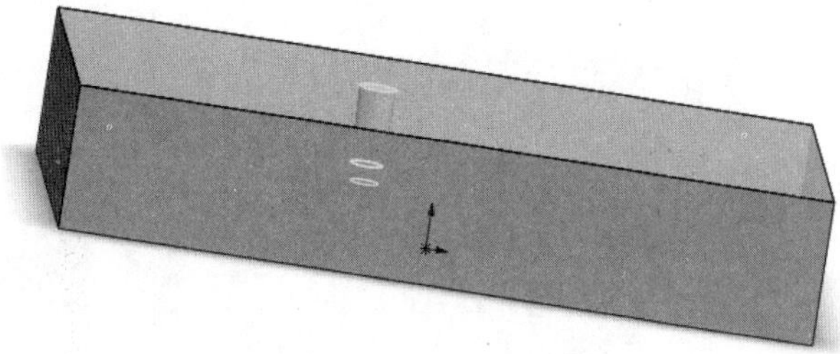
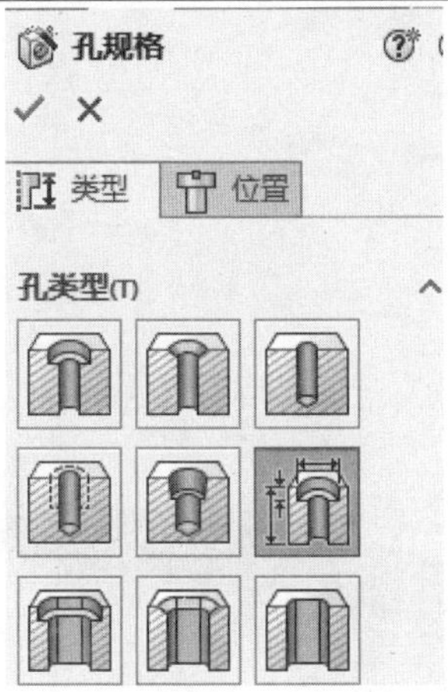 在所在平面打一个旧制孔	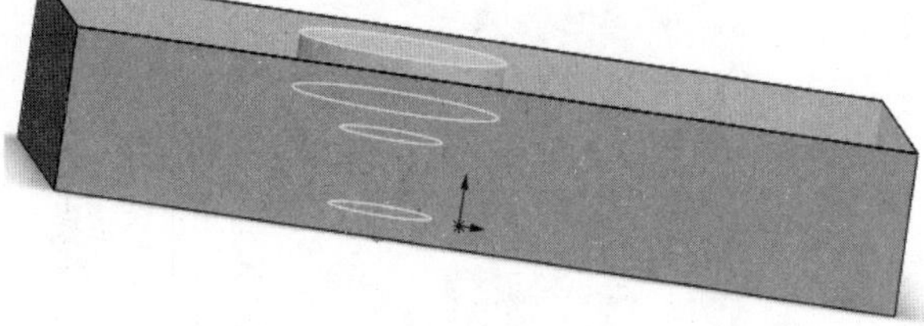

续表

操 作 选 项	图　　示
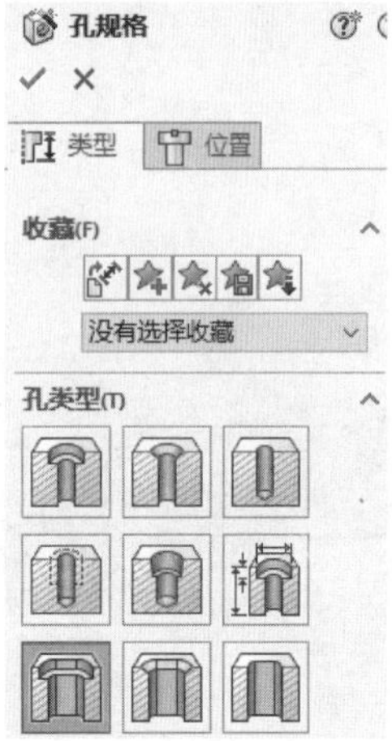 在所在平面打一个柱孔槽口	
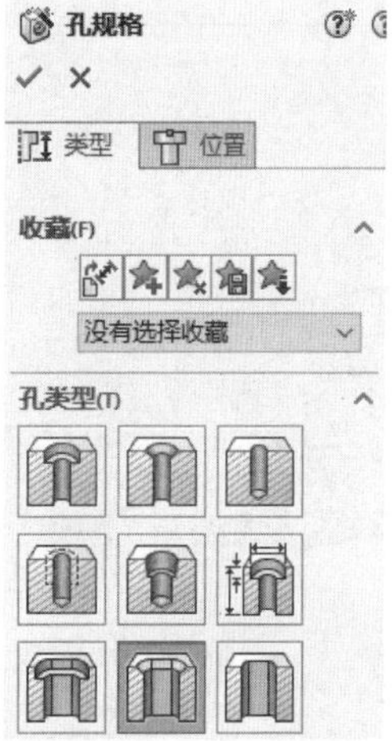 在所在平面打一个锥孔槽口	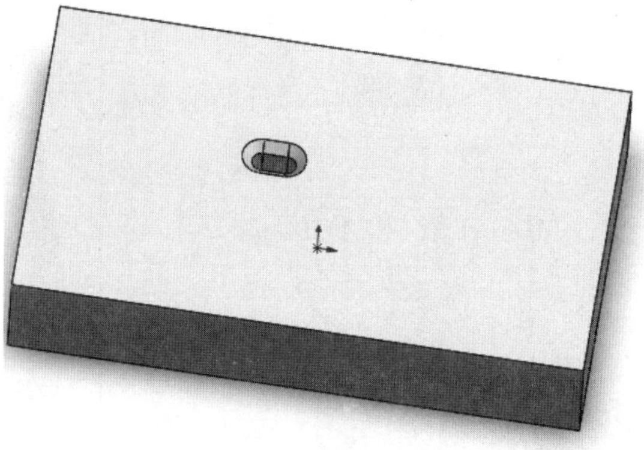
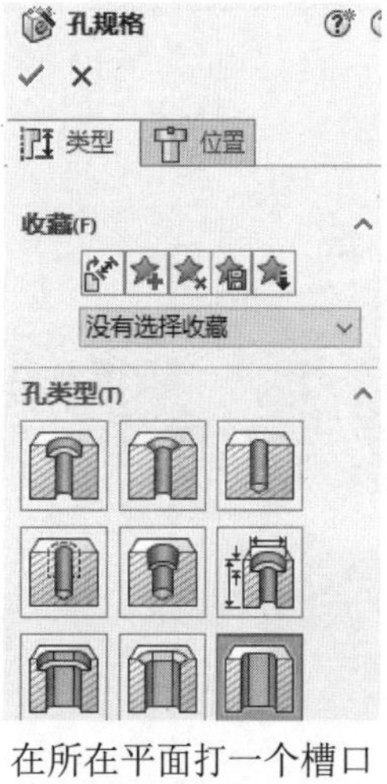 在所在平面打一个槽口	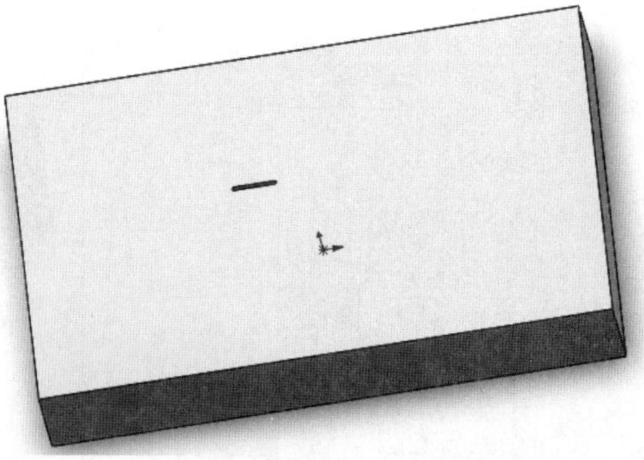

2.【标准】选项组

在【标准】选项组中选择打孔遵循的标准，如表 4-2 所示。

表 4-2　选择打孔遵循的标准

操作选项	图示
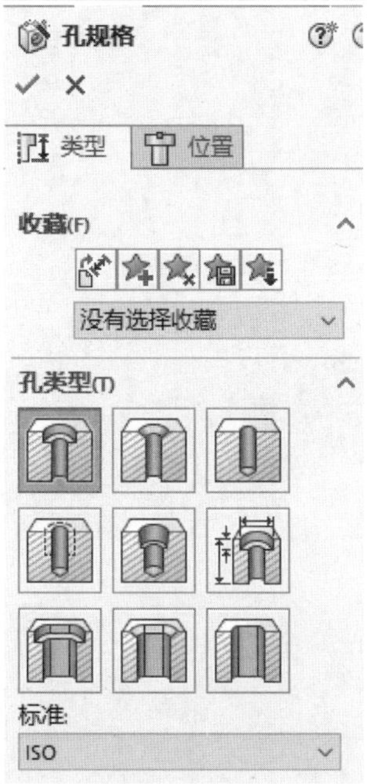 以 ISO（国际标准）进行打孔	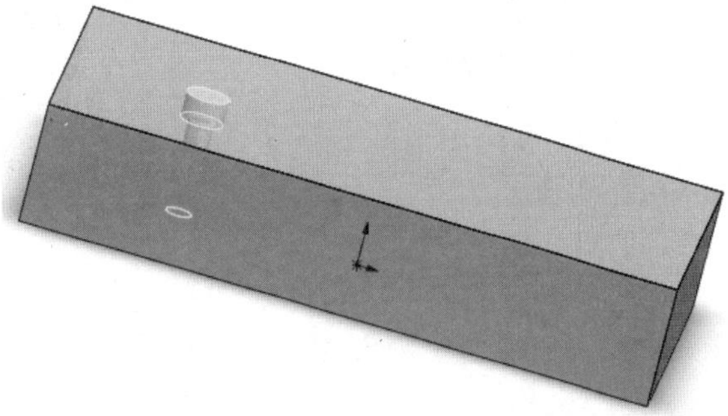
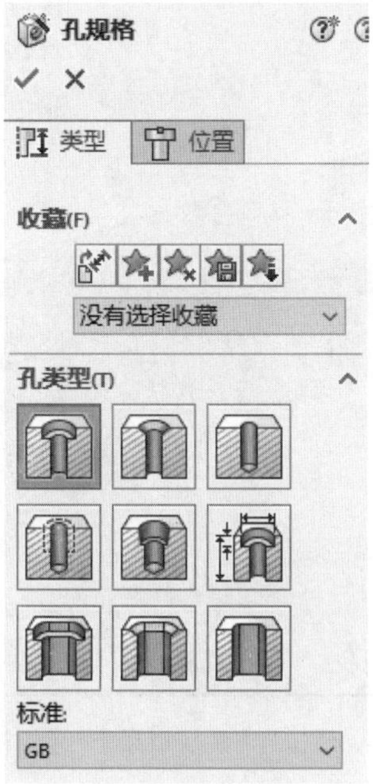 以 GB（国家标准）进行打孔	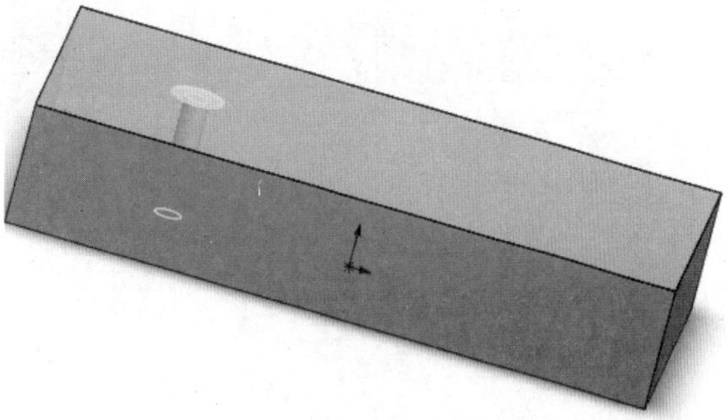

3.【类型】选项组

在【类型】选项组中选择孔类型，如表 4-3 所示。

表 4-3　选择孔类型

操 作 选 项	图　　示
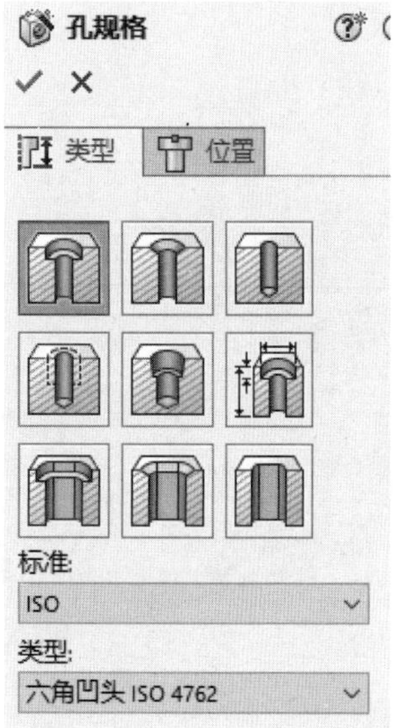 选择柱形沉头孔下的六角凹头类型孔	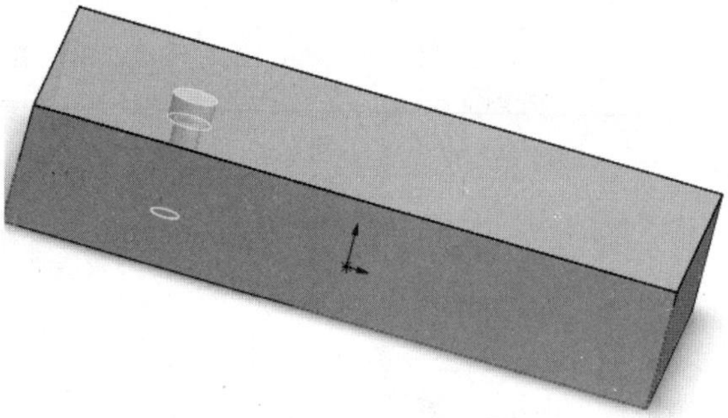
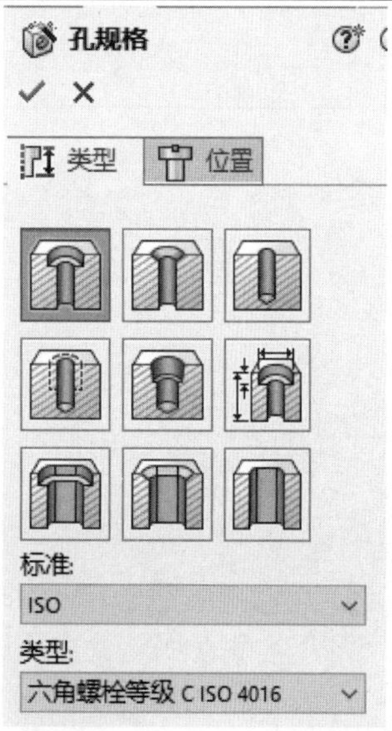 选择柱形沉头孔下的六角螺栓等级 C 类型孔	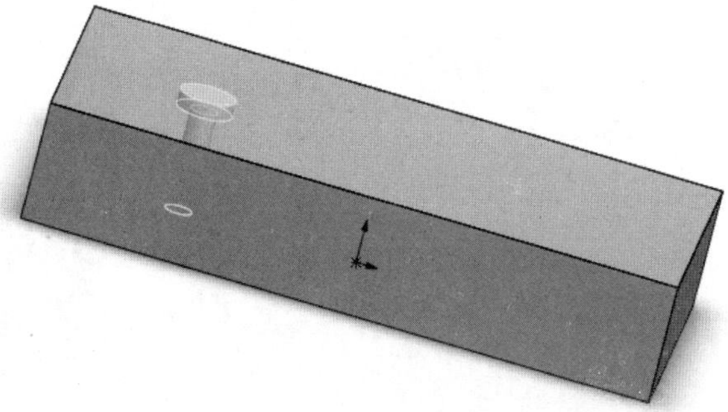

4.【孔规格】选项组

在【孔规格】选项组中设置孔大小，如表 4-4 所示。

表 4-4　设置孔大小

操 作 选 项	图　　示
 选择孔规格大小为 M6 的孔	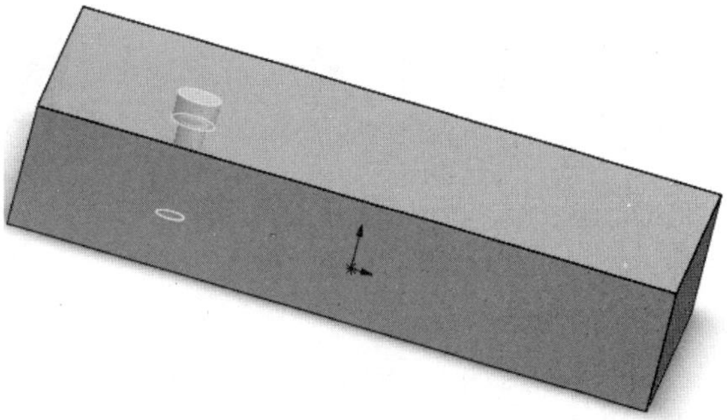
 选择孔规格大小为 M10 的孔	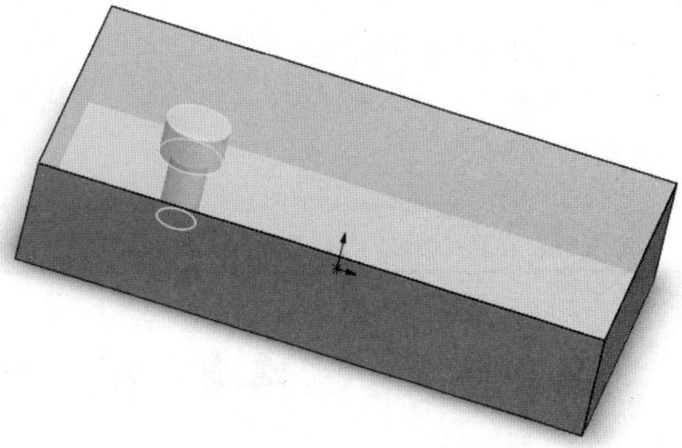

5.【终止条件】选项组

在【终止条件】选项组中选择打孔终止的位置，如表 4-5 所示。

表 4-5　选择打孔终止的位置

操作选项	图　示
 打孔终止位置为指定深度的设置	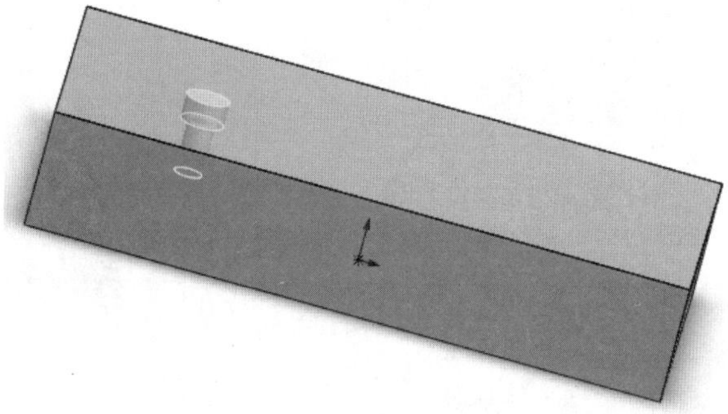
 打孔终止位置到图形的终止位置	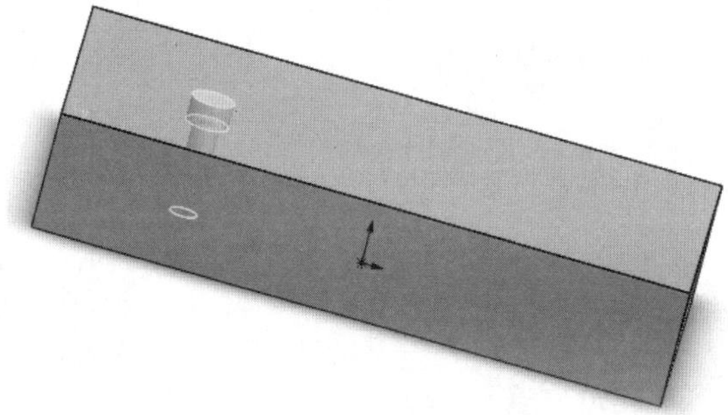

4.2　圆角特征

圆角特征是在零件上生成一个内圆角或外圆角面。可以为一个面的所有边线、所选的多组面、所选的边线或边线环生成圆角。

4.2.1　菜单命令启动

选择【插入】|【特征】|【圆角】菜单命令，在属性管理器中弹出【圆角】属性管理器。选

择【手工】模式时，【圆角】属性管理器如图 4-2 所示。

图 4-2　【圆角】属性管理器

4.2.2　圆角特征的知识点

1.【圆角类型】选项组

在【圆角类型】选项组中选择圆角的类型，如表 4-6 所示。

表 4-6　选择圆角的类型

操作选项	图　示
倒一个恒定半径大小的圆角	

续表

操 作 选 项	图　　示
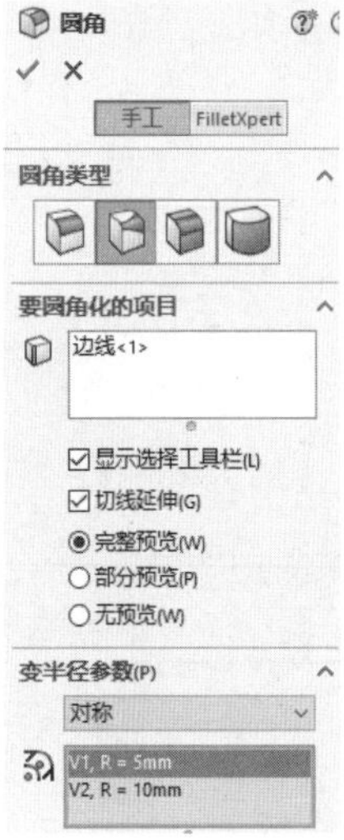 倒一个变量半径大小的圆角，并设置起始半径和终止半径	
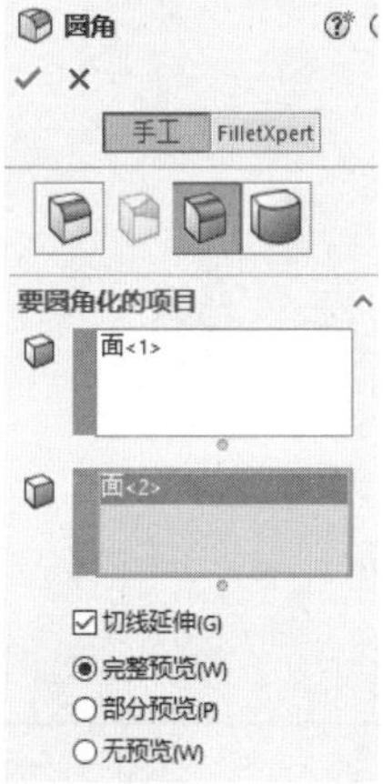 选择两个面倒一个面圆角	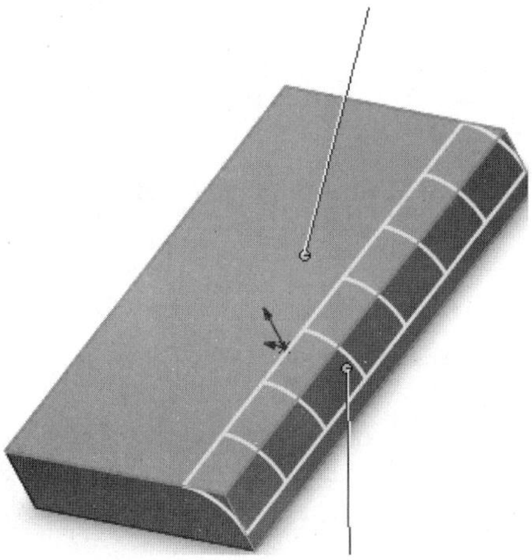
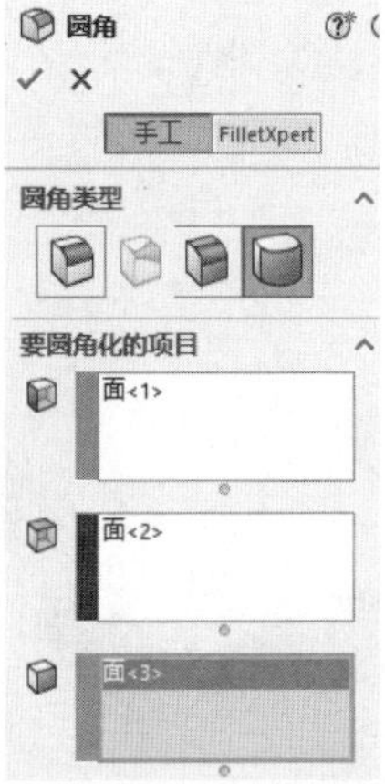 选择 3 个连续面并以中间面倒一个完整圆角	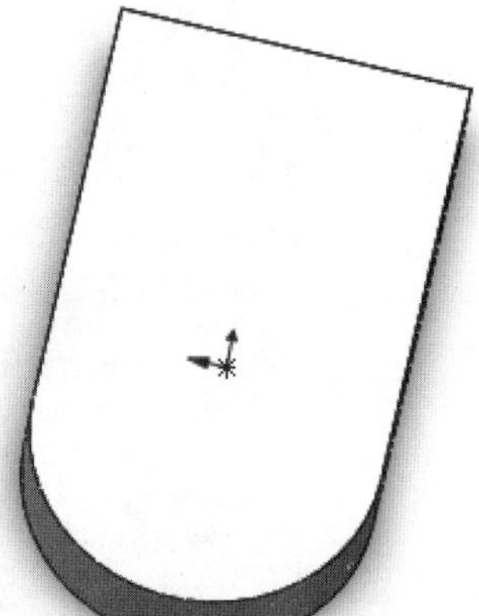

2.【圆角参数】选项组

在【圆角参数】选项组中对圆角进行设置，如表 4-7 所示。

表 4-7　对圆角进行设置

操 作 选 项	图　　示
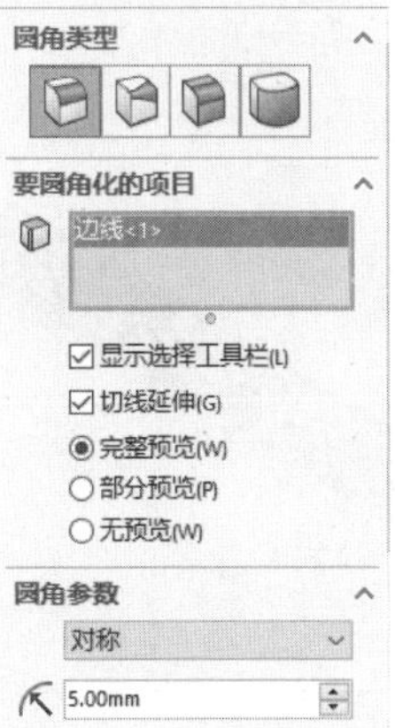 圆角类型 要圆角化的项目 边线<1> ☑显示选择工具栏(L) ☑切线延伸(G) ◉完整预览(W) ○部分预览(P) ○无预览(W) 圆角参数 对称 5.00mm 倒一个圆角半径为 5mm 的对称圆角	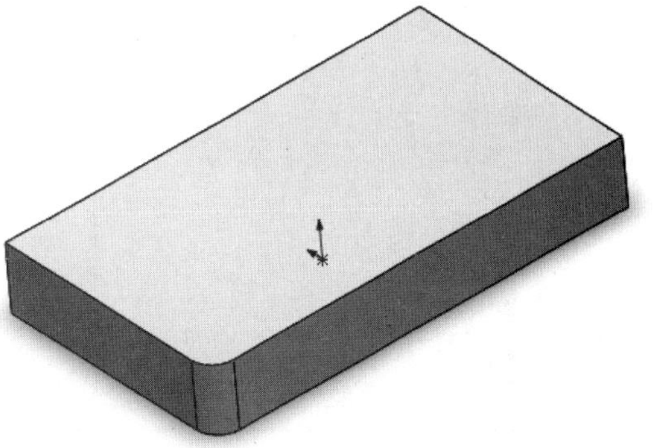
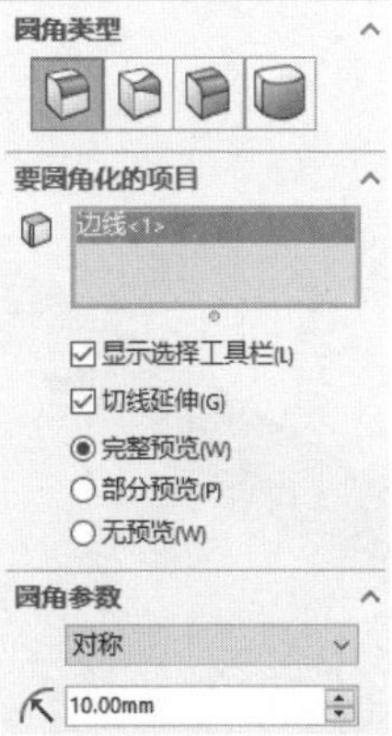 圆角类型 要圆角化的项目 边线<1> ☑显示选择工具栏(L) ☑切线延伸(G) ◉完整预览(W) ○部分预览(P) ○无预览(W) 圆角参数 对称 10.00mm 倒一个圆角半径为 10mm 的对称圆角	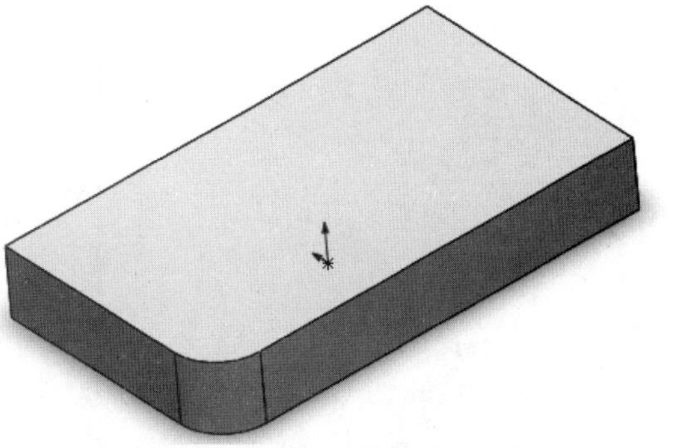
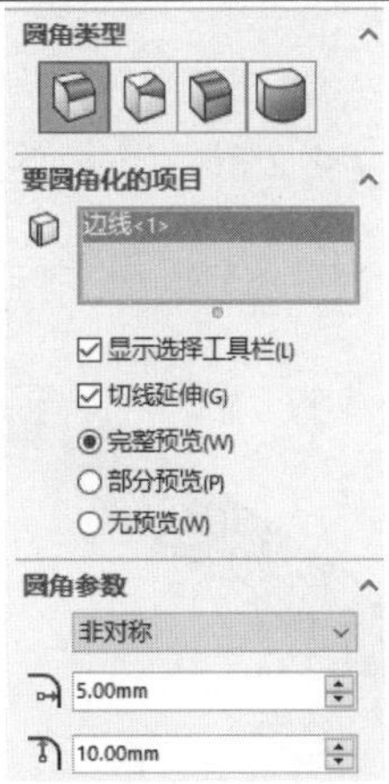 圆角类型 要圆角化的项目 边线<1> ☑显示选择工具栏(L) ☑切线延伸(G) ◉完整预览(W) ○部分预览(P) ○无预览(W) 圆角参数 非对称 5.00mm 10.00mm 倒一个左右非对称的圆角	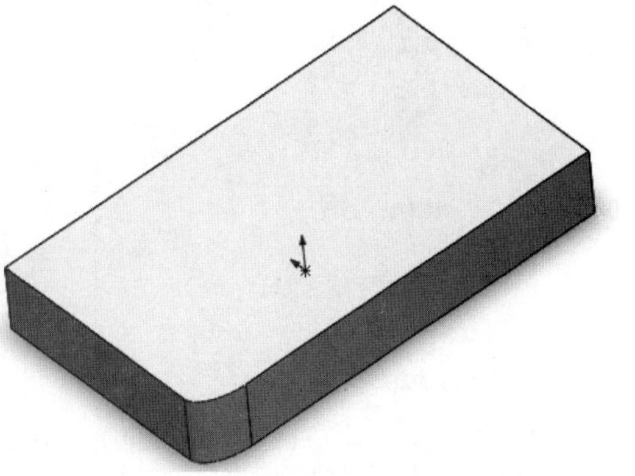

续表

操 作 选 项	图　　示
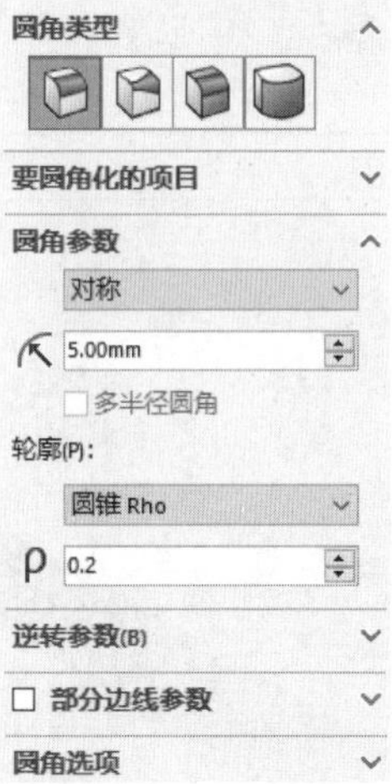 所选圆角的轮廓为圆锥 Rho	
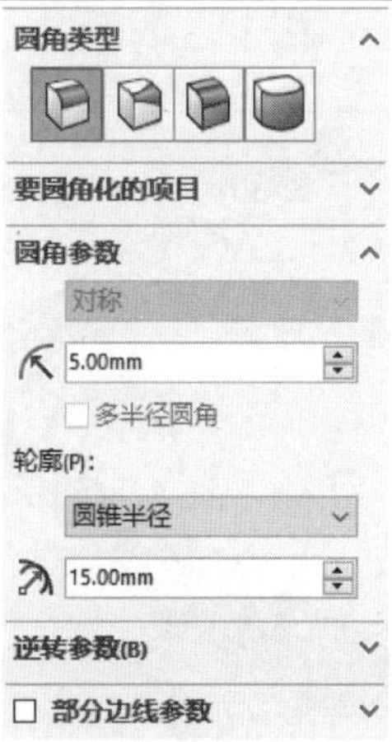 所选圆角的轮廓为圆锥半径	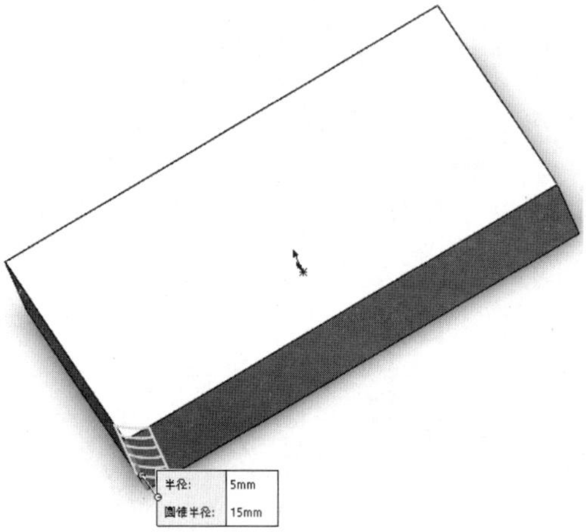
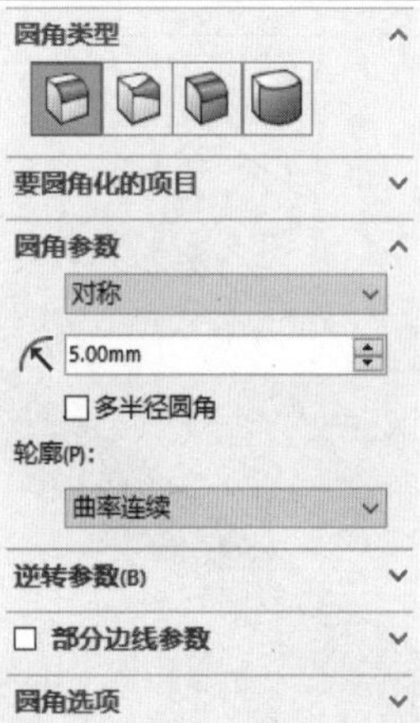 所选圆角的轮廓为曲率连续	

4.3 倒角特征

倒角工具在所选边线、面或顶点上生成一倾斜特征。

4.3.1 菜单命令启动

选择【插入】|【特征】|【倒角】菜单命令，在属性管理器中弹出【倒角】属性管理器，如图 4-3 所示。

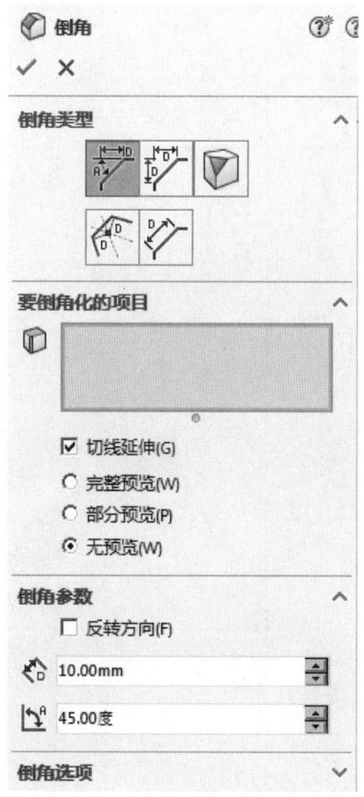

图 4-3　【倒角】属性管理器

4.3.2 倒角特征的知识点

1.【倒角类型】选项组

在【倒角类型】选项组中选择倒角的类型，如表 4-8 所示。

表 4-8　选择倒角类型

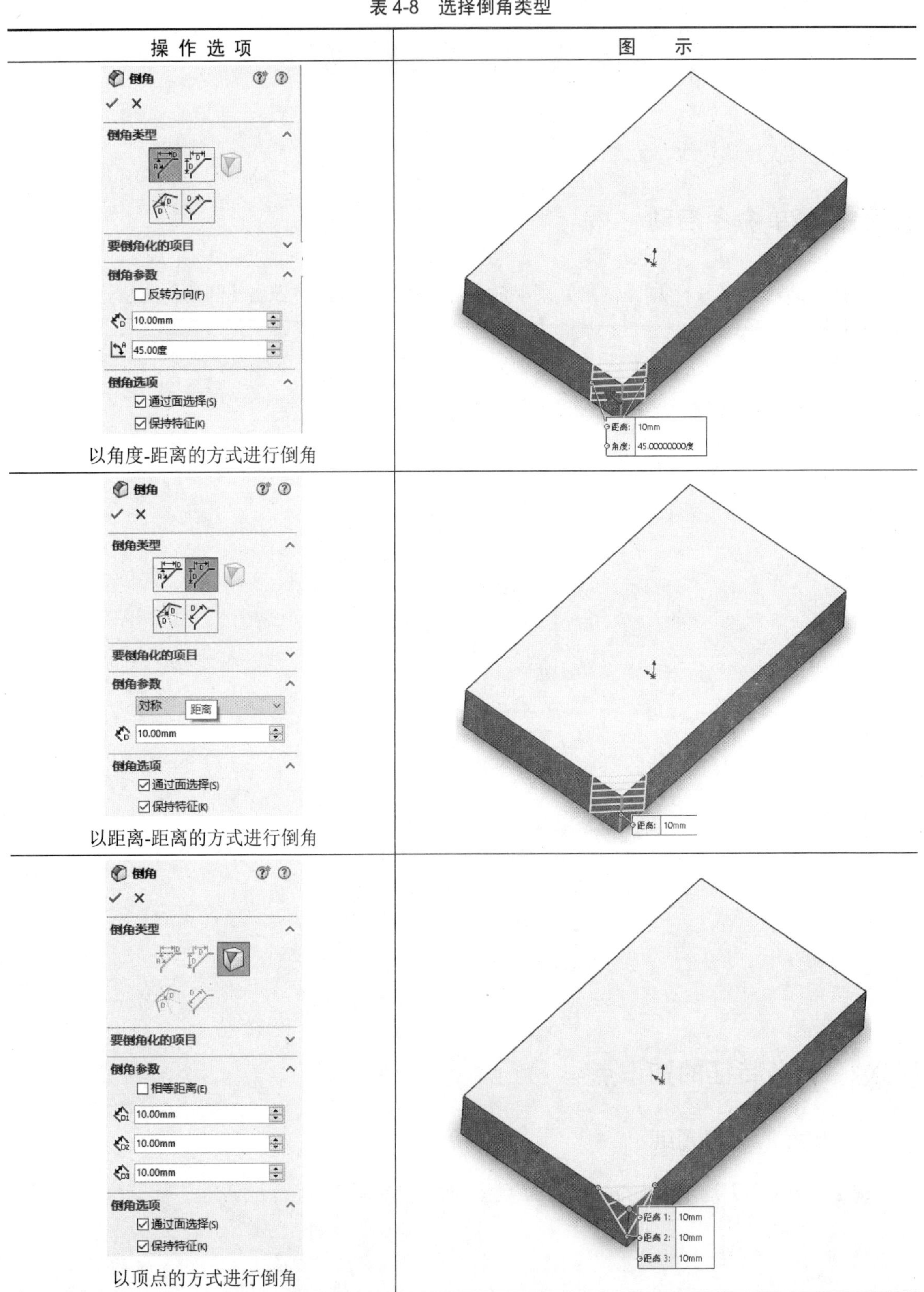

操作选项	图示
以角度-距离的方式进行倒角	
以距离-距离的方式进行倒角	
以顶点的方式进行倒角	

续表

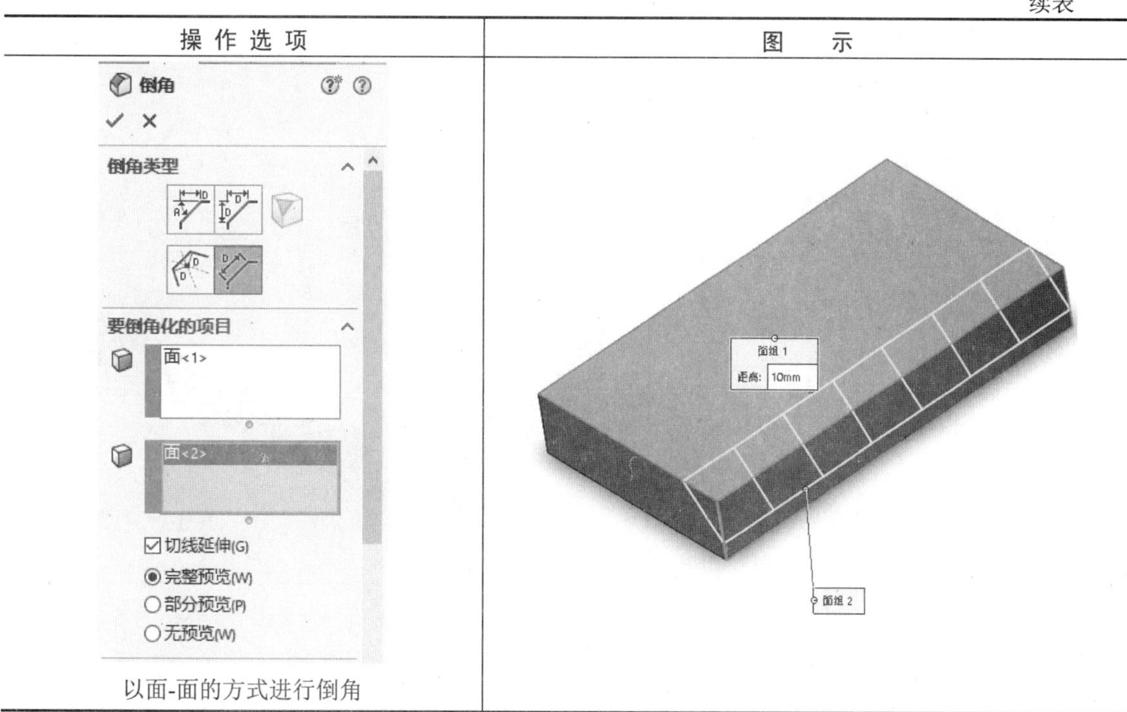

操 作 选 项	图　　示
以面-面的方式进行倒角	

2.【倒角参数】选项组

在【倒角参数】选项组中对倒角进行设置，如表 4-9 所示。

表 4-9　对倒角进行设置

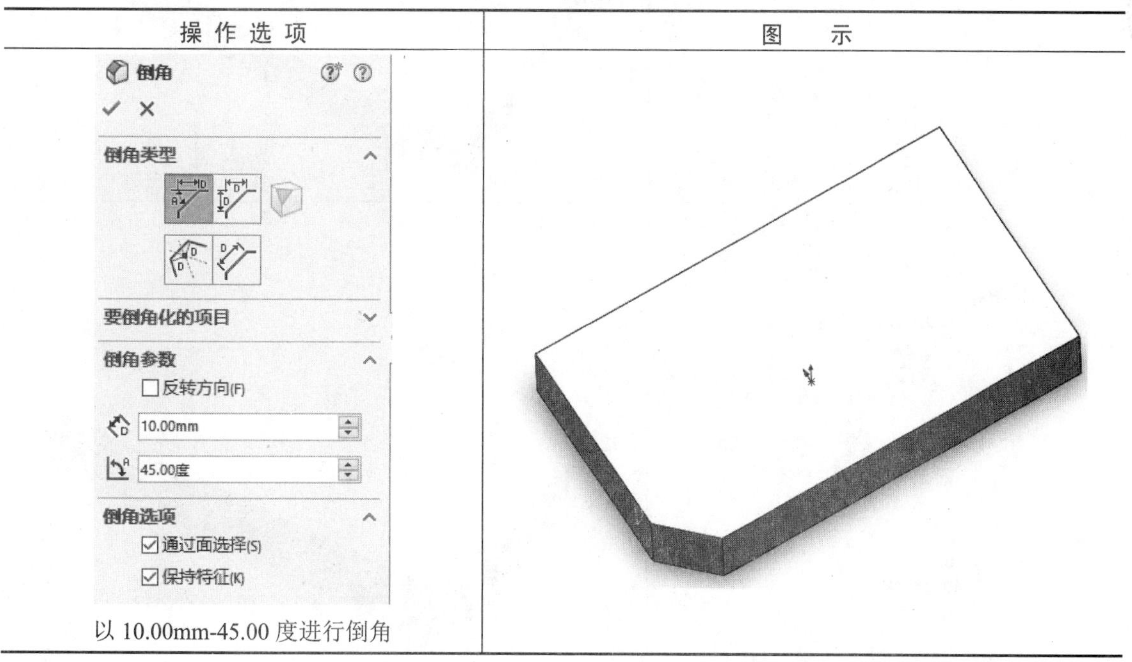

操 作 选 项	图　　示
以 10.00mm-45.00 度进行倒角	

续表

操 作 选 项	图 示
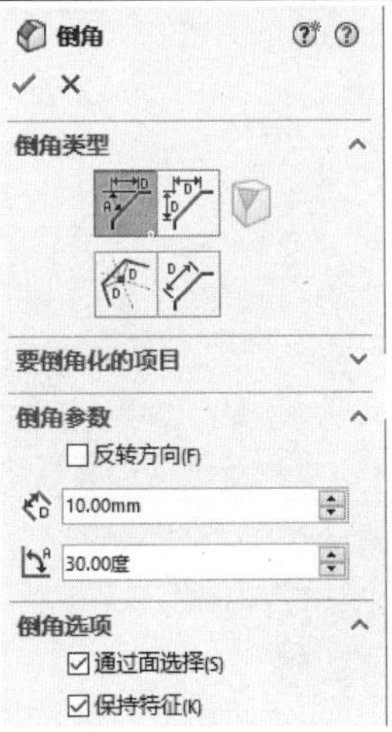 以 10.00mm-30.00 度进行倒角	
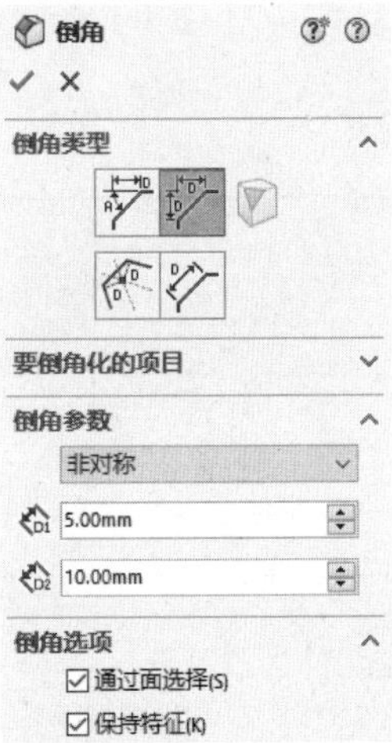 以 5.00mm-10.00mm 进行倒角	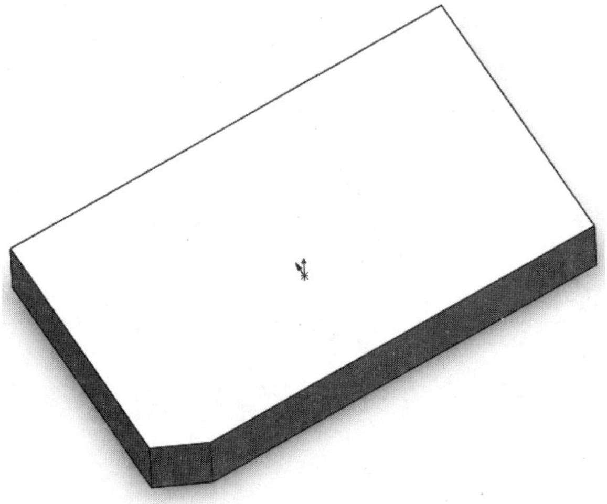
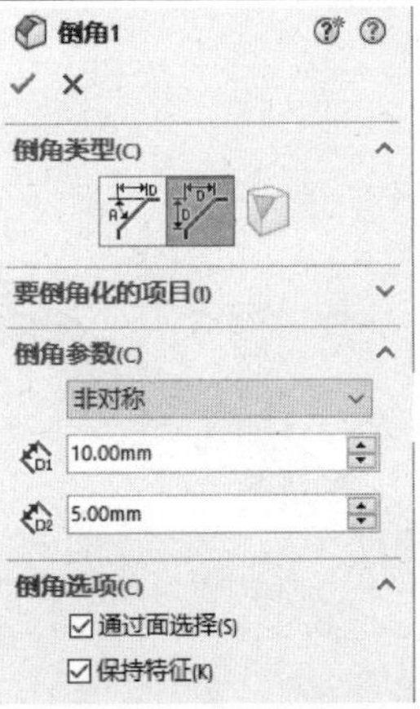 以 10.00mm-5.00mm 进行倒角	

续表

操 作 选 项	图 示
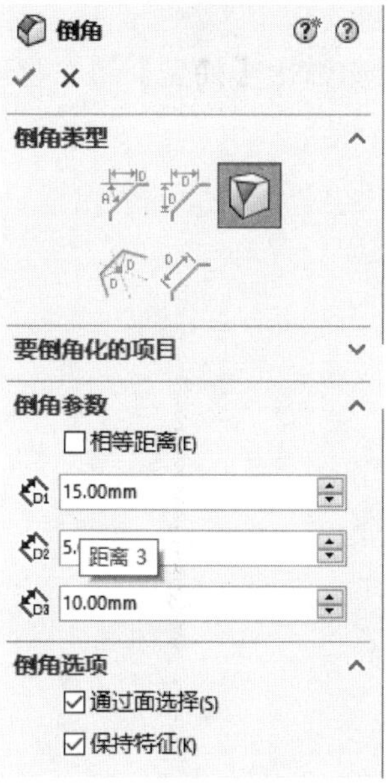 以 15.00mm-5.00mm-10.00mm 进行倒角	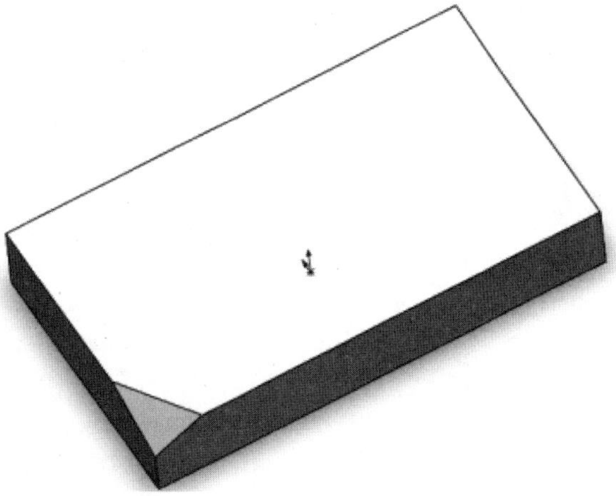
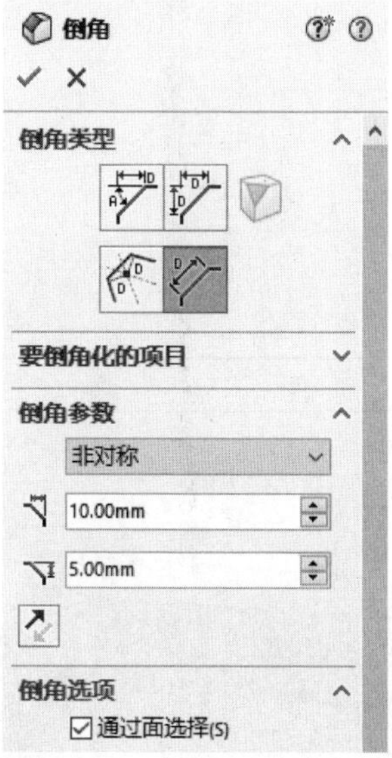 以 10.00mm-5.00mm 进行面倒角	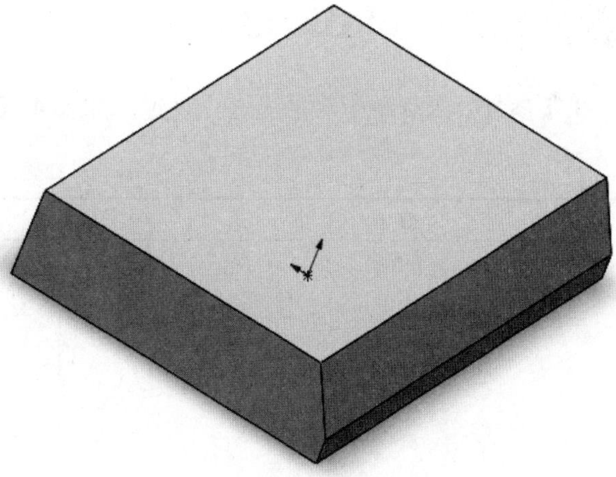

4.4 抽 壳 特 征

抽壳工具会掏空零件，使所选择的面敞开，在剩余的面上生成薄壁特征。

4.4.1 菜单命令启动

选择【插入】|【特征】|【抽壳】菜单命令，在属性管理器中弹出【抽壳】属性管理器，如图 4-4 所示。

图 4-4 【抽壳】属性管理器

4.4.2 抽壳特征的知识点

在【参数】选项组中对抽壳进行设置，如表 4-10 所示。

表 4-10 对抽壳进行设置

操 作 选 项	图 示
抽壳厚度为 10.00mm	

续表

操 作 选 项	图 示
 抽壳1 参数(P) 5.00mm 面<1> ☐壳厚朝外(S) ☐显示预览(W) 多厚度设定(M) 10.00mm 抽壳厚度为 5.00mm	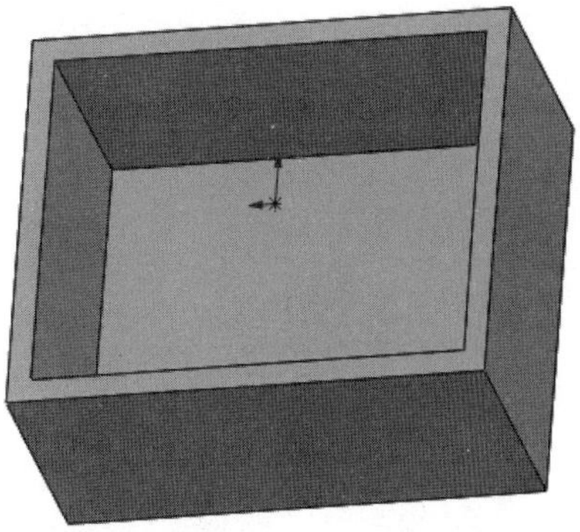
 抽壳1 参数(P) 5.00mm 面<1> ☐壳厚朝外(S) ☑显示预览(W) 多厚度设定(M) 5.00mm 以壳厚朝内的方式进行抽壳	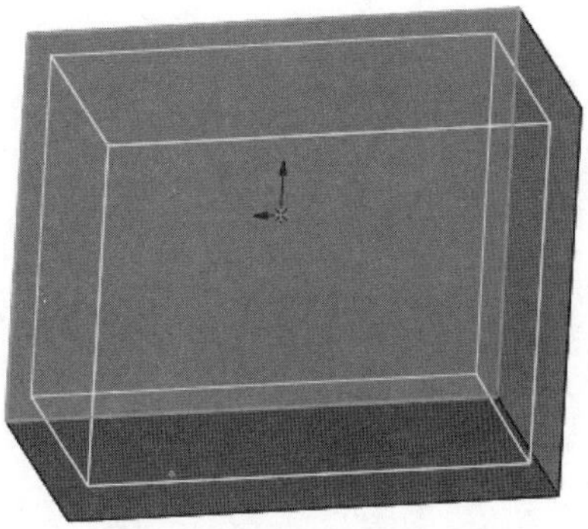
 抽壳1 参数(P) 5.00mm 面<1> ☑壳厚朝外(S) ☑显示预览(W) 多厚度设定(M) 5.00mm 以壳厚朝外的方式进行抽壳	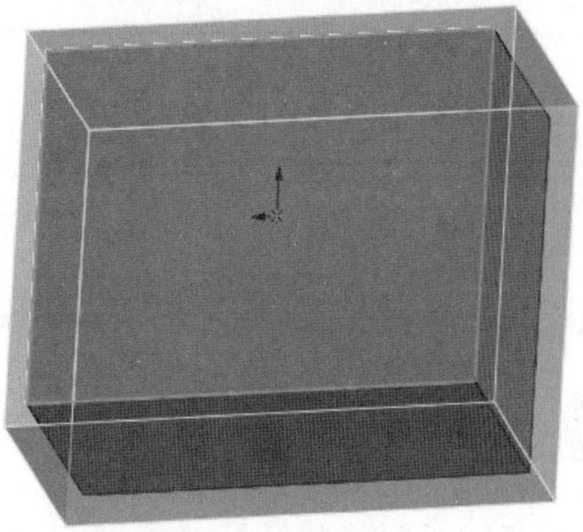

续表

操作选项	图示
 同时抽壳两个面	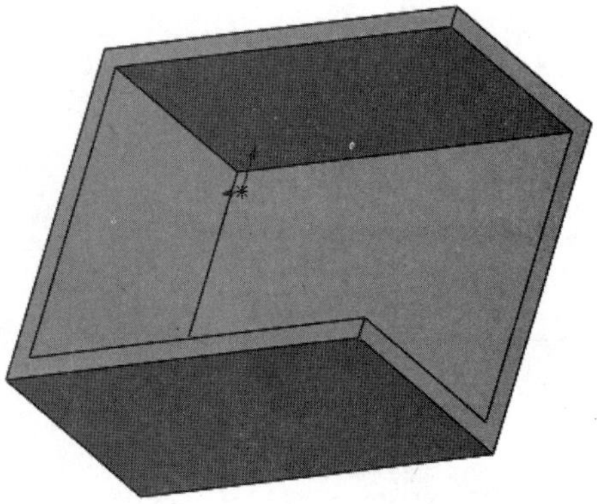
 以不同厚度的方式进行抽壳	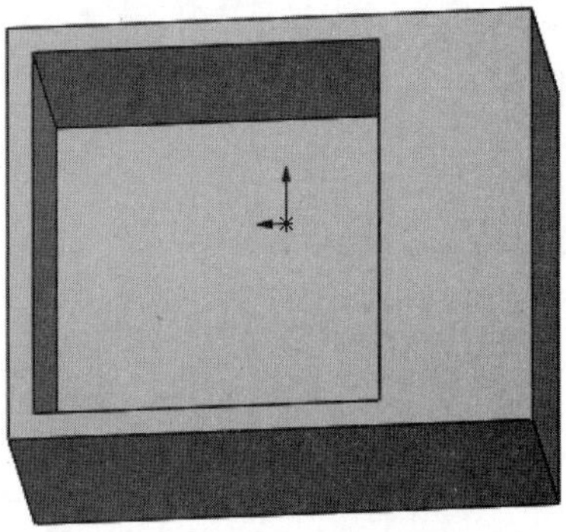

4.5 拔模特征

拔模特征是用指定的角度斜削模型中所选的面，使型腔零件更容易脱出模具。

4.5.1 菜单命令启动

选择【插入】|【特征】|【拔模】菜单命令，在属性管理器中弹出【拔模】属性管理器，如图 4-5 所示。

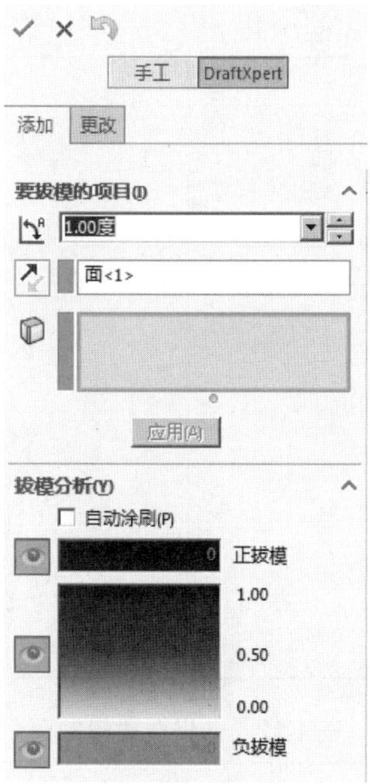

图 4-5　【拔模】属性管理器

4.5.2 拔模特征的知识点

1.【拔模角度】选项组

在【拔模角度】选项组中设置拔模角度，如表 4-11 所示。

2.【拔模面】选项组

在【拔模面】选项组中选择要拔模的面，如表 4-12 所示。

表 4-11　设置拔模角度

操作选项	图　示
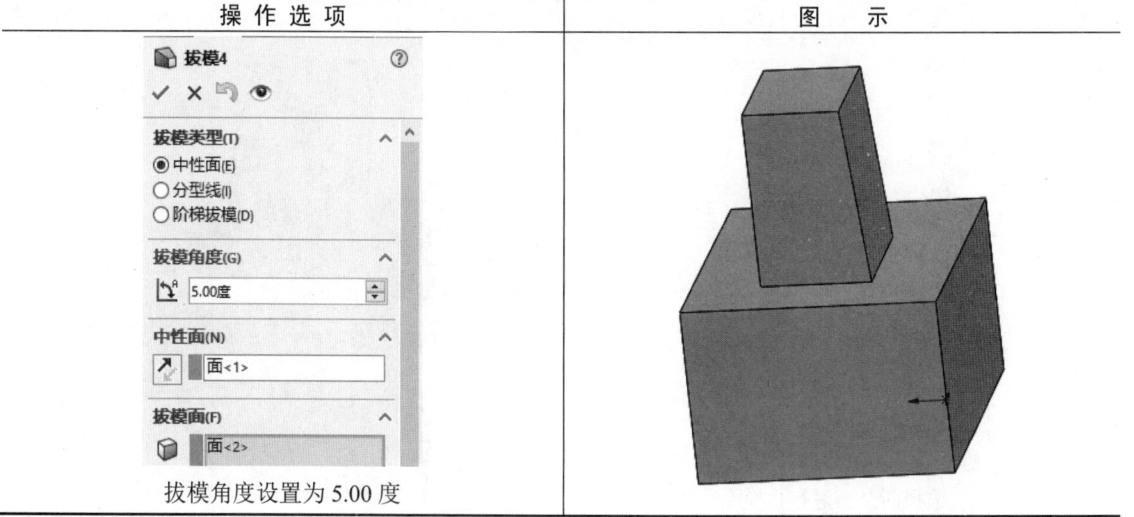 拔模角度设置为 5.00 度	

续表

操作选项	图示
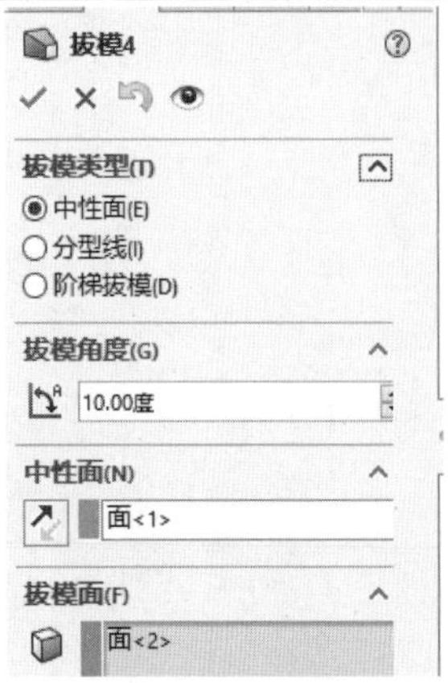 拔模4 拔模类型(T) 中性面(E) 分型线(I) 阶梯拔模(D) 拔模角度(G) 10.00度 中性面(N) 面<1> 拔模面(F) 面<2> 拔模角度设置为 10.00 度	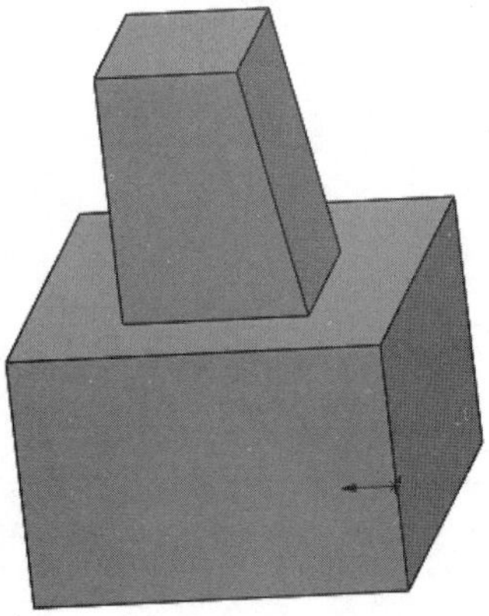

表 4-12　选择要拔模的面

操作选项	图示
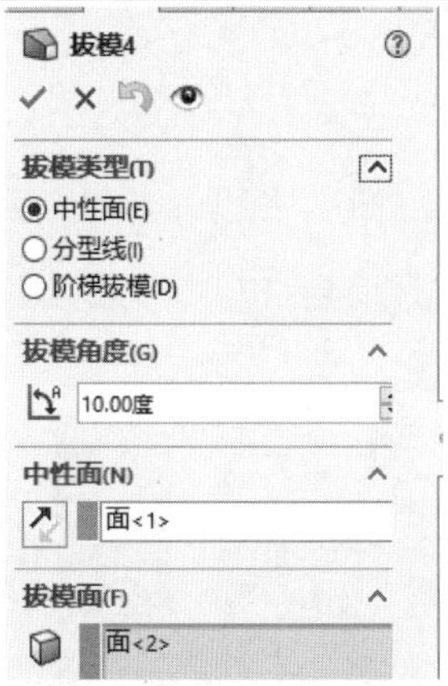 拔模4 拔模类型(T) 中性面(E) 分型线(I) 阶梯拔模(D) 拔模角度(G) 10.00度 中性面(N) 面<1> 拔模面(F) 面<2> 选择一个面进行拔模	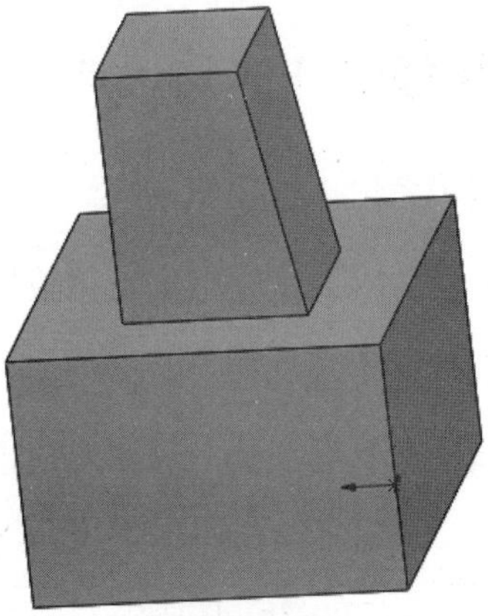
 拔模4 拔模类型(T) 中性面(E) 分型线(I) 阶梯拔模(D) 拔模角度(G) 10.00度 中性面(N) 面<1> 拔模面(F) 面<2> 面<3> 选择两个面进行拔模	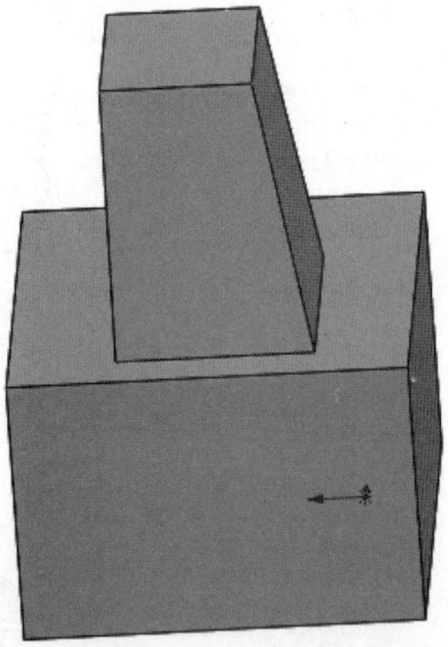

续表

操 作 选 项	图 示
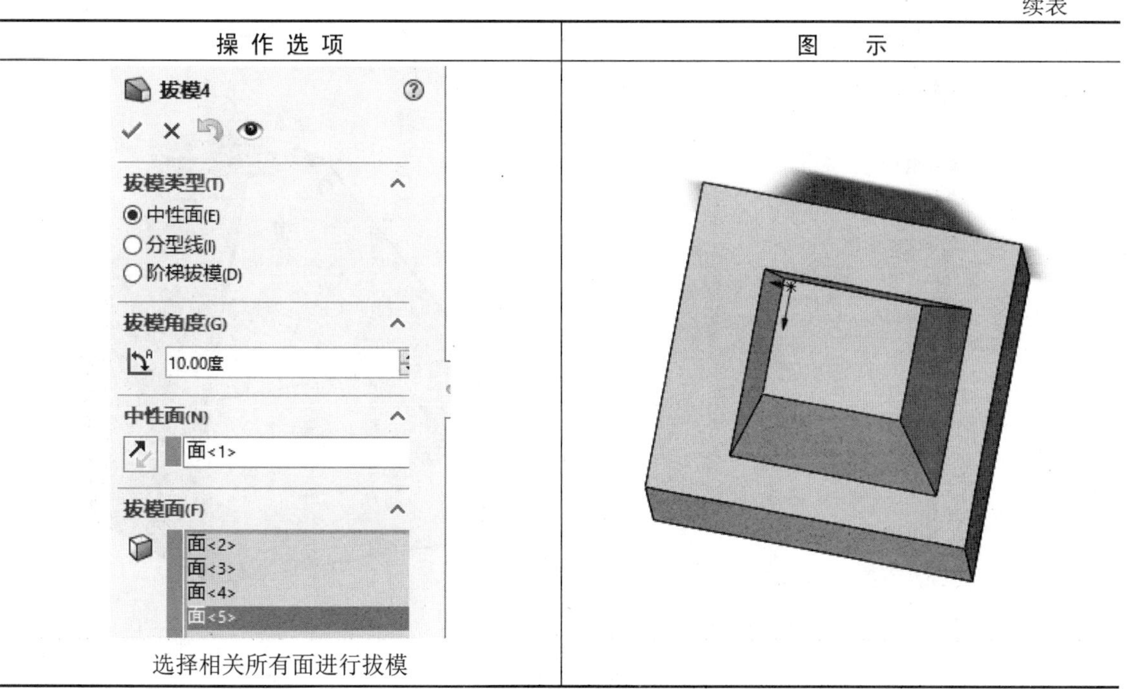 选择相关所有面进行拔模	

3.【拔模类型】选项组

在【拔模类型】选项组中选择拔模方式，如表 4-13 所示。

表 4-13　选择拔模方式

操 作 选 项	图 示
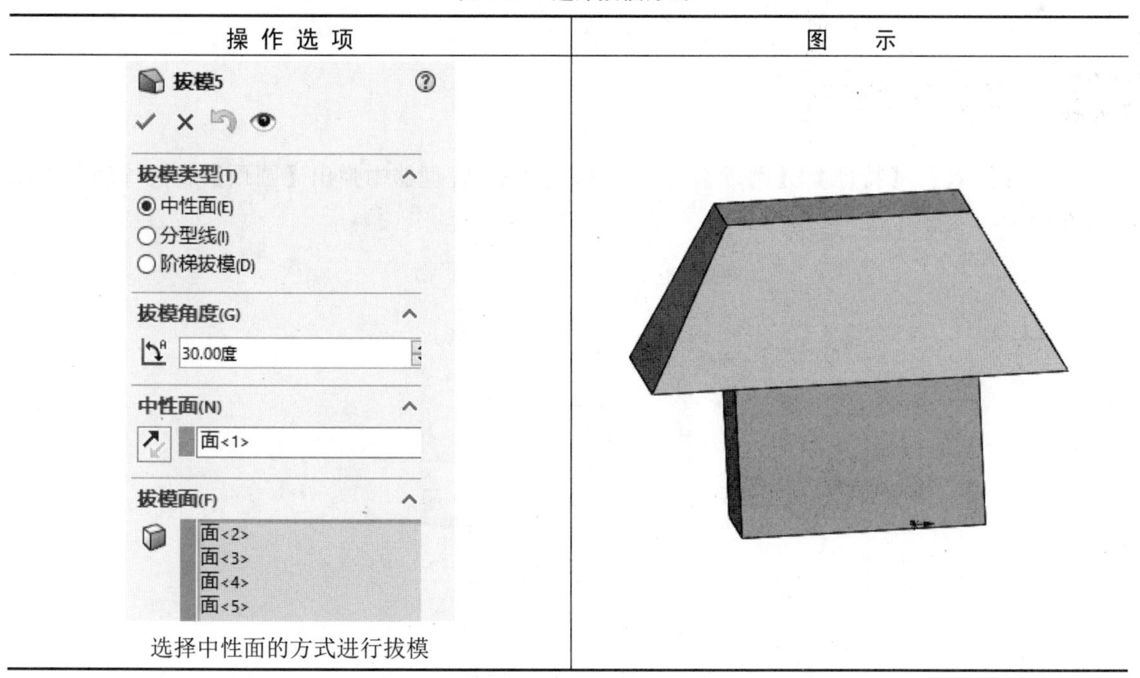 选择中性面的方式进行拔模	

续表

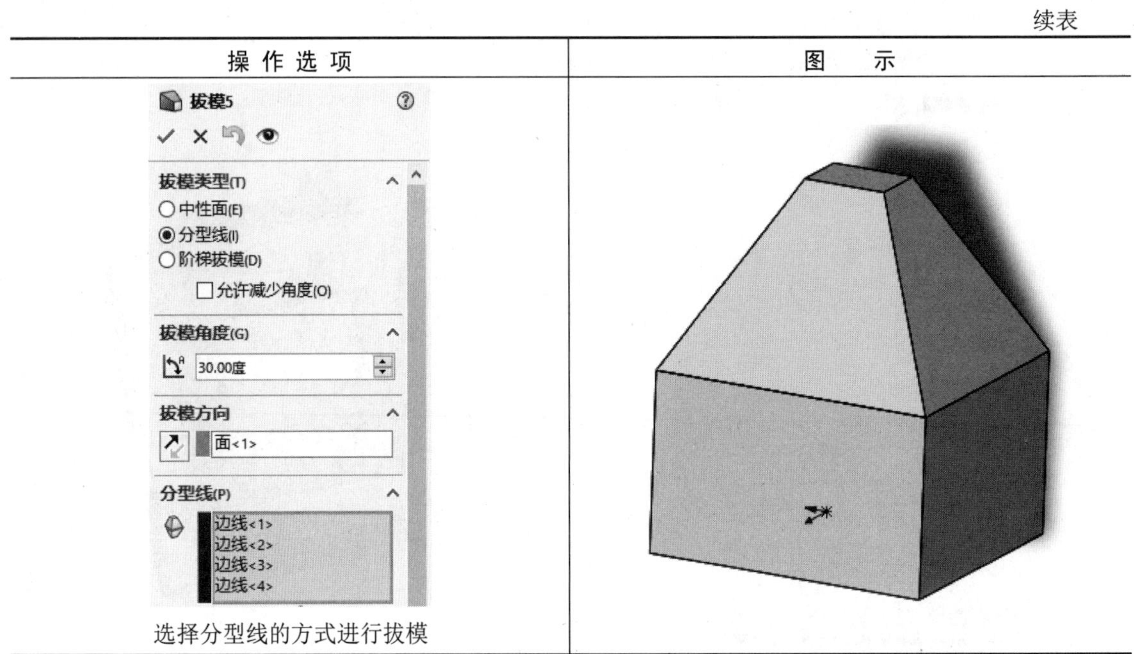

操作选项	图示
选择分型线的方式进行拔模	

4.6 圆顶特征

圆顶特征是在模型的表面形成圆形顶部，通过控制圆形顶部的距离可以改变圆形顶部的大小。

4.6.1 菜单命令启动

选择【插入】|【特征】|【圆顶】菜单命令，在属性管理器中弹出【圆顶】属性管理器，如图 4-6 所示。

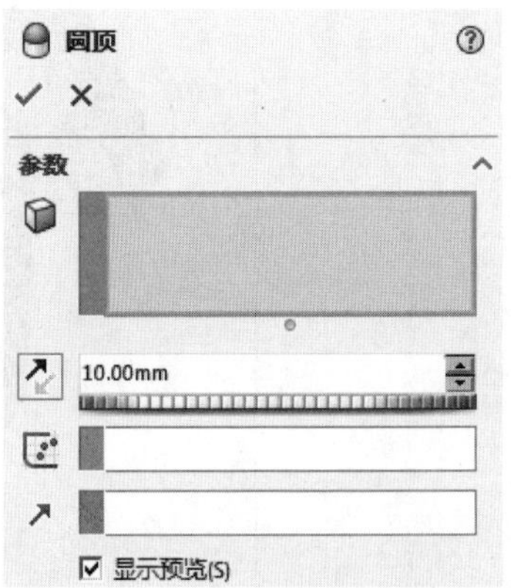

图 4-6 【圆顶】属性管理器

4.6.2 圆顶特征的知识点

在【圆顶 1】选项组中对圆顶进行设置，如表 4-14 所示。

表 4-14　对圆顶进行设置

操 作 选 项	图　　示
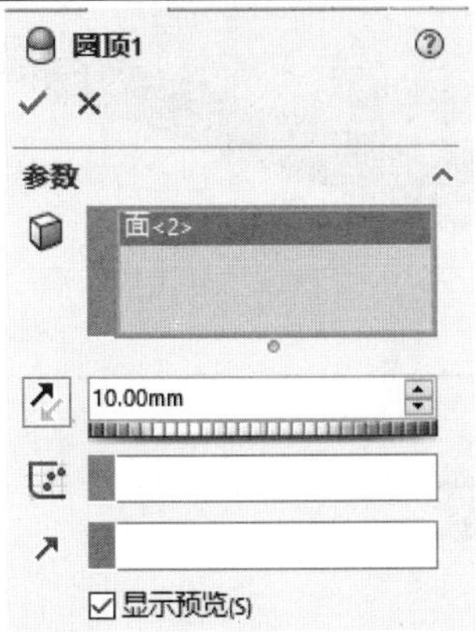 圆顶1 参数 面<2> 10.00mm 显示预览(S) 设置一个面圆顶高度为 10.00mm	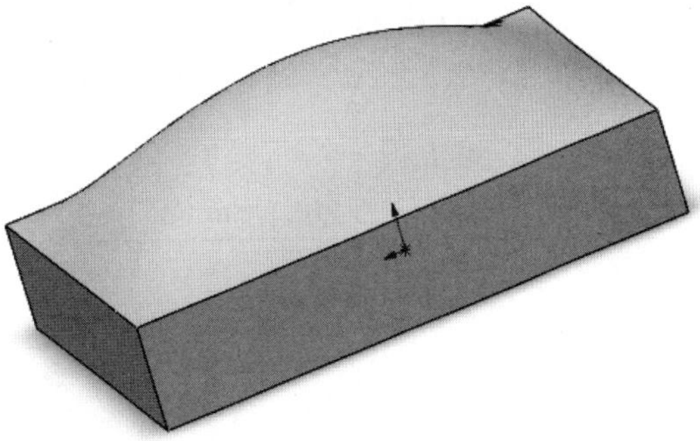
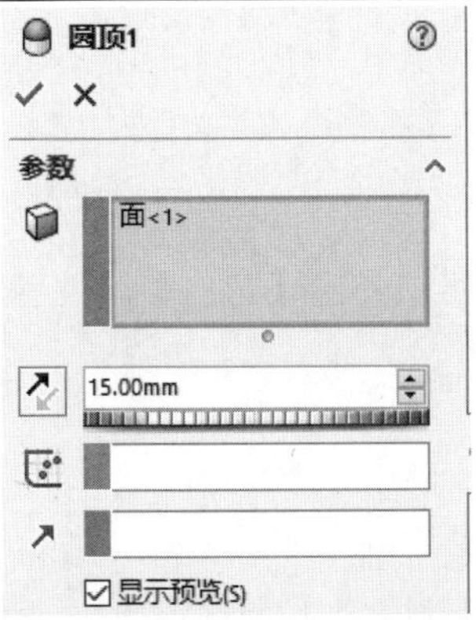 圆顶1 参数 面<1> 15.00mm 显示预览(S) 设置一个面圆顶高度为 15.00mm	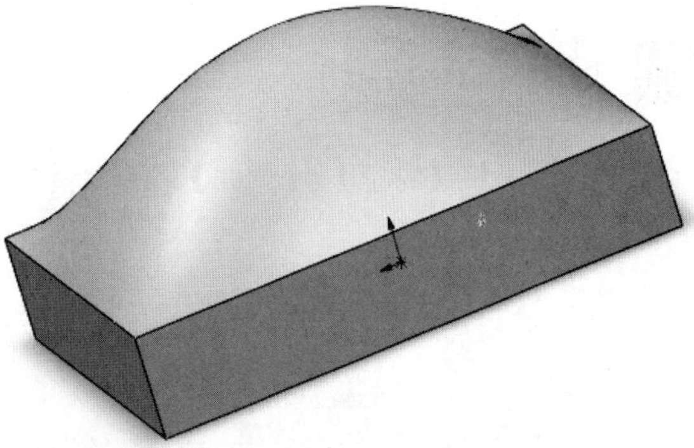
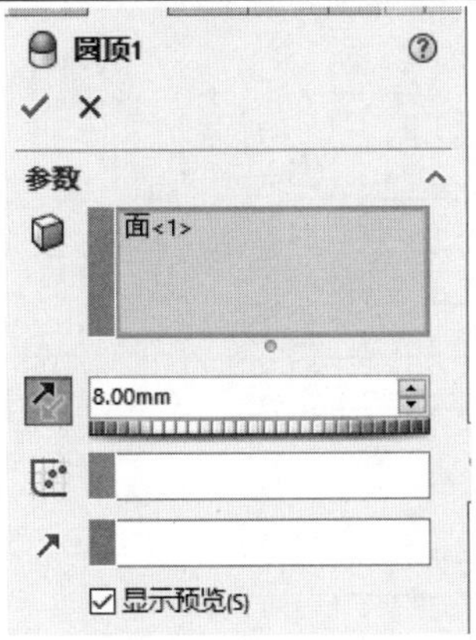 圆顶1 参数 面<1> 8.00mm 显示预览(S) 设置一个面反向圆顶高度为 8.00mm	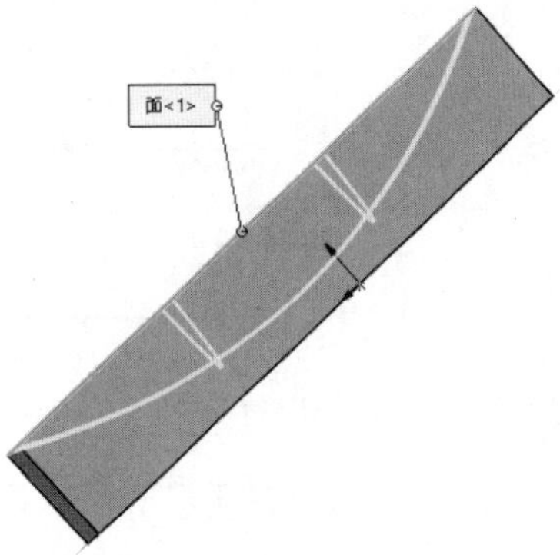 面<1>

续表

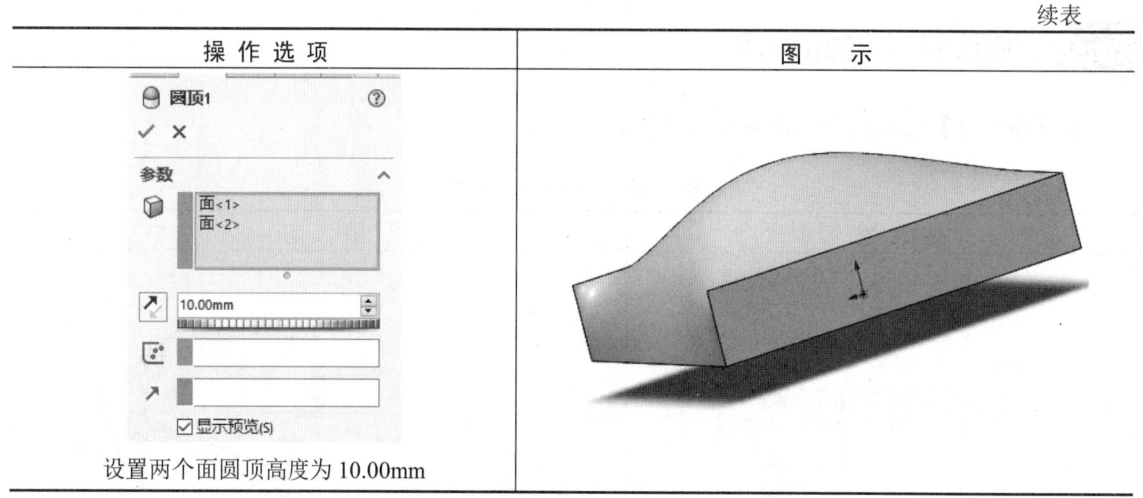

操作选项	图示
圆顶1 参数 面<1> 面<2> 10.00mm 显示预览(S) 设置两个面圆顶高度为 10.00mm	

4.7 弯曲特征

弯曲特征以直观的方式对复杂的模型进行变形，可以生成 4 种类型的弯曲：折弯、扭曲、锥削和伸展。

4.7.1 菜单命令启动

选择【插入】|【特征】|【弯曲】菜单命令，在属性管理器中弹出【弯曲】属性管理器，如图 4-7 所示。

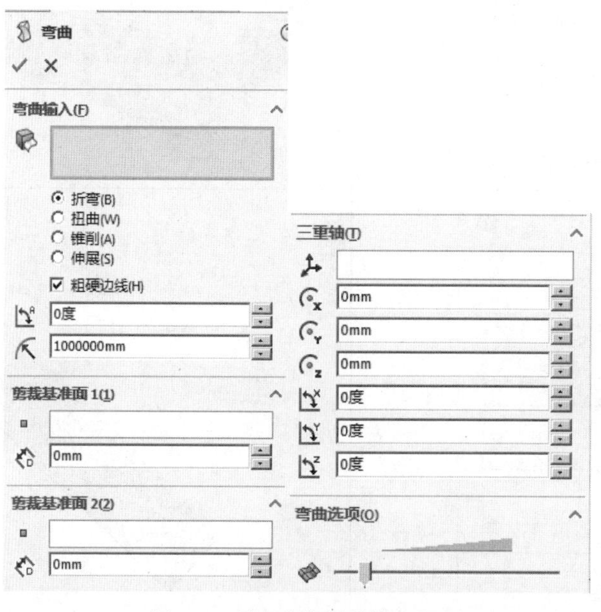

图 4-7 【弯曲】属性管理器

4.7.2　弯曲特征的知识点

1.【弯曲输入】选项组

在【弯曲输入】选项组中对弯曲进行设置，如表 4-15 所示。

表 4-15　对弯曲进行设置

操 作 选 项	图　　示
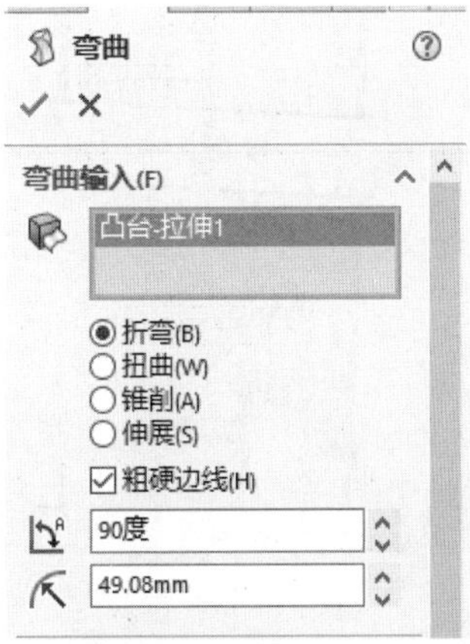 选择折弯选项弯曲特征	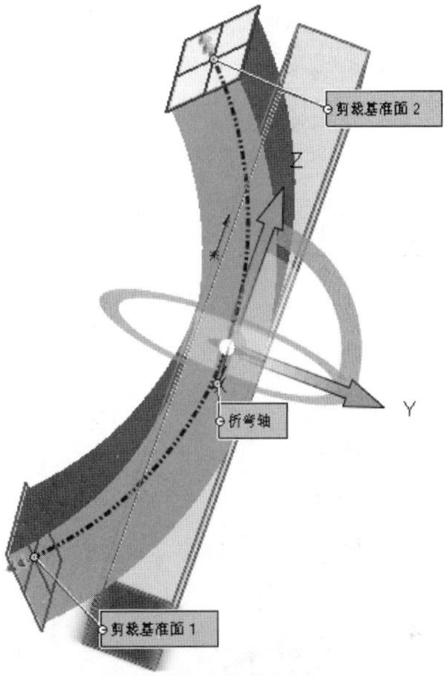
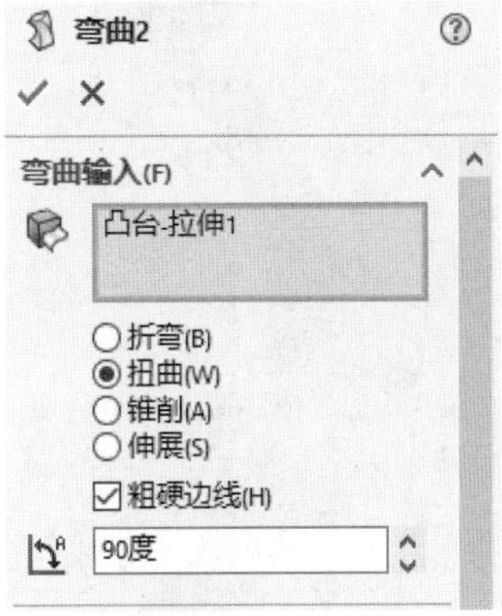 选择扭曲选项弯曲特征	

续表

操 作 选 项	图　　示
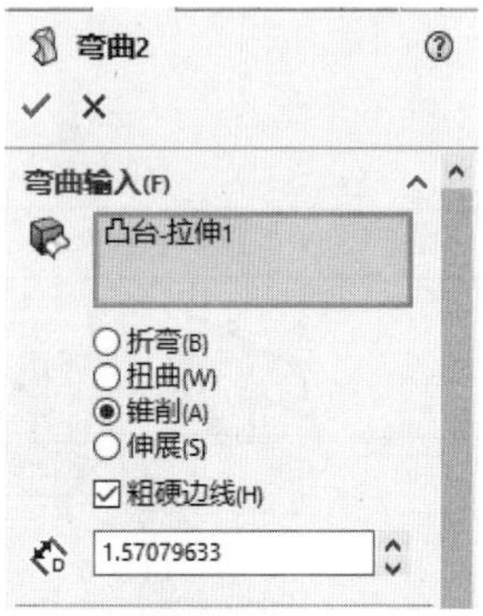 选择锥削选项弯曲特征	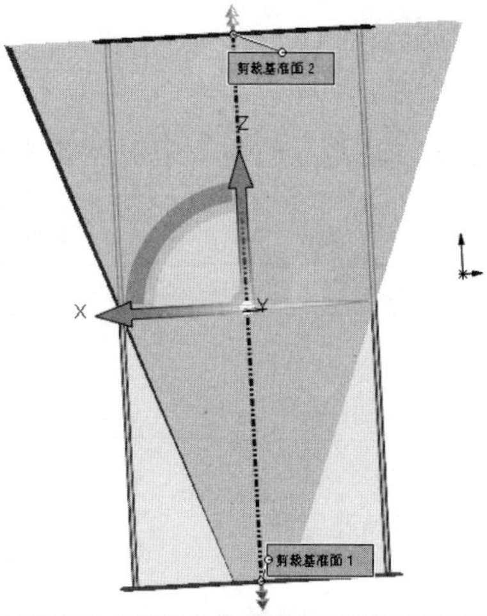
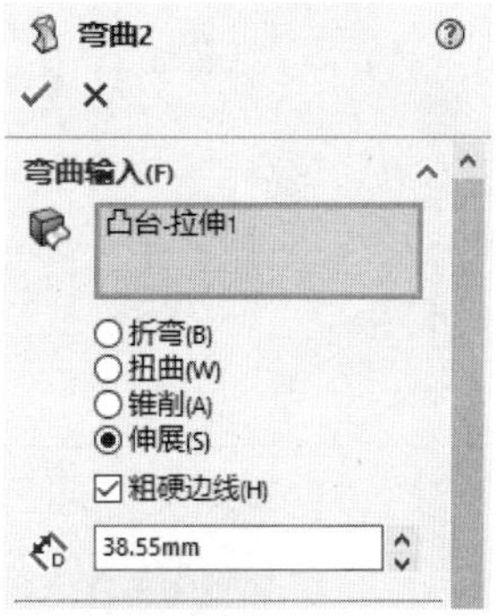 选择伸展选项弯曲特征	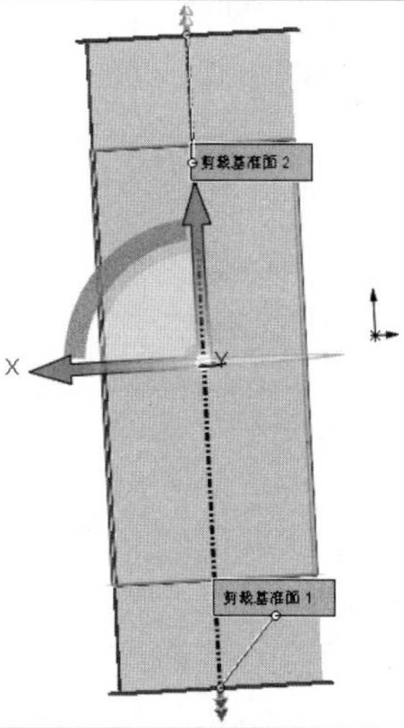
 折弯大小为 120 度	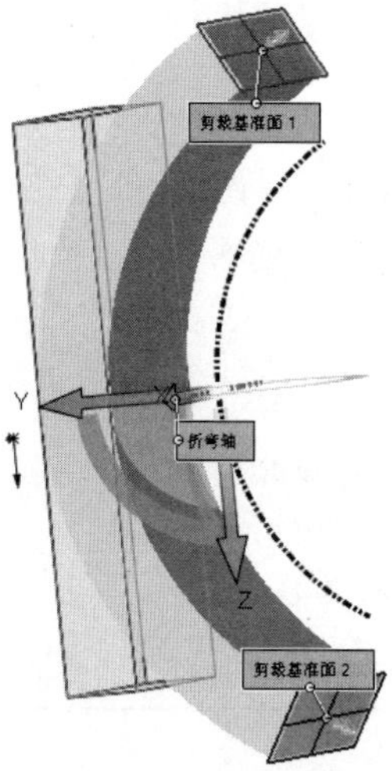

续表

操作选项	图示
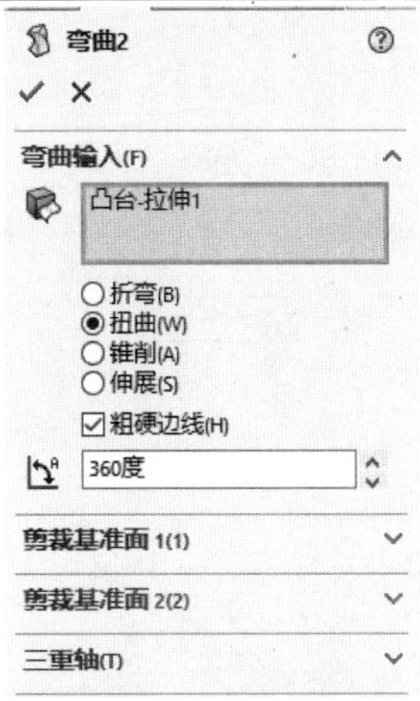 扭曲大小为 360 度	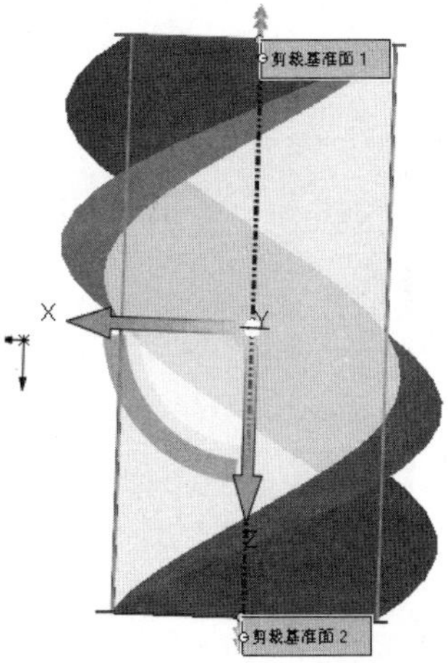
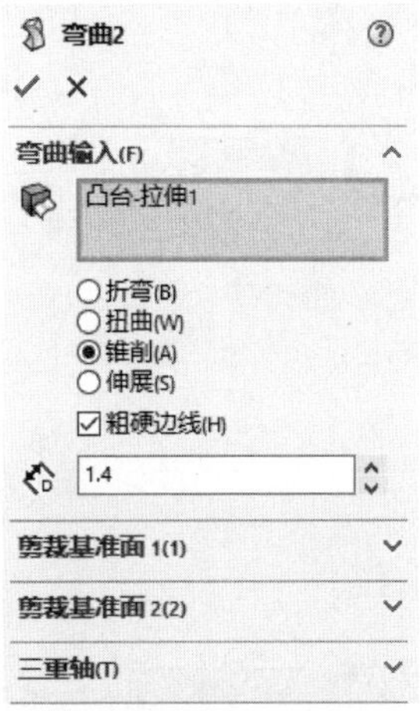 用锥剃因子来控制锥削大小	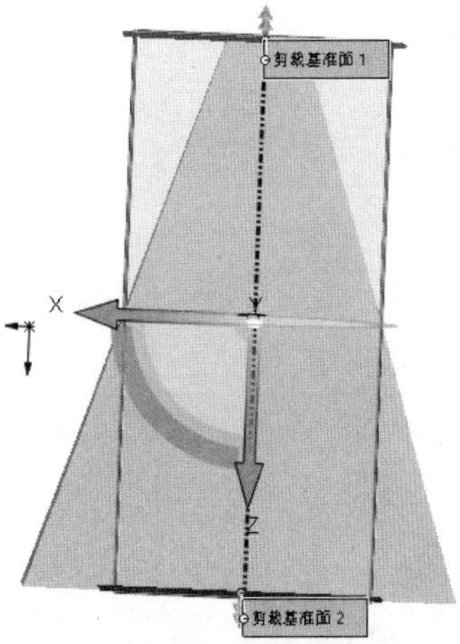
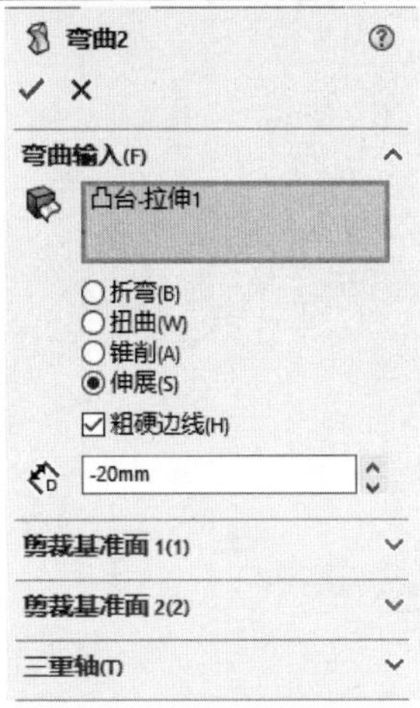 用负数距离来控制拉伸变为压缩	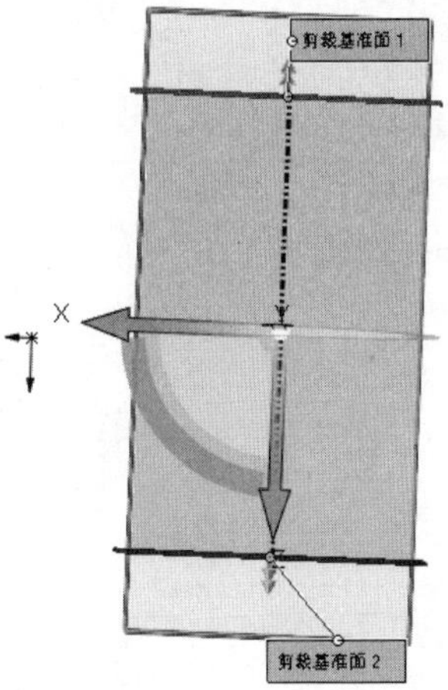

2.【三重轴】选项组

在【三重轴】选项组中对三重轴进行设置，如表 4-16 所示。

表 4-16　对三重轴进行设置

操 作 选 项	图　　示
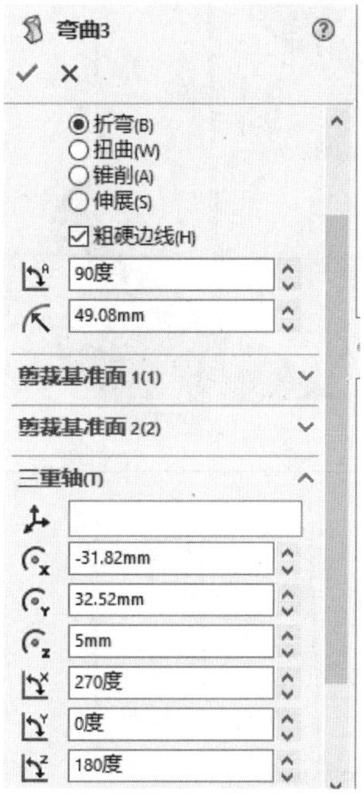 调节三重轴使其在下部折弯	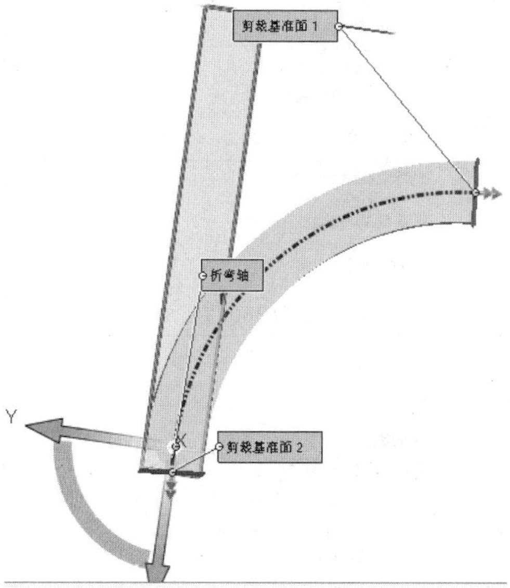
 调节三重轴使其在上部折弯	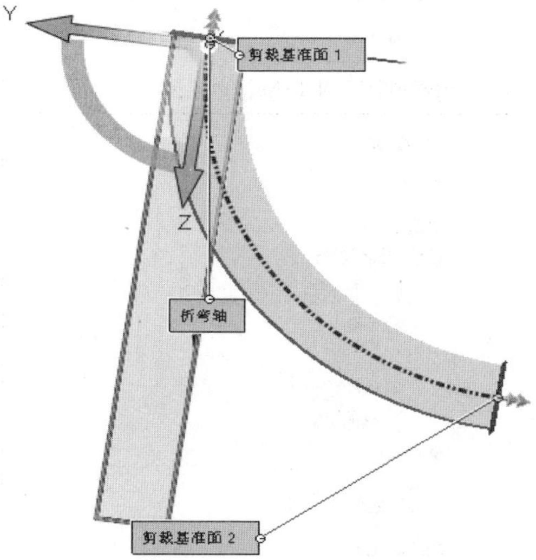

4.8 包覆特征

包覆特征将草图包裹到平面或非平面，可从圆柱、圆锥或拉伸的模型生成一平面，也可选择一平面轮廓来添加多个闭合的样条曲线草图。

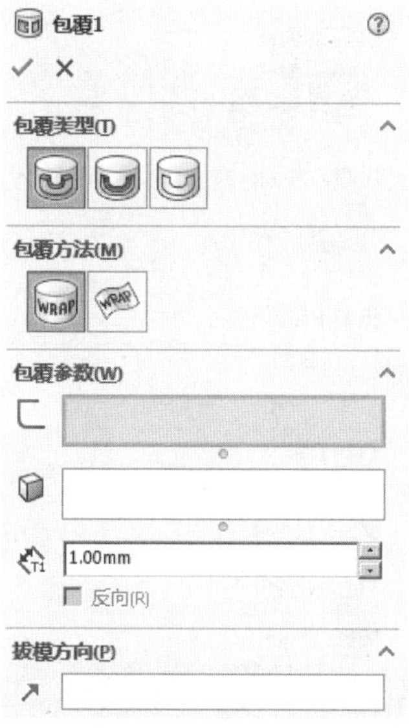

图 4-8　【包覆 1】属性管理器

4.8.1 菜单命令启动

选择【插入】|【特征】|【包覆】菜单命令，在属性管理器中弹出【包覆 1】属性管理器，如图 4-8 所示。

4.8.2 包覆特征的知识点

1.【包覆类型】选项组

在【包覆类型】选项组中选择包覆的类型，如表 4-17 所示。

表 4-17　选择包覆的类型

操 作 选 项	图　　示
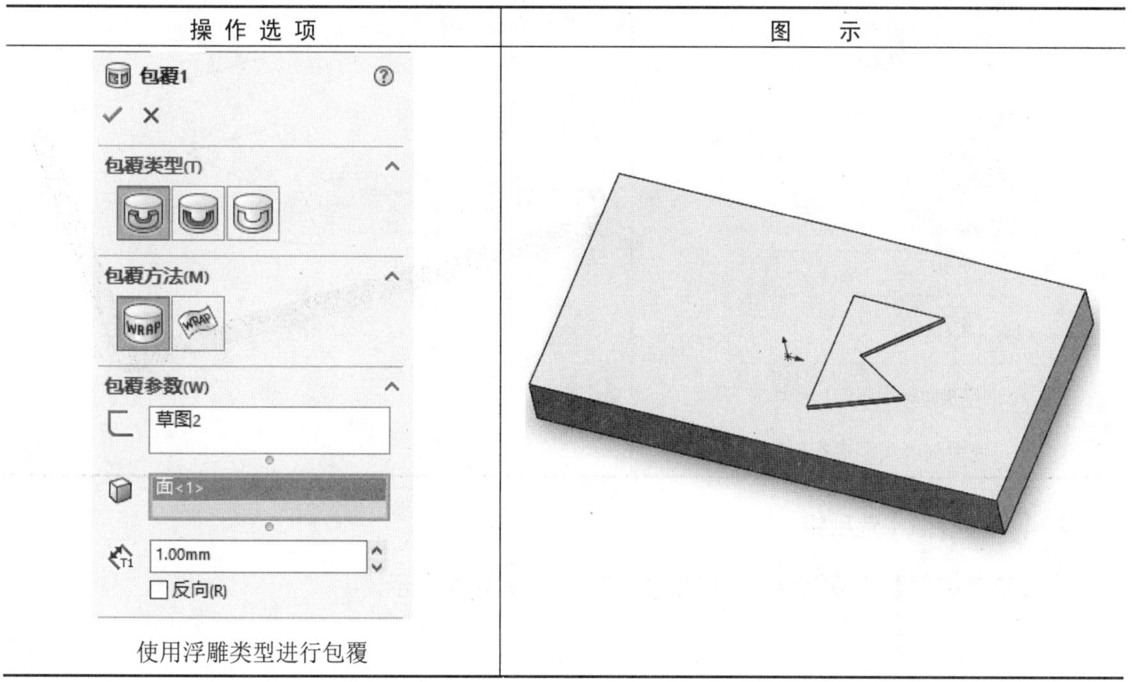 使用浮雕类型进行包覆	

续表

操 作 选 项	图　　示
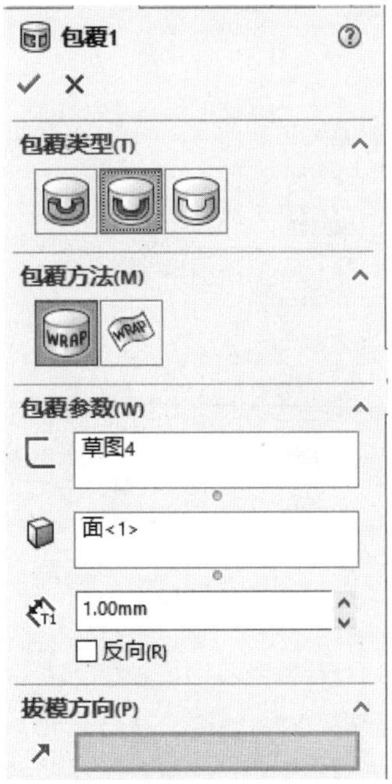 使用蚀雕类型进行包覆	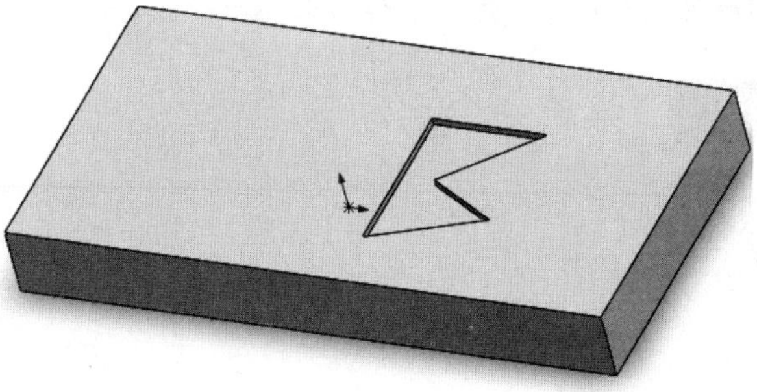
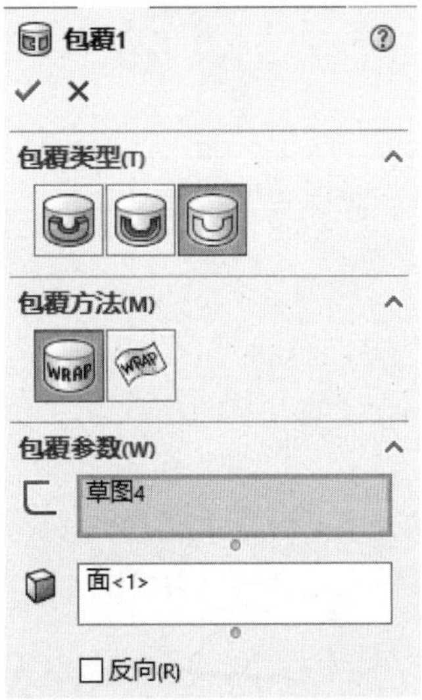 使用刻画类型进行包覆	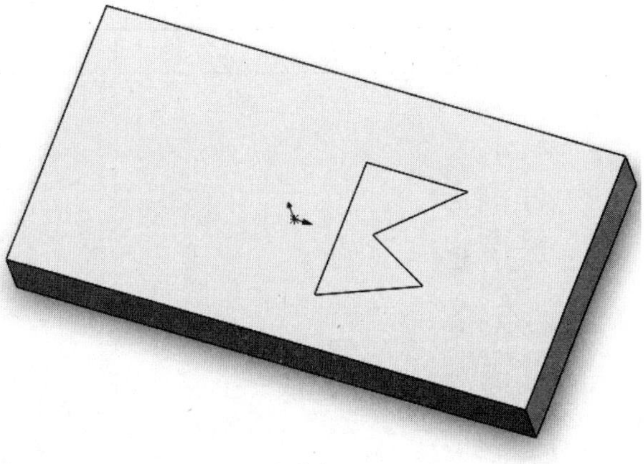

2. 【包覆参数】选项组

在【包覆参数】选项组中设置包覆高度等，如表 4-18 所示。

表 4-18　设置包覆高度

操作选项	图　示
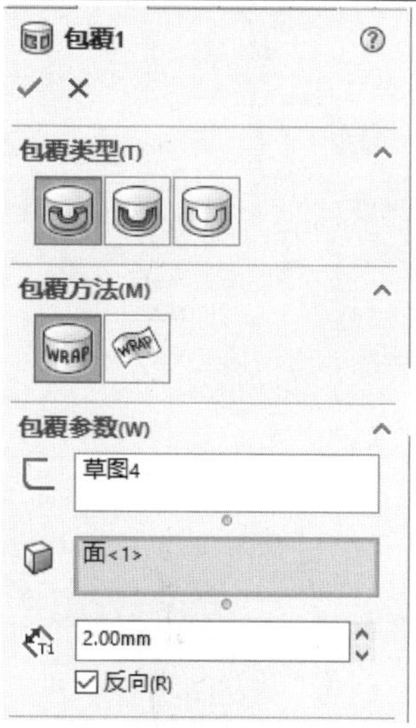 包覆高度设置为 2.00mm	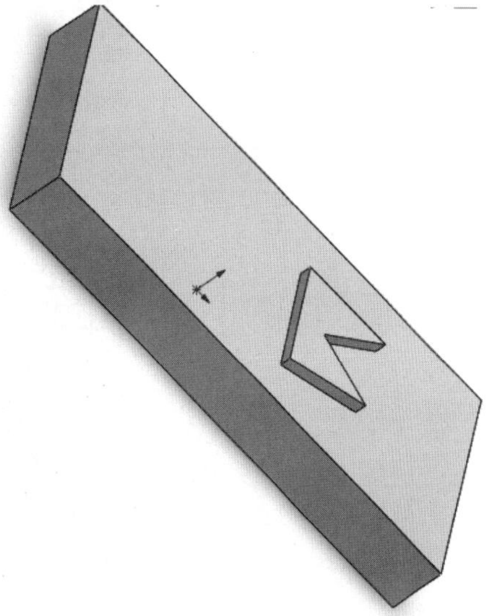
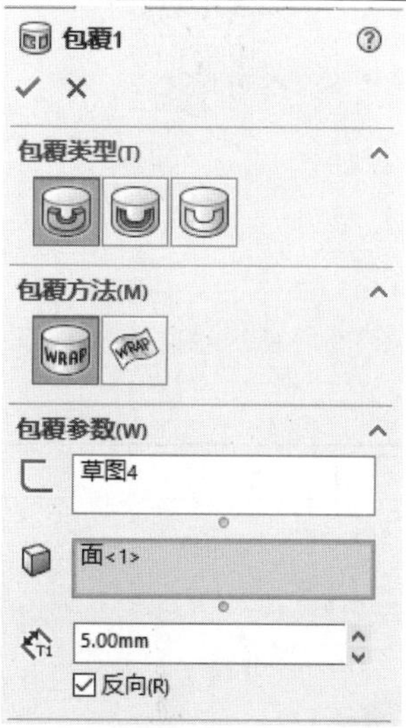 包覆高度设置为 5.00mm	

4.9　分割特征

分割特征是利用曲面或基准面将单一实体零件分割成多实体零件。

4.9.1　菜单命令启动

选择【插入】|【特征】|【分割】菜单命令，在属性管理器中弹出【分割】属性管理器，如

图 4-9 所示。

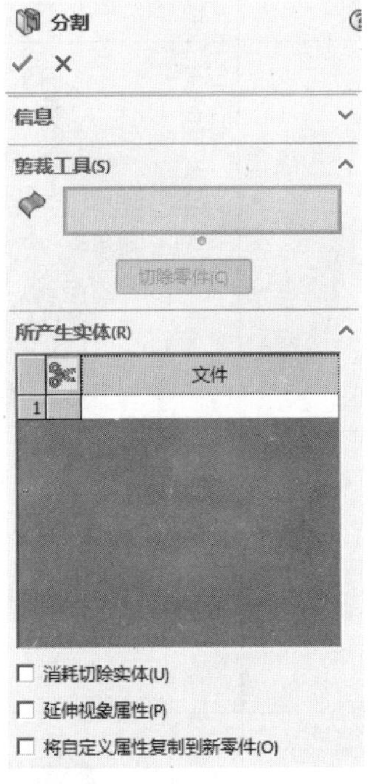

图 4-9 【分割】属性管理器

4.9.2 分割特征的知识点

在【分割 2】属性管理器中选择用剪裁的面，如表 4-19 所示。

表 4-19 选择用剪裁的面

操 作 选 项	图 示
用上视基准面分割实体	

续表

操作选项	图　示
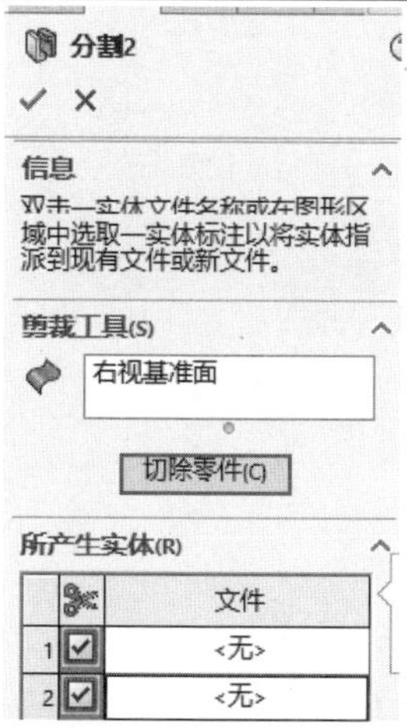 用右视基准面分割实体	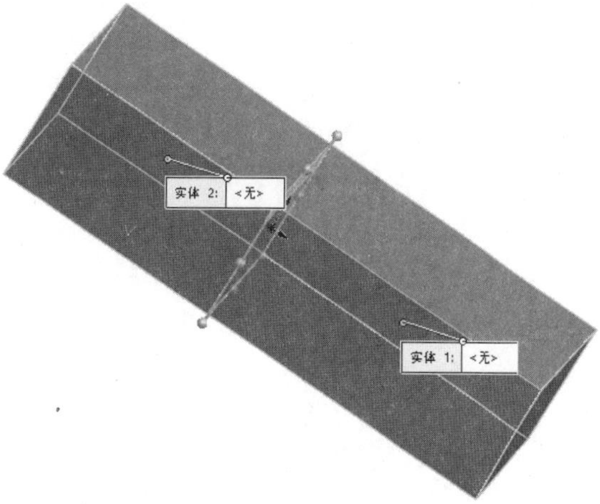
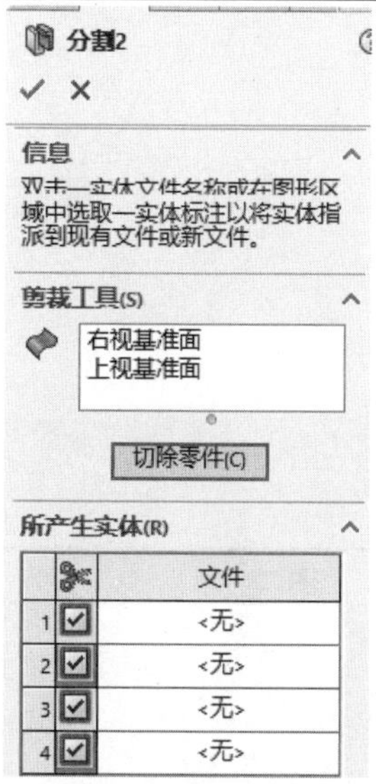 用右视基准面和上视基准面分割为 4 个实体	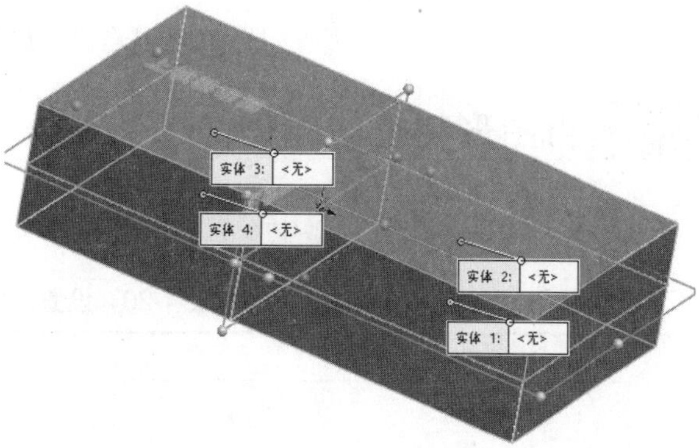

4.10　自由形特征

自由形特征用于修改曲面或实体的面，设计人员可以通过生成控制曲线和控制点，然后推拉控制点来修改面，对变形进行直接的交互式控制。

4.10.1　菜单命令启动

选择【插入】|【特征】|【自由形】菜单命令，在属性管理器中弹出【自由形】属性管理器，

如图 4-10 所示。

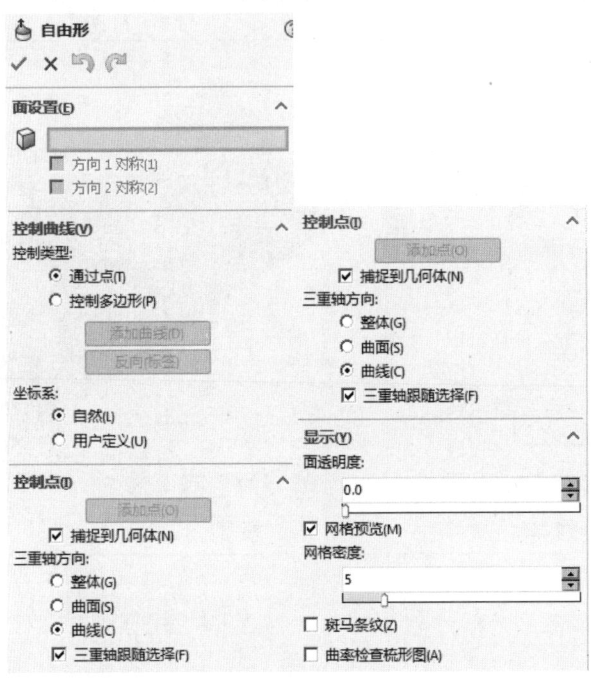

图 4-10 【自由形】属性管理器

4.10.2 自由形特征的知识点

在【自由形 3】属性管理器中设置面的形状，如表 4-20 所示。

表 4-20 设置面的形状

操 作 选 项	图 示
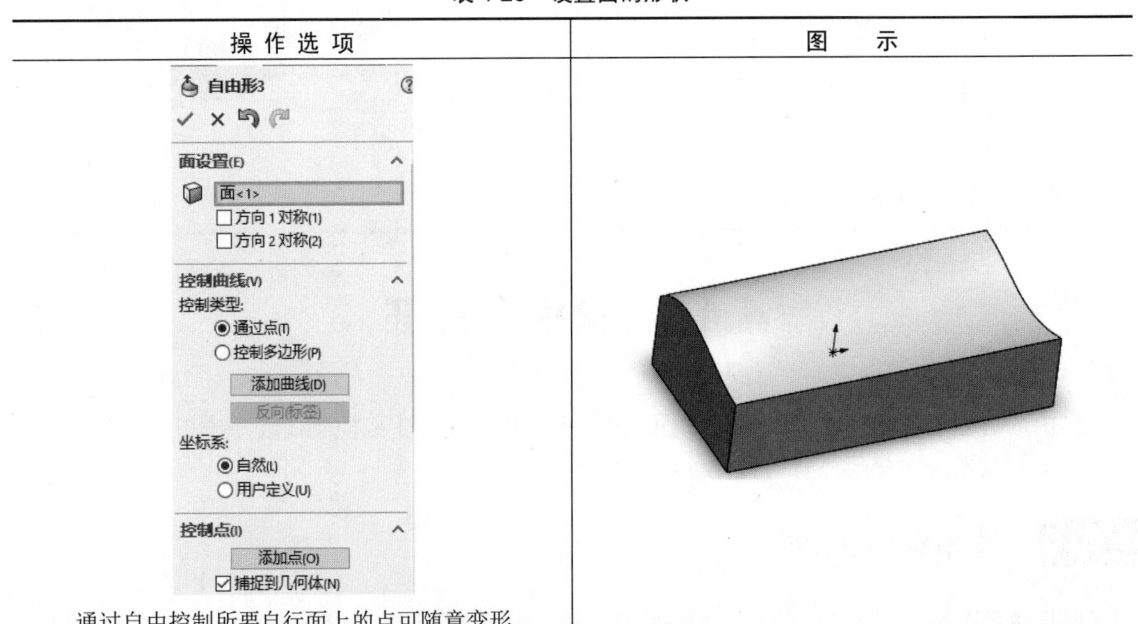 通过自由控制所要自行面上的点可随意变形	

4.11　变形特征

变形特征可以改变复杂曲面或实体模型的局部或整体形状，无须考虑用于生成模型的草图或特征约束。变形有【点】【曲线到曲线】【曲面推进】3 种类型。

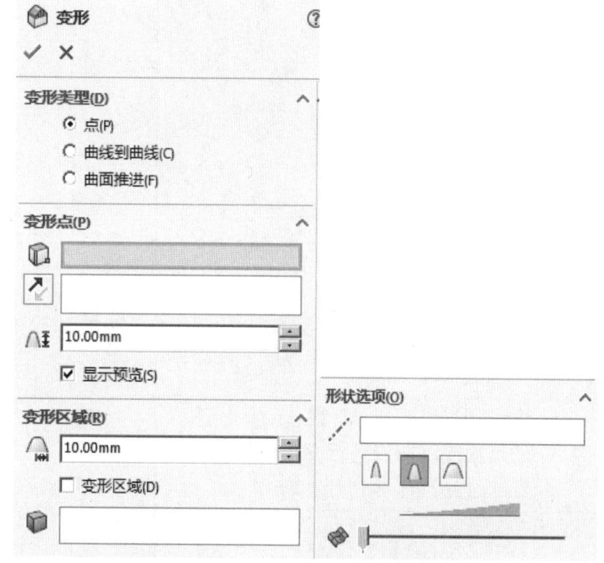

图 4-11　【变形】属性管理器

4.11.1　菜单命令启动

选择【插入】|【特征】|【变形】菜单命令，在属性管理器中弹出【变形】属性管理器，如图 4-11 所示。

4.11.2　变形特征的知识点

1.【变形类型】选项组

在【变形类型】选项组中设置变形特征的方式，如表 4-21 所示。

表 4-21　设置变形特征的方式

操作选项	图示
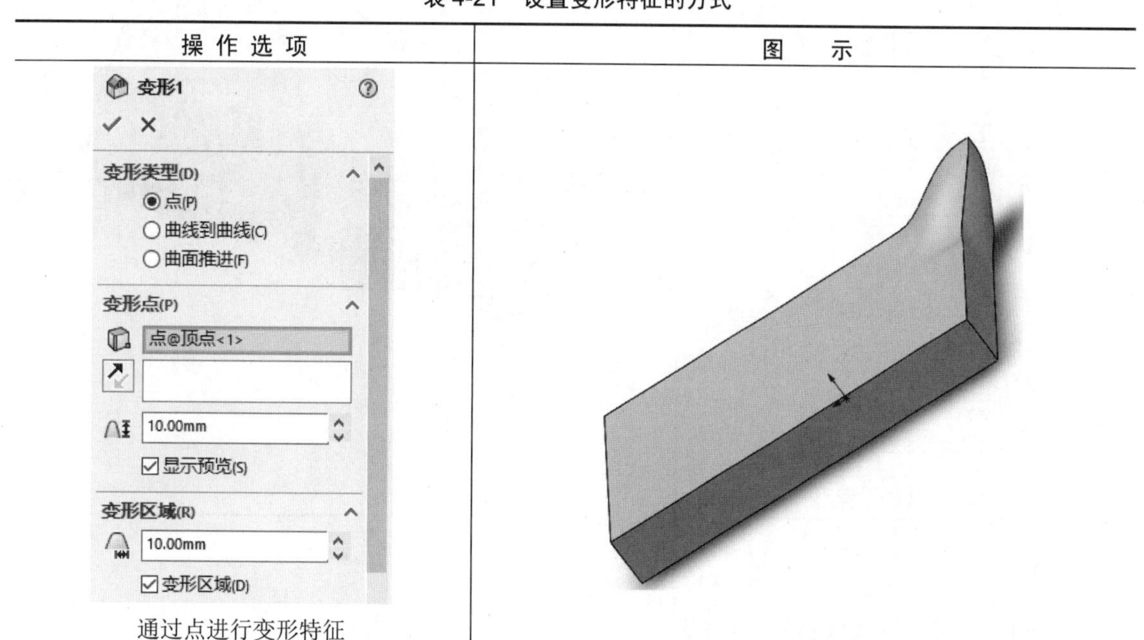 通过点进行变形特征	

续表

操作选项	图示
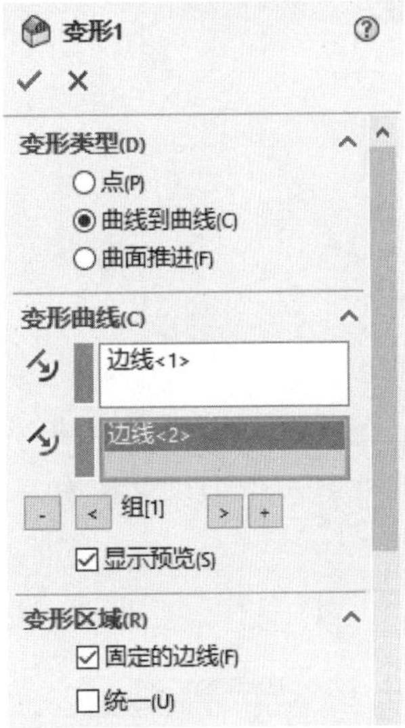 通过曲线到曲线进行变形特征（边线 1 到边线 2）	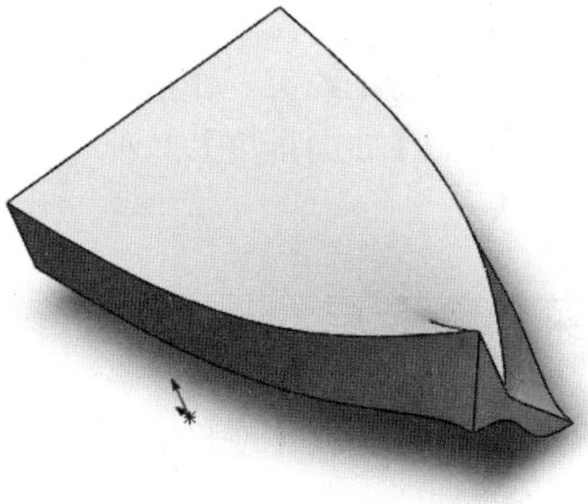
 通过曲面推进进行变形特征	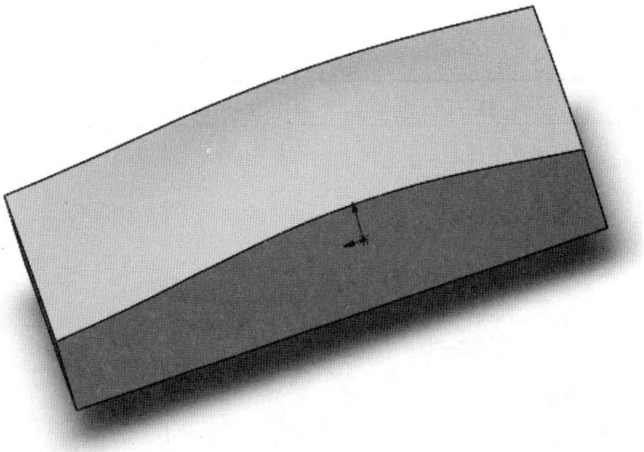

2.【变形点】选项组

在【变形点】选项组中对变形参数进行设置，如表 4-22 所示。

表 4-22　对变形参数进行设置

操 作 选 项	图　　示
 变形1 变形类型(D) ◉点(P) ○曲线到曲线(C) ○曲面推进(F) 变形点(P) 点@顶点<1> 10.00mm ☑显示预览(S) 变形区域(R) 10.00mm ☑变形区域(D) 正向变形 10.00mm	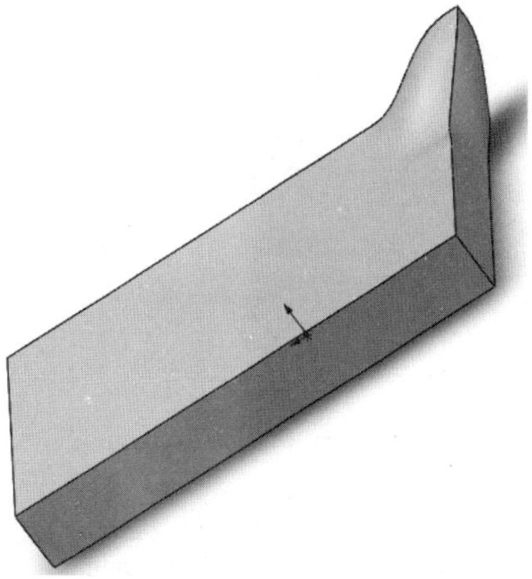
 变形2 变形类型(D) ◉点(P) ○曲线到曲线(C) ○曲面推进(F) 变形点(P) 点@顶点<1> 10.00mm ☑显示预览(S) 变形区域(R) 10.00mm ☑变形区域(D) 反向变形 10.00mm	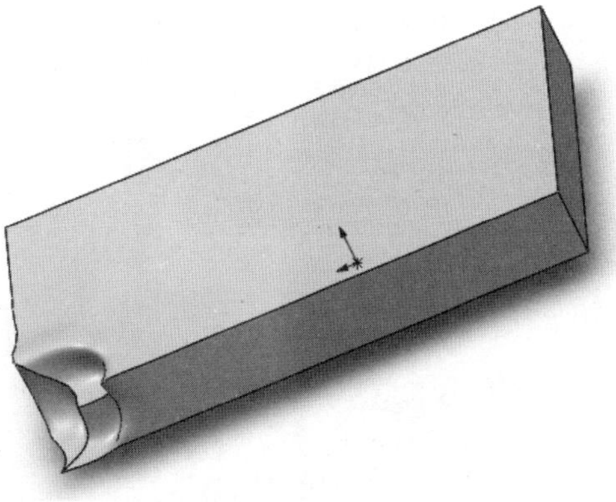
 变形2 变形类型(D) ◉点(P) ○曲线到曲线(C) ○曲面推进(F) 变形点(P) 点@顶点<1> 20.00mm ☑显示预览(S) 变形区域(R) 10.00mm ☑变形区域(D) 正向变形 20.00mm	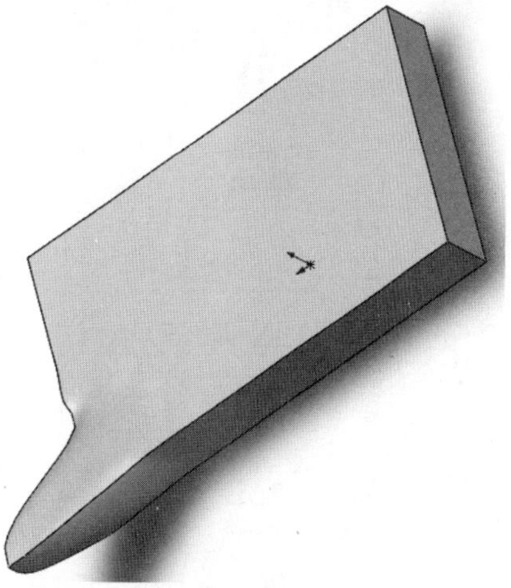

续表

操 作 选 项	图　　示
沿着边线正向变形 10.00mm	
变形边线上的一点	
变形面上的一点	

3.【变形区域】选项组

在【变形区域】选项组中对变形区域进行设置，如表 4-23 所示。

4.【形状选项】选项组

在【形状选项】选项组中设置变形刚度，如表 4-24 所示。

表 4-23　对变形区域进行设置

操 作 选 项	图　　示
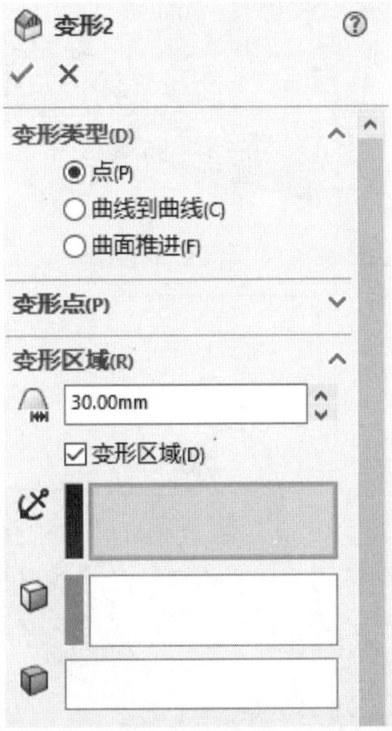 变形半径为 30.00mm	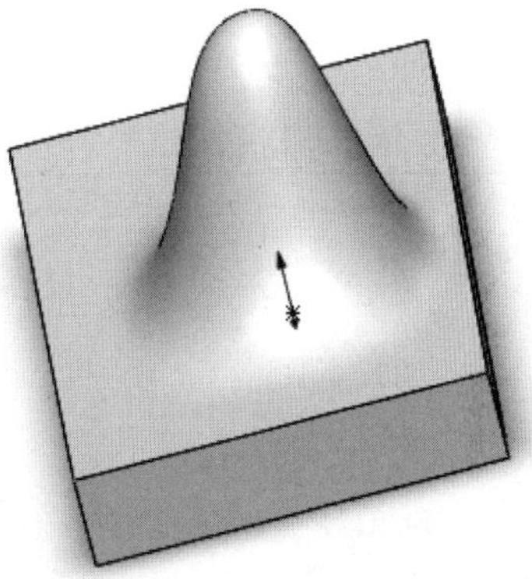
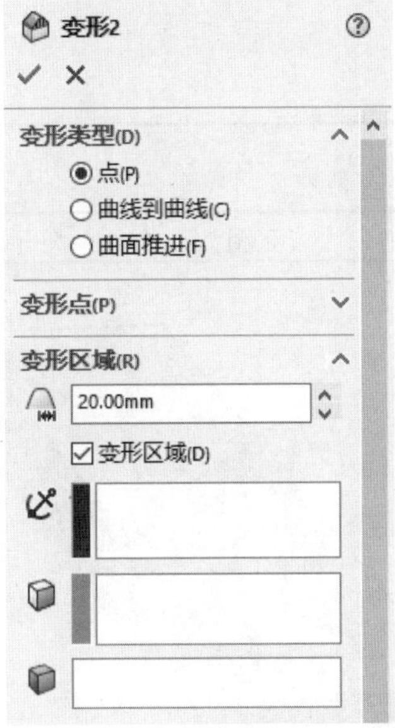 变形半径为 20.00mm	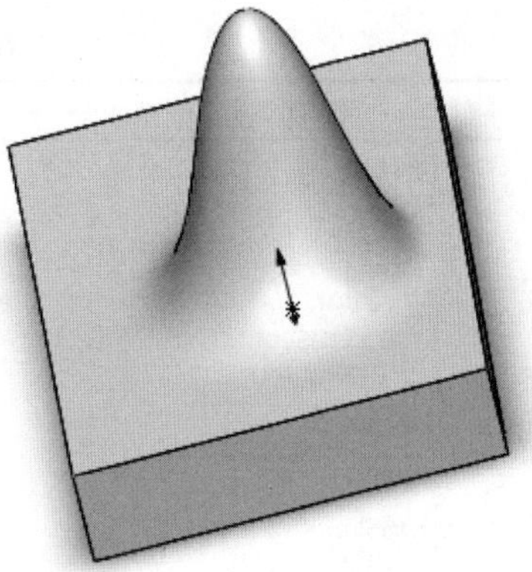

续表

操作选项	图　　示
固定一侧边线变形	
变形的同时变形其他面	

表4-24　设置变形刚度

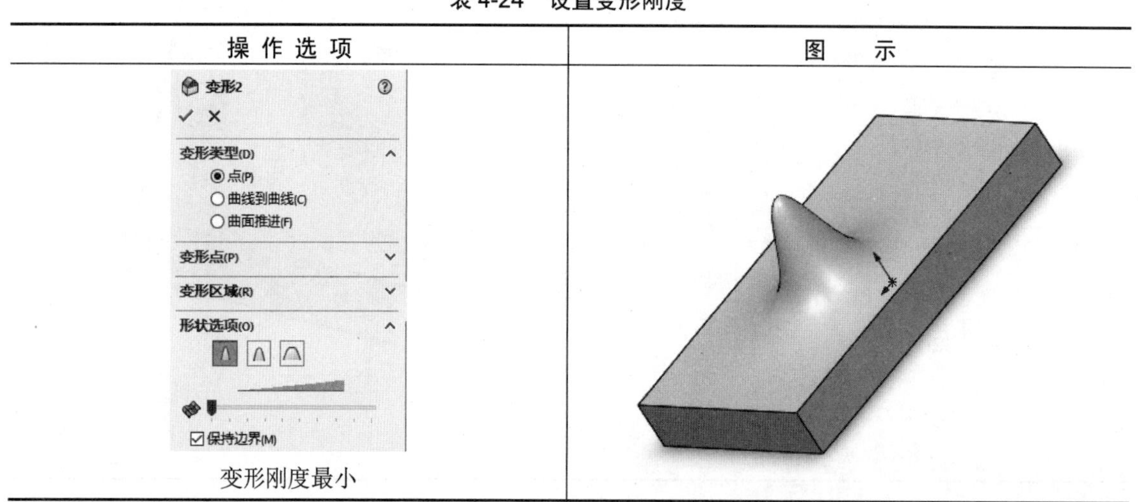

操作选项	图　　示
变形刚度最小	

续表

操作选项	图示
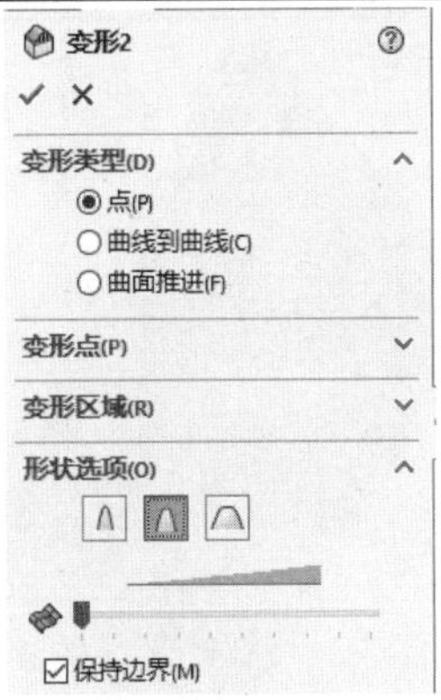 变形刚度中等	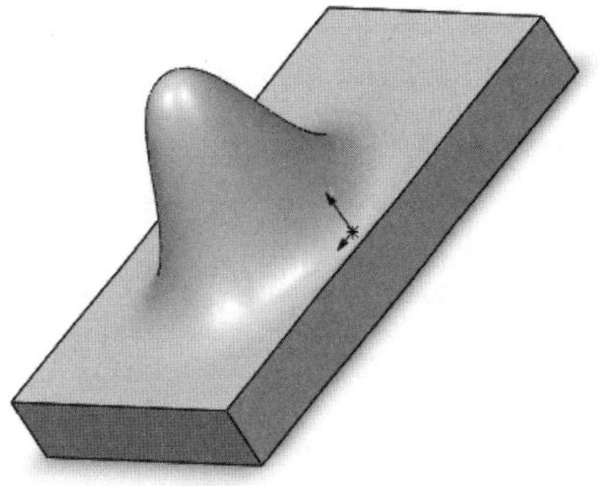
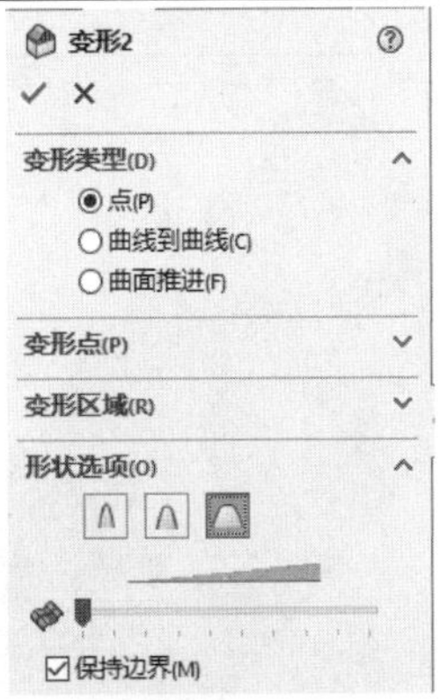 变形刚度最大	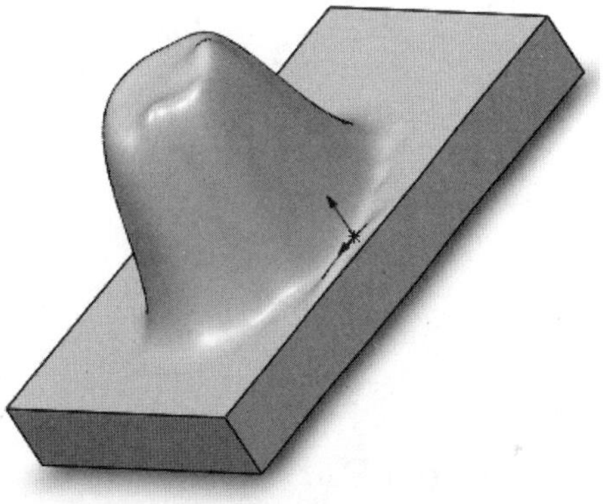

4.12　压凹特征

压凹特征在目标实体上生成与所选工具实体的轮廓非常接近的等距实体或突起特征。

4.12.1　菜单命令启动

选择【插入】|【特征】|【压凹】菜单命令，在属性管理器中弹出【压凹】属性管理器，如图 4-12 所示。

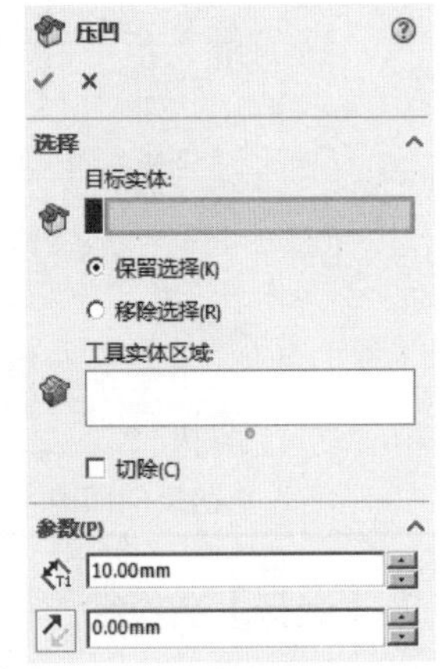

图 4-12　【压凹】属性管理器

4.12.2　压凹特征的知识点

1.【参数】选项组

在【参数】选项组中设置压凹间隙，如表 4-25 所示。

表 4-25　设置压凹间隙

操 作 选 项	图　　示
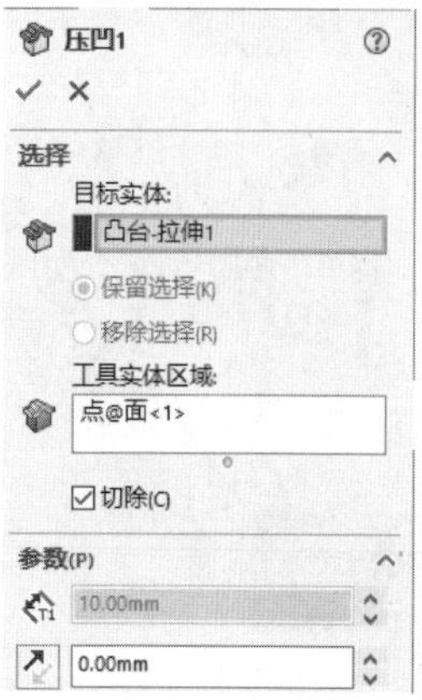 压凹间隙为 0（长板与柱体重合的部分被去除）	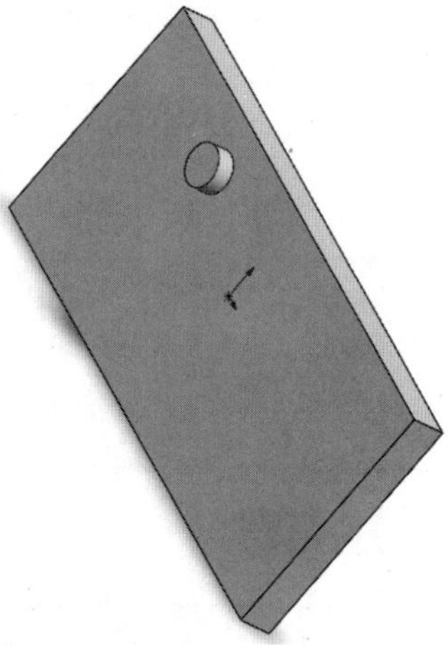
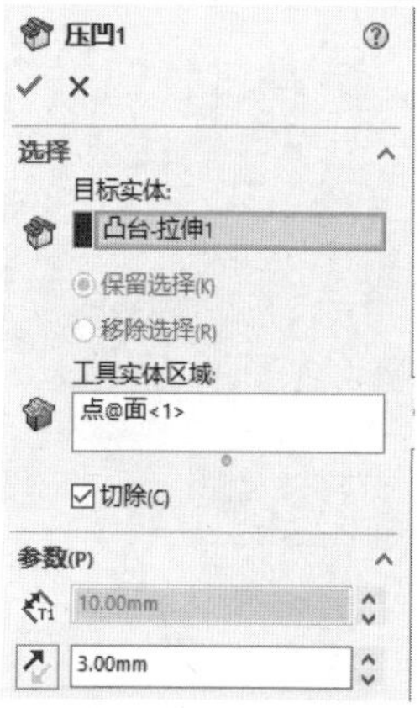 压凹间隙为 3.00mm	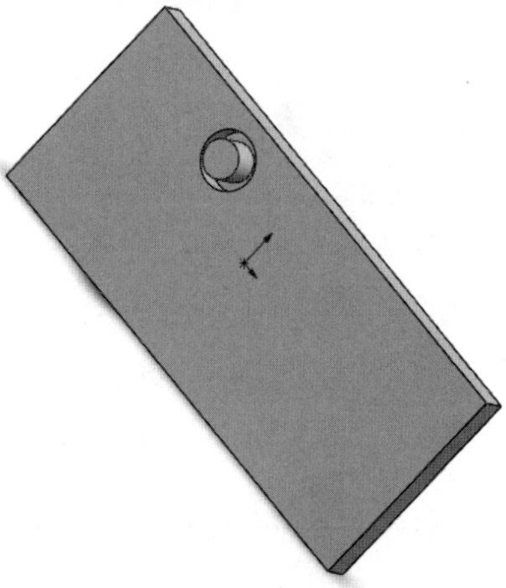
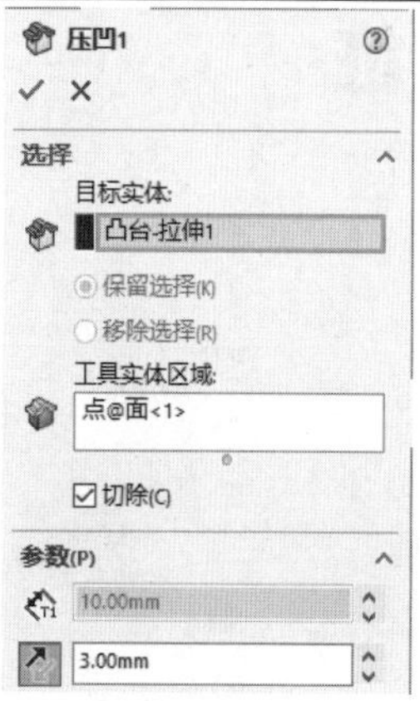 压凹反向间隙为 3.00mm	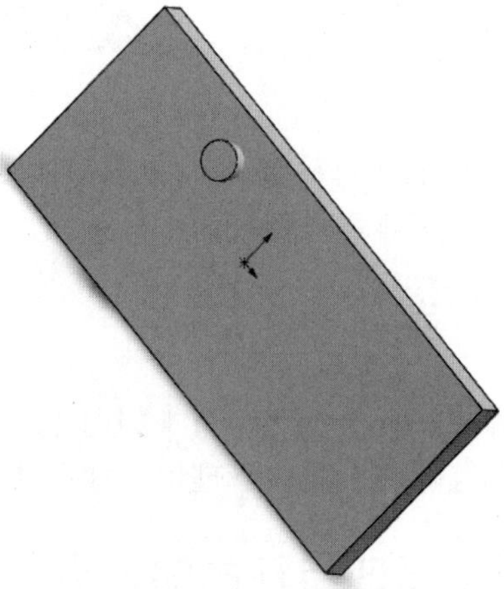

2.【选择】选项组

在【选择】选项组中选择压凹方式，如表 4-26 所示。

表 4-26　选择压凹方式

操 作 选 项	图　　示
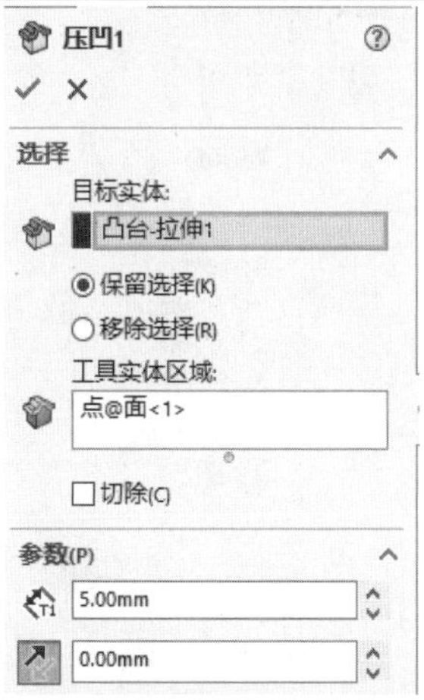 选择保留选择选项进行压凹	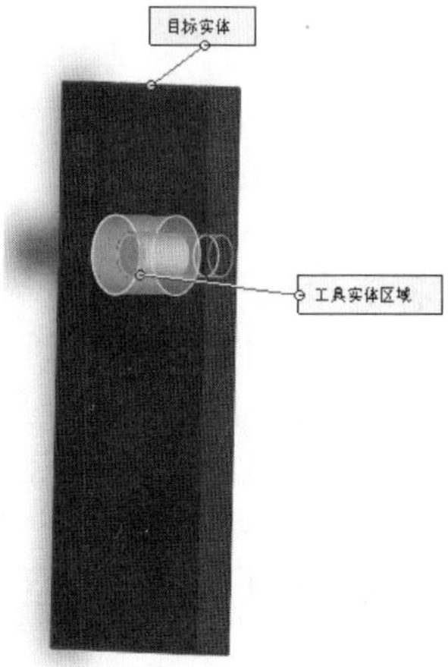
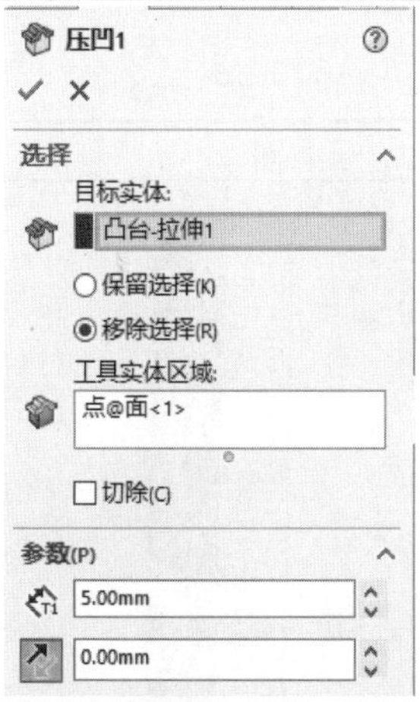 选择移除选择选项进行压凹	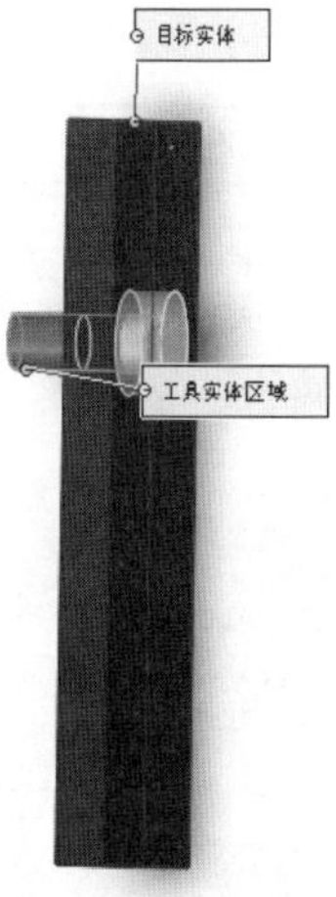
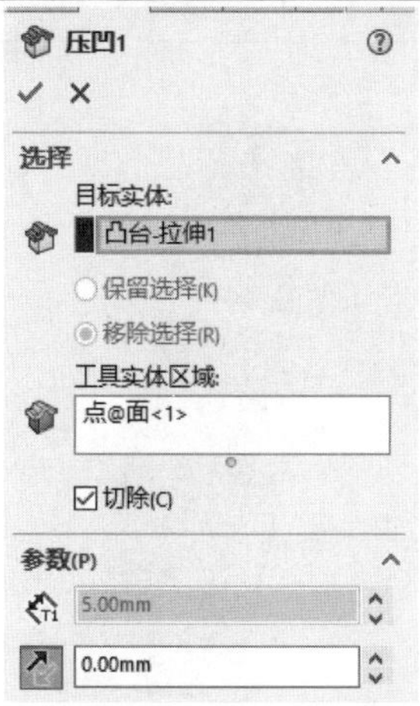 选择移除选择选项并切除实体进行压凹	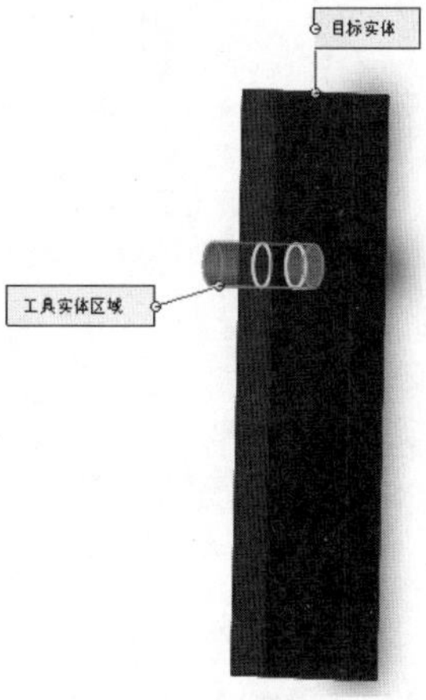

4.13　组合特征

组合特征可以指定多实体零件中要添加、减除或重叠的实体。

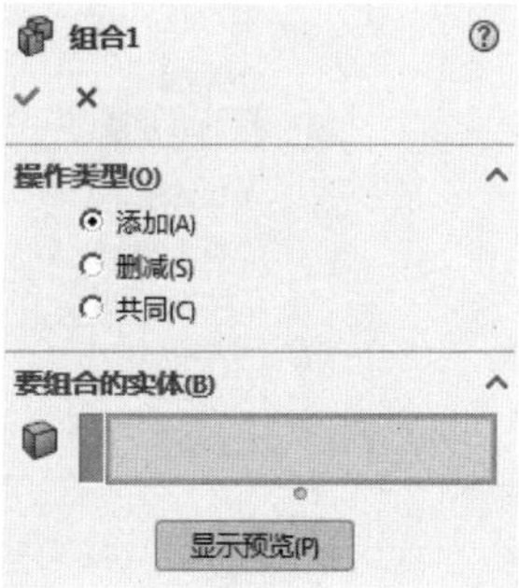

4.13.1　菜单命令启动

选择【插入】|【特征】|【组合】菜单命令，在属性管理器中弹出【组合 1】属性管理器，如图 4-13 所示。

图 4-13　【组合 1】属性管理器

4.13.2　组合特征的知识点

在【操作类型】选项组中选择特征的组合方式，如表 4-27 所示。

表 4-27　选择特征的组合方式

操 作 选 项	图　　示
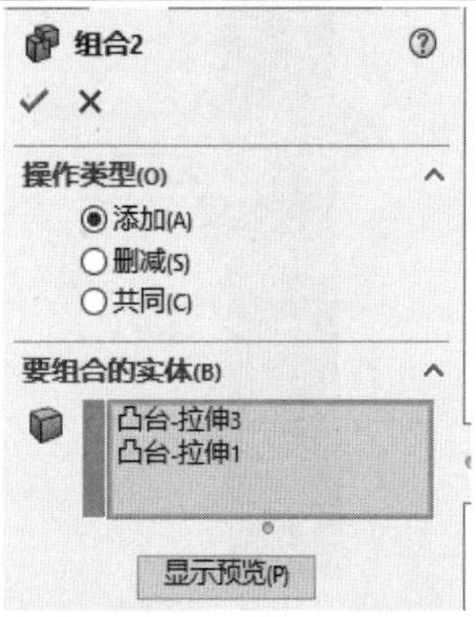 将两个实体合并为一个实体	
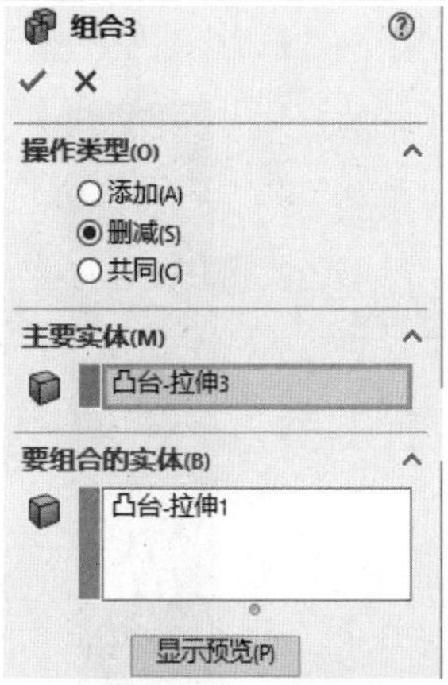 在实体中删减一部分实体	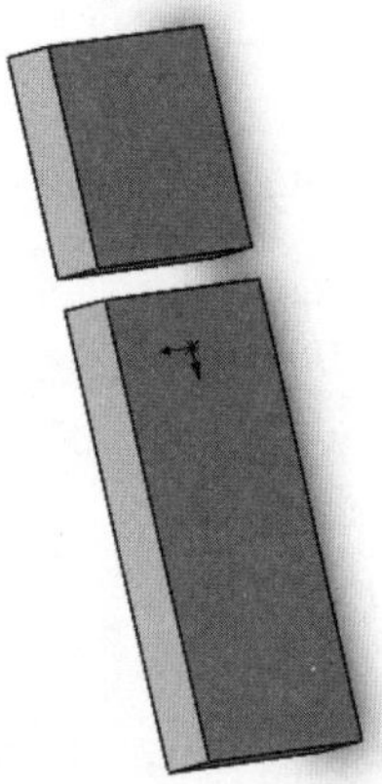

续表

操 作 选 项	图 示
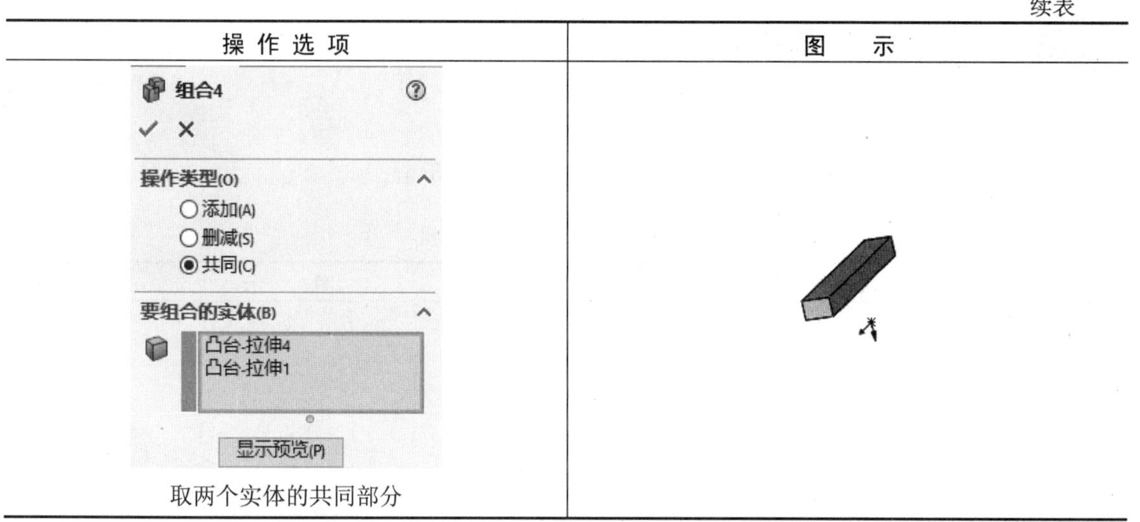 取两个实体的共同部分	

4.14 装配凸台特征

装配凸台特征可以在一个平面上自动生成装配用的凸台。

4.14.1 菜单命令启动

选择【插入】|【扣合特征】|【装配凸台】菜单命令，在属性管理器中弹出【装配凸台】属性管理器，如图 4-14 所示。

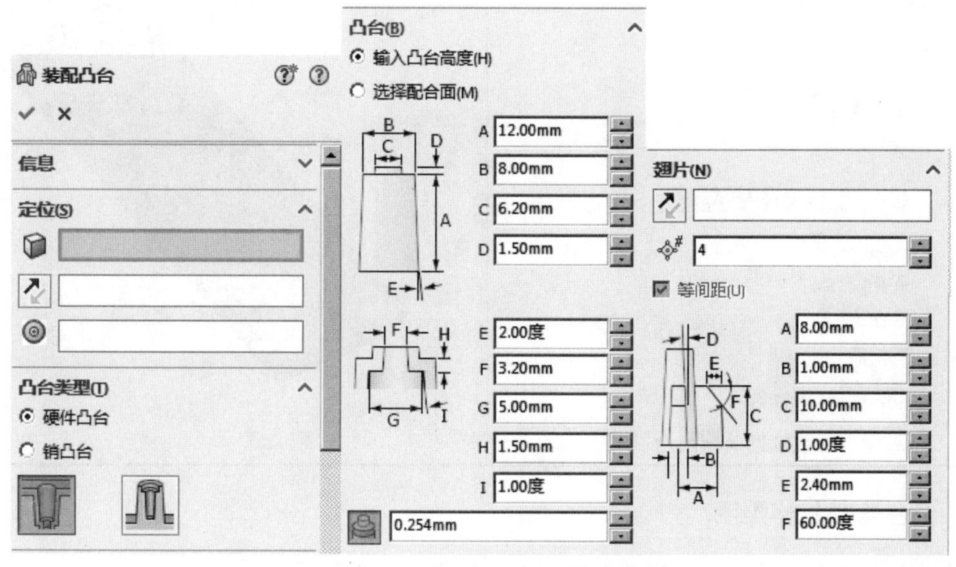

图 4-14 【装配凸台】属性管理器

4.14.2 装配凸台特征的知识点

1.【定位】选项组

在【定位】选项组中选择凸台装配的位置，如表 4-28 所示。

表 4-28 选择凸台装配的位置

操 作 选 项	图 示
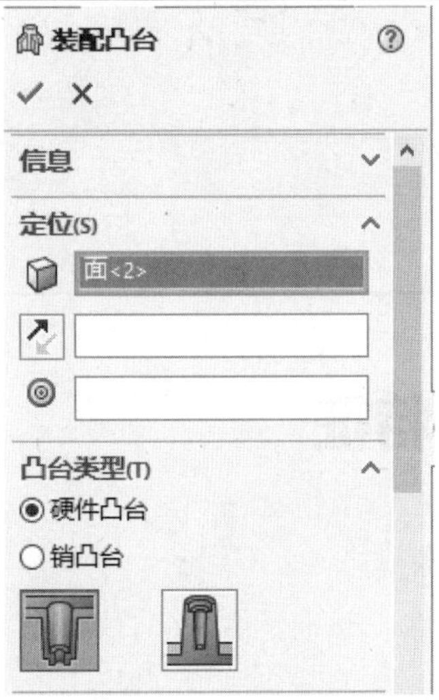 在平板上一位置装配凸台	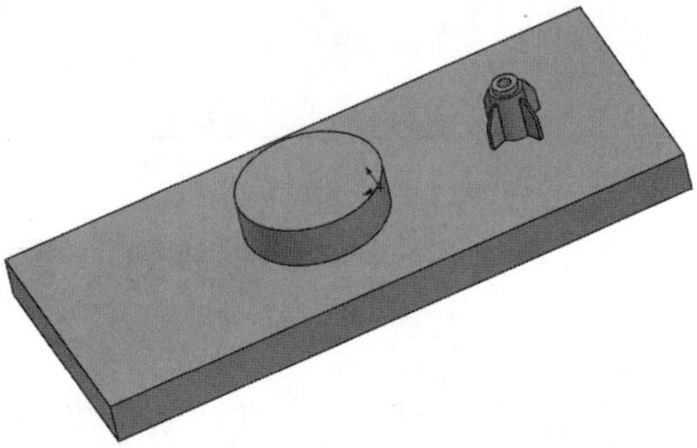
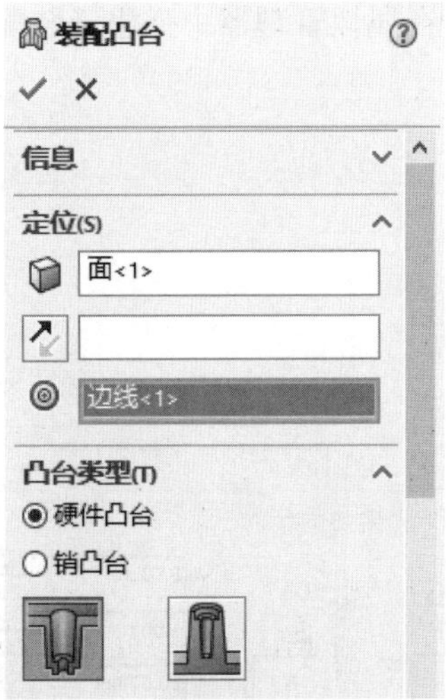 圆形边线辅助装配凸台	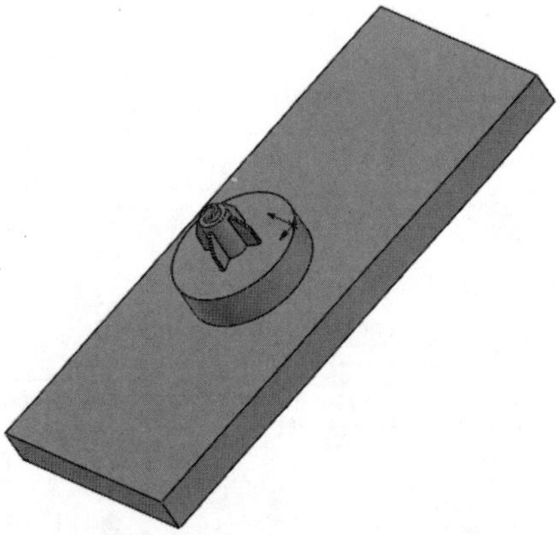

2.【凸台类型】选项组

在【凸台类型】选项组中选择凸台的类型，如表 4-29 所示。

表 4-29　选择凸台的类型

操 作 选 项	图　示
 选择凸台类型为硬件凸台	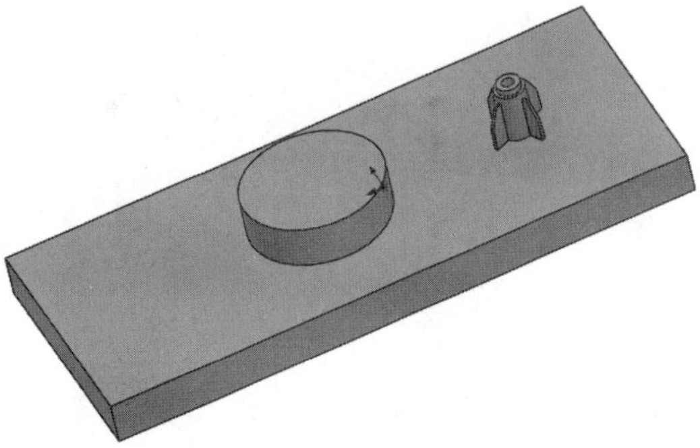
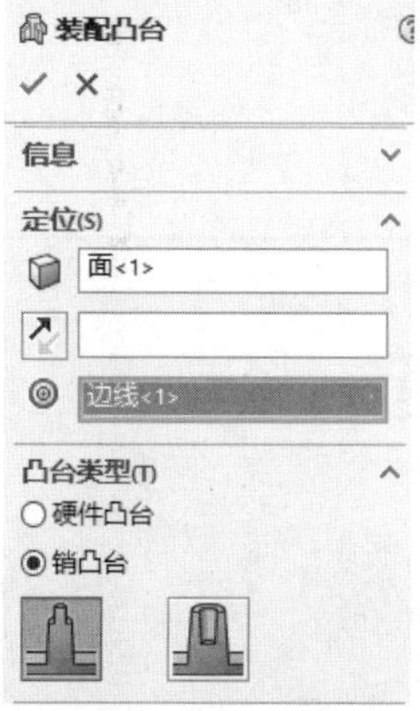 选择凸台类型为销凸台	
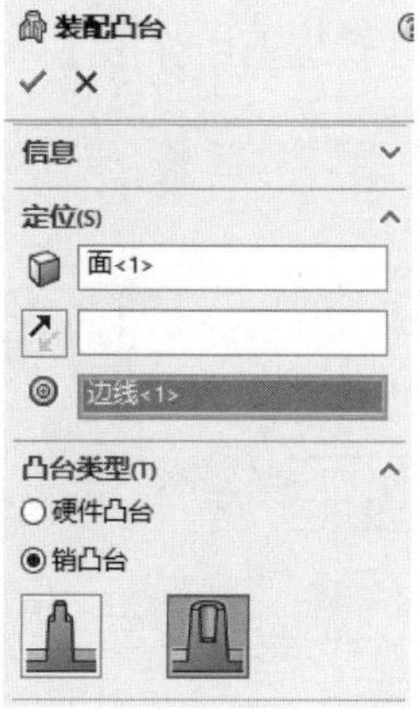 选择孔类型的定位凸台方式	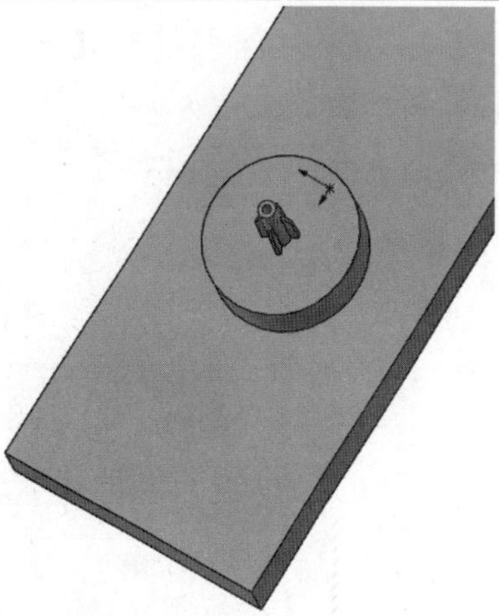

3.【凸台】选项组

在【凸台】选项组中对凸台参数进行设置，如表 4-30 所示。

表 4-30　对凸台参数进行设置

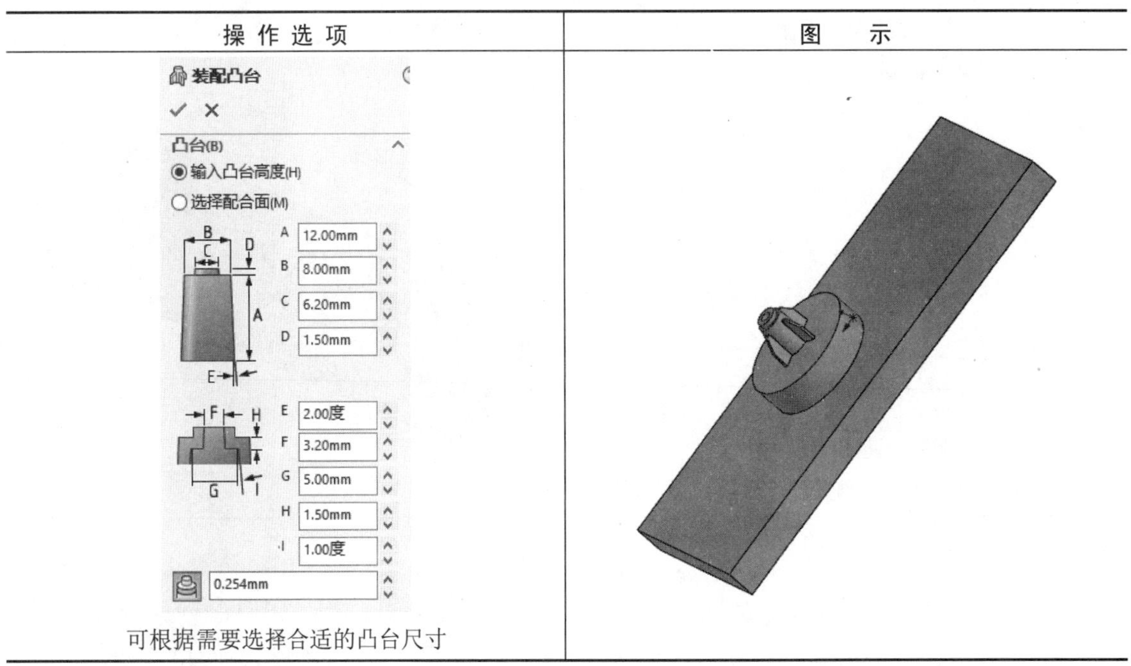

操 作 选 项	图　　示
可根据需要选择合适的凸台尺寸	

4.15　弹簧扣特征

弹簧扣特征可以在一个平面上自动生成弹簧卡扣。

4.15.1　菜单命令启动

选择【插入】|【扣合特征】|【弹簧扣】菜单命令，在属性管理器中弹出【弹簧扣】属性管理器，如图 4-15 所示。

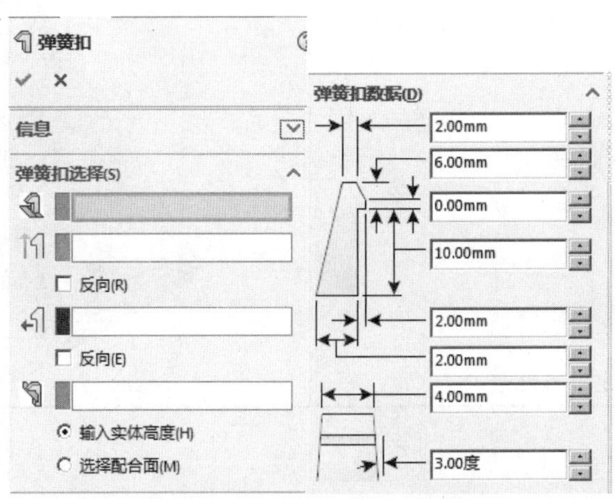

图 4-15　【弹簧扣】属性管理器

4.15.2 弹簧扣特征的知识点

在【弹簧扣选择】选项组中选择弹簧扣的定位方式，如表 4-31 所示。

表 4-31　选择弹簧扣的定位方式

操作选项	图示
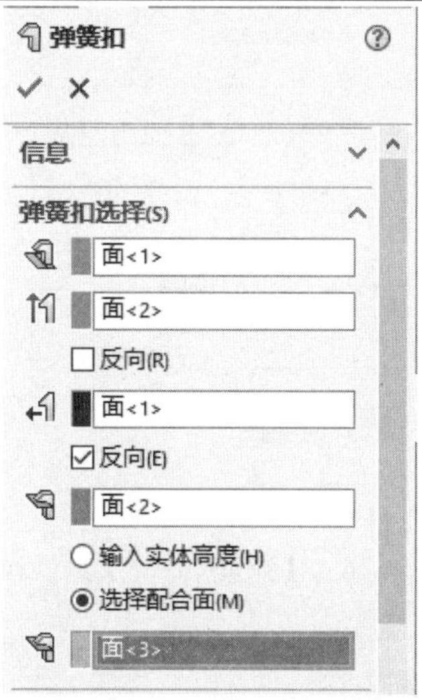 选择配合面的方式定位弹簧扣	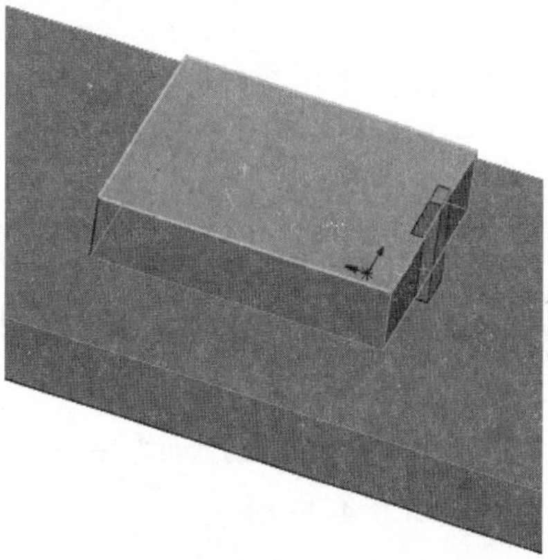
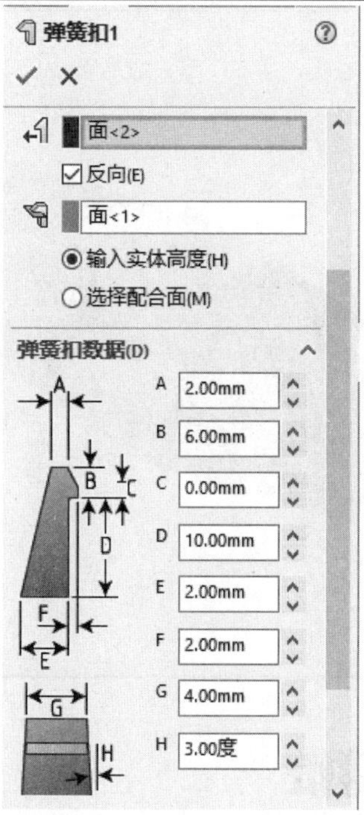 输入实体高度的方式定位弹簧扣	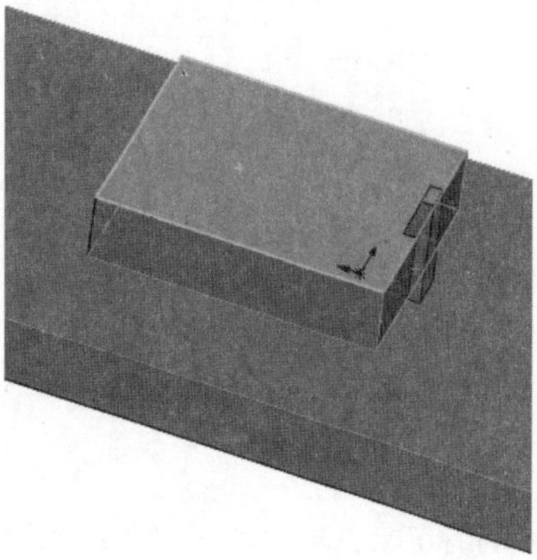

4.16 弹簧扣凹槽特征

弹簧扣凹槽特征可以在一个平面上自动生成弹簧卡扣的凹槽。

4.16.1 菜单命令启动

选择【插入】|【扣合特征】|【弹簧扣凹槽】菜单命令，在属性管理器中弹出【弹簧扣凹槽】属性管理器，如图 4-16 所示。

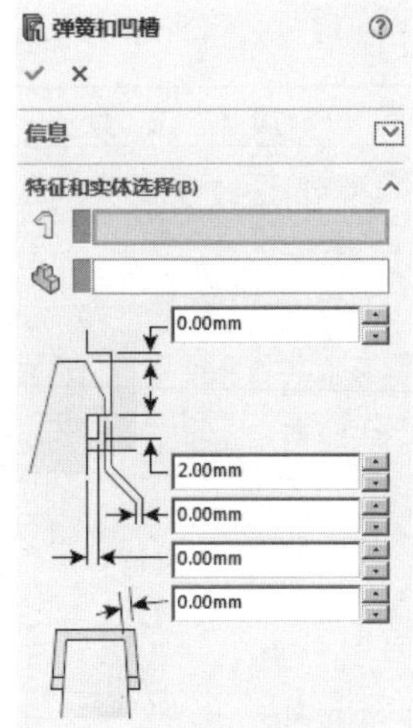

图 4-16 【弹簧扣凹槽】属性管理器

4.16.2 弹簧扣凹槽特征的知识点

在【特征和实体选择】选项组中设置弹簧扣凹槽的参数，如表 4-32 所示。

表 4-32 设置弹簧扣凹槽的参数

操 作 选 项	图 示
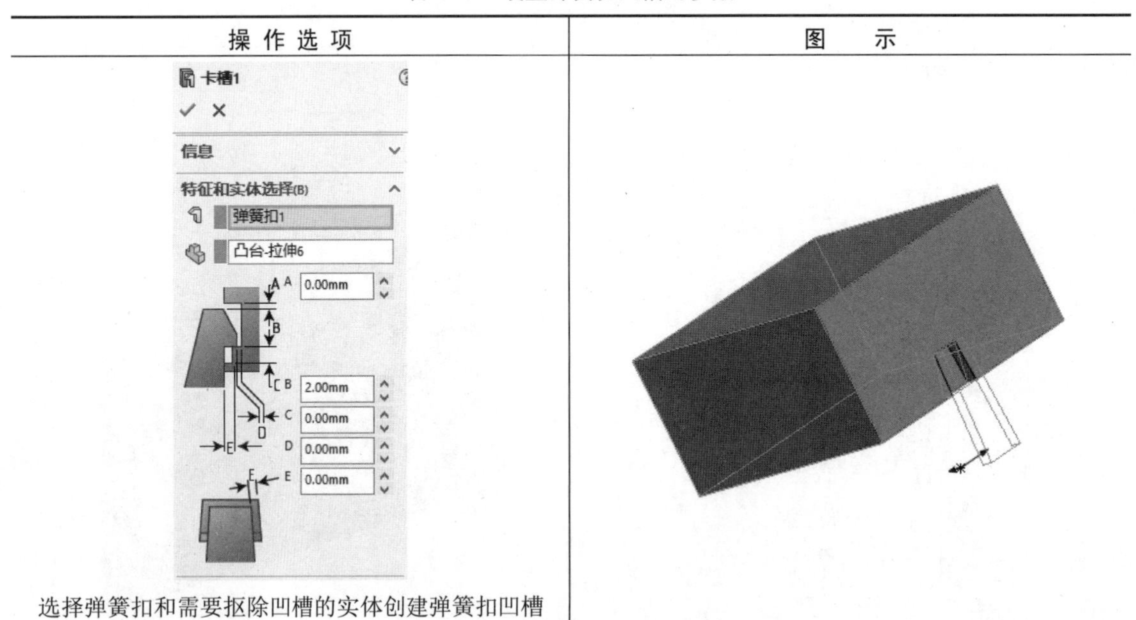 选择弹簧扣和需要抠除凹槽的实体创建弹簧扣凹槽	

4.17 通风口特征

通风口特征可以构造具有开口式或成型式端部的百叶窗。

4.17.1　菜单命令启动

选择【插入】|【扣合特征】|【通风口】菜单命令，在属性管理器中弹出【通风口】属性管理器，如图 4-17 所示。

图 4-17　【通风口】属性管理器

4.17.2　通风口特征的知识点

在【边界】选项组中设置通风口的参数，如表 4-33 所示。

表 4-33　设置通风口的参数

操作选项	图示
选择封闭的边界建立通风口	

续表

操 作 选 项	图　　示
选择拔模角度为 30.00 度	
【流动区域】的数值将自动计算出来	

4.18　唇缘/凹槽特征

唇缘/凹槽特征可以在模型的边槽处自动生成唇缘和凹槽。

4.18.1　菜单命令启动

选择【插入】|【扣合特征】|【唇缘/凹槽】菜单命令，在属性管理器中弹出【唇缘/凹槽】属性管理器，如图 4-18 所示。

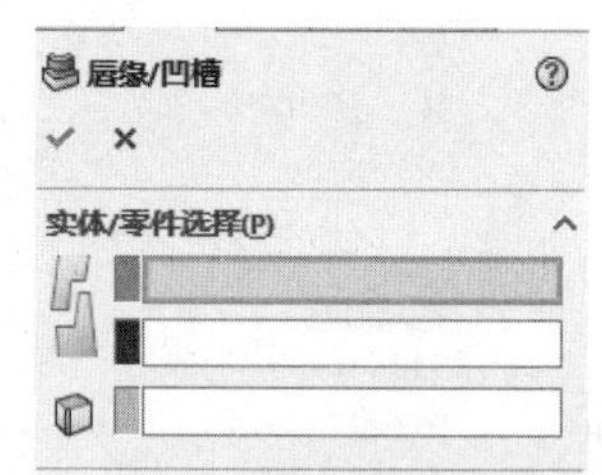

图 4-18　【唇缘/凹槽】属性管理器

4.18.2　唇缘/凹槽特征的知识点

在各选项组中设置唇缘和凹槽特征的参数，如表 4-34 所示。

表 4-34　设置唇缘和凹槽特征的参数

操 作 选 项	图　　示
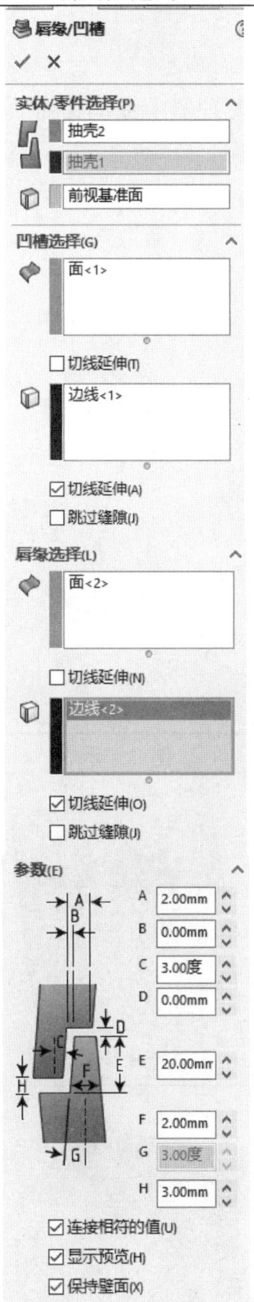 根据两个贴合的实体设置唇缘和凹槽的特征，并设置相关参数	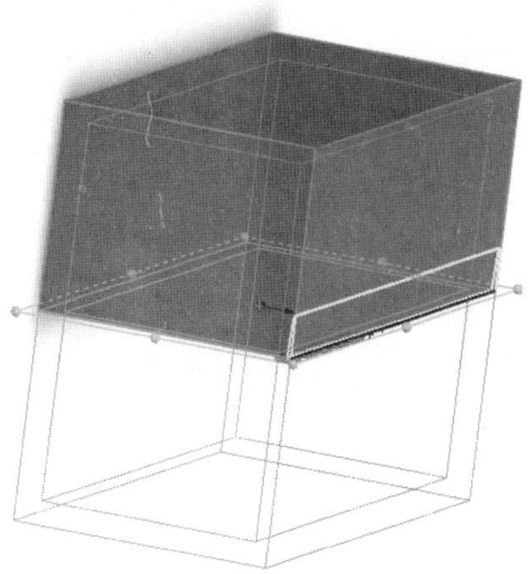 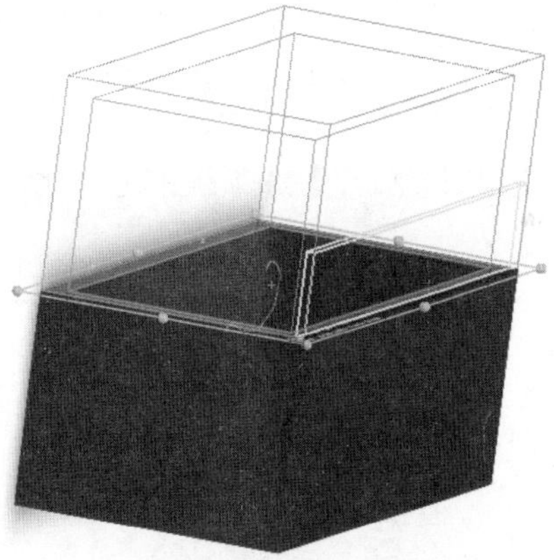 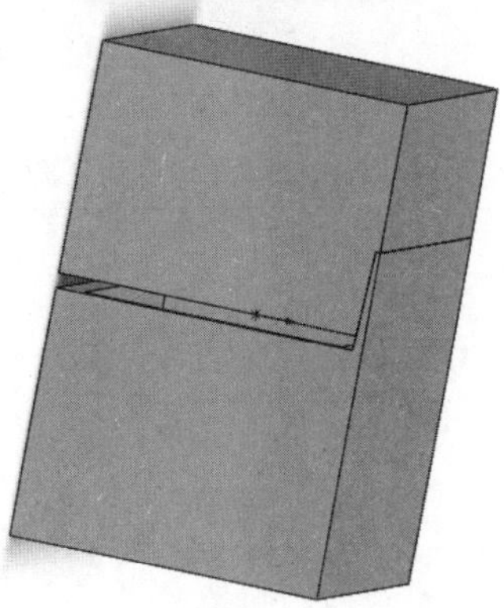

4.19 缩放比例特征

缩放比例特征可以将模型以比例缩放点为中心放大或缩小模型。

4.19.1 菜单命令启动

选择【插入】|【特征】|【缩放比例】菜单命令，在属性管理器中弹出【缩放比例】属性管理器，如图 4-19 所示。

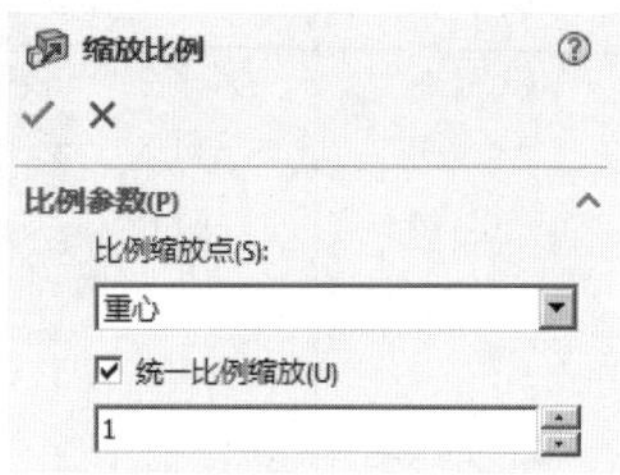

图 4-19 【缩放比例】属性管理器

4.19.2 缩放比例特征的知识点

1. 【比例缩放点】选项组

在【比例缩放点】选项组中选择比例缩放点，如表 4-35 所示。

表 4-35 选择比例缩放点

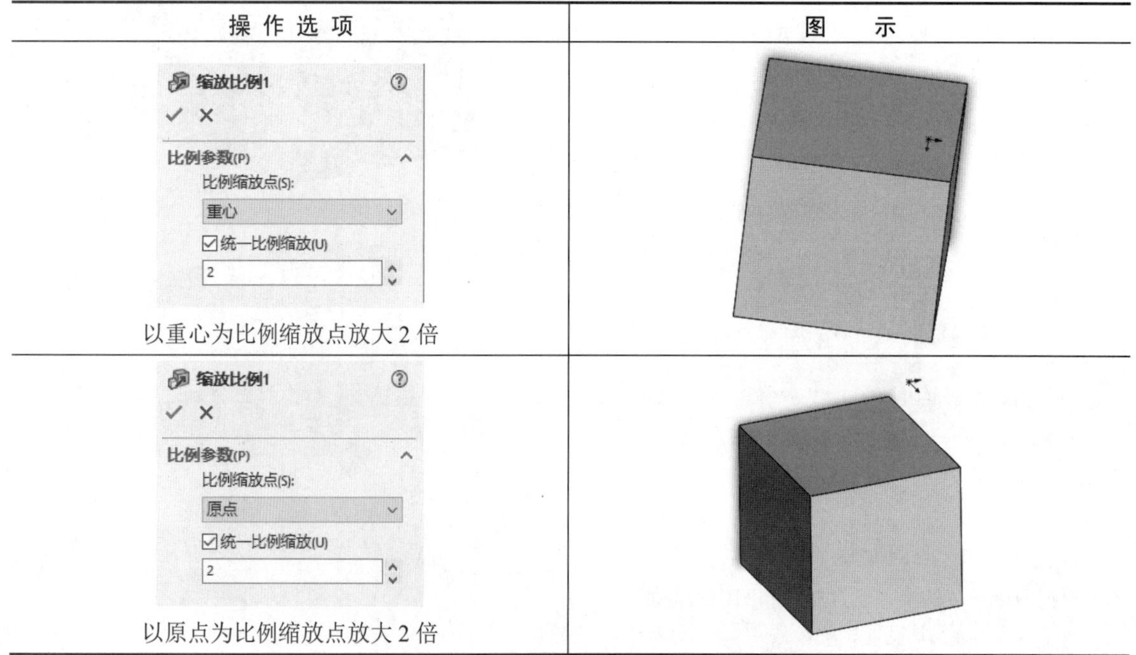

操作选项	图示
以重心为比例缩放点放大 2 倍	
以原点为比例缩放点放大 2 倍	

续表

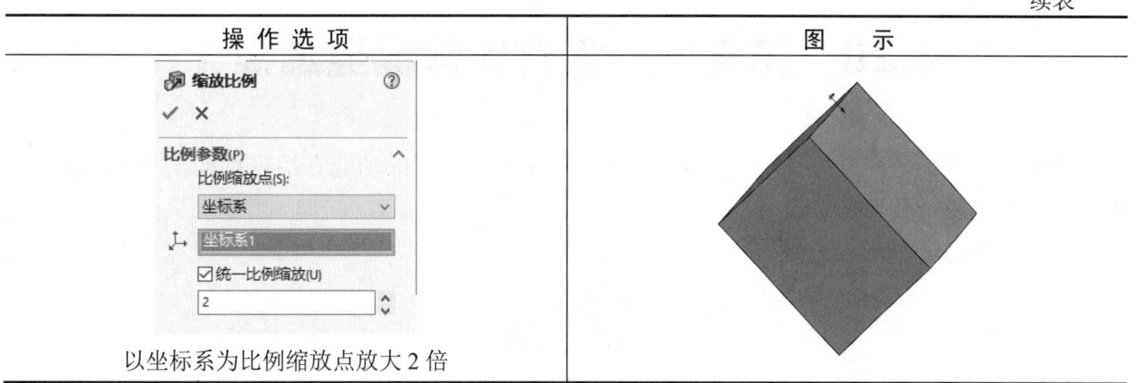

操 作 选 项	图　　示
以坐标系为比例缩放点放大 2 倍	

2.【缩放比例】文本框

在【缩放比例】文本框中设置缩放比例，如表 4-36 所示。

表 4-36　设置缩放比例

操 作 选 项	图　　示
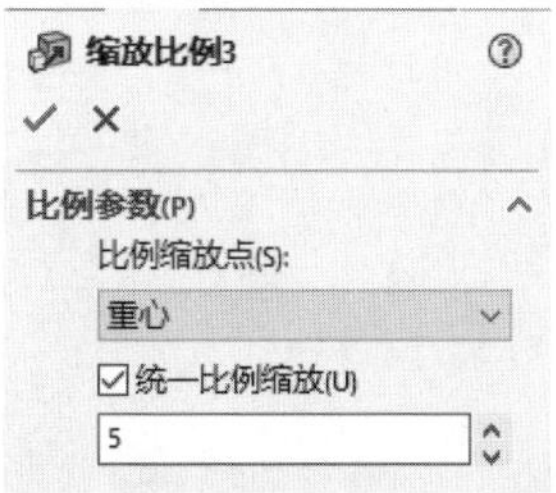 以重心为比例缩放点放大 5 倍	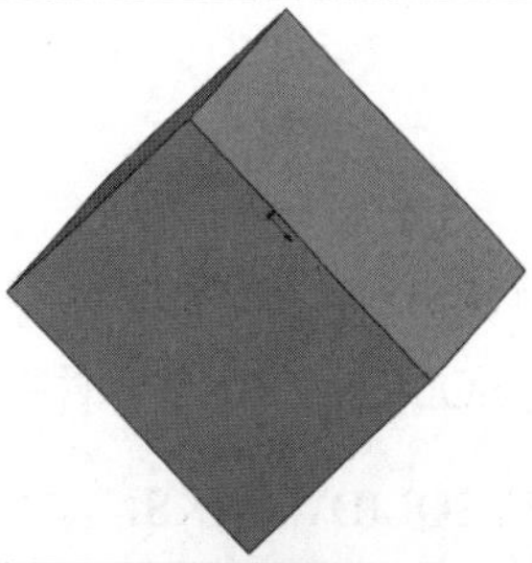
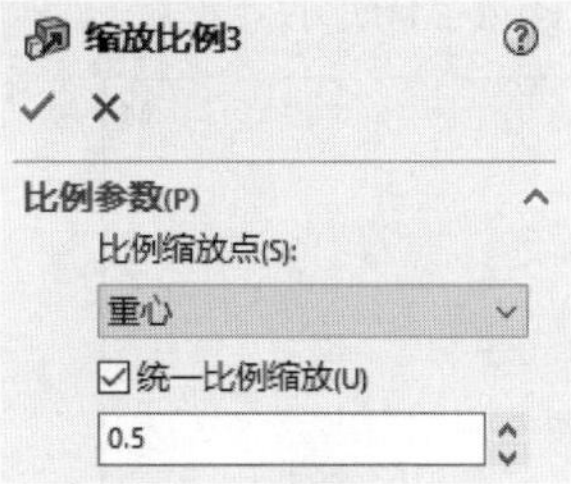 以重心为比例缩放点放大 0.5 倍	
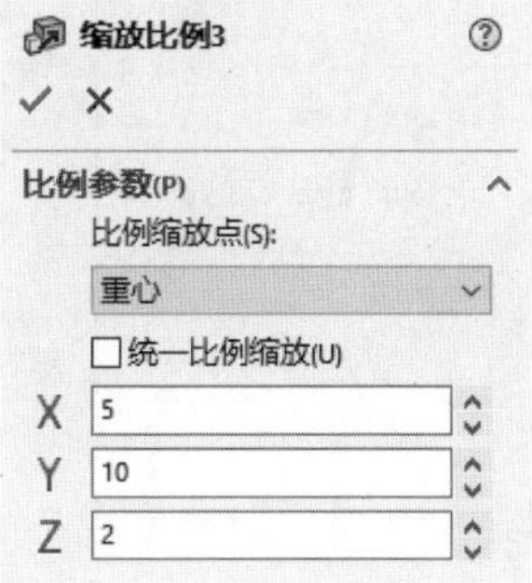 不同轴以不同比例缩放进行缩放	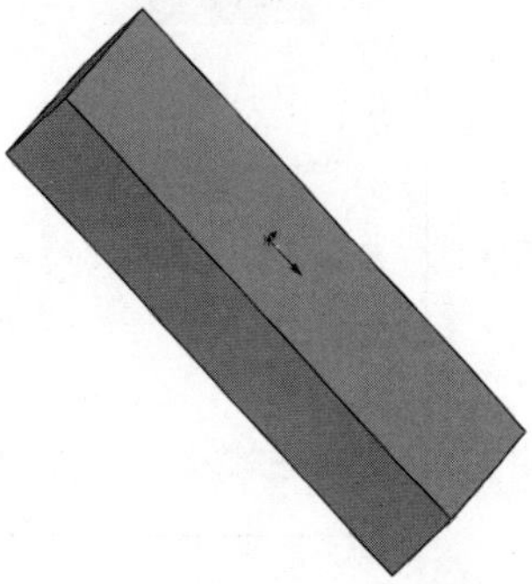

视频讲解

4.20 范例——零件实体模型建模 1

本例将生成一个三维模型，如图 4-20 所示。本模型使用的功能有抽壳特征、圆顶特征、倒角特征、圆角特征和弯曲特征等。

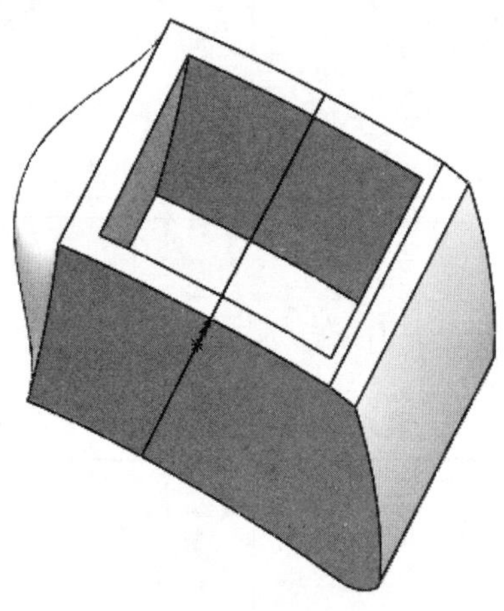

图 4-20 零件实体模型

主要步骤如下。

1. 新建 SOLIDWORKS 零件并保存文件

（1）启动 SOLIDWORKS，选择菜单栏中的【文件】|【新建】命令，弹出【新建 SOLIDWORKS 文件】对话框，单击【零件】按钮，单击【确定】按钮，如图 4-21 所示。

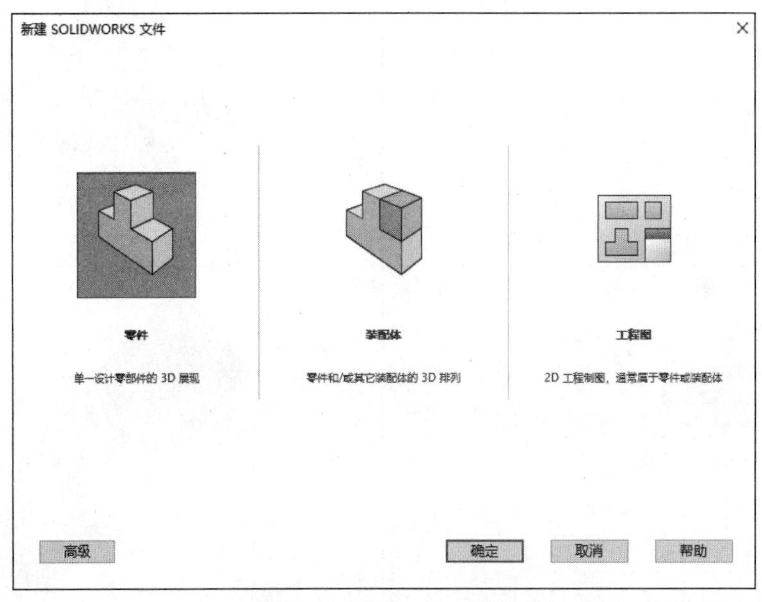

图 4-21 【新建 SOLIDWORKS 文件】对话框

（2）选择【文件】|【另存为】菜单命令，弹出【另存为】对话框，在【文件名】文本框中输入 4-3，单击【保存】按钮，如图 4-22 所示。

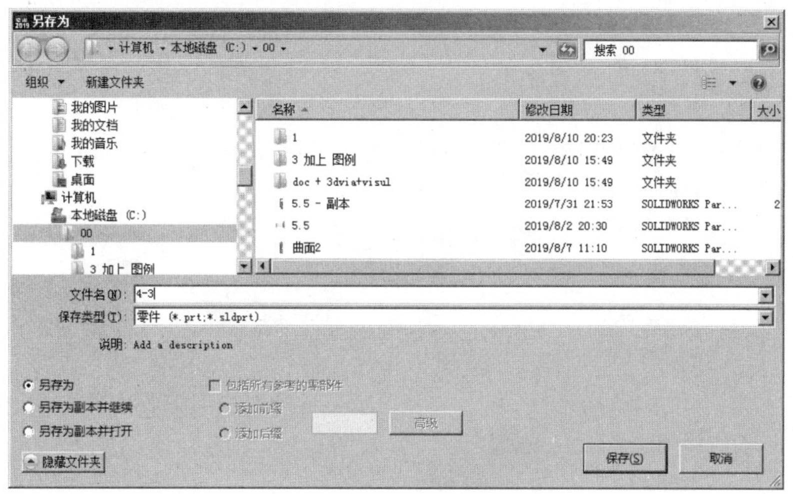

图 4-22　【另存为】对话框

2. 使用拉伸凸台特征建立实体

（1）单击【特征管理器设计树】中的【上视基准面】图标，使上视基准面成为草图 1 绘制平面。单击【视图定向】下拉图标中的【正视于】按钮，并单击【草图】工具栏中的【草图绘制】按钮，进入草图绘制状态。单击【草图】工具栏中的【中心矩形】按钮，绘制草图 1，如图 4-23 所示。

（2）单击【草图】工具栏中的【智能尺寸】按钮，标注所绘制草图 1 的尺寸，双击左键退出草图，如图 4-24 所示。

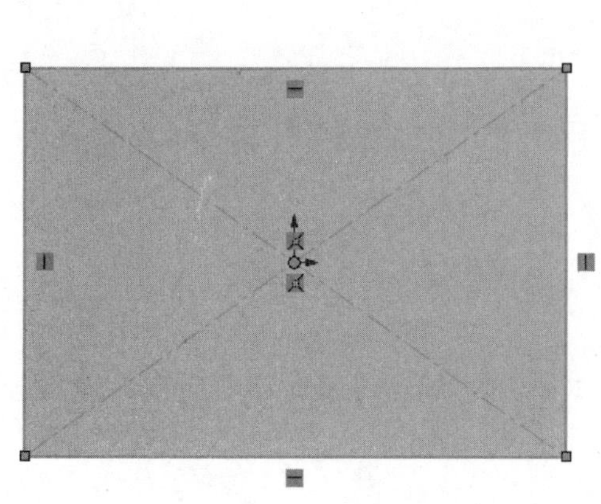

图 4-23　绘制草图 1

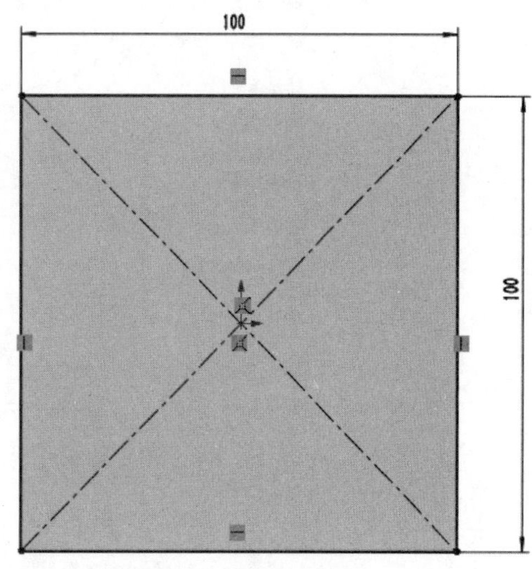

图 4-24　标注草图 1 的尺寸

（3）单击【特征】工具栏中的【拉伸凸台/基体】按钮，在【从】中的【开始条件】选项中选择【草图基准面】选项，在【方向 1】中的【终止条件】选项中选择【给定深度】选项，在

【深度】文本框中输入 100.00mm，在【轮廓】选项中选择草图 1，单击【确定】按钮，如图 4-25 所示。

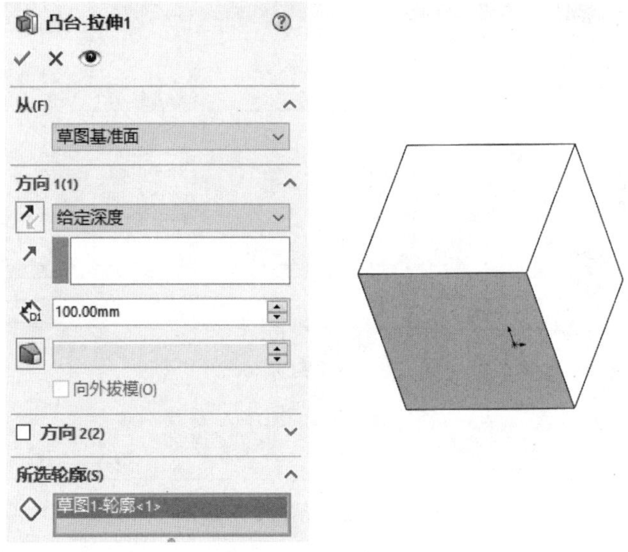

图 4-25 拉伸凸台

3. 使用拔模特征修饰实体

单击【特征】工具栏中的【拔模】按钮，在【拔模类型】选项中选中【中性面】单选按钮，在【拔模角度】文本框中输入 30.00 度，在【中性面】选项中选择立方体的上表面，在【拔模面】选项中选择立方体的左侧面，在【拔模沿面延伸】选项中选择【无】选项，单击【确定】按钮，如图 4-26 所示。

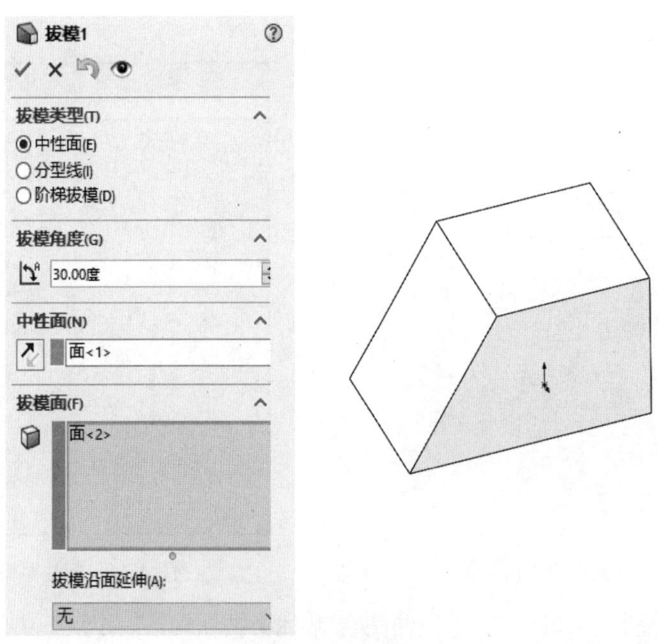

图 4-26 拔模特征

4. 使用抽壳特征切除实体

单击【特征】工具栏中的【抽壳】按钮，在【参数】中的【厚度】文本框中输入 10.00mm，在【移除的面】中选择图形的上表面，单击【确定】按钮，如图 4-27 所示。

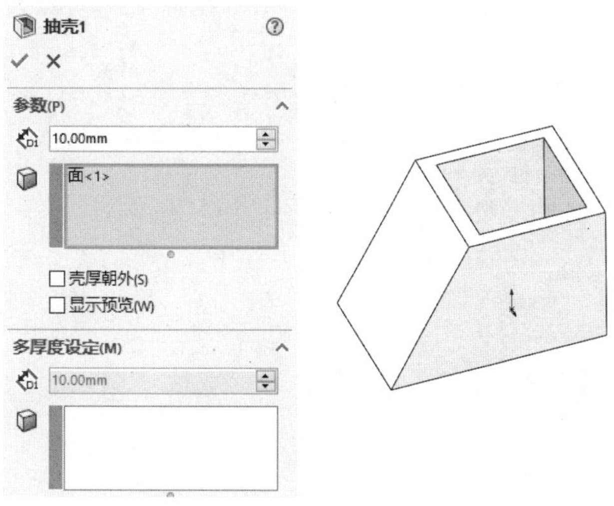

图 4-27 抽壳特征

5. 使用圆顶特征修饰实体

单击【特征】工具栏中的【圆顶】按钮，在【参数】中选择图形的右侧面，在【距离】文本框中输入 30.00mm，单击【确定】按钮，如图 4-28 所示。

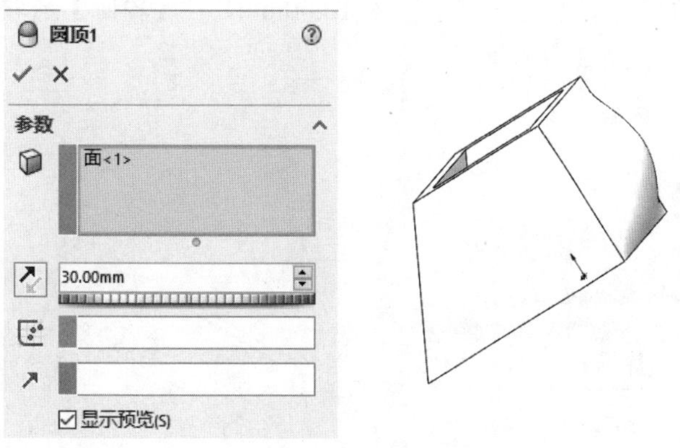

图 4-28 圆顶特征

6. 使用倒角特征修饰实体

单击【特征】工具栏中的【倒角】按钮，在【倒角类型】选项中选择【角度-距离】选项，在【要倒角化的项目】选项中选择图形的上斜边，选中【切线延伸】复选框，选中【完整预览】单选按钮，在【倒角参数】中的【距离】文本框中输入 3.00mm，在【角度】文本框中输入 45.00 度，在【倒角选项】中选中【通过面选择】和【保持特征】复选框，单击【确定】按钮，如图 4-29 所示。

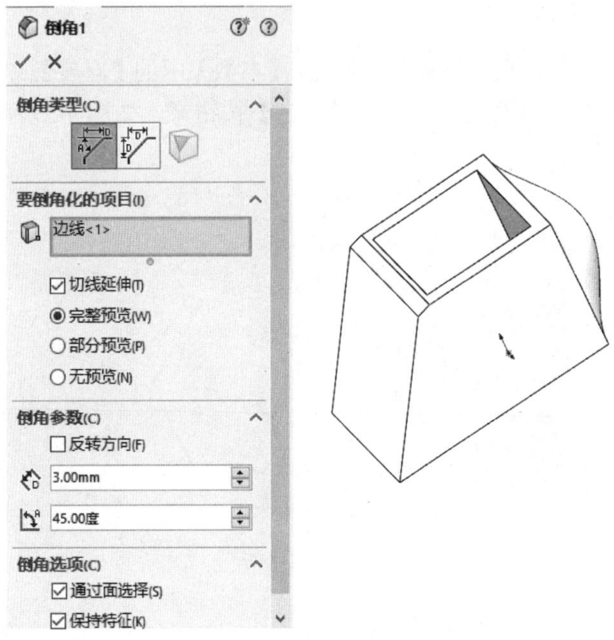

图 4-29　倒角特征

7. 使用圆角特征修饰实体

单击【特征】工具栏中的【圆角】按钮，在【要圆角化的项目】选项中选择图形的下斜边，选中【切线延伸】复选框，选中【完整预览】单选按钮，在【圆角参数】中的【圆角方法】选项中选择【对称】选项，在【半径】文本框中输入 10.00mm，在【轮廓】选项中选择【圆形】选项，单击【确定】按钮，如图 4-30 所示。

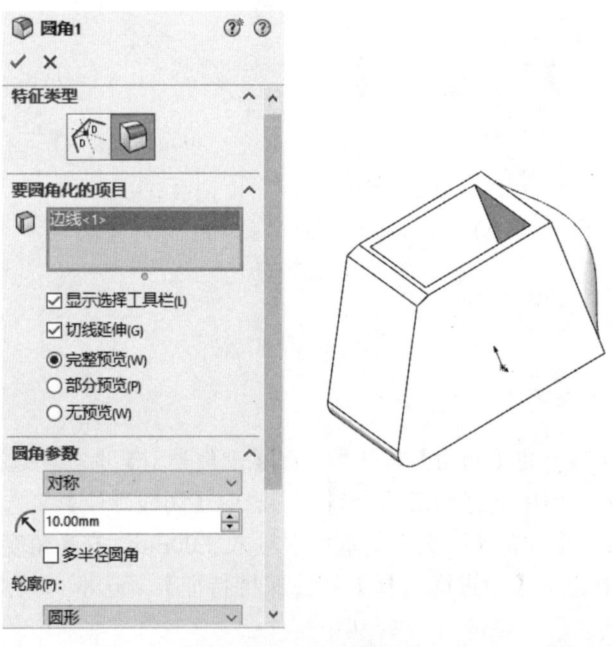

图 4-30　圆角特征

8. 使用包覆特征修饰实体

（1）单击图形的前表面图标，使其成为草图2绘制平面。单击【视图定向】下拉图标中的【正视于】按钮，并单击【草图】工具栏中的【草图绘制】按钮，进入草图绘制状态。单击【草图】工具栏中的【中心矩形】按钮，绘制草图2，如图4-31所示。

（2）单击【草图】工具栏中的【智能尺寸】按钮，标注所绘制草图2的尺寸，双击左键退出草图，如图4-32所示。

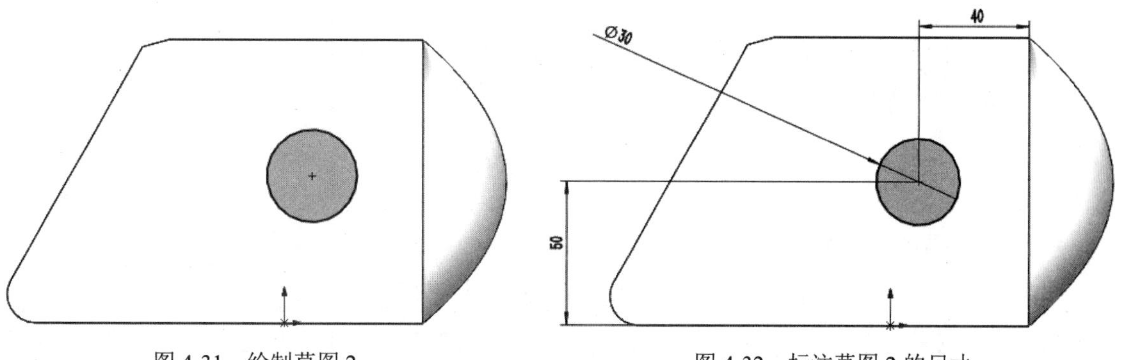

图4-31　绘制草图2　　图4-32　标注草图2的尺寸

（3）单击【特征】工具栏中的【包覆】按钮，在【包覆类型】选项中选择【浮雕】选项，在【包覆方法】选项中选择【分析】选项，在【包覆参数】中的【草图】选项中选择【草图2】选项，在【包覆草图的面】选项中选择草图2所在的平面，在【厚度】文本框中输入5.00mm，单击【确定】按钮，如图4-33所示。

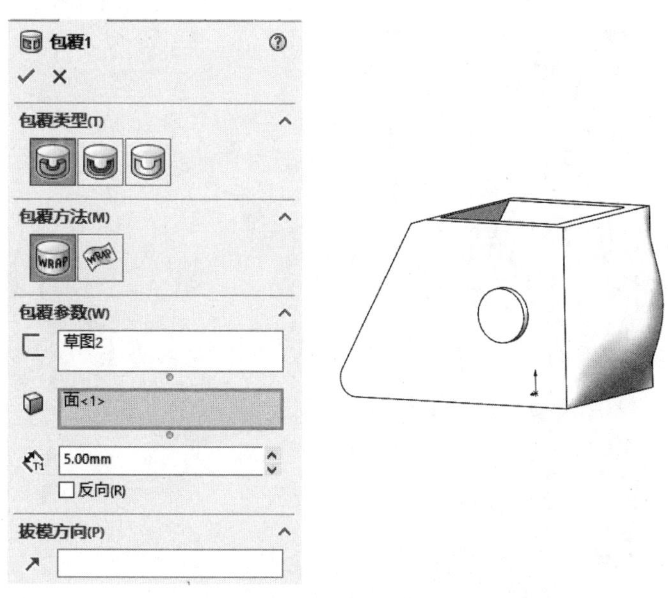

图4-33　包覆特征

9. 使用异型孔特征修饰实体

（1）单击【特征】工具栏中的【异型孔向导】按钮，选择【孔规格】属性管理器的【位置】选项，单击图形的下表面定义异型孔的位置，如图 4-34 所示。

（2）单击【草图】工具栏中的【智能尺寸】按钮，标注所绘制异型孔的尺寸位置，如图 4-35 所示。

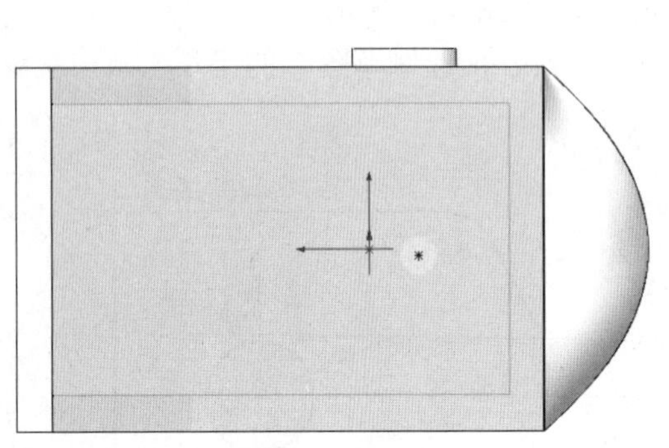

图 4-34　异型孔位置

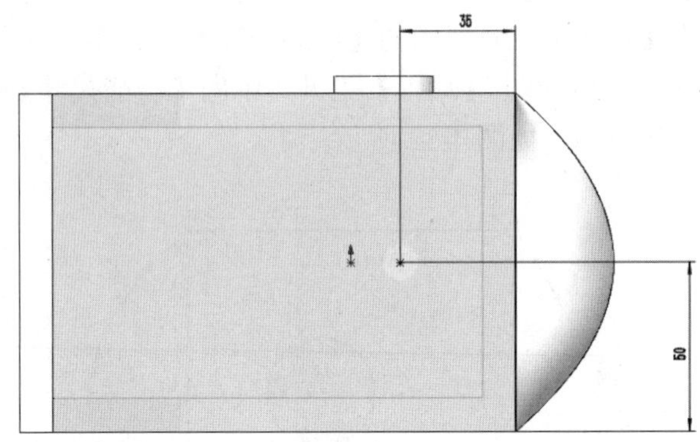

图 4-35　标注所绘制异型孔的尺寸位置

（3）选择【孔规格】属性管理器的【类型】选项，在【孔类型】选项中选择【柱形沉头孔】选项，在【标准】选项中选择【ISO】选项，在【类型】选项中选择【六角凹头 ISO 4762】选项，在【孔规格】中的【大小】选项中选择【M5】选项，在【配合】选项中选择【正常】选项，在【终止条件】选项中选择【完全贯穿】选项，单击【确定】按钮，如图 4-36 所示。

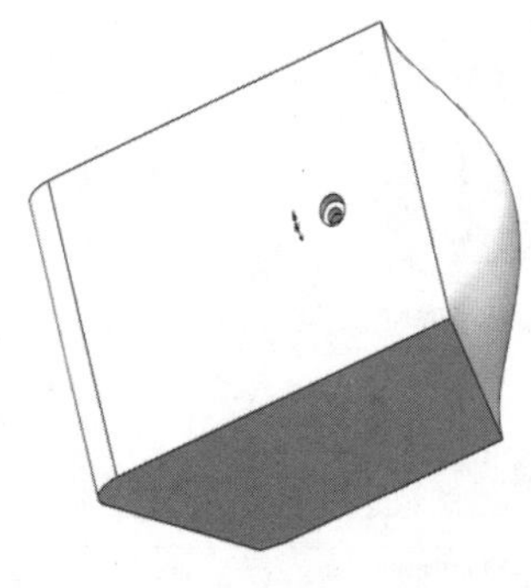

图 4-36　异型孔特征

10. 使用弯曲特征修饰实体

单击【特征】工具栏中的【弯曲】按钮，在【弯曲输入】中的【弯曲的实体】选项中选择图形实体，选中【折弯】单选按钮，选中【粗硬边线】复选框，在【角度】文本框中输入 30.00 度，【半径】选项根据角度自然变化，单击【确定】按钮，如图 4-37 所示。

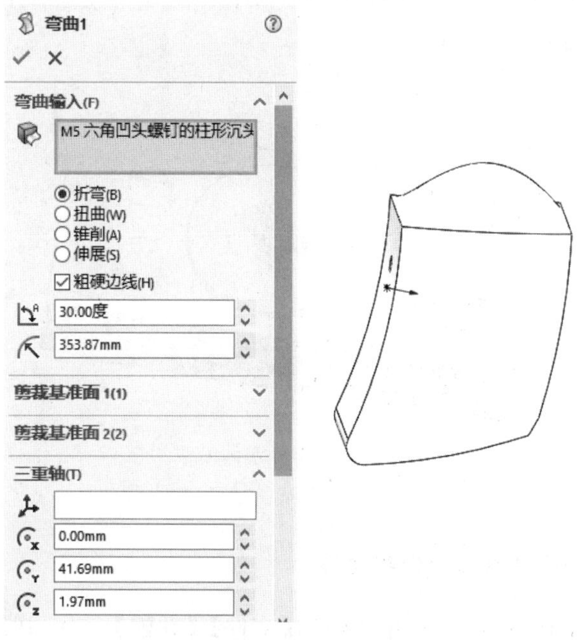

图 4-37　弯曲特征

11. 使用分割特征修饰实体

选择【插入】|【特征】|【分割】菜单命令，在【剪裁工具】中的【剪裁曲面】选项中选择【前视基准面】选项，单击【切除零件】按钮，在【所产生实体】选项中选中两个文件，单击【确定】按钮，如图 4-38 所示。

至此，零件实体模型已经绘制完成，如图 4-39 所示。

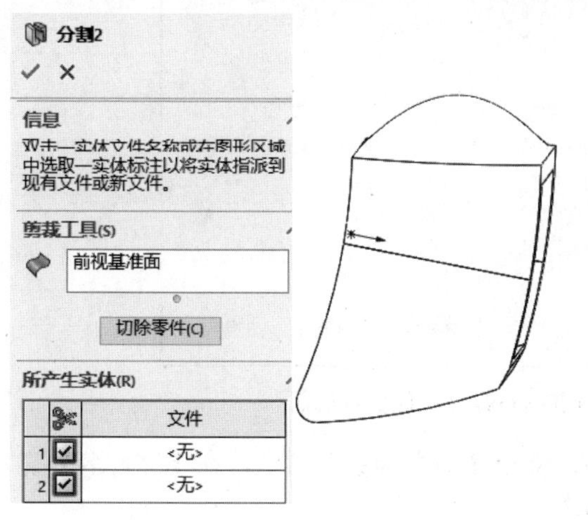

图 4-38　分割特征

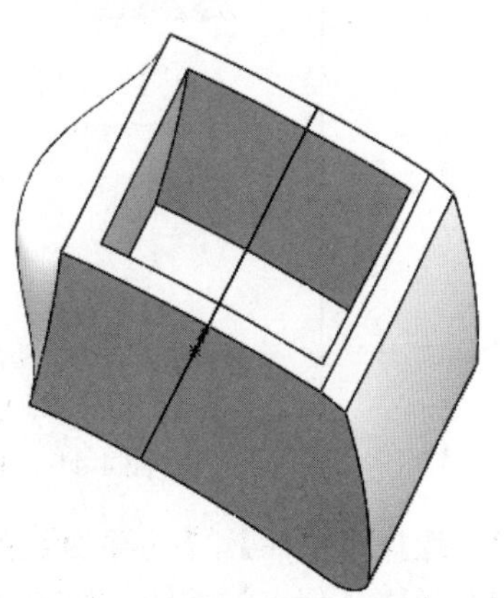

图 4-39　零件实体模型

视频讲解

4.21 范例——零件实体模型建模 2

本例将生成一个三维模型，如图 4-40 所示。本模型使用的功能有压凹特征、组合特征、装配凸台特征、弹簧扣特征和通风口特征等。

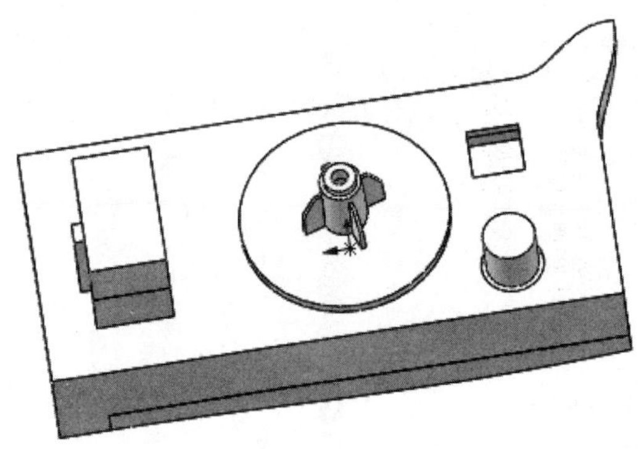

图 4-40 零件实体模型

主要步骤如下。

1. 新建 SOLIDWORKS 零件并保存文件

（1）启动 SOLIDWORKS，选择菜单栏中的【文件】|【新建】命令，弹出【新建 SOLIDWORKS 文件】对话框，单击【零件】按钮，单击【确定】按钮，如图 4-41 所示。

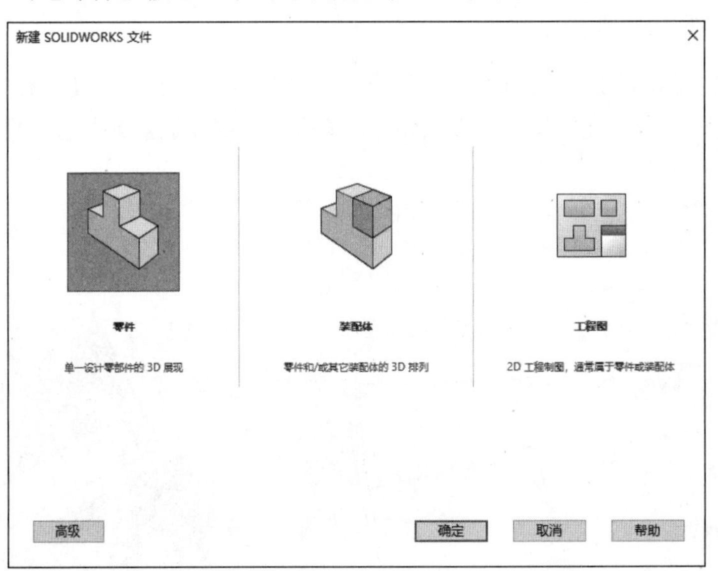

图 4-41 【新建 SOLIDWORKS 文件】对话框

（2）选择【文件】|【另存为】菜单命令，弹出【另存为】对话框，在【文件名】文本框中输入 4-4，单击【保存】按钮，如图 4-42 所示。

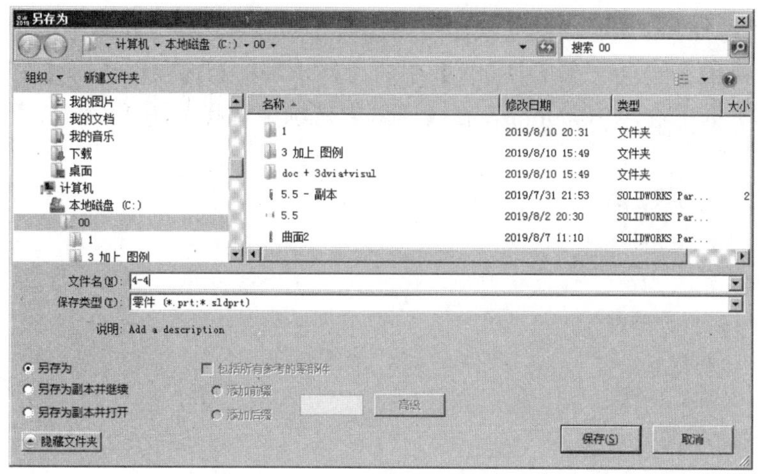

图 4-42　【另存为】对话框

2. 使用拉伸凸台特征建立实体

（1）单击【特征管理器设计树】中的【上视基准面】图标，使上视基准面成为草图 1 绘制平面。单击【视图定向】下拉图标中的【正视于】按钮，并单击【草图】工具栏中的【草图绘制】按钮，进入草图绘制状态。单击【草图】工具栏中的【中心矩形】按钮，绘制草图 1，如图 4-43 所示。

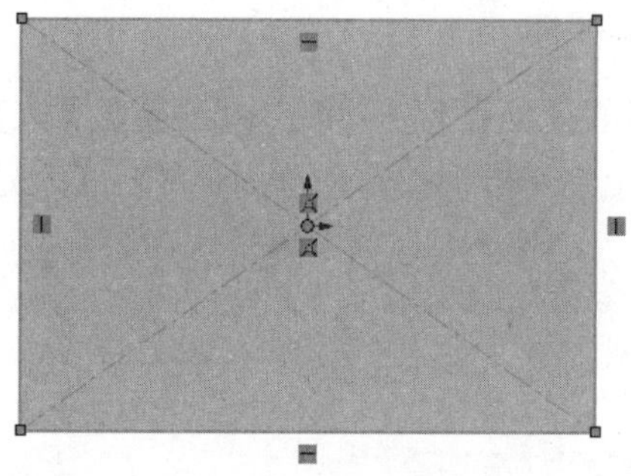

图 4-43　绘制草图 1

（2）单击【草图】工具栏中的【智能尺寸】按钮，标注所绘制草图 1 的尺寸，双击左键退出草图，如图 4-44 所示。

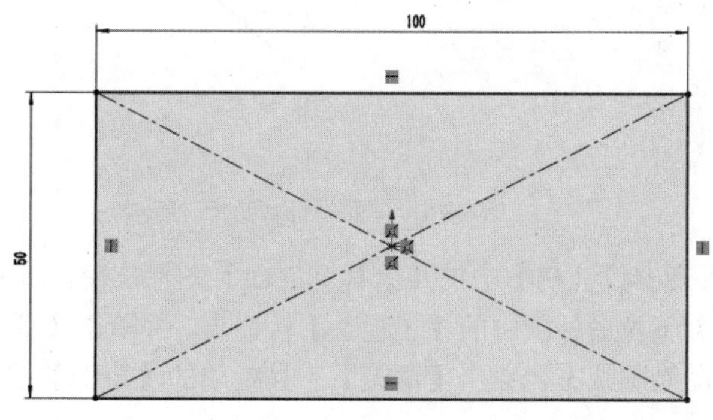

图 4-44　标注草图 1 的尺寸

（3）单击【特征】工具栏中的【拉伸凸台/基体】按钮，在【从】中的【开始条件】选项中选择【草图基准面】选项，在【方向 1】中的【终止条件】选项中选择【给定深度】选项，在【深度】文本框中输入 10.00mm，在【轮廓】选项中选择草图 1，单击【确定】按钮，如图 4-45 所示。

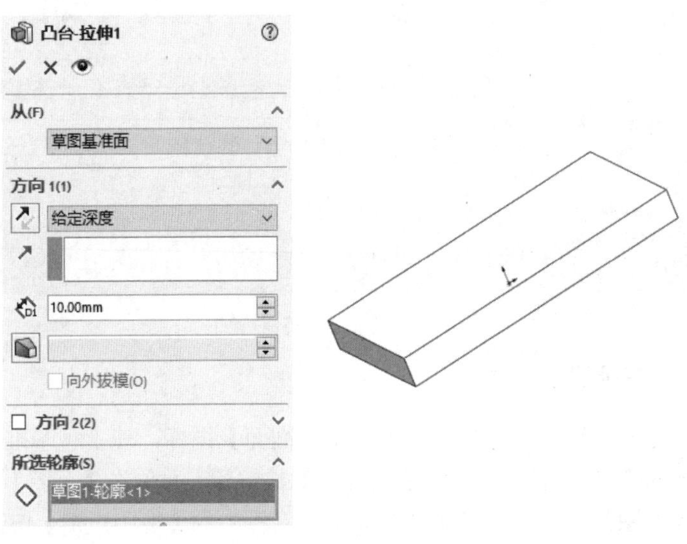

图 4-45 拉伸凸台（1）

3. 使用唇缘/凹槽特征修饰实体

（1）单击【特征】工具栏中的【抽壳】按钮，在【参数】中的【厚度】文本框中输入 2.00mm，在【移除的面】选项中选择与上视基准面重合的平面，单击【确定】按钮，如图 4-46 所示。

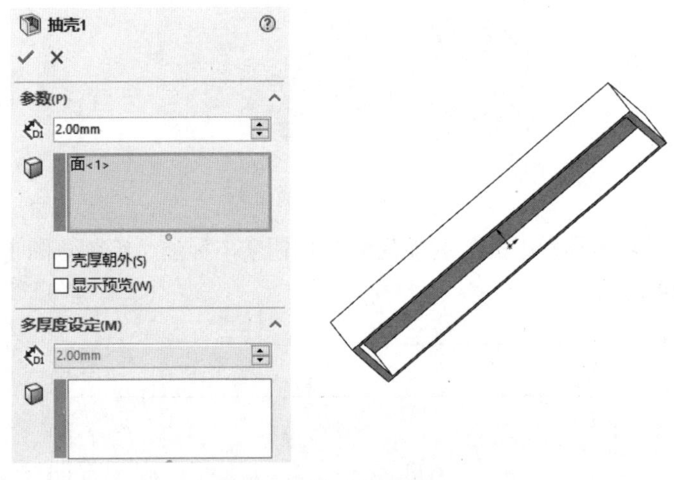

图 4-46 抽壳特征（1）

（2）单击【特征管理器设计树】中的【上视基准面】图标，使上视基准面成为草图 2 绘制平面。单击【视图定向】下拉图标中的【正视于】按钮，并单击【草图】工具栏中的【草图绘制】按钮，进入草图绘制状态。单击【草图】工具栏中的【矩形】按钮，绘制草图 2，如图 4-47 所示。

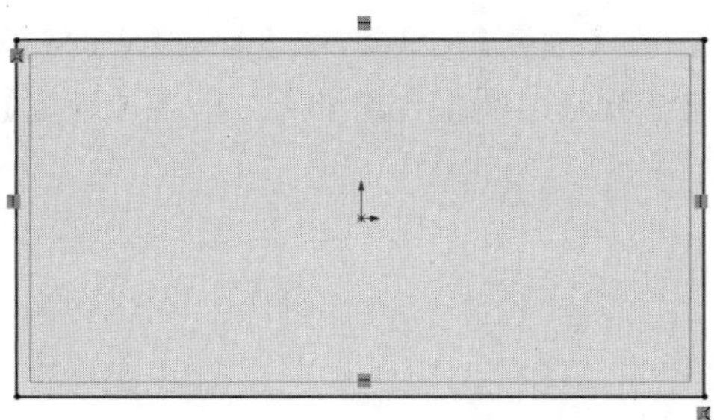

图 4-47　绘制草图 2

（3）单击【特征】工具栏中的【拉伸凸台/基体】按钮，在【从】中的【开始条件】选项中选择【草图基准面】选项，在【方向 1】中的【终止条件】选项中选择【给定深度】选项，在【深度】文本框中输入 10.00mm，取消选中【合并结果】复选框，在【轮廓】选项中选择草图 2，单击【确定】按钮，如图 4-48 所示。

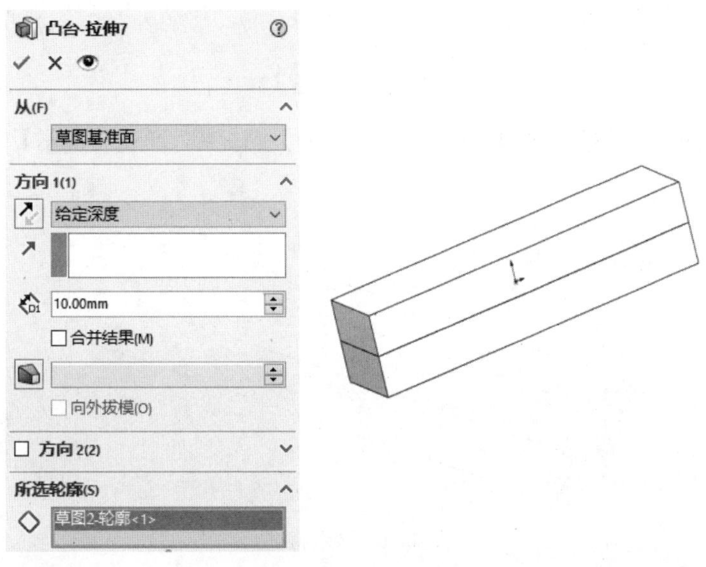

图 4-48　拉伸凸台（2）

（4）单击【特征管理器设计树】中的【凸台-拉伸】图标，单击【隐藏】图标，如图 4-49 所示。

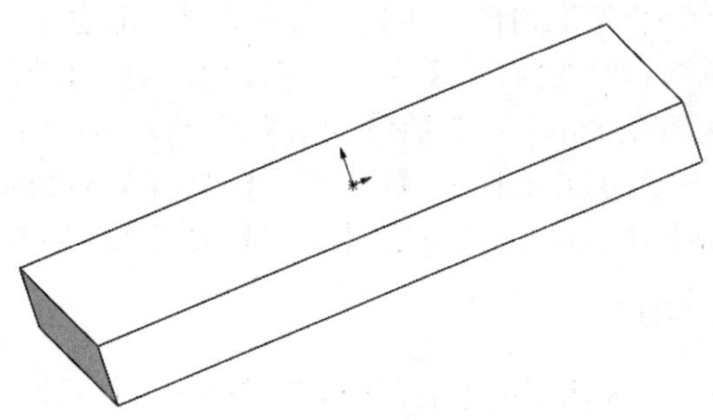

图 4-49　隐藏特征

（5）单击【特征】工具栏中的【抽壳】按钮，在【参数】中的【厚度】文本框中输入 2.00mm，在【移除的面】选项中选择与上视基准面重合的平面，单击【确定】按钮，如图 4-50 所示。

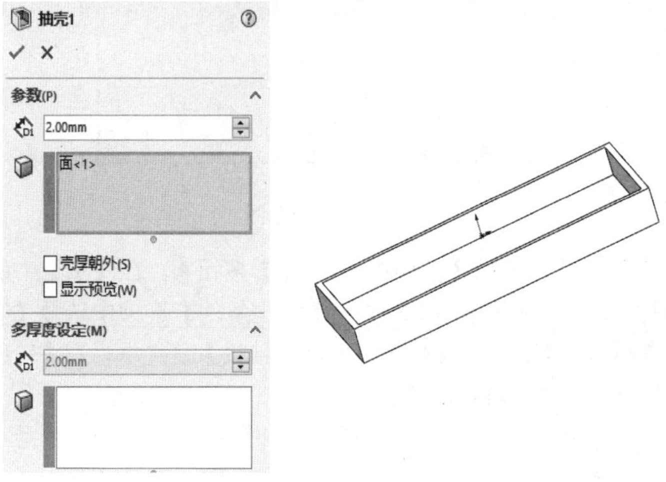

图 4-50　抽壳特征（2）

（6）单击【特征管理器设计树】中的【凸台-拉伸】图标，单击【显示】图标，如图 4-51 所示。

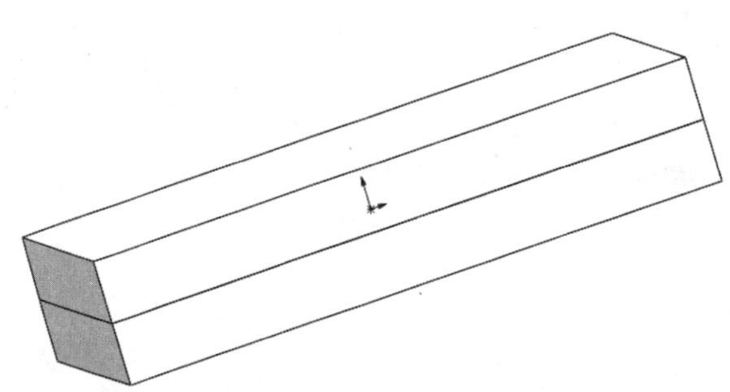

图 4-51　显示特征

（7）选择【插入】|【扣合特征】|【唇缘/凹槽】菜单命令，在【选取生成凹槽的实体/零部件】选项中选择上面的实体，在【选取生成唇缘的实体/零部件】选项中选择下面的实体，在【选取一个基准面】选项中选择【上视基准面】选项，在【凹槽选择】中的【选择生成凹槽的面】选项中选择相对的面，在【为凹槽选取内部边线】选项中选择外部边线，在【唇缘选择】中的【选择生成唇缘的面】选项中选择相对的面，在【为唇缘选取内部边线】选项中选择外部边线，在【参数】中的【A】文本框中输入 1.00mm，在【B】文本框中输入 0.00mm，在【C】文本框中输入 3.00 度，在【D】文本框中输入 0.00mm，在【E】文本框中输入 5.00mm，在【F】文本框中输入 1.00mm，在【H】文本框中输入 3.00mm，单击【确定】按钮，如图 4-52 所示。

4. 使用压凹特征修饰实体

（1）单击图形的上表面，使图形的上表面成为草图 3 绘制平面。单击【视图定向】下拉图标中的【正视于】按钮，并单击【草图】工具栏中的【草图绘制】按钮，进入草图绘制状态。单击【草图】工具栏中的【圆】按钮，绘制草图 3，如图 4-53 所示。

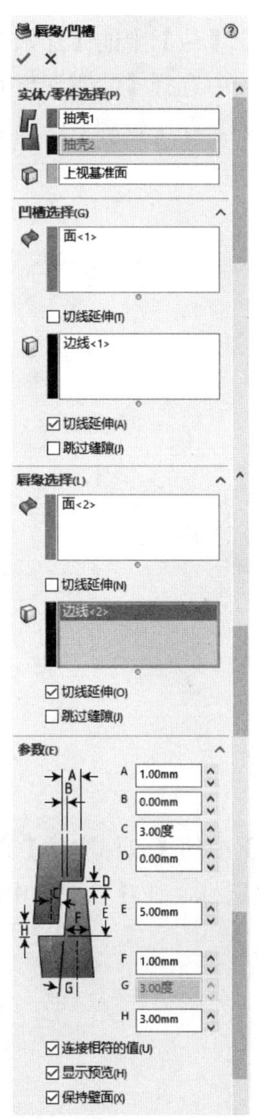

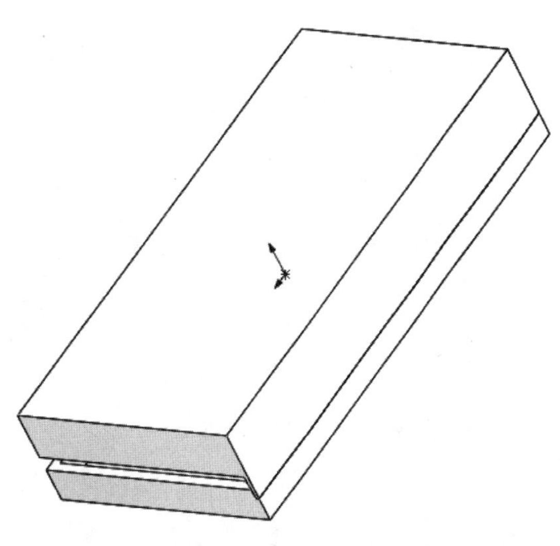

图 4-52　唇缘/凹槽特征

（2）单击【草图】工具栏中的【智能尺寸】按钮，标注所绘制草图 3 的尺寸，双击左键退出草图，如图 4-54 所示。

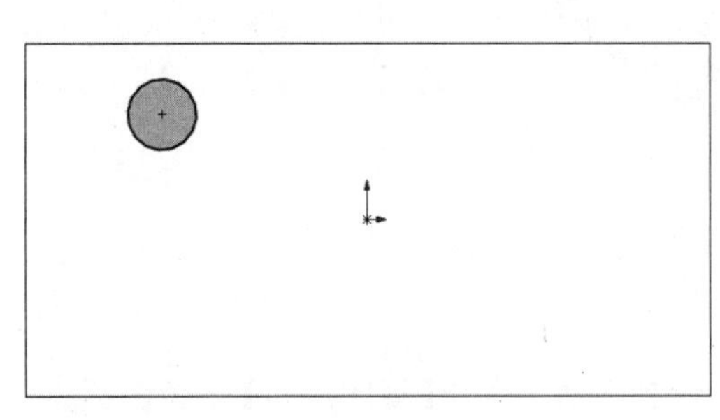

图 4-53　绘制草图 3

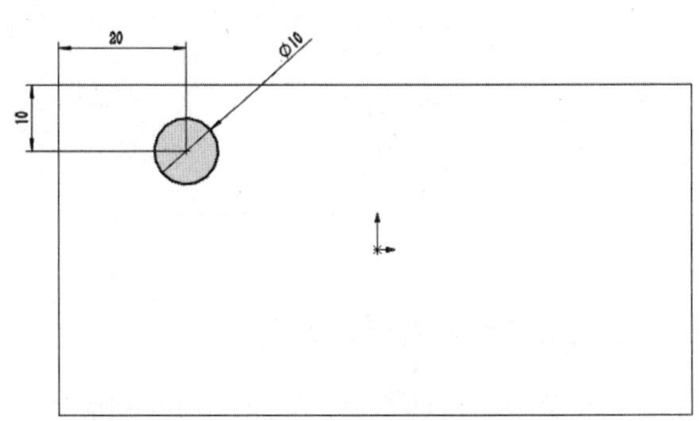

图 4-54　标注草图 3 的尺寸

（3）单击【特征】工具栏中的【拉伸凸台/基体】按钮，在【从】中的【开始条件】选项中选择【草图基准面】选项，在【方向 1】中的【终止条件】选项中选择【给定深度】选项，在【深度】文本框中输入 10.00mm，取消选中【合并结果】复选框，在【轮廓】选项中选择草图 3，单击【确定】按钮，如图 4-55 所示。

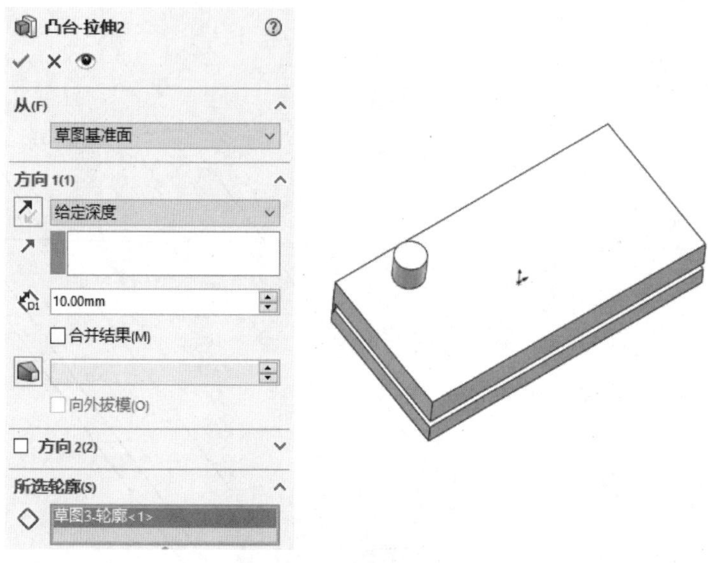

图 4-55　拉伸凸台（3）

（4）选择【插入】|【特征】|【压凹】菜单命令，在【选泽】中的【目标实体】选项中选择立方体，在【工具实体区域】选项中选择柱体，选中【切除】复选框，在【参数】中的【间隙】文本框中输入 1.00mm，单击【确定】按钮，如图 4-56 所示。

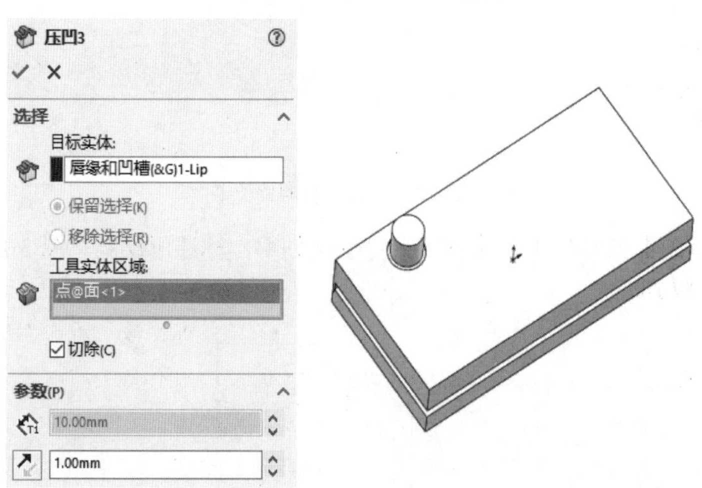

图 4-56　压凹特征

5. 使用组合特征修饰实体

（1）单击图形的右侧，使图形的右侧成为草图 4 绘制平面。单击【视图定向】下拉图标中

的【正视于】按钮，并单击【草图】工具栏中的【草图绘制】按钮，进入草图绘制状态。单击【草图】工具栏中的【矩形】按钮，绘制草图 4，如图 4-57 所示。

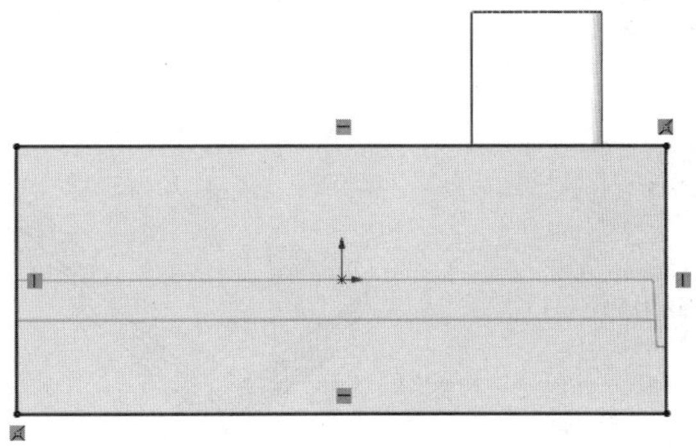

图 4-57　绘制草图 4

（2）单击【特征】工具栏中的【拉伸凸台/基体】按钮，在【从】中的【开始条件】选项中选择【草图基准面】选项，在【方向 1】中的【终止条件】选项中选择【给定深度】选项，在【深度】文本框中输入 10.00mm，取消选中【合并结果】复选框，在【轮廓】选项中选择草图 4，单击【确定】按钮，如图 4-58 所示。

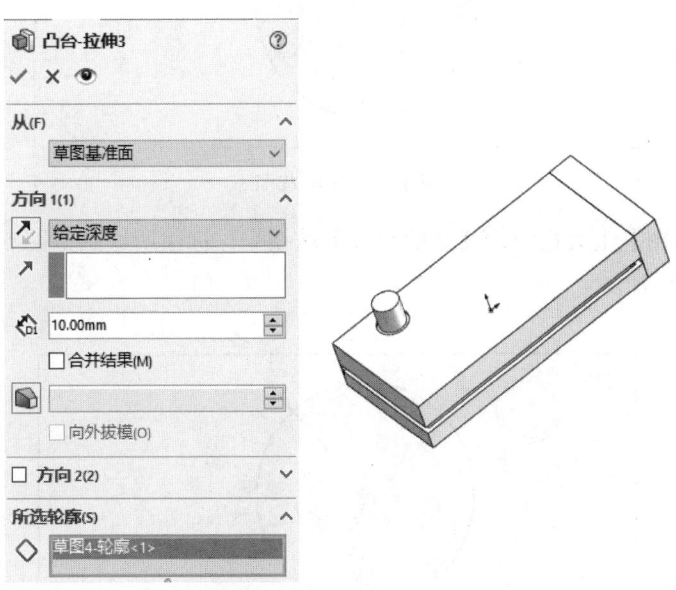

图 4-58　拉伸凸台（4）

（3）选择【插入】|【特征】|【组合】菜单命令，在【操作类型】选项中选中【添加】单选按钮，在【要组合的实体】选项中选择上面的立方体和刚刚建立的小立体，单击【确定】按钮，如图 4-59 所示。

6. 使用装配凸台特征修饰实体

（1）单击图形的上表面，使上视基准面成为草图 5 绘制平面。单击【视图定向】下拉图标中的【正视于】按钮，并单击【草图】工具栏中的【草图绘制】按钮，进入草图绘制状态。单击【草图】工具栏中的【圆】按钮，绘制草图5，如图4-60所示。

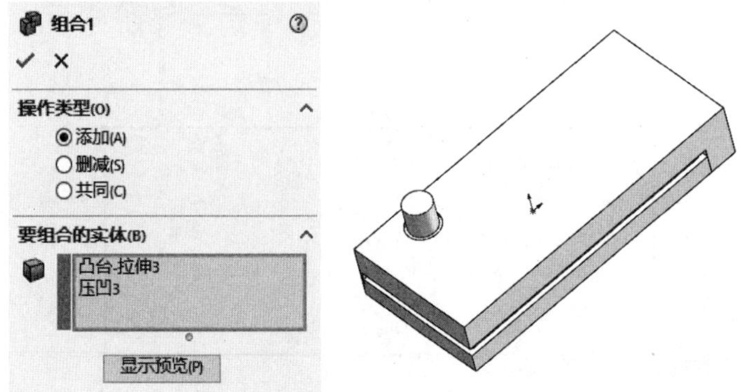

图4-59　组合特征

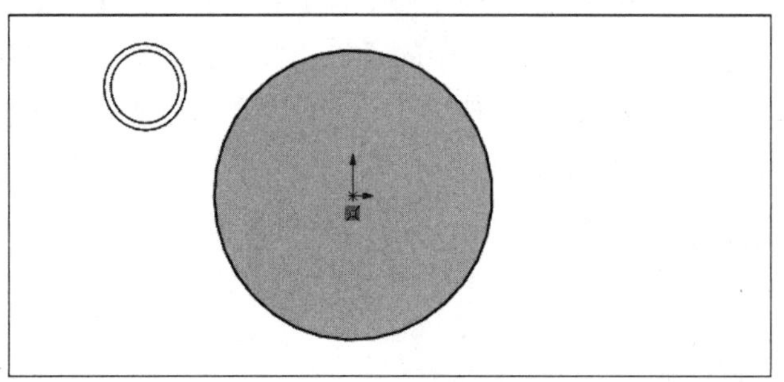

图4-60　绘制草图5

（2）单击【草图】工具栏中的【智能尺寸】按钮，标注所绘制草图5的尺寸，双击左键退出草图，如图4-61所示。

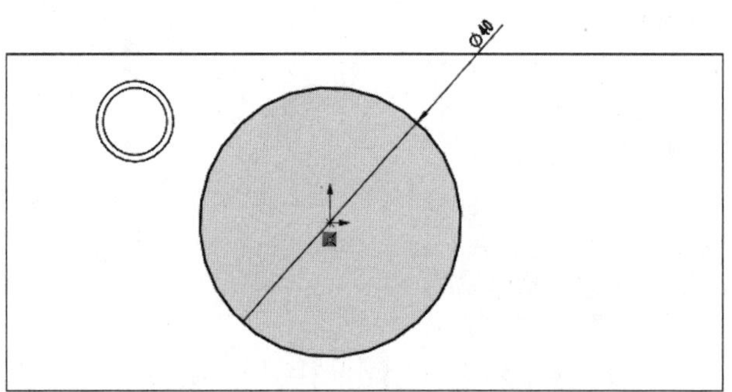

图4-61　标注草图5的尺寸

（3）单击【特征】工具栏中的【拉伸凸台/基体】按钮，在【从】中的【开始条件】选项中选择【草图基准面】选项，在【方向1】中的【终止条件】选项中选择【给定深度】选项，在【深度】文本框中输入2.00mm，在【轮廓】选项中选择草图5，单击【确定】按钮，如图4-62所示。

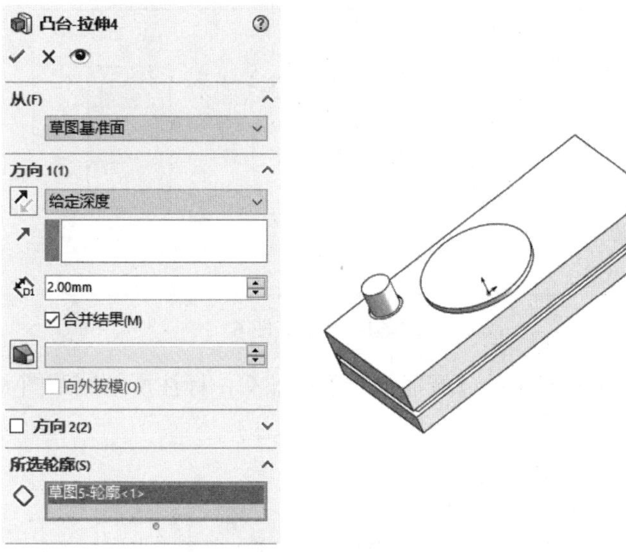

图 4-62　拉伸凸台（5）

（4）选择【插入】|【扣合特征】|【装配凸台】菜单命令，在【定位】中的【选择一个面】选项中选择圆凸台上表面，在【选择圆形边定位面】选项中选择圆形凸台边线，在【凸台类型】选项中选择【顶部】选项，其余凸台参数默认，单击【确定】按钮，如图 4-63 所示。

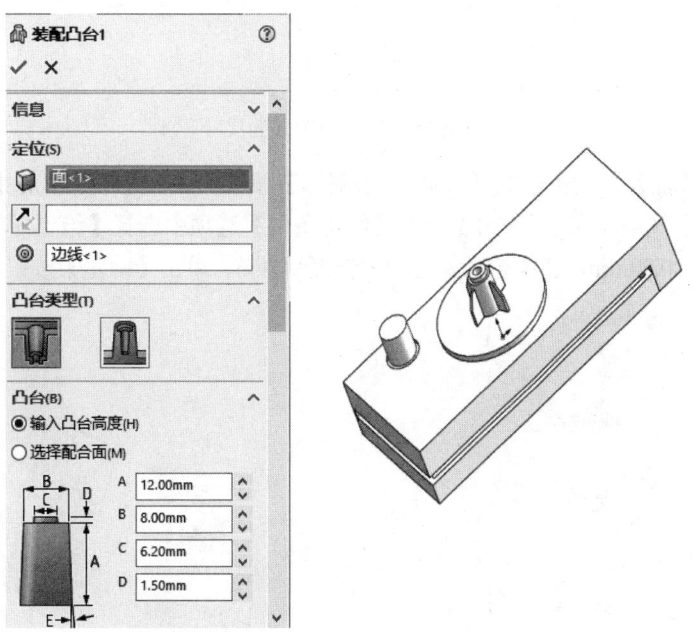

图 4-63　装配凸台特征

7. 使用弹簧扣特征修饰实体

（1）单击图形的上表面，使上视基准面成为草图 6 绘制平面。单击【视图定向】下拉图标中的【正视于】按钮，并单击【草图】工具栏中的【草图绘制】按钮，进入草图绘制状态。单击【草图】工具栏中的【矩形】按钮，绘制草图 6，如图 4-64 所示。

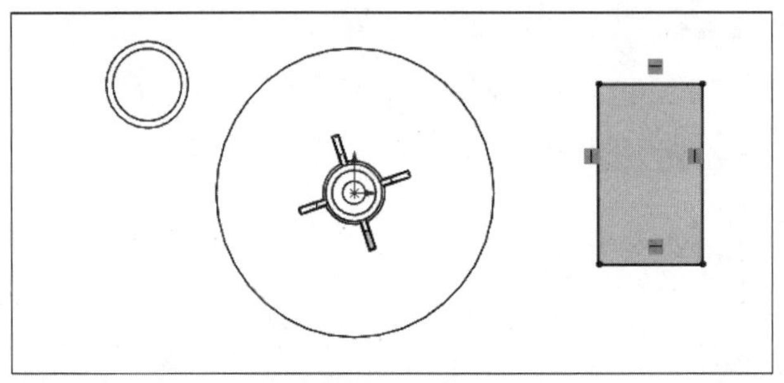

图 4-64　绘制草图 6

（2）单击【草图】工具栏中的【智能尺寸】按钮，标注所绘制草图 6 的尺寸，双击左键退出草图，如图 4-65 所示。

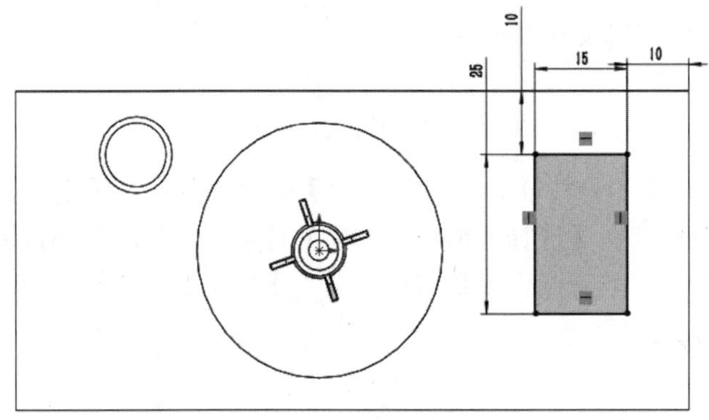

图 4-65　标注草图 6 的尺寸

（3）单击【特征】工具栏中的【拉伸凸台/基体】按钮，在【从】中的【开始条件】选项中选择【草图基准面】选项，在【方向 1】中的【终止条件】选项中选择【给定深度】选项，在【深度】文本框中输入 10.00mm，在【轮廓】选项中选择草图 6，单击【确定】按钮，如图 4-66 所示。

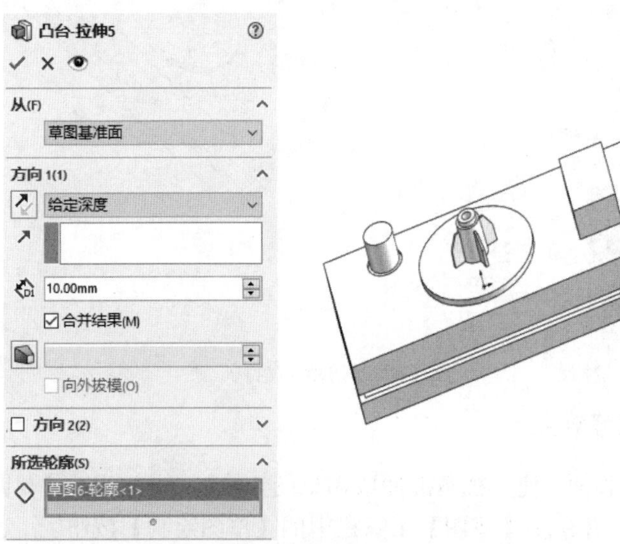

图 4-66　拉伸凸台（6）

（4）选择【插入】|【扣合特征】|【弹簧扣】菜单命令，在【弹簧扣选择】中的【为扣勾的位置选择定位】选项中选择相交面的中点，在【定位扣勾的竖直方向】选项中选择立方体（非凸台）的上表面，在【定义扣勾的方向】选项中选择凸台的右侧面，选中【反向】复选框，选中【输入实体高度】单选按钮，在【弹簧和数据】选项中为默认选项，单击【确定】按钮，如图 4-67 所示。

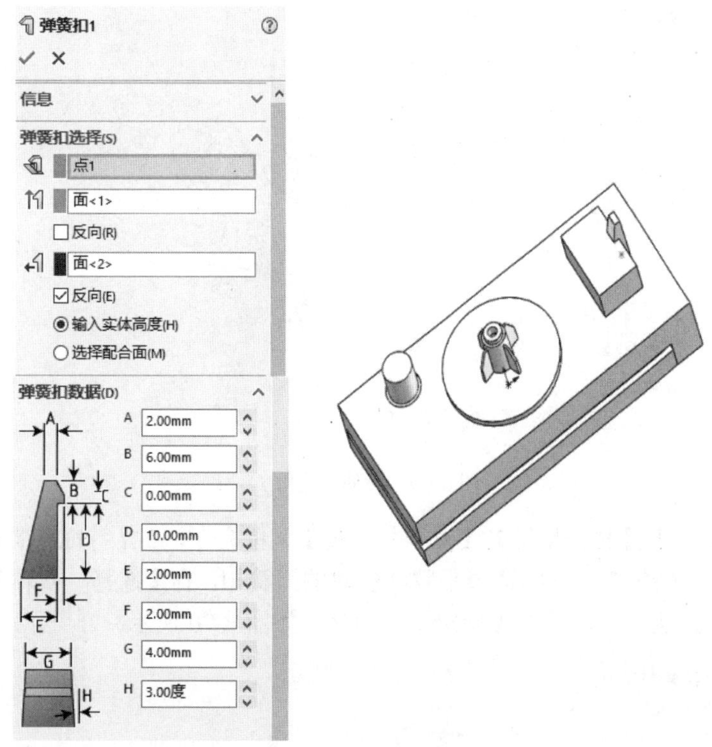

图 4-67　弹簧扣特征

8. 使用弹簧扣凹槽特征修饰实体

（1）单击凸台的上表面，使上视基准面成为草图 7 绘制平面。单击【视图定向】下拉图标中的【正视于】按钮，并单击【草图】工具栏中的【草图绘制】按钮，进入草图绘制状态。单击【草图】工具栏中的【矩形】按钮，绘制草图 7，如图 4-68 所示。

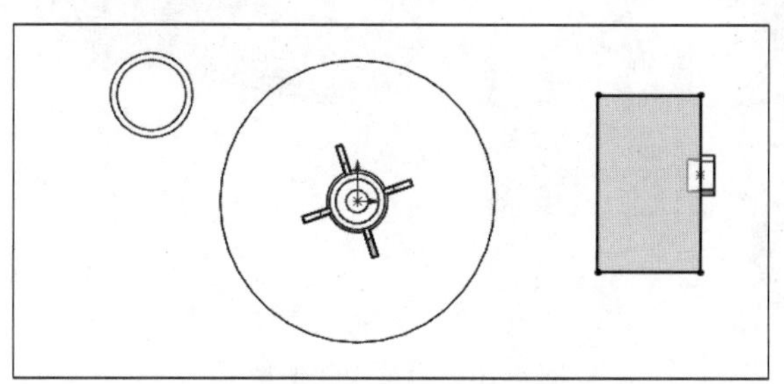

图 4-68　绘制草图 7

（2）单击【特征】工具栏中的【拉伸凸台/基体】按钮，在【从】中的【开始条件】选项中选择【草图基准面】选项，在【方向 1】中的【终止条件】选项中选择【给定深度】选项，在【深度】文本框中输入 10.00mm，在【轮廓】选项中选择草图 7，单击【确定】按钮，如图 4-69 所示。

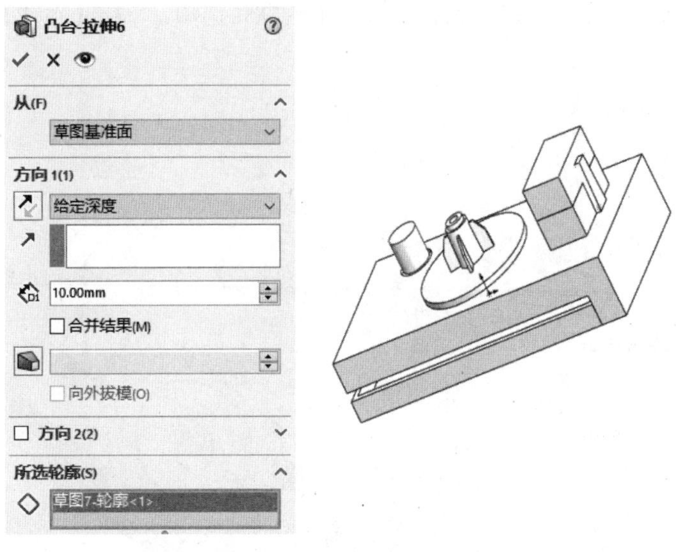

图 4-69　拉伸凸台（7）

（3）选择【插入】|【扣合特征】|【弹簧扣凹槽】菜单命令，在【特征和实体选择】中的【从特征树选择一弹簧扣特征】选项中选择步骤 7 创建的弹簧扣，在【选择一实体】选项中选择凸台上的实体，其余为默认选项，单击【确定】按钮，如图 4-70 所示。

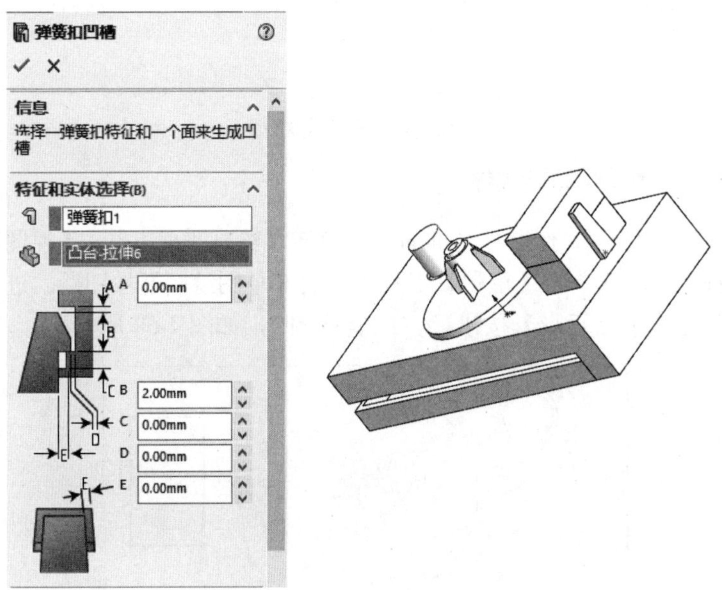

图 4-70　弹簧扣凹槽特征

9. 使用通风口特征修饰实体

（1）单击图形的上表面，使上视基准面成为草图 8 绘制平面。单击【视图定向】下拉图标

中的【正视于】按钮，并单击【草图】工具栏中的【草图绘制】按钮，进入草图绘制状态。单击【草图】工具栏中的【矩形】按钮，绘制草图 8，如图 4-71 所示。

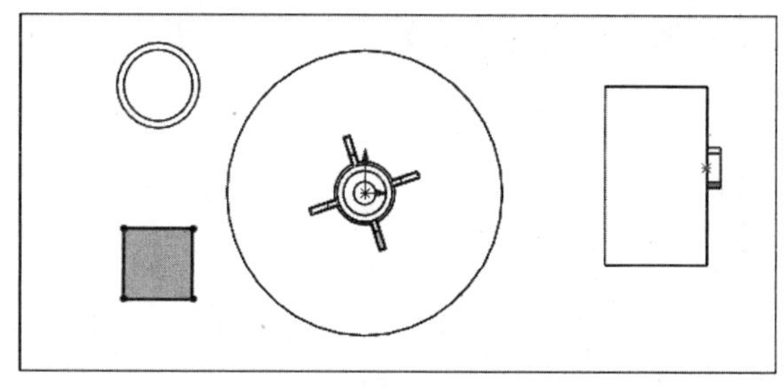

图 4-71　绘制草图 8

（2）单击【草图】工具栏中的【智能尺寸】按钮，标注所绘制草图 8 的尺寸，双击左键退出草图，如图 4-72 所示。

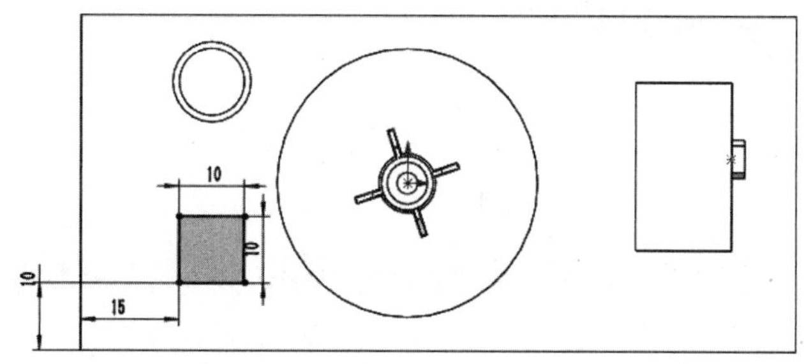

图 4-72　标注草图 8 的尺寸

（3）选择【插入】|【扣合特征】|【通风口】菜单命令，在【边界】选项中选择草图 8 的 4 个边线，在【几何体属性】中的【选择一放置通风口的面】选项中选择草图所在平面，单击【确定】按钮，如图 4-73 所示。

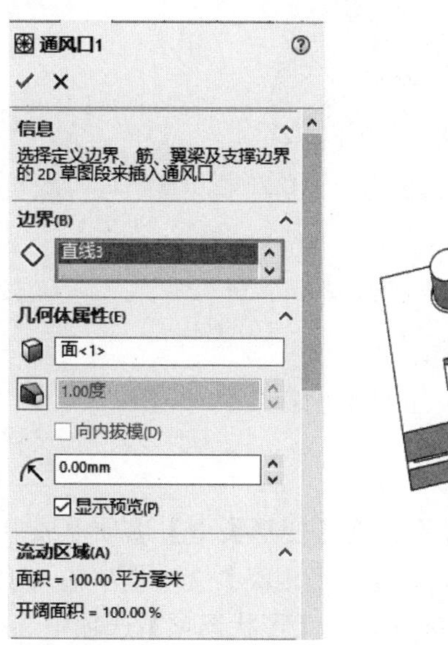

图 4-73　通风口特征

10. 使用自由形特征修饰实体

（1）选择【插入】|【特征】|【自由形】菜单命令，在【面设置】中的【要变形的面】选项中选择图形的底面，将下边线选项中的【接触】选项修改为【可移动】选项，如图 4-74 所示。

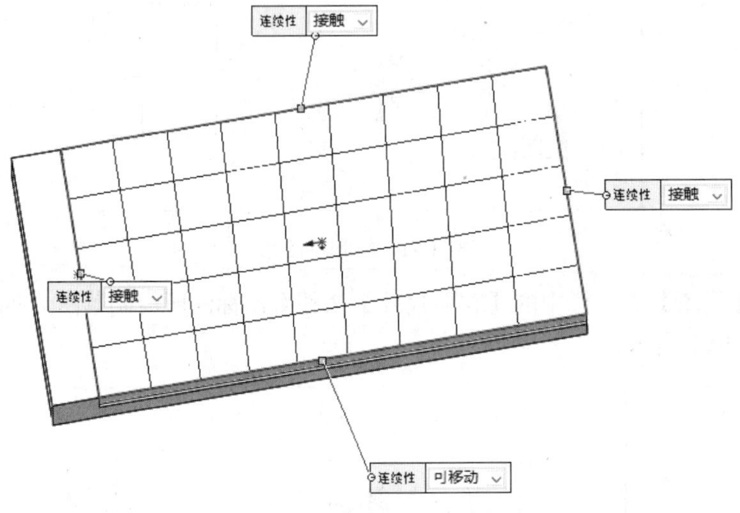

图 4-74 可移动点

（2）拉动该可移动点旁边的箭头，可将该变形点移动到其他位置使其自由变形，如图 4-75 所示。

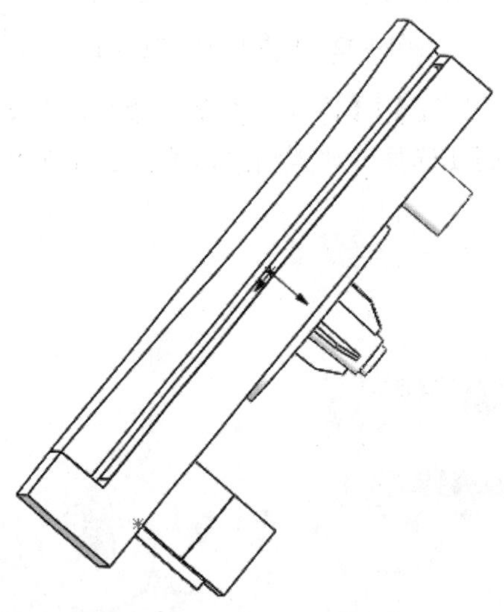

图 4-75 自由变形特征

11. 使用变形特征修饰实体

选择【插入】|【特征】|【变形】菜单命令，在【变形类型】选项中选中【点】单选按钮，在【变形点】选项中选择立体图形的一顶点，在【变形距离】文本框中输入 10.00mm，在【变形区域】中的【变形半径】文本框中输入 10.00mm，在【形状选项】选项中选择【刚度-中等】选项，选中【保持边界】复选框，单击【确定】按钮✓，如图 4-76 所示。

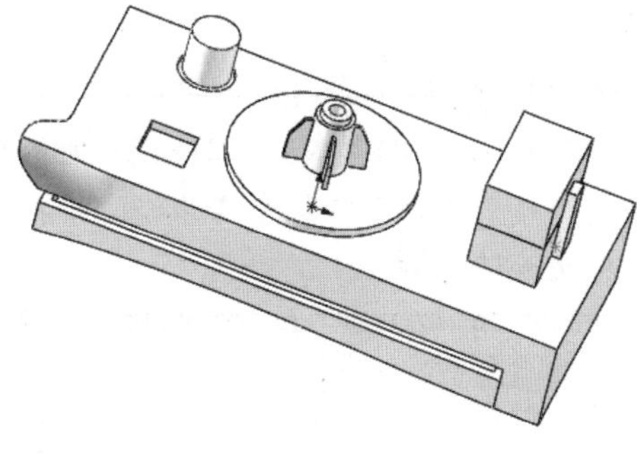

图 4-76　变形特征

至此，零件实体模型已经绘制完成，如图 4-77 所示。

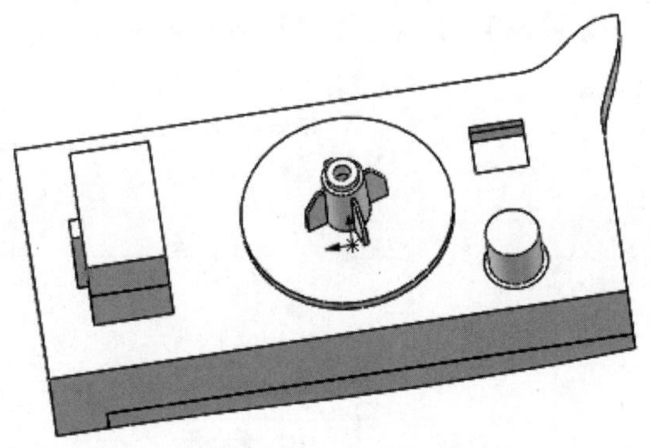

图 4-77　零件实体模型

第5章　进阶特征

本章导读

在进行 SOLIDWORKS 零件设计时，有些特征命令是操纵其他特征命令的，我们将这类特征命名为进阶特征。本章将重点介绍进阶特征的参数含义和使用方法。

5.1　线性阵列特征

线性阵列特征可以沿一条或两条直线路径以线性阵列的方式，生成一个或多个特征的多个实例。

5.1.1　菜单命令启动

可通过如下两种方式打开【线性阵列】属性管理器，如图 5-1 所示。

☑　单击【特征】工具栏中的【线性阵列】按钮器。

☑　选择【插入】|【阵列/镜向】|【线性阵列】菜单命令。

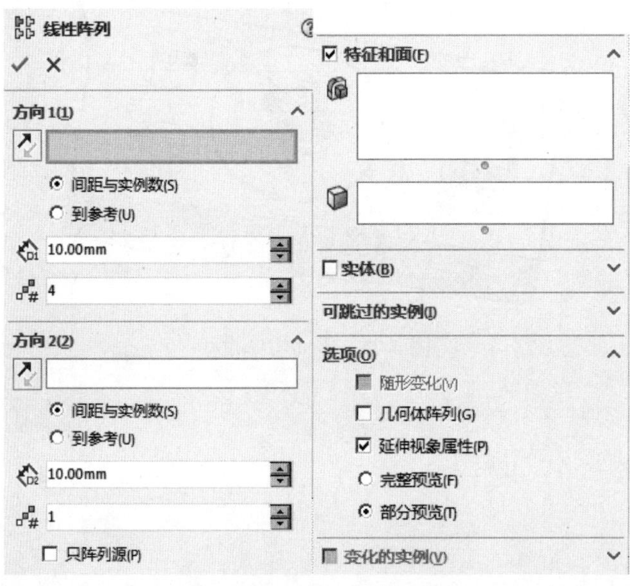

图 5-1　【线性阵列】属性管理器

5.1.2　线性阵列特征的知识点

1.【方向 1】选项组

在【方向 1】选项组中选择阵列方式，如表 5-1 所示。

表 5-1　选择阵列方式

操 作 选 项	图　　示
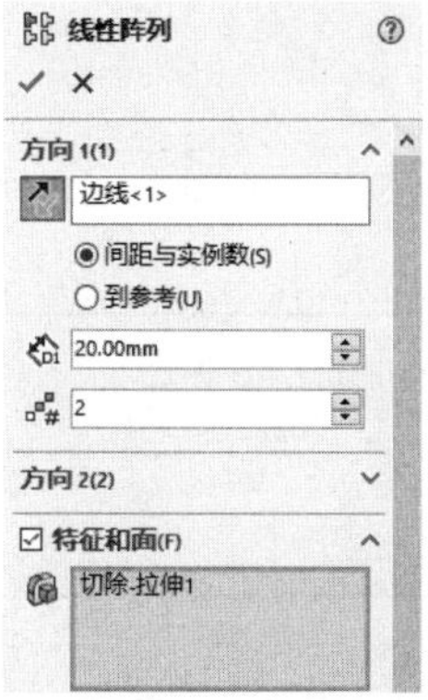 向一个方向阵列两个特征	
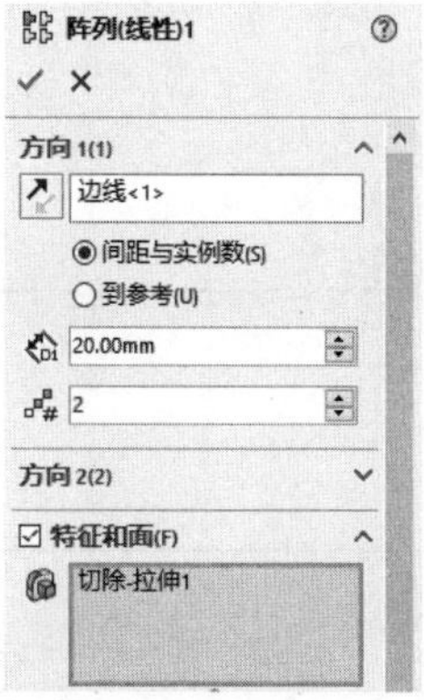 向一个相反方向阵列两个特征	
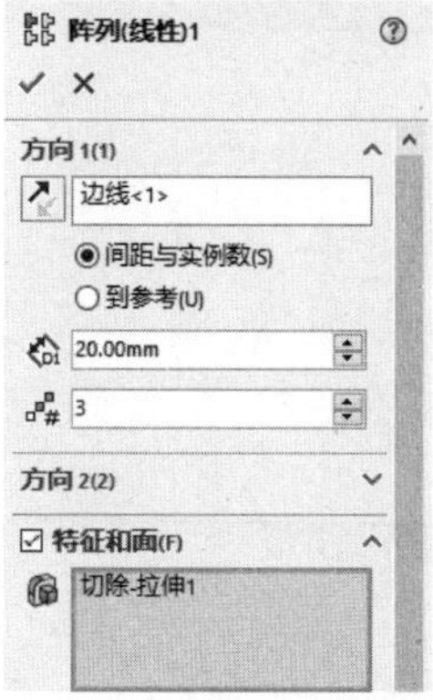 向一个方向阵列 3 个特征	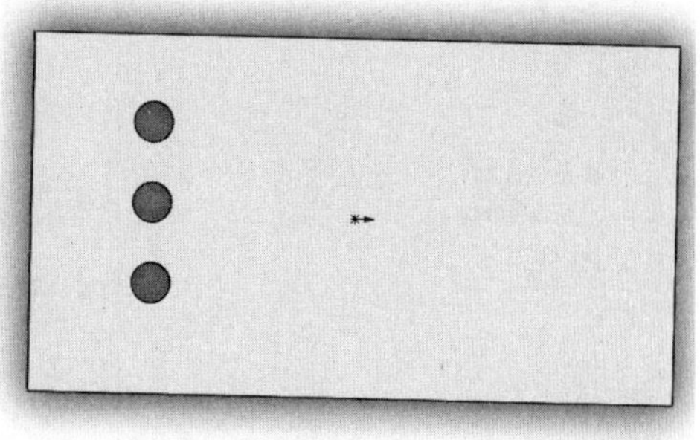

续表

操 作 选 项	图　　示
向一个方向阵列另一个距离的特征	
根据距离一直阵列到参考面为止	
根据数量一直阵列到参考面为止	

2.【方向 2】选项组

在【方向 2】选项组中设置是否只阵列源，如表 5-2 所示。

表 5-2 设置是否只阵列源

操作选项	图示
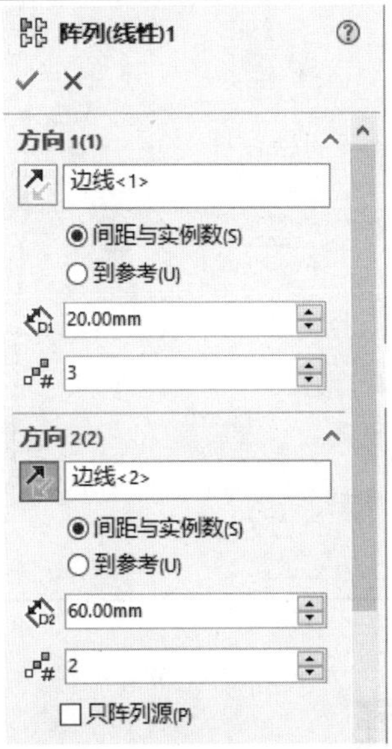 阵列(线性)1 方向 1(1) 边线<1> 间距与实例数(S) 到参考(U) 20.00mm 3 方向 2(2) 边线<2> 间距与实例数(S) 到参考(U) 60.00mm 2 只阵列源(P) 同时向两个方向阵列特征	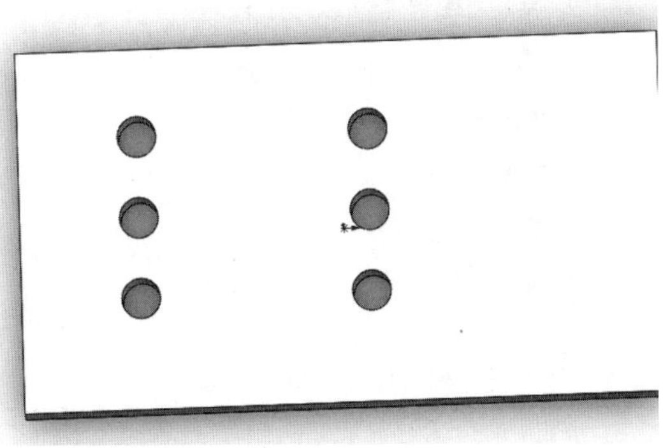
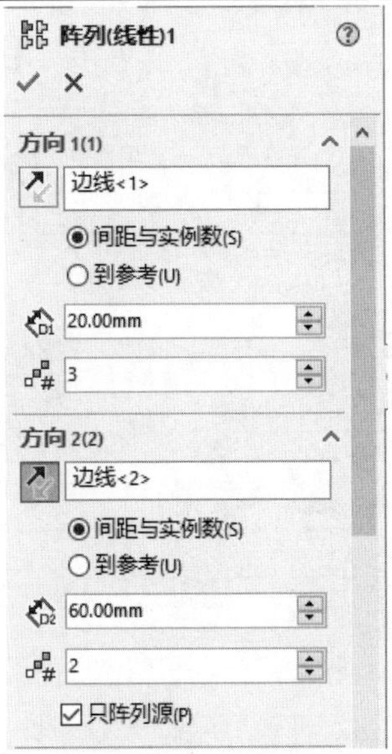 阵列(线性)1 方向 1(1) 边线<1> 间距与实例数(S) 到参考(U) 20.00mm 3 方向 2(2) 边线<2> 间距与实例数(S) 到参考(U) 60.00mm 2 只阵列源(P) 阵列时只阵列源	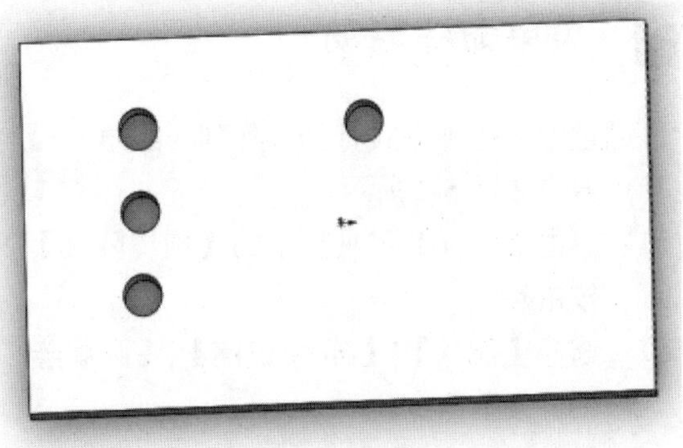

3.【实体】选项组

在【实体】选项组中设置阵列实体而非特征，如表 5-3 所示。

表 5-3　设置阵列实体而非特征

操作选项	图　示
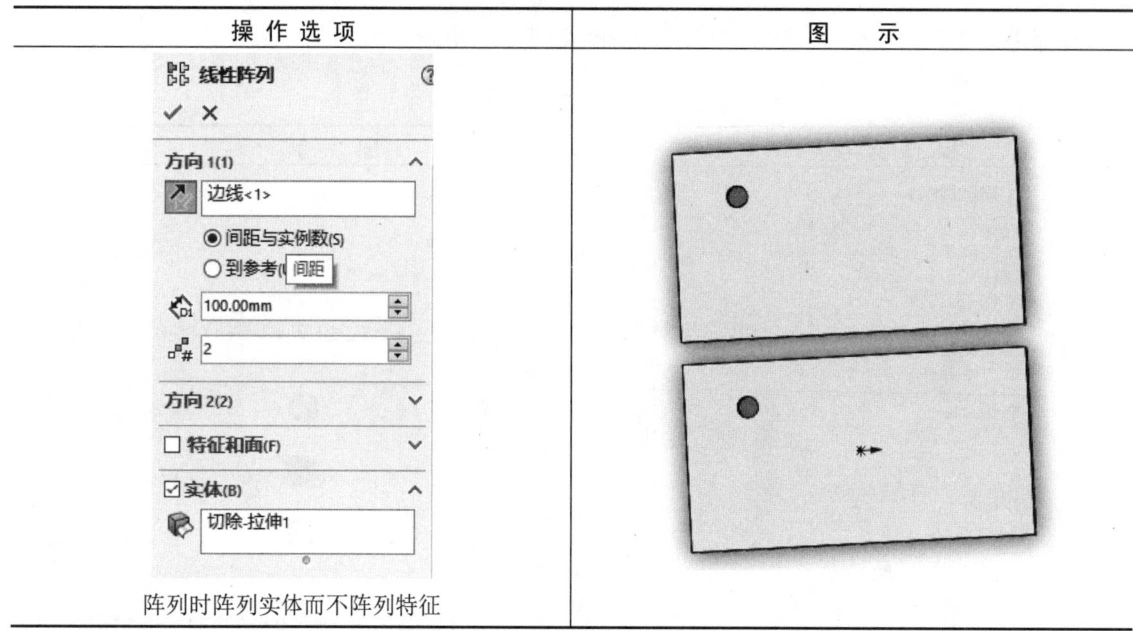 阵列时阵列实体而不阵列特征	

5.2　圆周阵列特征

圆周阵列特征可以沿一条轴线以圆周阵列的方式，生成一个或多个特征的多个实例。

5.2.1　菜单命令启动

可通过如下两种方式打开【阵列（圆角）1】属性管理器，如图 5-2 所示。

☑　单击【特征】工具栏中的【圆周阵列】按钮。

☑　选择【插入】|【阵列/镜向】|【圆周阵列】菜单命令。

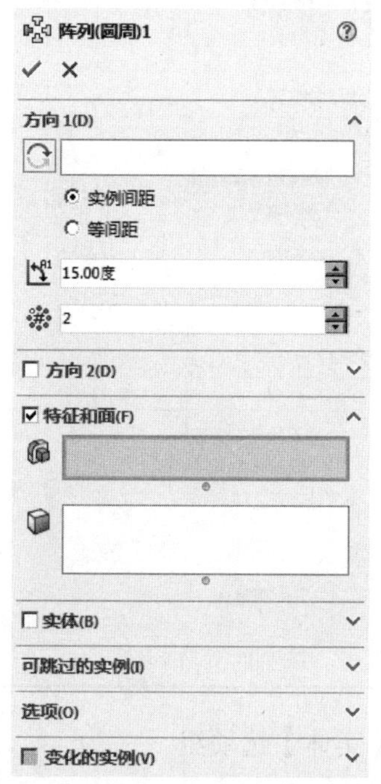

图 5-2　【阵列（圆周）1】属性管理器

5.2.2　圆周阵列特征的知识点

1.【方向 1】选项组

在【方向 1】选项组中设置阵列方向，如表 5-4 所示。

表 5-4　设置阵列方向

操作选项	图示
 向一个方向阵列两个特征	
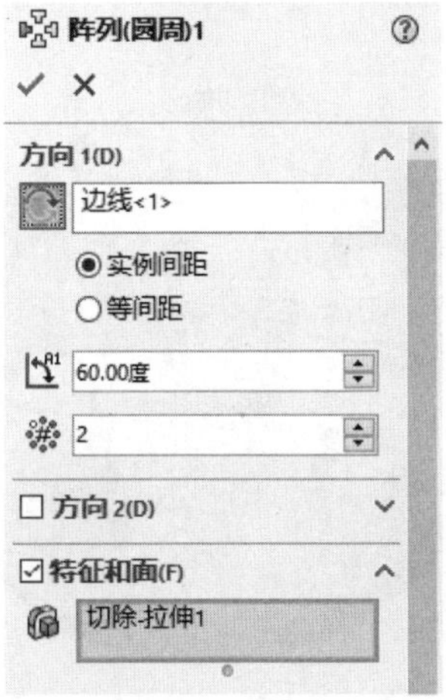 向一个相反方向阵列两个特征	
 向一个方向阵列 3 个特征	

续表

操 作 选 项	图 示
向一个方向阵列另一个角度的特征	
以一整周和数量的等间距方式圆周阵列	
以总角度和数量的等间距方式圆周阵列	

2.【方向 2】选项组

在【方向 2】选项组中设置向两个方向阵列，如表 5-5 所示。

表 5-5　设置向两个方向阵列

操 作 选 项	图　　示
 同时向两个方向阵列特征	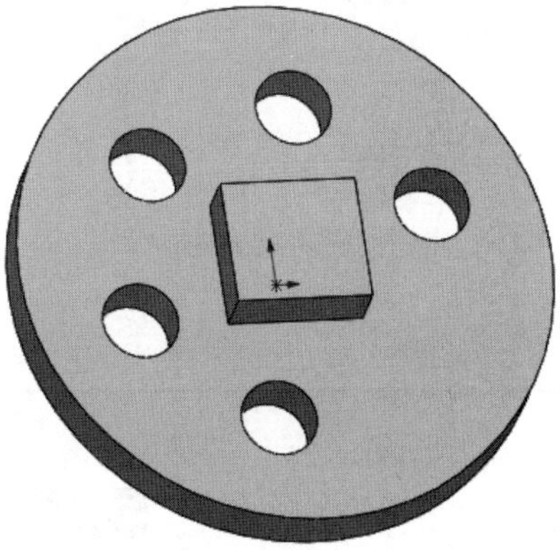
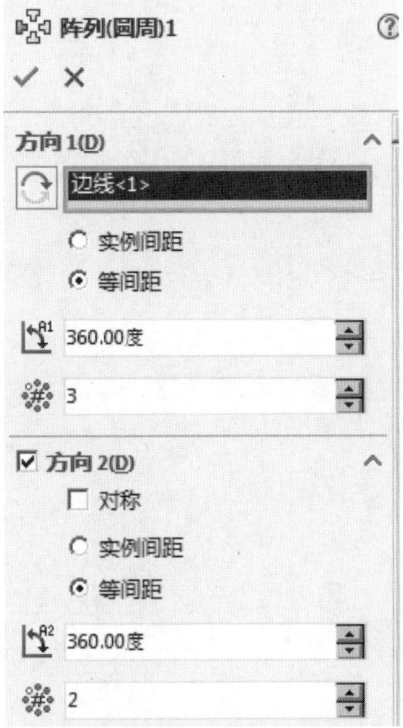 同时向两个方向圆周阵列	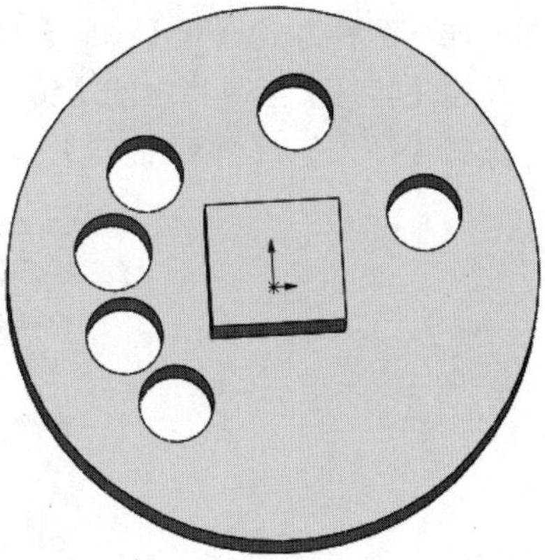

3.【实体】选项组

在【实体】选项组中设置阵列实体而非特征，如表 5-6 所示。

表 5-6 设置阵列实体而非特征

操作选项	图示
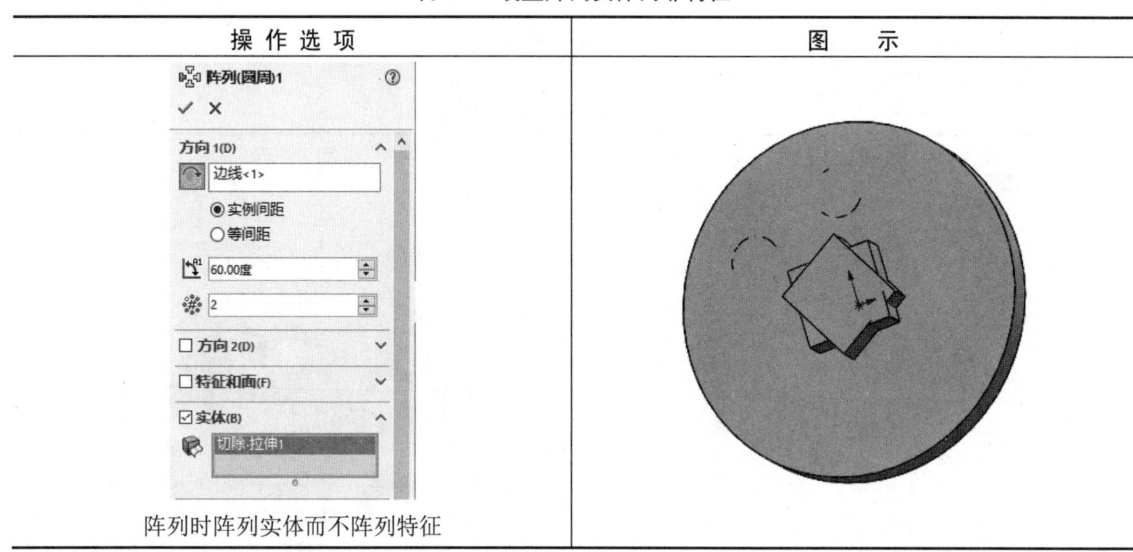 阵列时阵列实体而不阵列特征	

5.3 镜向特征

镜向特征可以绕面或基准面创建一个或多个特征的副本。

5.3.1 菜单命令启动

可通过如下两种方式打开【镜向】属性管理器，如图 5-3 所示。

☑ 单击【特征】工具栏中的【镜向】按钮。

☑ 选择【插入】|【阵列/镜向】|【镜向】菜单命令。

图 5-3 【镜向】属性管理器

5.3.2 镜向特征的知识点

1.【镜向面/基准面】选项组

在【镜向面/基准面】选项组中选择基准面镜向，如表 5-7 所示。

表 5-7 选择基准面镜向

操作选项	图示
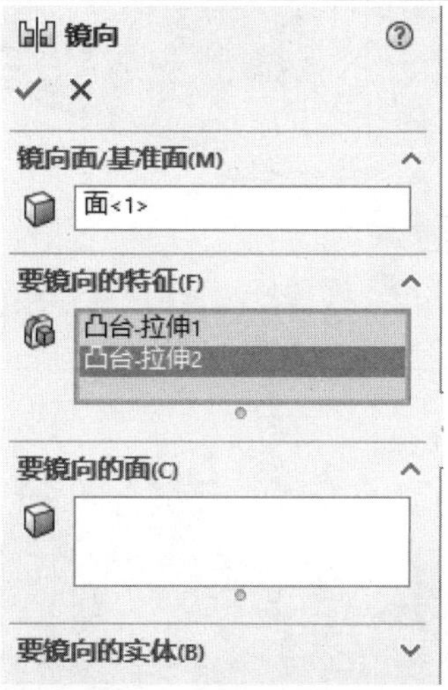 以图形大方块上右侧面为基准面镜向	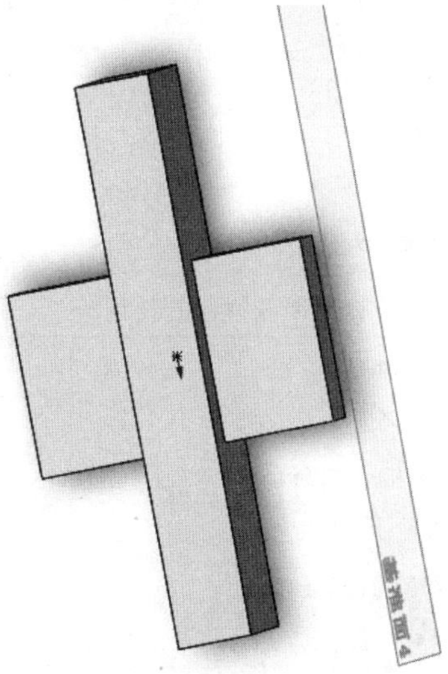
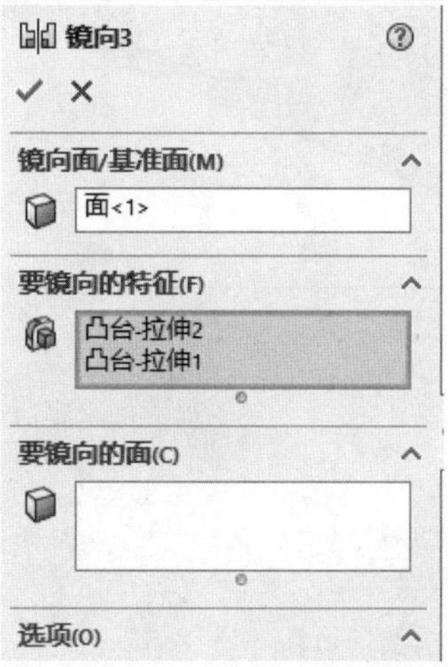 以图形大方块上左侧面为基准面镜向	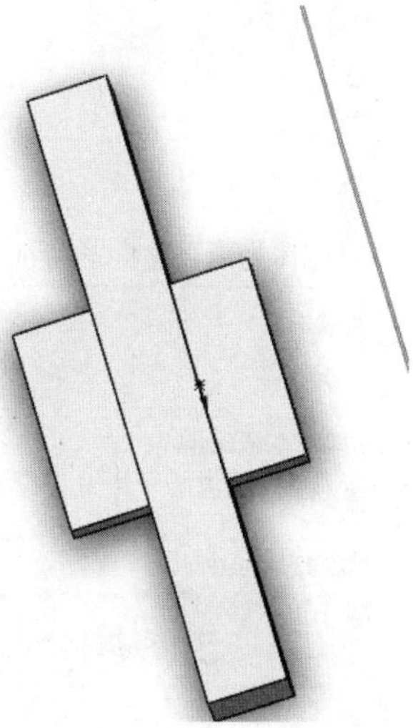

2.【要镜向的特征】选项组

在【要镜向的特征】选项组中选择要镜向的特征，如表 5-8 所示。

表 5-8　选择要镜向的特征

操 作 选 项	图　　示
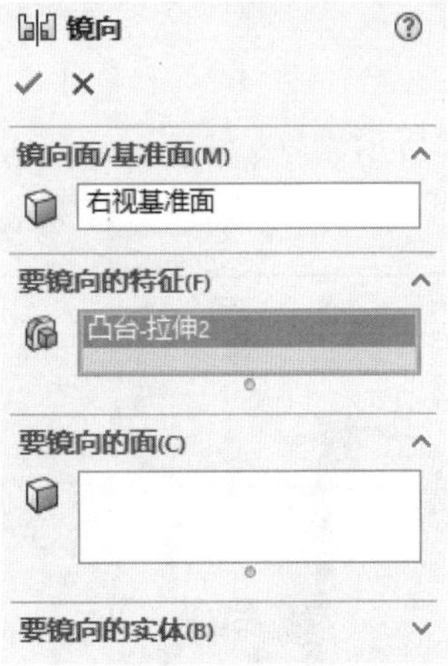 镜向 镜向面/基准面(M) 右视基准面 要镜向的特征(F) 凸台-拉伸2 要镜向的面(C) 要镜向的实体(B) 以方体为所要镜向的特征	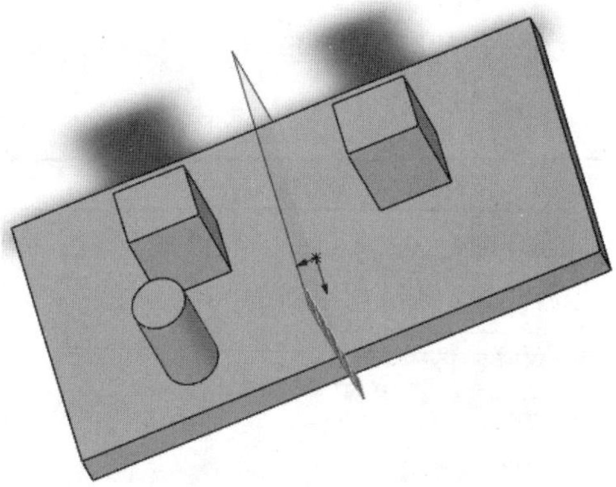
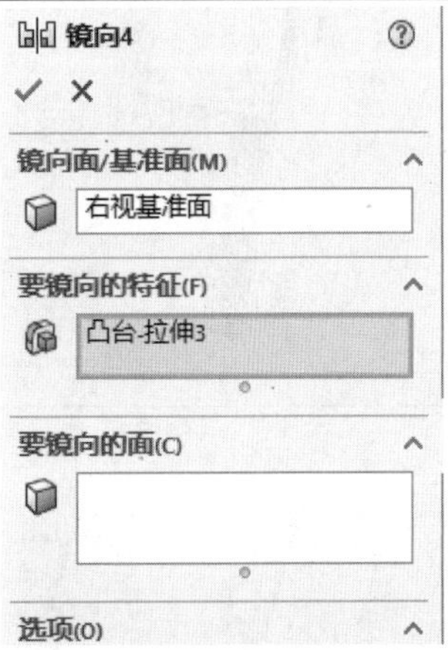 镜向4 镜向面/基准面(M) 右视基准面 要镜向的特征(F) 凸台-拉伸3 要镜向的面(C) 选项(O) 以柱体为所要镜向的特征	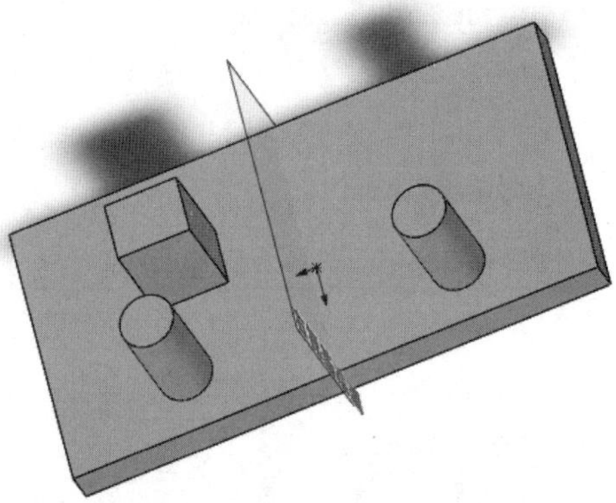
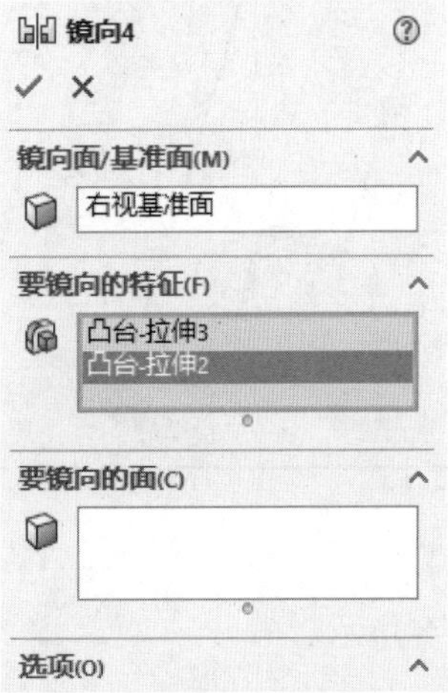 镜向4 镜向面/基准面(M) 右视基准面 要镜向的特征(F) 凸台-拉伸3 凸台-拉伸2 要镜向的面(C) 选项(O) 同时以方体和柱体为所要镜向的特征	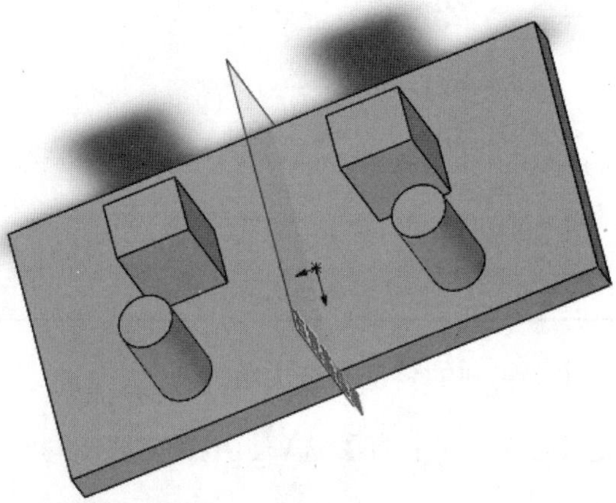

3.【要镜向的实体】选项组

在【要镜向的实体】选项组中选择要镜向的实体，如表 5-9 所示。

表 5-9　选择要镜向的实体

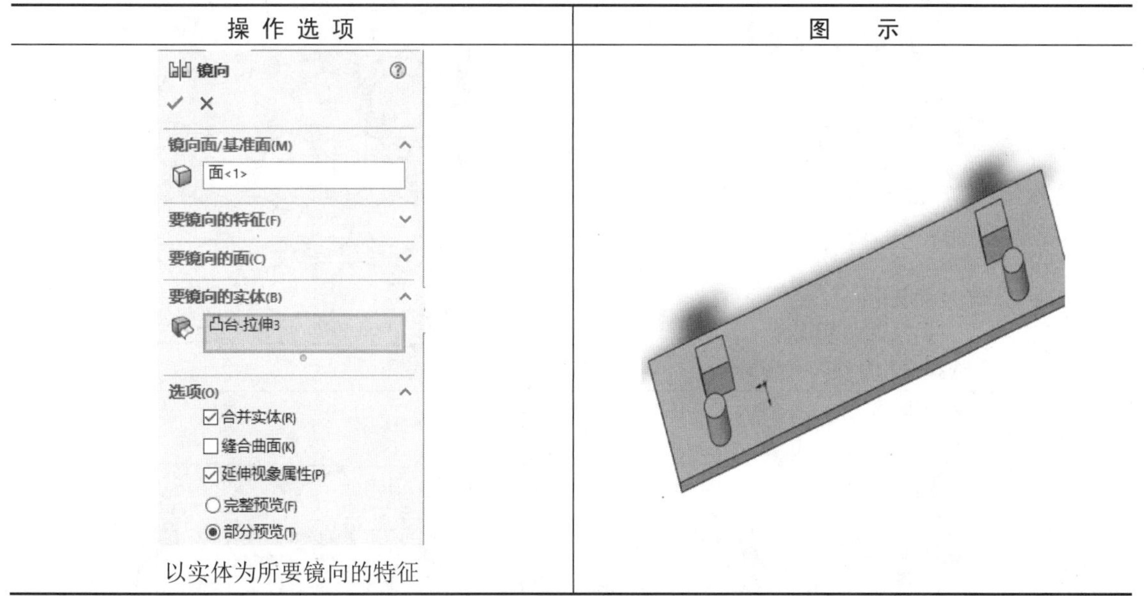

操作选项	图示
以实体为所要镜向的特征	

5.4　填充阵列特征

填充阵列特征可以选择由共有平面的面定义的区域或位于共有平面的面上的草图，该命令使用特征阵列或预定义的切割形状来填充定义的区域。

5.4.1　菜单命令启动

选择【插入】|【阵列/镜向】|【填充阵列】菜单命令，在属性管理器中弹出【填充阵列】属性管理器，如图 5-4 所示。

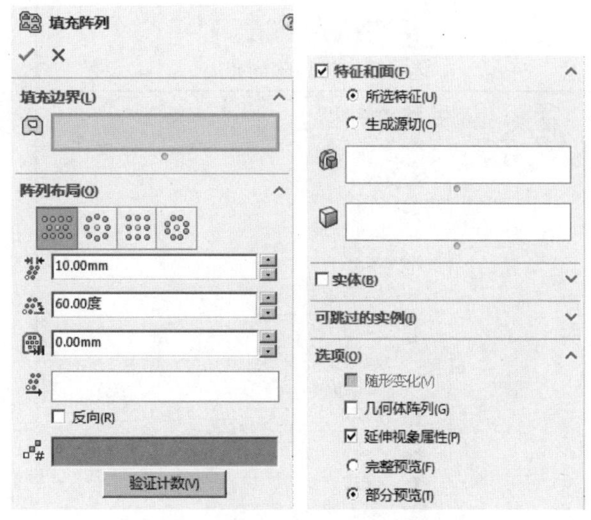

图 5-4　【填充阵列】属性管理器

5.4.2　填充阵列特征的知识点

在【阵列布局】选项组中选择阵列布局，如表 5-10 所示。

表 5-10　选择阵列布局

操 作 选 项	图　　示
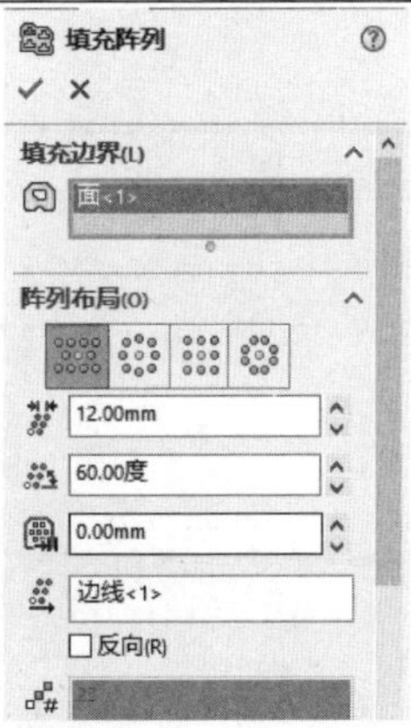 选择穿孔进行阵列布局	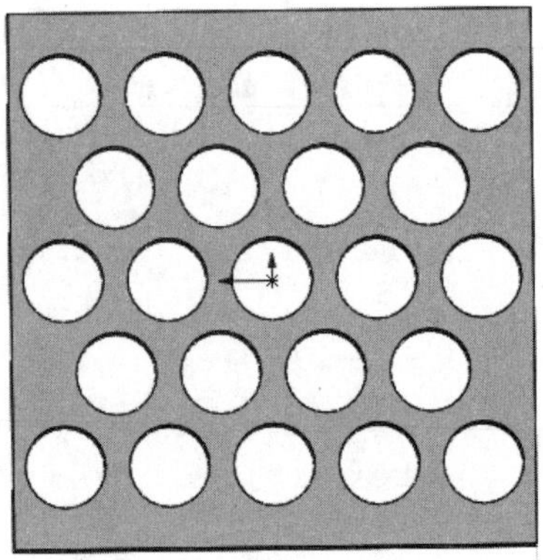
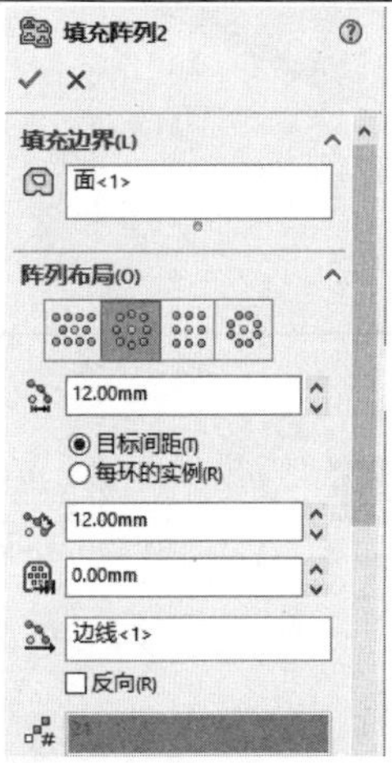 选择圆周进行阵列布局	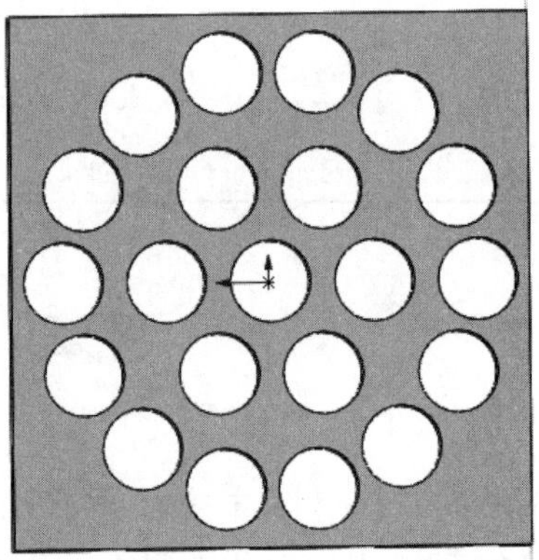
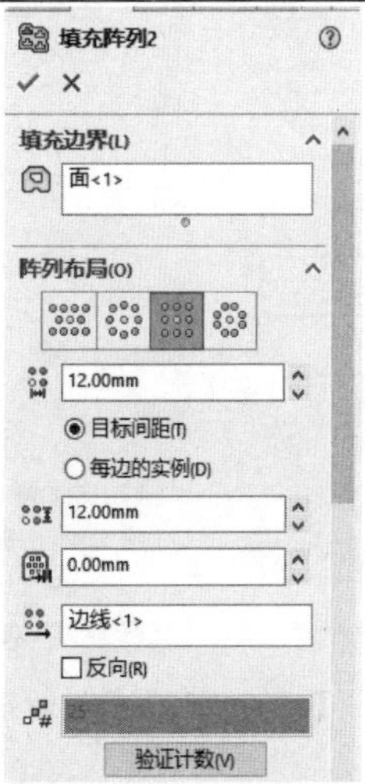 选择方形进行阵列布局	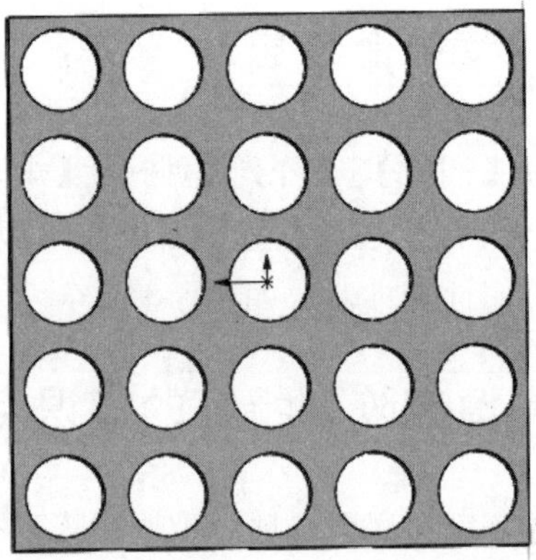

续表

操 作 选 项	图 示
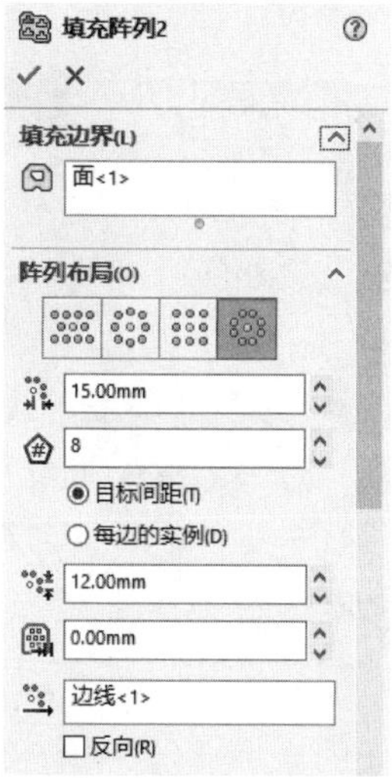 选择多边形进行阵列布局	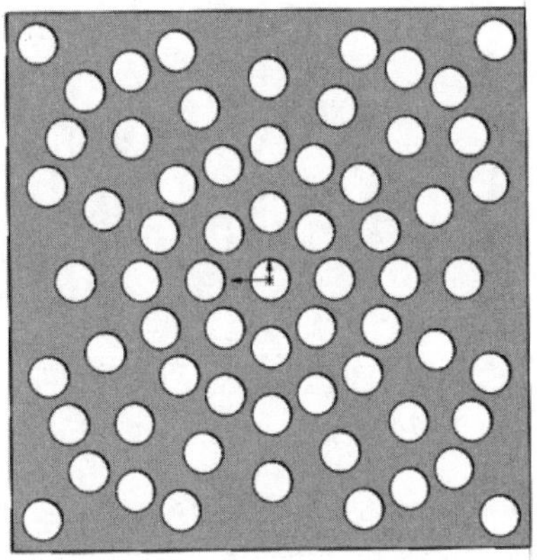
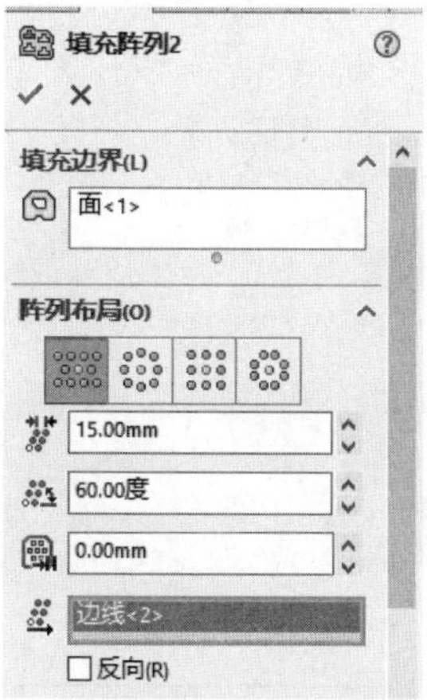 选择竖直的阵列边线	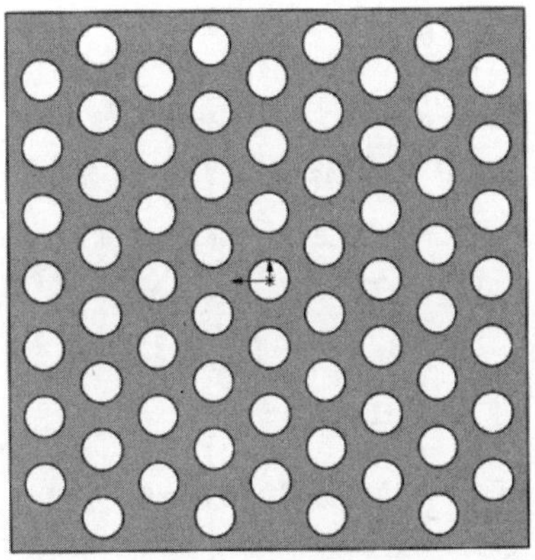
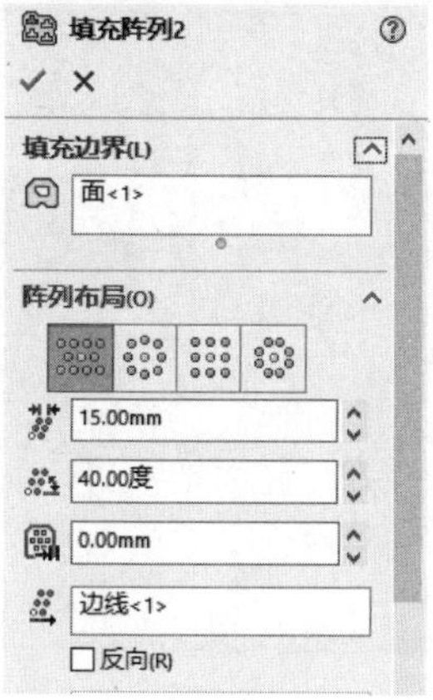 交错断续角度设置为 40.00 度	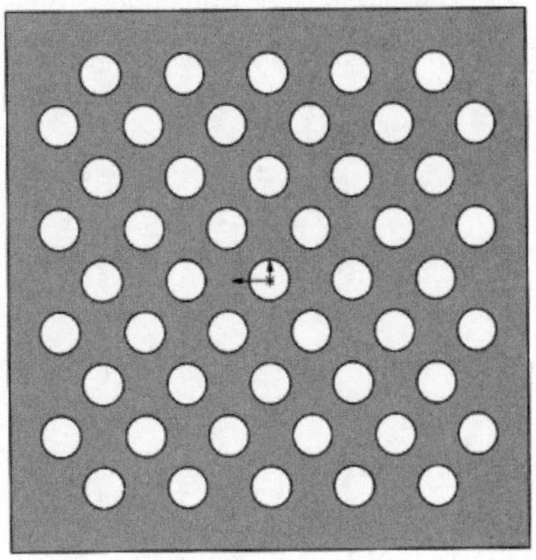

续表

操 作 选 项	图 示
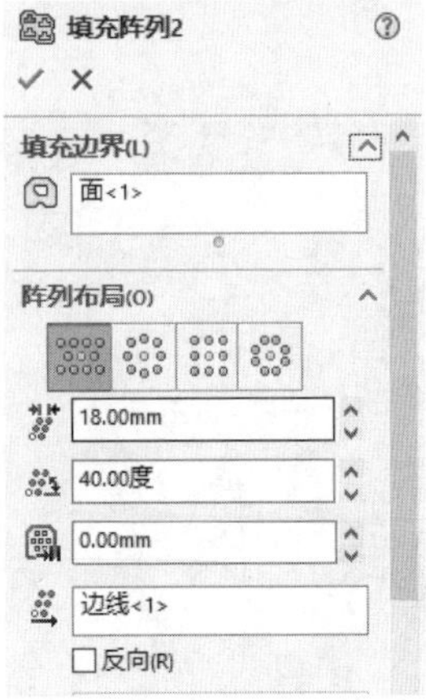 填充阵列2 填充边界(L) 面<1> 阵列布局(O) 18.00mm 40.00度 0.00mm 边线<1> 反向(R) 实例间距设置为 18.00mm	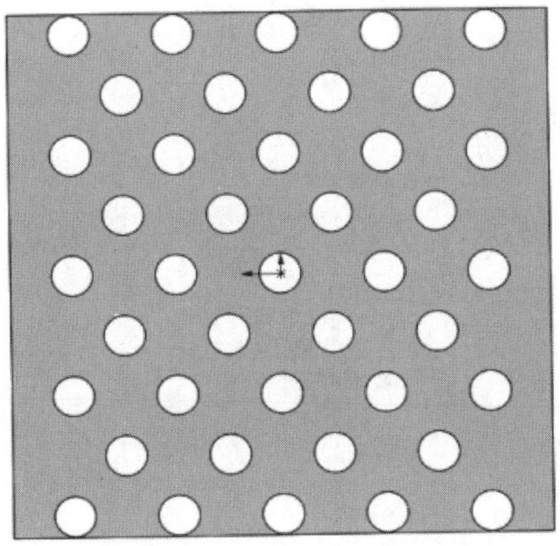
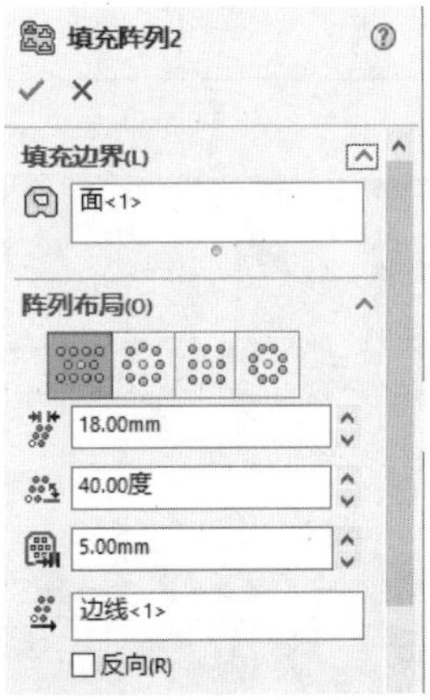 填充阵列2 填充边界(L) 面<1> 阵列布局(O) 18.00mm 40.00度 5.00mm 边线<1> 反向(R) 边距设置为 5.00mm	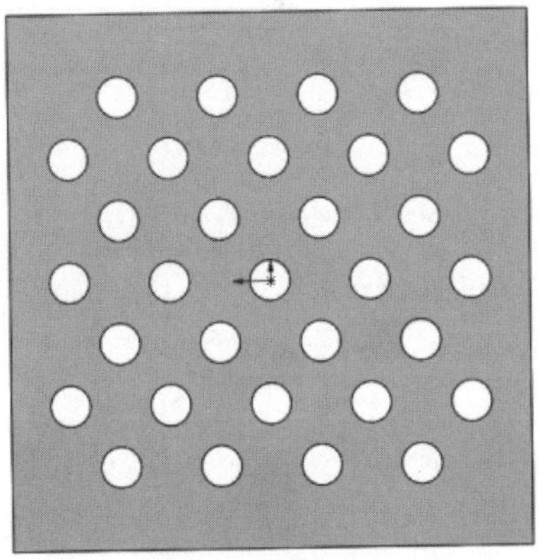
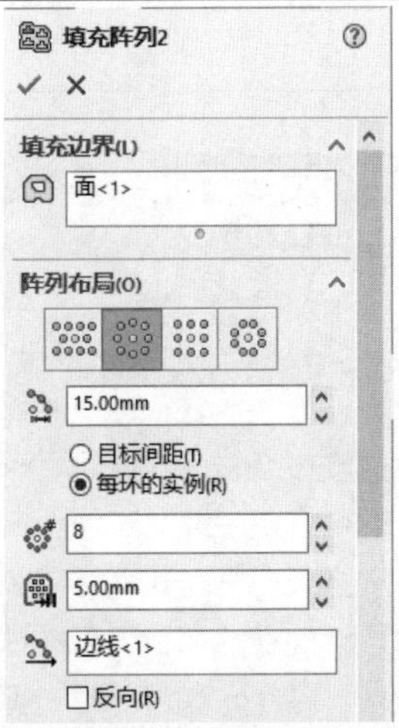 填充阵列2 填充边界(L) 面<1> 阵列布局(O) 15.00mm 目标间距(T) 每环的实例(R) 8 5.00mm 边线<1> 反向(R) 设置每环实例数为 8 个	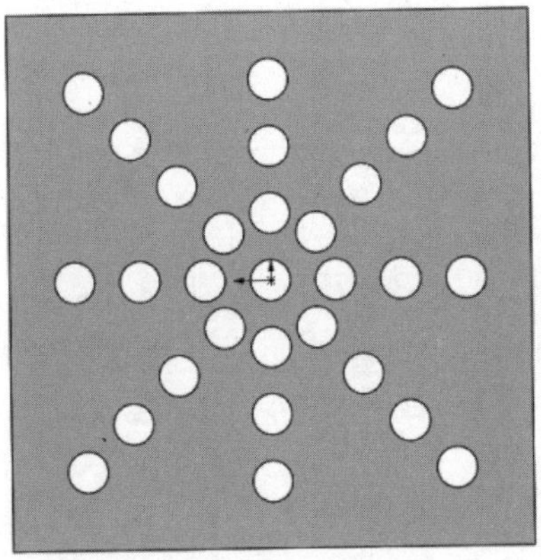

续表

操 作 选 项	图　　示
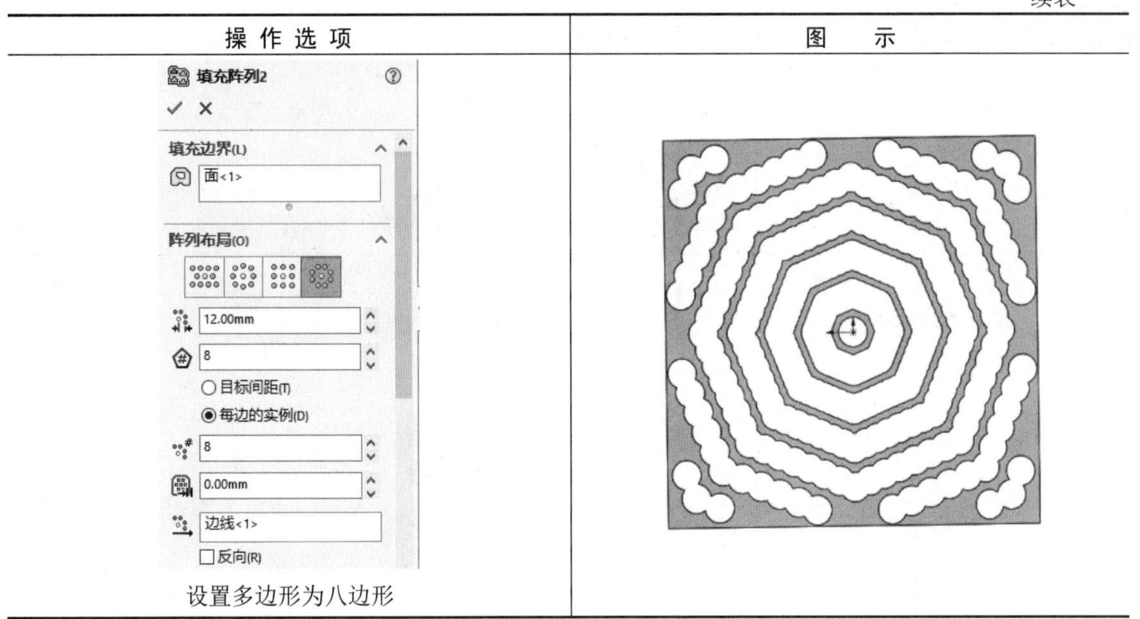 设置多边形为八边形	

5.5　曲线驱动的阵列特征

曲线驱动阵列可以沿一条曲线路径以线性阵列的方式，生成一个或多个特征的多个实例。

5.5.1　菜单命令启动

选择【插入】|【阵列/镜向】|【曲线驱动的阵列】菜单命令，在属性管理器中弹出【曲线驱动的阵列】属性管理器，如图 5-5 所示。

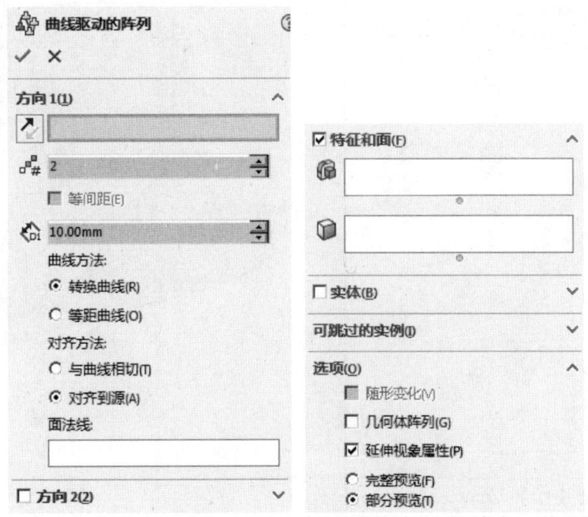

图 5-5　【曲线驱动的阵列】属性管理器

5.5.2 曲线驱动的阵列特征的知识点

1.【方向 1】选项组

在【方向 1】选项组中设置特征阵列方向，如表 5-11 所示。

表 5-11 设置特征阵列方向

操作选项	图示
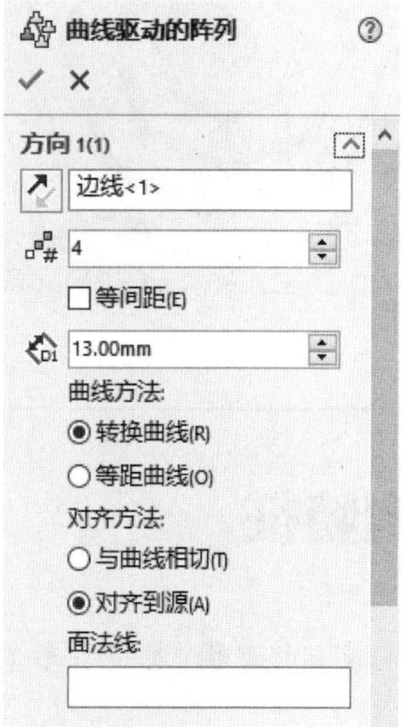 曲线驱动的阵列 方向 1(1) 边线<1> 4 等间距(E) 13.00mm 曲线方法: 转换曲线(R) 等距曲线(O) 对齐方法: 与曲线相切(T) 对齐到源(A) 面法线: 沿曲线正向阵列 4 个特征	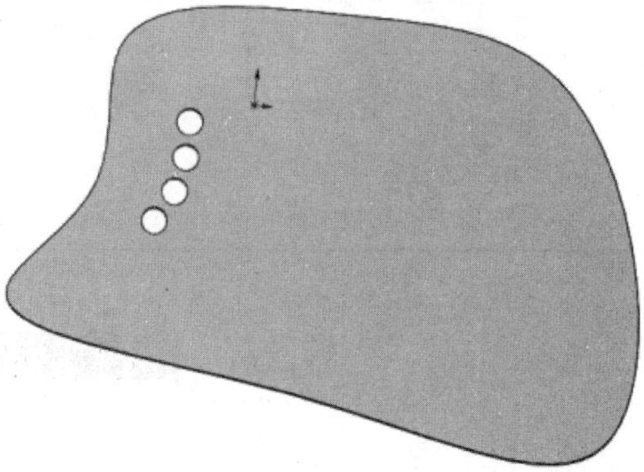
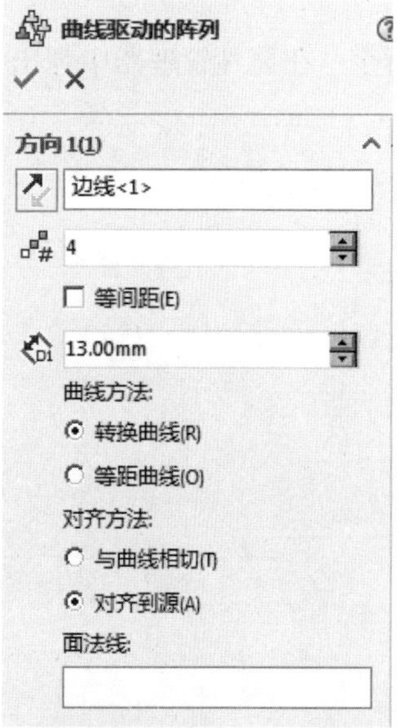 曲线驱动的阵列 方向 1(1) 边线<1> 4 等间距(E) 13.00mm 曲线方法: 转换曲线(R) 等距曲线(O) 对齐方法: 与曲线相切(T) 对齐到源(A) 面法线: 沿曲线反向阵列 4 个特征	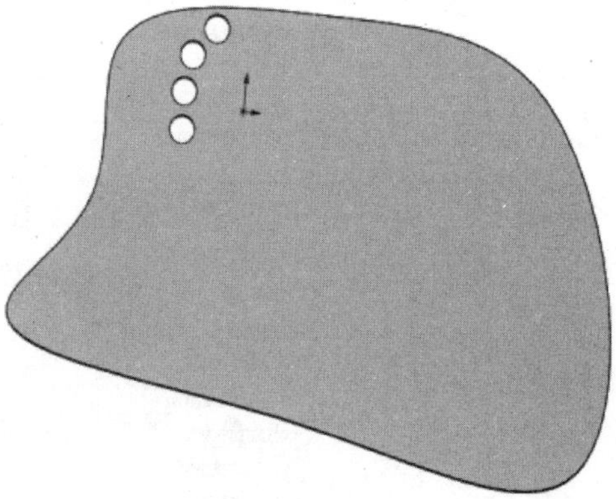

续表

操 作 选 项	图　　示
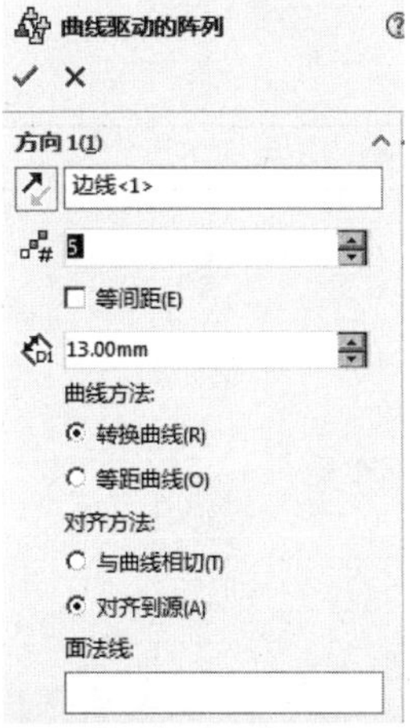 沿曲线正向阵列 5 个特征	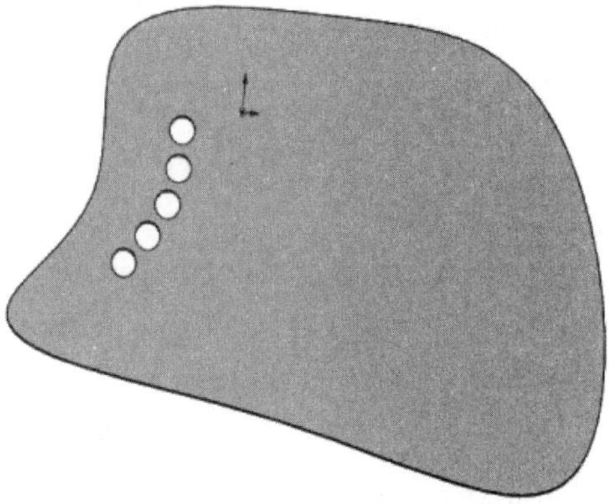
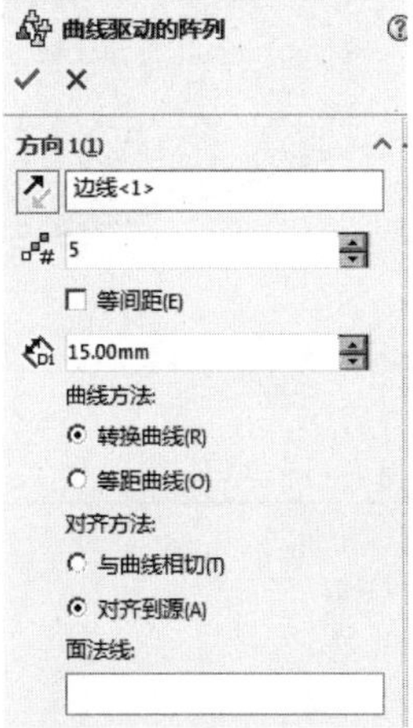 调整沿曲线阵列的间距为 15mm	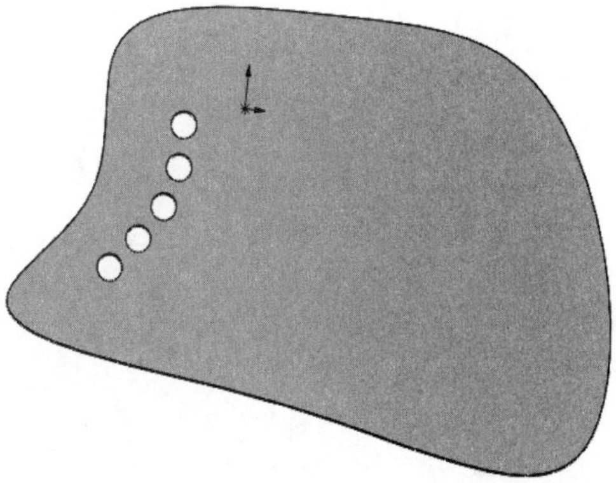
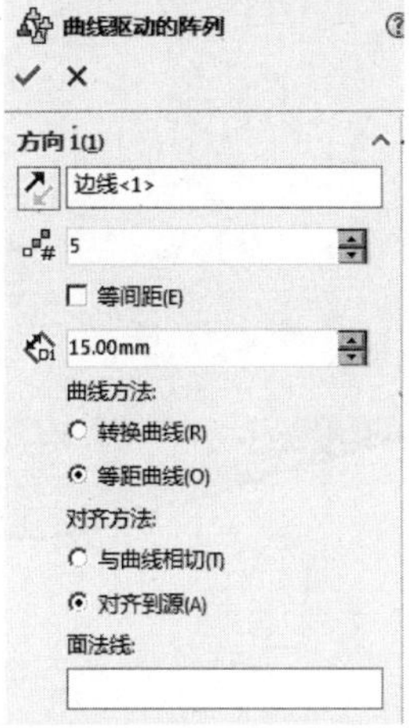 采用等距曲线的曲线方法进行沿曲线阵列	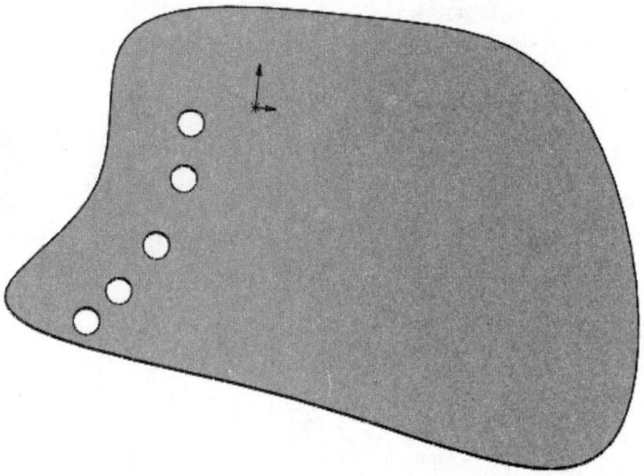

2.【方向 2】选项组

在【方向 2】选项组中设置是否只阵列源，如表 5-12 所示。

表 5-12　设置是否只阵列源

操 作 选 项	图　　示
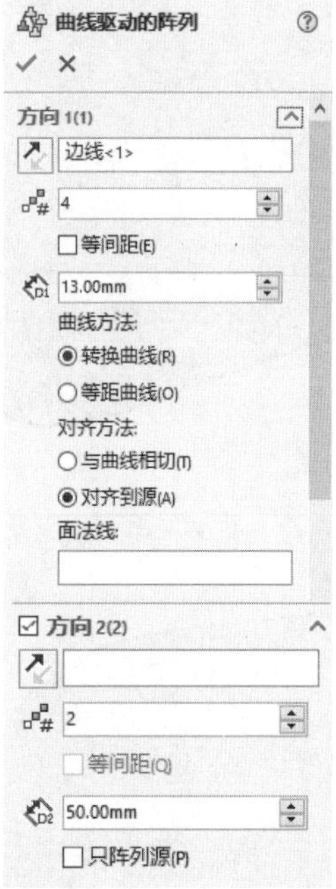 沿曲线正向阵列 4 个特征	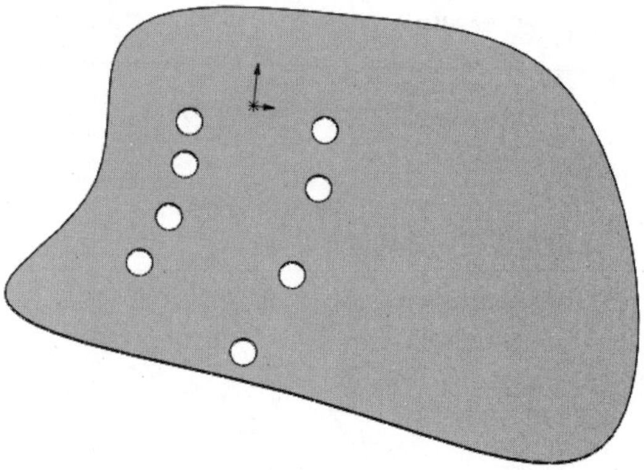
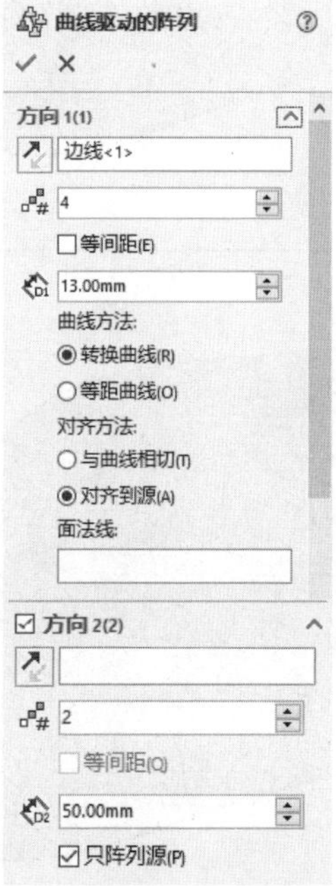 阵列时只阵列源特征	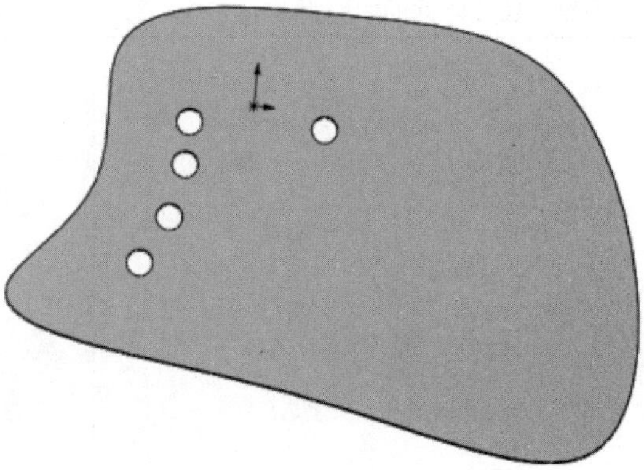

5.6　由草图驱动的阵列特征

使用草图中的草图点可以指定特征阵列，源特征在整个阵列扩散到草图中的每个点。

5.6.1　菜单命令启动

选择【插入】|【阵列/镜向】|【草图驱动的阵列】菜单命令，在属性管理器中弹出【由草图驱动的阵列】属性管理器，如图 5-6 所示。

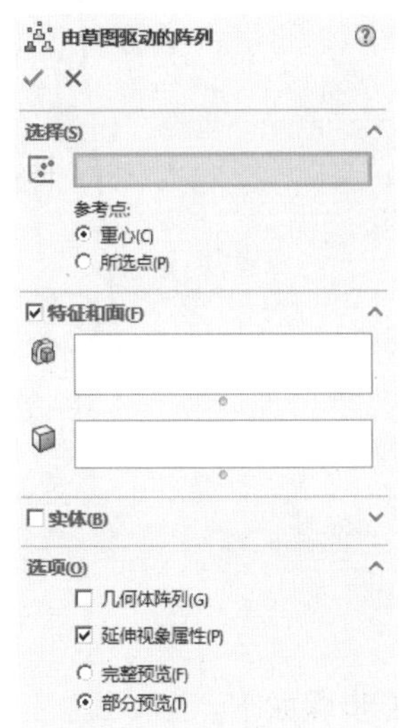

图 5-6　【由草图驱动的阵列】属性管理器

5.6.2　由草图驱动的阵列特征的知识点

在【选择】选项组中设置阵列参数，如表 5-13 所示。

表 5-13　设置阵列参数

操 作 选 项	图　　示
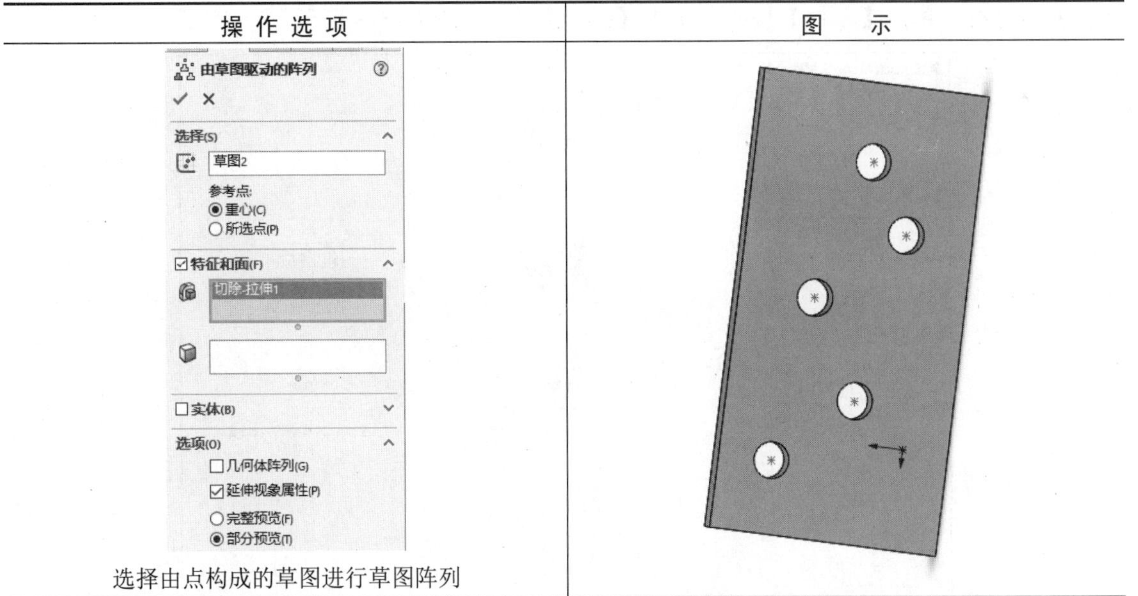 选择由点构成的草图进行草图阵列	

5.7　范例——进阶特征模型建模

本例将生成一个三维模型，如图 5-7 所示。本模型使用的功能有镜向特征、线性阵列特征、

圆周阵列特征、填充阵列特征和曲线驱动的阵列特征等。

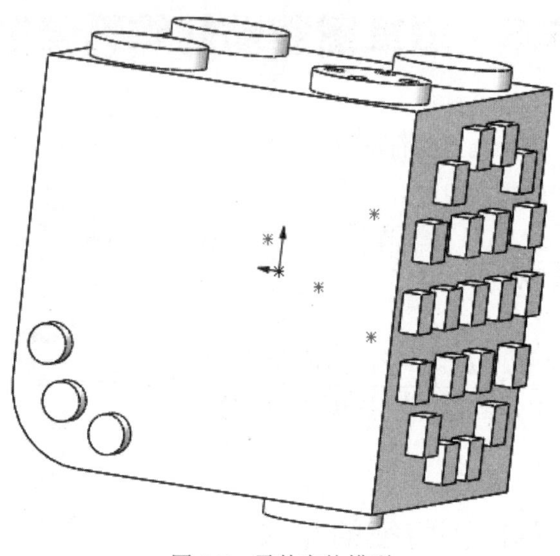

图 5-7　零件实体模型

主要步骤如下。

1. 新建 SOLIDWORKS 零件并保存文件

（1）启动 SOLIDWORKS，选择菜单栏中的【文件】|【新建】命令，弹出【新建 SOLIDWORKS 文件】对话框，单击【零件】按钮，单击【确定】按钮，如图 5-8 所示。

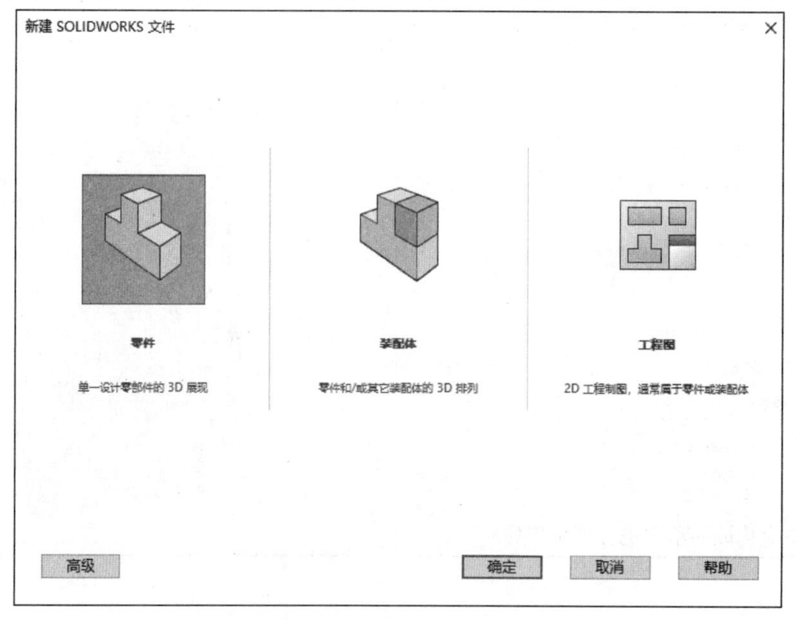

图 5-8　【新建 SOLIDWORKS 文件】对话框

（2）选择【文件】|【另存为】菜单命令，弹出【另存为】对话框，在【文件名】文本框中输入 5-1，单击【保存】按钮，如图 5-9 所示。

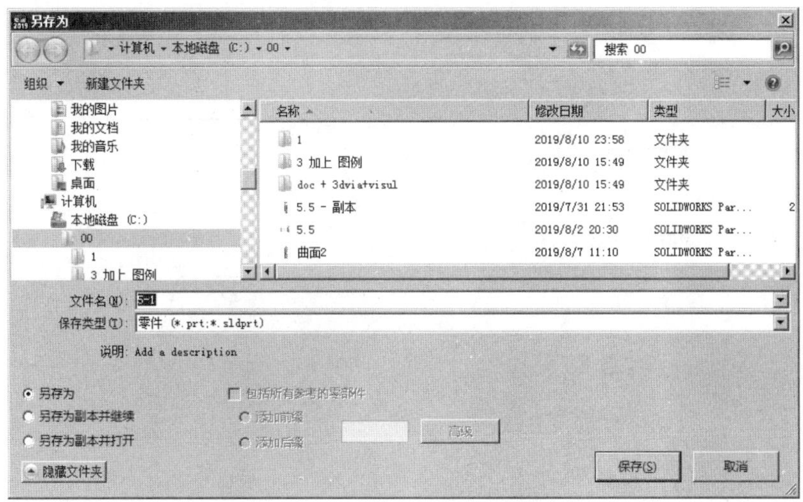

图 5-9　【另存为】对话框

2. 使用拉伸凸台特征建立实体

（1）单击【特征管理器设计树】中的【上视基准面】图标，使上视基准面成为草图 1 绘制平面。单击【视图定向】下拉图标中的【正视于】按钮，并单击【草图】工具栏中的【草图绘制】按钮，进入草图绘制状态。单击【草图】工具栏中的【中心矩形】按钮，绘制草图 1，如图 5-10 所示。

（2）单击【草图】工具栏中的【智能尺寸】按钮，标注所绘制草图 1 的尺寸，双击左键退出草图，如图 5-11 所示。

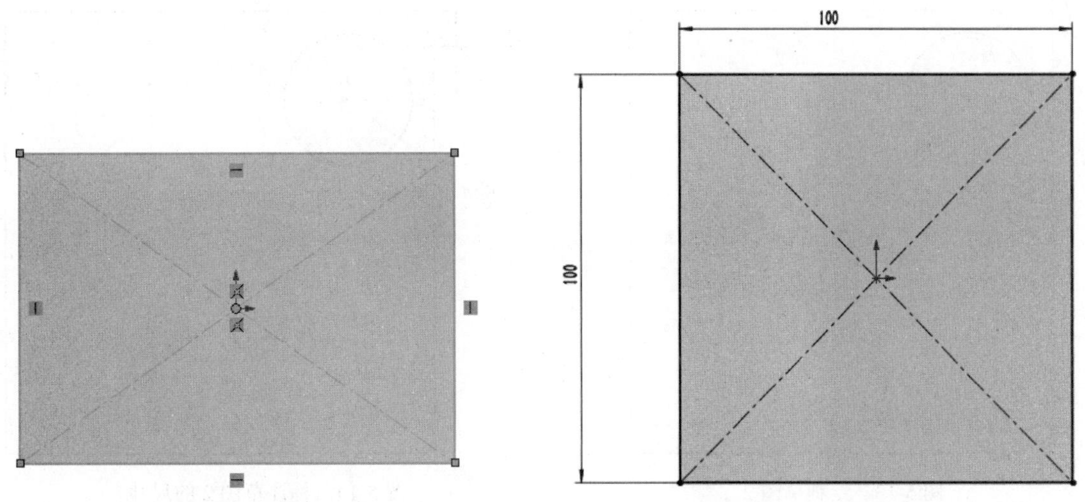

图 5-10　绘制草图 1　　　图 5-11　标注草图 1 的尺寸

（3）单击【特征】工具栏中的【拉伸凸台/基体】按钮，在【从】中的【开始条件】选项中选择【草图基准面】选项，在【方向 1】中的【终止条件】选项中选择【两侧对称】选项，在【深度】文本框中输入 100.00mm，在【轮廓】选项中选择草图 1，单击【确定】按钮，如图 5-12 所示。

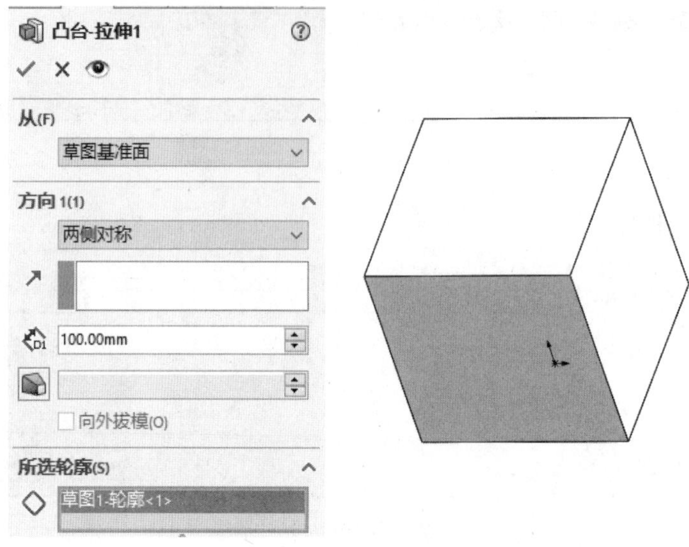

图 5-12　拉伸凸台（1）

3. 使用镜向特征修饰实体

（1）单击零件的上表面，使其成为草图 2 绘制平面。单击【视图定向】下拉图标中的【正视于】按钮，并单击【草图】工具栏中的【草图绘制】按钮，进入草图绘制状态。单击【草图】工具栏中的【圆】按钮，绘制草图 2，如图 5-13 所示。

（2）单击【草图】工具栏中的【智能尺寸】按钮，标注所绘制草图 2 的尺寸，双击左键退出草图，如图 5-14 所示。

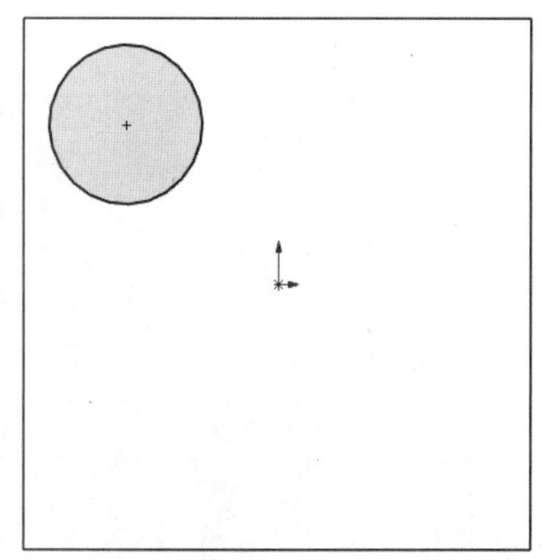

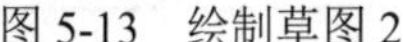

图 5-13　绘制草图 2

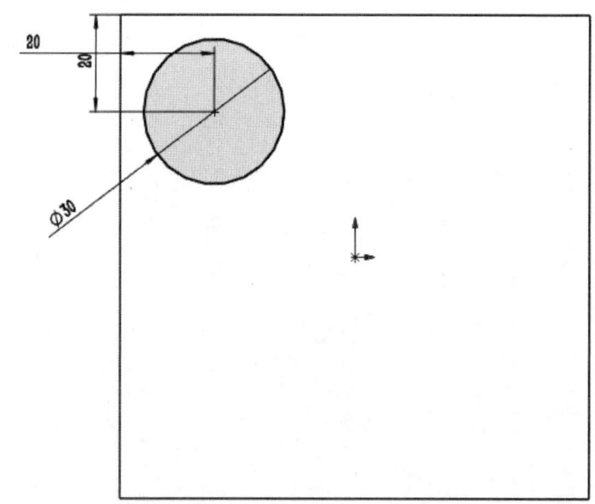

图 5-14　标注草图 2 的尺寸

（3）单击【特征】工具栏中的【拉伸凸台/基体】按钮，在【从】中的【开始条件】选项中选择【草图基准面】选项，在【方向 1】中的【终止条件】选项中选择【给定深度】选项，在【深度】文本框中输入 5.00mm，选中【合并结果】复选框，在【轮廓】选项中选择草图 2，单击【确定】按钮，如图 5-15 所示。

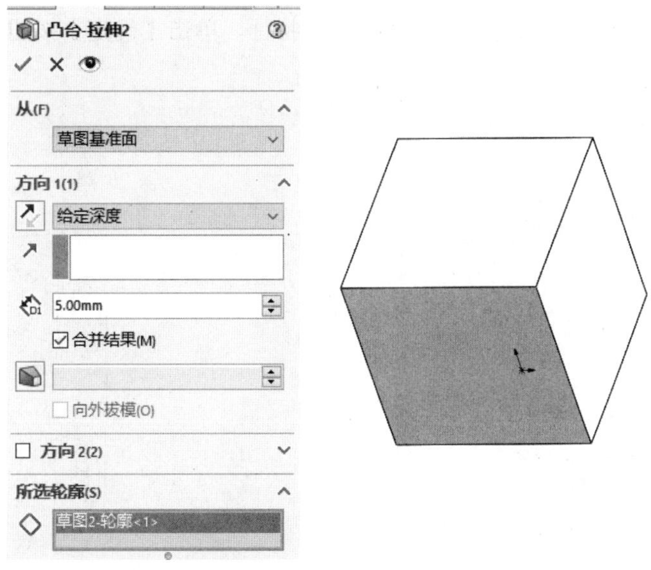

图 5-15　拉伸凸台（2）

（4）单击【特征】工具栏中【线性阵列】下拉箭头下的【镜向】按钮，在【镜向面/基准面】选项中选择【特征管理器设计树】中的【上视基准面】选项，在【要镜向的特征】选项中选择步骤（3）建立的【凸台-拉伸 2】特征，单击【确定】按钮，如图 5-16 所示。

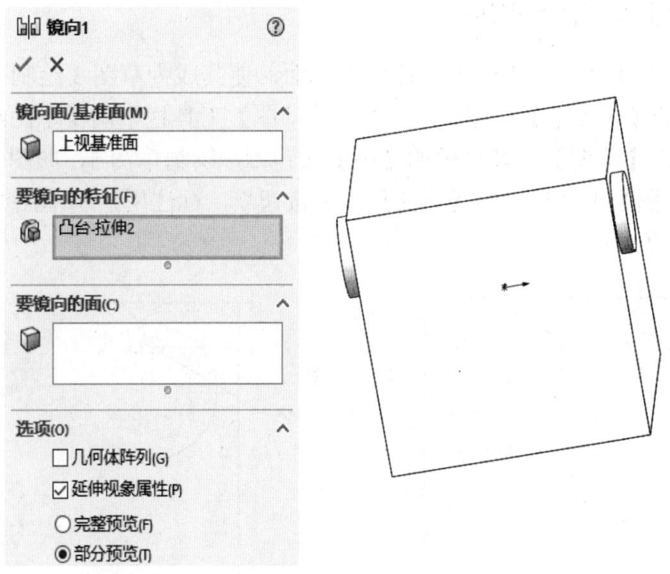

图 5-16　镜向特征

4．使用线性阵列特征修饰实体

单击【特征】工具栏中的【线性阵列】按钮，在【方向 1】选项中选择图形的横向边线，选中【间距与实例数】单选按钮，在【间距】文本框中输入 60.00mm，在【实例数】文本框中输入 2，在【方向 2】选项中选择图形的竖向边线，选中【间距与实例数】单选按钮，在【间距】文本框中输入 60.00mm，在【实例数】文本框中输入 2，选中【特征和面】复选框，在【要阵列的特征】选项中选择先前所建立的【凸台-拉伸 2】特征，单击【确定】按钮✓，如图 5-17 所示。

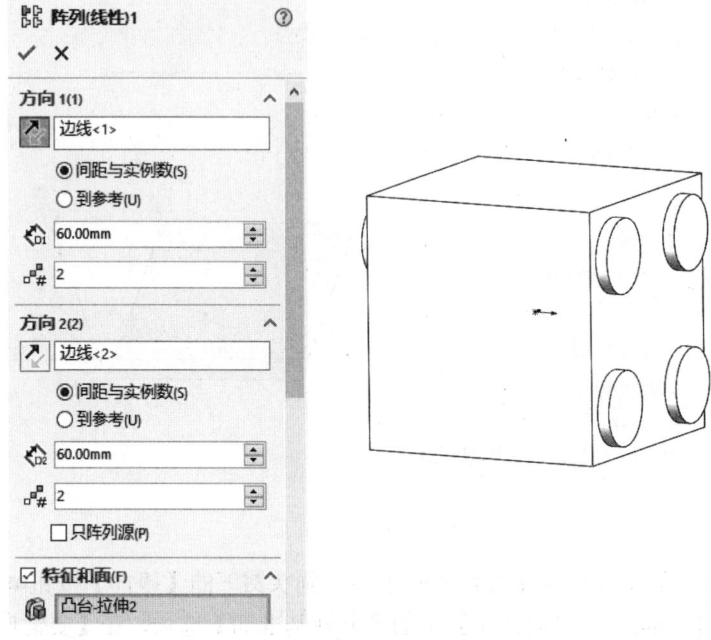

图 5-17　线性阵列特征

5. 使用圆周阵列特征修饰实体

（1）单击零件的【凸台-拉伸 2】特征的上表面，使其成为草图 3 绘制平面。单击【视图定向】下拉图标中的【正视于】按钮，并单击【草图】工具栏中的【草图绘制】按钮，进入草图绘制状态。单击【草图】工具栏中的【圆】按钮，绘制草图 3，如图 5-18 所示。

（2）单击【草图】工具栏中的【智能尺寸】按钮，标注所绘制草图 3 的尺寸，双击左键退出草图，如图 5-19 所示。

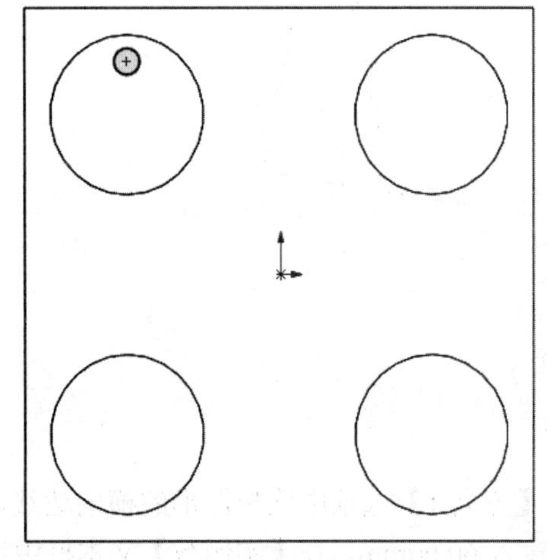

图 5-18　绘制草图 3

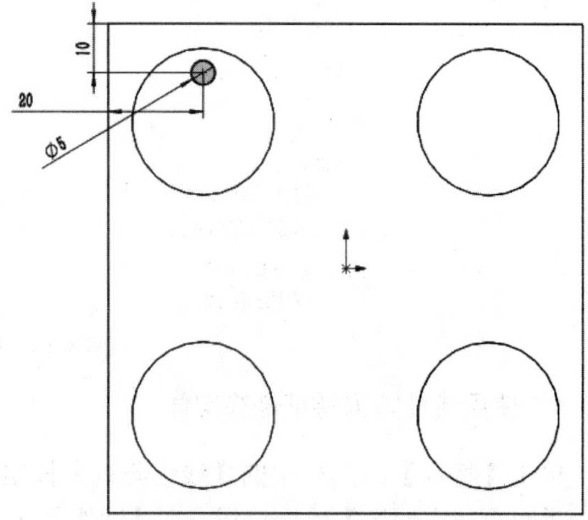

图 5-19　标注草图 3 的尺寸

（3）单击【特征】工具栏中的【拉伸切除】按钮，在【从】中的【开始条件】选项中选

择【草图基准面】选项，在【方向 1】中的【终止条件】选项中选择【给定深度】选项，在【深度】文本框中输入 5.00mm，在【轮廓】选项中选择草图 3，单击【确定】按钮，如图 5-20 所示。

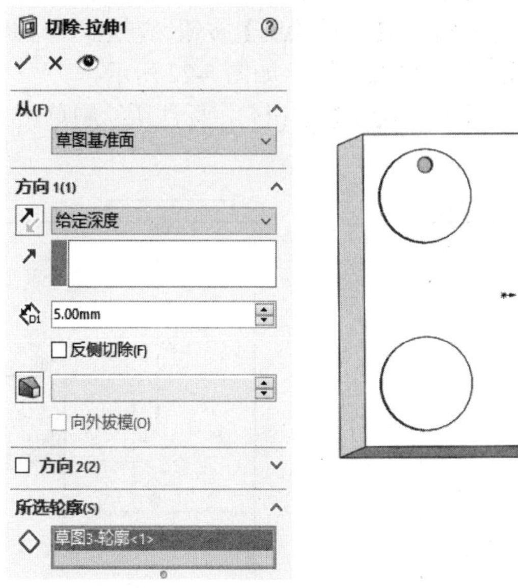

图 5-20　拉伸切除

（4）单击【特征】工具栏中【线性阵列】下拉箭头下的【圆周阵列】按钮，在【方向 1】中的【阵列轴】选项中选择圆形面，选中【实例间距】单选按钮，在【角度】文本框中输入 90.00 度，在【实例数】文本框中输入 4，选中【特征和面】复选框，在【要阵列的特征】选项中选择步骤（3）创建的【切除-拉伸 1】特征，单击【确定】按钮，如图 5-21 所示。

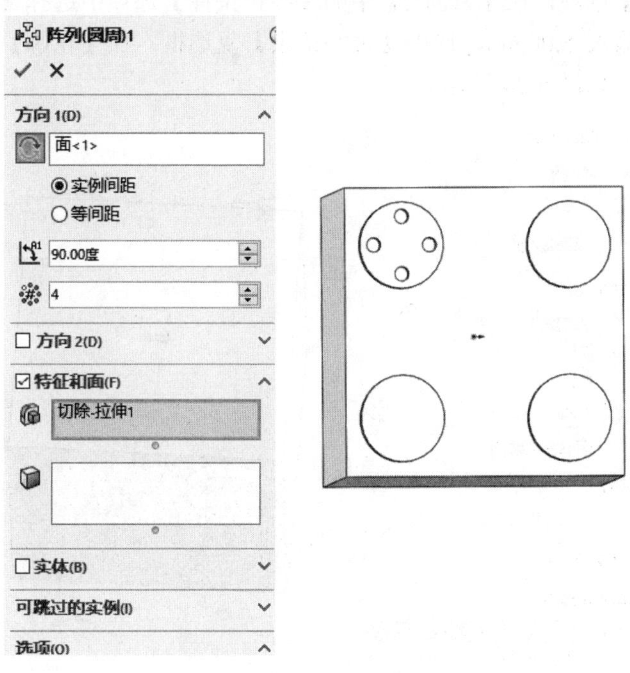

图 5-21　圆周阵列特征

6. 使用填充阵列特征修饰实体

（1）单击图形的左侧面，使其成为草图4绘制平面。单击【视图定向】下拉图标中的【正视于】按钮，并单击【草图】工具栏中的【草图绘制】按钮，进入草图绘制状态。单击【草图】工具栏中的【中心矩形】按钮，绘制草图4，如图5-22所示。

（2）单击【草图】工具栏中的【智能尺寸】按钮，标注所绘制草图4的尺寸，双击左键退出草图，如图5-23所示。

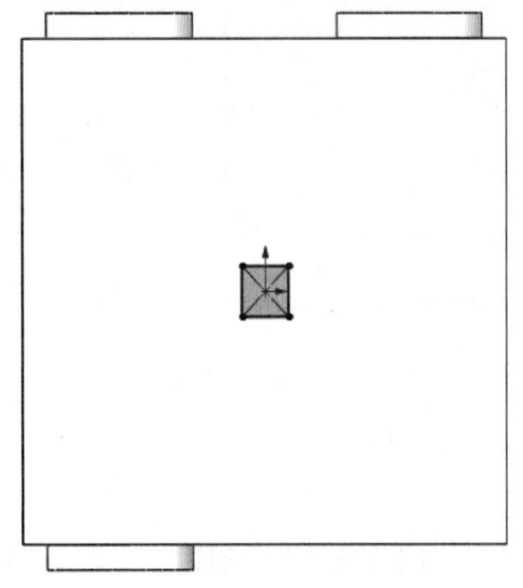

图5-22　绘制草图4

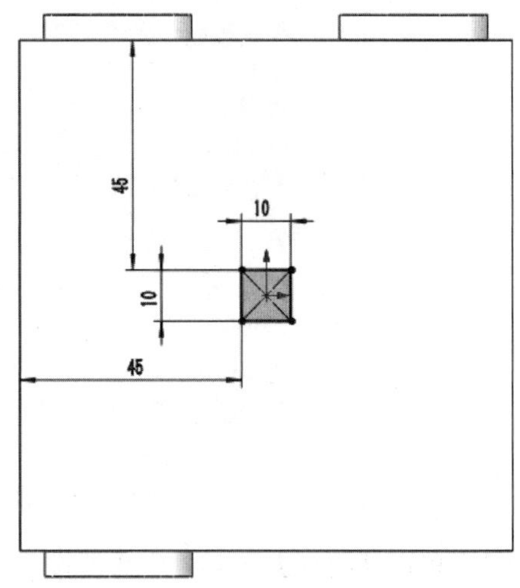

图5-23　标注草图4的尺寸

（3）单击【特征】工具栏中的【拉伸凸台/基体】按钮，在【从】中的【开始条件】选项中选择【草图基准面】选项，在【方向1】中的【终止条件】选项中选择【给定深度】选项，在【深度】文本框中输入5.00mm，选中【合并结果】复选框，在【轮廓】选项中选择草图4，单击【确定】按钮，如图5-24所示。

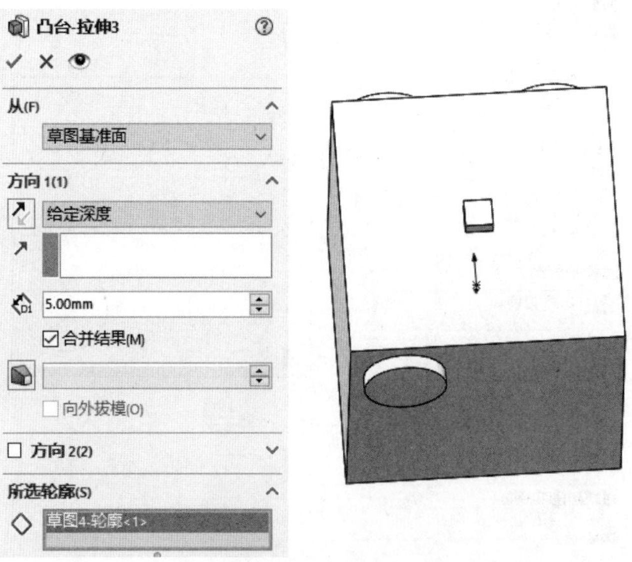

图5-24　拉伸凸台（3）

（4）单击【特征】工具栏中【线性阵列】下拉箭头下的【填充阵列】按钮，在【填充边界】选项中选择特征所在平面，在【阵列布局】选项中选择【圆周】选项，在【环间距】文本框中输入 20.00mm，选中【目标间距】单选按钮，在【实例间距】文本框中输入 20.00mm，在【边距】文本框中输入 0.00mm，在【阵列方向】选项中选择图形边线，选中【特征和面】复选框，选中【所选特征】单选按钮，在【要阵列的特征】选项中选择步骤（3）创建的【凸台-拉伸 3】特征，单击【确定】按钮，如图 5-25 所示。

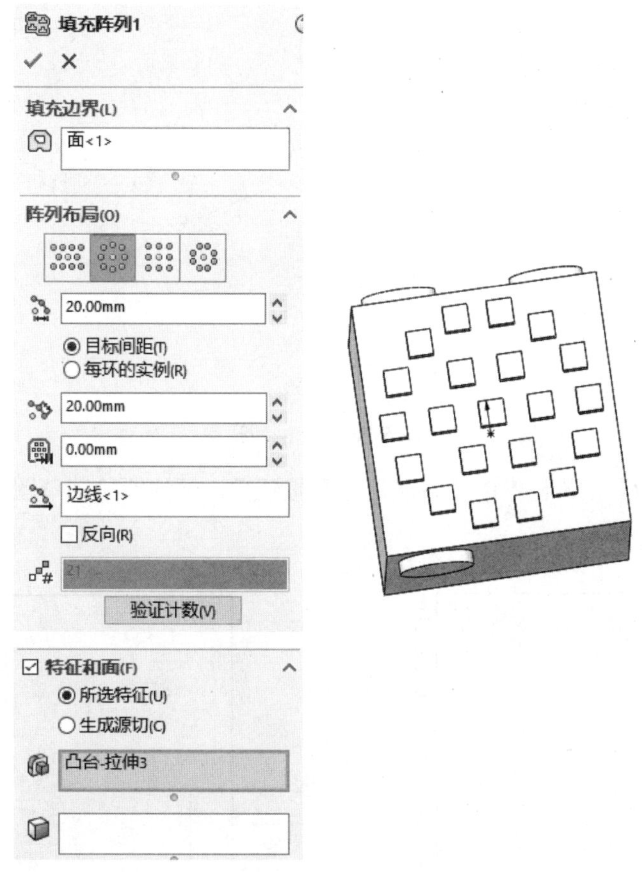

图 5-25　填充阵列特征

7. 使用曲线驱动的阵列特征修饰实体

（1）单击【特征】工具栏中的【圆角】按钮，在【要圆角化的项目】选项中选择图形的一个边线，选中【切线延伸】复选框，选中【完整预览】单选按钮，在【圆角参数】中的【圆角方法】选项中选择【对称】选项，在【半径】文本框中输入 20.00mm，在【轮廓】选项中选择【圆形】选项，单击【确定】按钮，如图 5-26 所示。

（2）单击图形的上表面，使其成为草图 5 绘制平面。单击【视图定向】下拉图标中的【正视于】按钮，并单击【草图】工具栏中的【草图绘制】按钮，进入草图 5 绘制状态。单击【草图】工具栏中的【圆】按钮，绘制草图 5，如图 5-27 所示。

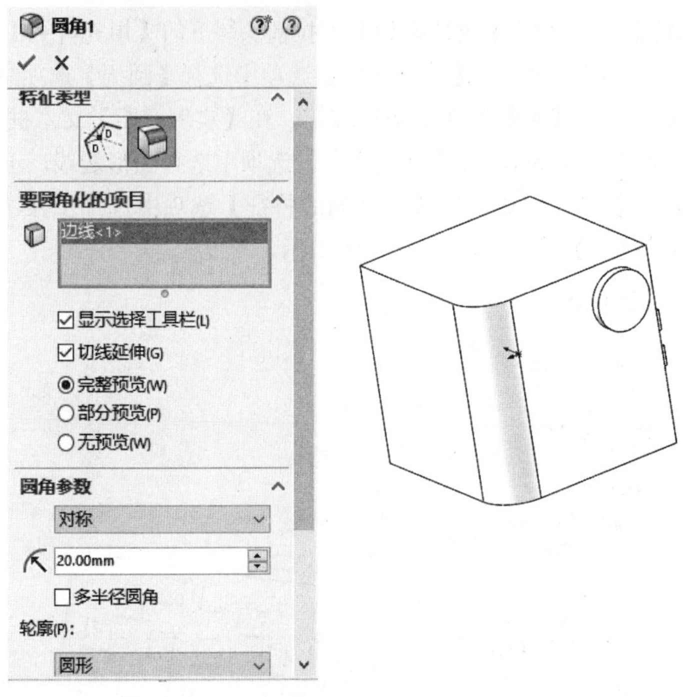

图 5-26　圆角特征

（3）单击【草图】工具栏中的【智能尺寸】按钮，标注所绘制草图 5 的尺寸，双击左键退出草图，如图 5-28 所示。

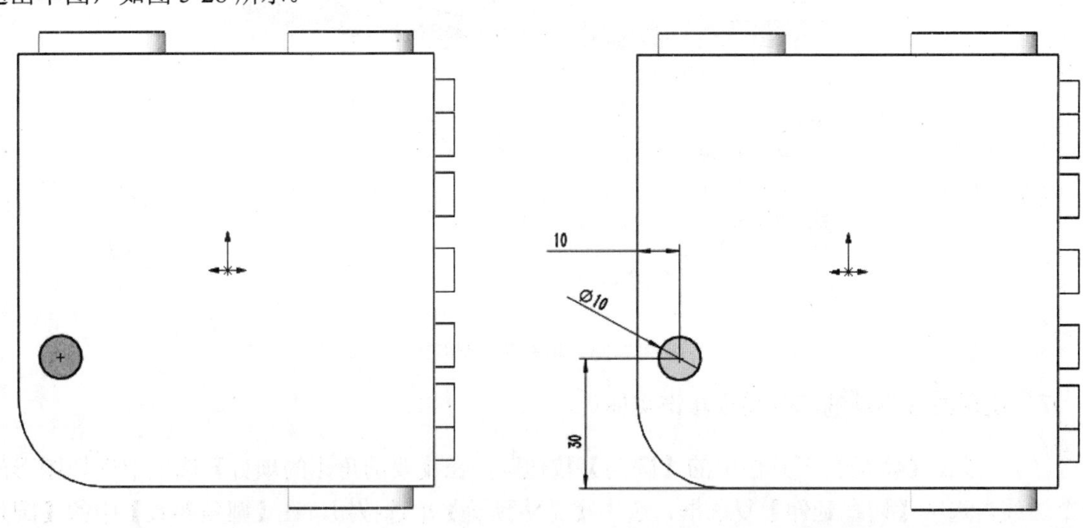

图 5-27　绘制草图 5　　　　图 5-28　标注草图 5 的尺寸

（4）单击【特征】工具栏中的【拉伸凸台/基体】按钮，在【从】中的【开始条件】选项中选择【草图基准面】选项，在【方向 1】中的【终止条件】选项中选择【给定深度】选项，在【深度】文本框中输入 5.00mm，选中【合并结果】复选框，在【轮廓】选项中选择草图 5，单击【确定】按钮，如图 5-29 所示。

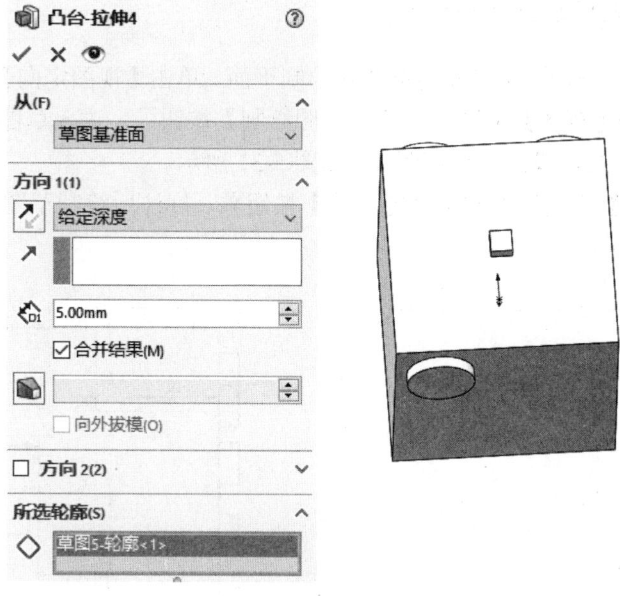

图 5-29　拉伸凸台（4）

（5）单击【特征】工具栏中【线性阵列】下拉箭头下的【曲线驱动的阵列】按钮，在【方向 1】中的【阵列方向】选项中选择圆角边线，在【实例数】文本框中输入 3，在【间距】文本框中输入 15.00mm，在【曲线方法】选项中选中【转换曲线】单选按钮，在【对齐方法】选项中选中【对齐到源】单选按钮，选中【特征和面】复选框，在【要阵列的特征】选项中选择步骤（4）创建的【凸台-拉伸 4】特征，单击【确定】按钮，如图 5-30 所示。

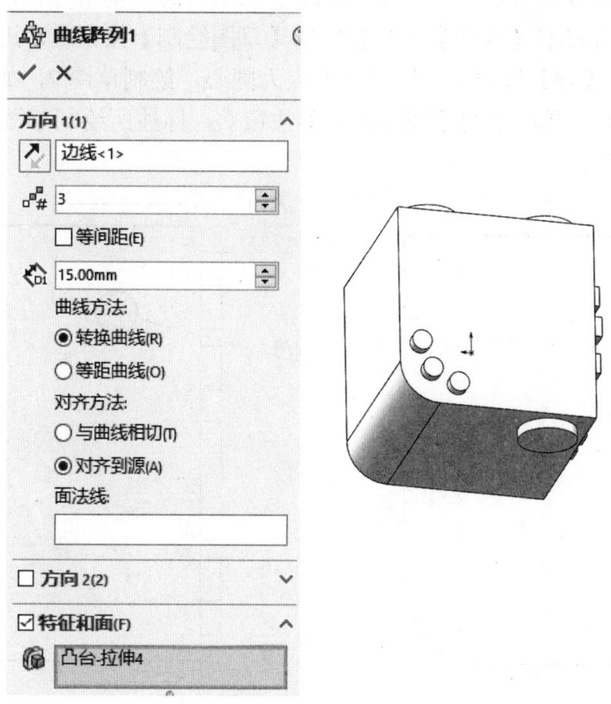

图 5-30　曲线驱动的阵列特征

8. 使用草图驱动的阵列特征修饰实体

（1）单击图形的下表面，使其成为草图 6 绘制平面。单击【视图定向】下拉图标中的【正视于】按钮，并单击【草图】工具栏中的【草图绘制】按钮，进入草图绘制状态。单击【草图】工具栏中的【点】按钮，绘制草图 6，如图 5-31 所示。

（2）单击【草图】工具栏中的【智能尺寸】按钮，标注所绘制草图 6 的尺寸，双击左键退出草图，如图 5-32 所示。

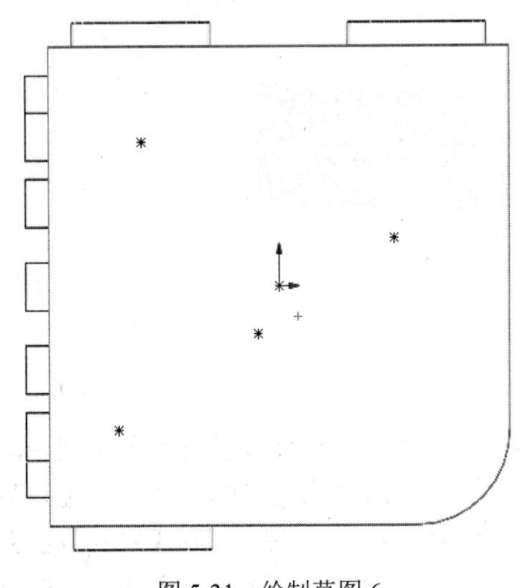

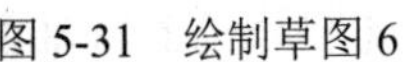

图 5-31　绘制草图 6

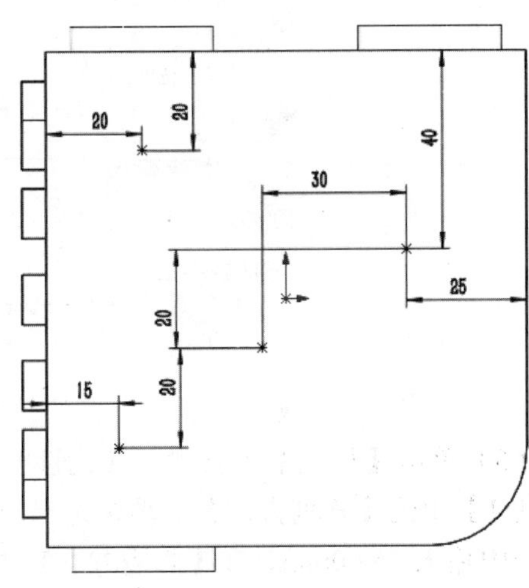

图 5-32　标注草图 6 的尺寸

（3）继续单击图形的下表面，使其成为草图 7 绘制平面。单击【视图定向】下拉图标中的【正视于】按钮，并单击【草图】工具栏中的【草图绘制】按钮，进入草图绘制状态。单击【草图】工具栏中的【圆】按钮，以左上的点为圆心，绘制草图 7，如图 5-33 所示。

（4）单击【草图】工具栏中的【智能尺寸】按钮，标注所绘制草图 7 的尺寸，双击左键退出草图，如图 5-34 所示。

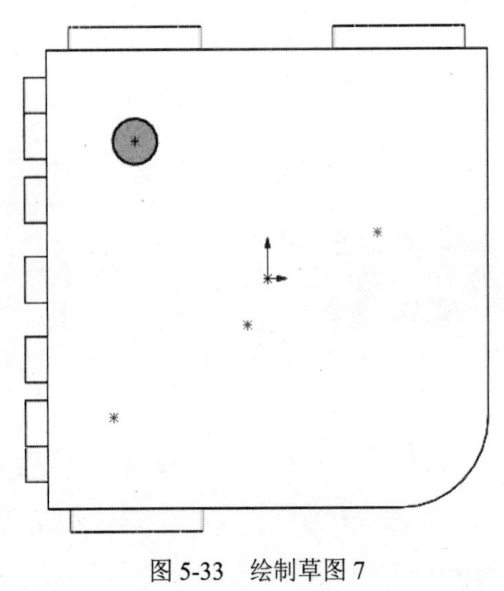

图 5-33　绘制草图 7

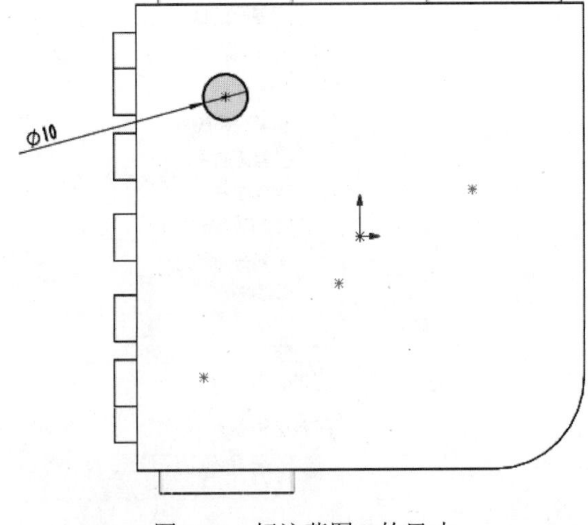

图 5-34　标注草图 7 的尺寸

（5）单击【特征】工具栏中的【拉伸凸台/基体】按钮，在【从】中的【开始条件】选项中选择【草图基准面】选项，在【方向 1】中的【终止条件】选项中选择【给定深度】选项，在【深度】文本框中输入 5.00mm，选中【合并结果】复选框，在【轮廓】选项中选择草图 7，单击【确定】按钮，如图 5-35 所示。

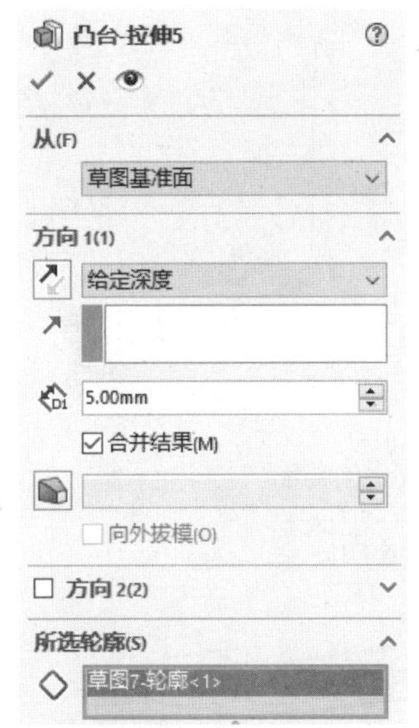

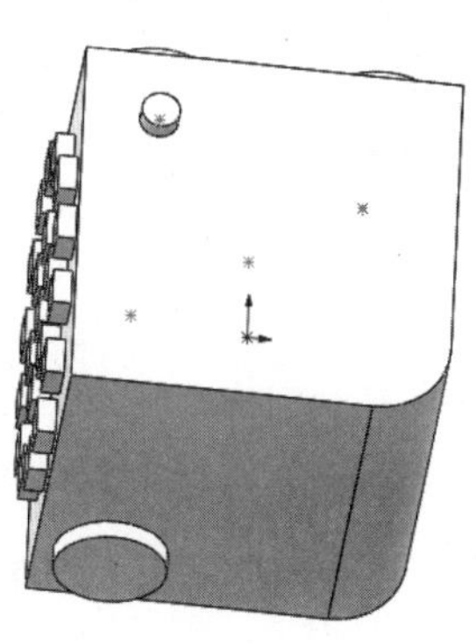

图 5-35　拉伸凸台（5）

（6）单击【特征】工具栏中【线性阵列】下拉箭头下的【草图驱动的阵列】按钮，在【选择】中的【参考草图】选项中选择草图 6，在【参考点】选项中选中【重心】单选按钮，选中【特征和面】复选框，在【要阵列的特征】选项中选择步骤（5）创建的【凸台-拉伸 5】特征，单击【确定】按钮，如图 5-36 所示。

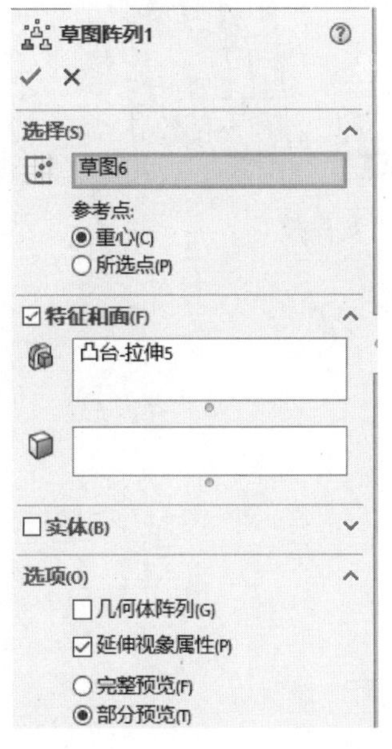

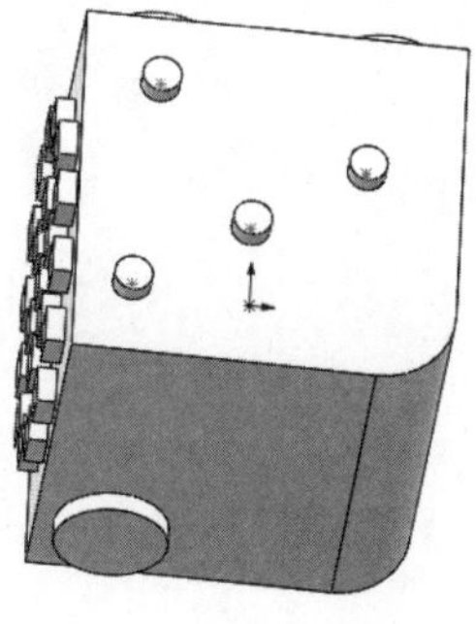

图 5-36　草图驱动的阵列特征

9. 使用缩放比例特征修饰实体

选择【插入】|【特征】|【缩放比例】菜单命令，在【比例参数】中的【比例缩放点】选项中选择【重心】选项，选中【统一比例缩放】复选框，在【比例因子】文本框中输入 2，单击【确定】按钮✓，如图 5-37 所示。

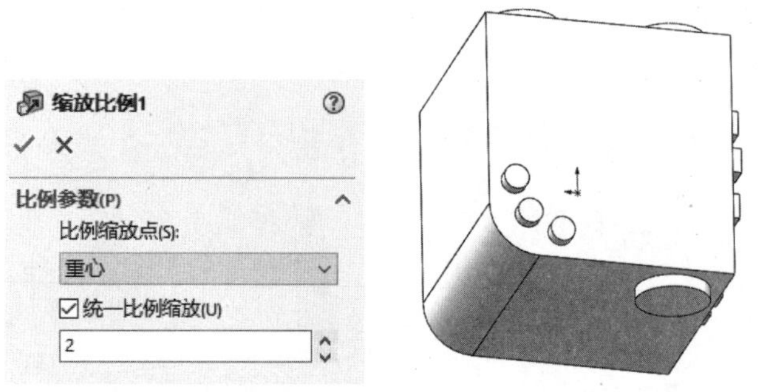

图 5-37　缩放比例特征

至此，零件实体模型已经绘制完成，如图 5-38 所示。

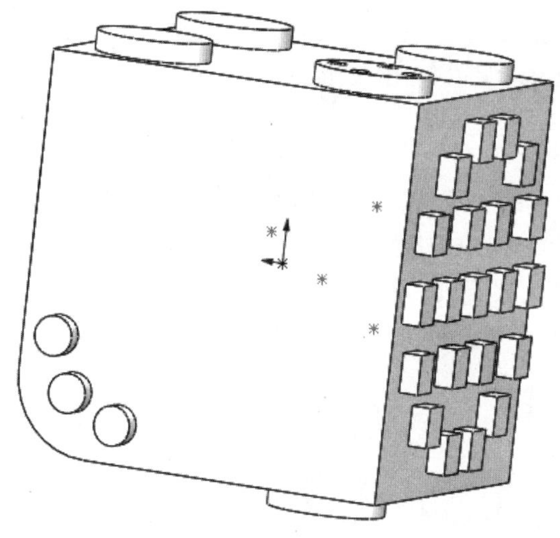

图 5-38　零件实体模型

第 6 章　焊 件 设 计

在 SOLIDWORKS 中，使用【焊件】命令可以生成多种类型的型材，型材的截面形状可以是数据库中自带的，也可以由用户自己定义。

6.1　结构构件特征

结构构件可以按照指定的轮廓来生成型材。

6.1.1　菜单命令启动

选择【插入】|【焊件】|【结构构件】菜单命令，在属性管理器中弹出【结构构件】属性管理器，如图 6-1 所示。

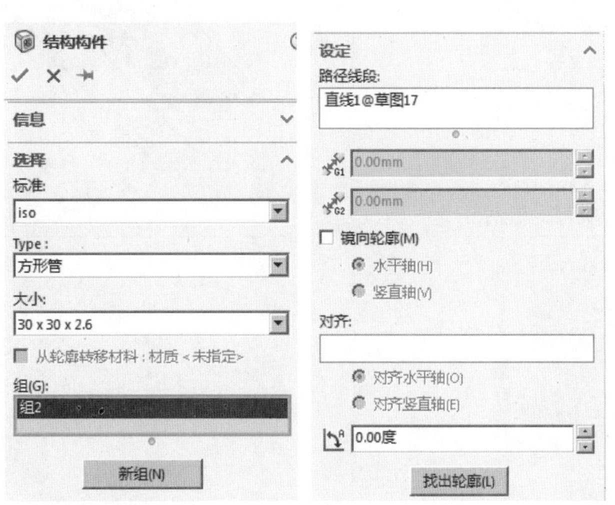

图 6-1　【结构构件】属性管理器

6.1.2　结构构件特征的知识点

在【选择】选项组中选择设置结构构件类型，如表 6-1 所示。

表 6-1　设置结构构件类型

操 作 选 项	图　　示
 设置结构构件类型为角钢	
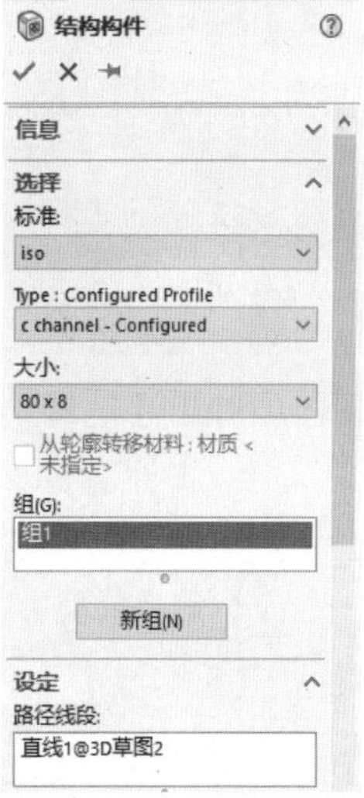 设置结构构件类型为槽钢	
 设置结构构件类型为管钢	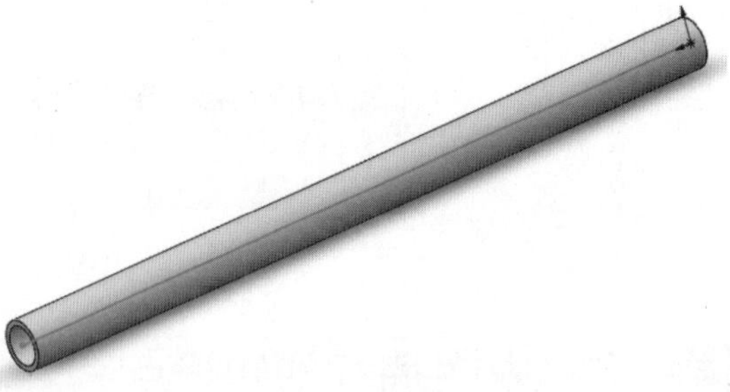

续表

操 作 选 项	图 示
 设置结构构件类型为长方矩钢	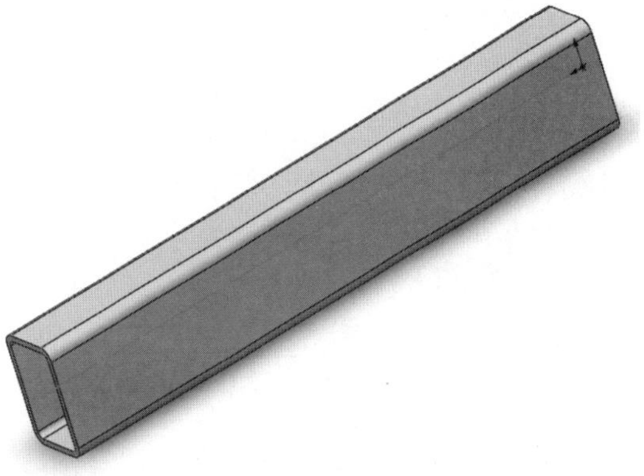
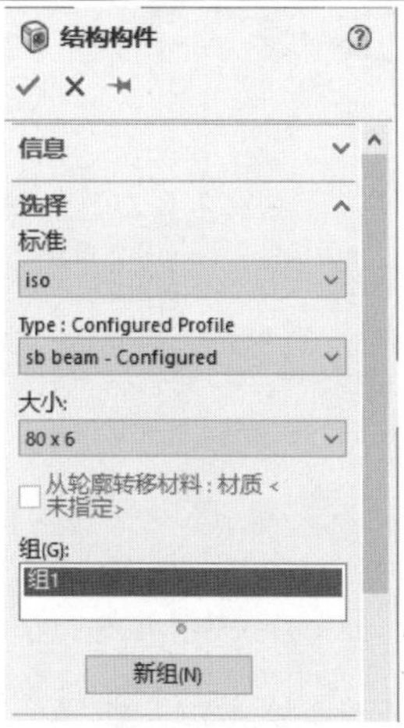 设置结构构件类型为工字钢	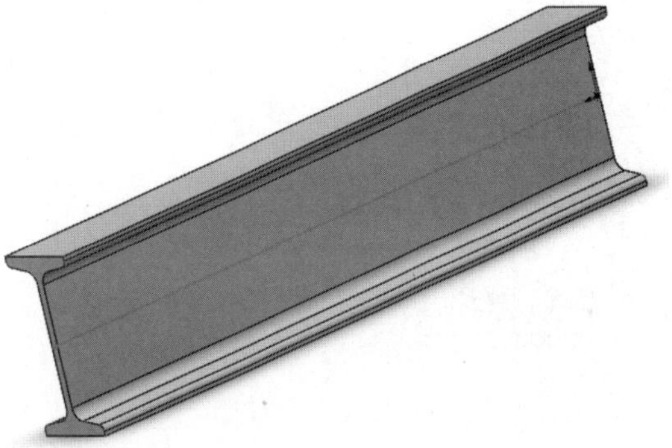
 设置结构构件类型为方矩钢	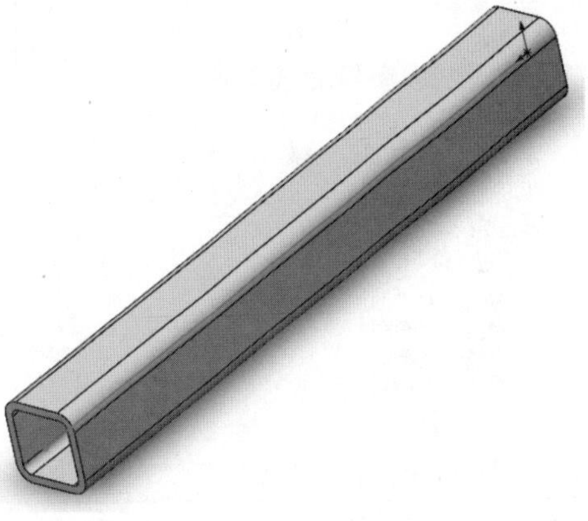

续表

操 作 选 项	图　　示
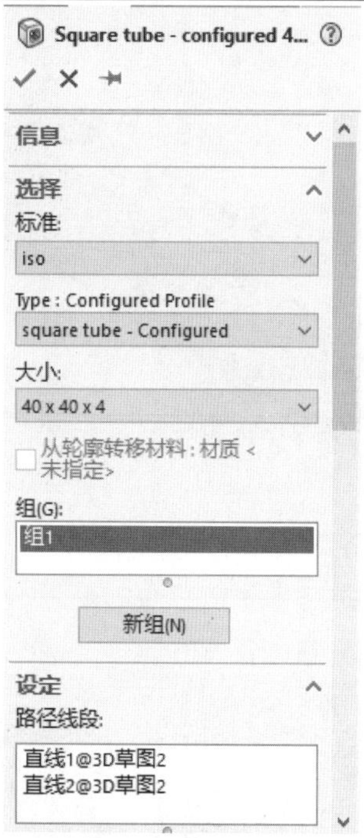 设置方矩钢的形状为两条相交线	
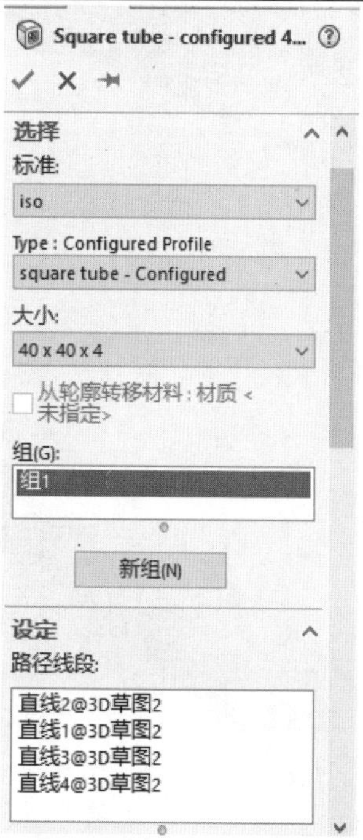 设置方矩钢的形状为面形状	

续表

操 作 选 项	图　　示
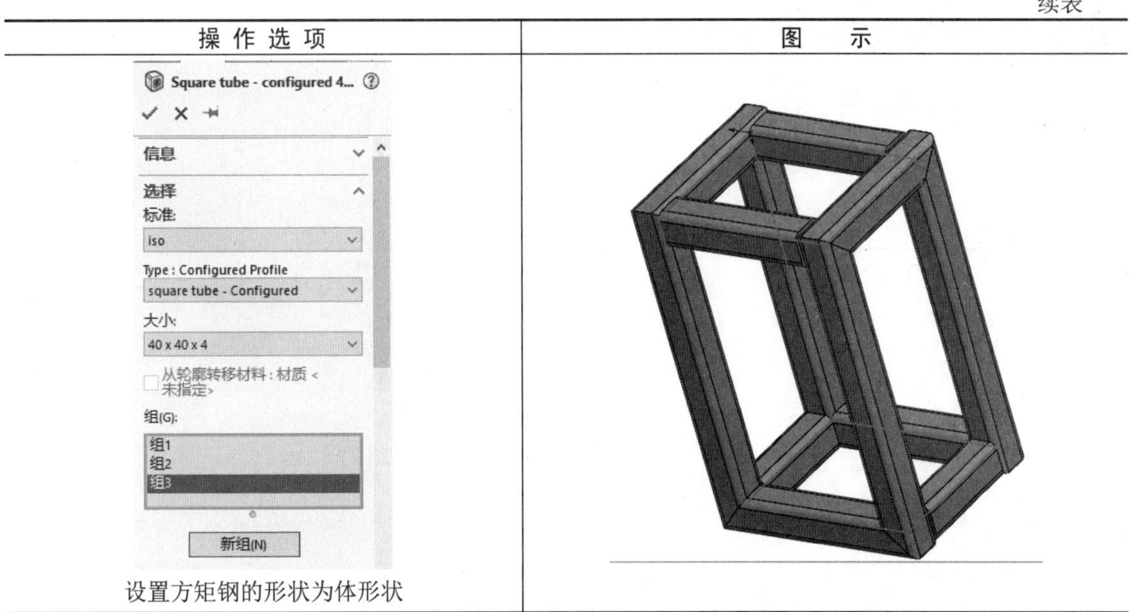 设置方矩钢的形状为体形状	

6.2　圆角焊缝特征

圆角焊缝可以在任何交叉的焊件实体（如结构构件、平板焊件或角撑板）之间添加全长、间歇或交错圆角焊缝。

6.2.1　菜单命令启动

选择【插入】|【焊件】|【圆角焊缝】菜单命令，在属性管理器中弹出【圆角焊缝】属性管理器，如图 6-2 所示。

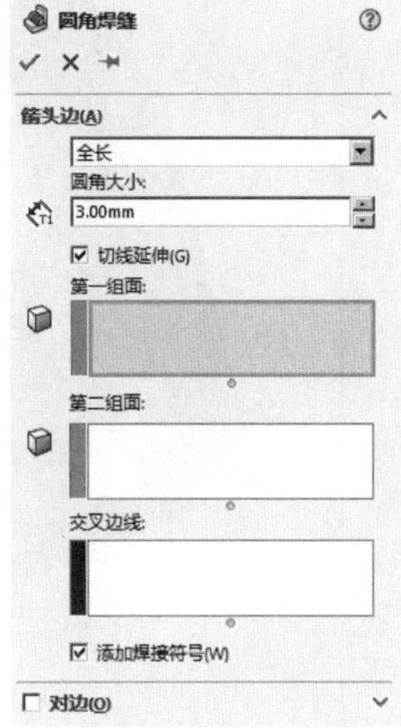

图 6-2　【圆角焊缝】属性管理器

6.2.2 圆角焊缝特征的知识点

1.【箭头边】选项组

在【箭头边】选项组中选择焊接方式，如表 6-2 所示。

表 6-2　选择焊接方式

操 作 选 项	图　　示
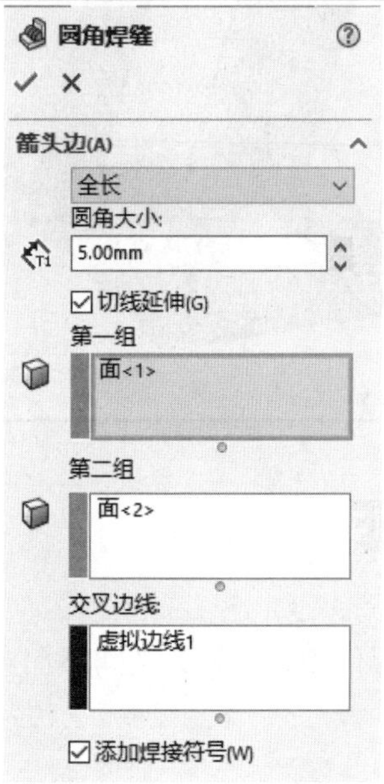 圆角焊缝 箭头边(A) 全长 圆角大小: 5.00mm ☑切线延伸(G) 第一组 面<1> 第二组 面<2> 交叉边线: 虚拟边线1 ☑添加焊接符号(W) 使用全长对零件进行焊接	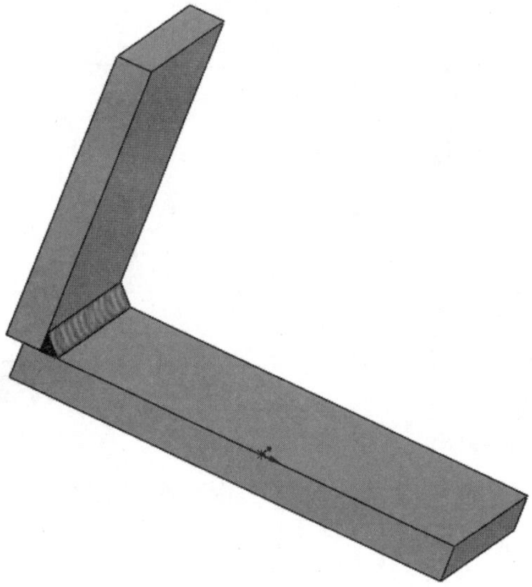
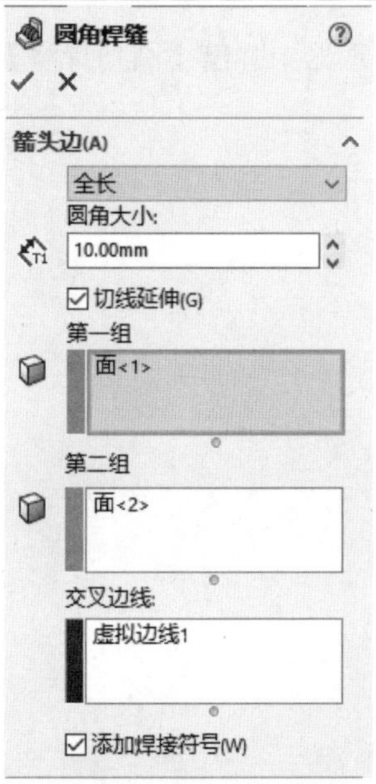 圆角焊缝 箭头边(A) 全长 圆角大小: 10.00mm ☑切线延伸(G) 第一组 面<1> 第二组 面<2> 交叉边线: 虚拟边线1 ☑添加焊接符号(W) 修改全长的圆角大小为 10.00mm	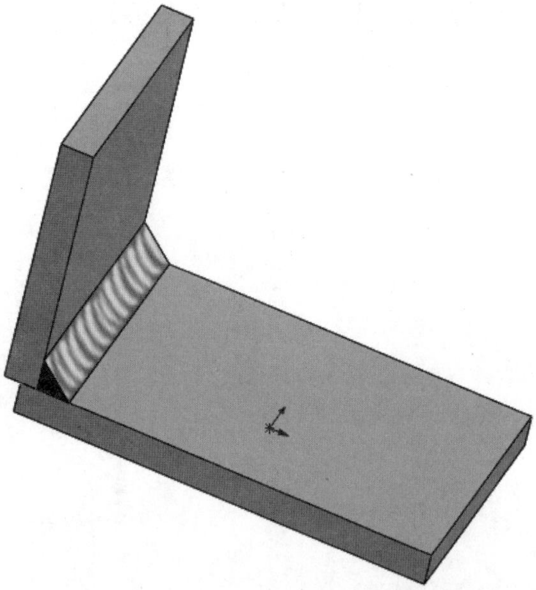

续表

操 作 选 项	图　示
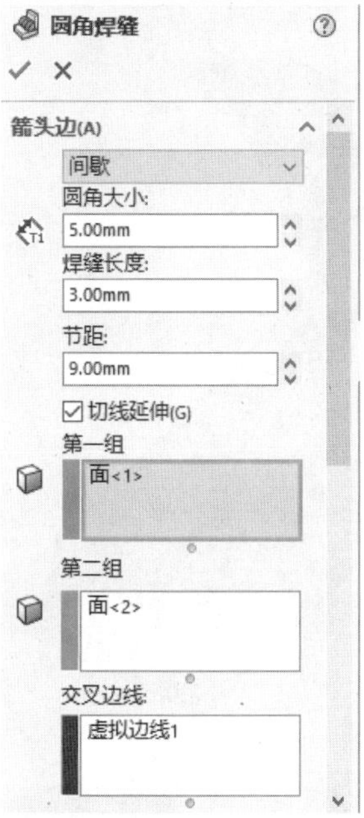 使用间歇对零件进行焊接	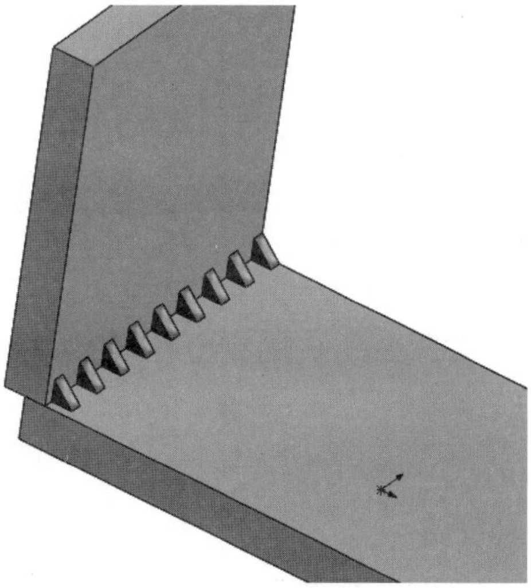
 修改间歇圆角焊缝的焊缝长度为 5.00mm，节距为 14.00mm	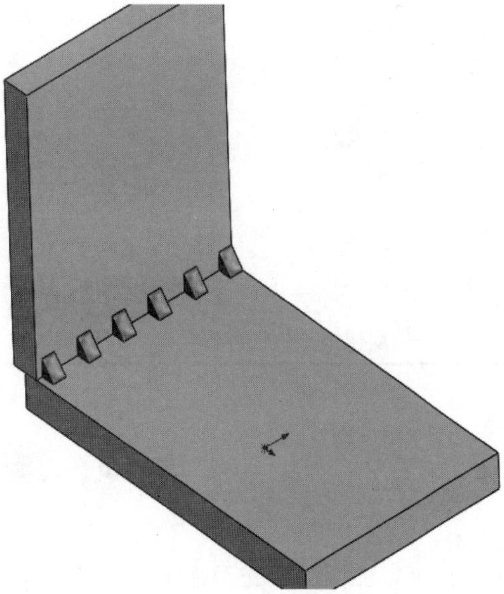

2.【对边】选项组

在【对边】选项组中选择对边方式，如表 6-3 所示。

表 6-3　选择对边方式

操 作 选 项	图　　示
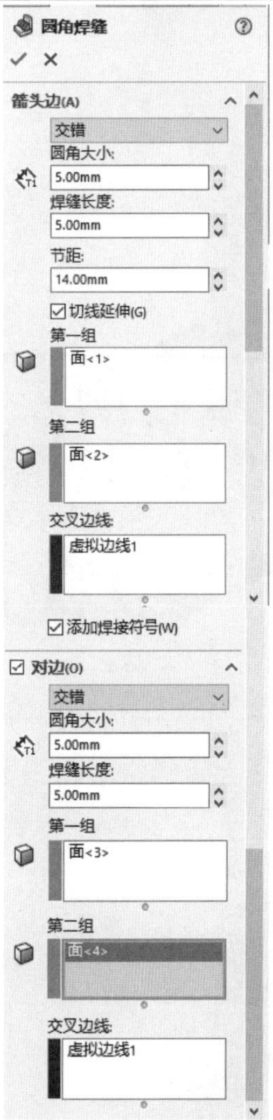 使用交错对零件进行焊接	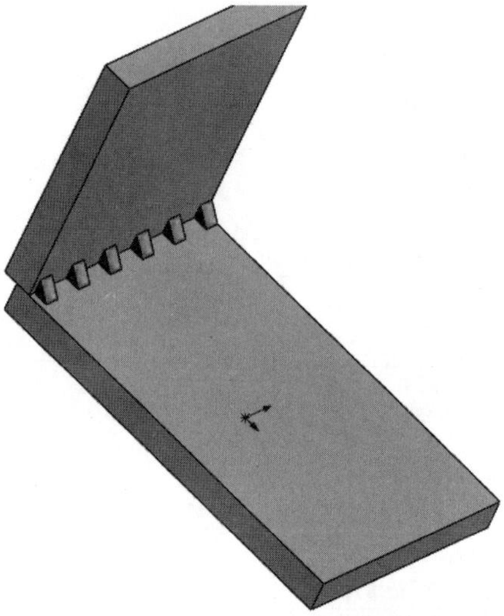 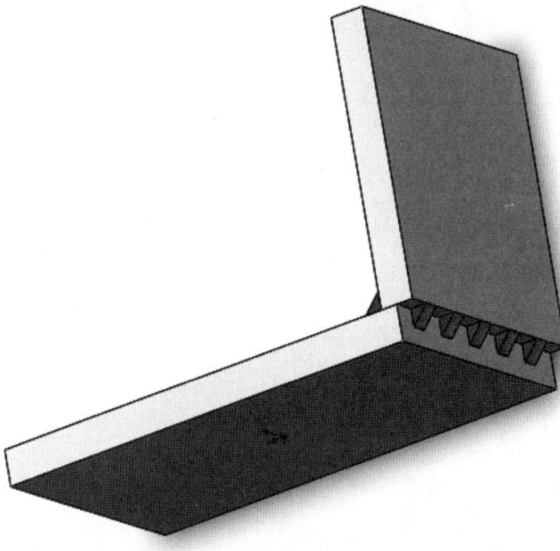

6.3　角撑板特征

角撑板可以加固两个交叉带平面的结构构件之间的区域。

6.3.1　菜单命令启动

选择【插入】\|【焊件】\|【角撑板】菜单命令，在属性管理器中弹出【角撑板】属性管理器，如图 6-3 所示。

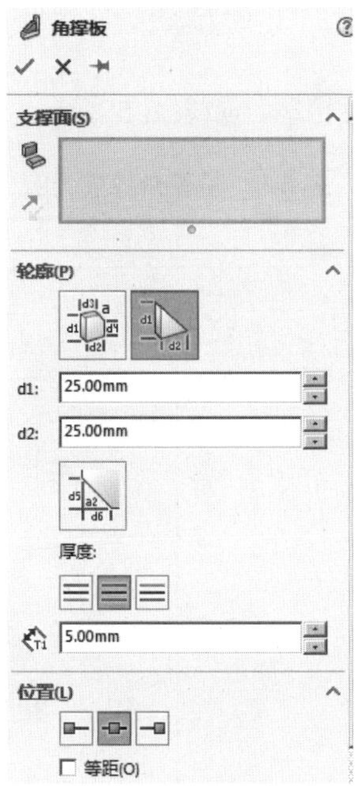

图 6-3　【角撑板】属性管理器

6.3.2　角撑板特征的知识点

1.【支撑面】选项组

在【支撑面】选项组中选择要添加角撑板的面，如表 6-4 所示。

表 6-4　选择要添加角撑板的面

操 作 选 项	图　　示
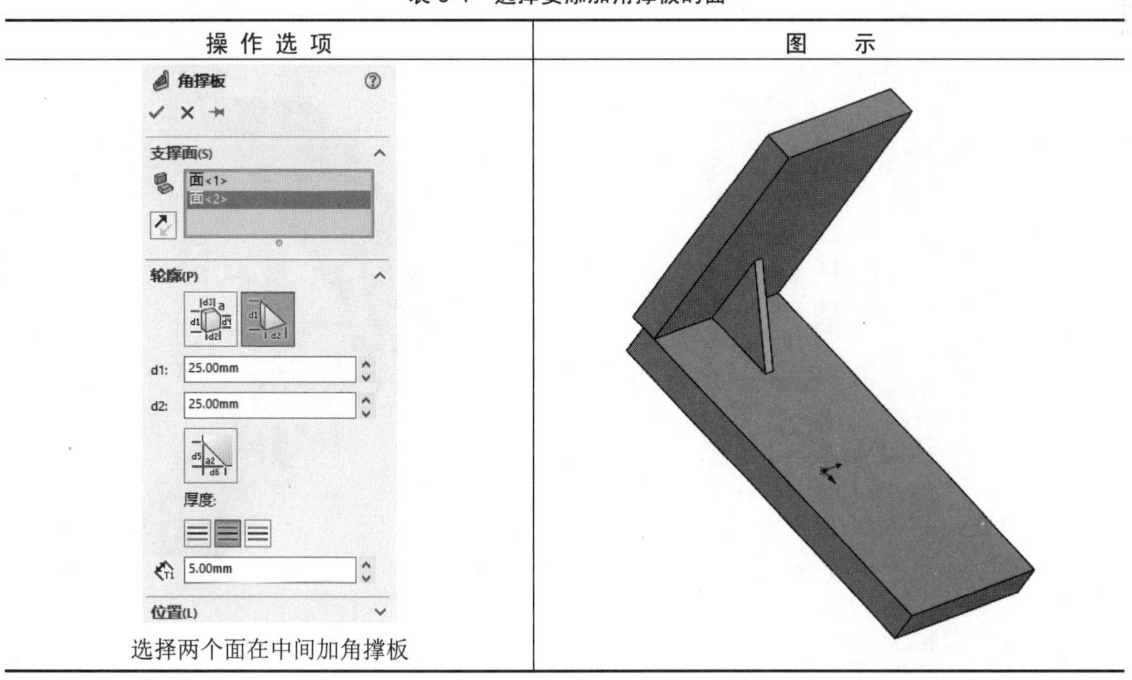 选择两个面在中间加角撑板	

2.【轮廓】选项组

在【轮廓】选项组中设置角撑板轮廓，如表 6-5 所示。

表 6-5　设置角撑板轮廓

操 作 选 项	图　　示
 选择角撑板轮廓为多边形	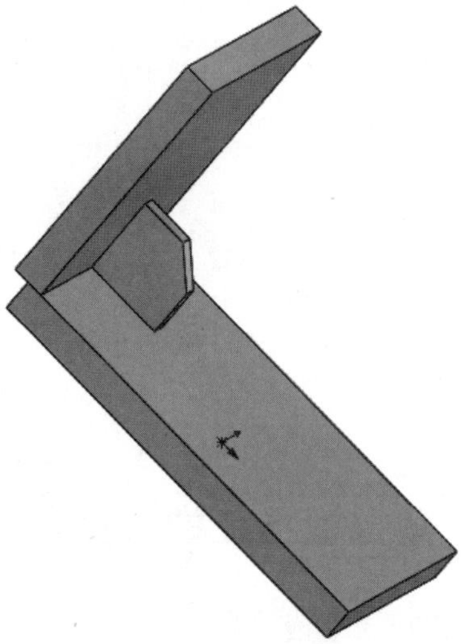
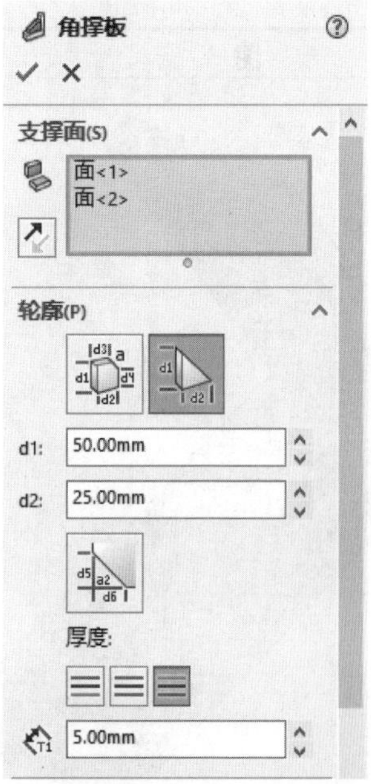 可修改角撑板的轮廓大小	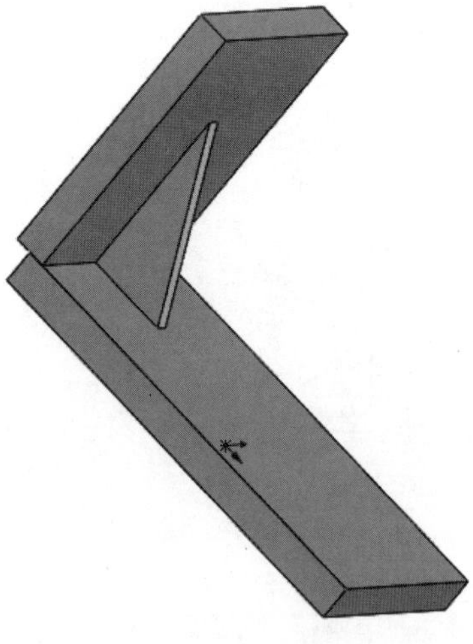

续表

操 作 选 项	图　　示
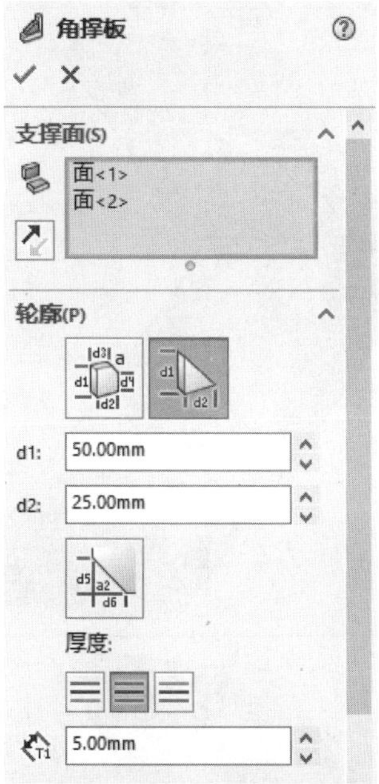 角撑板 支撑面(S) 面<1> 面<2> 轮廓(P) d1: 50.00mm d2: 25.00mm 厚度: 5.00mm 可修改角撑板轮廓厚度为在中间	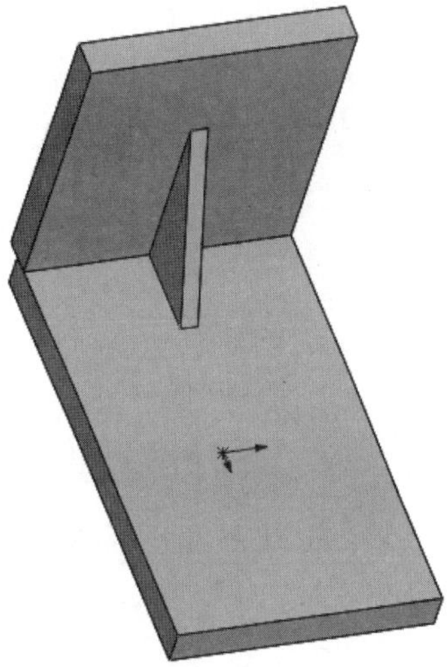
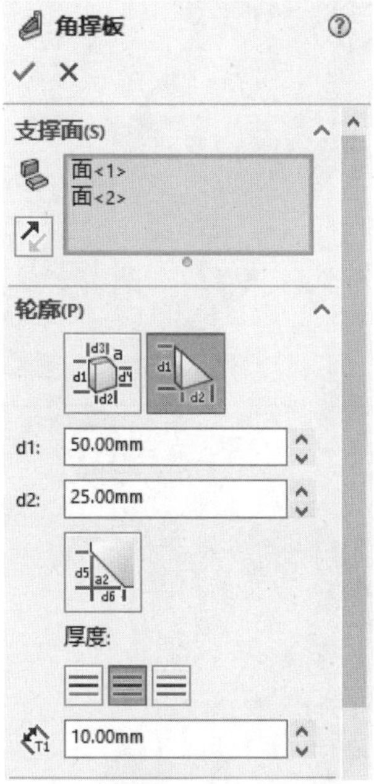 角撑板 支撑面(S) 面<1> 面<2> 轮廓(P) d1: 50.00mm d2: 25.00mm 厚度: 10.00mm 设置角撑板厚度为 10.00mm	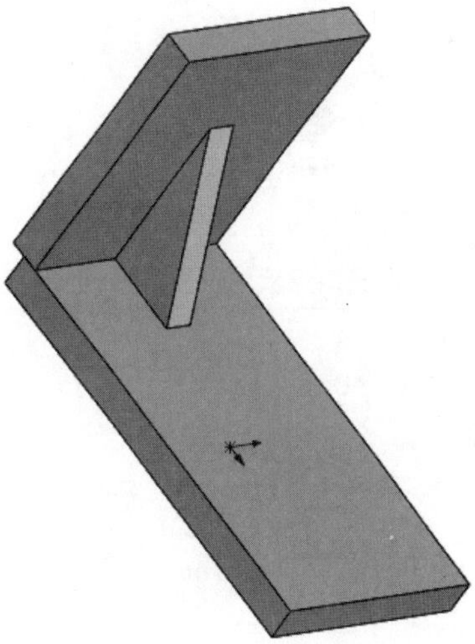

3.【位置】选项组

在【位置】选项组中设置角撑板位置，如表 6-6 所示。

表 6-6　设置角撑板位置

操 作 选 项	图　　示
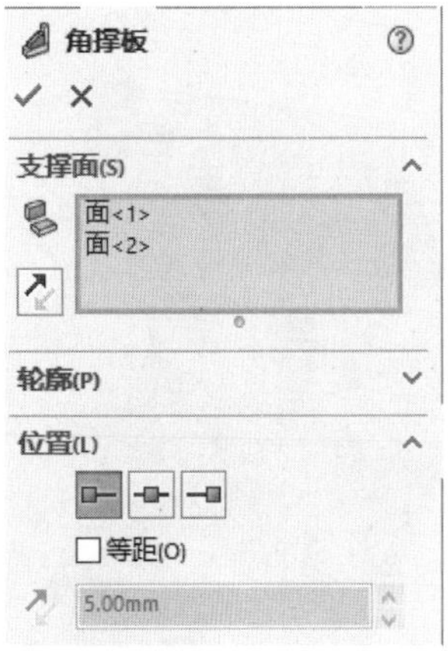 设置角撑板的位置在左侧	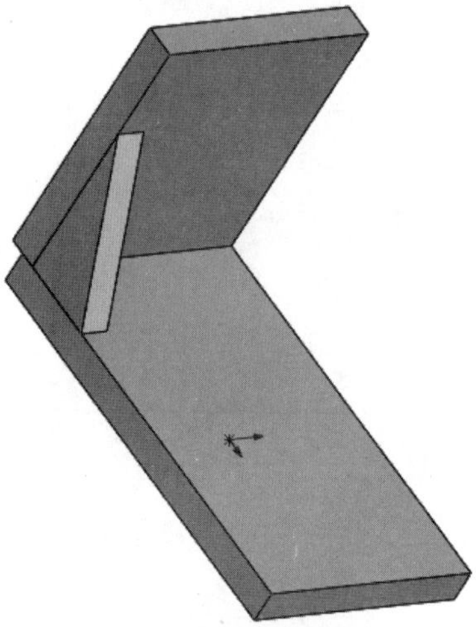
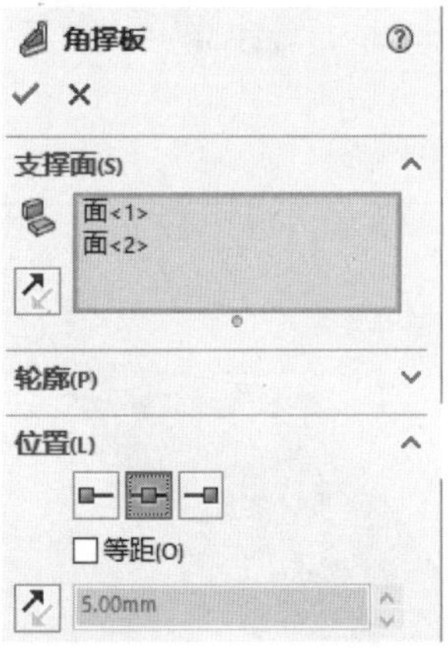 设置角撑板的位置在中间	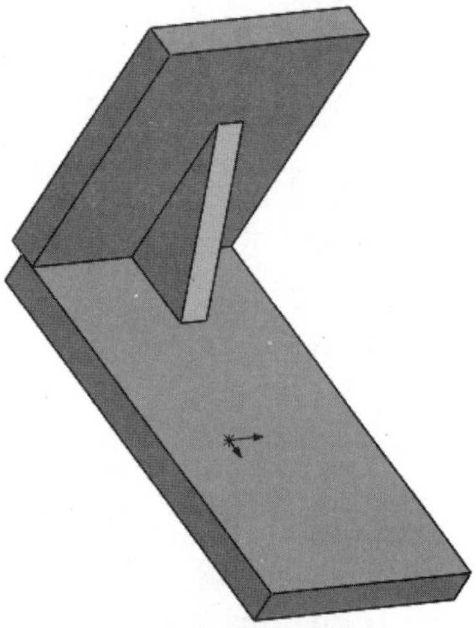
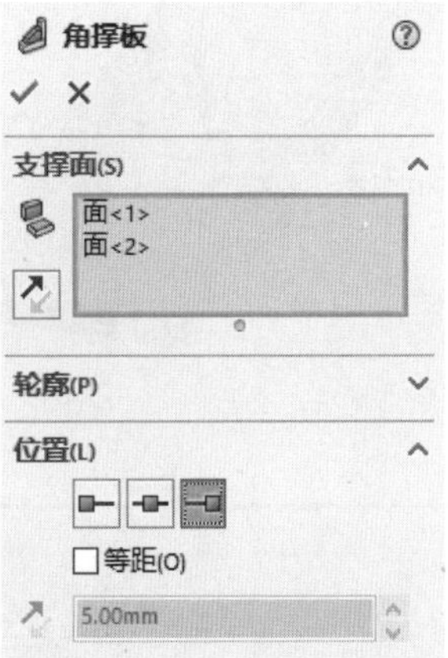 设置角撑板的位置在右侧	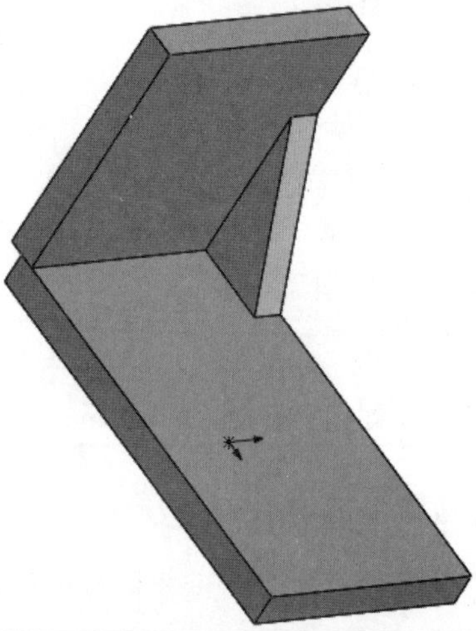

续表

操 作 选 项	图 示
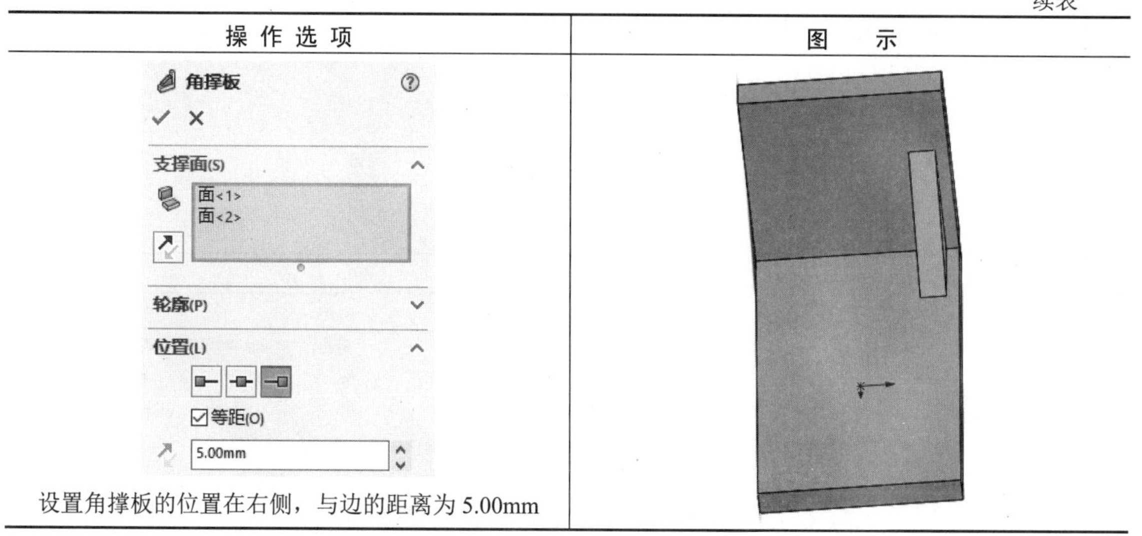 设置角撑板的位置在右侧，与边的距离为5.00mm	

6.4 焊缝特征

焊缝特征可以在结构件的边线处添加焊缝。

6.4.1 菜单命令启动

选择【插入】|【焊件】|【焊缝】菜单命令，在属性管理器中弹出【焊缝】属性管理器，如图6-4所示。

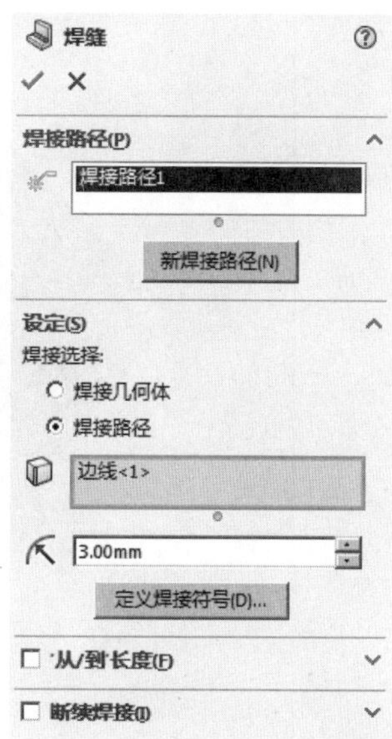

图6-4 【焊缝】属性管理器

6.4.2 焊缝特征的知识点

1.【设定】选项组

在【设定】选项组中设置焊接路径，如表 6-7 所示。

表 6-7　设置焊接路径

操作选项	图　示
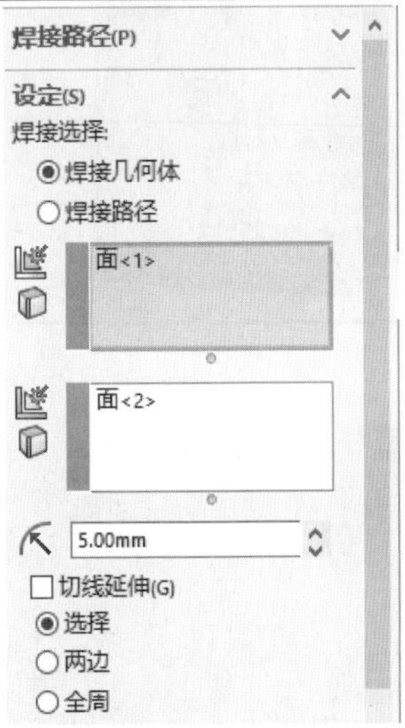 选择两个焊接几何体焊接	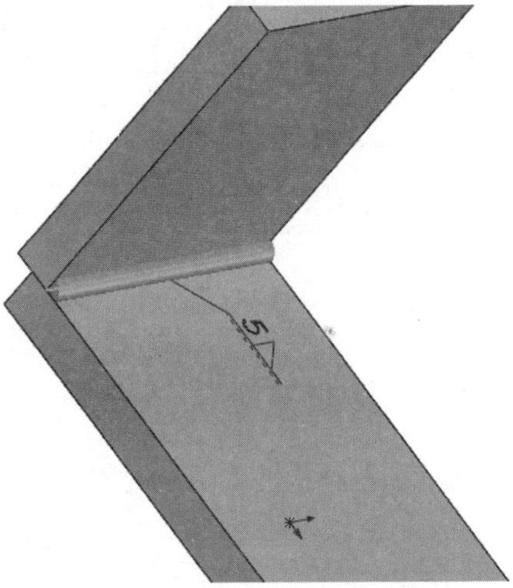
 修改焊缝半径为 20.00mm	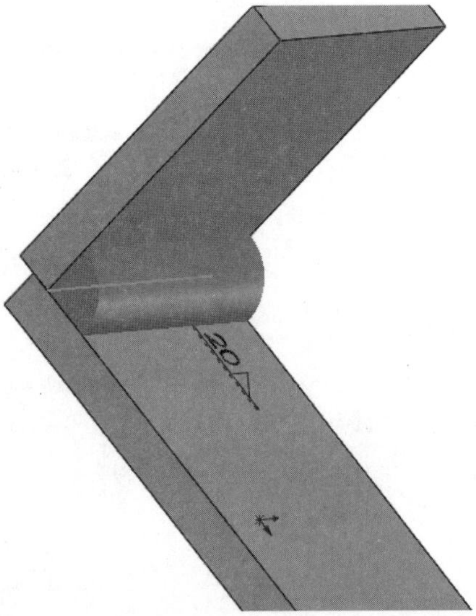

续表

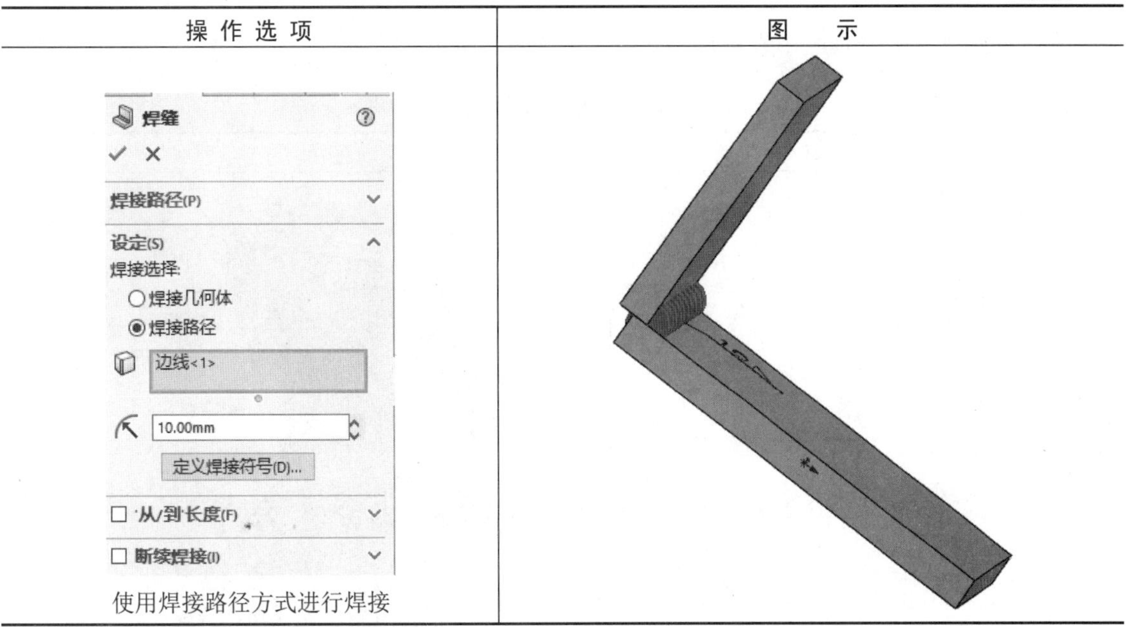

2.【从/到长度】选项组

在【从/到长度】选项组中设置焊接起点和长度，如表 6-8 所示。

表 6-8　设置焊接起点和长度

3.【断续焊接】选项组

在【断续焊接】选项组中设置焊缝参数，如表 6-9 所示。

表 6-9　设置焊缝参数

操 作 选 项	图　　示
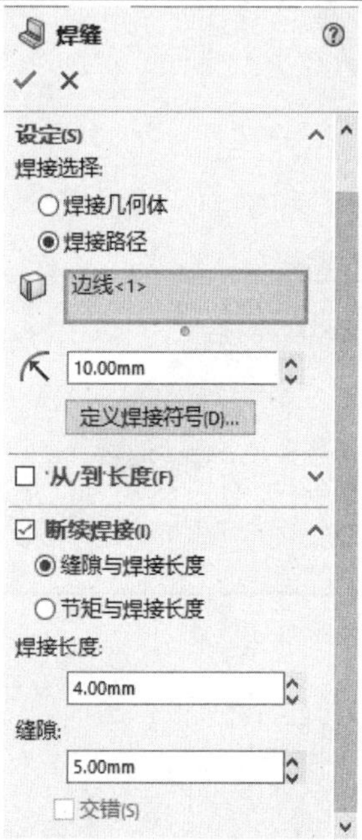 设置焊接长度和缝隙定义焊缝	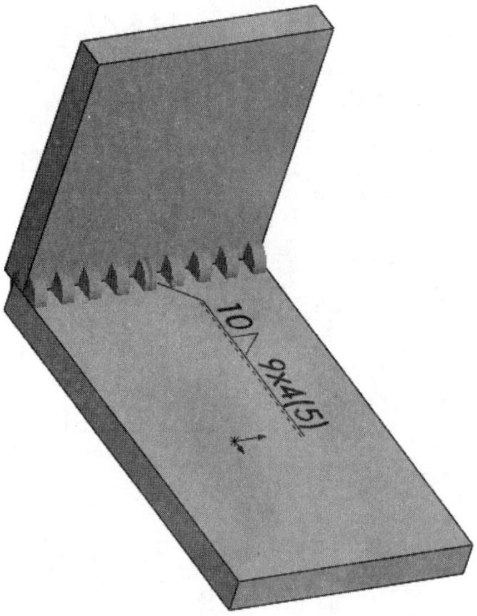
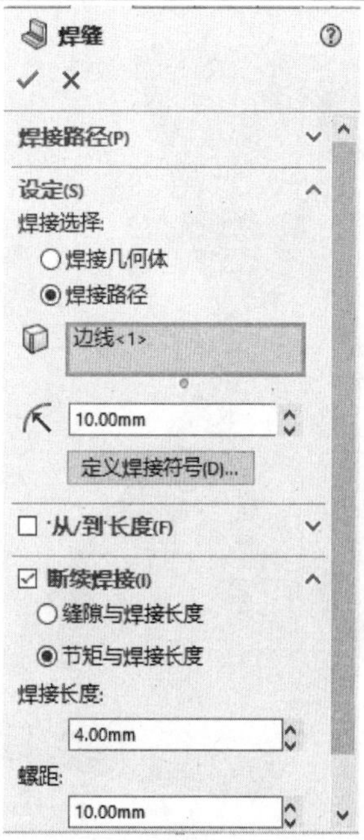 设置焊接长度和螺距定义焊缝	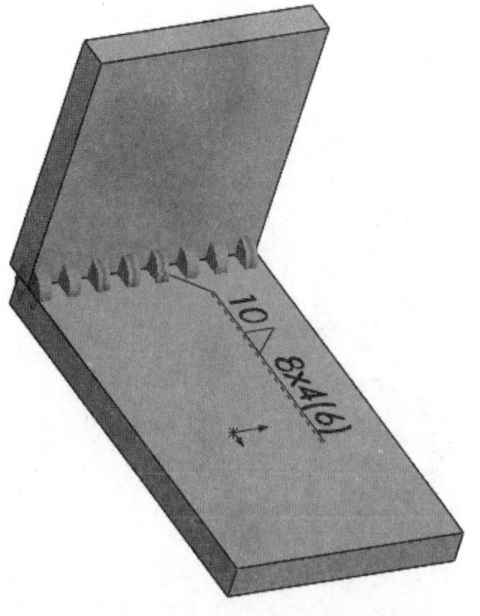

6.5　剪裁/延伸特征

剪裁/延伸特征可以使用线段和其他实体来剪裁线段，使之在焊件零件中正确对接。

6.5.1　菜单命令启动

选择【插入】|【焊件】|【剪裁/延伸】菜单命令，在属性管理器中弹出【剪裁/延伸】属性管理器，如图 6-5 所示。

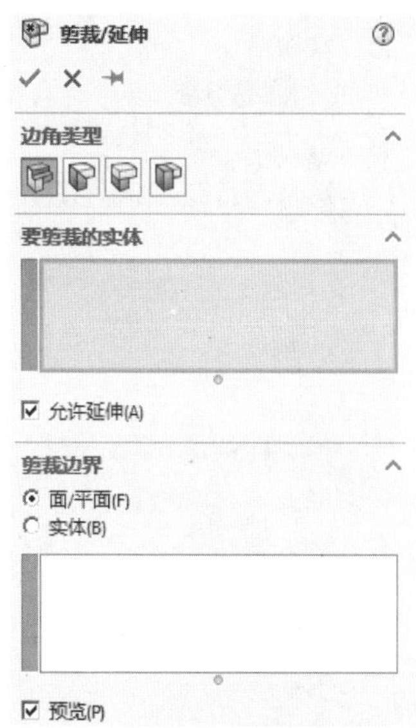

图 6-5　【剪裁/延伸】属性管理器

6.6.2　剪裁/延伸特征的知识点

1.【边角类型】选项组

在【边角类型】选项组中选择终端组合的类型，如表 6-10 所示。

表 6-10　选择终端组合的类型

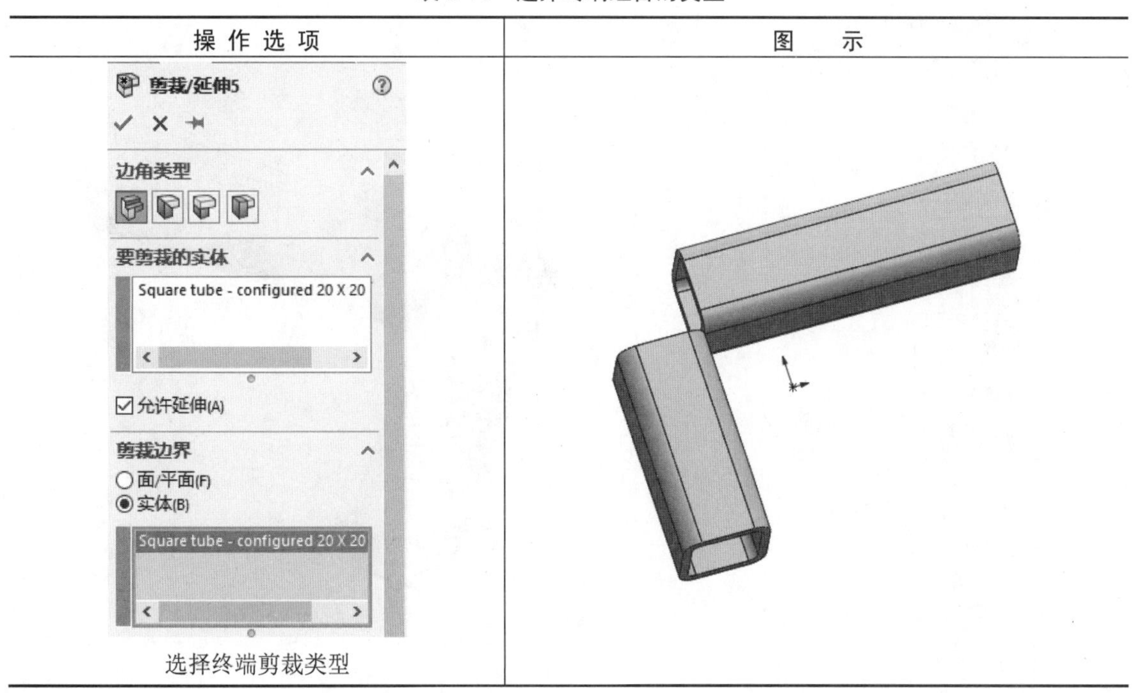

操 作 选 项	图　示
剪裁/延伸5 边角类型 要剪裁的实体 Square tube - configured 20 X 20 允许延伸(A) 剪裁边界 面/平面(F) 实体(B) Square tube - configured 20 X 20 选择终端剪裁类型	

续表

操 作 选 项	图　　示
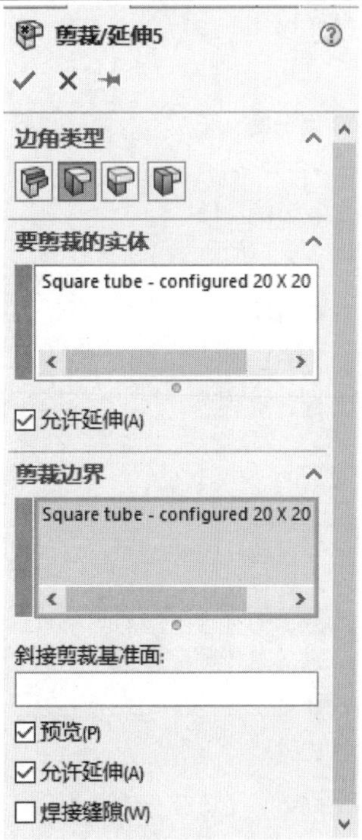 选择终端斜接类型	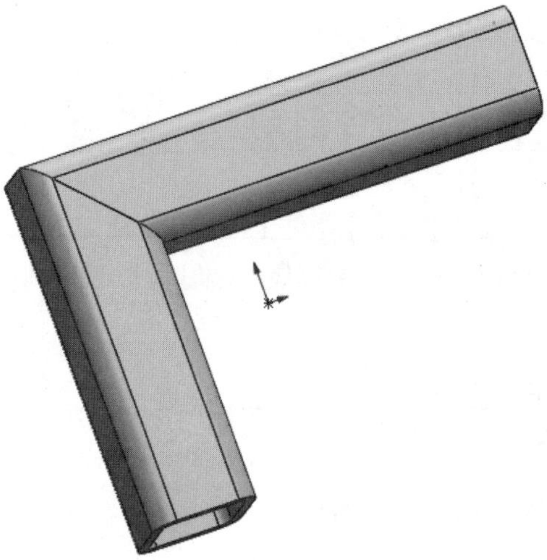
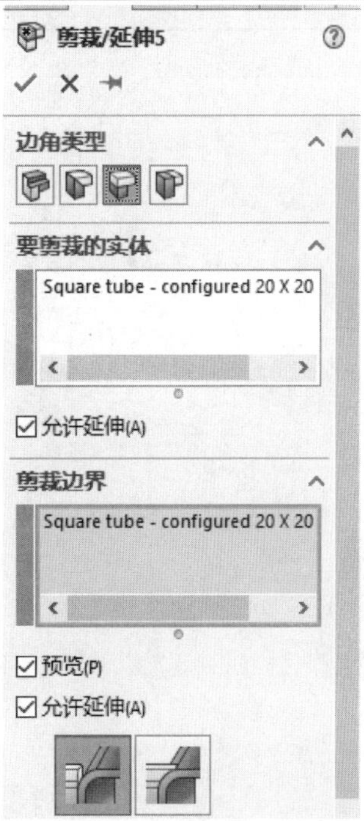 选择终端对接类型 1	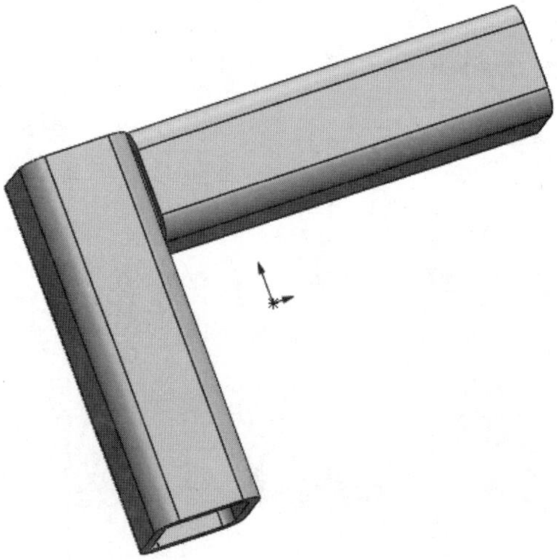

续表

操 作 选 项	图　　示
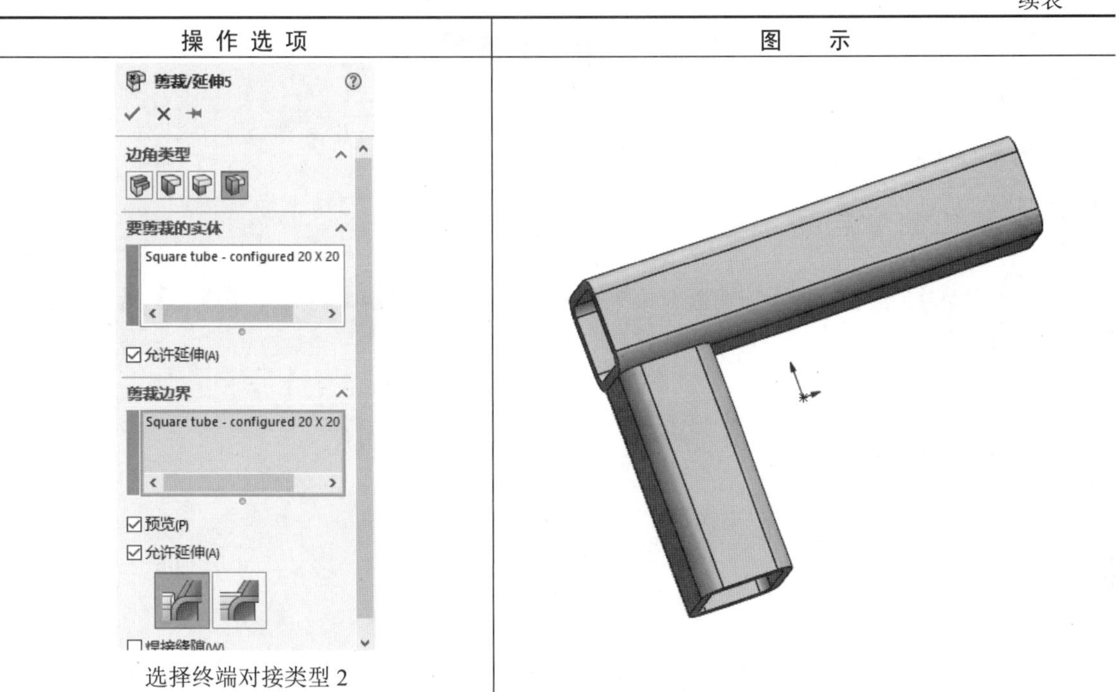 选择终端对接类型 2	

2.【剪裁边界】选项组

在【剪裁边界】选项组中设置对边界进行剪裁，如表 6-11 所示。

表 6-11　设置对边界进行剪裁

操 作 选 项	图　　示
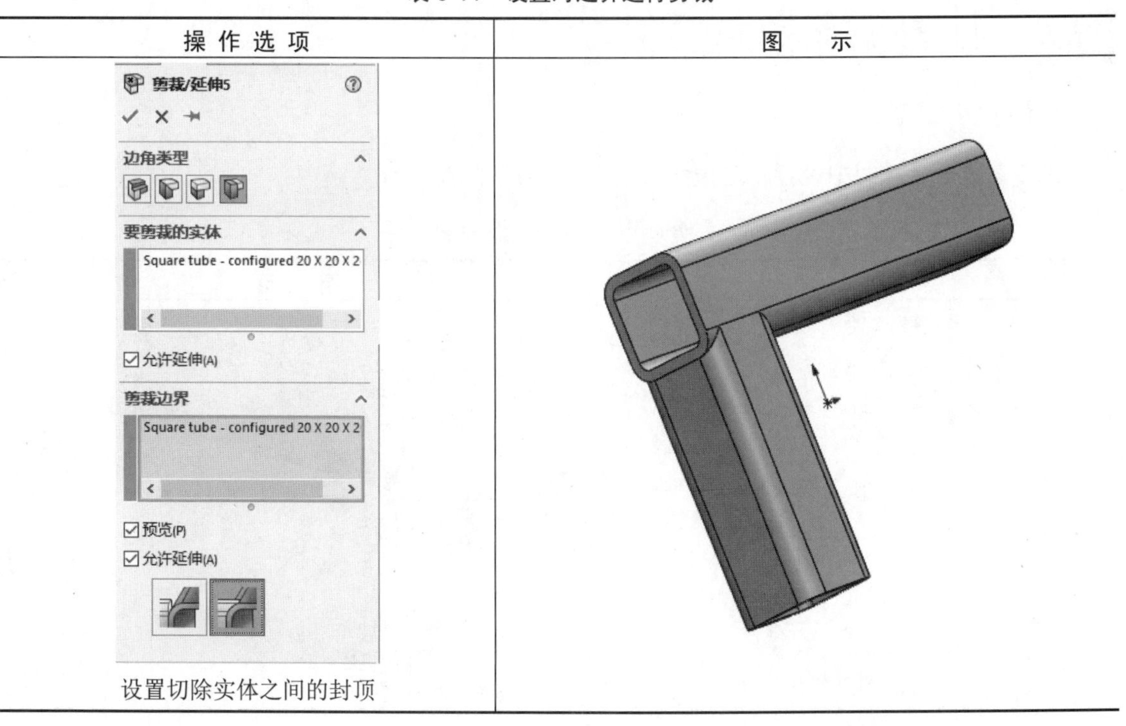 设置切除实体之间的封顶	

6.6 顶端盖特征

顶端盖特征将自动闭合敞开的结构构件端部。

6.6.1 菜单命令启动

选择【插入】|【焊件】|【顶端盖】菜单命令，在属性管理器中弹出【顶端盖】属性管理器，如图 6-6 所示。

图 6-6 【顶端盖】属性管理器

6.6.2 顶端盖特征的知识点

1.【参数】选项组

在【参数】选项组中设置顶端盖参数，如表 6-12 所示。

表 6-12 设置顶端盖参数

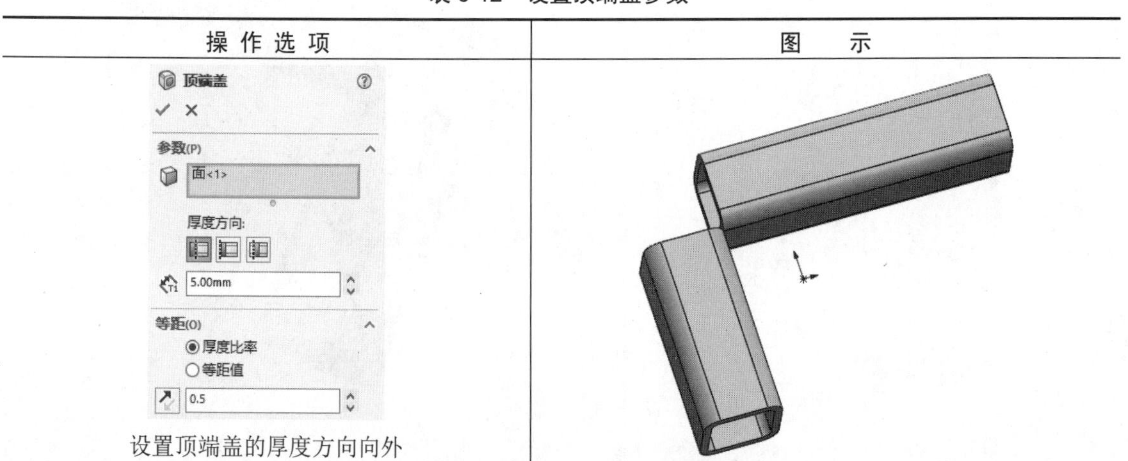

操作选项	图示
设置顶端盖的厚度方向向外	

续表

操作选项	图示
 顶端盖 参数(P) 面<1> 厚度方向: 5.00mm 等距(O) 厚度比率 等距值 0.5 设置顶端盖的厚度方向向内	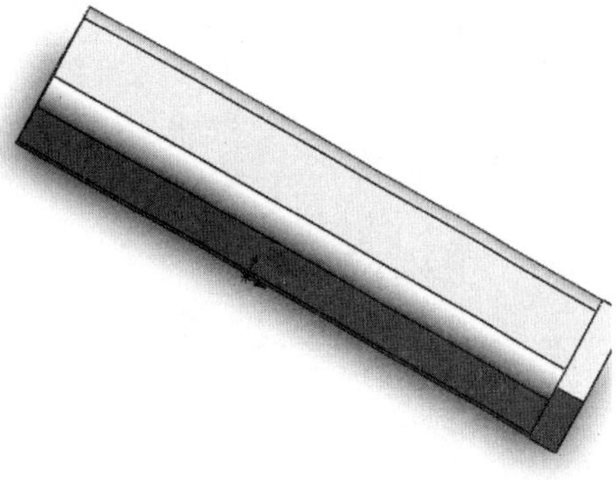
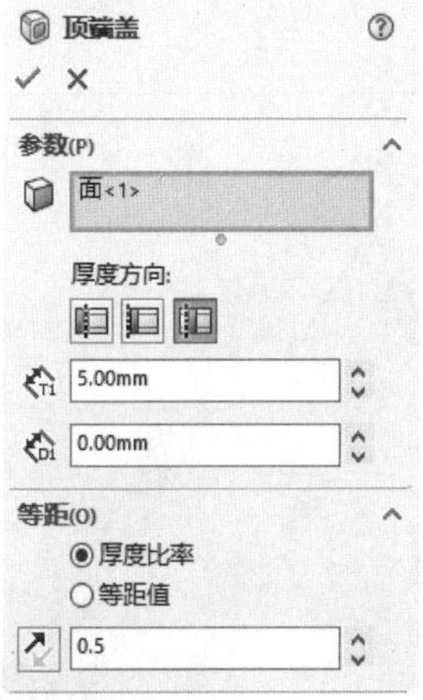 顶端盖 参数(P) 面<1> 厚度方向: 5.00mm 0.00mm 等距(O) 厚度比率 等距值 0.5 设置顶端盖的厚度方向向内部	
 顶端盖 参数(P) 面<1> 厚度方向: 10.00mm 等距(O) 厚度比率 等距值 0.5 设置顶端盖厚度为 10.00mm	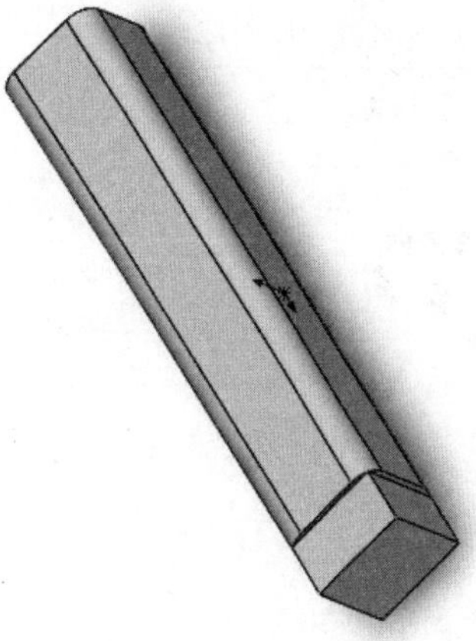

2.【等距】选项组

在【等距】选项组中设置厚度比率和等距值，如表 6-13 所示。

表 6-13　设置厚度比率和等距值

操 作 选 项	图　示
 顶端盖 参数(P) 面<1> 厚度方向: 5.00mm 等距(O) ◉厚度比率 ○等距值 0.5 设置顶端盖的厚度比率为 0.5	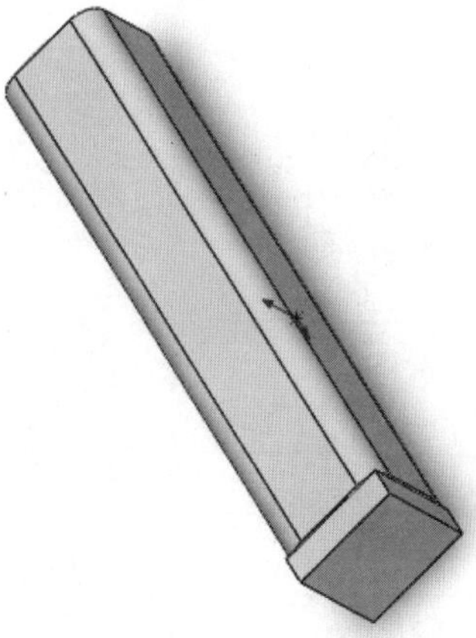
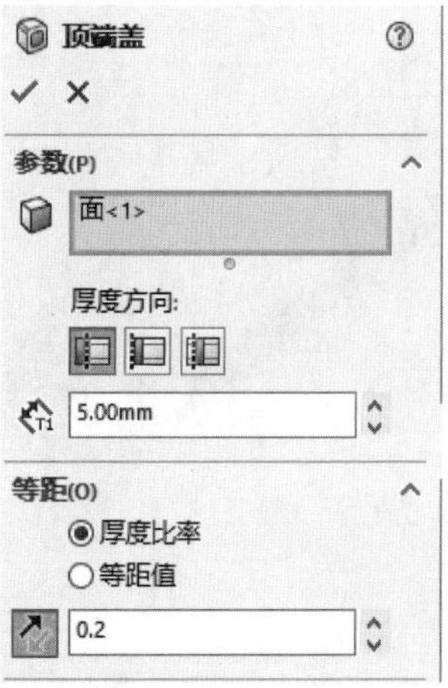 顶端盖 参数(P) 面<1> 厚度方向: 5.00mm 等距(O) ◉厚度比率 ○等距值 0.2 设置顶端盖的反向厚度比率为 0.2	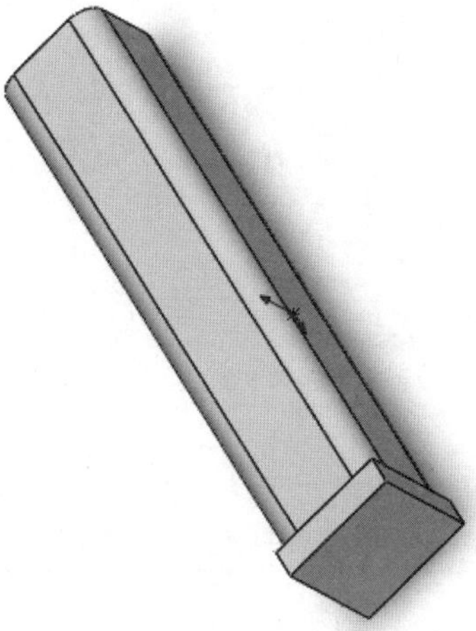
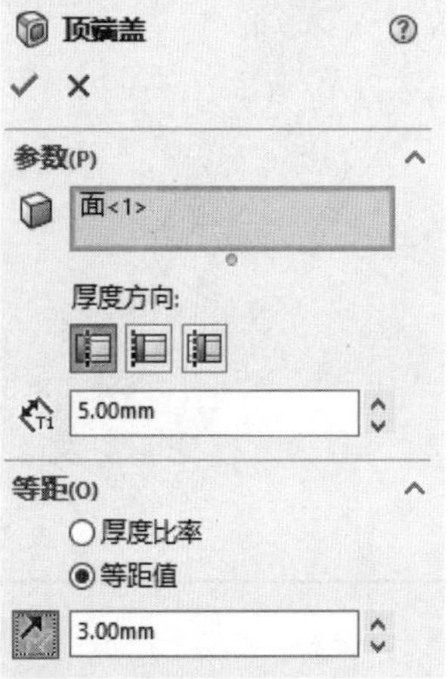 顶端盖 参数(P) 面<1> 厚度方向: 5.00mm 等距(O) ○厚度比率 ◉等距值 3.00mm 设置顶端盖的反向等距值率为 3.00mm	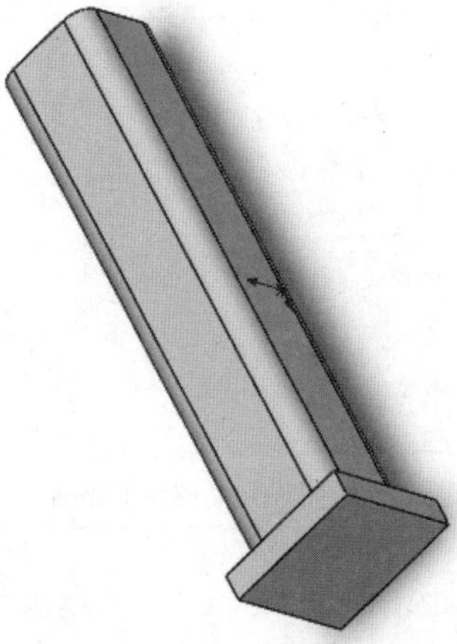

3.【边角处理】选项组

在【边角处理】选项组中对顶端盖的边角进行处理，如表 6-14 所示。

表 6-14　对顶端盖的边角进行处理

操 作 选 项	图　示
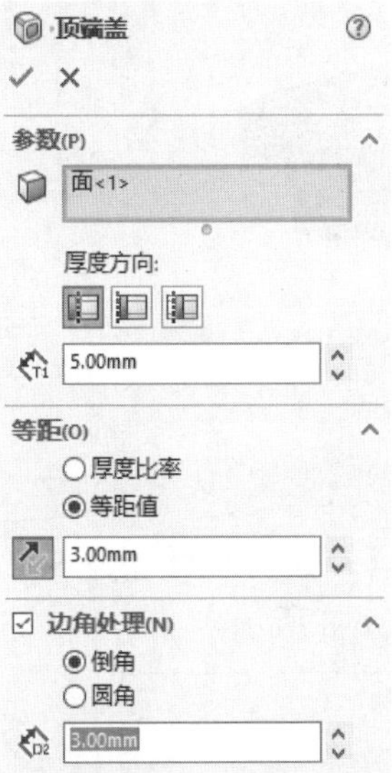 设置顶端盖的 3.00mm 的倒角	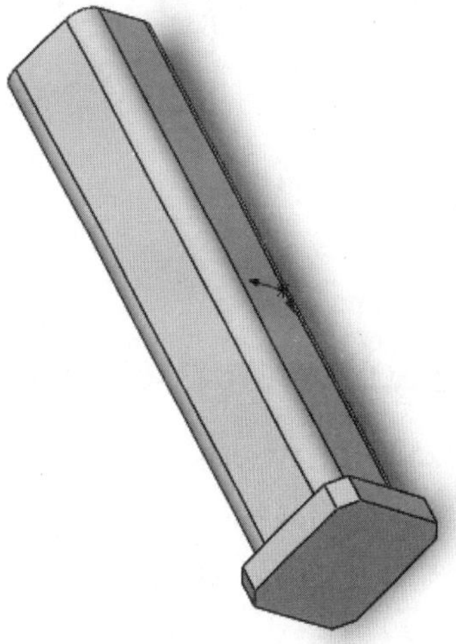
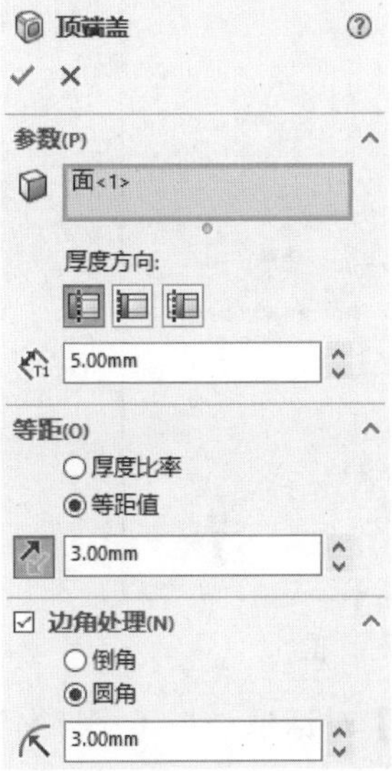 设置顶端盖的 3.00mm 的圆角	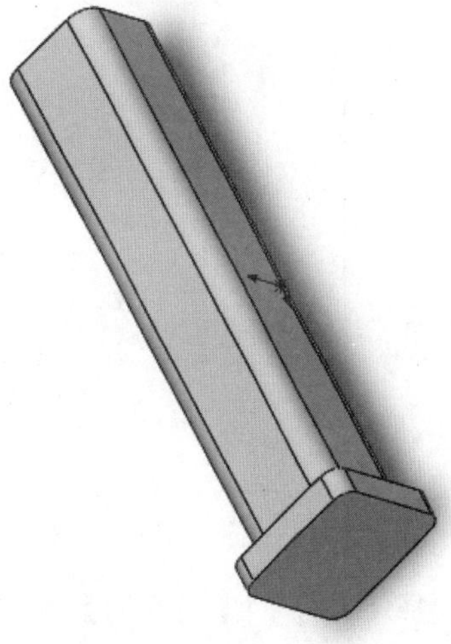

6.7　范例——焊接件模型建模

视频讲解

本例将生成一个三维焊接模型，如图 6-7 所示。本模型使用的功能有结构构件、剪裁、顶端盖和角撑板等。

图 6-7　焊接件模型

具体步骤如下。

1. 新建 SOLIDWORKS 零件并保存文件

（1）启动 SOLIDWORKS，选择菜单栏中的【文件】|【新建】命令，弹出【新建 SOLIDWORKS 文件】对话框，单击【零件】按钮，单击【确定】按钮，如图 6-8 所示。

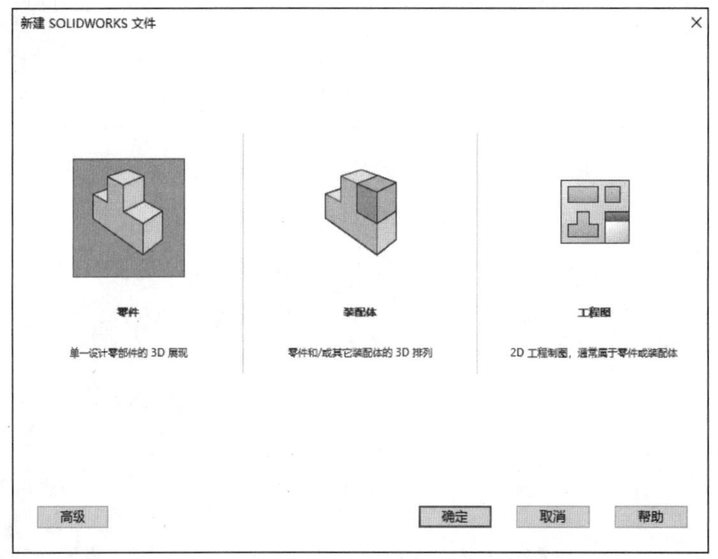

图 6-8　【新建 SOLIDWORKS 文件】对话框

（2）选择【文件】|【另存为】菜单命令，弹出【另存为】对话框，在【文件名】文本框中输入 6-1，单击【保存】按钮，如图 6-9 所示。

2. 绘制结构构件草图

（1）单击【特征管理器设计树】中的【前视基准面】图标，使前视基准面成为草图 1 绘制平面。单击【视图定向】下拉图标中的【正视于】按钮，并单击【草图】工具栏中的【草图绘制】按钮，进入草图绘制状态。单击【草图】工具栏中的【直线】按钮，绘制草图 1，如图 6-10 所示。

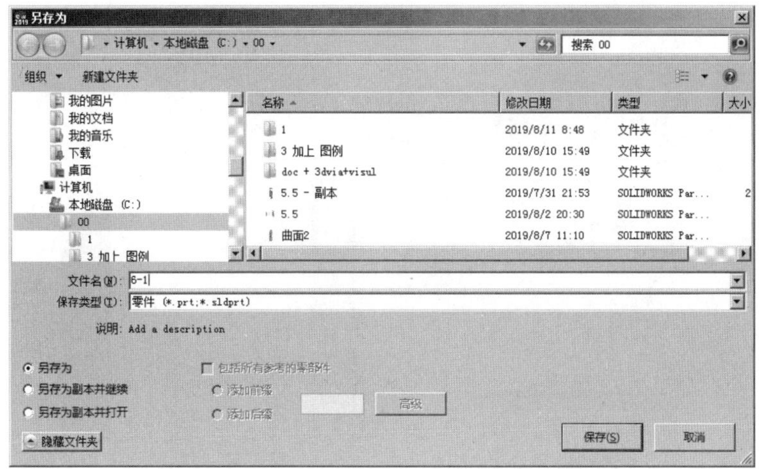

图 6-9 【另存为】对话框

图 6-10 绘制草图 1

（2）单击【草图】工具栏中的【智能尺寸】按钮，标注所绘制草图 1 的尺寸，双击左键退出草图，如图 6-11 所示。

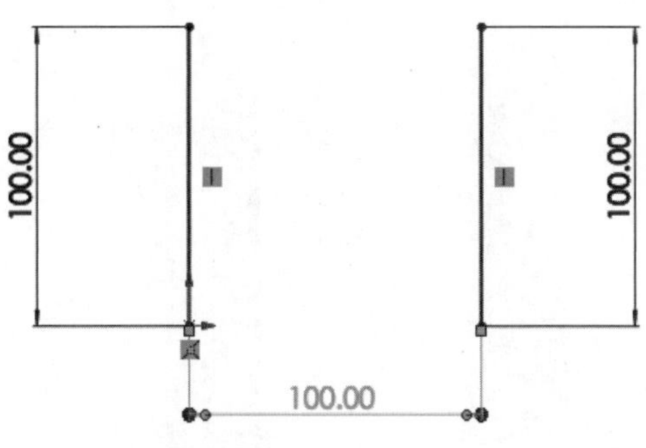

图 6-11 标注草图 1 的尺寸

3. 使用结构构件特征创建焊接件基体

单击【焊件】工具栏中的【结构构件】按钮，在【选择】中的【标准】选项中选择【iso（国际标准)】选项，在【Type:Configured Profile】选项中选择【square tube-Configured】选项，在【大小】选项中选择【20×20×2】选项；在【组】和【设定】选项中选择草图 1 绘制的两条直线，单击【确定】按钮，如图 6-12 所示。

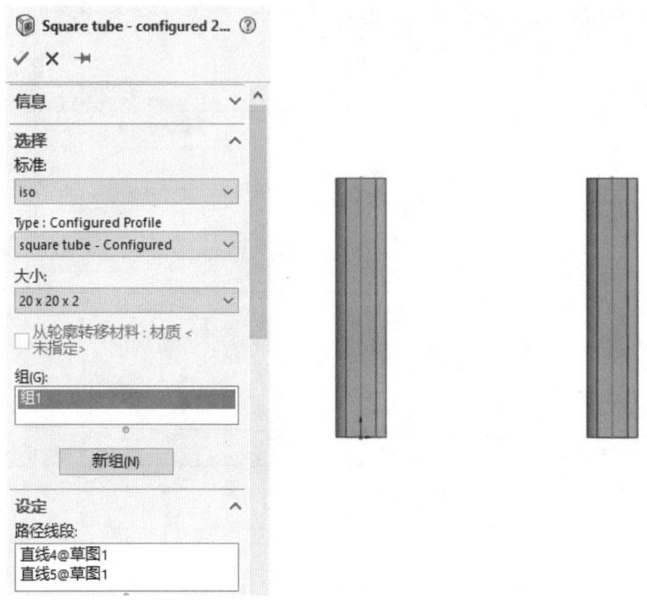

图 6-12　结构构件 1

4．使用结构构件特征添加焊接件

（1）单击【特征管理器设计树】中的【前视基准面】图标，使前视基准面成为草图 2 绘制平面。单击【视图定向】下拉图标中的【正视于】按钮，并单击【草图】工具栏中的【草图绘制】按钮，进入草图绘制状态。单击【草图】工具栏中的【直线】按钮，绘制草图 2，如图 6-13 所示。

（2）单击【草图】工具栏中的【智能尺寸】按钮，标注所绘制草图 2 的尺寸，双击左键退出草图，如图 6-14 所示。

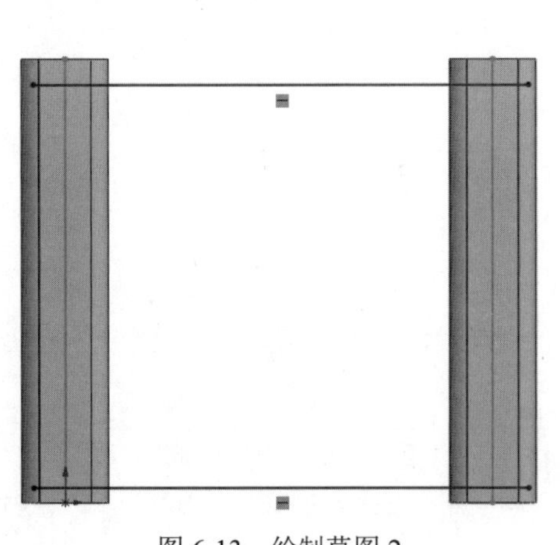

图 6-13　绘制草图 2

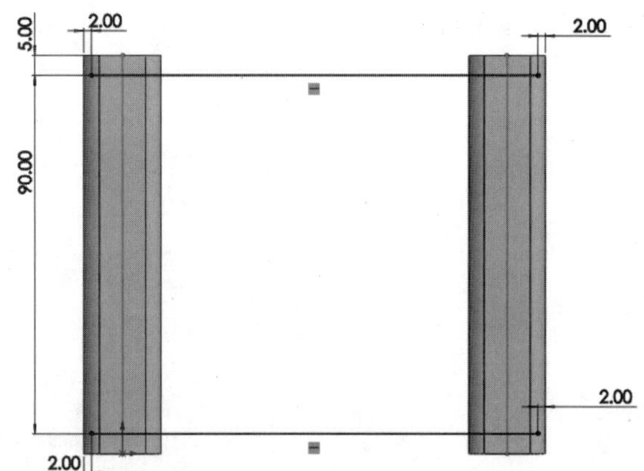

图 6-14　标注草图 2 的尺寸

（3）单击【焊件】工具栏中的【结构构件】按钮，在【选择】中的【标准】选项中选择【iso（国际标准）】选项，在【Type:Configured Profile】选项中选择【square tube-Configured】选项，在【大小】选项中选择【20×20×2】选项；在【组】和【设定】选项中选择草图 2 绘制的两条直线，单击【确定】按钮，如图 6-15 所示。

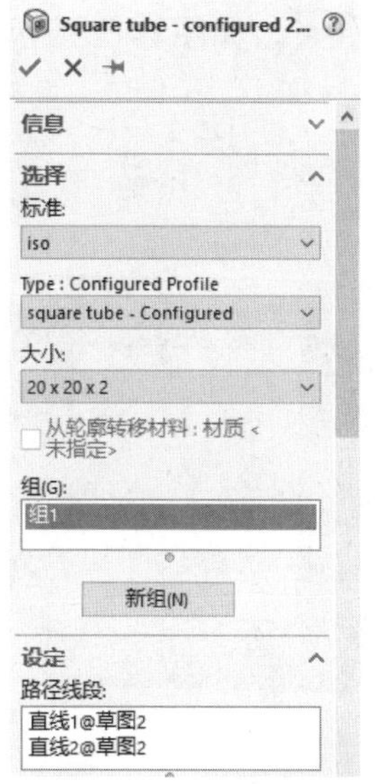

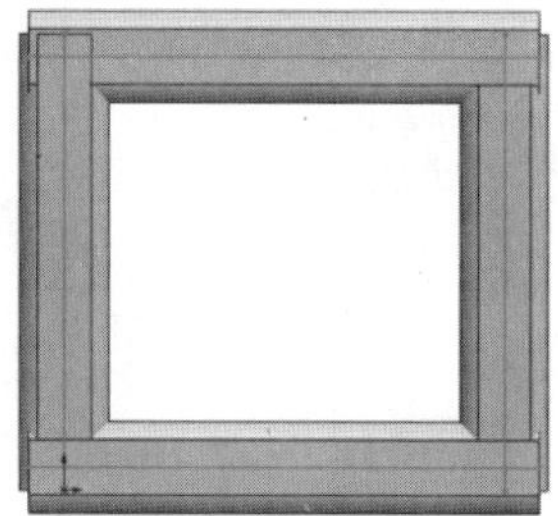

图 6-15　结构构件 2

5. 使用剪裁/延伸特征剪切焊接件

（1）单击【焊件】工具栏中的【剪裁/延伸】特征，在【边角类型】选项中选择【终端对接 2】选项，在【要剪裁的实体】选项中选择焊接件的一根方矩管，选中【允许延伸】复选框；在【剪裁边界】选项中选择所选焊接件方矩管相邻的方矩管；选择【实体之间的简单切除】选项，单击【确定】按钮，如图 6-16 所示。

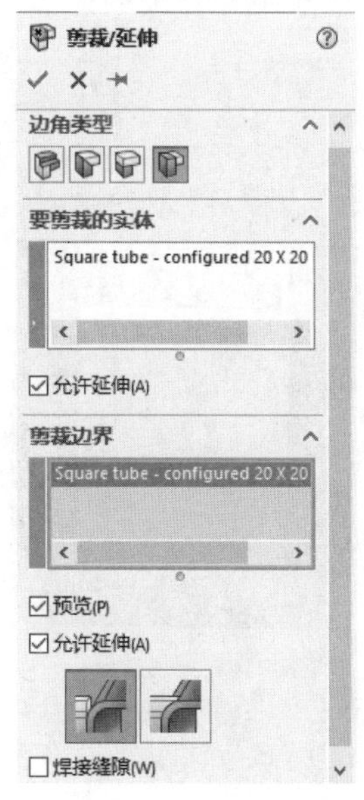

图 6-16　剪裁/延伸（1）

（2）再次单击【焊件】工具栏中的【剪裁/延伸】特征，在【边角类型】选项中选择【终端对接 1】选项，在【要剪裁的实体】选项中同样选择步骤（1）所剪裁实体的方矩管，选中【允许延伸】复选框；在【剪裁边界】选项中选择所选焊接件方矩管另一侧相邻的方矩管；选择

【实体之间的简单切除】选项，单击【确定】按钮，如图 6-17 所示。

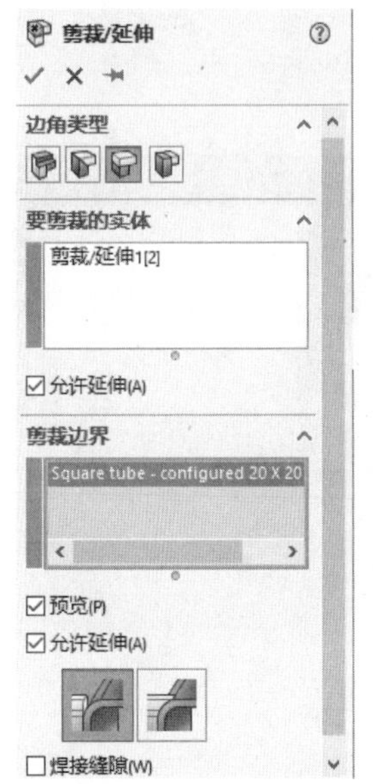

图 6-17　剪裁/延伸（2）

（3）再次单击【焊件】工具栏中的【剪裁/延伸】特征，在【边角类型】选项中选择【终端对接 1】选项，在【要剪裁的实体】选项中选择步骤（2）焊接件方矩管对面的方矩管，选中【允许延伸】复选框；在【剪裁边界】选项中选择所选焊接件方矩管相邻的方矩管；选择【实体之间的简单切除】选项，单击【确定】按钮，如图 6-18 所示。

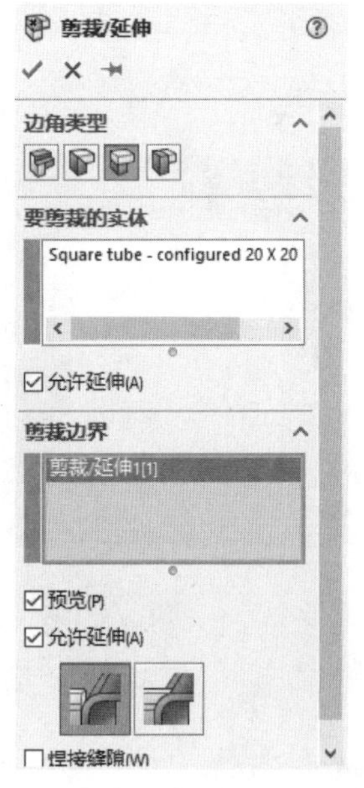

图 6-18　剪裁/延伸（3）

（4）再次单击【焊件】工具栏中的【剪裁/延伸】特征，在【边角类型】选项中选择【终端对接 1】选项，在【要剪裁的实体】选项中同样选择步骤（3）所剪裁实体的方矩管，选中

【允许延伸】复选框；在【剪裁边界】选项中选择所选焊接件方矩管另一侧相邻的方矩管；选择【实体之间的简单切除】选项，单击【确定】按钮，如图 6-19 所示。

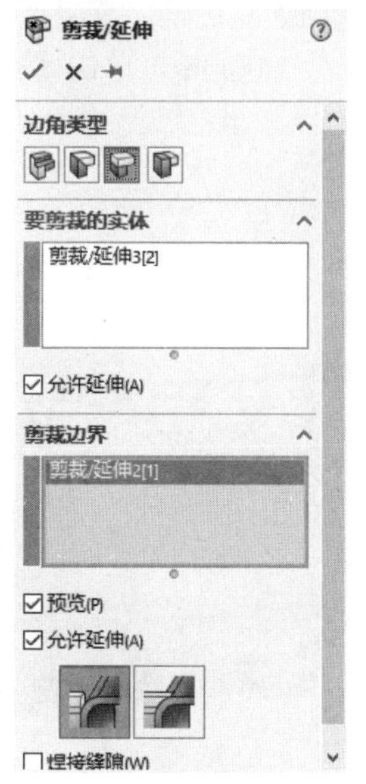

图 6-19　剪裁/延伸（4）

6. 使用顶端盖特征修饰焊接件

（1）单击【焊件】工具栏中的【顶端盖】特征，在【参数】中的【面】选项中选择方矩管焊接件一侧的两个边，在【厚度方向】选项中选择【向外】选项，在【厚度】文本框中输入 2.00mm；在【等距】选项中选中【厚度比率】单选按钮，并且在【厚度比率】文本框中输入 0.5；选中【边角处理】复选框，并且在【边角处理】选项中选中【倒角】单选按钮，并且在【倒角距离】文本框中输入 1.00mm，单击【确定】按钮，如图 6-20 所示。

图 6-20　顶端盖 1

（2）再次单击【焊件】工具栏中的【顶端盖】特征，在【参数】中的【面】选项中选择方矩管焊接件另一侧的两个边，在【厚度方向】选项中选择【内部】选项，在【厚度】文本框中输入 2.00mm，在【等距距离】文本框中输入 3.00mm；在【等距】选项中选中【厚度比率】单选按钮，并且在【厚度比率】文本框中输入 0.5；选中【边角处理】复选框，并且在【边角处理】选项中选中【倒角】单选按钮，并且在【倒角距离】文本框中输入 1.00mm，单击【确定】按钮✓，如图 6-21 所示。

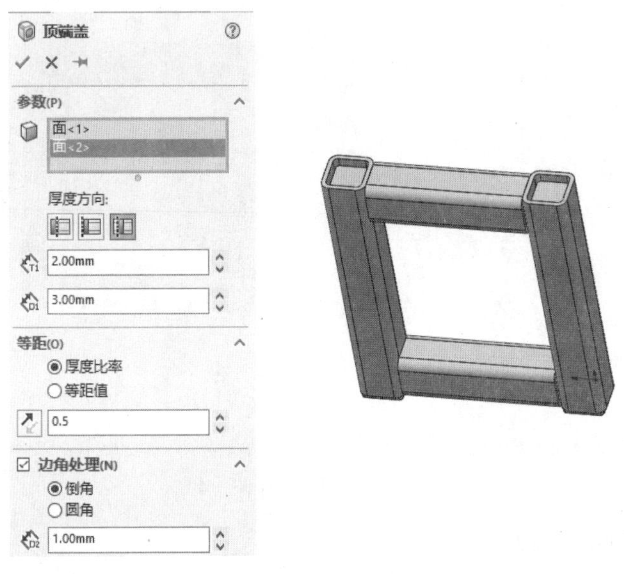

图 6-21　顶端盖 2

7. 使用拉伸凸台特征添加焊接件 1

（1）单击图形的上表面，使焊接件的上表面成为草图 3 绘制平面。单击【视图定向】下拉图标中的【正视于】按钮，并单击【草图】工具栏中的【草图绘制】按钮，进入草图绘制状态。单击【草图】工具栏中的【边角矩形】按钮，绘制草图 3，如图 6-22 所示。

（2）单击【草图】工具栏中的【智能尺寸】按钮，标注所绘制草图 3 的尺寸，如图 6-23 所示。

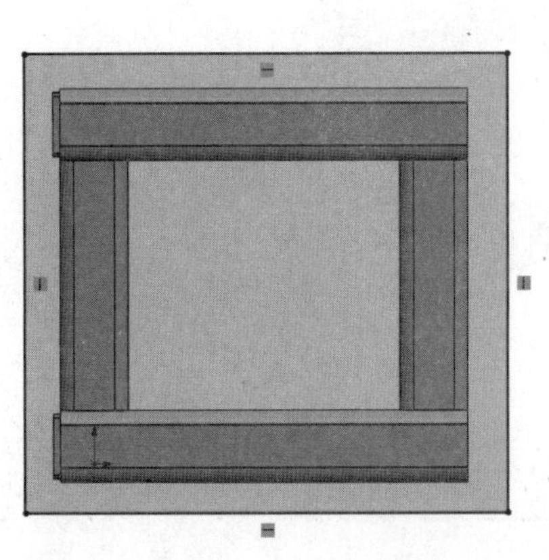

图 6-22　绘制草图 3

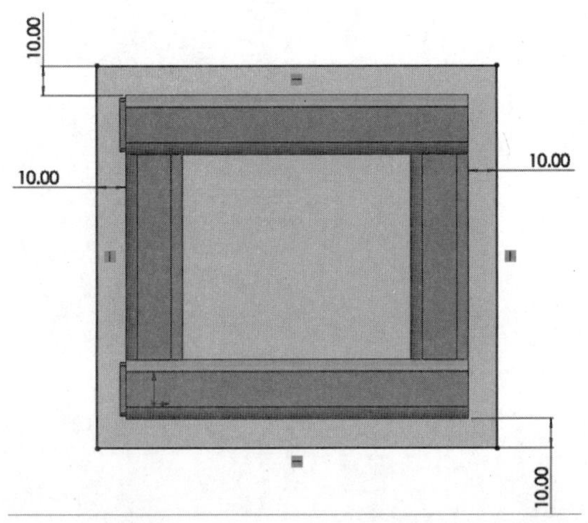

图 6-23　标注草图 3 的尺寸

（3）单击【焊件】工具栏中的【拉伸凸台/基体】按钮，在【从】中的【开始条件】选项中选择【草图基准面】选项，在【方向 1】中的【终止条件】选项中选择【给定深度】选项，在【深度】文本框中输入 10.00mm，单击【确定】按钮，如图 6-24 所示。

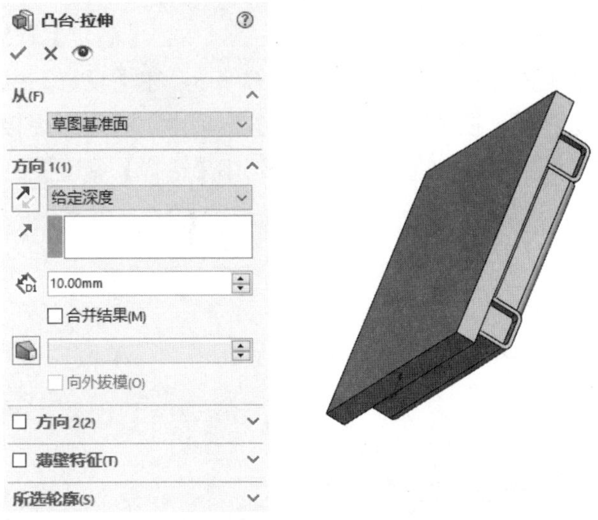

图 6-24　拉伸凸台（1）

8. 使用倒角特征修饰焊接件

单击【焊件】工具栏中的【倒角】按钮，在【倒角类型】选项中选择【角度距离】图标，在【要倒角化的项目】选项中选择步骤 7 所拉伸凸台的 4 个边角，选中【切线延伸】复选框；在【倒角参数】中的【距离】文本框中输入 10.00mm，在【角度】文本框中输入 45.00 度，单击【确定】按钮，如图 6-25 所示。

图 6-25　倒角

9．使用焊缝特征焊接实体

（1）单击【焊件】工具栏中的【焊缝】按钮，在【设定】中的【焊接选择】选项中选中【焊接几何体】单选按钮，在【选择面或边线】选项中选择两个需要焊接的面，在【焊缝大小】文本框中输入10.00mm，并且选中【选择】单选按钮，单击【确定】按钮，如图6-26所示。

（2）再次单击【焊件】工具栏中的【焊缝】按钮，在【设定】中的【焊接选择】选项中选中【焊接几何体】单选按钮，在【选择面或边线】选项中选择刚刚焊接的背面需要焊接的两个面，在【焊缝大小】文本框中输入10.00mm，并且选中【选择】单选按钮，单击【确定】按钮，如图6-27所示。

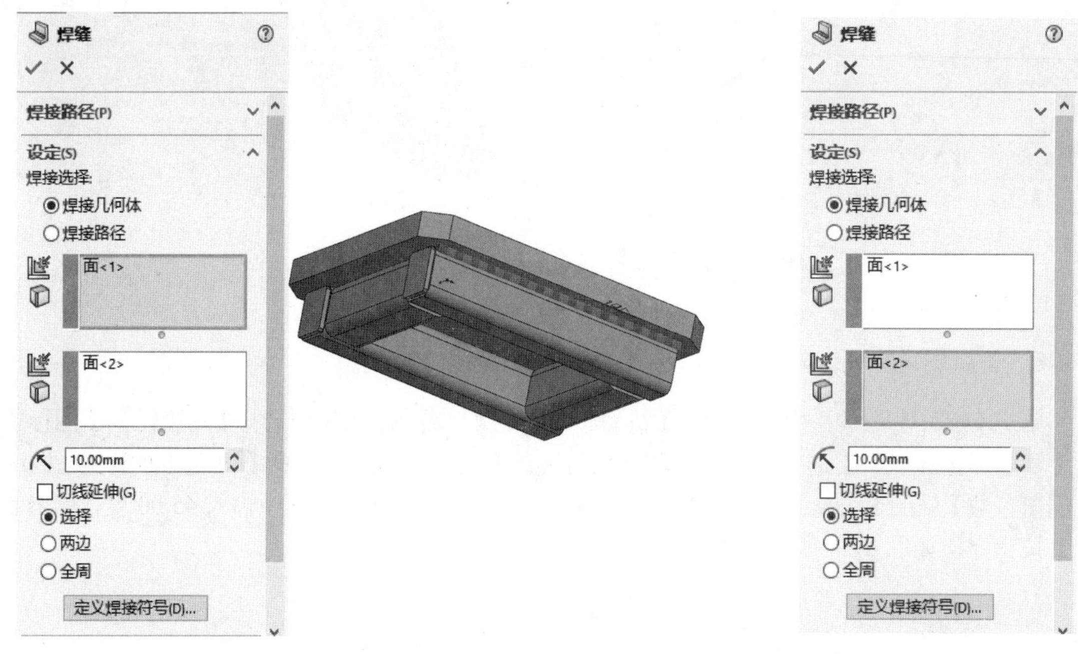

图6-26　焊缝1

图6-27　焊缝2（1）

（3）继续设置【焊件】特征，选中【从/到长度】复选框，在【从/到长度】中的【起点】文本框中输入10.00mm，在【焊接长度】文本框中输入100.00mm，选中【断续焊接】复选框，选中【缝隙与焊接长度】单选按钮，在【焊接长度】文本框中输入6.00mm，在【缝隙】文本框中输入6.00mm，如图6-28所示。

10．使用角撑板特征修饰焊接件

（1）单击【焊件】工具栏中的【角撑板】按钮，在【支撑面】选项中选择需要添加角撑板的两个面，在【轮廓】选项中选择【三角形轮廓】图标，在【d1】文本框中输入10.00mm，在【d2】文本框中输入10.00mm，在【厚度】选项中选择【两边】选项，并且在【角撑板厚度】文本框中输入5.00mm；在【位置】选项中选择【轮廓定位于中点】选项，选中【等距】复选框，并且在【等距距离】文本框中输入10.00mm，单击【确定】按钮，如图6-29所示。

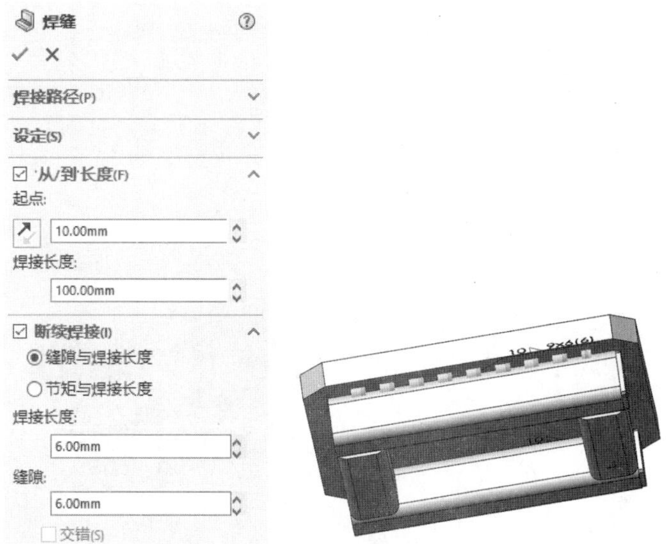

图 6-28　焊缝 2（2）

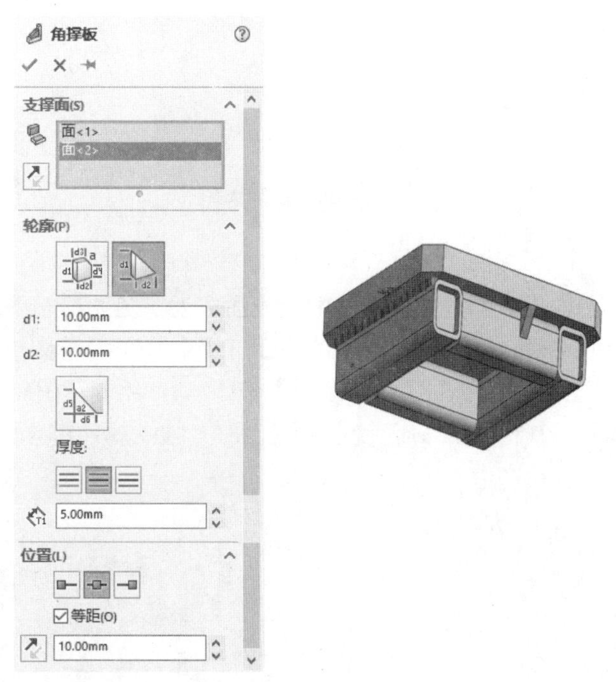

图 6-29　角撑板 1

（2）再次单击【焊件】工具栏中的【角撑板】按钮，在【支撑面】选项中选择刚刚需要添加角撑板的两个面，在【轮廓】选项中选择【多边形轮廓】图标，在【d1】文本框中输入 10.00mm，在【d2】文本框中输入 10.00mm，在【d3】文本框中输入 5.00mm，在【a1】文本框中输入 45.00 度，在【厚度】选项中选择【两边】选项，并且在【角撑板厚度】文本框中输入 5.00mm；在【位置】选项中选择【轮廓定位于端点】选项，选中【等距】复选框，并且在【等距距离】文本框中输入 5.00mm，单击【确定】按钮，如图 6-30 所示。

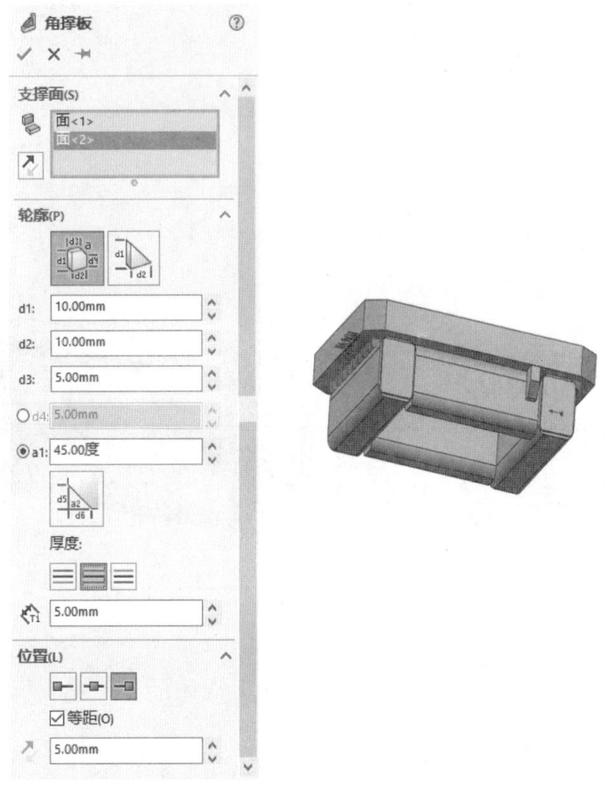

图 6-30　角撑板 2

11. 使用拉伸切除特征切除焊接件

（1）单击钣金图形的上表面，使焊接件的上表面成为草图 4 绘制平面。单击【视图定向】下拉图标中的【正视于】按钮，并单击【草图】工具栏中的【草图绘制】按钮，进入草图绘制状态。单击【草图】工具栏中的【边角矩形】按钮，绘制草图 4，如图 6-31 所示。

（2）单击【草图】工具栏中的【智能尺寸】按钮，标注所绘制草图 4 的尺寸，如图 6-32 所示。

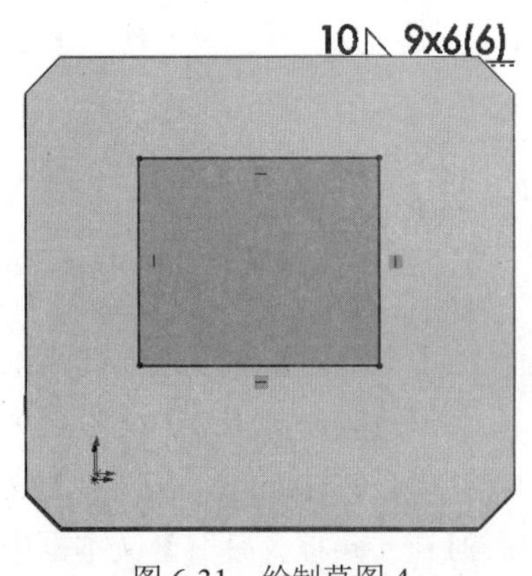

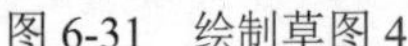

图 6-31　绘制草图 4

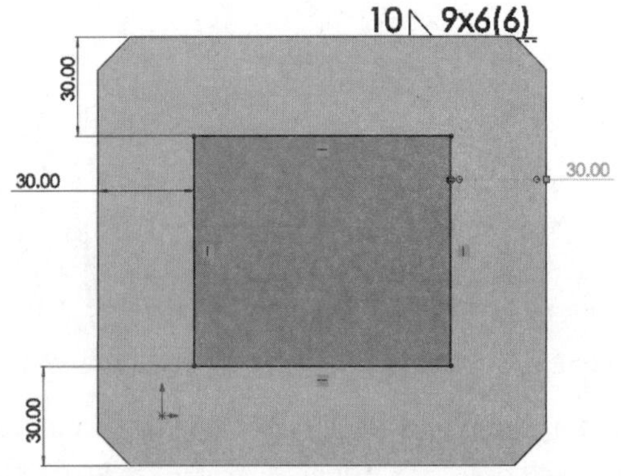

图 6-32　标注草图 4 的尺寸

（3）单击【焊件】工具栏中的【拉伸切除】按钮，在【从】中的【开始条件】选项中选

择【草图基准面】选项，在【方向 1】中的【终止条件】选项中选择【完全贯穿】选项，在【特征范围】选项中选中【所有实体】单选按钮，单击【确定】按钮✓，如图 6-33 所示。

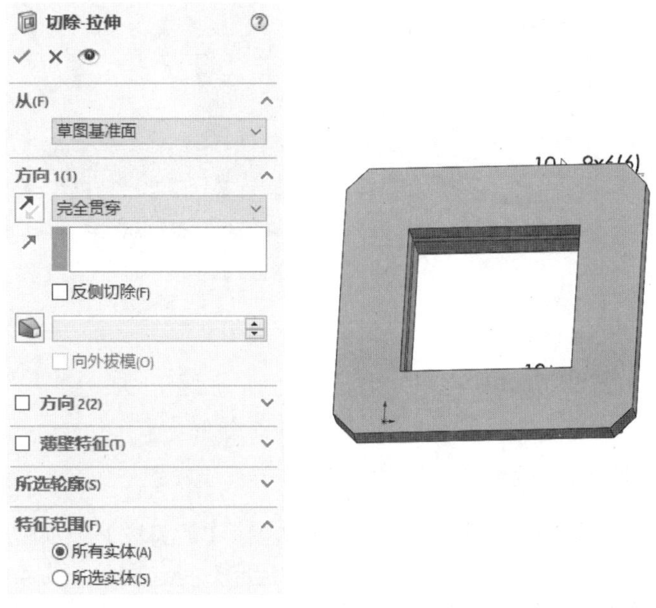

图 6-33　拉伸切除

12. 使用拉伸凸台特征添加焊接件 2

（1）单击图形的上表面，使焊接件的上表面成为草图 5 绘制平面。单击【视图定向】下拉图标中的【正视于】按钮，并单击【草图】工具栏中的【草图绘制】按钮，进入草图绘制状态。单击【草图】工具栏中的【边角矩形】按钮，绘制草图 5，如图 6-34 所示。

（2）单击【草图】工具栏中的【智能尺寸】按钮，标注所绘制草图 5 的尺寸，如图 6-35 所示。

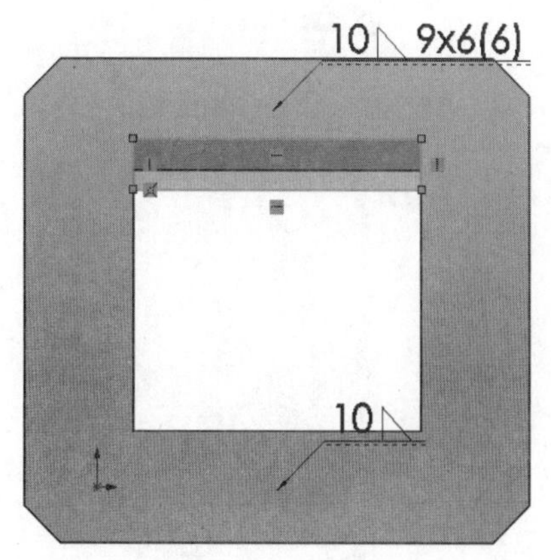

图 6-34　绘制草图 5

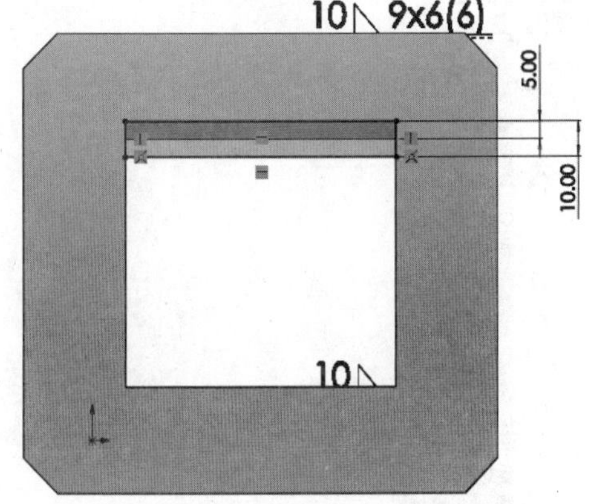

图 6-35　标注草图 5 的尺寸

（3）单击【焊件】工具栏中的【拉伸凸台/基体】按钮，在【从】中的【开始条件】选项中选择【草图基准面】选项，在【方向 1】中的【终止条件】选项中选择【给定深度】选项，在【深度】文本框中输入 50.00mm，取消选中【合并结果】复选框，单击【确定】按钮✓，如图 6-36 所示。

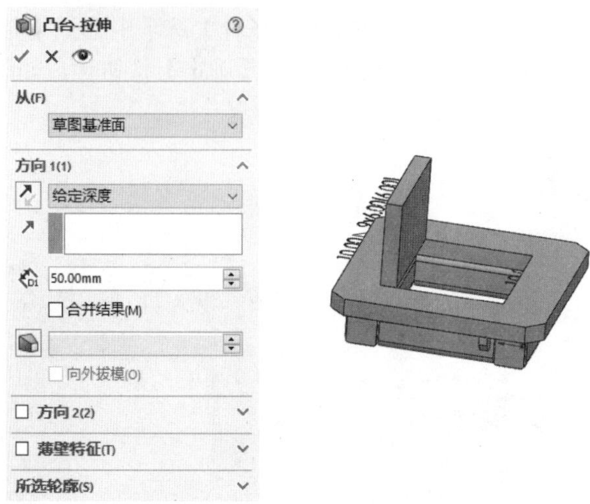

图 6-36　拉伸凸台（2）

13. 使用圆角焊缝特征焊接实体

选择【插入】|【焊件】|【圆角焊缝】菜单命令，在【箭头边】选项中选择【全长】选项，在【圆角大小】文本框中输入 3.00mm，选中【切线延伸】复选框，在【第一组】选项中选择需要焊接的一个面，在【第二组】选项中选择需要焊接的另一个面，在【交叉边线】选项中选择需要焊接的边线，选中【添加焊接符号】复选框，单击【确定】按钮，如图 6-37 所示。

14. 使用异型孔特征修饰焊接件

（1）单击【焊件】工具栏中的【异型孔向导】按钮，在【孔规格】属性管理器中单击【位置】图标，在【孔位置】选项中单击焊接件的立板；在【孔规格】属性管理器中单击【类型】图标，在【孔类型】选项中选择【柱形沉头孔】，在【标准】选项中选择【ISO（国际标准）】选项，在【类型】选项中选择【六角凹头 ISO 4762】选项，如图 6-38 所示。

图 6-37　圆角焊缝

图 6-38　异型孔（1）

（2）继续设置，在【大小】选项中选择【M5】选项，在【配合】选项中选择【正常】选项；在【终止条件】选项中选择【完全贯穿】选项；在【选项】中选中【近端锥孔】复选框，在【近端锥形沉头孔直径】文本框中输入 10.00mm，在【近端锥形沉头孔角度】文本框中输入 0 度，单击【确定】按钮✓，如图 6-39 所示。

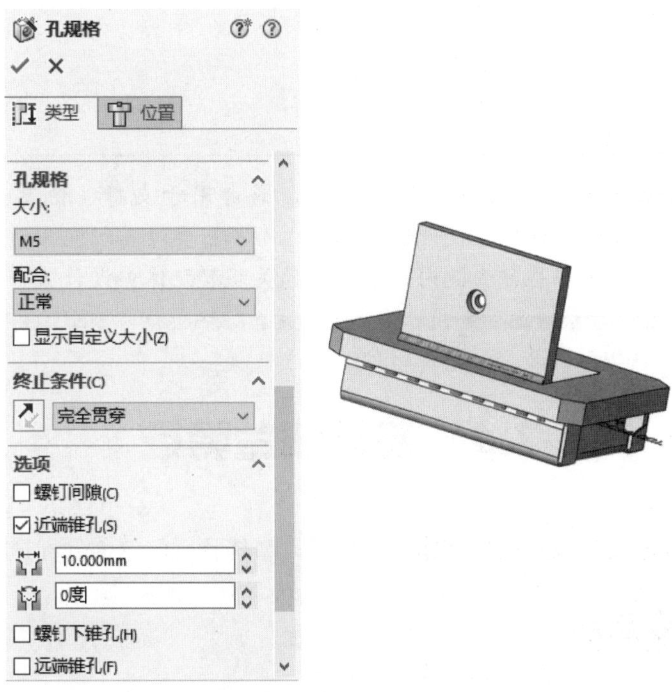

图 6-39　异型孔（2）

至此，焊接件模型已经绘制完成，如图 6-40 所示。

图 6-40　焊接件模型

第7章　钣金设计

本章导读

钣金零件通常用作零部件的外壳，或者用于支撑其他零部件。SOLIDWORKS 可以独立设计钣金零件，而不需要对其所包含的零件做任何参考，也可以在包含此内部零部件的关联装配体中设计钣金零件。

7.1　基体法兰特征

基体法兰特征被添加到 SOLIDWORKS 零件后，系统就会将该零件标记为钣金零件。

7.1.1　菜单命令启动

选择【插入】|【钣金】|【基体法兰】菜单命令，在属性管理器中弹出【基体法兰】属性管理器，如图 7-1 所示。

图 7-1　【基体法兰】属性管理器

7.1.2　基体法兰特征的知识点

1.【方向 1】选项组

在【方向 1】选项组中选择将钣金拉伸到的位置，如表 7-1 所示。

表 7-1　选择将钣金拉伸到的位置

操作选项	图　示
拉伸钣金到指定的深度	
拉伸钣金到所选的顶点	
拉伸钣金到所选的面	

续表

操作选项	图示
 基体法兰 来自材料的钣金参数(M) 方向 1(1) 到离指定面指定的距离 基准面4 20.00mm ☐反向等距(V) ☑转化曲面(U) ☐ 方向 2(2) 钣金规格(M) 钣金参数(S) ☑ 折弯系数(A) ☑ 自动切释放槽(T) 拉伸钣金到距离所选面有一定距离的位置	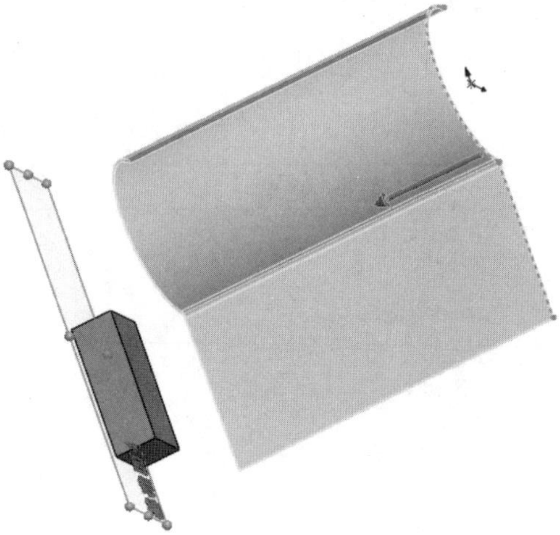
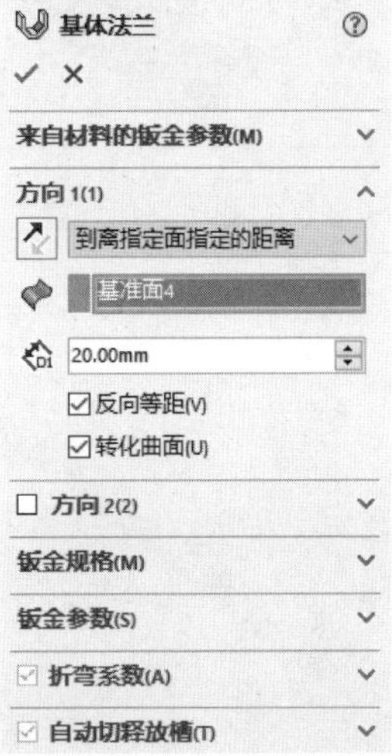 基体法兰 来自材料的钣金参数(M) 方向 1(1) 到离指定面指定的距离 基准面4 20.00mm ☑反向等距(V) ☑转化曲面(U) ☐ 方向 2(2) 钣金规格(M) 钣金参数(S) ☑ 折弯系数(A) ☑ 自动切释放槽(T) 拉伸钣金到距离所选面有一定反向距离的位置	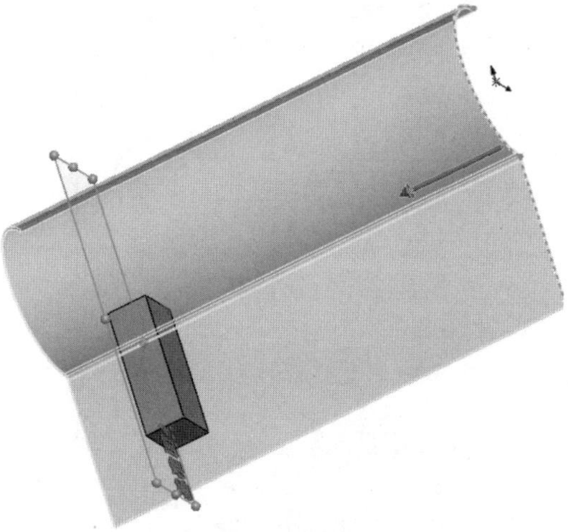
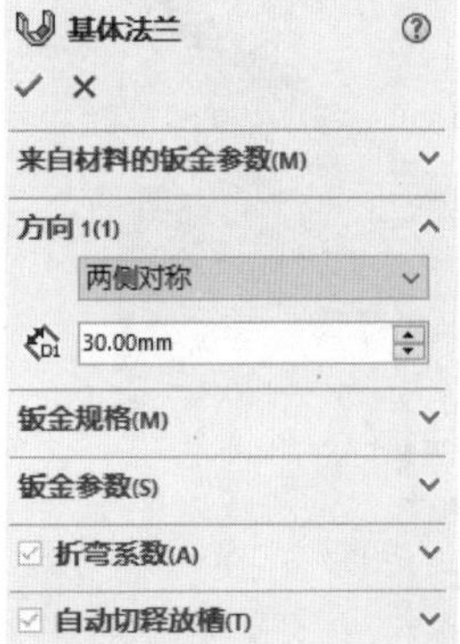 基体法兰 来自材料的钣金参数(M) 方向 1(1) 两侧对称 30.00mm 钣金规格(M) 钣金参数(S) ☑ 折弯系数(A) ☑ 自动切释放槽(T) 将钣金两侧对称进行拉伸	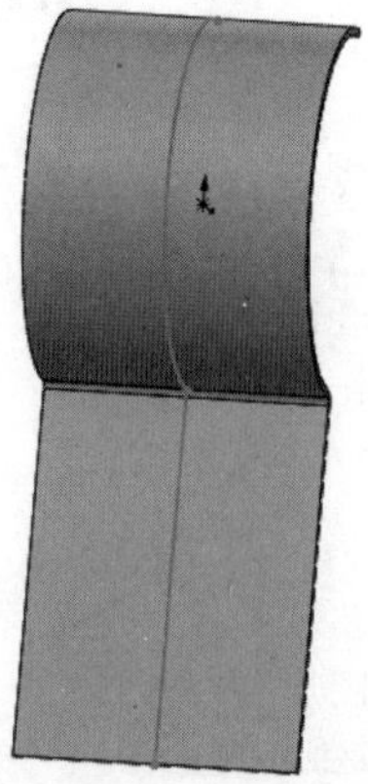

2.【方向 2】选项组

在【方向 2】选项组中选择进行两侧拉伸，如表 7-2 所示。

表 7-2 选择进行两侧拉伸

操 作 选 项	图 示
将钣金进行两侧拉伸	

3.【钣金参数】选项组

在【钣金参数】选项组中设置钣金的参数，如表 7-3 所示。

表 7-3 设置钣金的参数

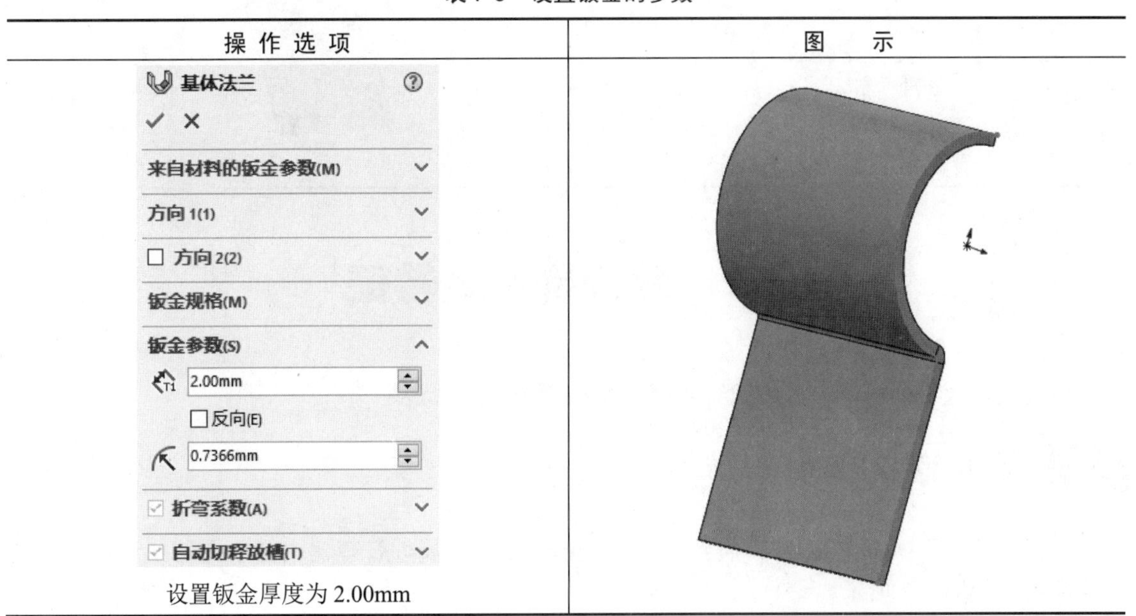

操 作 选 项	图 示
设置钣金厚度为 2.00mm	

续表

操作选项	图示
 基体法兰 来自材料的钣金参数(M) 方向 1(1) 方向 2(2) 钣金规格(M) 钣金参数(S) 2.00mm 反向(E) 0.7366mm 折弯系数(A) 自动切释放槽(T) 设置钣金反向厚度为 2.00mm	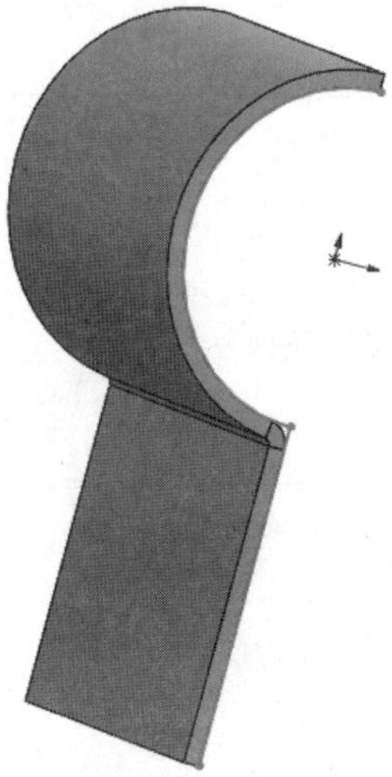
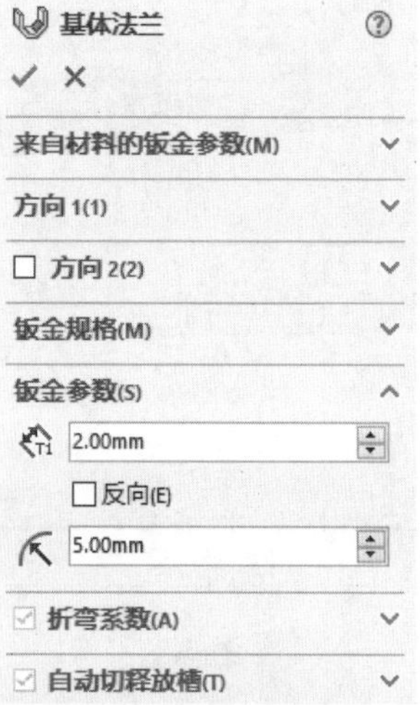 基体法兰 来自材料的钣金参数(M) 方向 1(1) 方向 2(2) 钣金规格(M) 钣金参数(S) 2.00mm 反向(E) 5.00mm 折弯系数(A) 自动切释放槽(T) 设置钣金折弯半径为 5.00mm	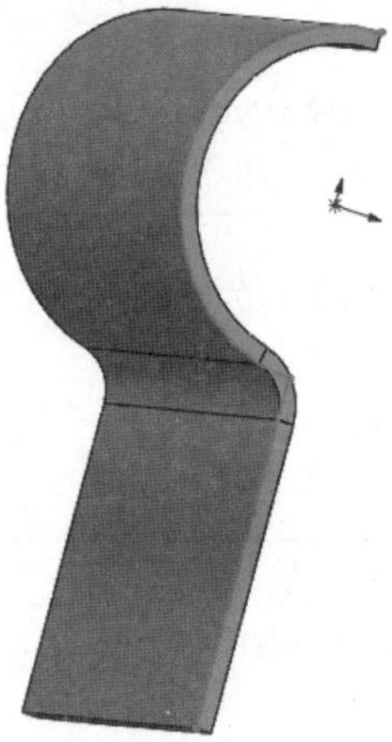

7.2　转换到钣金特征

转换到钣金特征可以通过转换实体或曲面实体来生成钣金零件。

7.2.1　菜单命令启动

选择【插入】|【钣金】|【转换到钣金】菜单命令，在属性管理器中弹出【转换到钣金】属性管理器，如图 7-2 所示。

图 7-2　【转换到钣金】属性管理器

7.2.2　转换到钣金特征的知识点

1.【钣金参数】选项组

在【钣金参数】选项组中设置将实体转换为钣金的参数，如表 7-4 所示。

表 7-4　设置将实体转换为钣金的参数

操 作 选 项	图　　示
将实体转换为钣金时，厚度为 5.00mm，折弯半径为 10.00mm	

续表

操作选项	图示
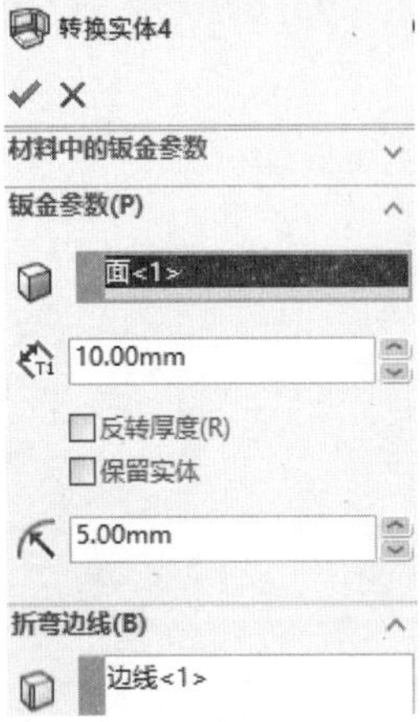 转换实体4 材料中的钣金参数 钣金参数(P) 面<1> 10.00mm 反转厚度(R) 保留实体 5.00mm 折弯边线(B) 边线<1> 将实体转换为钣金时，厚度为10.00mm，折弯半径为5.00mm	
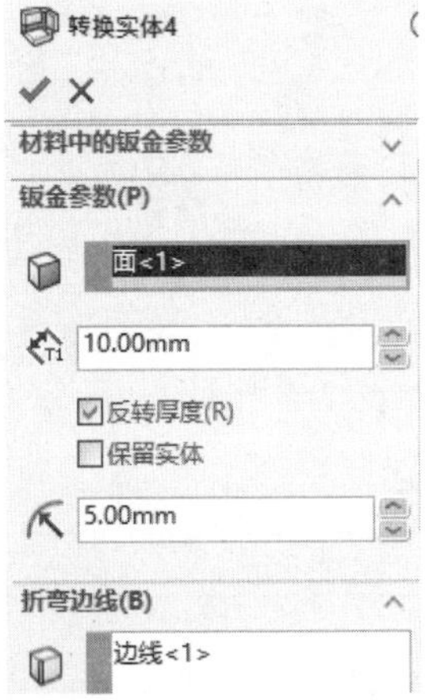 转换实体4 材料中的钣金参数 钣金参数(P) 面<1> 10.00mm 反转厚度(R) 保留实体 5.00mm 折弯边线(B) 边线<1> 将实体转换为钣金时反转厚度转换	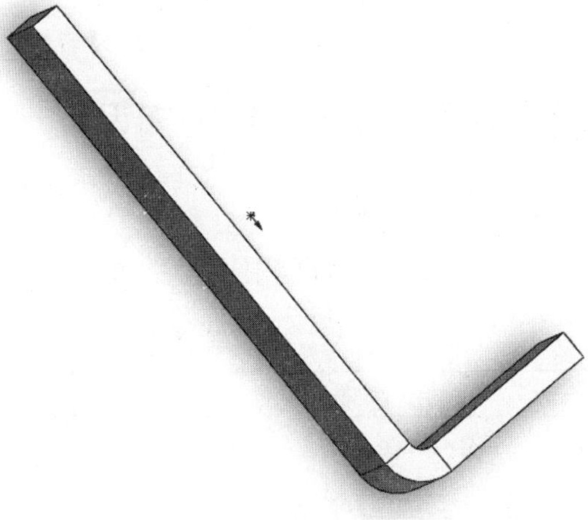
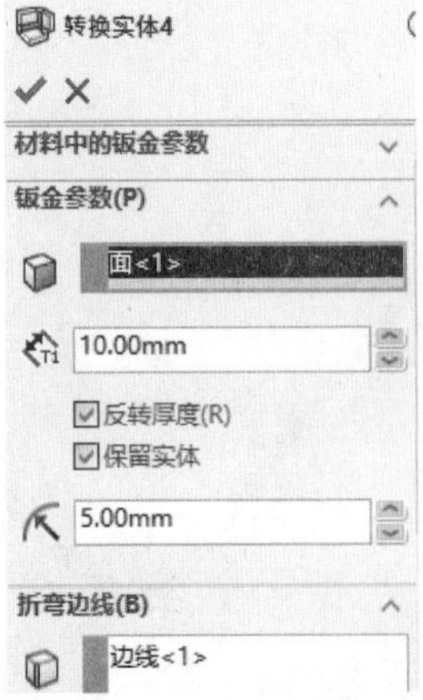 转换实体4 材料中的钣金参数 钣金参数(P) 面<1> 10.00mm 反转厚度(R) 保留实体 5.00mm 折弯边线(B) 边线<1> 将实体转换为钣金时保留实体	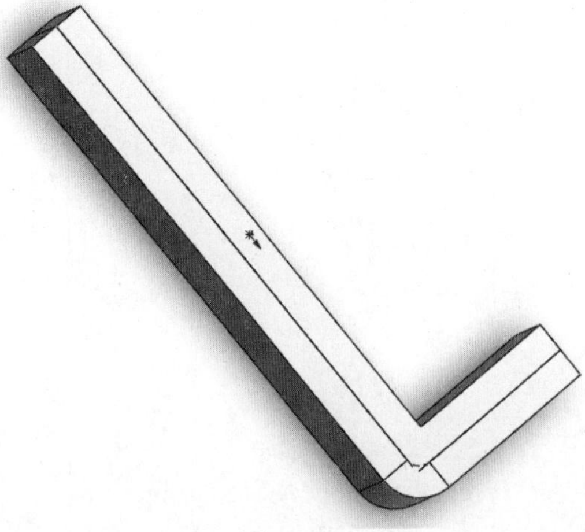

2.【折弯边线】选项组

在【折弯边线】选项组中选择折弯边线，如表 7-5 所示。

表 7-5　选择折弯边线

操 作 选 项	图　示
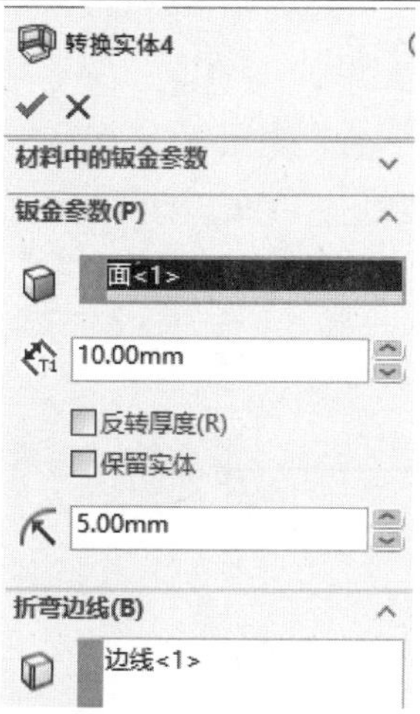 选择下方边线为折弯边线	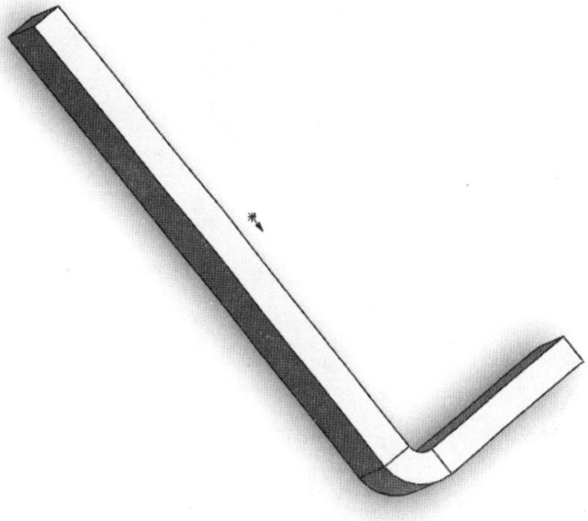
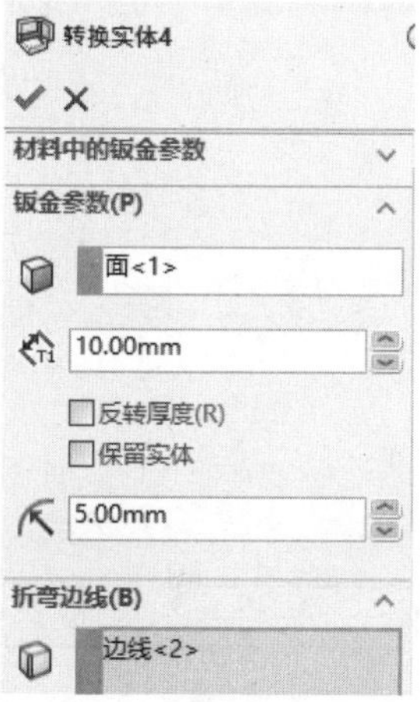 选择上方边线为折弯边线	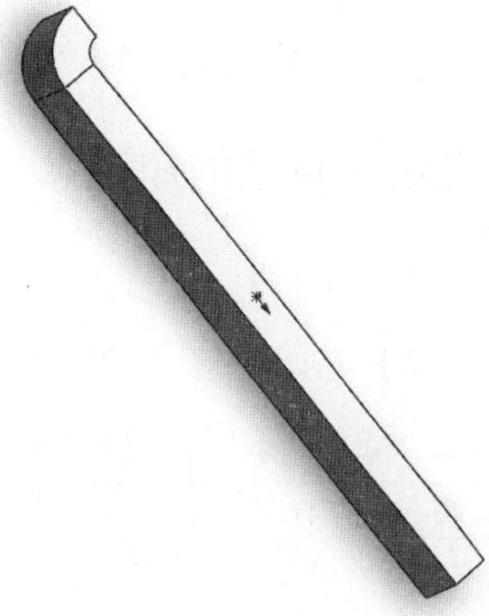

7.3　边线法兰特征

边线法兰可以在模型的边线处生成法兰特征。

7.3.1　菜单命令启动

选择【插入】|【钣金】|【边线法兰】菜单命令，在属性管理器中弹出【边线-法兰 1】属性

管理器，如图 7-3 所示。

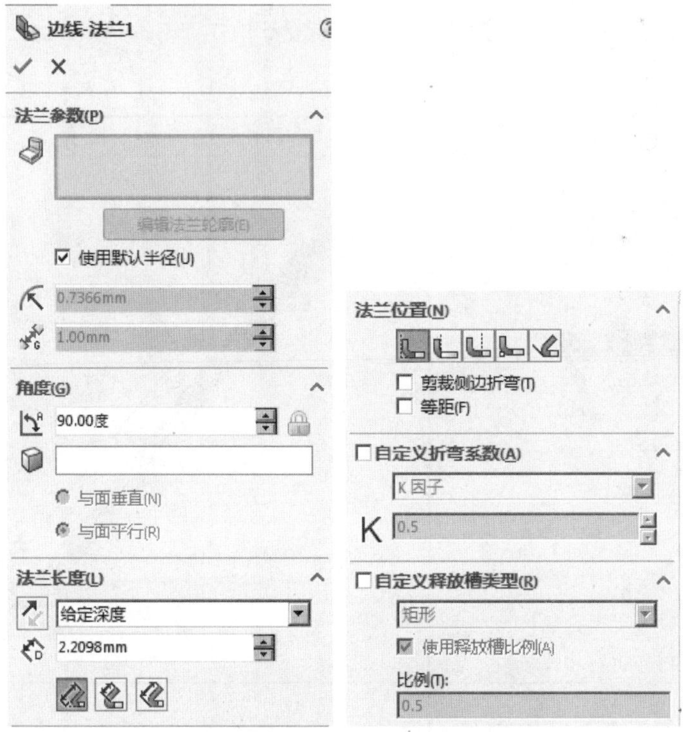

图 7-3 【边线-法兰 1】属性管理器

7.3.2 边线法兰特征的知识点

1.【法兰参数】选项组

在【法兰参数】选项组中设置边线法兰的半径，如表 7-6 所示。

表 7-6 设置边线法兰的半径

操 作 选 项	图 示
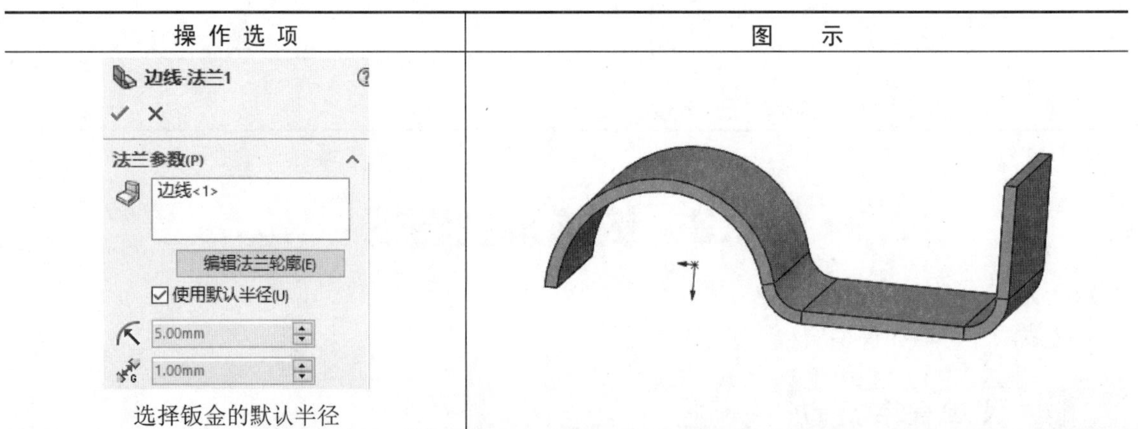 选择钣金的默认半径	

续表

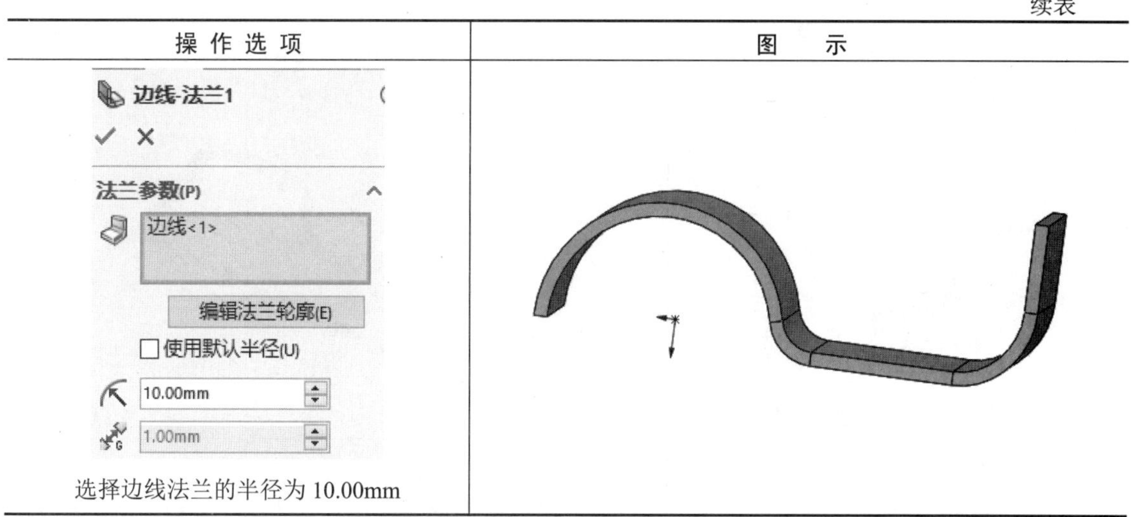

操 作 选 项	图　示
选择边线法兰的半径为 10.00mm	

2.【角度】选项组

在【角度】选项组中设置法兰角度，如表 7-7 所示。

表 7-7　设置法兰角度

操 作 选 项	图　示
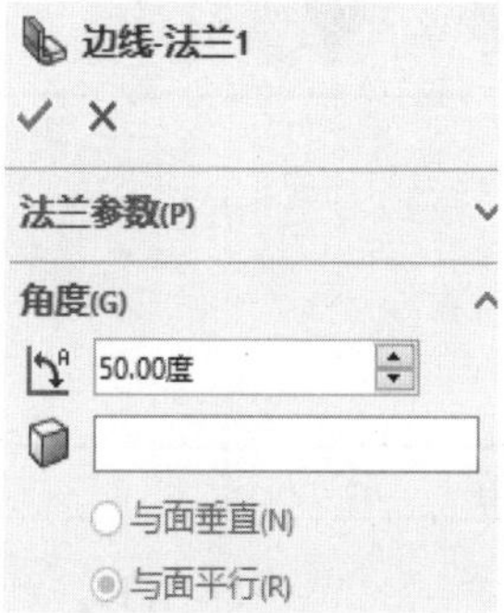 设置法兰角度为 50.00 度	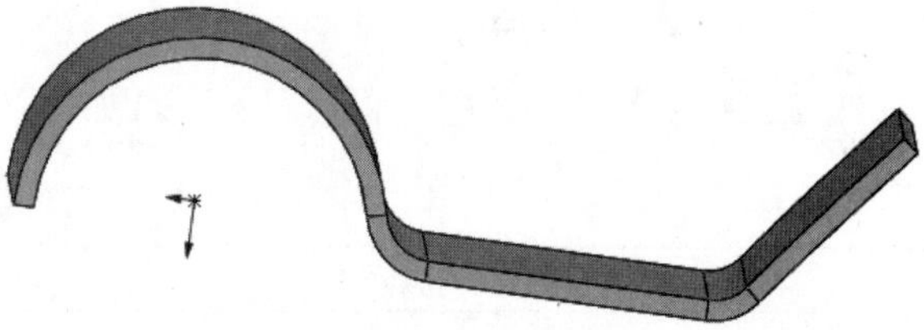
 设置法兰角度为 130.00 度	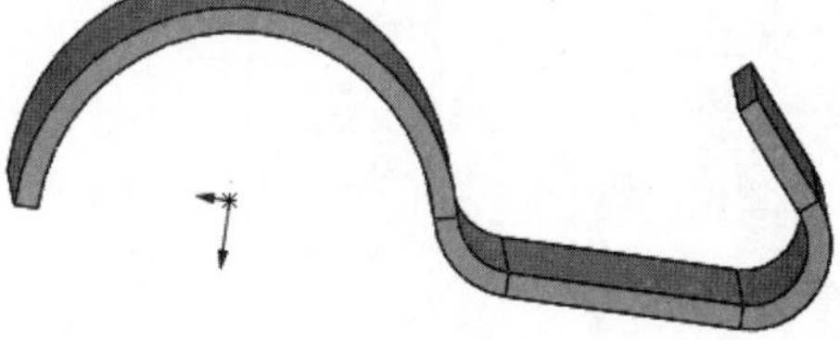

续表

操 作 选 项	图　　示
边线-法兰3 法兰参数(P) 角度(G) 74.58595785度 面<1> ◉与面垂直(N) ○与面平行(R) 设置法兰角度与所选面垂直	
边线-法兰3 法兰参数(P) 角度(G) 140.05059597度 面<1> ○与面垂直(N) ◉与面平行(R) 设置法兰角度与所选面平行	

3.【法兰长度】选项组

在【法兰长度】选项组中设置法兰长度，如表 7-8 所示。

表 7-8　设置法兰长度

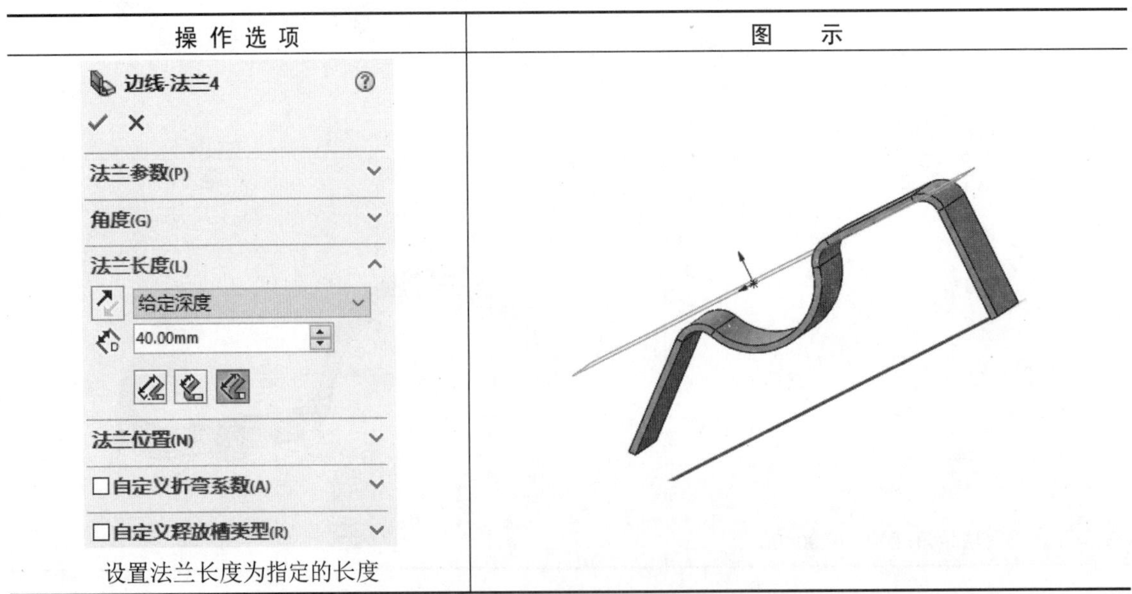

设置法兰长度为指定的长度

续表

操 作 选 项	图 示
 设置法兰长度为成形到所给定的一点	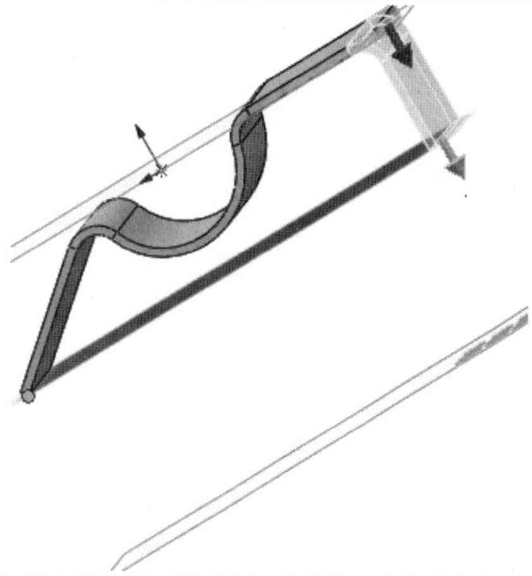
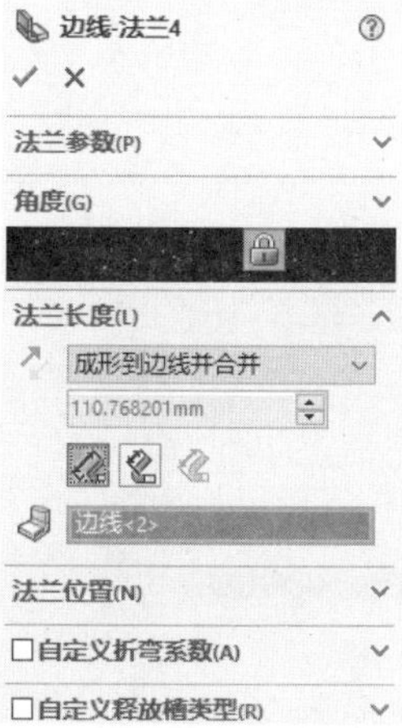 法兰长度为成形到边线并合并，选择交点为外部虚拟交点	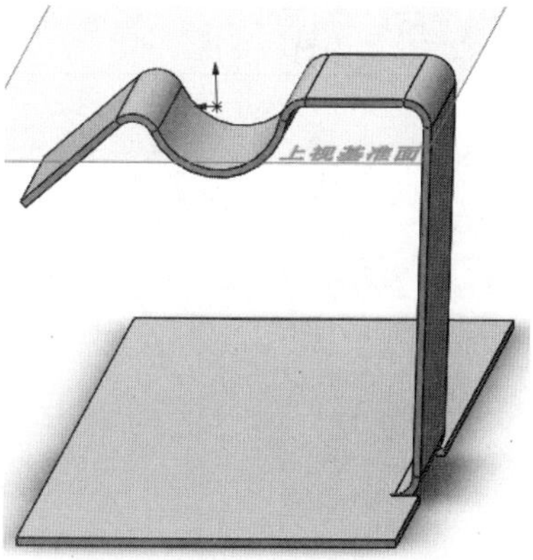
 法兰长度为成形到边线并合并，选择交点为内部虚拟交点	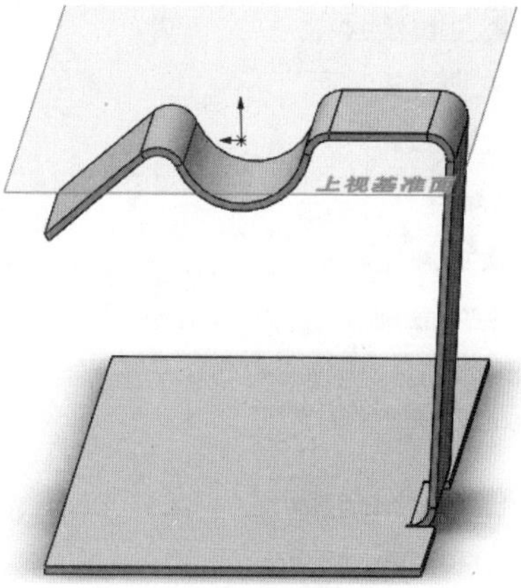

4.【法兰位置】选项组

在【法兰位置】选项组中设置法兰位置，如表 7-9 所示。

表 7-9　设置法兰位置

操 作 选 项	图　　示
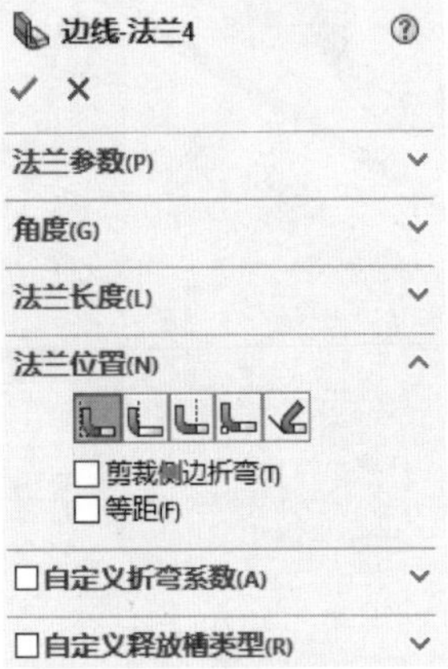 法兰位置为材料在内	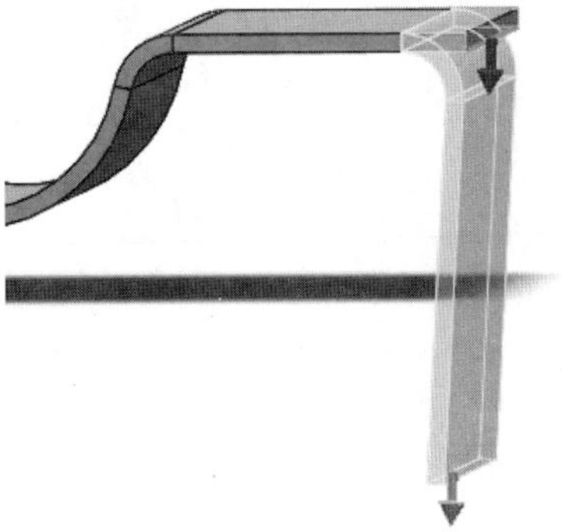
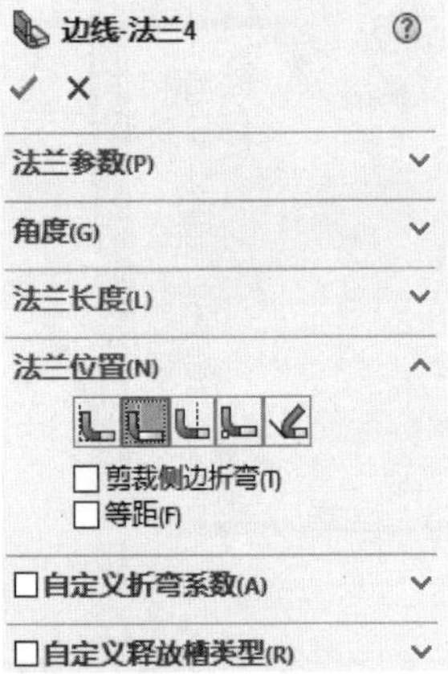 法兰位置为材料在外	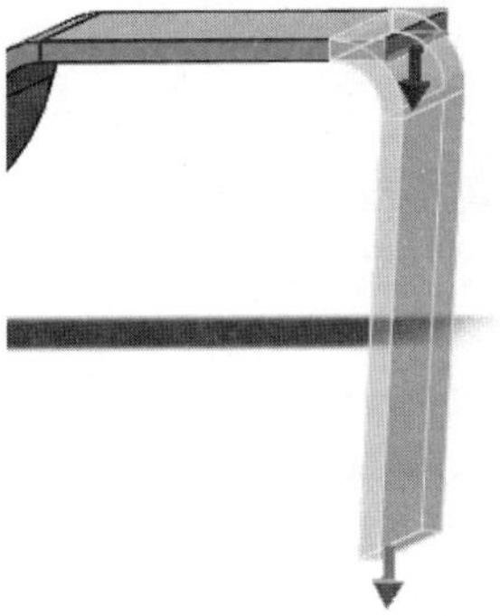
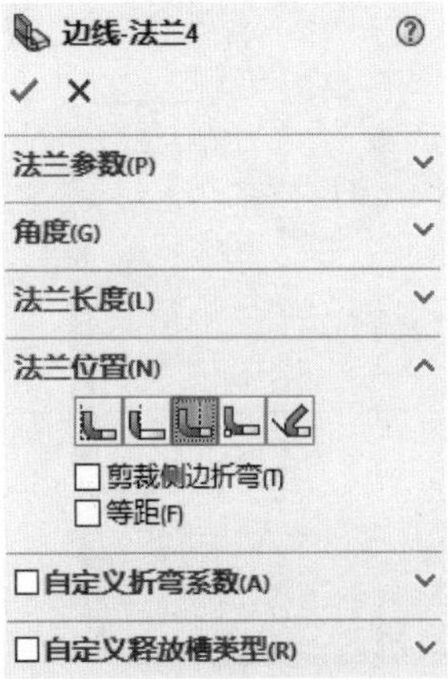 法兰位置为折弯在外	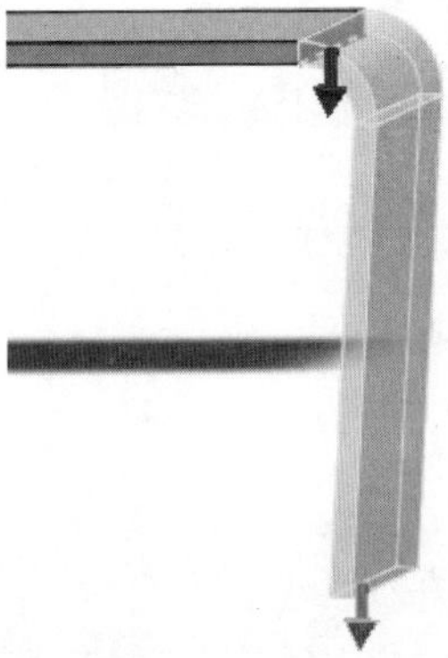

续表

操 作 选 项	图 示
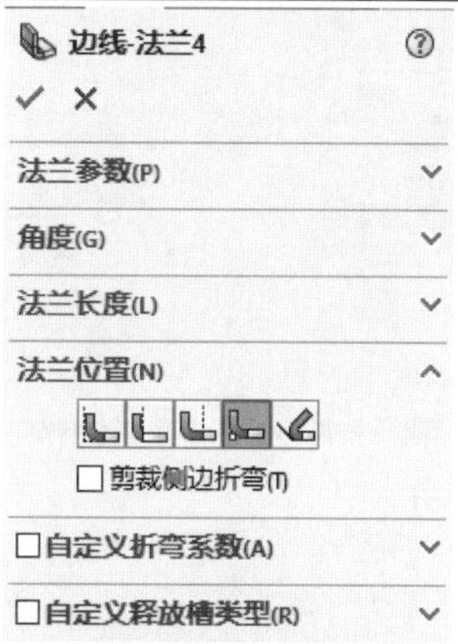 法兰位置为虚拟交点折弯	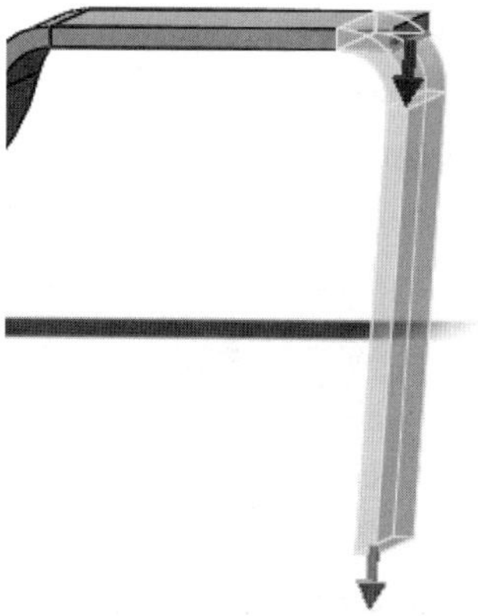
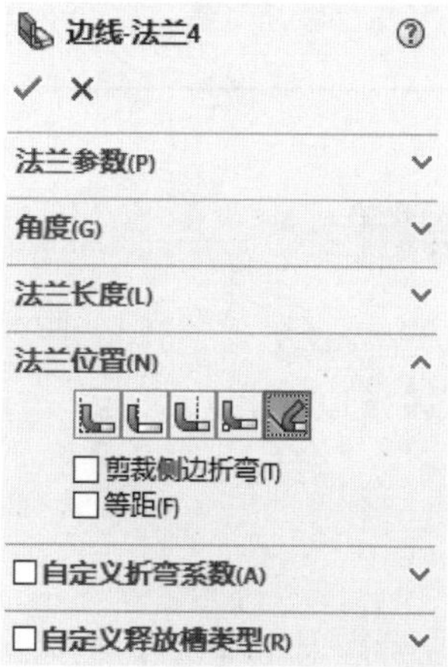 法兰位置为与折弯相切	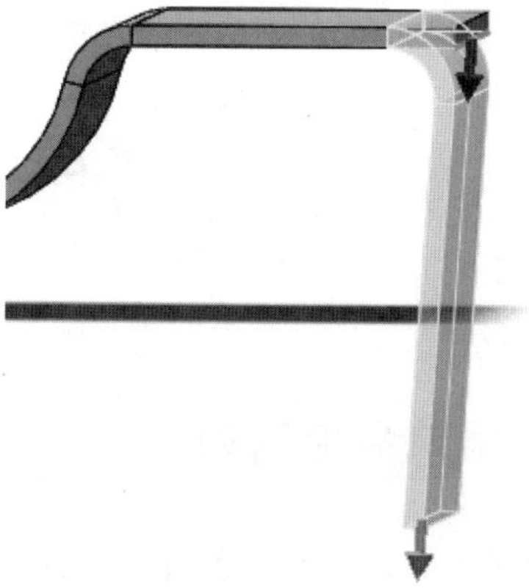
 法兰位置向外等距 20.00mm	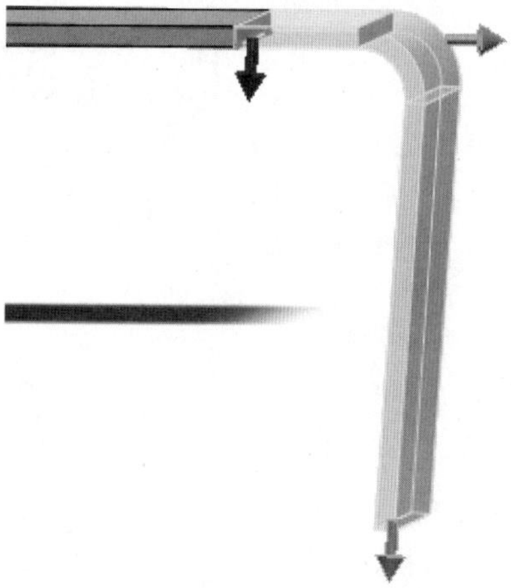

续表

操 作 选 项	图　　示
边线-法兰4 法兰参数(P) 角度(G) 法兰长度(L) 法兰位置(N) 剪裁侧边折弯(T) 等距(F) 给定深度 20.00mm 自定义折弯系数(A) 自定义释放槽类型(R) 法兰位置向内等距 20.00mm	

7.4　斜接法兰特征

斜接法兰特征可将一系列法兰添加到钣金零件的一条或多条边线上。

7.4.1　菜单命令启动

选择【插入】|【钣金】|【斜接法兰】菜单命令，在属性管理器中弹出【斜接法兰】属性管理器，如图 7-4 所示。

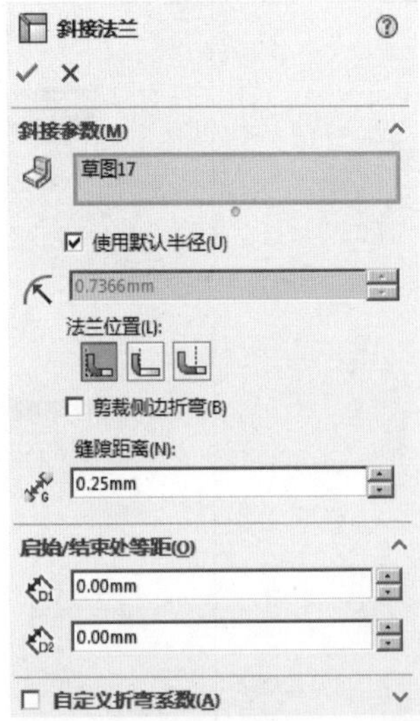

图 7-4　【斜接法兰】属性管理器

7.4.2 斜接法兰特征的知识点

1.【斜接参数】选项组

在【斜接参数】选项组中设置斜接法兰的参数，如表 7-10 所示。

表 7-10　设置斜接法兰的参数

操 作 选 项	图　　示
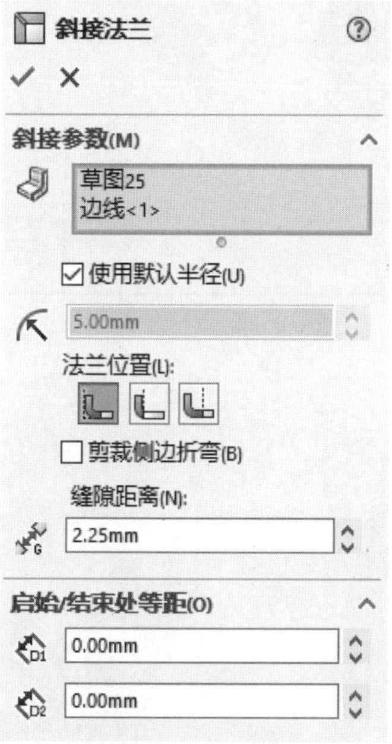 选择钣金的默认半径	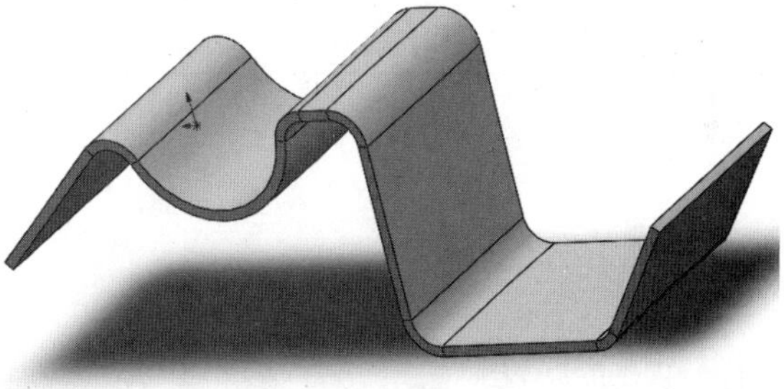
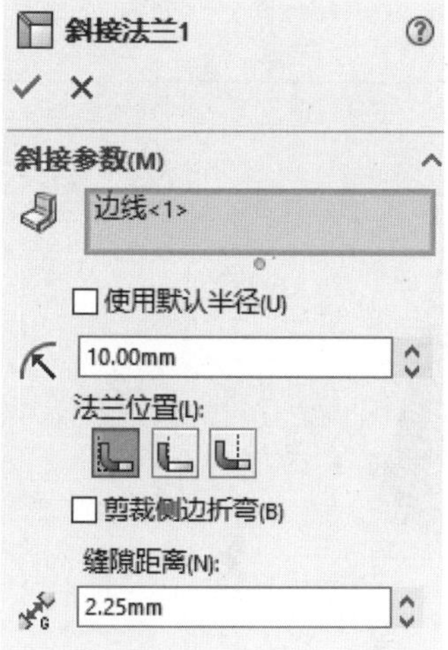 设置斜接法兰的半径为 10.00mm	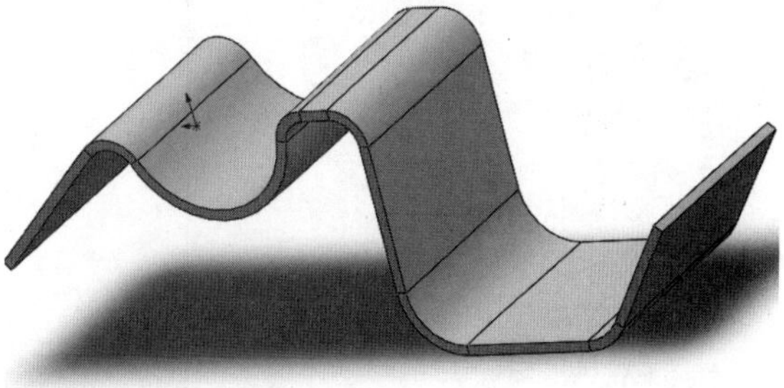

续表

操 作 选 项	图　　示
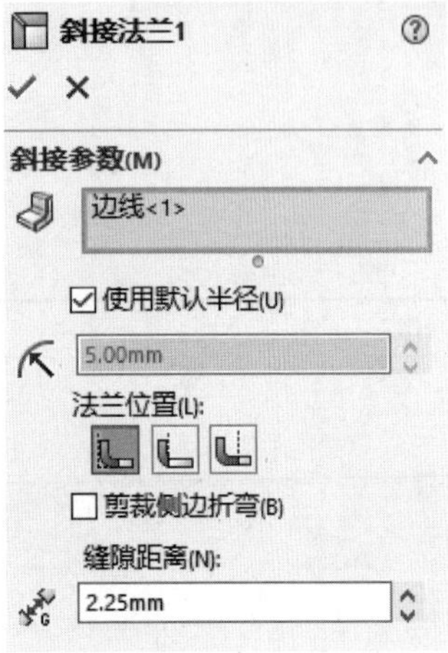 斜接法兰位置为材料在内	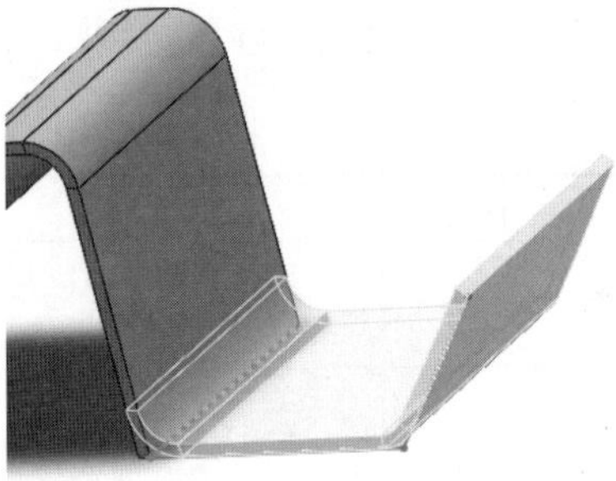
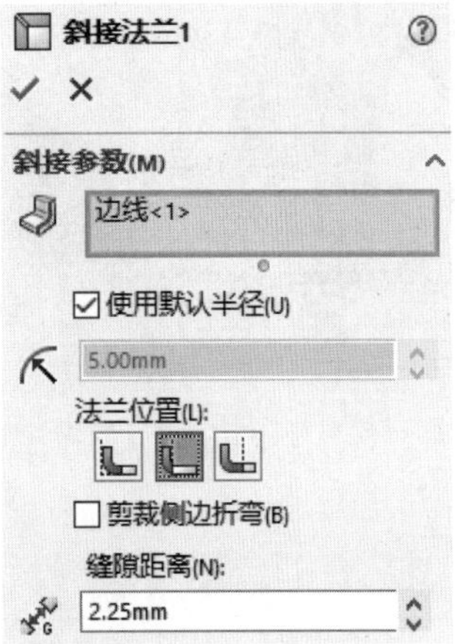 斜接法兰位置为材料在外	
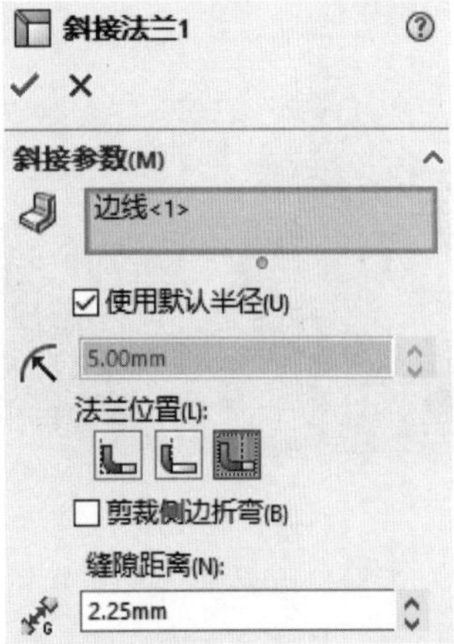 斜接法兰位置为折弯在外	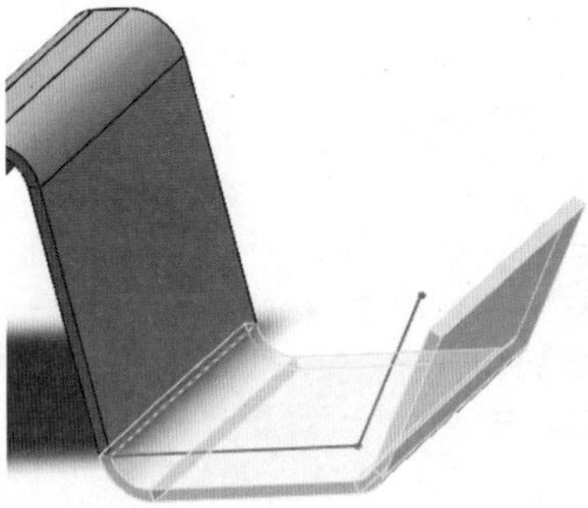

2.【起始①/结束处等距】选项组

在【起始/结束处等距】选项组中设置起始和结束处等距距离，如表 7-11 所示。

表 7-11 设置起始和结束处等距距离

操 作 选 项	图 示
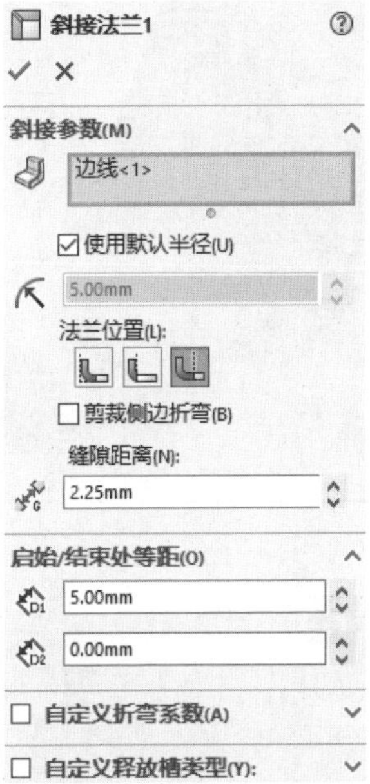 斜接法兰1 斜接参数(M) 边线<1> ☑使用默认半径(U) 5.00mm 法兰位置(L): ☐剪裁侧边折弯(B) 缝隙距离(N): 2.25mm 启始/结束处等距(O) 5.00mm 0.00mm ☐ 自定义折弯系数(A) ☐ 自定义释放槽类型(Y): 设置开始等距距离为 5.00mm	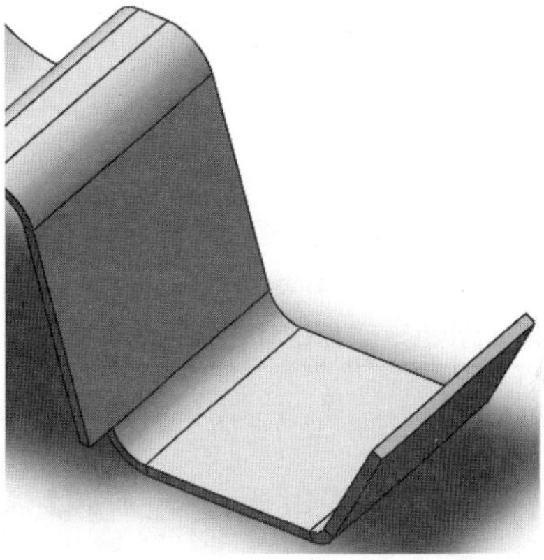
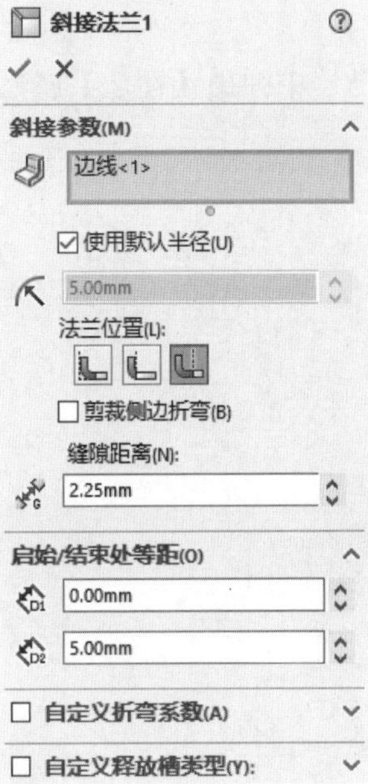 斜接法兰1 斜接参数(M) 边线<1> ☑使用默认半径(U) 5.00mm 法兰位置(L): ☐剪裁侧边折弯(B) 缝隙距离(N): 2.25mm 启始/结束处等距(O) 0.00mm 5.00mm ☐ 自定义折弯系数(A) ☐ 自定义释放槽类型(Y): 设置结束等距距离为 5.00mm	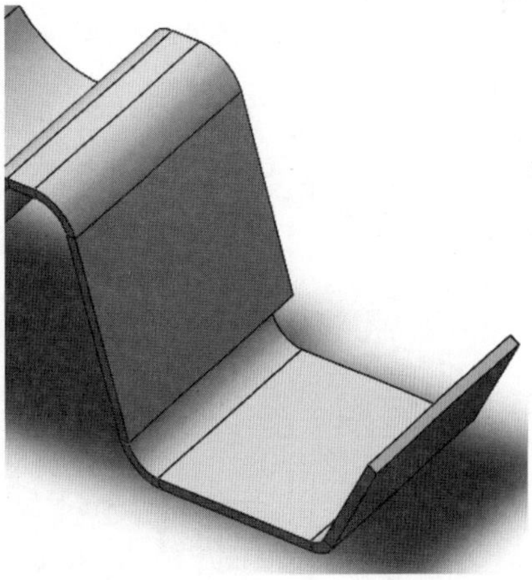

① 软件中为“启始”，正文统一为“起始”，后同。

续表

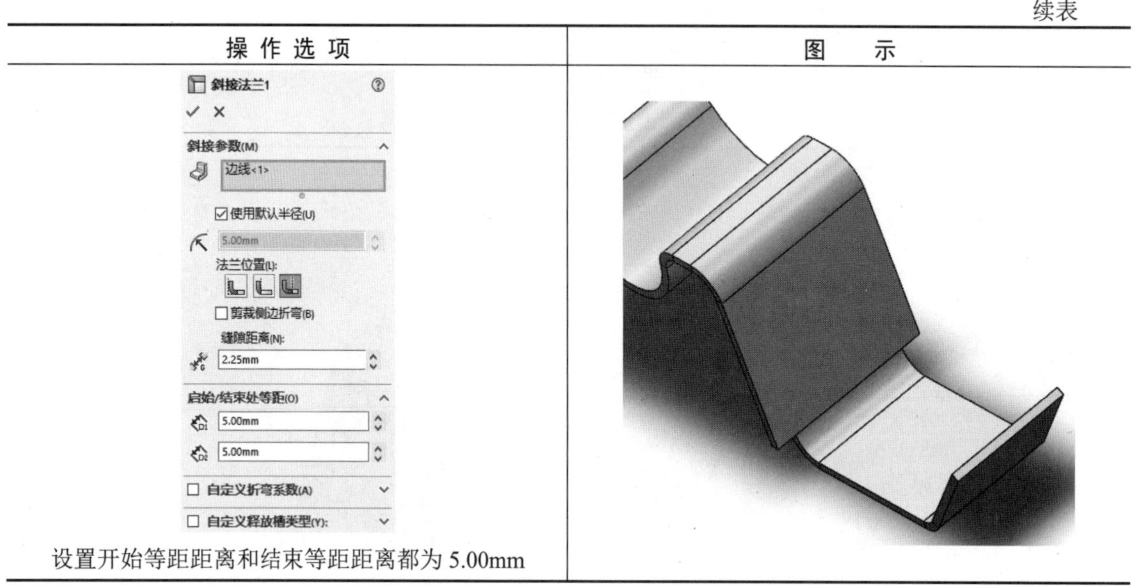

操 作 选 项	图　　示
设置开始等距距离和结束等距距离都为 5.00mm	

7.5 褶 边 特 征

褶边特征可将褶边添加到钣金零件的所选边线上。

7.5.1 菜单命令启动

选择【插入】|【钣金】|【褶边】菜单命令，在属性管理器中弹出【褶边】属性管理器，如图 7-5 所示。

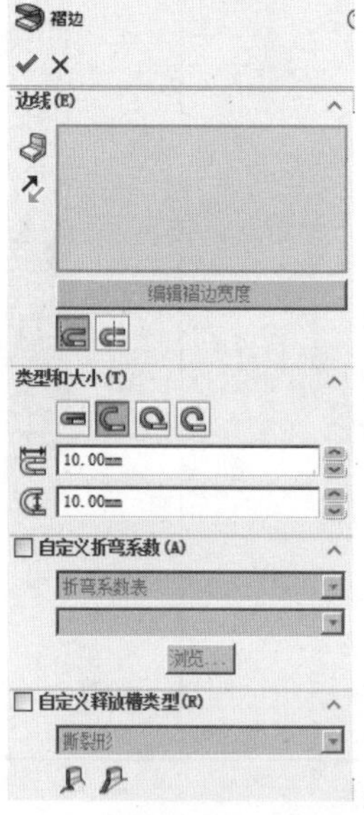

图 7-5 【褶边】属性管理器

7.5.2 褶边特征的知识点

1.【边线】选项组

在【边线】选项组中设置边线材料的位置，如表 7-12 所示。

表 7-12　设置边线材料的位置

操 作 选 项	图　示
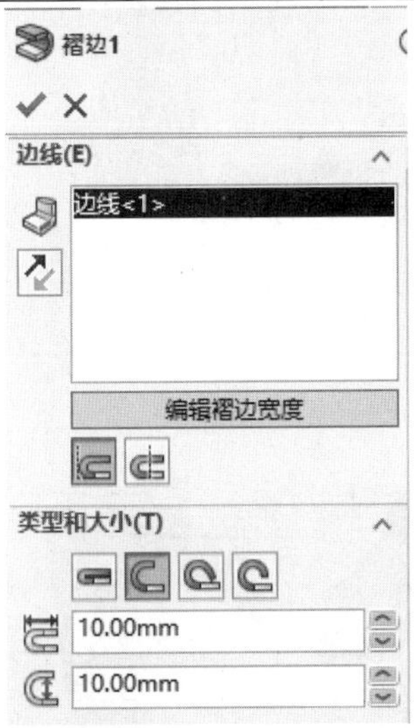 设置褶边的边线材料在内	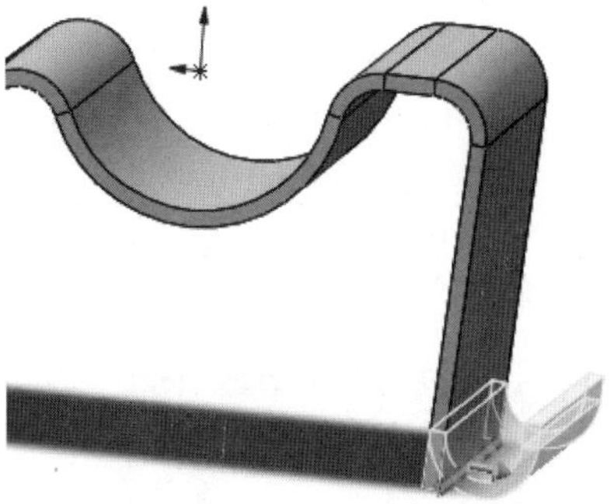
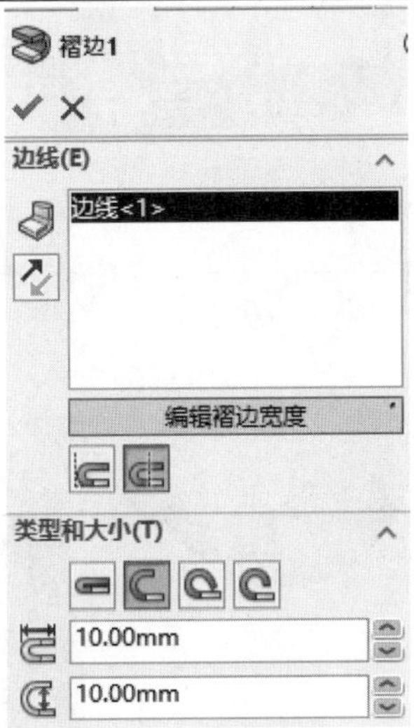 设置褶边的边线材料在外	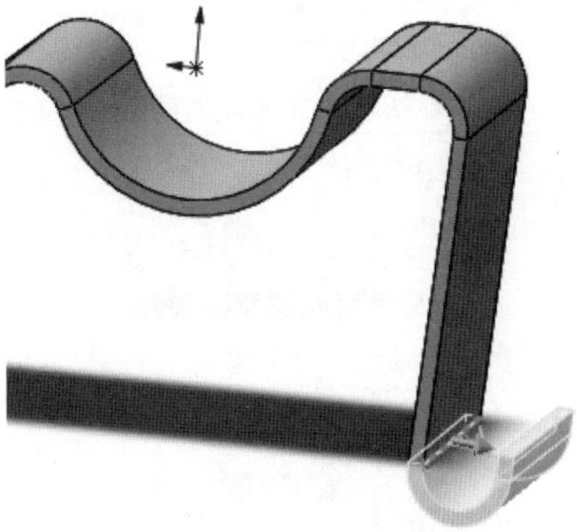

2.【类型和大小】选项组

在【类型和大小】选项组中设置褶边的参数，如表 7-13 所示。

表 7-13　设置褶边的参数

操 作 选 项	图　　示
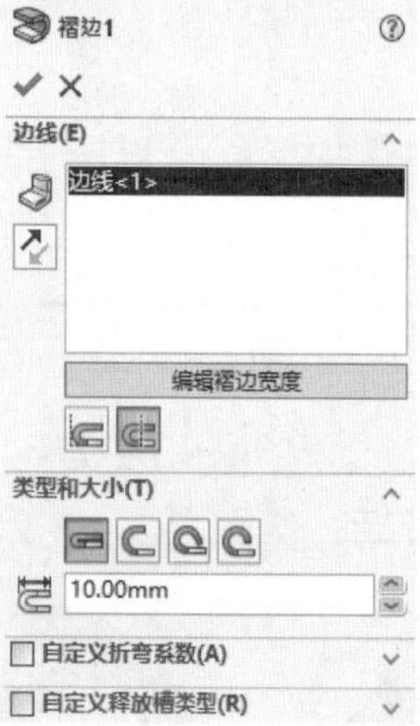 设置褶边类型为闭合类型	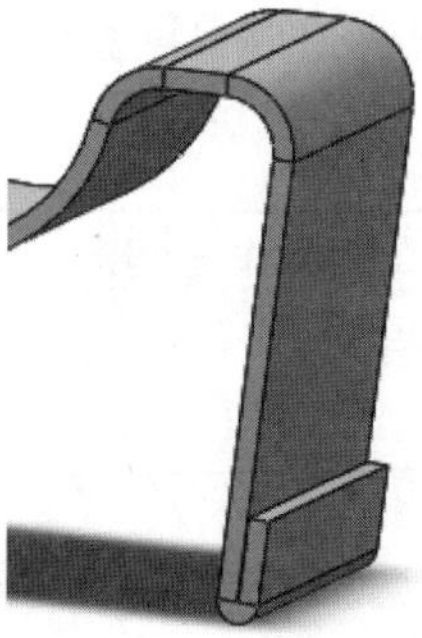
 设置褶边类型为打开类型	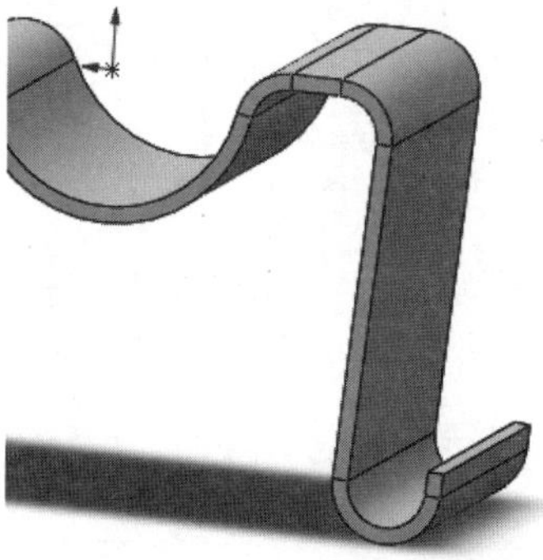
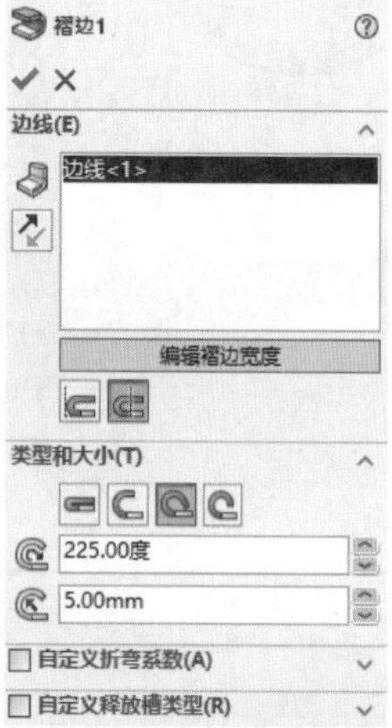 设置褶边类型为撕裂类型	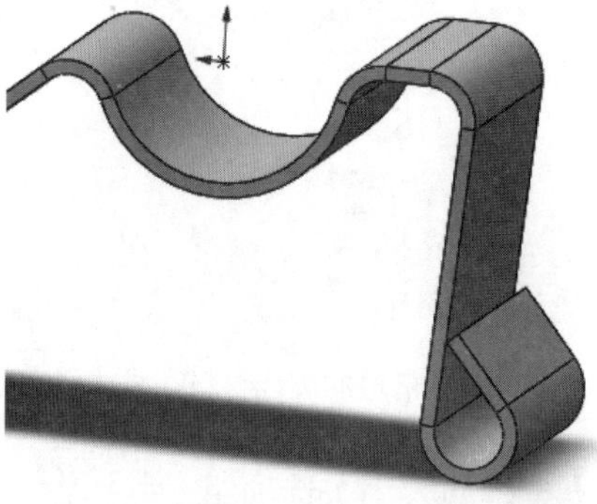

续表

操 作 选 项	图 示
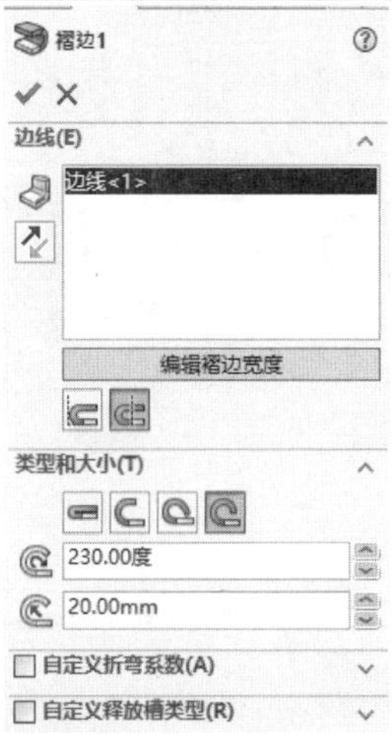 设置褶边类型为滚轧类型	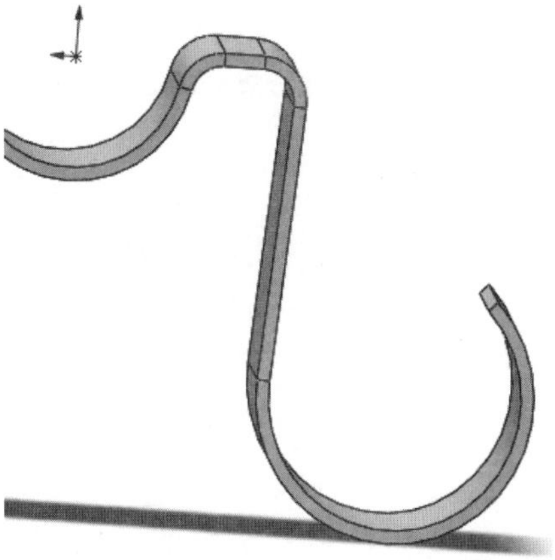
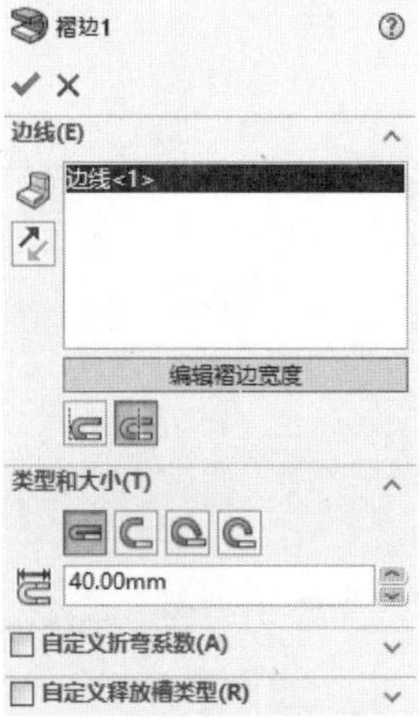 设置闭合类型褶边的长度为 40.00mm	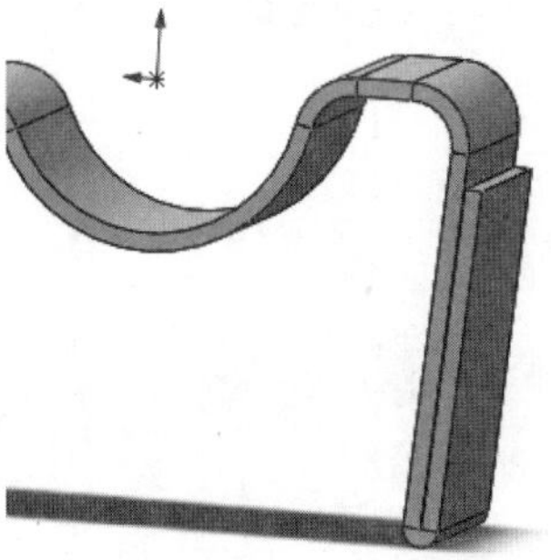
 设置打开类型褶边的缝隙距离为 20.00mm	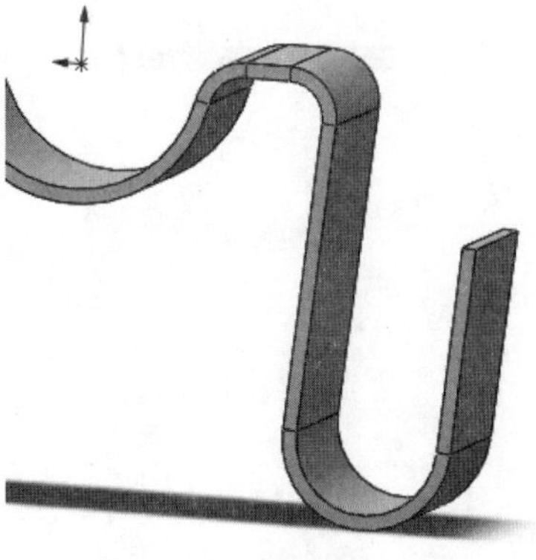

续表

操 作 选 项	图　示
 设置撕裂类型褶边的角度为 200.00 度	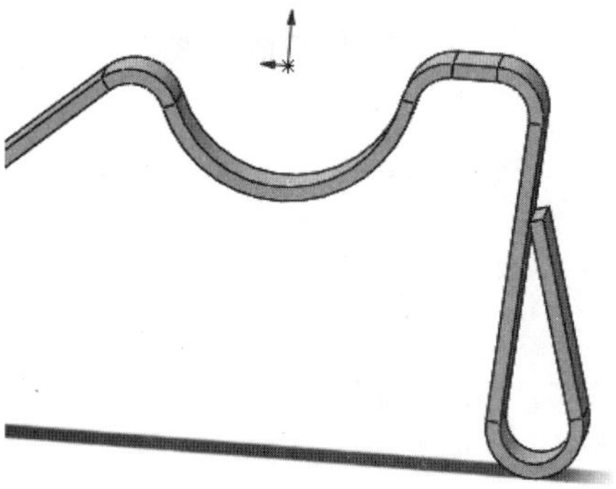
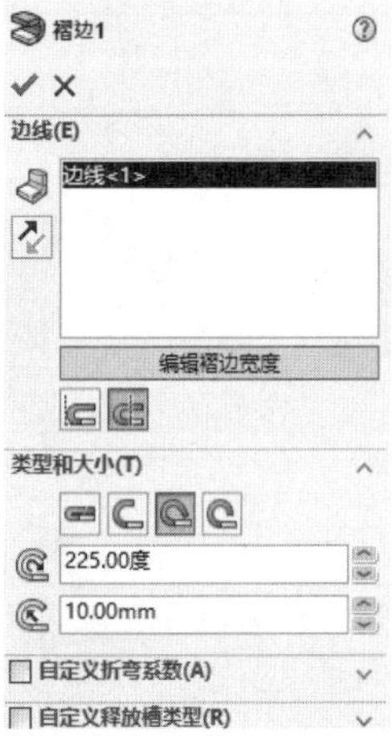 设置撕裂类型褶边的半径为 10.00mm	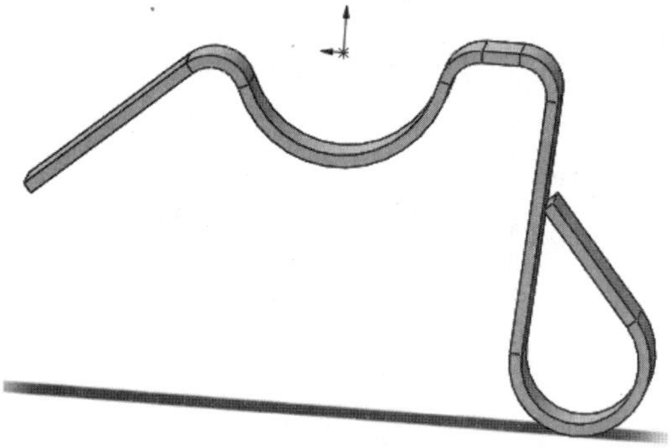
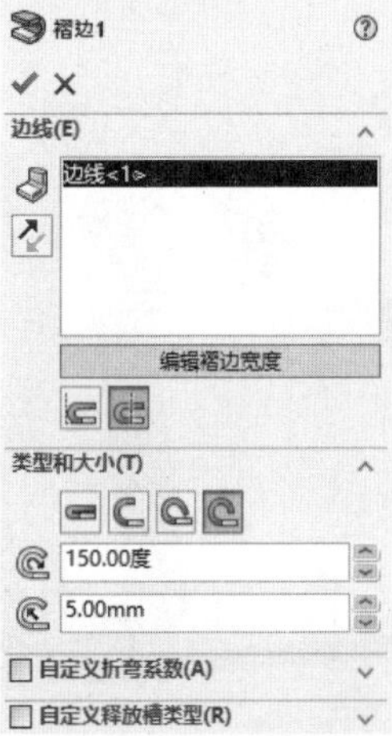 设置滚轧类型褶边的角度为 150.00 度，半径为 5.00mm	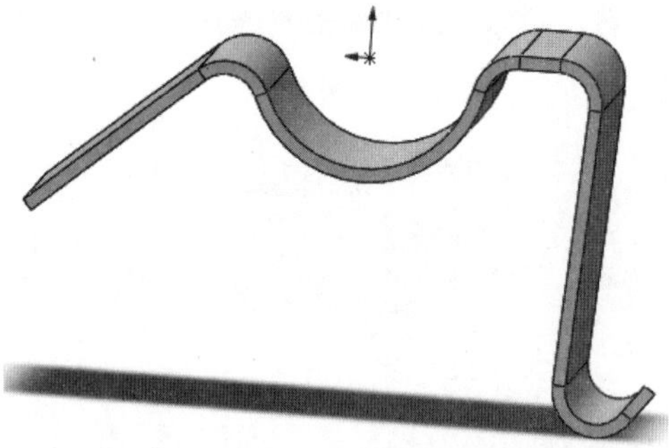

7.6　转折特征

转折特征通过草图线生成两个折弯而将材料添加到钣金特征上。

7.6.1　菜单命令启动

选择【插入】|【钣金】|【转折】菜单命令，在属性管理器中弹出【转折】属性管理器，如图 7-6 所示。

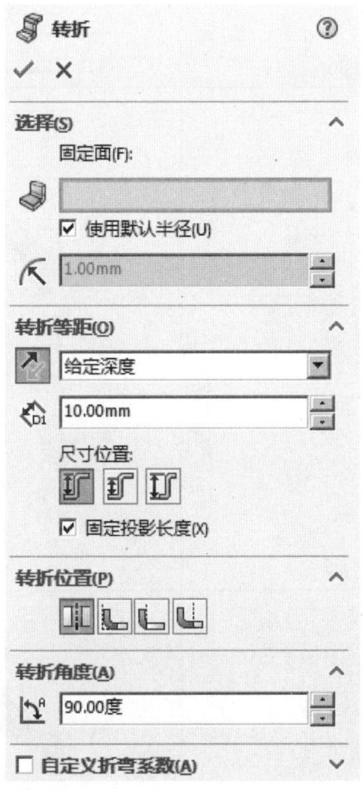

图 7-6　【转折】属性管理器

7.6.2　转折特征的知识点

1.【选择】选项组

在【选择】选项组中选择转折固定面并设置转折半径，如表 7-14 所示。

表 7-14　选择转折固定面并设置转折半径

操作选项	图示
 选择面的上半部分为固定面	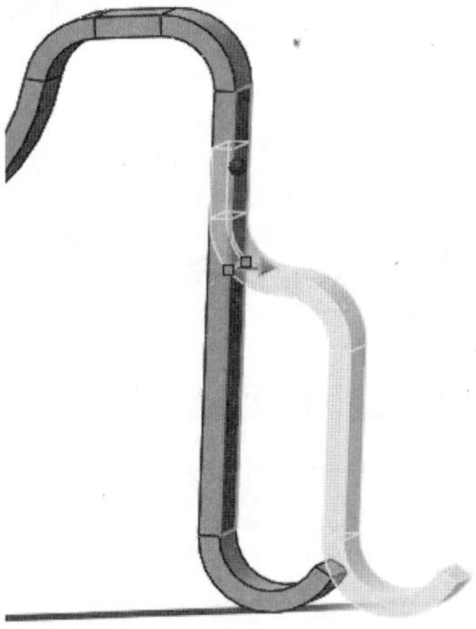
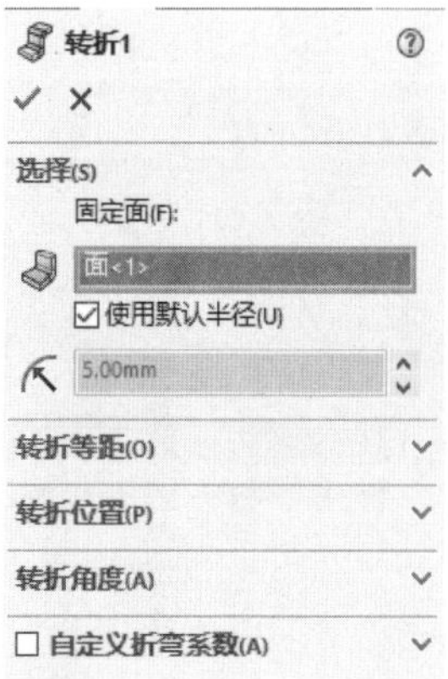 选择面的下半部分为固定面	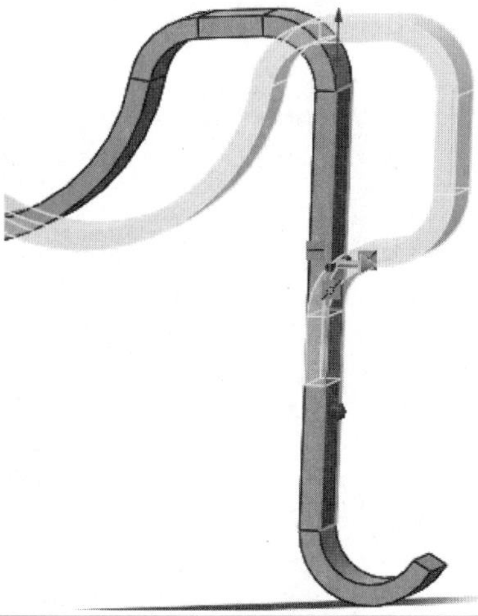
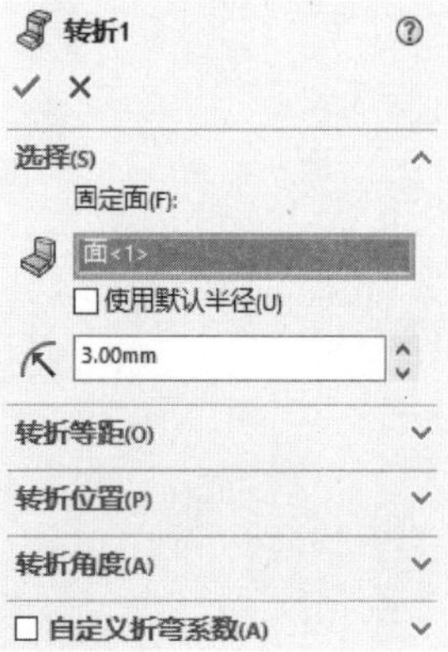 设置转折半径为 3.00mm	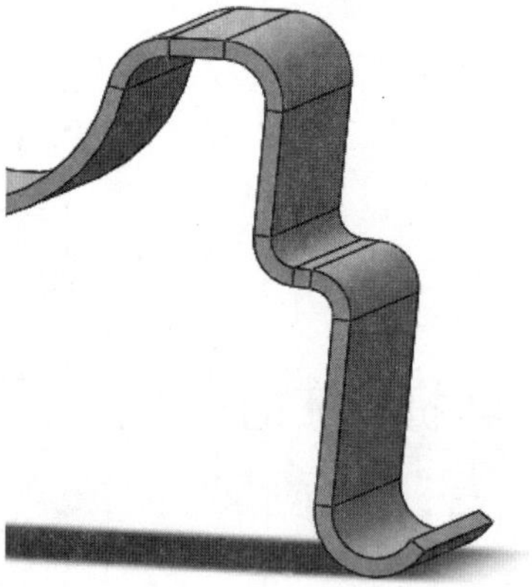

2.【转折等距】选项组

在【转折等距】选项组中设置转折等距的参数，如表 7-15 所示。

表 7-15　设置转折等距的参数

操 作 选 项	图　　示
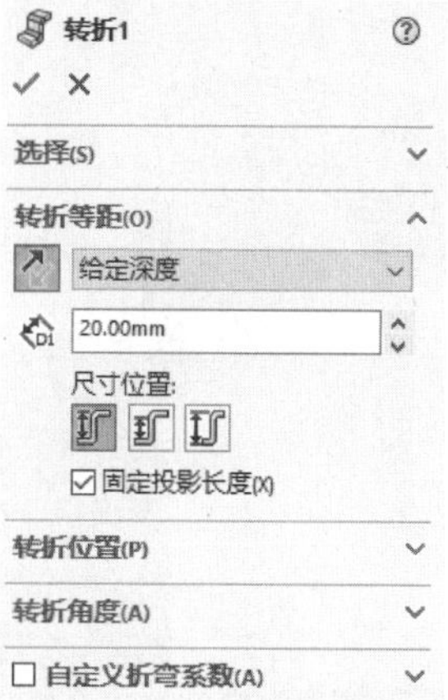 转折等距为所给定的深度	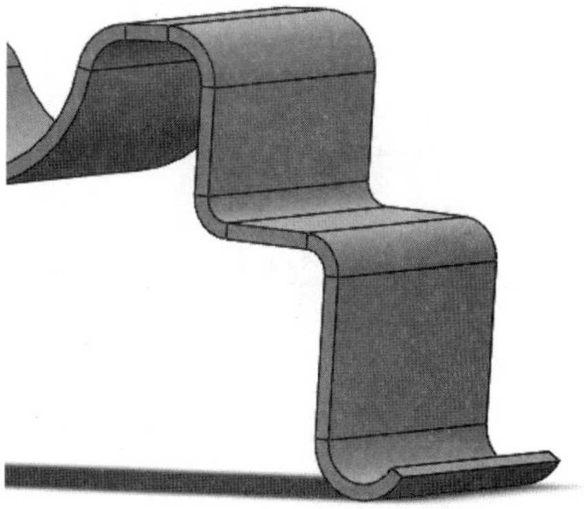
 转折等距为所给定的反向深度	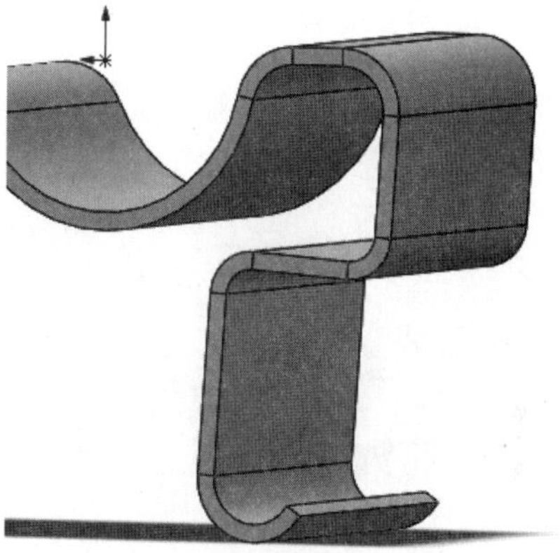
 设置 20.00mm 的尺寸位置为内部等距	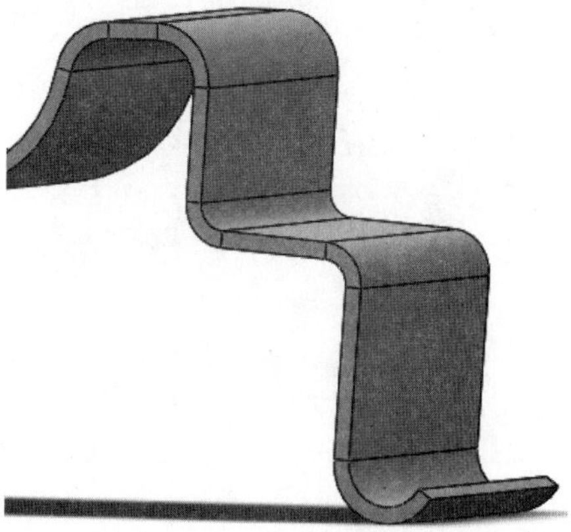

续表

操 作 选 项	图 示
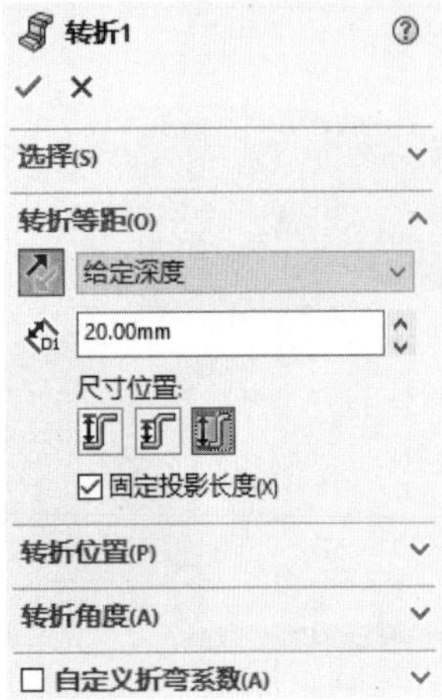 设置20.00mm的尺寸为总尺寸	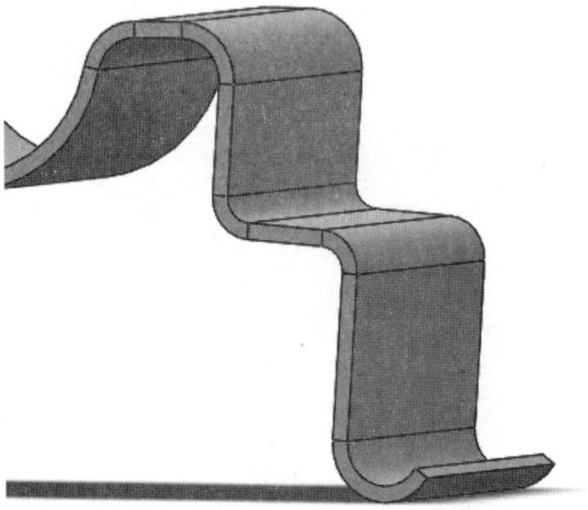
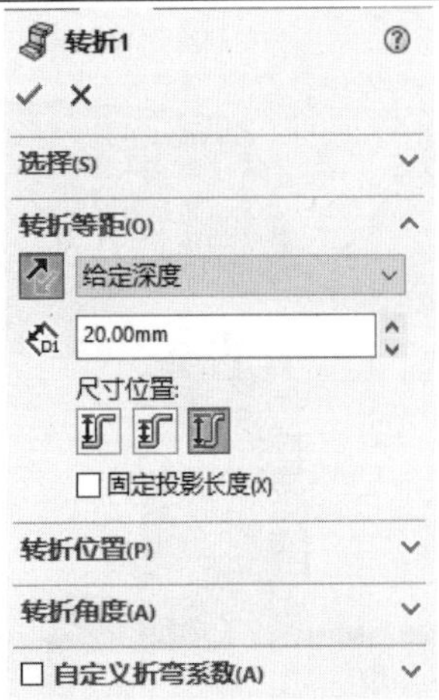 取消选中【固定投影长度】复选框	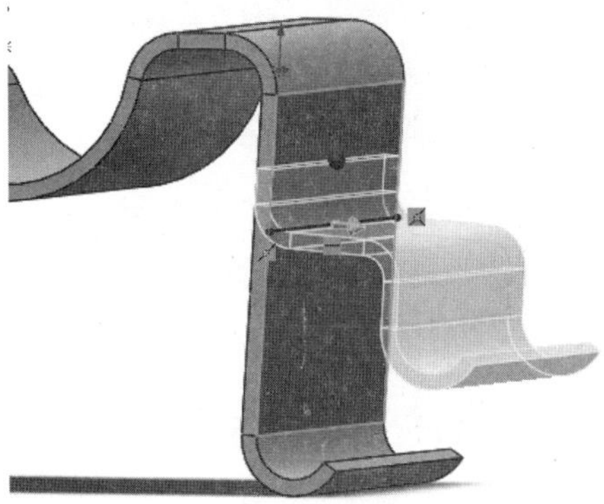
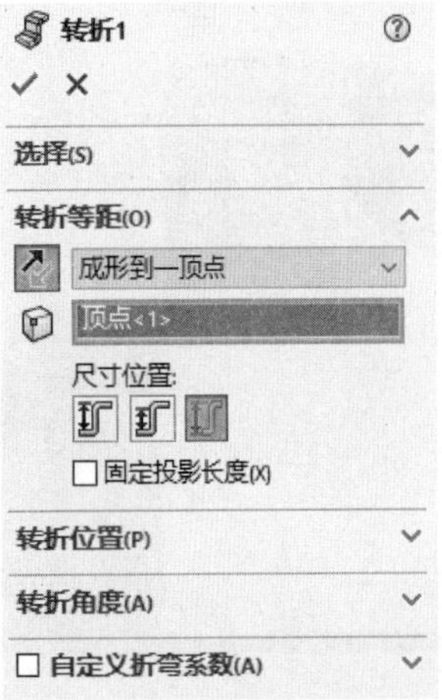 转折等距为成形到所选的顶点	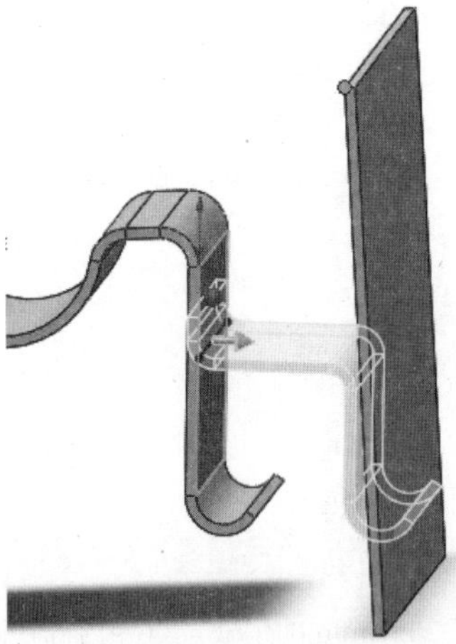

续表

操作选项	图示
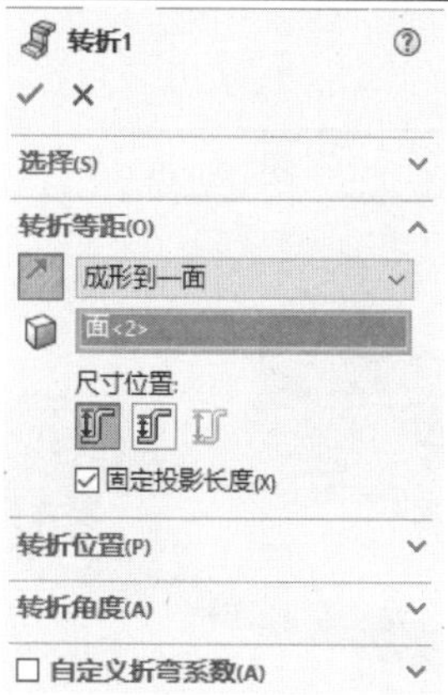 转折等距为成形到所选的面	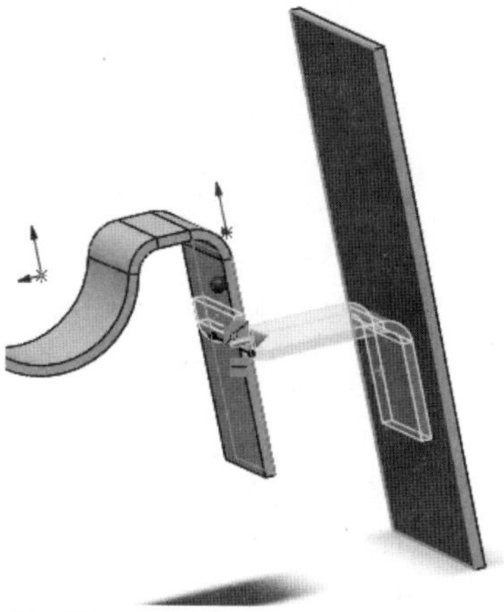
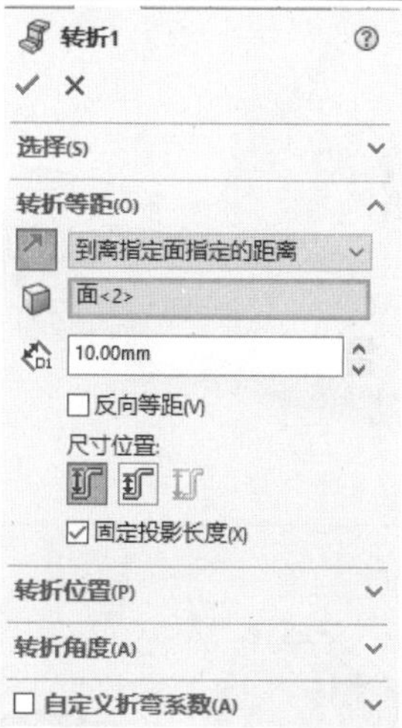 转折等距为成形到距离所选面指定的距离	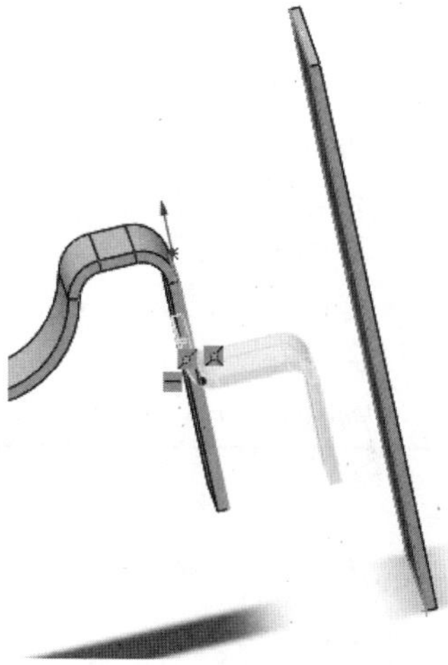
 转折等距为成形到距离所选面指定的反向距离	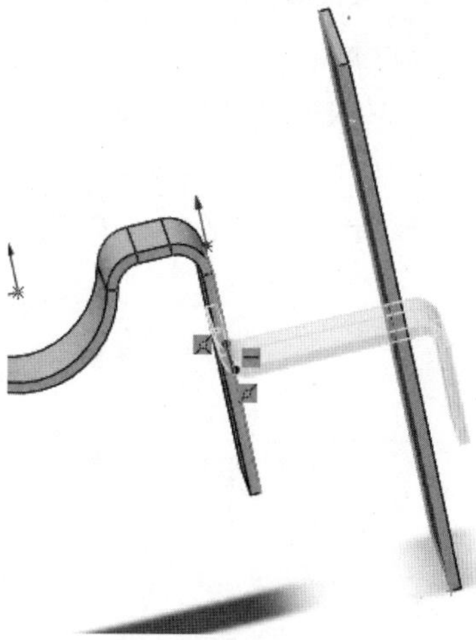

3.【转折位置】选项组

在【转折位置】选项组中设置转折位置，如表 7-16 所示。

表 7-16　设置转折位置

操 作 选 项	图　　示
转折位置为转折中心线	
转折位置为材料在内	
转折位置为材料在外	
转折位置为折弯在外	

4.【转折角度】选项组

在【转折角度】选项组中设置转折角度，如表 7-17 所示。

表 7-17　设置转折角度

操 作 选 项	图　示
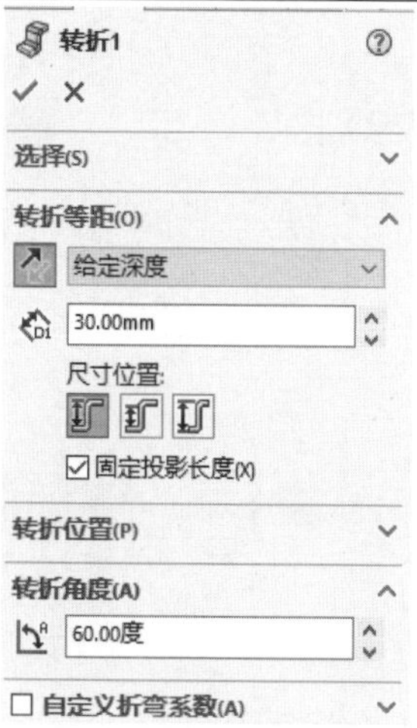 设置转折角度为 60.00 度	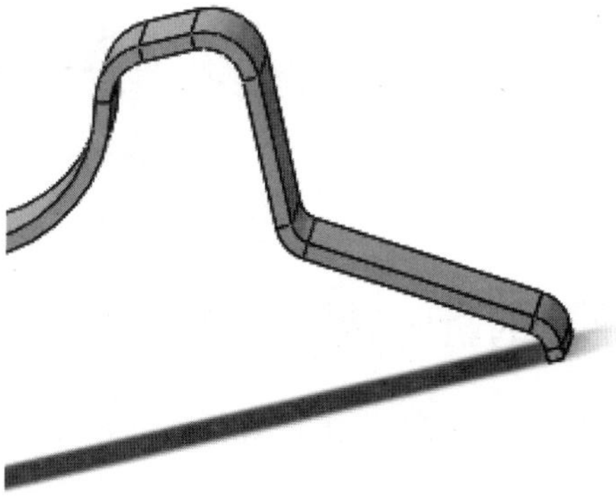
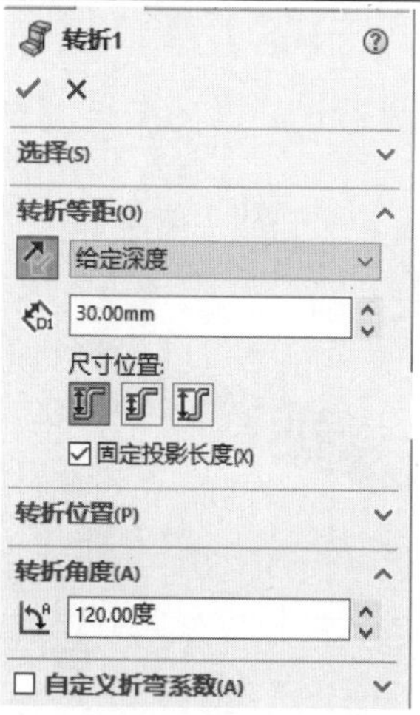 设置转折角度为 120.00 度	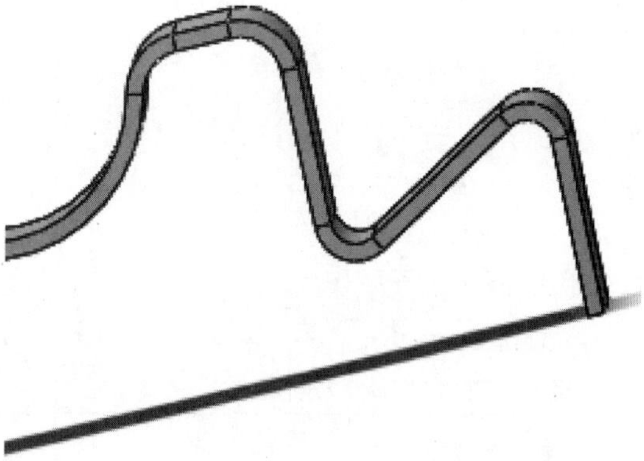

7.7　绘制的折弯特征

绘制的折弯特征在钣金零件处于折叠状态时将折弯线添加到零件。

7.7.1　菜单命令启动

选择【插入】|【钣金】|【绘制的折弯】菜单命令，在属性管理器中弹出【绘制的折弯】属

性管理器，如图 7-7 所示。

图 7-7 【绘制的折弯】属性管理器

7.7.2 绘制的折弯特征的知识点

在【折弯参数】选项组中设置折弯的参数，如表 7-18 所示。

表 7-18 设置折弯的参数

操 作 选 项	图 示
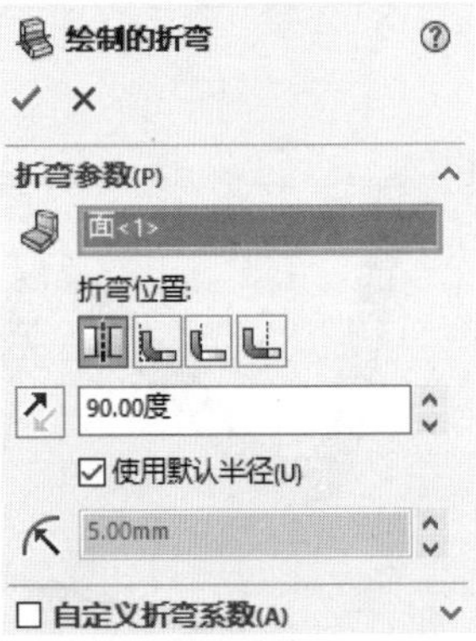 选择面的上半部分为固定面	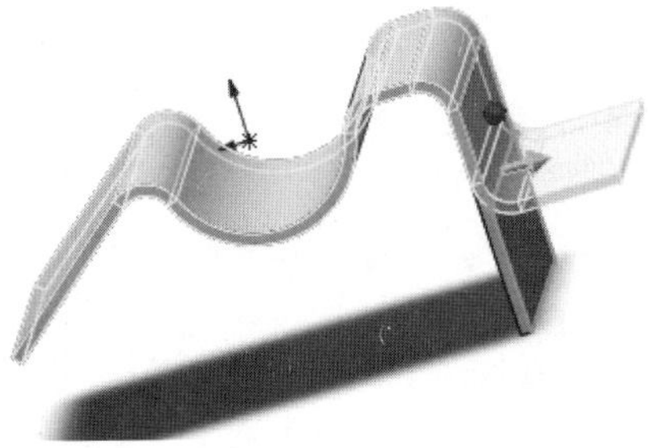
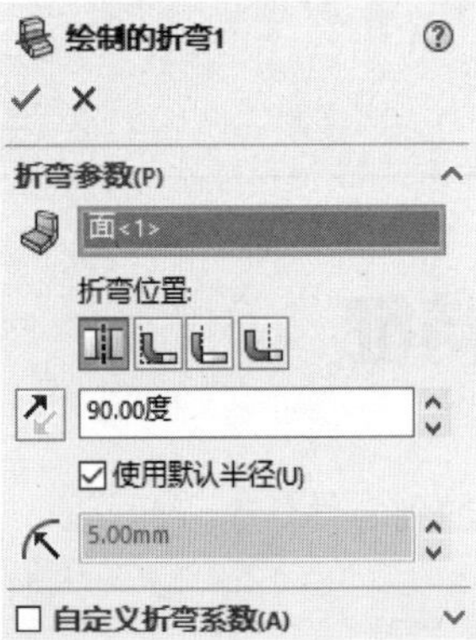 选择面的下半部分为固定面	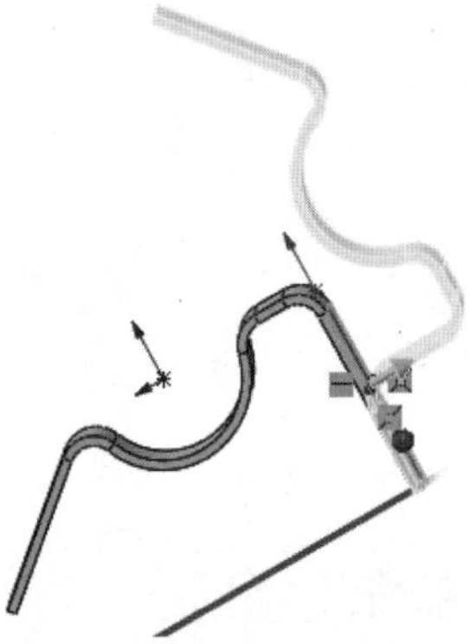

续表

操作选项	图示
 设置折弯位置为材料在内	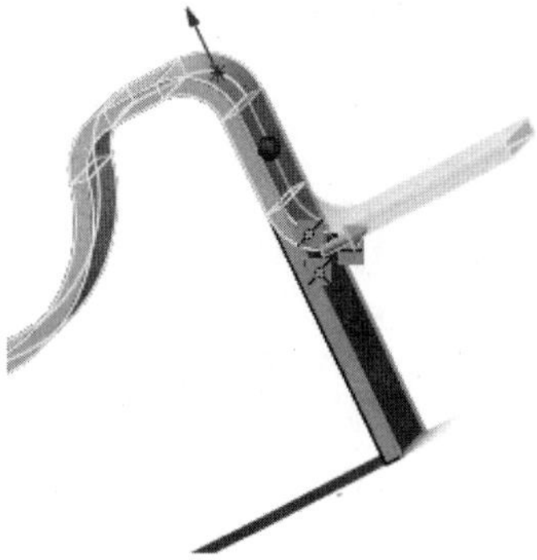
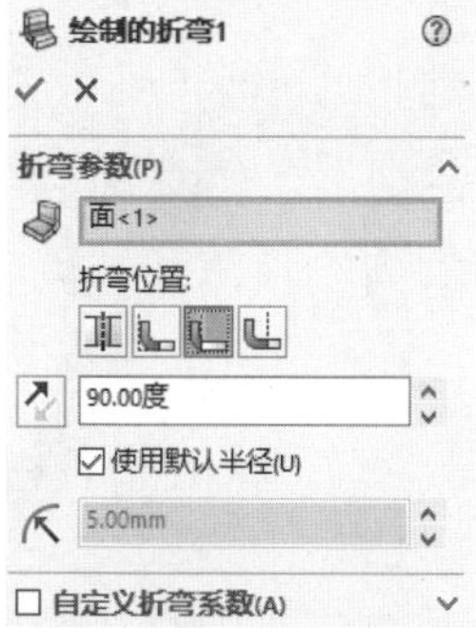 设置折弯位置为材料在外	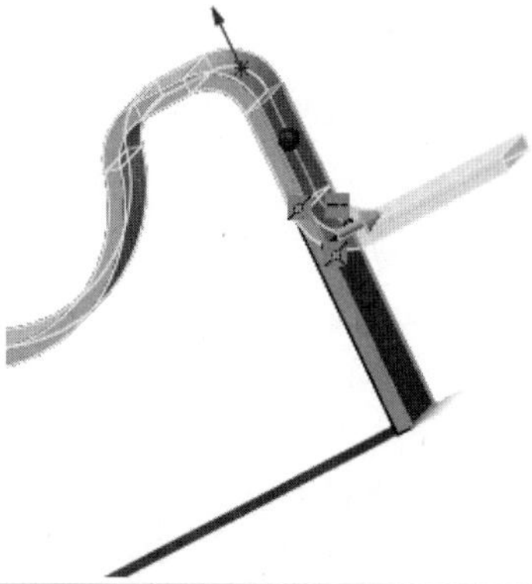
 设置折弯位置为折弯在外	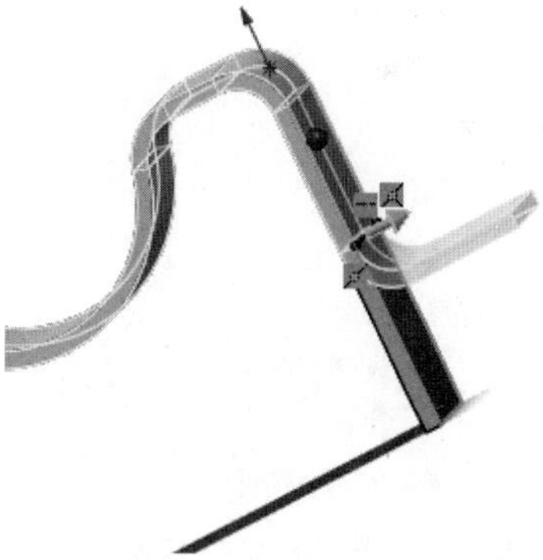
 设置折弯角度为 30.00 度	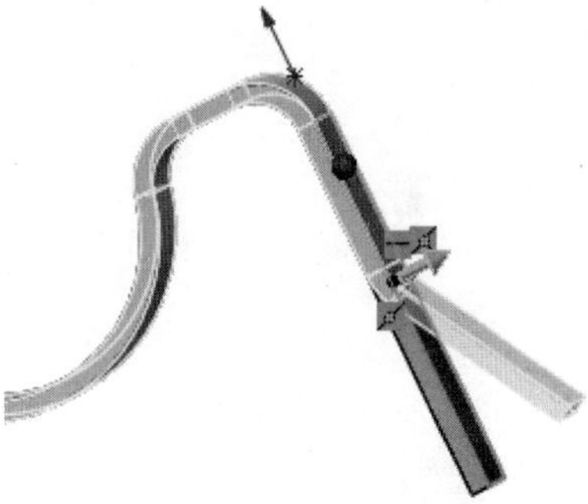

续表

操作选项	图示
 设置折弯角度为反向 30.00 度	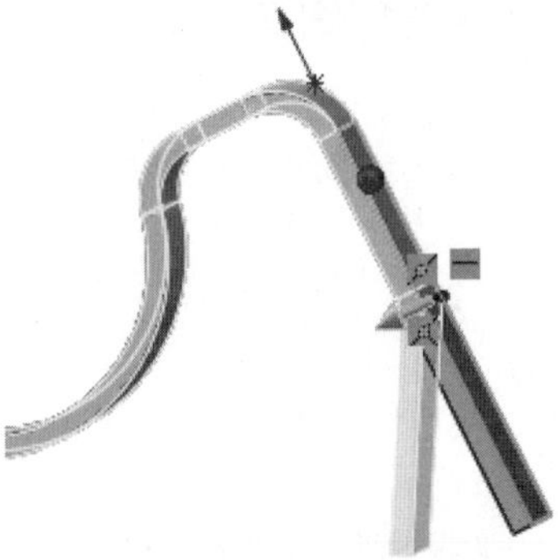
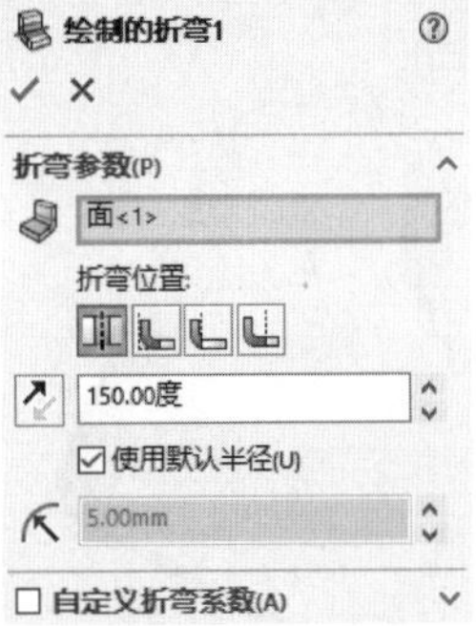 设置折弯角度为正向 150.00 度	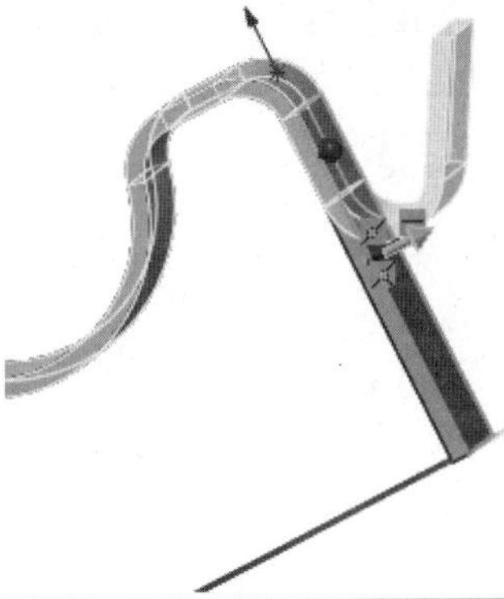
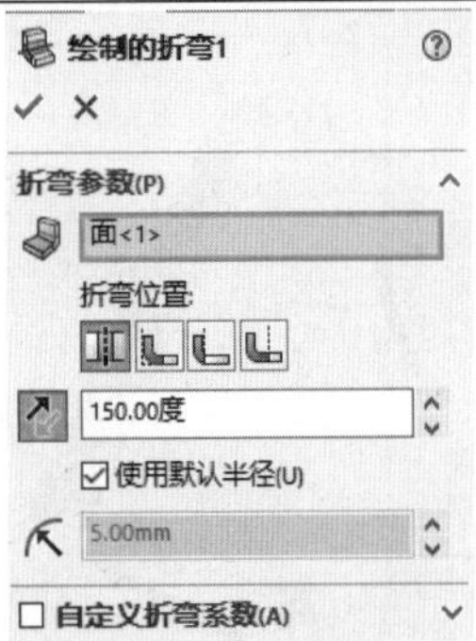 设置折弯角度为反向 150.00 度	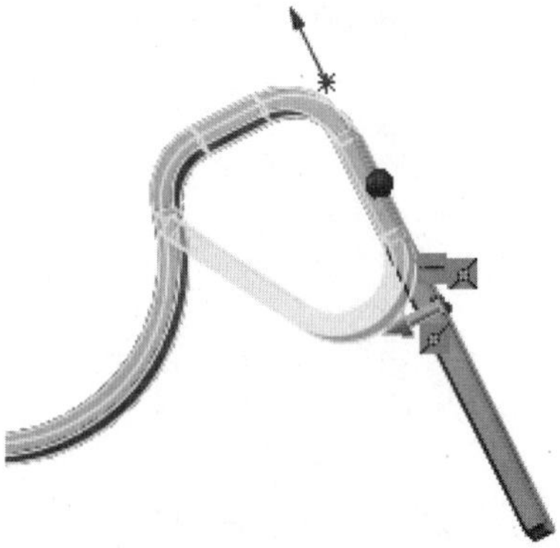
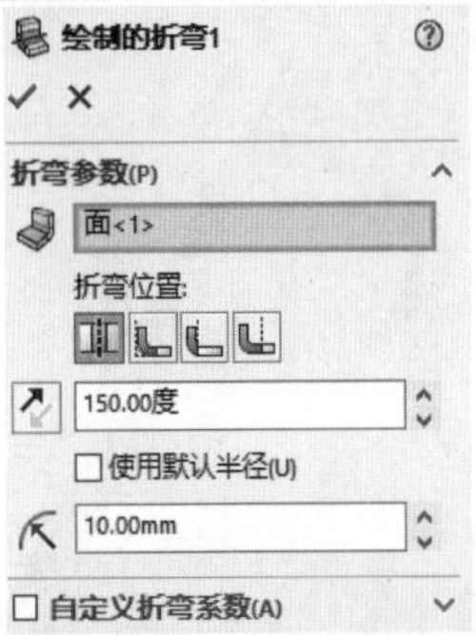 设置折弯半径为 10.00mm	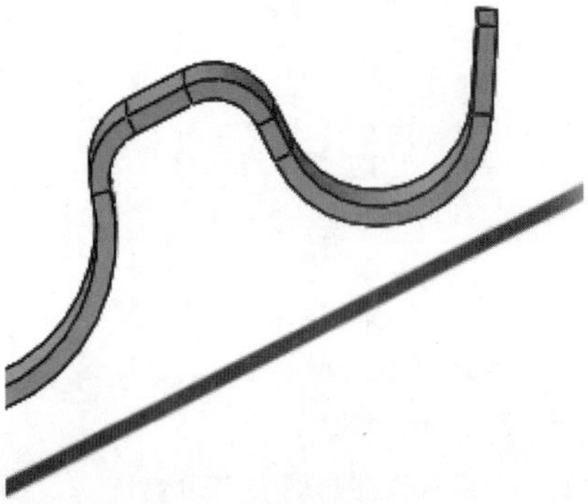

续表

操作选项	图　　示
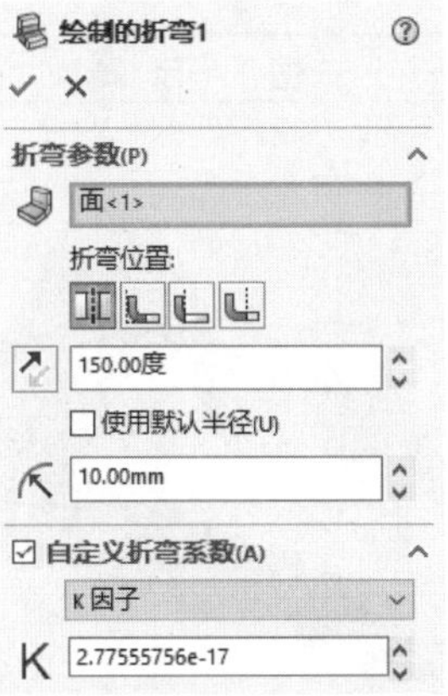 使用 K 因子折弯系数进行折弯	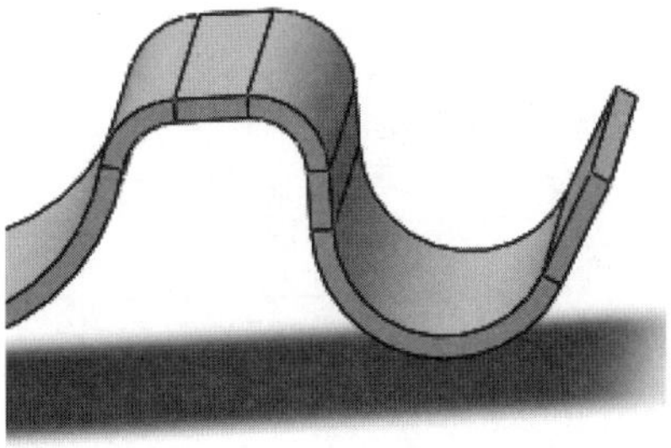
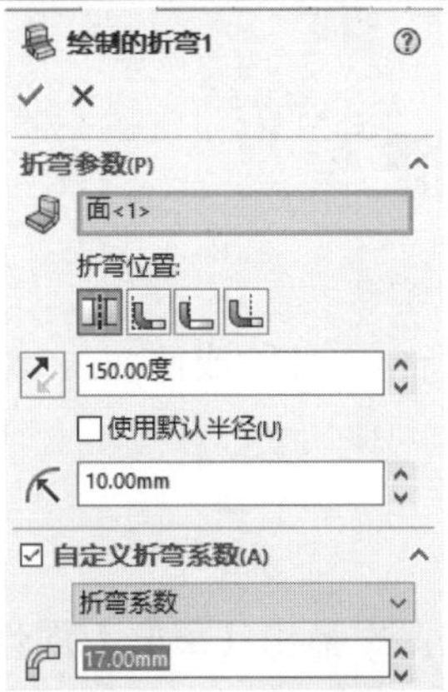 使用折弯系数进行折弯	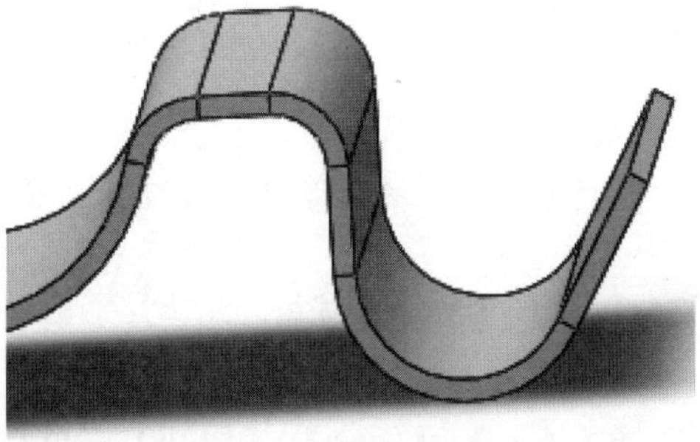

7.8　交叉折断特征

交叉折断特征可以添加边线、斜接或扫描法兰到有交叉折断的面的边线。

7.8.1　菜单命令启动

选择【插入】|【钣金】|【交叉折断】菜单命令，在属性管理器中弹出【交叉折断】属性管理器，如图 7-8 所示。

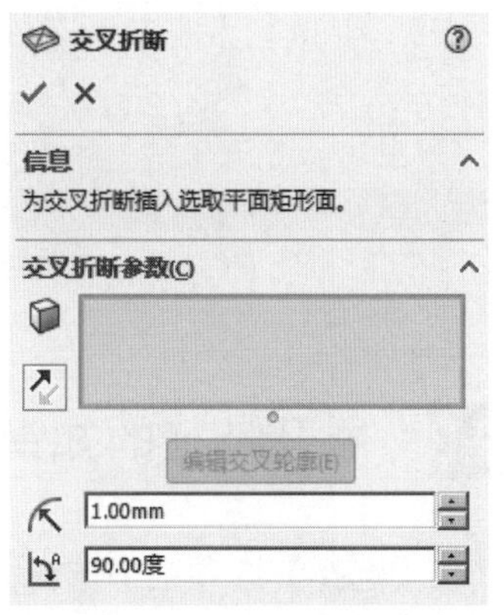

图 7-8　【交叉折断】属性管理器

7.8.2　交叉折断特征的知识点

在【交叉折断参数】选项组中设置交叉折断的参数，

如表 7-19 所示。

表 7-19 设置交叉折断的参数

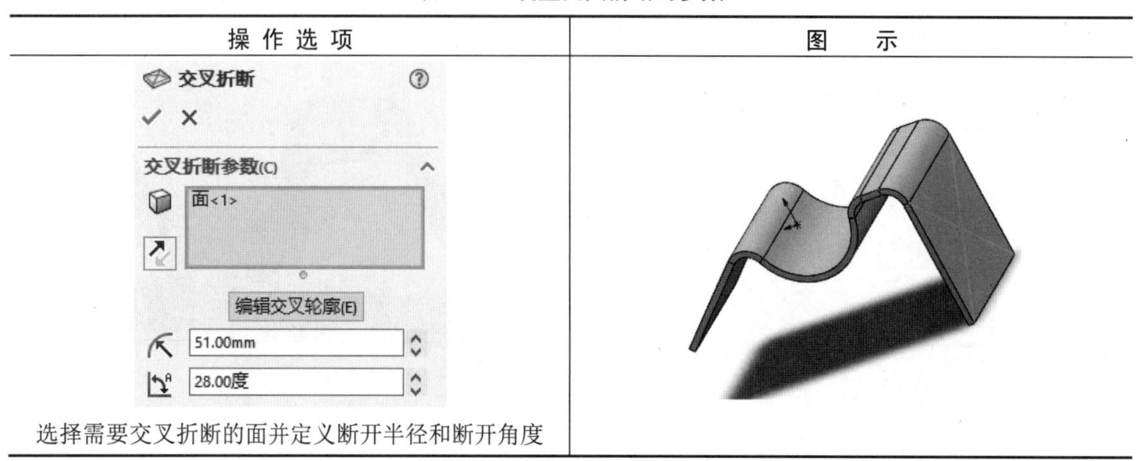

操 作 选 项	图 示
选择需要交叉折断的面并定义断开半径和断开角度	

7.9 展 开 特 征

扫描通过沿着一条路径移动轮廓（截面）来生成基体、凸台、切除或曲面。

7.9.1 菜单命令启动

选择【插入】|【钣金】|【展开】菜单命令，在属性管理器中弹出【展开】属性管理器，如图 7-9 所示。

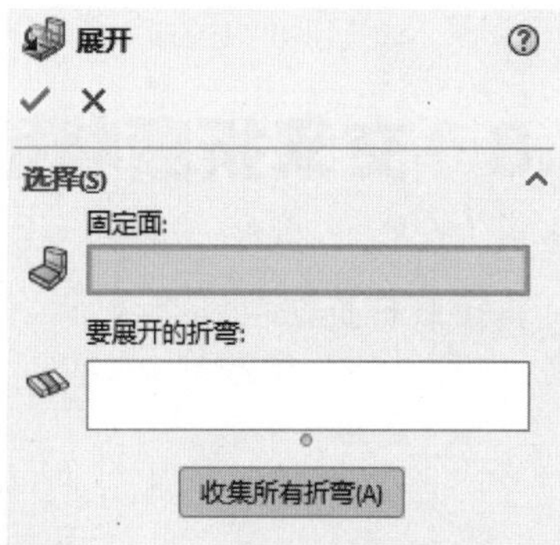

图 7-9 【展开】属性管理器

7.9.2 展开特征的知识点

在【选择】选项组中选择要展开的折弯，如表 7-20 所示。

表 7-20　选择要展开的折弯

操 作 选 项	图　　示
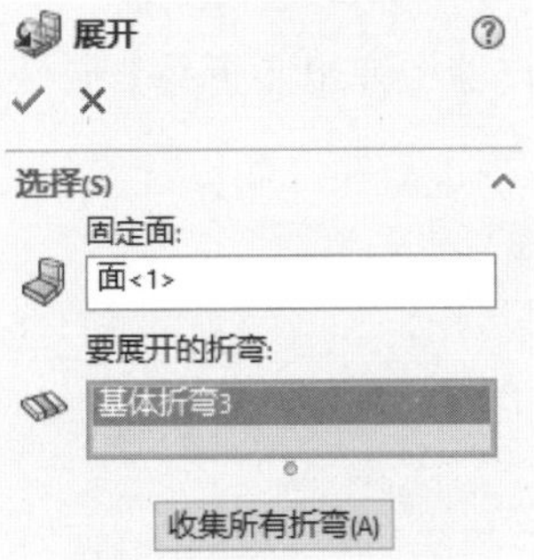 选择一个要展开的折弯	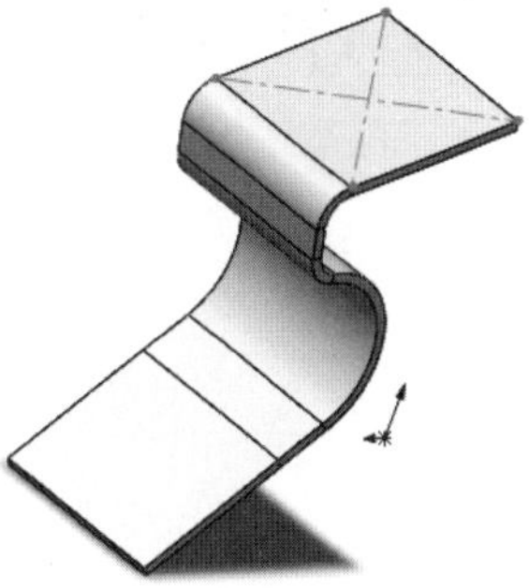
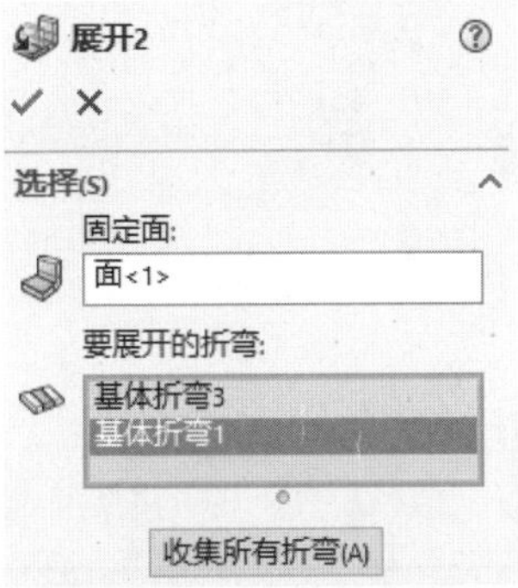 选择两个要展开的折弯	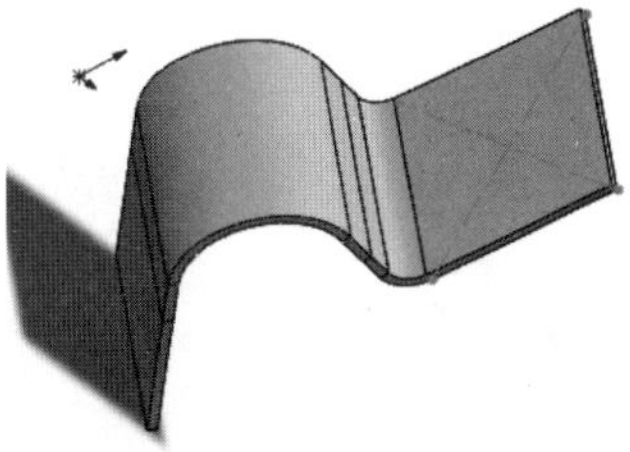
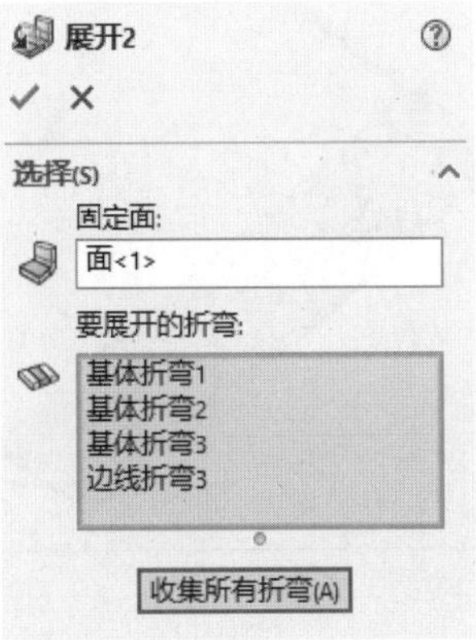 选择收集所有折弯选项	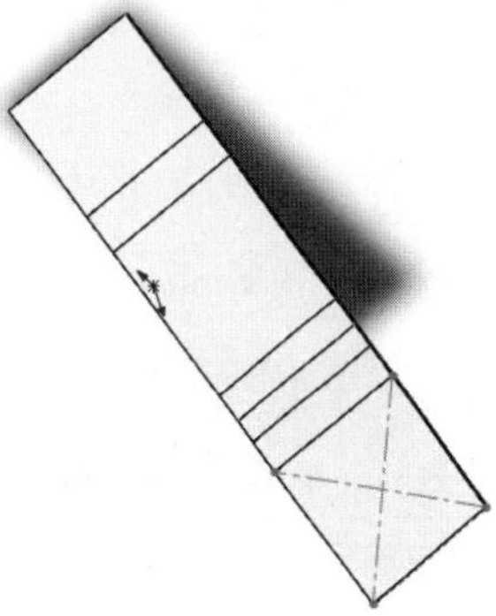

7.10　折 叠 特 征

折叠特征是将钣金零件从平板状态恢复到钣金状态。

7.10.1 菜单命令启动

选择【插入】|【钣金】|【折叠】菜单命令，在属性管理器中弹出【折叠】属性管理器，如图 7-10 所示。

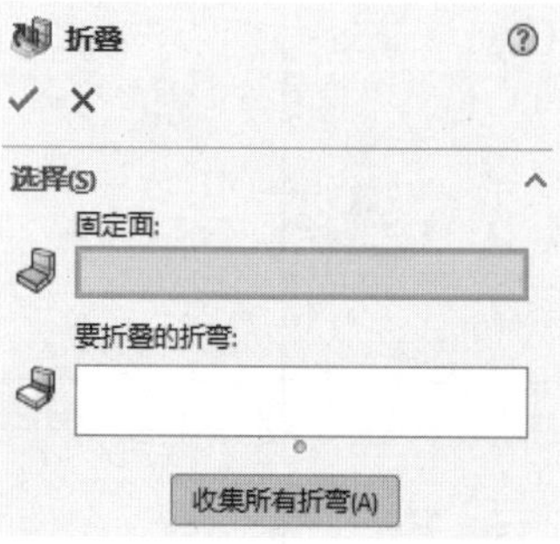

图 7-10 【折叠】属性管理器

7.10.2 折叠特征的知识点

在【选择】选项组中选择要折叠的折弯，如表 7-21 所示。

表 7-21 选择要折叠的折弯

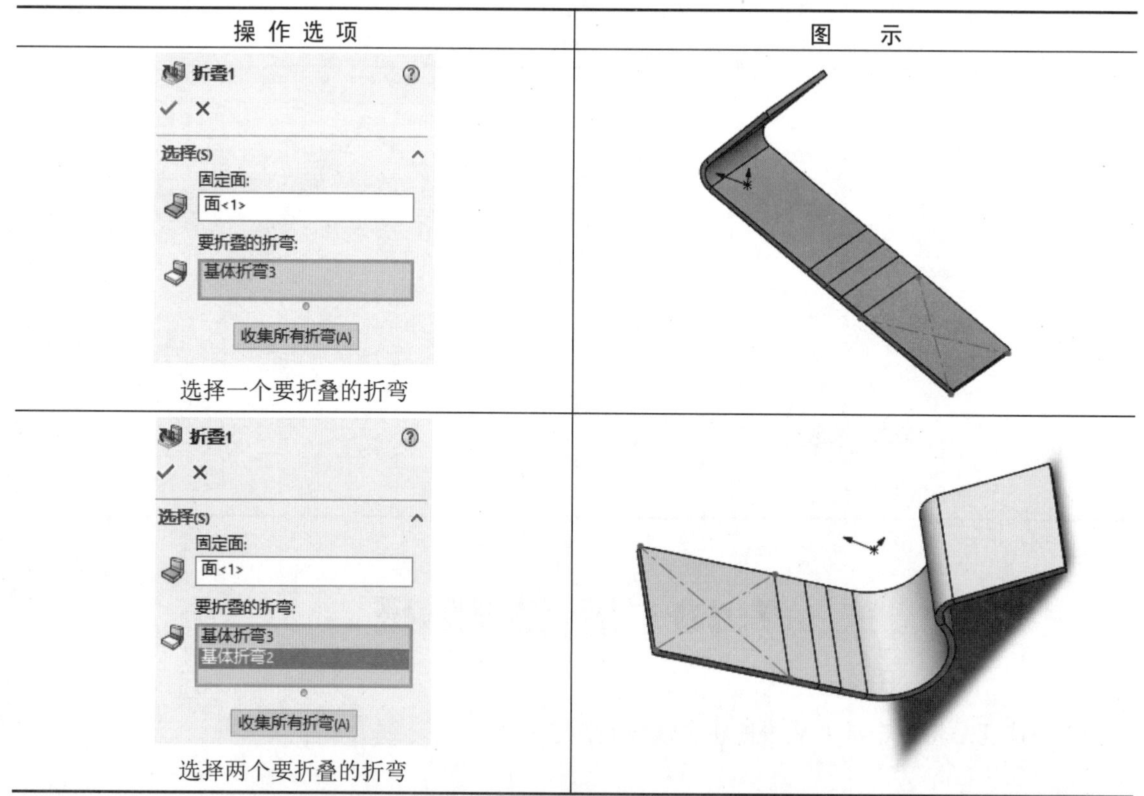

操作选项	图示
选择一个要折叠的折弯	
选择两个要折叠的折弯	

续表

操 作 选 项	图　　示
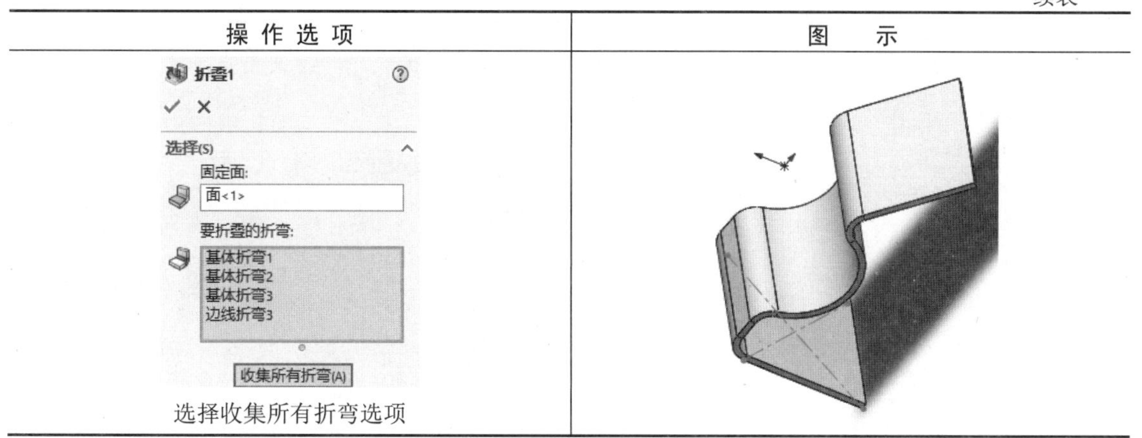 选择收集所有折弯选项	

7.11　闭合角特征

闭合角特征在钣金特征之间添加材料。

7.11.1　菜单命令启动

选择【插入】|【钣金】|【闭合角】菜单命令，在属性管理器中弹出【闭合角】属性管理器，如图 7-11 所示。

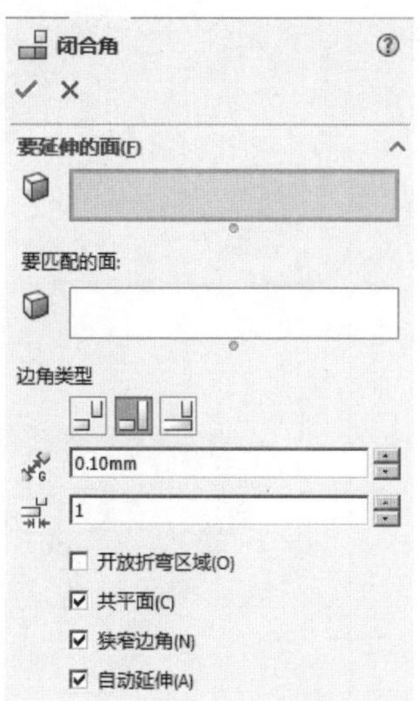

图 7-11　【闭合角】属性管理器

7.11.2　闭合角特征的知识点

在【边角类型】选项组中设置闭合角的参数，如表 7-22 所示。

表 7-22　设置闭合角的参数

操 作 选 项	图　　示
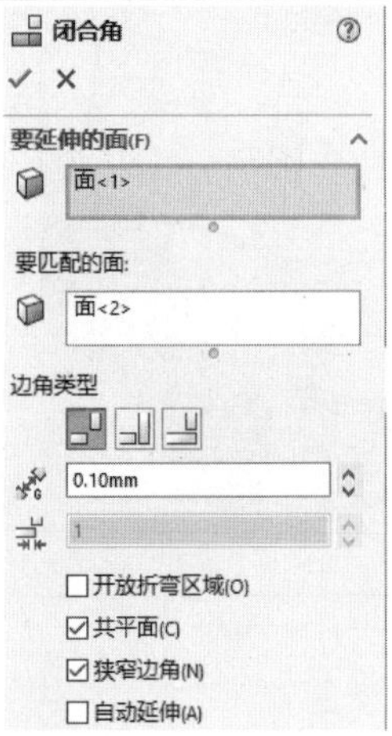 设置边角类型为对接	
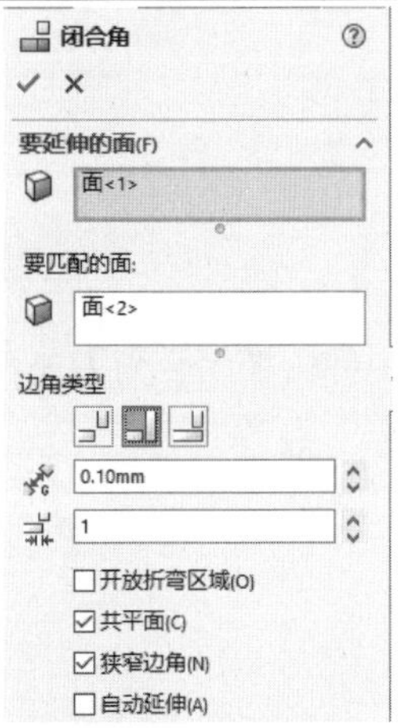 设置边角类型为重叠	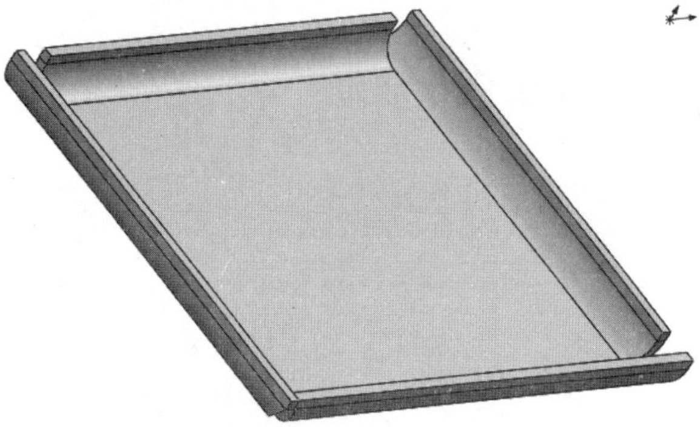
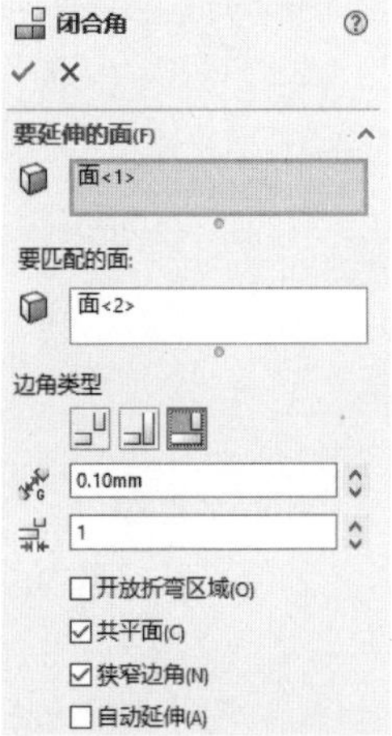 设置边角类型为欠重叠	

续表

操 作 选 项	图　　示
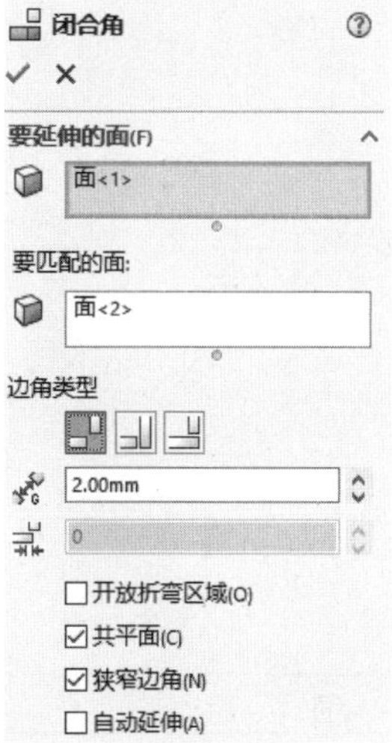 设置闭合角缝隙距离为 2.00mm	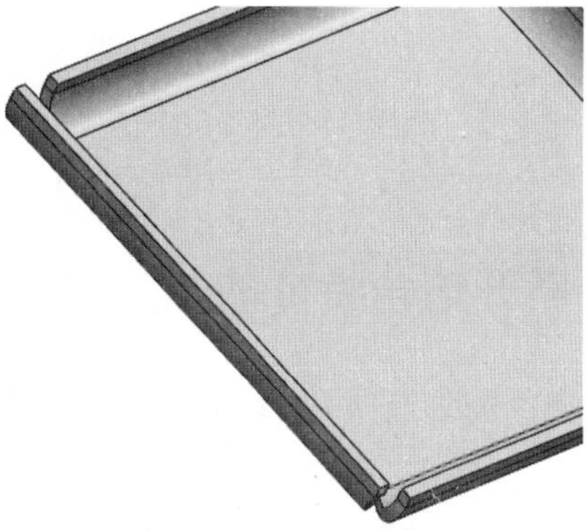
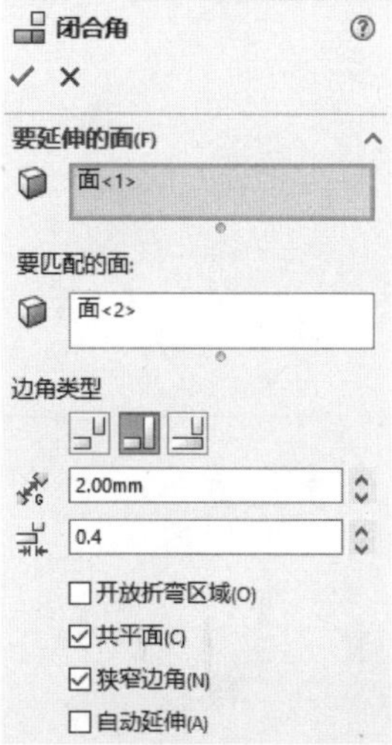 设置重叠/欠重叠比率为 0.4	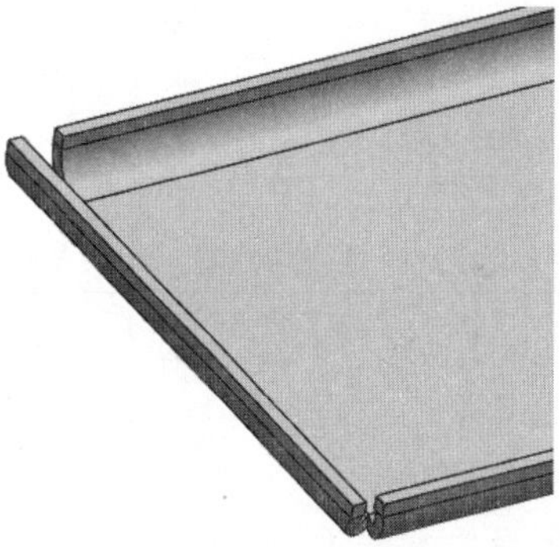

7.12 断开边角特征

断开边角工具可以从折叠的钣金零件的边线/面切除材料或者向其中加入材料。

7.12.1 菜单命令启动

选择【插入】|【钣金】|【断开边角】菜单命令，在属性管理器中弹出【断开边角】属性管理器，如图 7-12 所示。

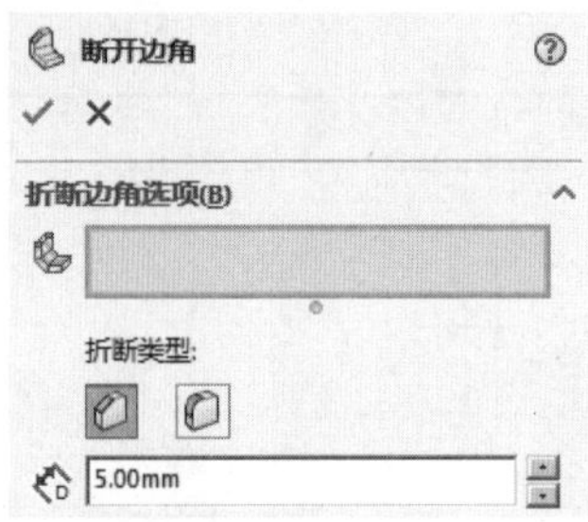

图 7-12 【断开边角】属性管理器

7.12.2 断开边角特征的知识点

在【折断类型】选项组中设置折断类型，如表 7-23 所示。

表 7-23 设置折断类型

操 作 选 项	图 示
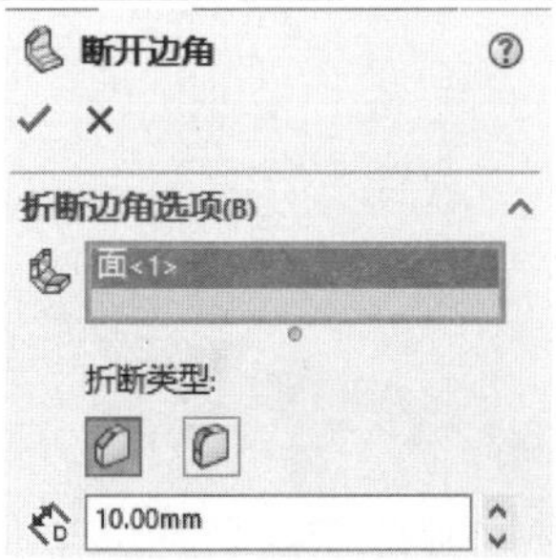 设置折断类型为倒角	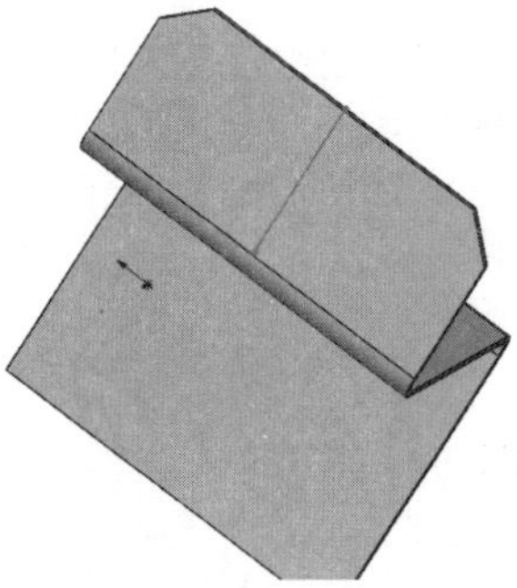
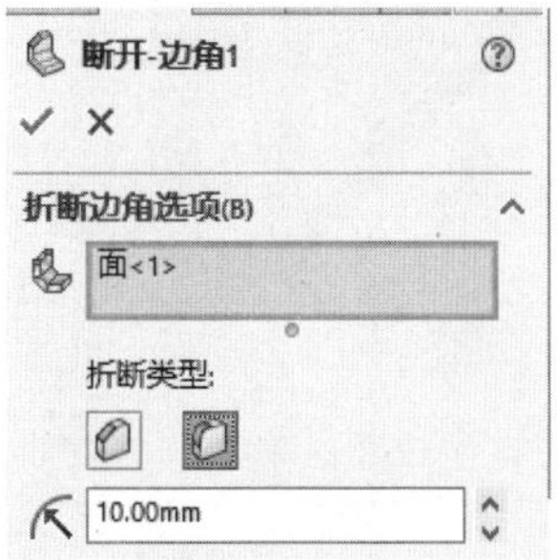 设置折断类型为倒圆	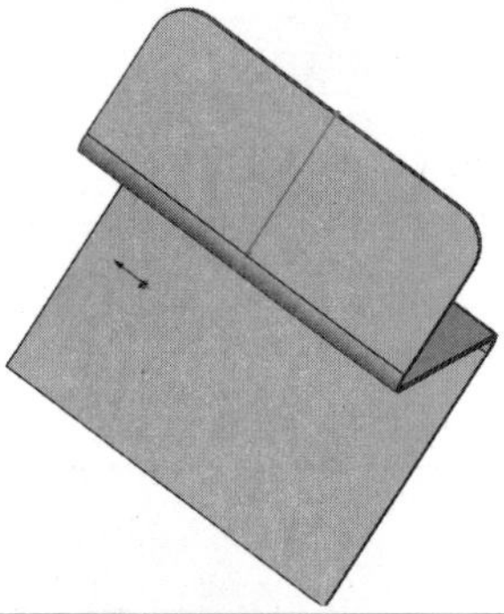
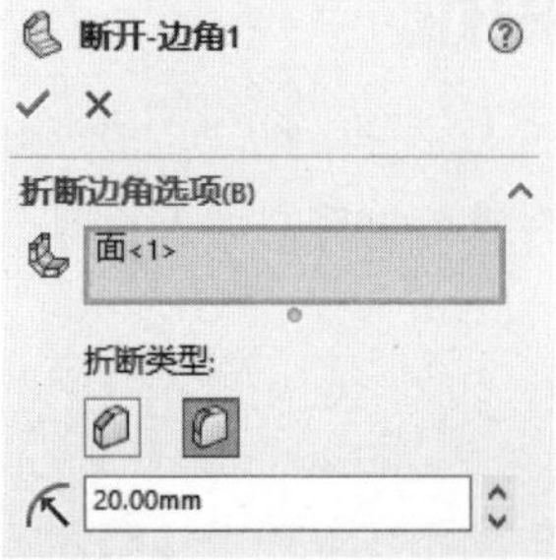 设置折断倒圆半径为 20.00mm	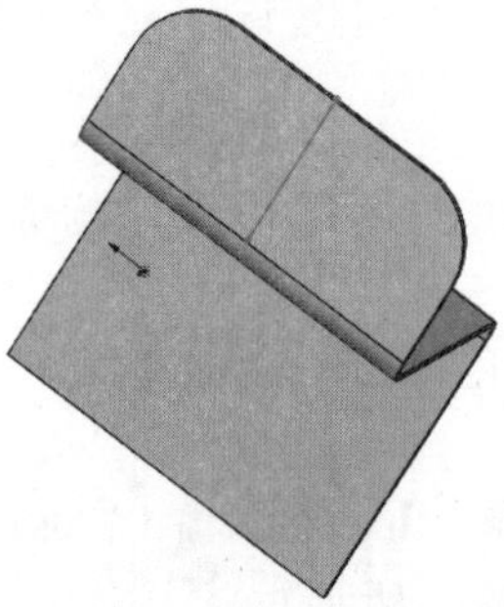

7.13　钣金角撑板特征

钣金角撑板特征可以将特定凹口贯穿整个折弯。

7.13.1　菜单命令启动

选择【插入】|【钣金】|【钣金角撑板】菜单命令，在属性管理器中弹出【钣金角撑板】属性管理器，如图 7-13 所示。

图 7-13　【钣金角撑板】属性管理器

7.13.2　钣金角撑板特征的知识点

1.【位置】选项组

在【位置】选项组中设置钣金角撑板的位置，如表 7-24 所示。

表 7-24　设置钣金角撑板的位置

操 作 选 项	图　　示
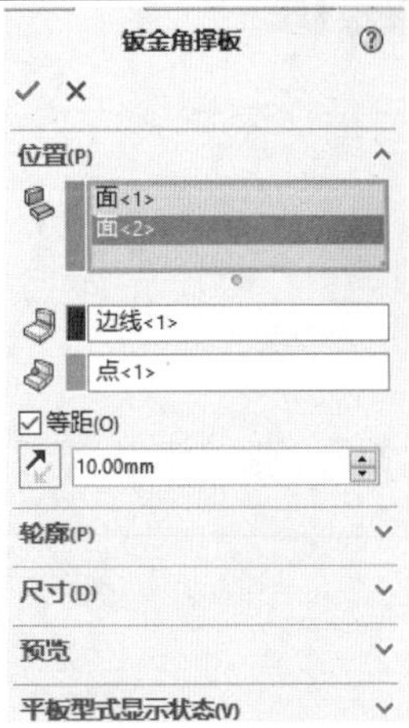 设置钣金角撑板的位置为等距 10.00mm	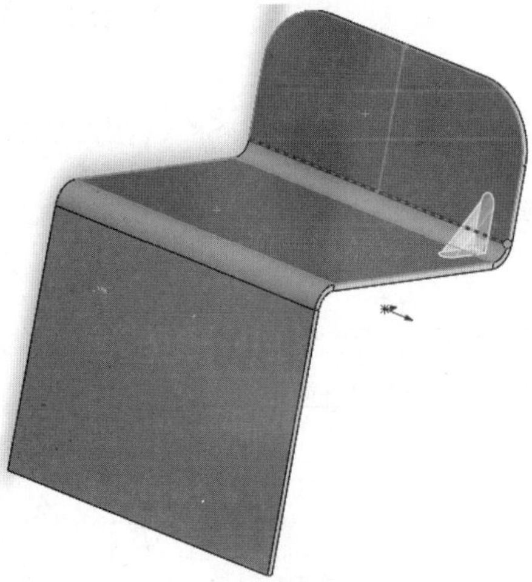
 设置钣金角撑板的位置为等距 20.00mm	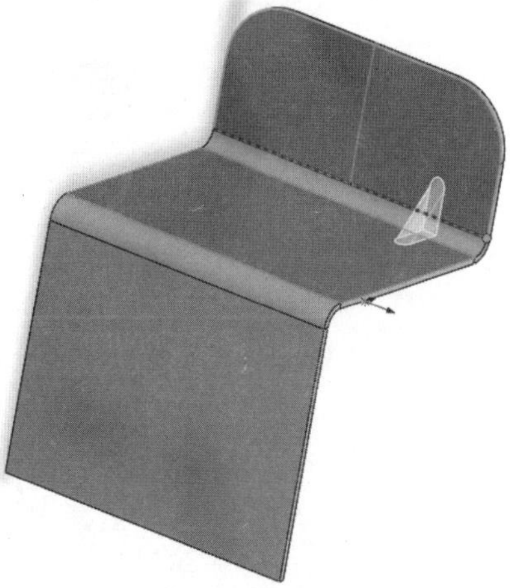
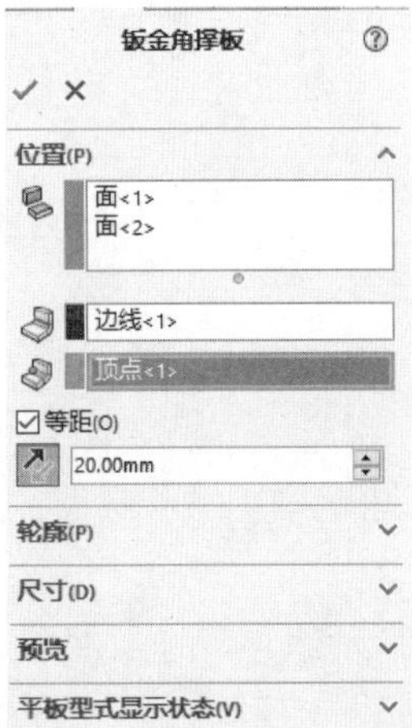 设置钣金角撑板的参考点为左侧点	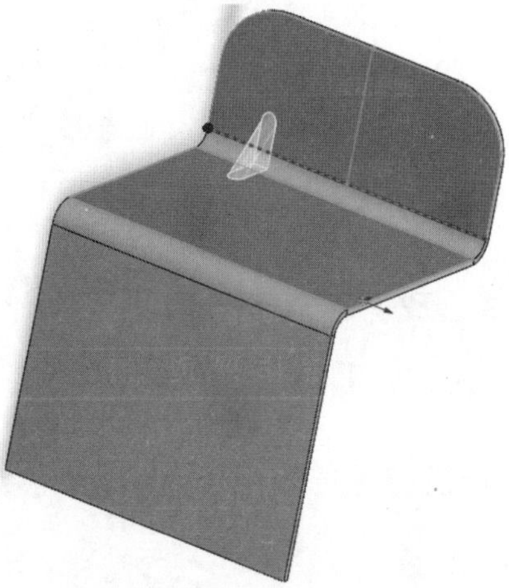

2.【轮廓】选项组

在【轮廓】选项组中设置钣金角撑板的轮廓参数，如表 7-25 所示。

表 7-25　设置钣金角撑板的轮廓参数

操 作 选 项	图　示
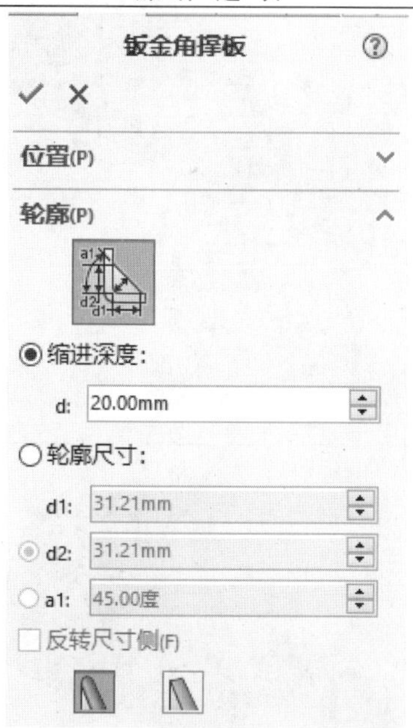 设置钣金角撑板缩进深度为 20.00mm	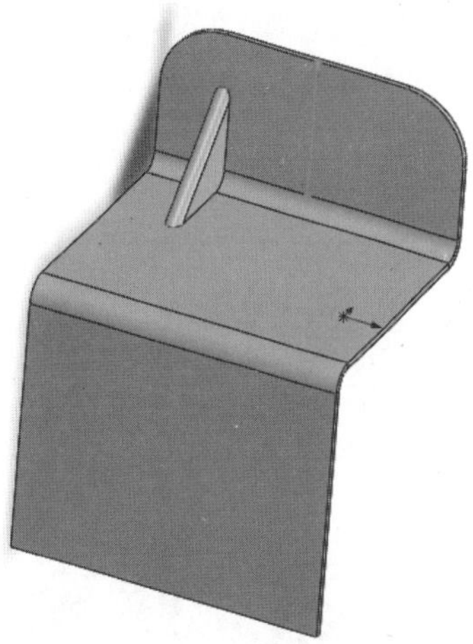
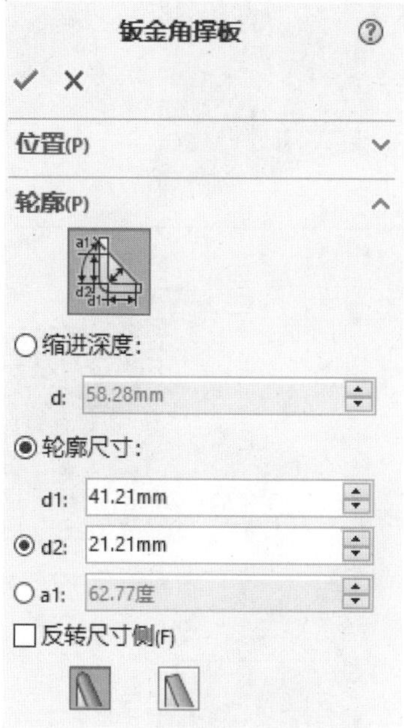 用 d1、d2 自定义轮廓尺寸	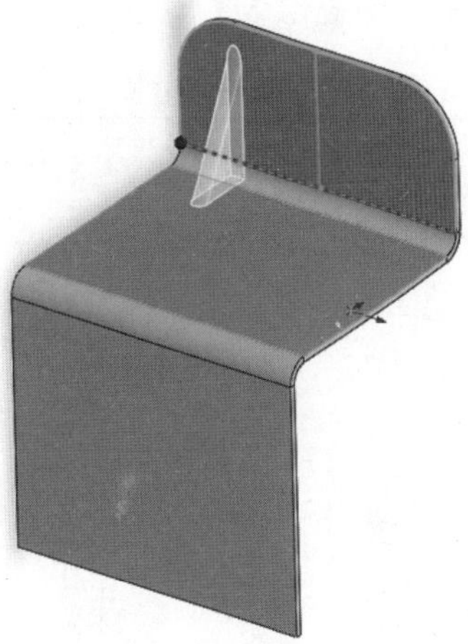

续表

操 作 选 项	图　　示
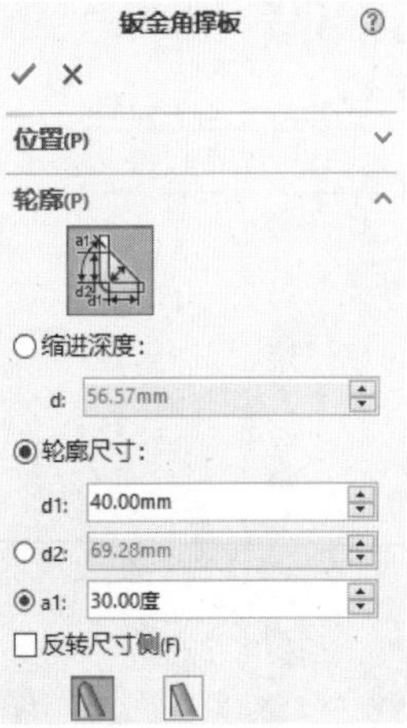 用 d1、a1 自定义轮廓尺寸	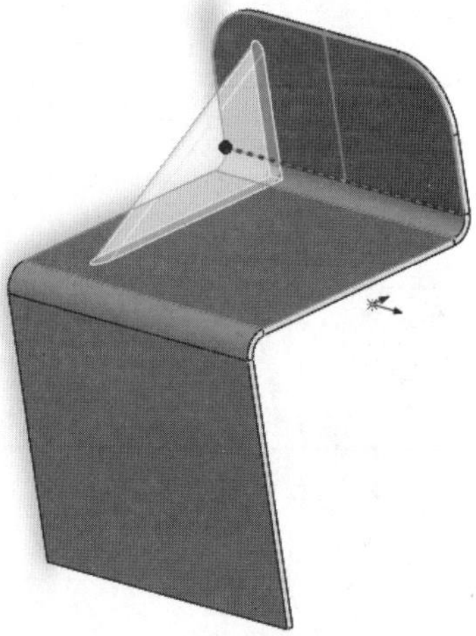
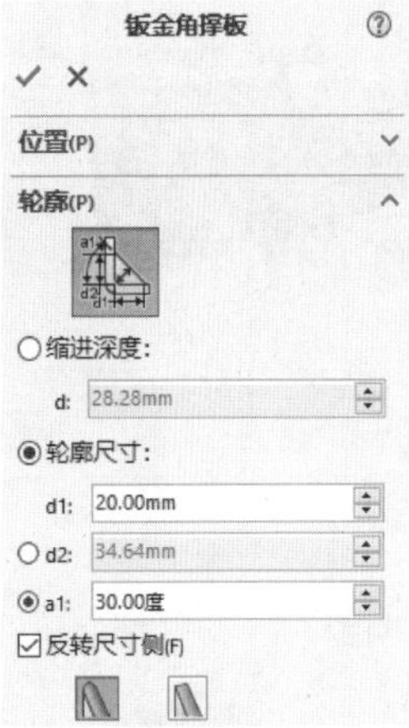 定义反转尺寸侧	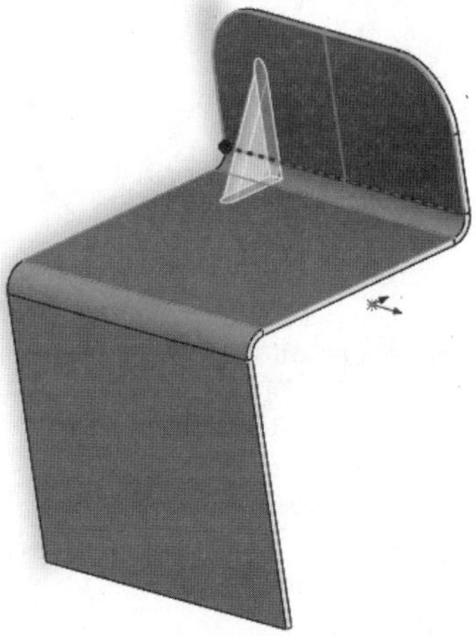
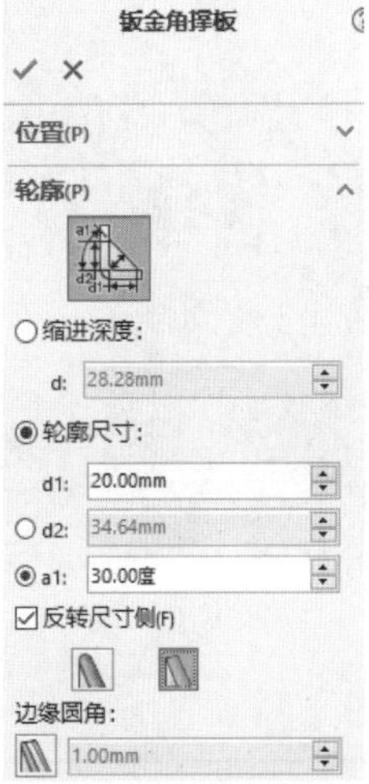 设置类型为扁平角撑板	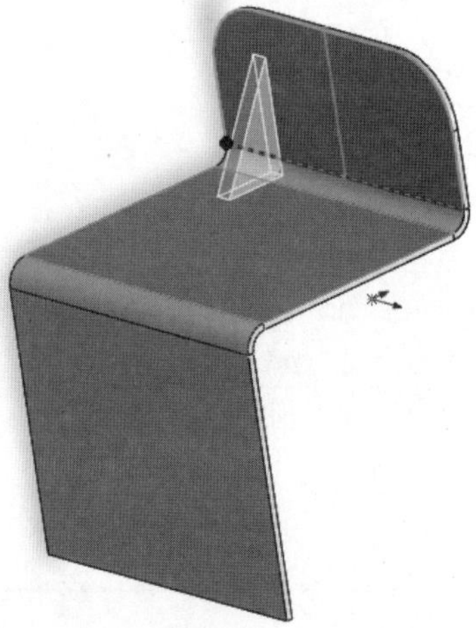

续表

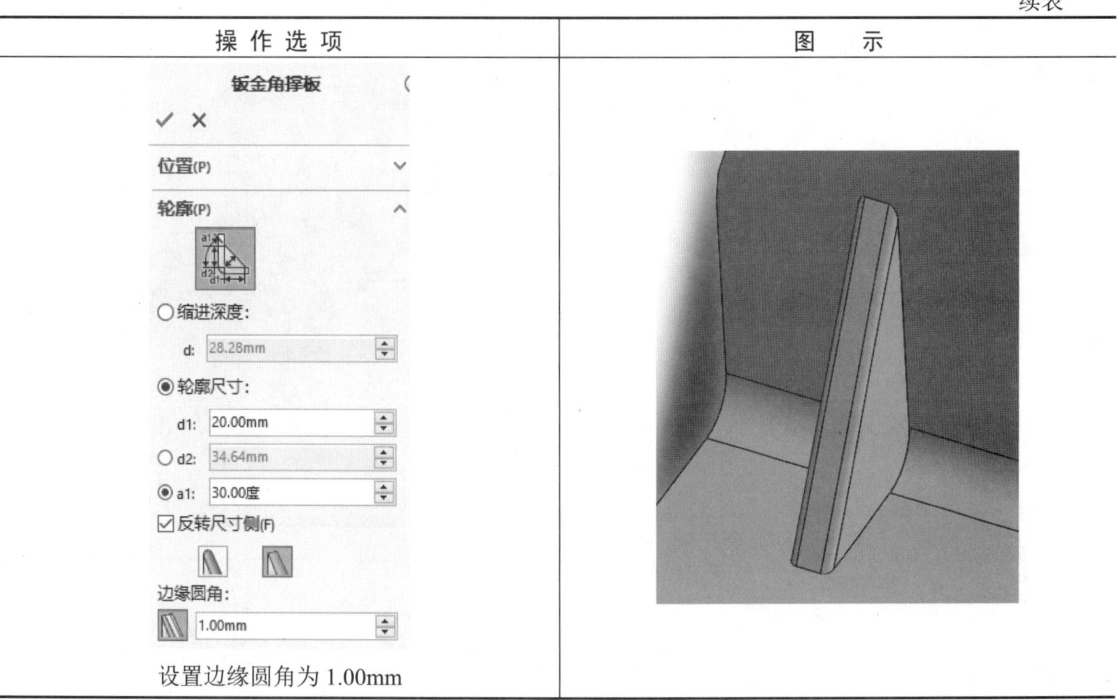

操 作 选 项	图　　示
设置边缘圆角为 1.00mm	

3.【尺寸】选项组

在【尺寸】选项组中设置钣金角撑板的尺寸参数，如表 7-26 所示。

表 7-26　设置钣金角撑板的尺寸参数

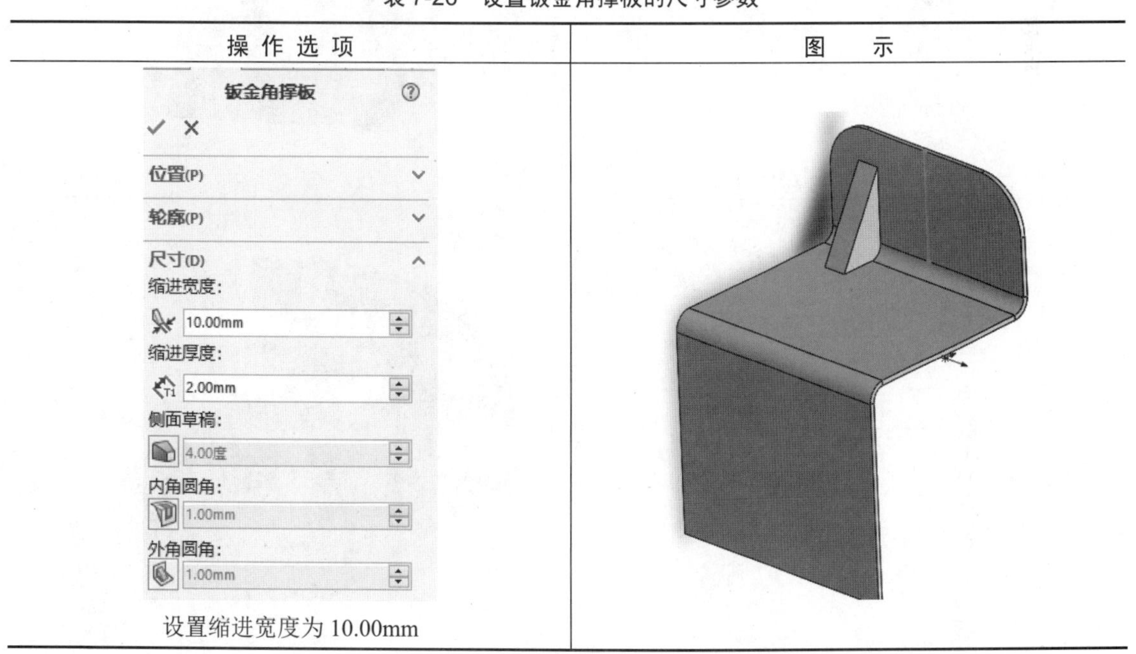

操 作 选 项	图　　示
设置缩进宽度为 10.00mm	

续表

操作选项	图　示
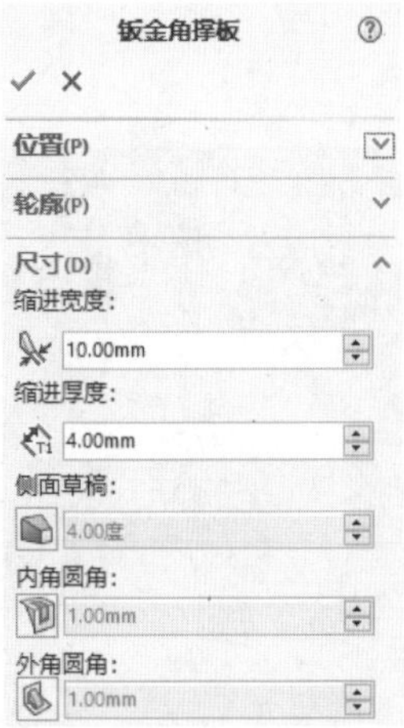 设置缩进厚度为 4.00mm	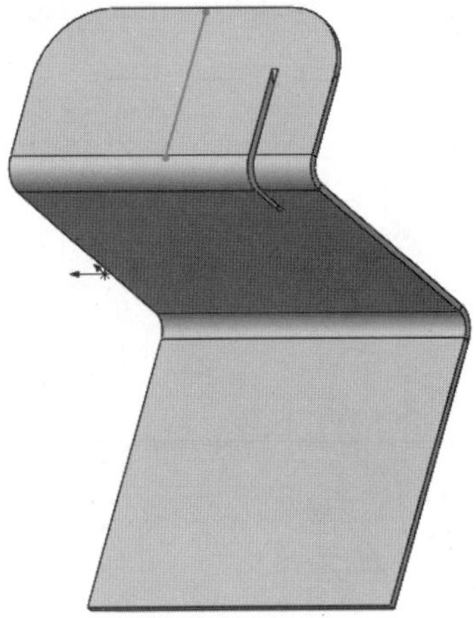
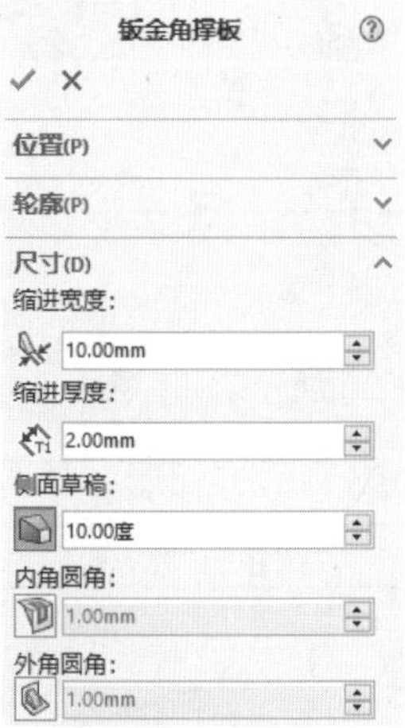 设置侧面草稿为 10.00 度	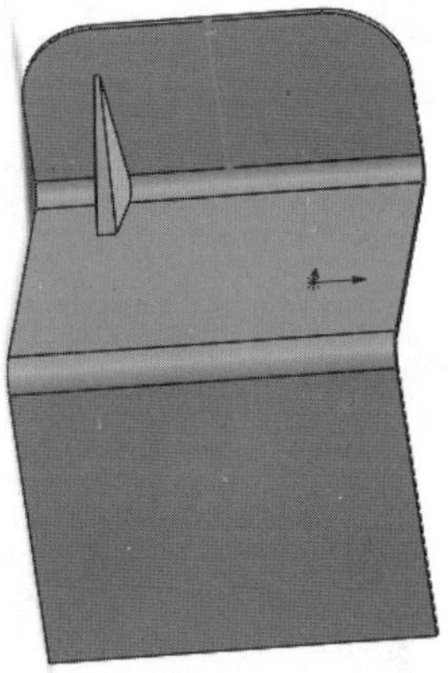
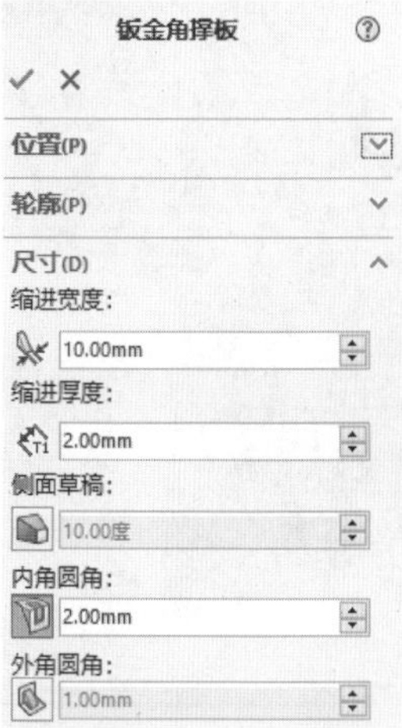 设置内角圆角为 2.00mm	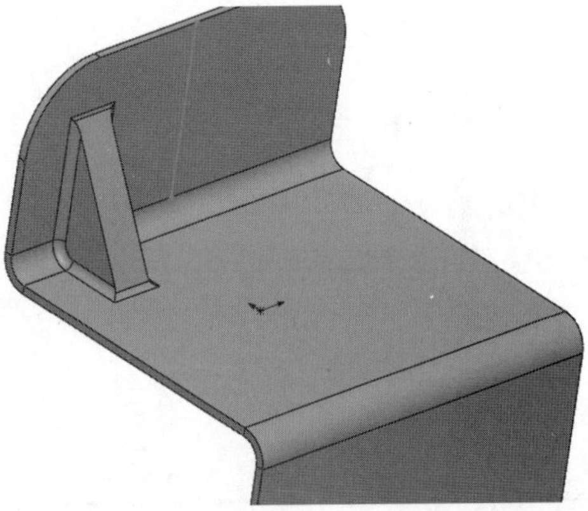

续表

操作选项	图　示
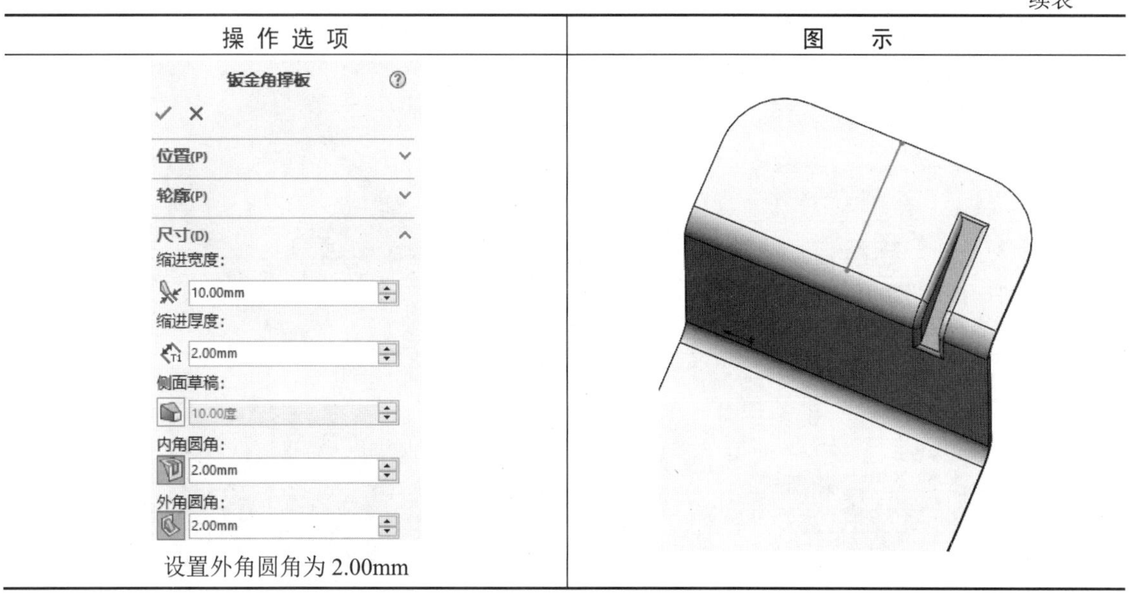 设置外角圆角为 2.00mm	

7.14　切口特征

切口特征沿所选内部或外部模型边线生成切口。

7.14.1　菜单命令启动

选择【插入】|【钣金】|【切口】菜单命令，在属性管理器中弹出【切口】属性管理器，如图 7-14 所示。

图 7-14　【切口】属性管理器

7.14.2　切口特征的知识点

在【切口参数】选项组中设置钣金切口的参数，如表 7-27 所示。

表 7-27　设置钣金切口的参数

操作选项	图　示
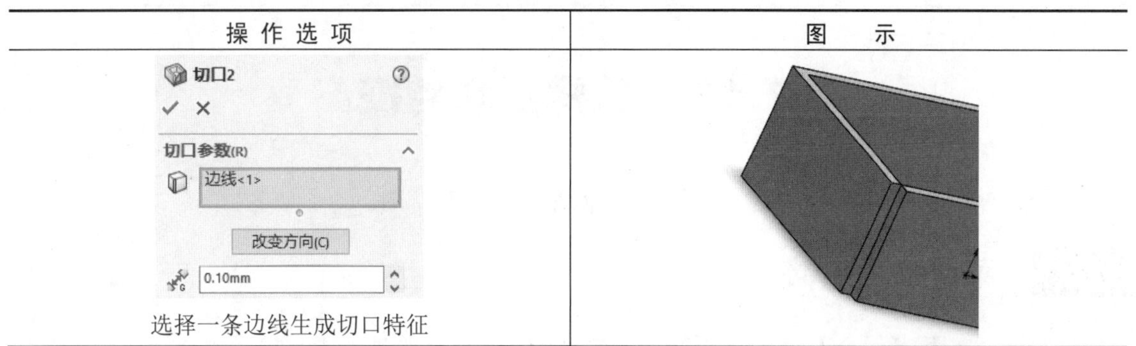 选择一条边线生成切口特征	

续表

操 作 选 项	图　　示
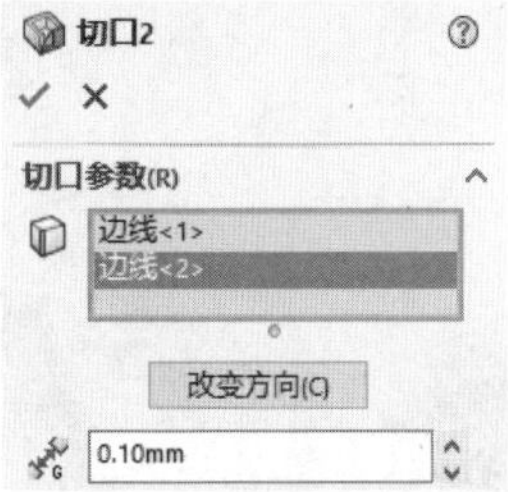 选择两条边线生成切口特征	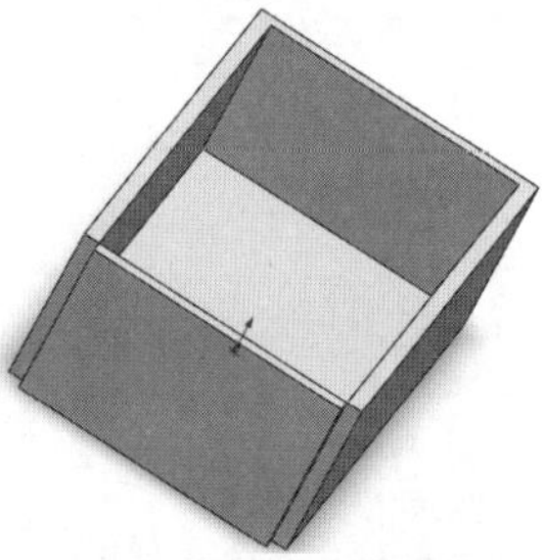
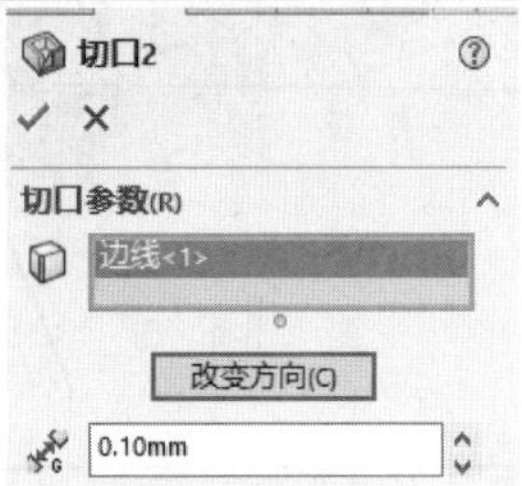 单击【改变方向】按钮使左侧钣金在右侧钣金之上	
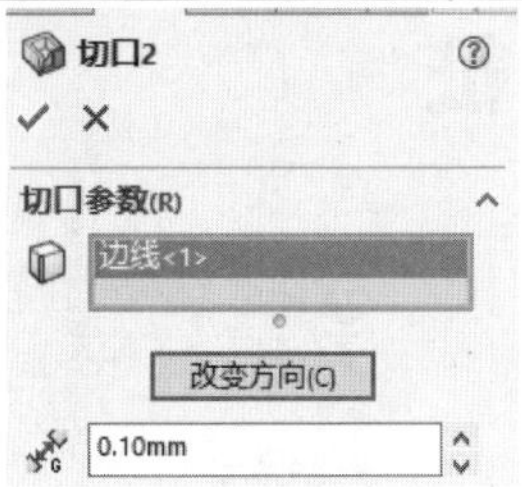 单击【改变方向】按钮使右侧钣金在左侧钣金之上	
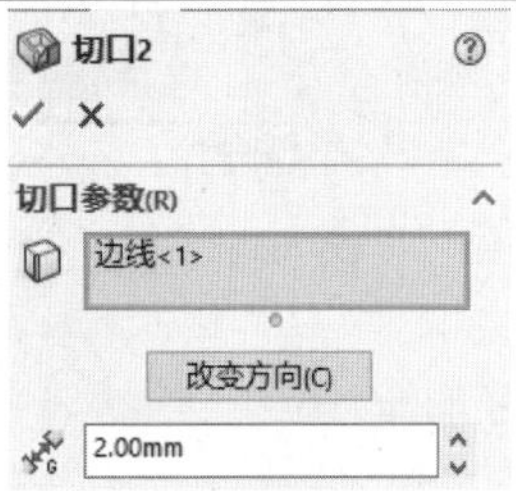 设置切口缝隙为 2.00mm	

7.15　放样折弯特征

钣金零件中放样的折弯使用由放样连接的两个开环轮廓草图。

7.15.1　菜单命令启动

选择【插入】|【钣金】|【放样折弯】菜单命令，在属性管理器中弹出【放样折弯】属性管

理器，如图 7-15 所示。

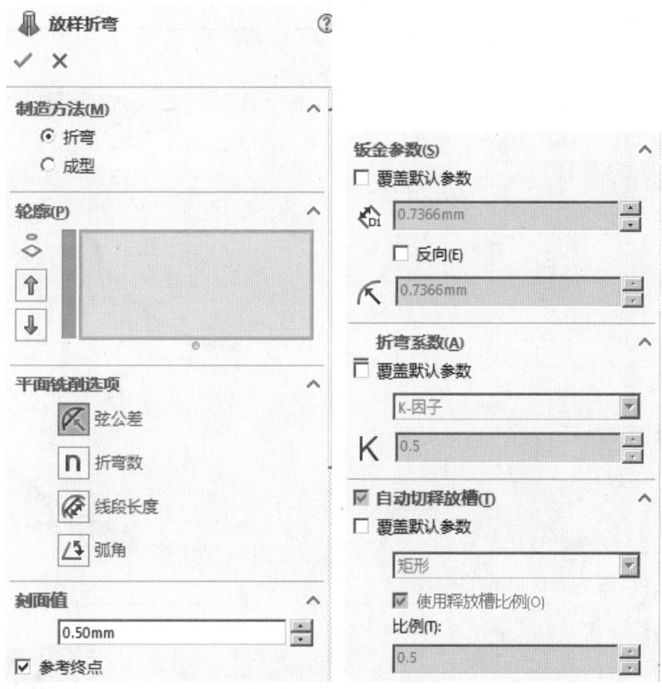

图 7-15　【放样折弯】属性管理器

7.15.2　放样折弯特征的知识点

在【放样折弯 1】属性管理器中设置放样参数，如表 7-28 所示。

表 7-28　设置放样参数

操 作 选 项	图　示
将两开环草图放样厚度为 2.00mm 的钣金	

续表

操 作 选 项	图　示
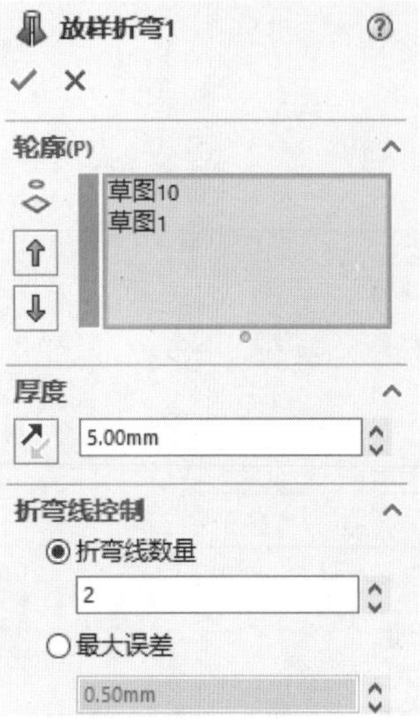 放样折弯1 轮廓(P) 草图10 草图1 厚度 5.00mm 折弯线控制 ◉折弯线数量 2 ○最大误差 0.50mm 将两开环草图放样厚度为 5.00mm 的钣金	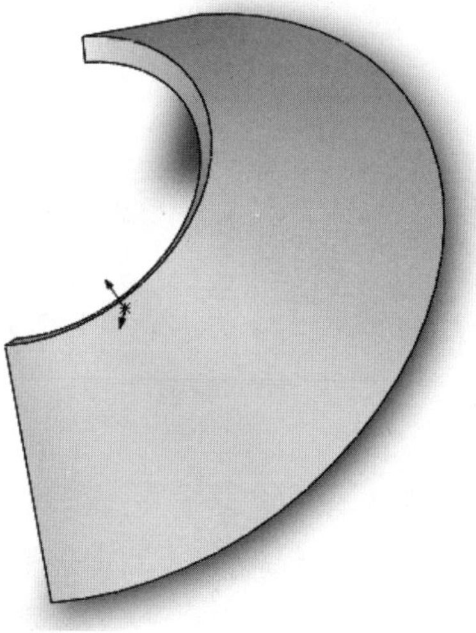
 放样折弯2 信息 轮廓(P) 草图10 草图1 厚度 2.00mm 更换草图进行钣金放样折弯	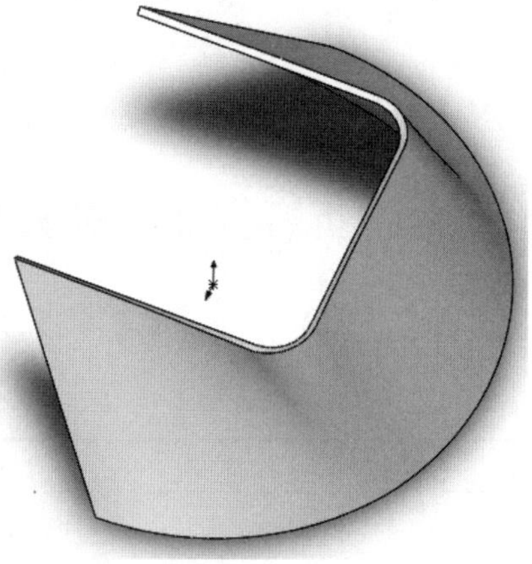

7.16　薄片和槽口特征

薄片和槽口特征将在一个实体上创建薄片并在另一实体上创建槽口（孔），以连锁这两个实体。

7.16.1　菜单命令启动

选择【插入】|【钣金】|【薄片和槽口】菜单命令，在属性管理器中弹出【薄片和槽口】属性管理器，如图 7-16 所示。

图 7-16　【薄片和槽口】属性管理器

7.16.2　薄片和槽口特征的知识点

1.【选择】选项组

在【选择】选项组中选择组 1，如表 7-29 所示。

表 7-29　【选择】选项组

操 作 选 项	图　　示
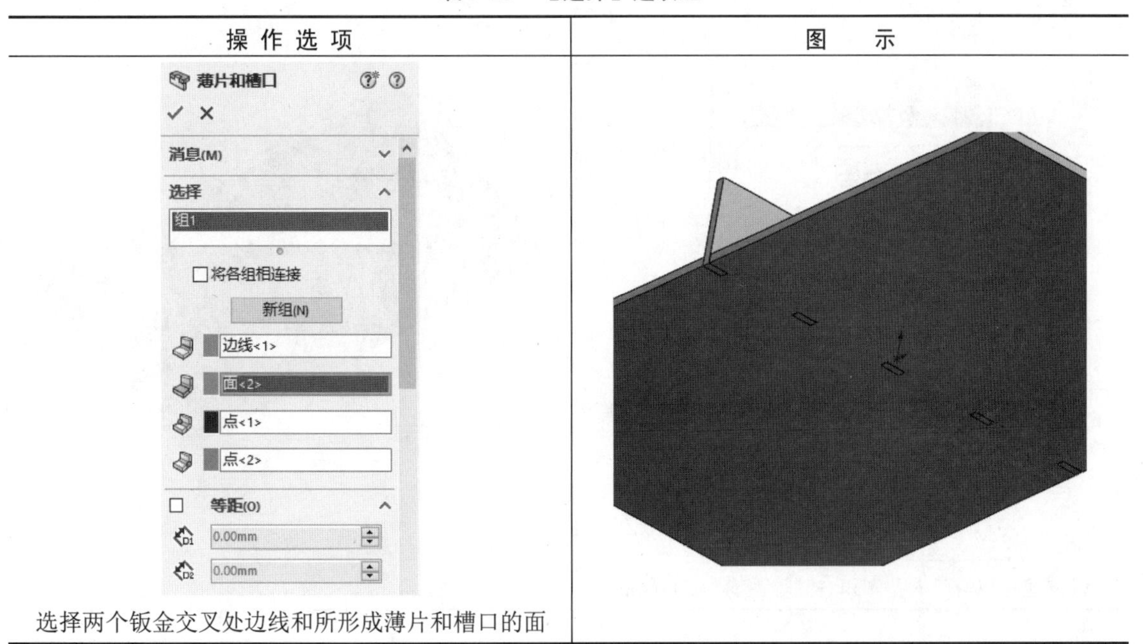 选择两个钣金交叉处边线和所形成薄片和槽口的面	

2.【等距】选项组

在【等距】选项组中设置薄片和槽口的等距，如表 7-30 所示。

表 7-30　设置薄片和槽口的等距

操 作 选 项	图　　示
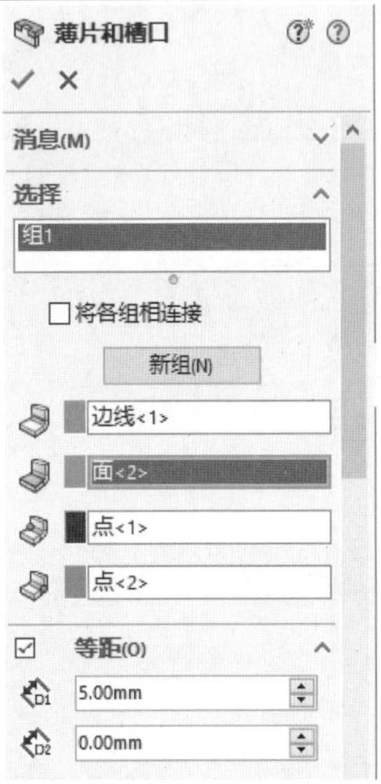 设置薄片和槽口的左侧等距为 5.00mm	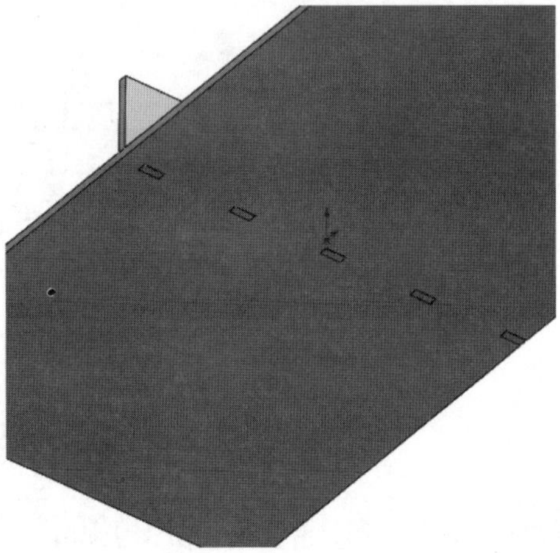
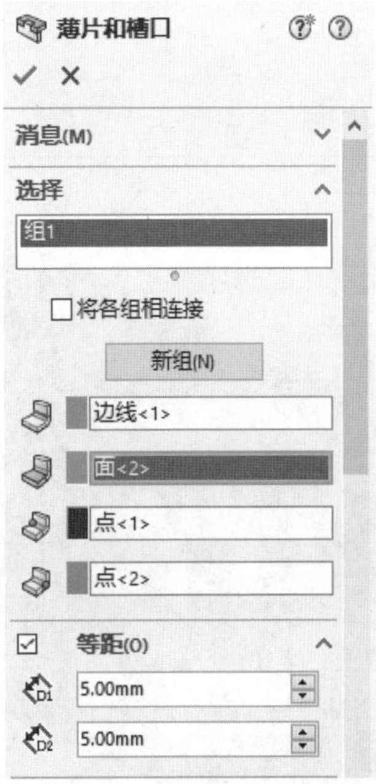 设置薄片和槽口的左侧和右侧等距均为 5.00mm	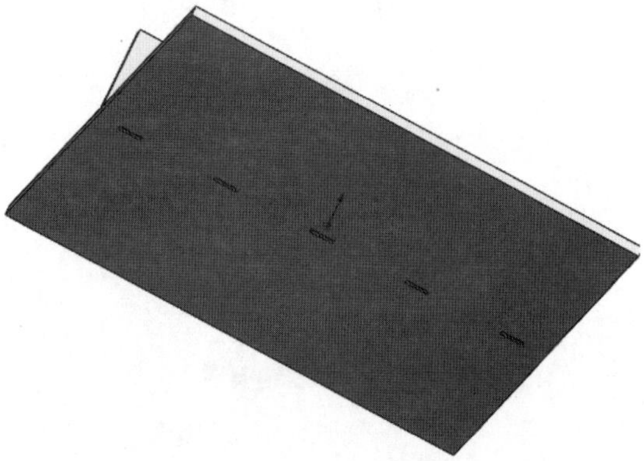

3.【间距】选项组

在【间距】选项组中选择薄片和槽口的间距，如表 7-31 所示。

表 7-31　选择薄片和槽口的间距

操 作 选 项	图　　示
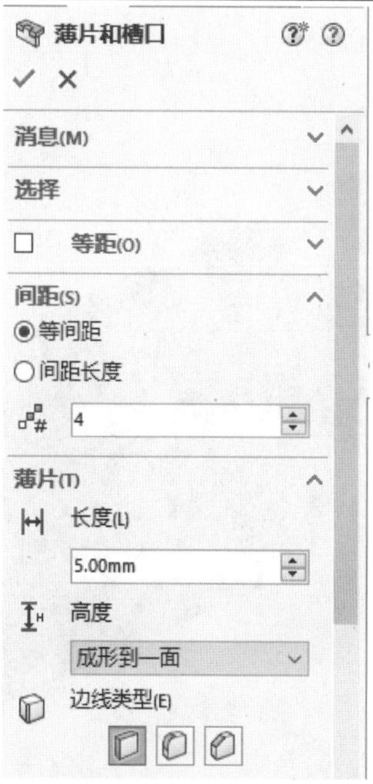 使用 4 个等间距进行薄片槽口	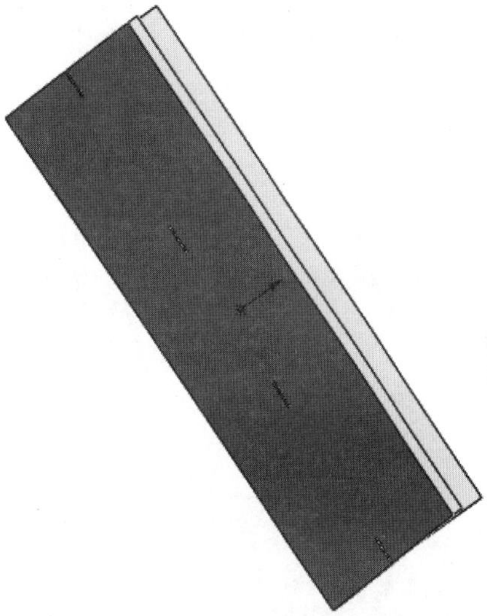
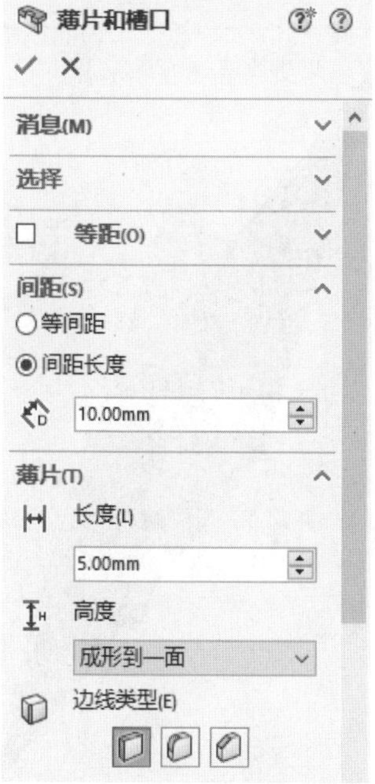 使用 10.00mm 的间距长度进行薄片槽口	

4.【薄片】选项组

在【薄片】选项组中设置薄片的参数，如表 7-32 所示。

表 7-32　设置薄片的参数

操作选项	图　示
 设置薄片的长度为 8.00mm	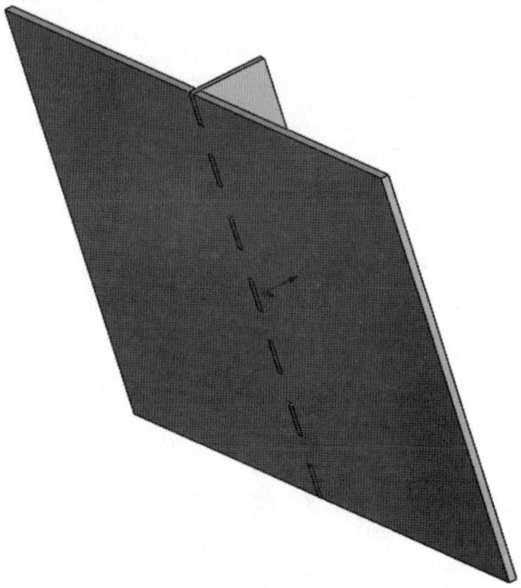
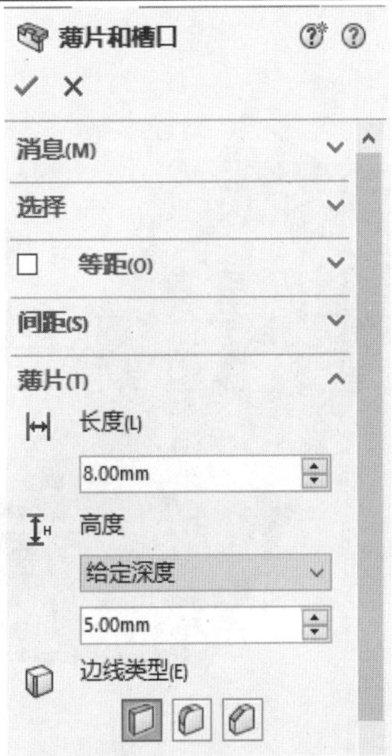 设置薄片高度为指定的深度	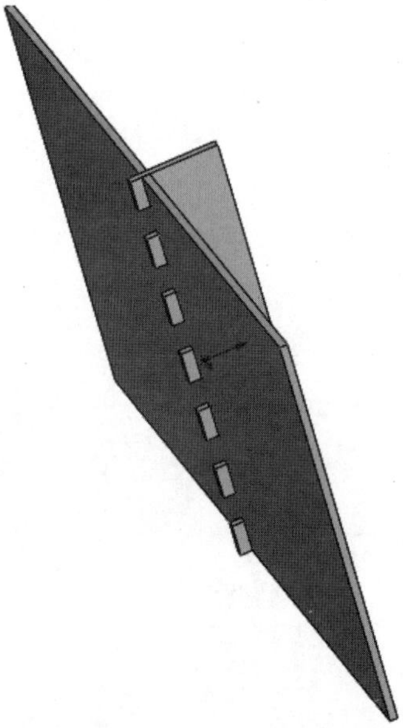

续表

操 作 选 项	图　　示
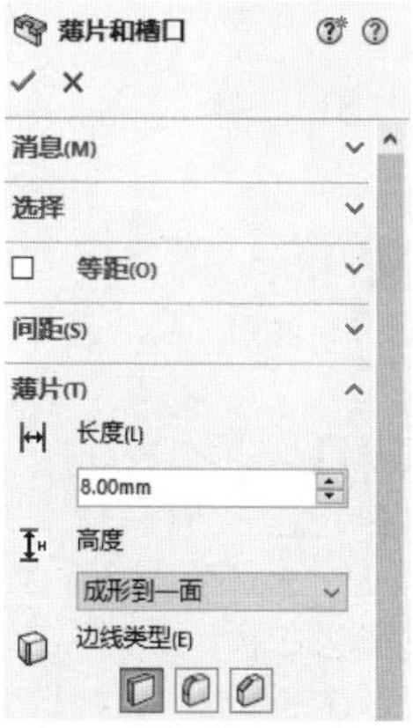 设置薄片高度为成形到一面	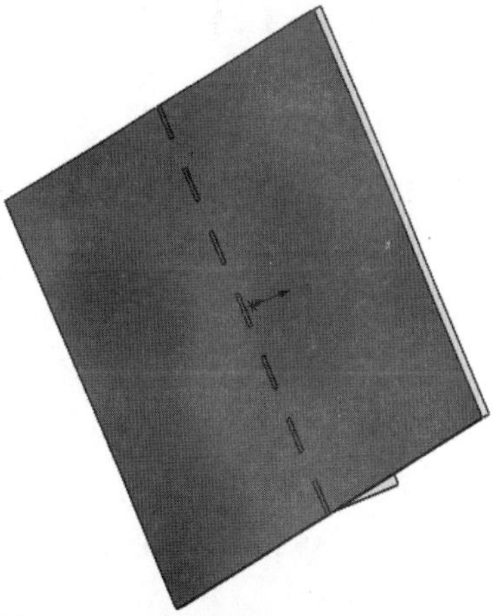
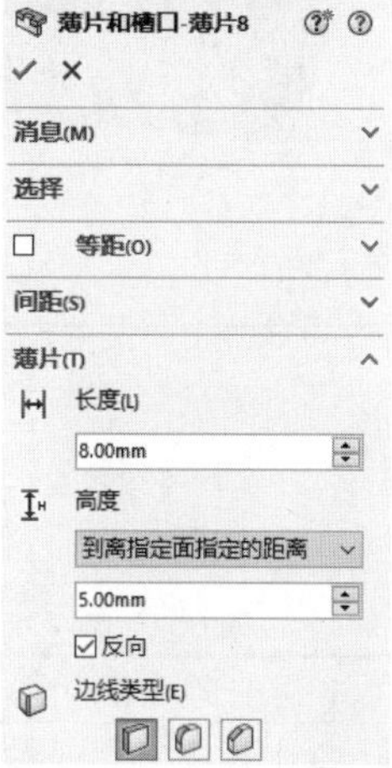 设置薄片高度为成形到指定面反向 5.00mm 距离	
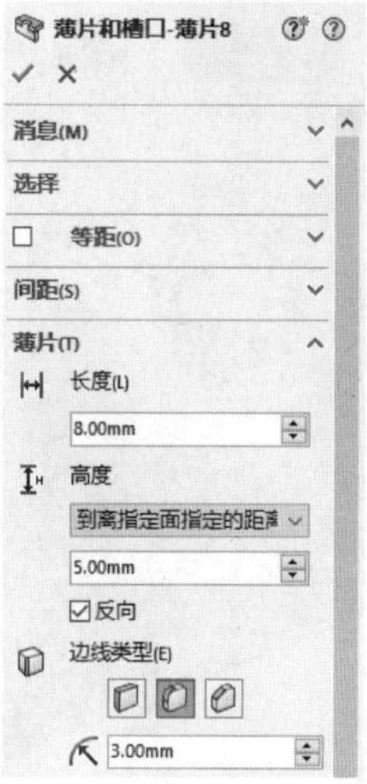 设置薄片的边线类型为 3.00mm 半径的圆角边线	

续表

操 作 选 项	图　　示
设置薄片的边线类型为 3.00mm 半径的倒角边线	

5.【槽口】选项组

在【槽口】选项组中设置槽口的参数，如表 7-33 所示。

表 7-33　设置槽口的参数

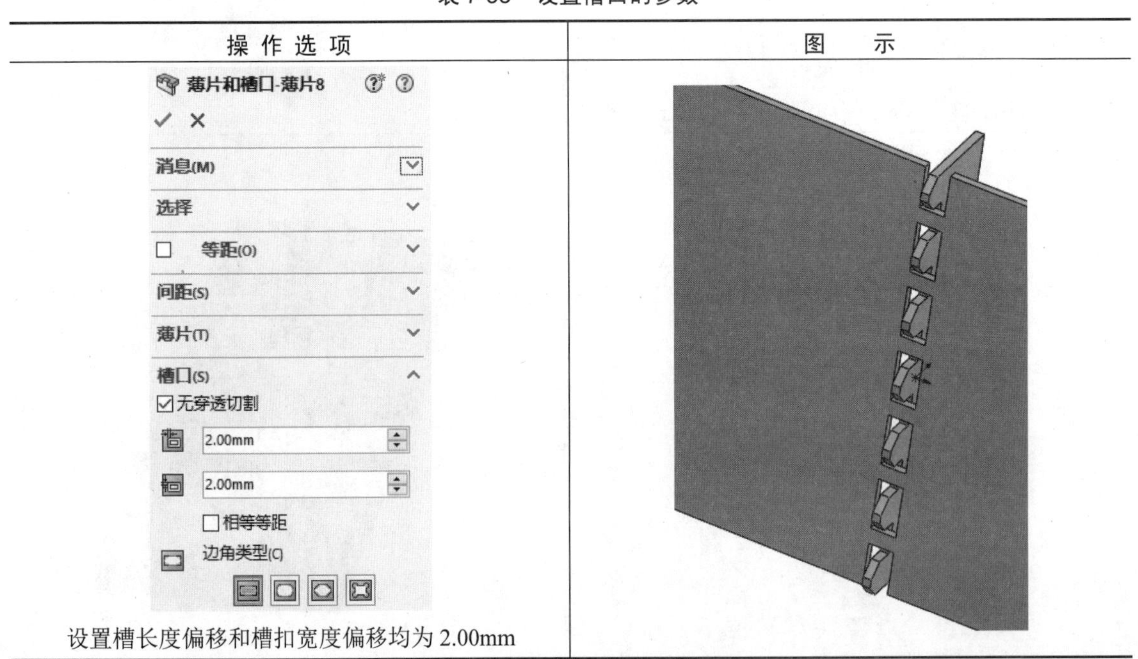

操 作 选 项	图　　示
设置槽长度偏移和槽扣宽度偏移均为 2.00mm	

续表

操 作 选 项	图　　示
 设置槽口类型为圆角边角	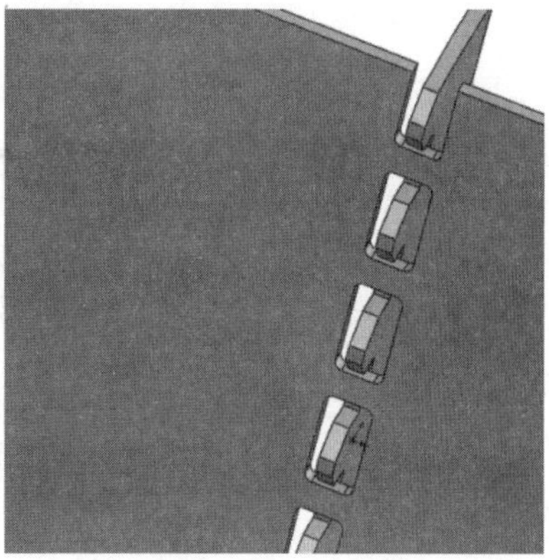
 设置槽口类型为倒角倒边	
 设置槽口类型为圆形边角	

7.17 范例——钣金模型建模

本例将生成一个三维钣金模型，如图 7-17 所示。本模型使用的功能有基体法兰、边线法兰、展开和交叉折断等。

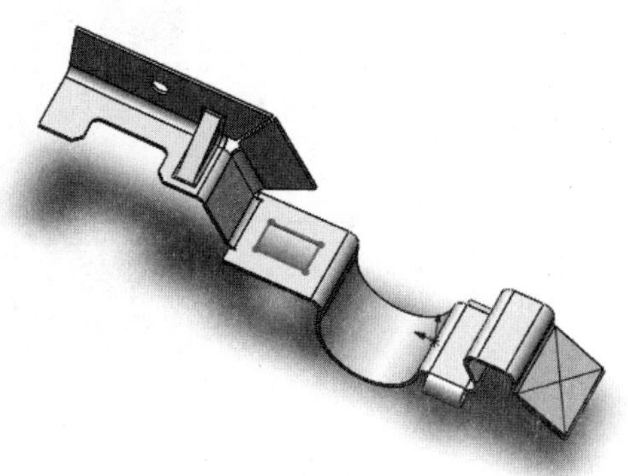

图 7-17 钣金模型

具体步骤如下。

1. 新建 SOLIDWORKS 零件并保存文件

（1）启动 SOLIDWORKS，选择菜单栏中的【文件】|【新建】命令，弹出【新建 SOLIDWORKS 文件】对话框，单击【零件】按钮，单击【确定】按钮，如图 7-18 所示。

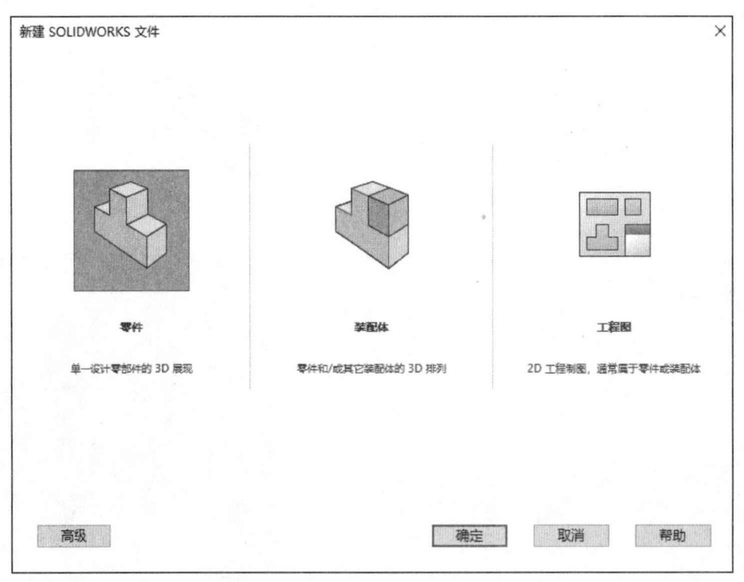

图 7-18 【新建 SOLIDWORKS 文件】对话框

（2）选择【文件】|【另存为】菜单命令，弹出【另存为】对话框，在【文件名】文本框中输入 7-1，单击【保存】按钮，如图 7-19 所示。

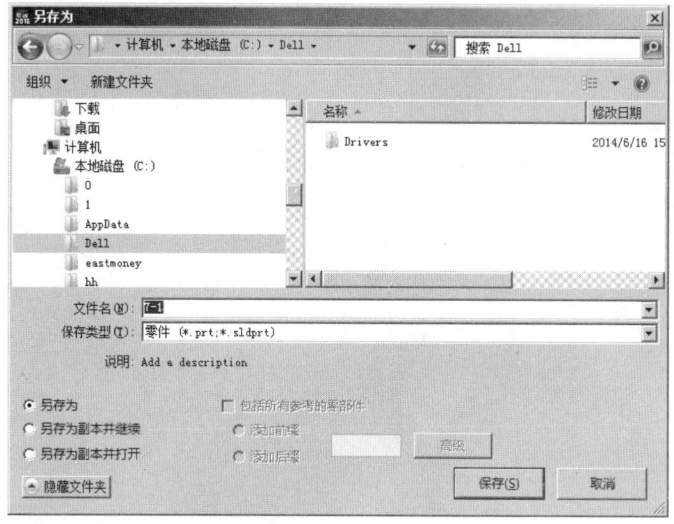

图 7-19 【另存为】对话框

2. 绘制基体法兰草图

（1）单击【特征管理器设计树】中的【前视基准面】图标，使前视基准面成为草图 1 绘制平面。单击【视图定向】下拉图标中的【正视于】按钮，并单击【草图】工具栏中的【草图绘制】按钮，进入草图绘制状态。单击【草图】工具栏中的【直线】按钮、【圆弧】下拉图标下的【三点圆弧】按钮，绘制草图 1，如图 7-20 所示。

（2）单击【草图】工具栏中的【智能尺寸】按钮，标注所绘制草图 1 的尺寸，如图 7-21 所示。

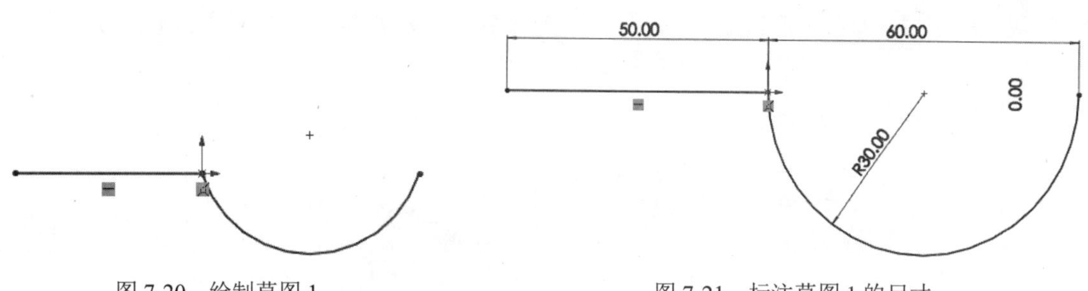

图 7-20 绘制草图 1

图 7-21 标注草图 1 的尺寸

3. 使用基体法兰特征创建钣金

单击【钣金】工具栏中的【基体法兰/基体】按钮，在【方向 1】中的【终止条件】选项中选择【给定深度】选项，在【深度】文本框中输入 30.00mm；选中【方向 2】选项，并在【方向 2】中的【终止条件】选项中选择【给定深度】选项，在【深度】文本框中输入 20.00mm；在【钣金参数】中的【厚度】文本框中输入 2.00mm，在【折弯半径】文本框中输入 5.00mm。单击【确定】按钮，如图 7-22 所示。

4. 使用边线法兰特征添加钣金

（1）单击【钣金】工具栏中的【边线法兰】按钮，在【法兰参数】选项组中选择基体法兰直钣金的末端一边线，选中【使用默认半径】复选框；在【角度】选项组中的【法兰角度】文本框中输入 90.00 度，如图 7-23 所示。

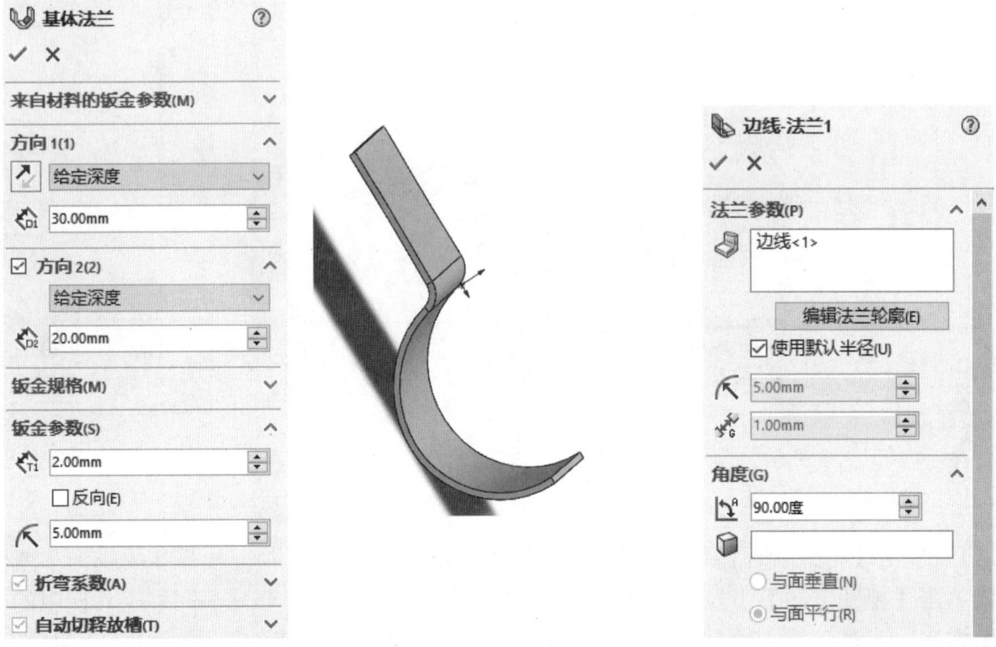

图 7-22　基体法兰　　　　图 7-23　边线法兰 1（1）

（2）继续设置【法兰长度】和【法兰位置】选项组。在【法兰长度】中的【终止条件】选项中选择【给定深度】选项，在【深度】文本框中输入 50.00mm，并单击【反向】按钮，单击【内部虚拟交点】图标；在【法兰位置】中单击【折弯在外】图标，单击【确定】按钮，如图 7-24 所示。

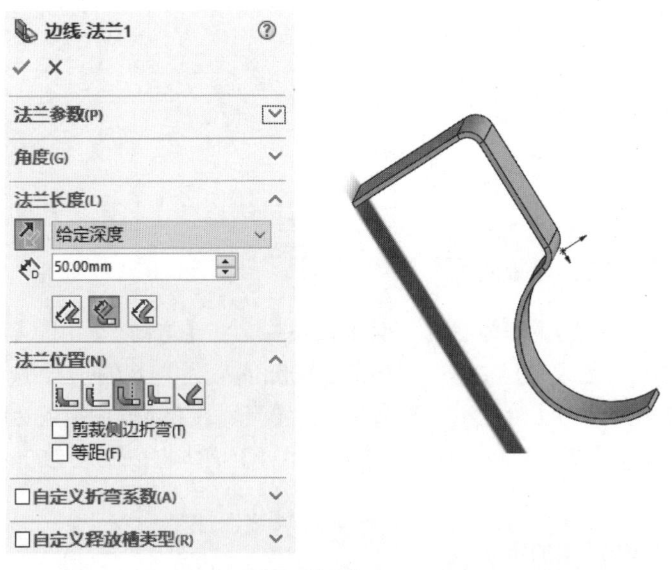

图 7-24　边线法兰 1（2）

（3）单击【钣金】工具栏中的【边线法兰】按钮，在【法兰参数】选项组中选择法兰弯曲钣金的末端一边线，选中【使用默认半径】复选框；在【角度】中的【法兰角度】文本框中输入 90.00 度，单击【确定】按钮，如图 7-25 所示。

（4）继续设置【法兰长度】和【法兰位置】选项组。在【法兰长度】中的【终止条件】选项中选择【给定深度】选项，在【深度】文本框中输入 60.00mm，单击【外部虚拟交点】图标；在【法兰位置】中单击【折弯在外】图标，选中【等距】复选框，在弹出的【终止条件】选项中选择【给定深度】选项，在【深度】文本框中输入 10.00mm，单击【确定】按钮，如图 7-26 所示。

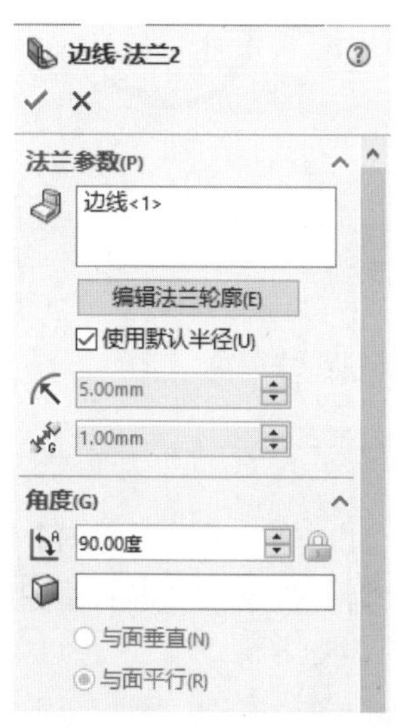

图 7-25 边线法兰 2（1）

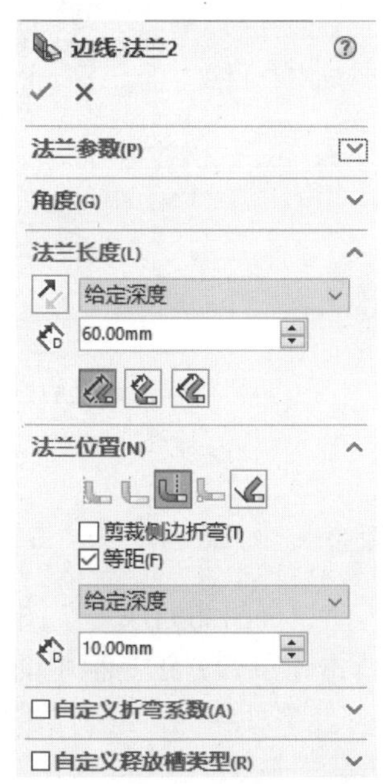

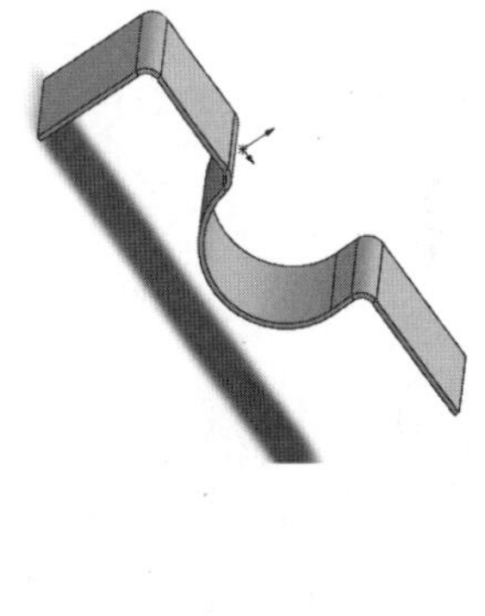

图 7-26 边线法兰 2（2）

5. 使用转折特征折弯钣金

（1）单击【特征管理器设计树】中的【上视基准面】图标，使上视基准面成为草图 2 的绘制平面。单击【视图定向】下拉图标中的【正视于】按钮，并单击【草图】工具栏中的【草图绘制】按钮，进入草图绘制状态。单击【草图】工具栏中的【直线】按钮绘制草图 2，单击【确定】按钮，如图 7-27 所示。

（2）单击【钣金】工具栏中的【转折】按钮，在【选择】中的【固定面】选项中选择靠近钣金主体的部分，并选中【使用默认半径】复选框；在【转折等距】中的【终止条件】选项中选择【给定深度】选项，在【深度】文本框中输入 30.00mm，在【尺寸位置】中选择【外部等距】，并选中【固定投影长度】复选框，单击【确定】按钮，如图 7-28 所示。

（3）继续设置【转折位置】和【转折角度】选项组。在【转折位置】中选择【折弯在外】；在【转折角度】文本框中输入 120.00

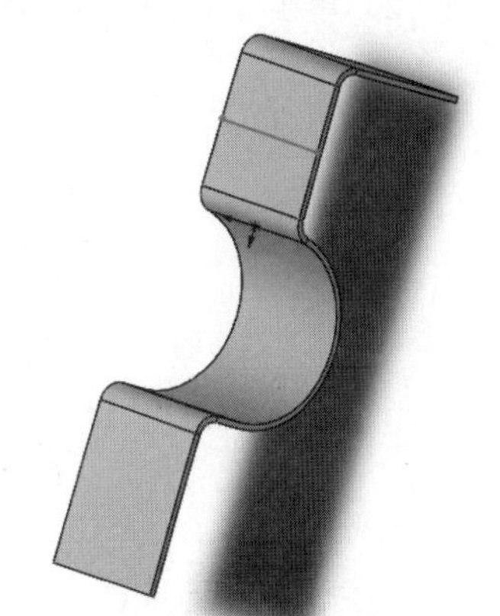

图 7-27 绘制草图 2

度，单击【确定】按钮✓，如图 7-29 所示。

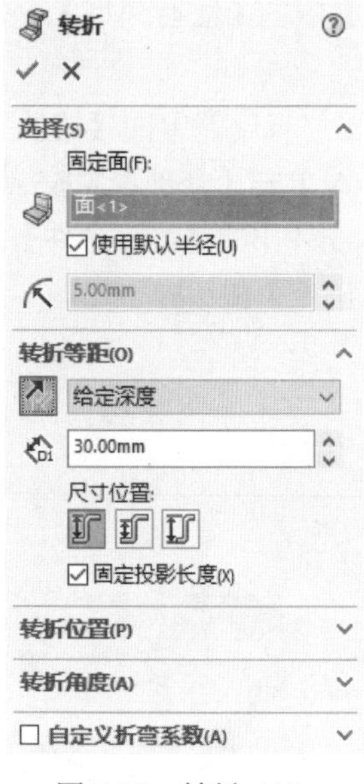

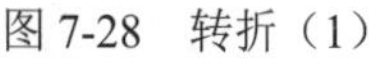
图 7-28　转折（1）

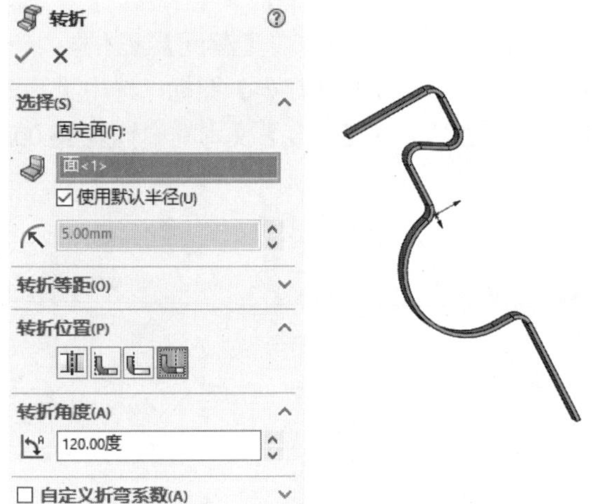

图 7-29　转折（2）

6. 使用斜接法兰特征添加钣金

（1）单击钣金图形的侧面，使钣金的侧面成为草图 3 绘制平面。单击【视图定向】下拉图标中的【正视于】按钮，并单击【草图】工具栏中的【草图绘制】按钮，进入草图绘制状态。单击【草图】工具栏中的【直线】按钮，绘制草图 3，如图 7-30 所示。

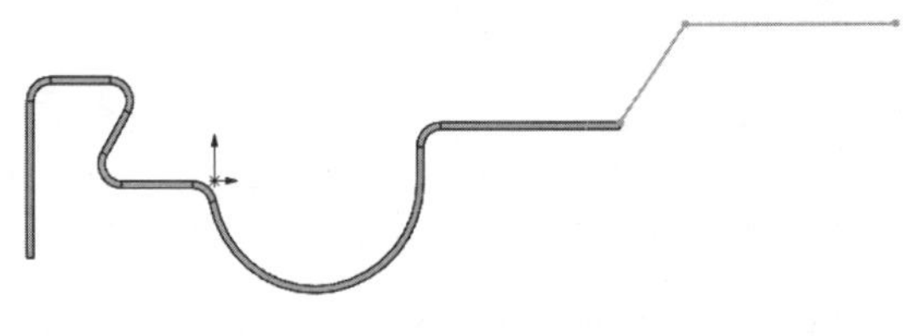

图 7-30　绘制草图 3

（2）单击【草图】工具栏中的【智能尺寸】按钮，标注所绘制草图 3 的尺寸，如图 7-31 所示。

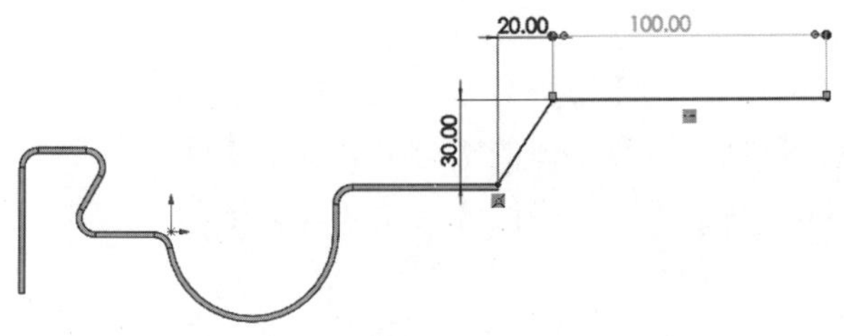

图 7-31　标注草图 3 的尺寸

（3）单击【钣金】工具栏中的【斜接法兰】按钮，在【斜接参数】中的【沿边线】选项中选择刚刚绘制的草图 3，选中【使用默认半径】复选框，在【法兰位置】中单击【材料在外】

图标，在【缝隙距离】文本框中输入 0.25mm；在【起始/结束处等距】中的【开始等距距离】文本框中输入 5.00mm，在【结束等距距离】文本框中输入 10.00mm，单击【确定】按钮✓，如图 7-32 所示。

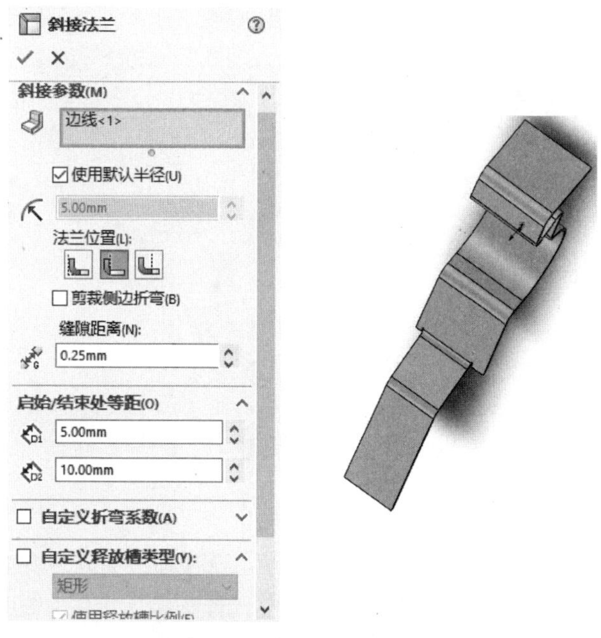

图 7-32　斜接法兰

7. 展开钣金

单击【钣金】工具栏中的【展开】按钮，在【选择】中的【固定面】选项中选择钣金中的一面，在【要展开的折弯】选项中单击【收集所有折弯】按钮，单击【确定】按钮✓，如图 7-33 所示。

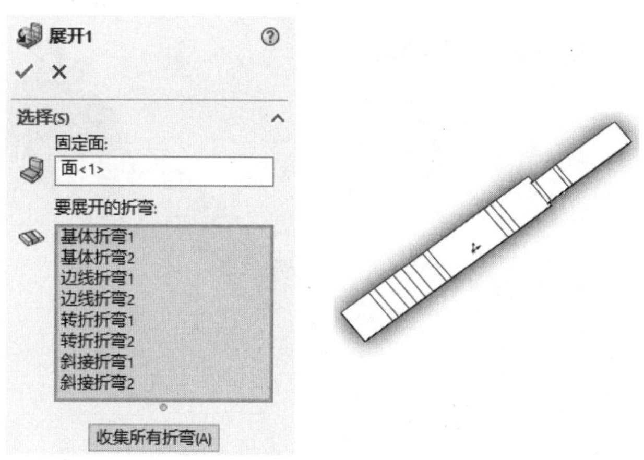

图 7-33　展开

8. 折叠钣金

单击【钣金】工具栏中的【折叠】按钮，在【选择】中的【固定面】选项中选择钣金中的一面，在【要折叠的折弯】选项中单击【收集所有折弯】按钮，单击【确定】按钮✓，如图 7-34 所示。

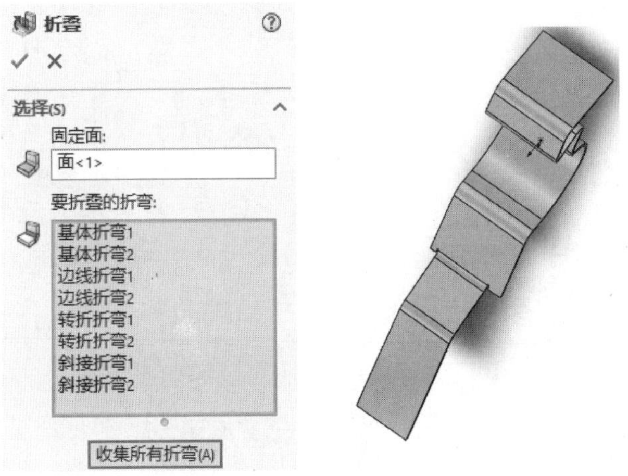

图 7-34　折叠

9. 使用褶边特征修饰钣金

（1）单击【钣金】工具栏中的【褶边】按钮，在【边线】选项组中选择钣金的一侧边，并单击左侧的【反向】按钮，在【边线】选项组中选择刚刚所选钣金的侧边相对的一侧边，并单击左侧的【反向】按钮，单击【折弯在外】图标；在【类型和大小】中选择【撕裂形】图标，在【角度】文本框中输入 225.00 度，在【半径】文本框中输入 5.00mm，单击【确定】按钮✓，如图 7-35 所示。

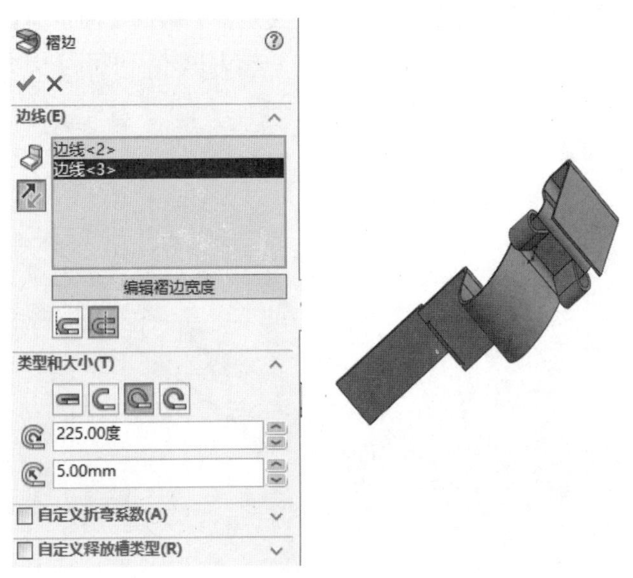

图 7-35　褶边 1

（2）再次单击【钣金】工具栏中的【褶边】按钮，在【边线】选项组中选择钣金的一端边，并单击左侧的【反向】按钮，单击【折弯在外】图标；在【类型和大小】中选择【闭合】

图标，在【长度】文本框中输入 30.00mm，单击【确定】按钮✔，如图 7-36 所示。

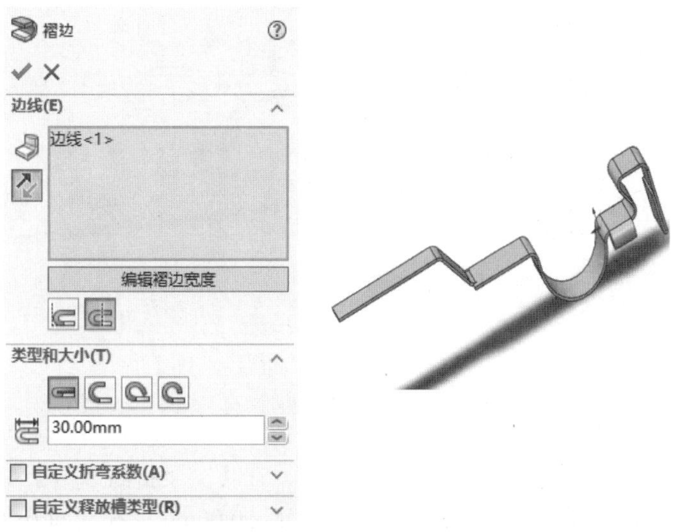

图 7-36　褶边 2

10. 使用绘制的折弯特征折弯钣金

（1）单击钣金刚刚闭合褶边的背面，使其面成为草图 4 的绘制平面。单击【视图定向】下拉图标中的【正视于】按钮，并单击【草图】工具栏中的【草图绘制】按钮，进入草图绘制状态。单击【草图】工具栏中的【直线】按钮绘制草图 4，如图 7-37 所示。

（2）单击【草图】工具栏中的【智能尺寸】按钮，标注所绘制草图 4 的尺寸，如图 7-38 所示。

图 7-37　绘制草图 4

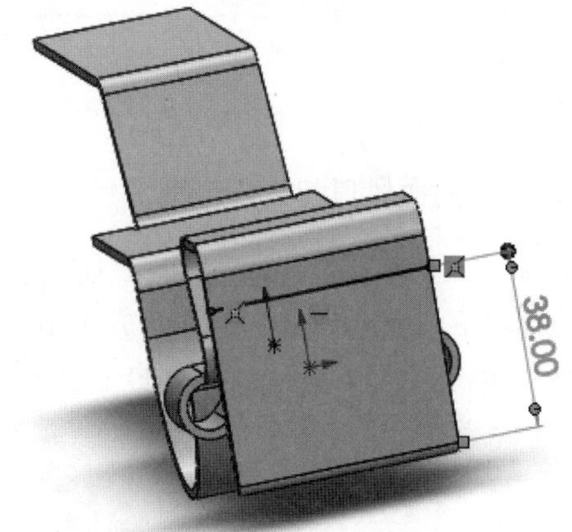

图 7-38　标注草图 4 的尺寸

（3）单击【钣金】工具栏中的【绘制的折弯】按钮，在【折弯参数】中的固定面选择靠近钣金主体的部分，在【转折位置】中选择【折弯中心线】，在【折弯角度】文本框中输入 60.00 度，取消选中【使用默认半径】复选框，在【折弯半径】文本框中输入 3.00mm，单击【确定】按钮✔，如图 7-39 所示。

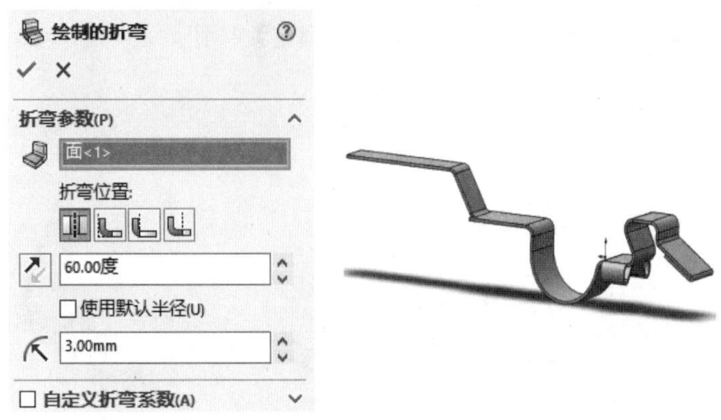

图 7-39　绘制的折弯

11. 使用交叉折断特征修饰钣金

单击【钣金】工具栏中的【交叉折断】按钮，在【交叉折断参数】中的【面】选项中选择步骤 10 折出来的面，在【断开半径】文本框中输入 50.00mm，在【断开角度】文本框中输入 30.00 度，单击【确定】按钮，如图 7-40 所示。

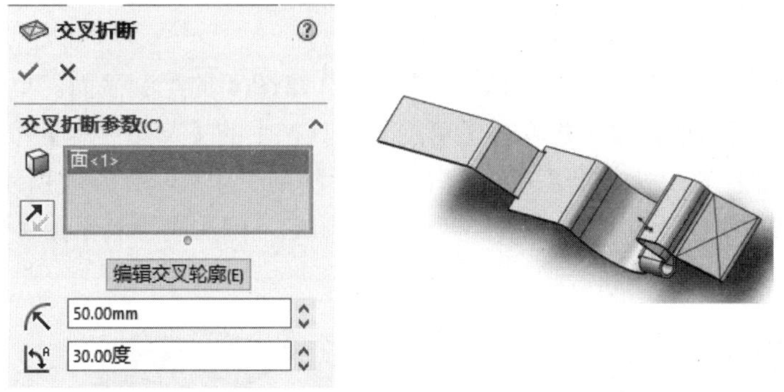

图 7-40　交叉折断

12. 使用通风口特征修饰钣金

（1）单击钣金图形的上表面，使钣金的上表面成为草图 5 绘制平面。单击【视图定向】下拉图标中的【正视于】按钮，并单击【草图】工具栏中的【草图绘制】按钮，进入草图绘制状态。单击【草图】工具栏中的【边角矩形】按钮，绘制草图 5，如图 7-41 所示。

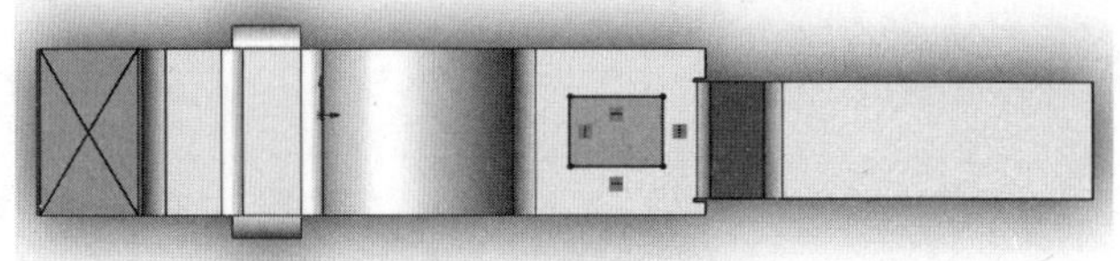

图 7-41　绘制草图 5

（2）单击【草图】工具栏中的【智能尺寸】按钮，标注所绘制草图 5 的尺寸，如图 7-42 所示。

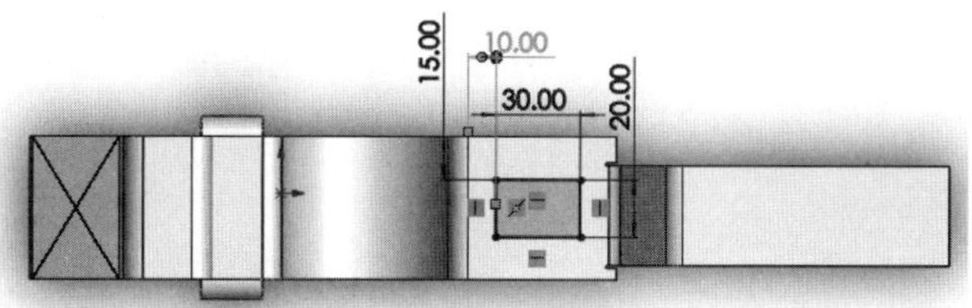

图 7-42　标注草图 5 的尺寸

（3）单击【钣金】工具栏中的【通风口】按钮，在【边界】选项组中依次选择刚刚绘制的草图 5 中的 4 个边线，在【几何体属性】中的【选择一放置通风口的面】选项中选择草图 5 的放置平面，单击激活【拔模开/关】图标，在【拔模角度】文本框中输入 10.00 度，并选中【向内拔模】复选框，单击【确定】按钮，如图 7-43 所示。

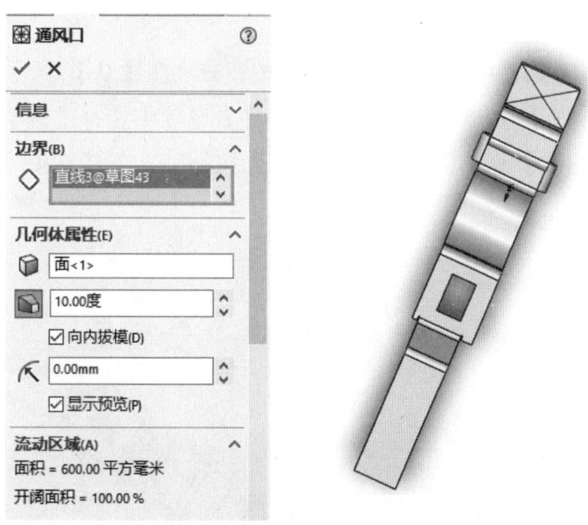

图 7-43　通风口

13. 使用拉伸切除特征切除钣金

（1）单击钣金图形的上表面，使钣金的上表面成为草图 6 绘制平面。单击【视图定向】下拉图标中的【正视于】按钮，并单击【草图】工具栏中的【草图绘制】按钮，进入草图绘制状态。单击【草图】工具栏中的【边角矩形】按钮，绘制草图 6，如图 7-44 所示。

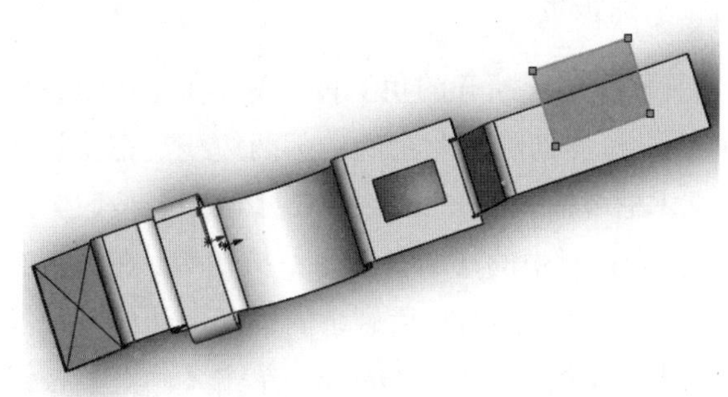

图 7-44　绘制草图 6

（2）单击【草图】工具栏中的【智能尺寸】按钮，标注所绘制草图 6 的尺寸，如图 7-45 所示。

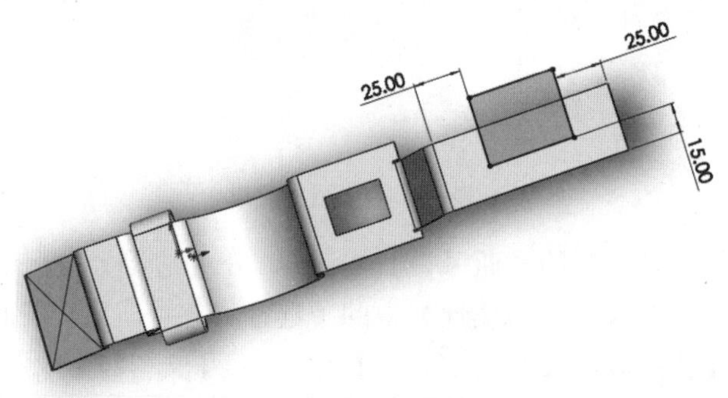

图 7-45　标注草图 6 的尺寸

（3）单击【钣金】工具栏中的【拉伸切除】按钮，在【从】中的【开始条件】选项中选择【草图基准面】选项，在【方向 1】中的【终止条件】选项中选择【完全贯穿】选项，选中【正交切除】和【优化几何图形】复选框，单击【确定】按钮，如图 7-46 所示。

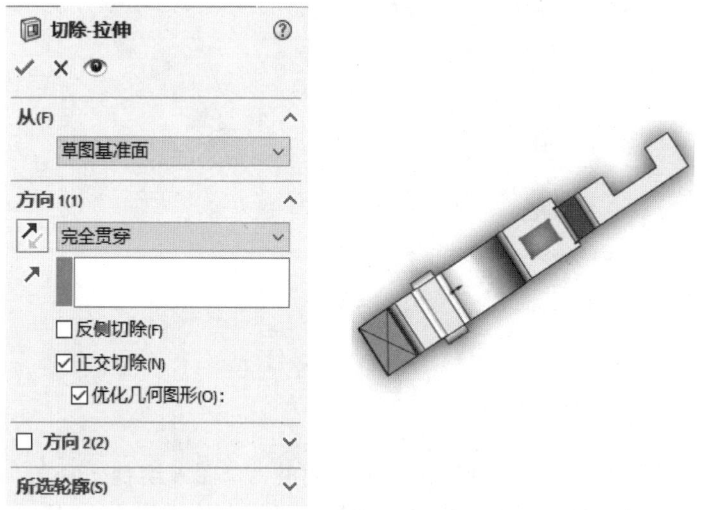

图 7-46　拉伸切除

14. 使用断开的角特征切除钣金

（1）单击【钣金】工具栏中的【断开的角】按钮，在【折断边角选项】中的【边角边线和/或法兰面】选项中选择钣金拉伸切除后剩余的内部两边线，在【折断类型】选项中单击【圆角】图标，在【半径】文本框中输入 5.00mm，单击【确定】按钮，如图 7-47 所示。

（2）再次单击【钣金】工具栏中的【断开的角】按钮，在【折断边角选项】中的【边角边线和/或法兰面】选项中选择钣金拉伸切除后剩余的外部两边线，在【折断类型】选项中单击【倒角】图标，在【半径】文本框中输入 5.00mm，单击【确定】按钮，如图 7-48 所示。

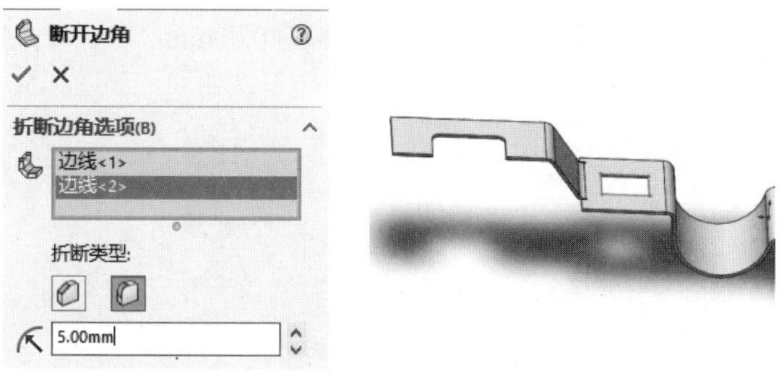

图 7-47　断开的角 1

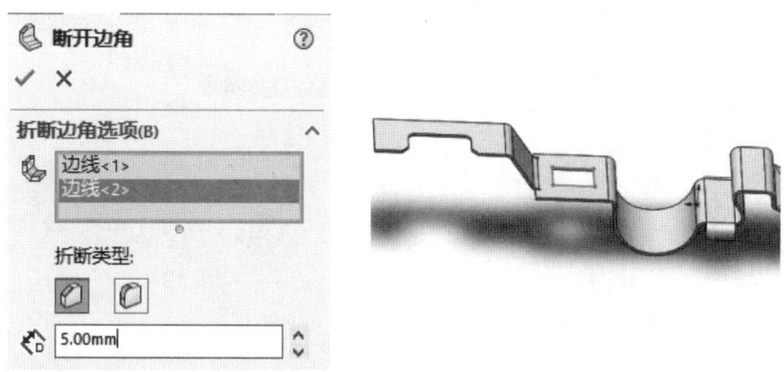

图 7-48　断开的角 2

15. 使用边线法兰特征添加钣金 2

（1）单击【钣金】工具栏中的【边线法兰】按钮，在【法兰参数】选项组中选择直钣金的末端一边线，选中【使用默认半径】复选框；在【角度】中的【法兰角度】文本框中输入 90.00 度，如图 7-49 所示。

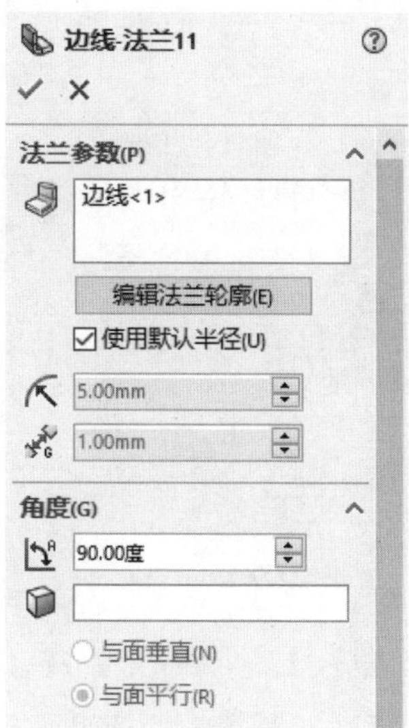

图 7-49　边线法兰 3（1）

（2）继续设置【法兰长度】和【法兰位置】选项组。在【法兰长度】中的【终止条件】选项中选择【给定深度】选项，在【深度】文本框中输入 40.00mm，单击【外部虚拟交点】图标；在【法兰位置】中单击【折弯在外】图标，单击【确定】按钮✓，如图 7-50 所示。

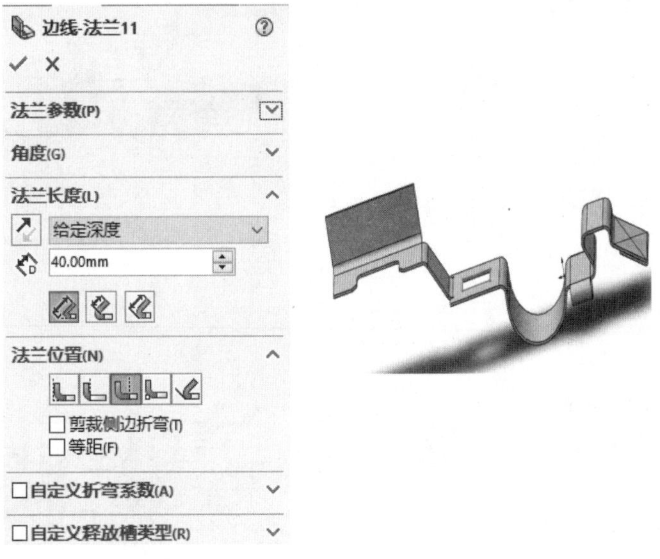

图 7-50　边线法兰 3（2）

（3）单击【钣金】工具栏中的【边线法兰】按钮，在【法兰参数】选项组中选择斜钣金的末端一边线，选中【使用默认半径】复选框；在【角度】中的【法兰角度】文本框中输入 90.00 度，单击【确定】按钮✓，如图 7-51 所示。

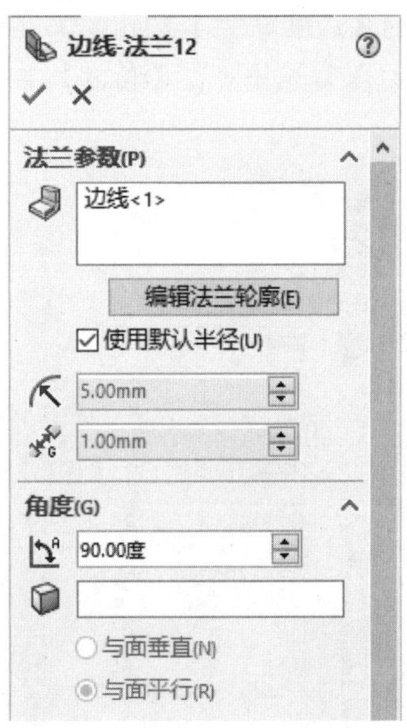

图 7-51　边线法兰 4（1）

（4）继续设置【法兰长度】和【法兰位置】选项组。在【法兰长度】中的【终止条件】选项中选择【给定深度】选项，在【深度】文本框中输入 40.00mm，单击【外部虚拟交点】图标；在【法兰位置】中单击【折弯在外】图标，单击【确定】按钮✓，如图 7-52 所示。

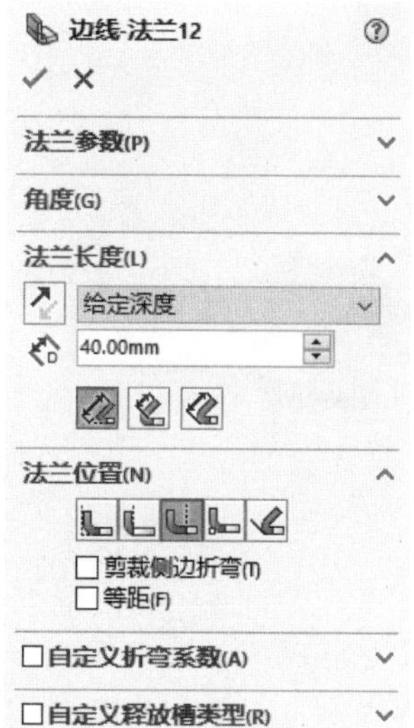

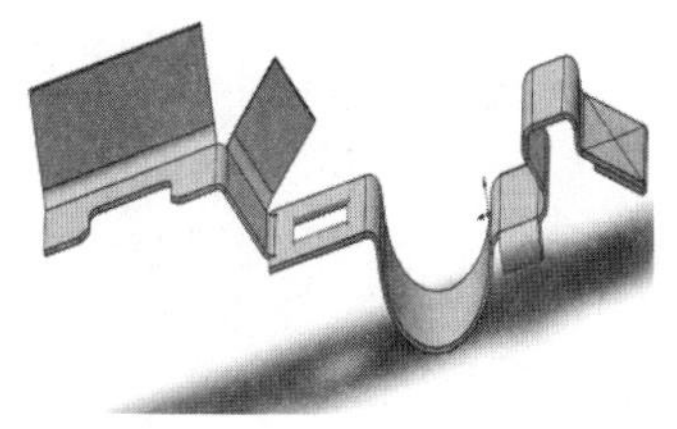

图 7-52　边线法兰 4（2）

16. 使用闭合角特征修饰钣金

单击【钣金】工具栏中的【闭合角】按钮，在【要延伸的面】选项组中选择步骤 15 直钣金边线法兰末端的边线，在【要匹配的面】选项中选择步骤 15 斜钣金边线法兰末端的边线，在【边角类型】选项中选择【对接】选项，在【缝隙距离】文本框中输入 2.00mm；选中【共平面】和【狭窄边角】复选框，单击【确定】按钮，如图 7-53 所示。

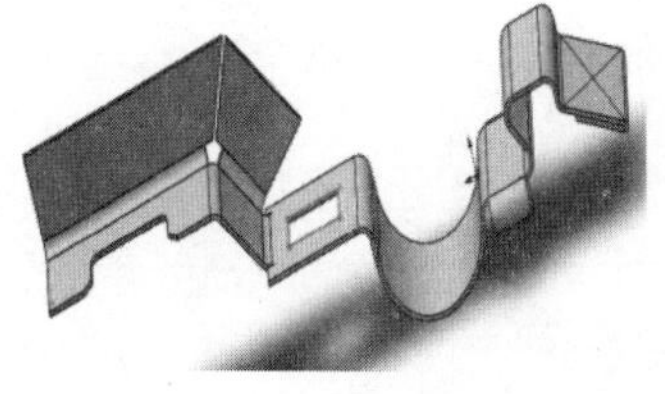

图 7-53　闭合角

17. 使用简单直孔特征修饰钣金

单击【钣金】工具栏中的【简单直孔】按钮，在【从】中的【开始条件】选项中选择【草图基准面】选项，在【方向 1】中的【终止条件】选项中选择【给定深度】选项，在【孔直径】文本框中输入 10.00mm，选中【与厚度相等】复选框，单击【确定】按钮，如图 7-54 所示。

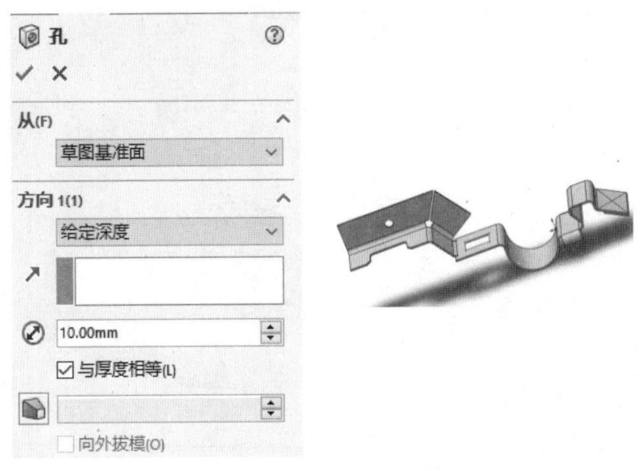

图 7-54　简单直孔

18. 使用钣金角撑板特征修饰钣金

（1）选择【插入】|【钣金】|【钣金角撑板】菜单命令，在【位置】中的【支撑面】选项中选择设置边线法兰所成相对的两个面，在【边线】选项中选择两个面中所形成的线，在【点】选项中选择所成边线右侧的点，选中【等距】复选框，并在【等距】文本框中输入 10.00mm，如图 7-55 所示。

（2）继续设置【钣金角撑板】特征，在【轮廓】中的【轮廓尺寸】选项中【d1】文本框中输入 20.00mm，在【a1】文本框中输入 30.00 度。选中【反转尺寸侧】复选框，并单击【扁平角撑板】图标，如图 7-56 所示。

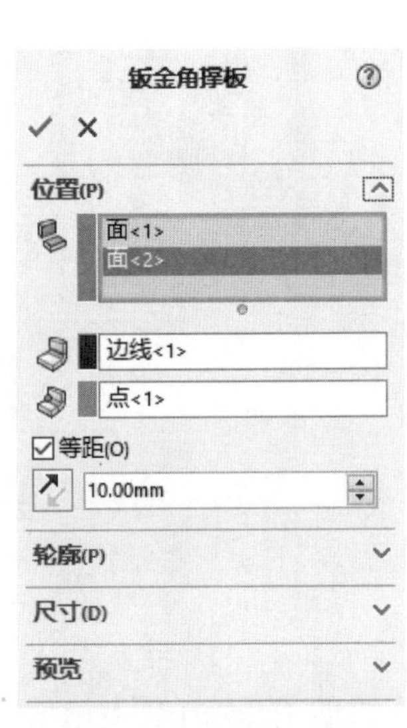

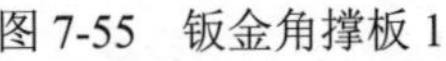
图 7-55　钣金角撑板 1

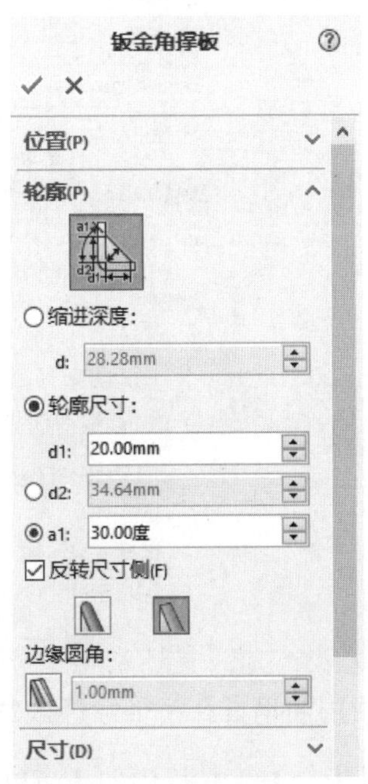

图 7-56　钣金角撑板 2

（3）继续设置【钣金角撑板】特征，在【尺寸】中的【缩进宽度】文本框中输入 10.00mm，

在【缩进厚度】文本框中输入 2.00mm，在【内角圆角】文本框中输入 2.00mm，在【外角圆角】文本框中输入 2.00mm，如图 7-57 所示。

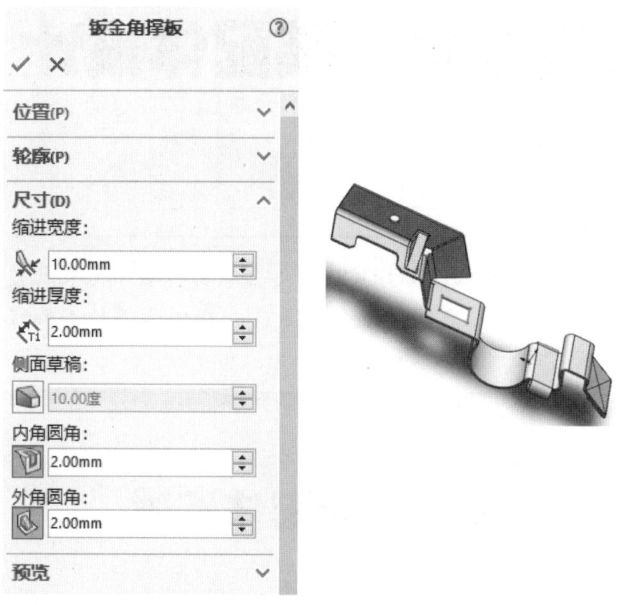

图 7-57　钣金角撑板 3

至此，钣金模型已经绘制完成，如图 7-58 所示。

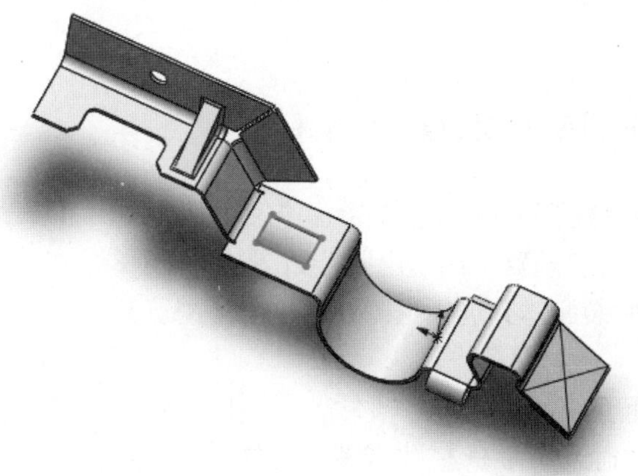

图 7-58　钣金模型

第 8 章　装配体设计

本章导读

装配体设计是 SOLIDWORKS 三大基本功能之一。装配体文件的首要功能是描述产品零件之间的配合关系，并提供干涉检查和爆炸视图等功能。

8.1　装配体概述

装配体可以生成由许多零部件所组成的复杂装配体，这些零部件可以是零件或者其他装配体（称为子装配体）。对于大多数操作而言，零件和装配体的行为方式是相同的。当在 SOLIDWORKS 中打开装配体时，系统将查找零部件文件以便在装配体中显示，同时零部件中的更改将自动反映在装配体中。

8.1.1　插入零部件的属性设置

选择【文件】|【从零件制作装配体】菜单命令，装配体文件会在【开始装配体】属性管理器中显示出来，如图 8-1 所示。

（1）【要插入的零件/装配体】选项组：通过单击【浏览】按钮打开现有零件文件。

（2）【选项】选项组介绍如下。

☑　【生成新装配体时开始命令】：生成新装配体时，选择以打开此属性设置。

☑　【图形预览】：在图形区域中预览所选的文件。

☑　【使成为虚拟】：将插入的零部件作为虚拟的零部件。

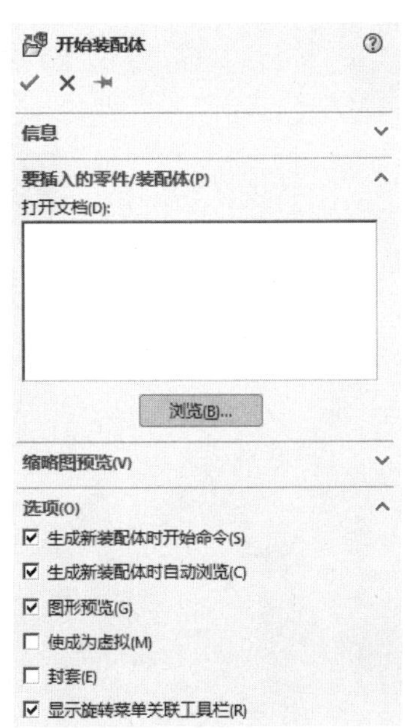

图 8-1　【开始装配体】属性管理器

8.1.2　生成装配体的方法

1. 自下而上

自下而上设计法是比较传统的方法。先设计并造型零部件，然后将其插入装配体中，使用配合定位零部件。如果需要更改零部件，必须单独编辑零部件，更

改可以反映在装配体中。

自下而上设计法对于先前制造、现售的零部件，或者如金属器件、皮带轮、电动机等标准零部件而言属于优先技术。这些零部件不根据设计的改变而更改其形状和大小，除非选择不同的零部件。

2. 自上而下

在自上而下设计法中，零部件的形状、大小及位置可以在装配体中进行设计。自上而下设计法的优点是在设计更改发生时变动更少，零部件根据所生成的方法而自我更新。

可以在零部件的某些特征、完整零部件或者整个装配体中使用自上而下设计法。设计师通常在实践中使用自上而下设计法对装配体进行整体布局，并捕捉装配体特定的自定义零部件的关键环节。

8.2 生成配合

8.2.1 配合概述

配合在装配体零部件之间生成几何关系。添加配合时，定义零部件线性或旋转运动所允许的方向，可在其自由度之内移动零部件，从而直观化装配体的行为。

8.2.2 【配合】属性管理器

1. 命令启动

☑ 单击【装配体】工具栏中的【配合】按钮。

☑ 选择菜单栏中的【插入】|【配合】命令。

2. 选项说明

【配合】属性管理器如图 8-2 所示。下面具体介绍各选项。

（1）【配合选择】选项组

☑ 【要配合的实体】：选择想配合在一起的面、边线、基准面等。

☑ 【多配合模式】：单击以将多个零部件与一普通参考配合。

（2）【标准配合】选项组

所有配合类型会始终显示在属性管理器中，但只有适用于当前选择的配合才可供使用。

☑ 【重合】：将所选面、边线及基准面定位，这样它们共享同一个基准面。

☑ 【平行】：放置所选项，这样它们彼此间保持等间距。

☑ 【垂直】：将所选项彼此垂直放置。

☑ 【相切】：将所选项彼此相切放置。

☑ 【同轴心】：将所选项放置于共享同一中心线的位置。

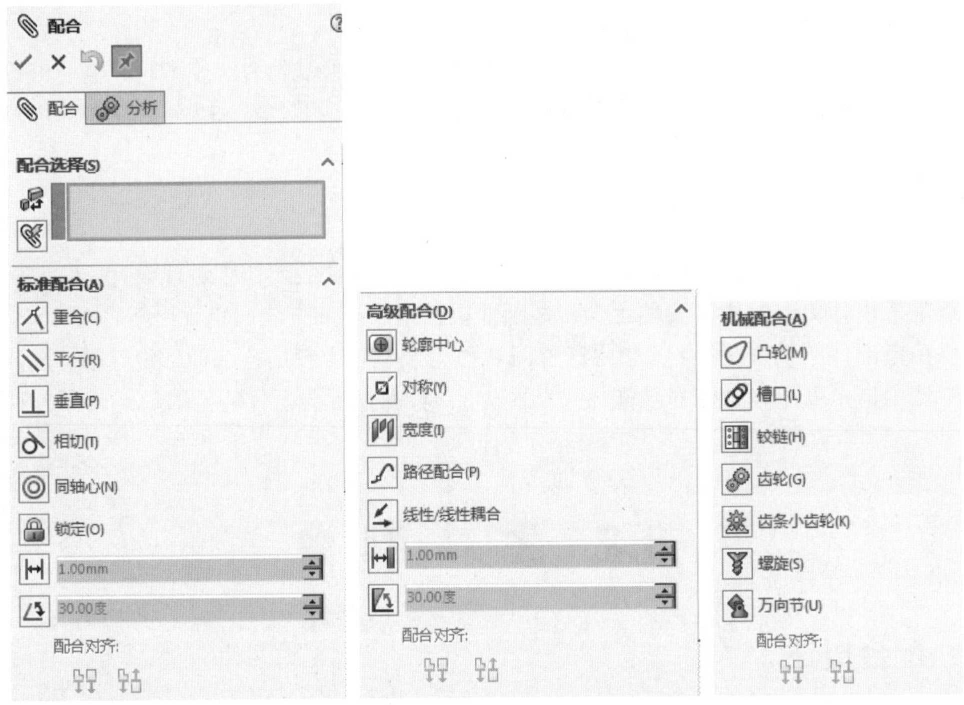

图 8-2 【配合】属性管理器

☑ 【锁定】：保持两个零部件之间的相对位置和方向。

☑ 【距离】：将所选项彼此间以指定的距离放置。

☑ 【角度】：将所选项彼此间以指定的角度放置。

（3）【高级配合】选项组

☑ 【轮廓中心】：自动将几何轮廓的中心相互对齐并完全定义零部件。

☑ 【对称】：迫使两个相同实体绕基准面或平面对称。

☑ 【宽度】：将标签置于凹槽宽度内。

☑ 【路径配合】：将零部件上所选的点约束到路径。

☑ 【线性/线性耦合】：在一个零部件的平移和另一个零部件的平移之间建立几何关系。

☑ 【限制】：允许零部件在距离配合和角度配合的一定数值范围内移动。

（4）【机械配合】选项组

☑ 【凸轮】：迫使圆柱、基准面或点与一系列相切的拉伸面重合或相切。

☑ 【槽口】：将螺栓配合到直通槽或圆弧槽，也可将槽配合到槽。

☑ 【铰链】：将两个零部件之间的移动限制在一定的旋转范围内。

☑ 【齿轮】：迫使两个零部件绕所选轴彼此相对而旋转。

☑ 【齿条小齿轮】：一个零件（齿条）的线性平移引起另一个零件（齿轮）的周转。

☑ 【螺旋】：将两个零部件约束为同心，还在一个零部件的旋转和另一个零部件的平移之间添加纵倾几何关系。

☑ 【万向节】：一个零部件（输出轴）绕自身轴的旋转是由另一个零部件（输入轴）绕其轴的旋转驱动的。

8.3　生成干涉检查

8.3.1　干涉检查概述

在复杂的装配体中，要用肉眼检查零部件之间是否存在干涉的情况是很困难的。在 SOLIDWORKS 中，装配体可以进行干涉检查，其功能如下。

☑　决定零部件之间的干涉。

☑　显示干涉的真实体积为上色体积。

☑　更改干涉和不干涉零部件的显示设置以便于查看干涉。

☑　选择忽略需要排除的干涉，如紧密配合、螺纹扣件的干涉等。

☑　选择将实体之间的干涉包括在多实体零件中。

☑　选择将子装配体看成单一零部件，这样子装配体零部件之间的干涉将不被报告。

☑　将重合干涉和标准干涉区分开。

8.3.2　【干涉检查】属性管理器

单击【装配体】工具栏中的【干涉检查】按钮或者选择【工具】|【干涉检查】菜单命令，在属性管理器中弹出【干涉检查】属性管理器，如图 8-3 所示。

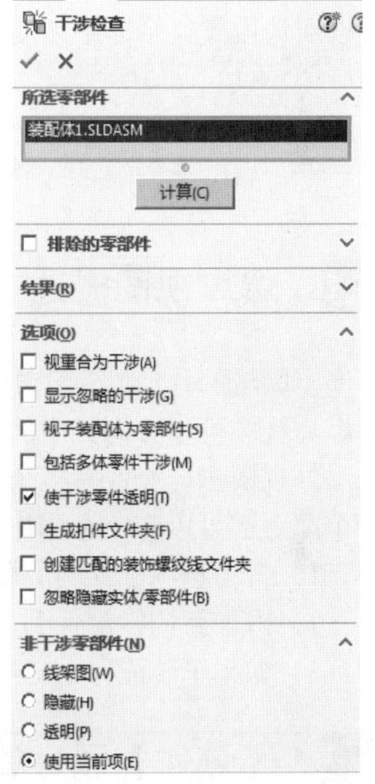

图 8-3　【干涉检查】属性管理器

1.【所选零部件】选项组

☑　【要检查的零部件】收集框：显示为干涉检查所选择的零部件。

☑　【计算】：单击此按钮，检查干涉情况。

检测到的干涉显示在【结果】选项组中，干涉的体积数值显示在每个列举项的右侧，如图 8-4 所示。

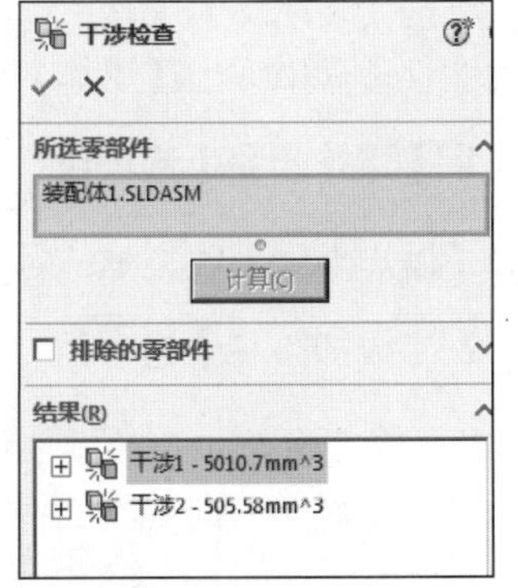

图 8-4　被检测到的干涉

2.【结果】选项组

☑　【忽略】【解除忽略】：为所选干涉在【忽略】和【解除忽略】模式之间进行转换。

☑　【零部件视图】：按照零部件名称而非干涉标号显示干涉。

3.【选项】选项组

☑　【视重合为干涉】：将重合实体报告为干涉。

☑　【显示忽略的干涉】：显示在【结果】选项组中被设置为忽略的干涉。

☑　【视子装配体为零部件】：取消选中此复选框时，子装配体被看作单一零部件，子装配体零部件之间的干涉将不被报告。

☑　【包括多体零件干涉】：报告多实体零件中实体之间的干涉。

☑　【使干涉零件透明】：以透明模式显示所选干涉的零部件。

☑　【生成扣件文件夹】：将扣件（如螺母和螺栓等）之间的干涉隔离为在【结果】选项组中的单独文件夹。

☑　【创建匹配的装饰螺纹线文件夹】：在结果下，将带有装饰螺旋纹线的零部件之间的干涉隔离至单独文件夹中。

☑　【忽略隐藏实体/零部件】：忽略隐藏的实体零件。

4.【非干涉零部件】选项组

以所选模式显示非干涉的零部件，包括【线架图】【隐藏】【透明】【使用当前项】4个选项。

8.4　生成爆炸视图

8.4.1　爆炸视图概述

出于制造的目的，经常需要分离装配体中的零部件以形象地分析它们之间的相互关系。装配体的爆炸视图可以分离其中的零部件以便查看该装配体。

爆炸视图由一个或者多个爆炸步骤组成，每一个爆炸视图保存在所生成的装配体配置中，而每一个配置都可以有一个爆炸视图。在爆炸视图中可以进行如下操作。

（1）自动将零部件制成爆炸视图。

（2）附加新的零部件到另一个零部件的现有爆炸步骤中。

（3）如果子装配体中有爆炸视图，则可以在更高级别的装配体中重新使用此爆炸视图。

8.4.2　【爆炸】属性管理器

单击【装配体】工具栏中的【爆炸视图】按钮或者选择【插入】|【爆炸视图】菜单命令，在属性管理器中弹出【爆炸】属性管理器，如图8-5和图8-6所示。

1.【爆炸步骤】选项组

【爆炸步骤】收集框：爆炸到单一位置的一个或者多个所选零部件。

2.【添加阶梯】选项组

☑　【爆炸步骤的零部件】：显示当前爆炸步骤所选的零部件。

☑　【爆炸方向】收集框：显示当前爆炸步骤所选的方向。

☑　【反向】：改变爆炸的方向。

☑　【爆炸距离】：设置当前爆炸步骤零部件移动的距离。

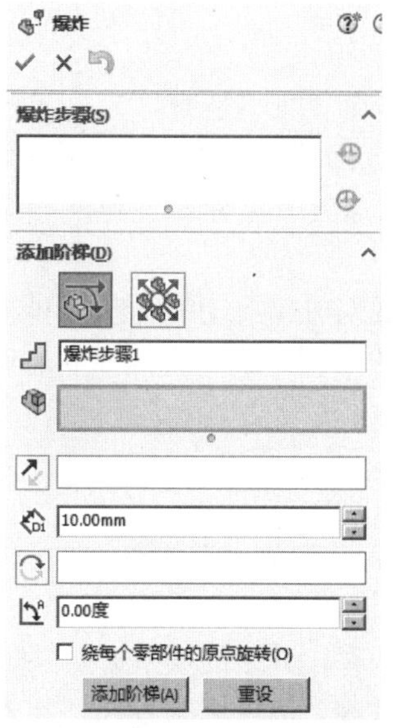

图 8-5　【爆炸】属性管理器（1）

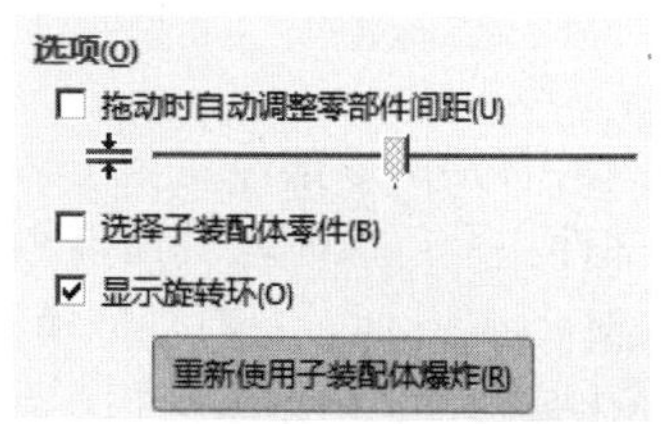

图 8-6　【爆炸】属性管理器（2）

- ☑ 【旋转角度】：指定零部件旋转程度。
- ☑ 【添加阶梯】：单击该按钮以添加爆炸步骤。
- ☑ 【重设】：清除零件，重新设定爆炸步骤。

3.【选项】选项组

- ☑ 【拖动时自动调整零部件间距】：沿轴心自动均匀地分布零部件组的间距。
- ☑ 【调整零部件链之间的间距】：调整零部件之间的距离。
- ☑ 【选择子装配体零件】：选中此复选框，可以选择子装配体的单个零件；取消选中此复选框，可以选择整个子装配体。
- ☑ 【显示旋转环】：在图形区域中的三重轴上显示旋转环。
- ☑ 【重新使用子装配体爆炸】：使用先前在所选子装配体中定义的爆炸步骤。

8.5　装配体性能优化

根据某段时间内的工作范围，可以指定合适的零部件压缩状态，这样可以减少工作时装入和计算的数据量。装配体的显示和重建速度会更快，也可以更有效地使用系统资源。

8.5.1　压缩状态的种类

装配体零部件共有 3 种压缩状态。

1. 还原

装配体零部件的正常状态。完全还原的零部件会完全装入内存，可以使用所有功能及模型数据并可以完全访问、选择、参考、编辑、使用其实体。

2. 压缩

（1）可以使用压缩状态暂时将零部件从装配体中移除（而不是删除），零部件不装入内存，也不再是装配体中有功能的部分，用户无法看到压缩的零部件，也无法选择这个零部件的实体。

（2）一个压缩的零部件将从内存中移除，所以装入速度、重建模型速度和显示性能均有提高，由于减少了复杂程度，其余的零部件计算速度会更快。

（3）压缩零部件包含的配合关系也被压缩，因此装配体中零部件的位置可能变为【欠定义】，参考压缩零部件的关联特征也可能受影响，当恢复压缩的零部件为完全还原状态时，可能会产生矛盾，所以在生成模型时必须小心使用压缩状态。

3. 轻化

可以在装配体中激活的零部件完全还原或者轻化时装入装配体，零件和子装配体都可以轻化。

（1）当零部件完全还原时，其所有模型数据被装入内存。

（2）当零部件为轻化时，只有部分模型数据被装入内存，其余的模型数据根据需要被装入。

通过使用轻化零部件，可以显著提高大型装配体的性能，将轻化的零部件装入装配体比将完全还原的零部件装入同一装配体速度更快，因为计算的数据少，包含轻化零部件的装配体重建速度也更快。

零部件的完整模型数据只有在需要时才被装入，所以轻化零部件的效率很高。只有受当前编辑进程中所做更改影响的零部件才被完全还原，可以对轻化零部件不还原而进行多项装配体操作，包括添加（或者移除）配合、干涉检查、边线（或者面）选择、零部件选择、碰撞检查、装配体特征、注解、测量、尺寸、截面属性、装配体参考几何体、质量属性、剖面视图、爆炸视图、高级零部件选择、物理模拟、高级显示（或者隐藏）零部件等。

8.5.2 压缩零件的方法

压缩零件的方法如下。

（1）在装配体窗口中，在【特征管理器设计树】中右击零部件名称或者在图形区域中选择零部件。

（2）在弹出的快捷菜单中选择【压缩】命令，选择的零部件被压缩，在图形区域中该零件被隐藏。

视频讲解

8.6 范例——标准配合装配体

标准配合装配体模型如图 8-7 所示。

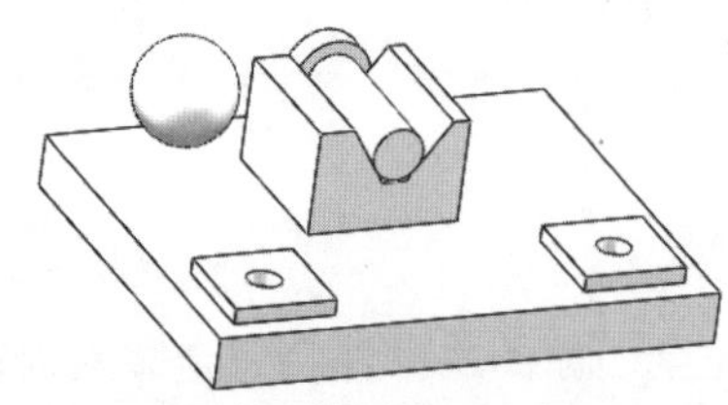

图 8-7 标准配合装配体模型

主要步骤如下。

1. 新建 SOLIDWORKS 装配体并保存文件

（1）启动 SOLIDWORKS，选择菜单栏中的【文件】|【新建】命令，弹出【新建 SOLIDWORKS 文件】对话框，单击【装配体】按钮，单击【确定】按钮，如图 8-8 所示。

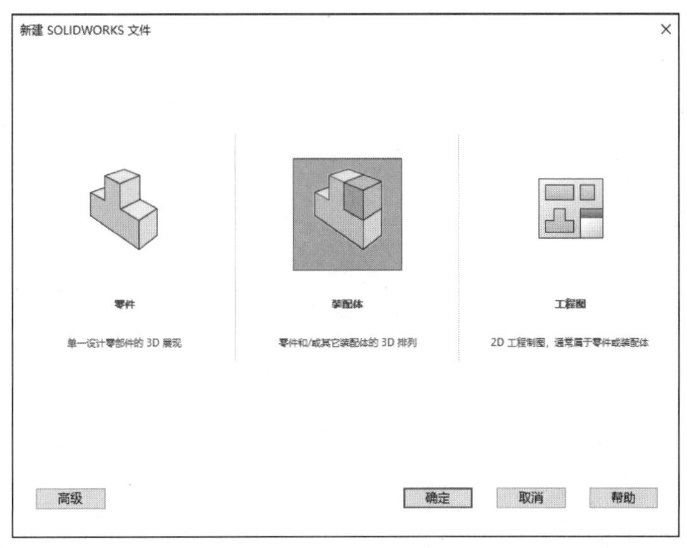

图 8-8　【新建 SOLIDWORKS 文件】对话框

（2）在系统自动弹出的【打开】对话框中选择第 1 个要插入的零件【0001】，单击【打开】按钮，如图 8-9 所示。

（3）在 SOLIDWORKS 装配体窗口合适位置单击放置第 1 个零件，如图 8-10 所示。

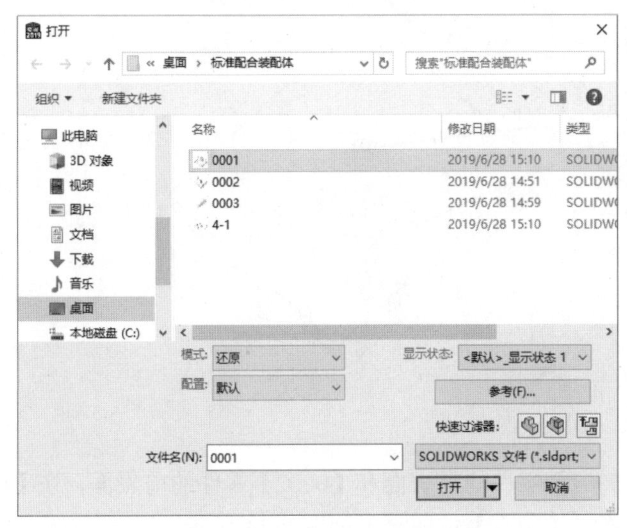

图 8-9　【打开】对话框（1）

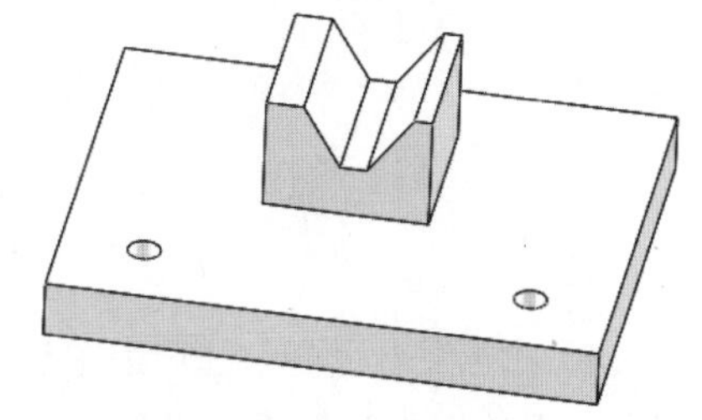

图 8-10　插入第 1 个零件

2. 插入并配合第 2 个零件

（1）单击【装配体】工具栏中的【插入零部件】图标，在系统自动弹出的【打开】对话话框中选择第 2 个要插入的零件【0002】，单击【打开】按钮，如图 8-11 所示。

（2）在 SOLIDWORKS 装配体窗口合适位置单击放置第 2 个零件，如图 8-12 所示。

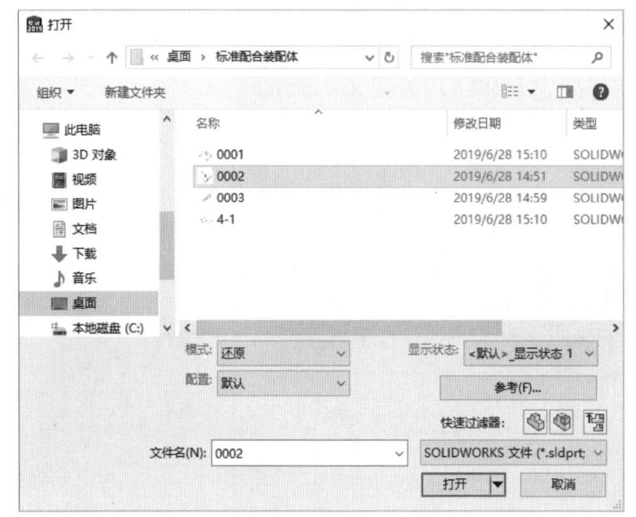

图 8-11 【打开】对话框（2）

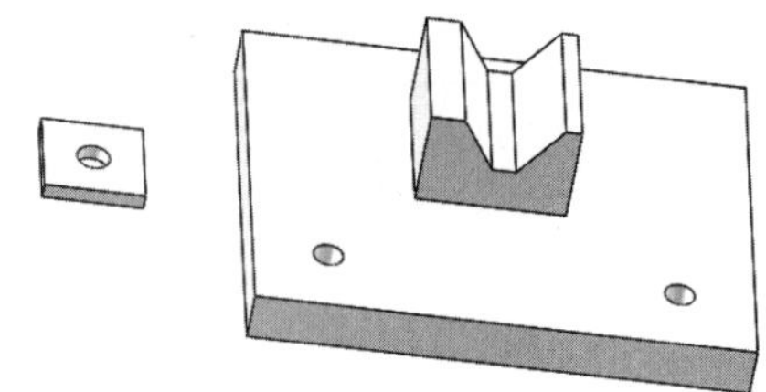
图 8-12 插入第 2 个零件

（3）单击【装配体】工具栏中的【配合】图标，在【配合选择】选项组中选择【0001】零件的左侧孔面和【0002】零件的中间孔面，在【标准配合】选项组中选择【同轴心】选项，单击【确定】按钮，如图 8-13 所示。

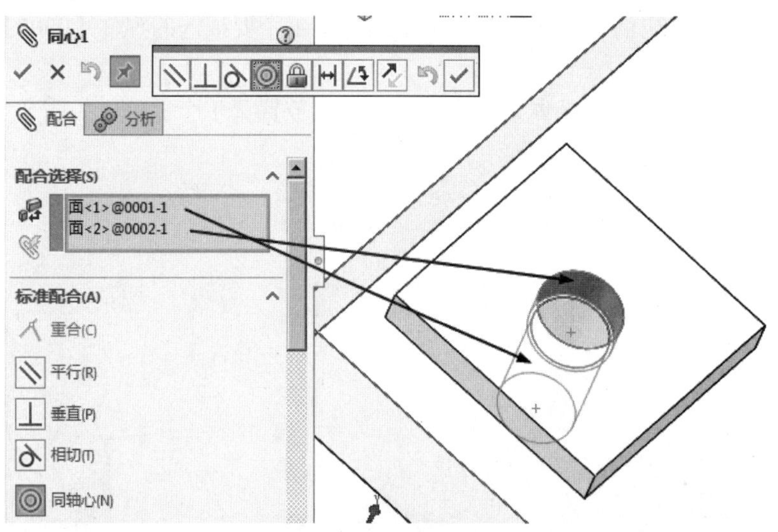

图 8-13 同轴心配合（1）

（4）在【配合选择】选项组中选择【0001】零件的前表面和【0002】零件的前表面，在【标准配合】选项组中选择【平行】选项，单击【确定】按钮，如图 8-14 所示。

（5）在【配合选择】选项组中选择【0001】零件的上表面和【0002】零件的下表面，在【标准配合】选项组中选择【重合】选项，单击【确定】按钮，如图 8-15 所示。

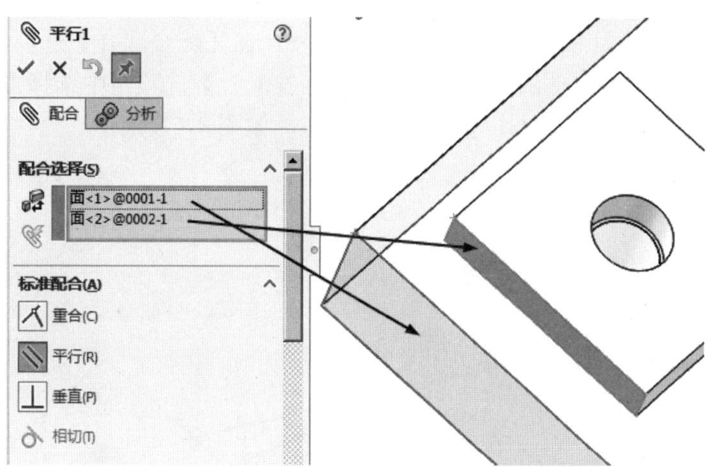

图 8-14　平行配合

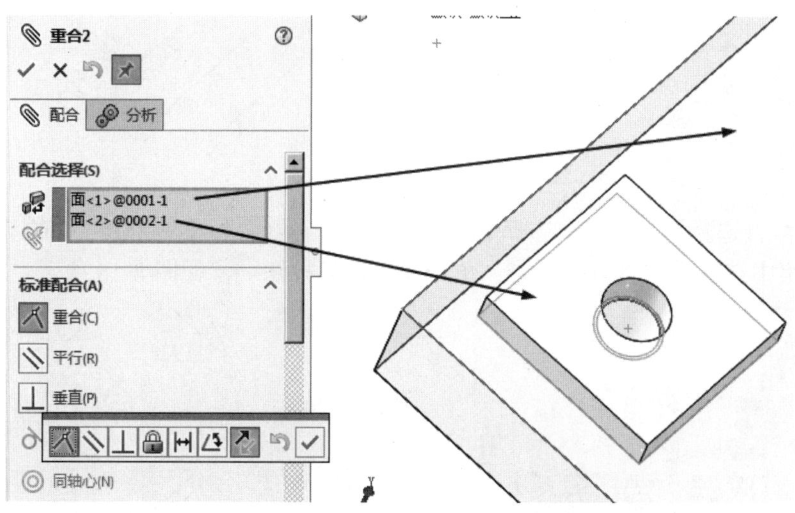

图 8-15　重合配合（1）

3. 插入并配合第 3 个零件

（1）单击【装配体】工具栏中的【插入零部件】图标，在系统自动弹出的【打开】对话框中选择第 3 个要插入的零件【0002】，单击【打开】按钮。

（2）在 SOLIDWORKS 装配体窗口合适位置单击放置第 3 个零件，如图 8-16 所示。

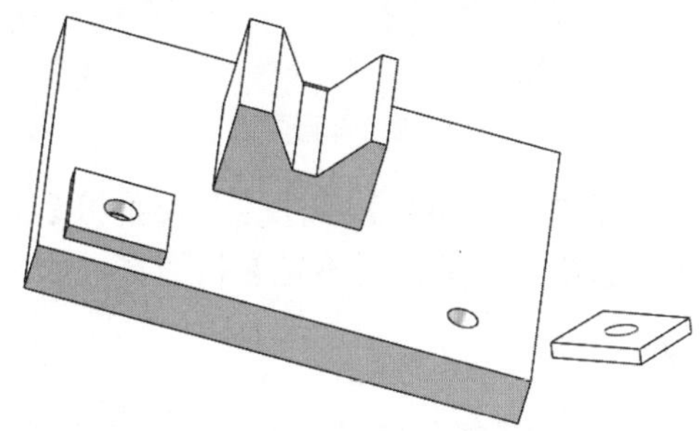

图 8-16　插入第 3 个零件

（3）单击【装配体】工具栏中的【配合】图标，在【配合选择】选项组中选择【0001】零件的右侧孔面和【0002】零件的中间孔面，在【标准配合】选项组中选择【同轴心】选项，取消选中【锁定旋转】复选框，单击【确定】按钮，如图 8-17 所示。

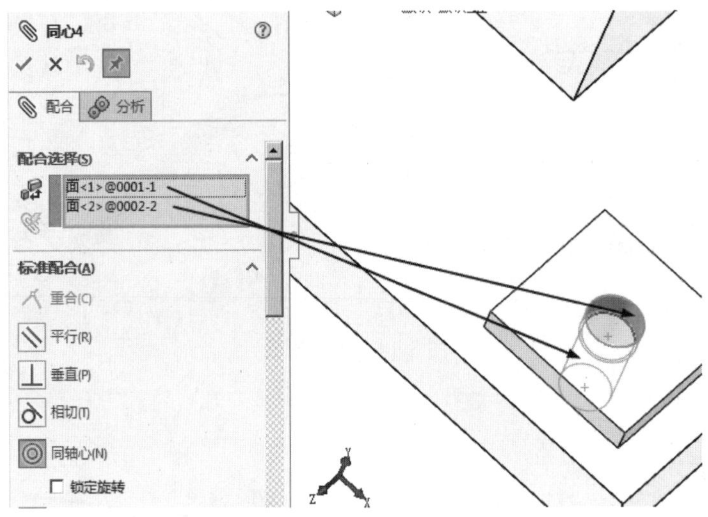

图 8-17　同轴心配合（2）

（4）在【配合选择】选项组中选择【0001】零件的右侧面和【0002】零件的前表面，在【标准配合】选项组中选择【垂直】选项，单击【确定】按钮，如图 8-18 所示。

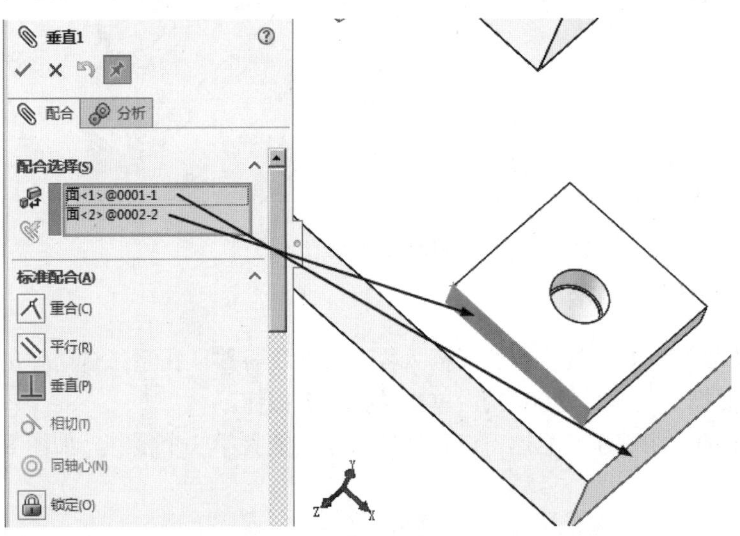

图 8-18　垂直配合

（5）在【配合选择】选项组中选择【0001】零件的上表面和【0002】零件的下表面，在【标准配合】选项组中选择【重合】选项，单击【确定】按钮，如图 8-19 所示。

4．插入并配合第 4 个零件

（1）单击【装配体】工具栏中的【插入零部件】图标，在系统自动弹出的【打开】对话框中选择第 4 个要插入的零件【0003】，单击【打开】按钮。

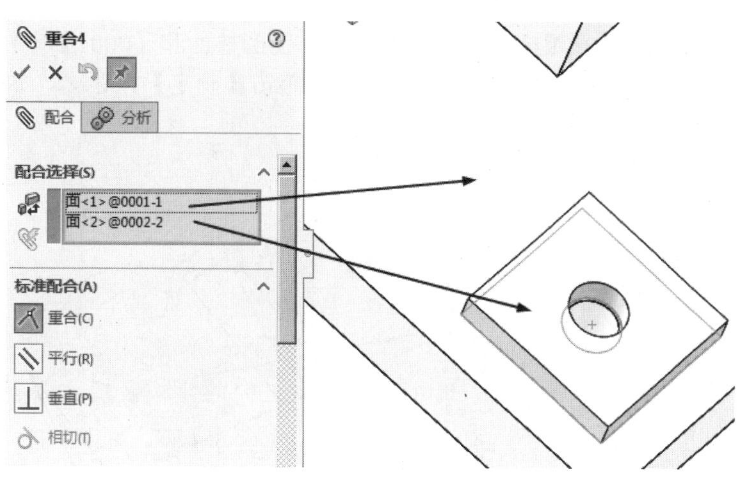

图 8-19　重合配合（2）

（2）在 SOLIDWORKS 装配体窗口合适位置单击放置第 4 个零件，如图 8-20 所示。

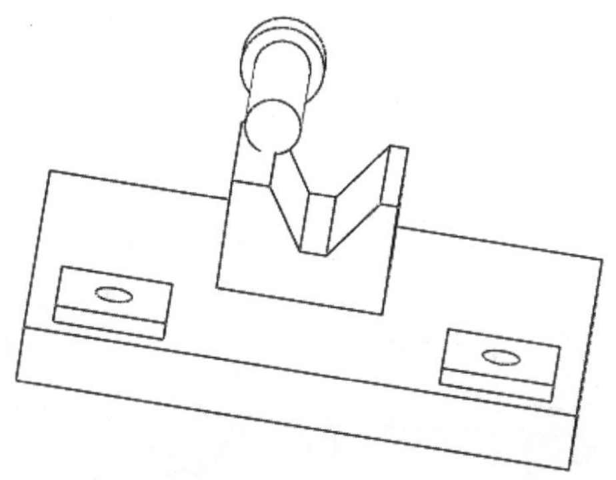

图 8-20　插入第 4 个零件

（3）单击【装配体】工具栏中的【配合】图标，在【配合选择】选项组中选择【0003】零件的圆柱面和【0001】零件突出部分的左斜面，在【标准配合】选项组中选择【相切】选项，单击【确定】按钮，如图 8-21 所示。

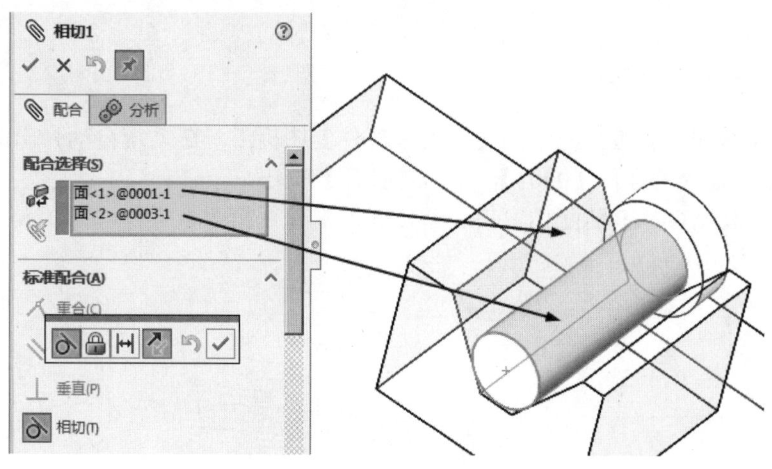

图 8-21　相切配合（1）

（4）在【配合选择】选项组中选择【0003】零件的圆柱面和【0001】零件突出部分的左斜面，在【标准配合】选项组中选择【相切】选项，单击【确定】按钮，如图 8-22 所示。

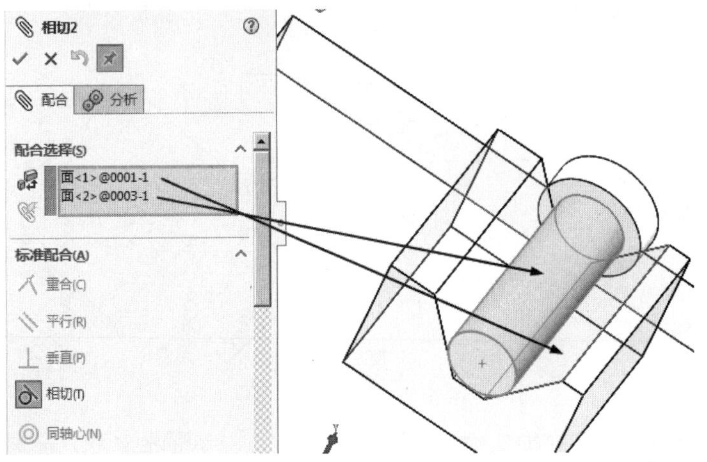

图 8-22　相切配合（2）

（5）在【配合选择】选项组中选择【0003】零件的柱头下表面和【0001】零件突出几何体的后表面，在【标准配合】选项组中选择【重合】选项，单击【确定】按钮，如图 8-23 所示。

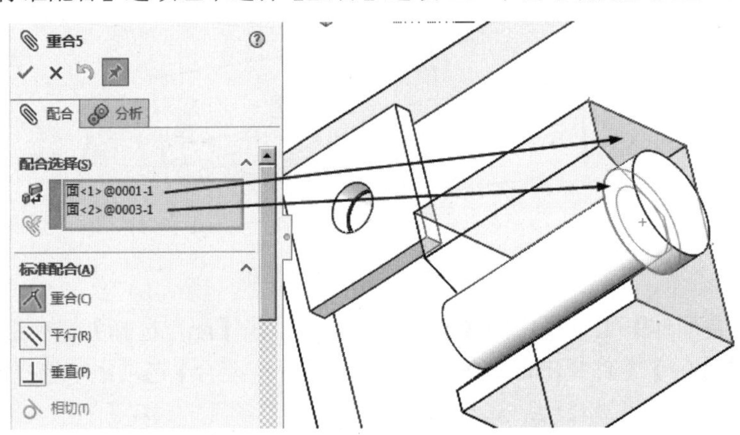

图 8-23　重合配合（3）

5. 插入并配合第 5 个零件

（1）单击【装配体】工具栏中的【插入零部件】图标，在系统自动弹出的【打开】对话框中选择第 5 个要插入的零件【0004】，单击【打开】按钮。

（2）在 SOLIDWORKS 装配体窗口合适位置单击放置第 5 个零件，如图 8-24 所示。

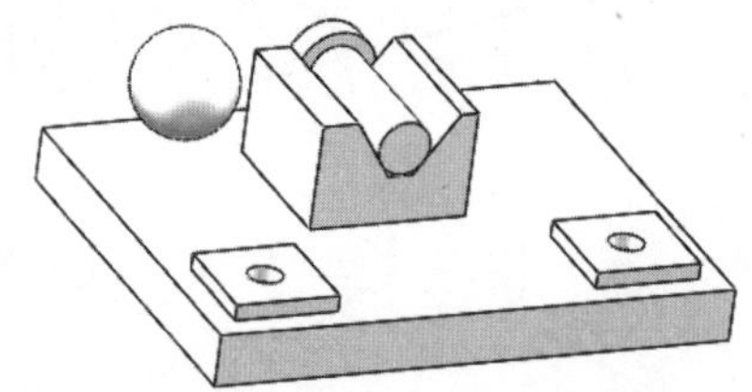

图 8-24　插入第 5 个零件

（3）单击【装配体】工具栏中的【配合】图标，在【标准配合】选项组中选择【锁定】选项，在【配合选择】选项组中选择【0001】和【0004】零件，单击【确定】按钮，如图 8-25 所示。

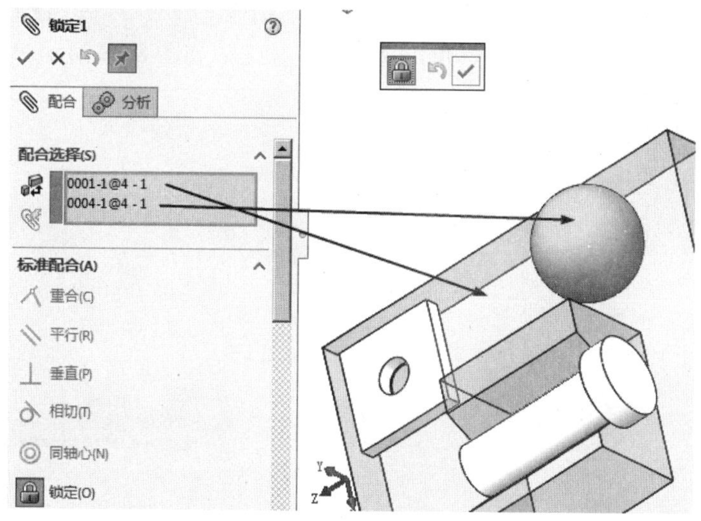

图 8-25 锁定配合

至此，标准配合装配体模型已经绘制完成，如图 8-26 所示。

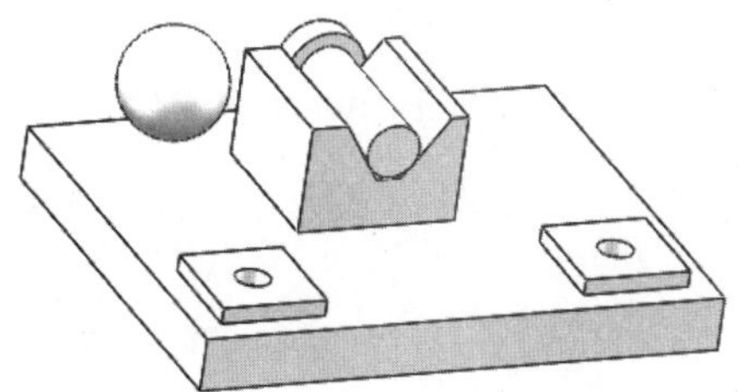

图 8-26 标准配合装配体模型

8.7 范例——高级配合装配体

高级配合装配体模型如图 8-27 所示。

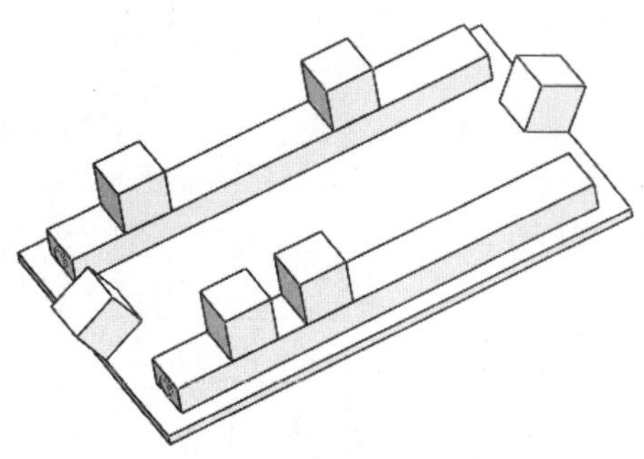

图 8-27 高级配合装配体模型

主要步骤如下。

1. 新建 SOLIDWORKS 装配体并保存文件

（1）启动 SOLIDWORKS，选择菜单栏中的【文件】|【新建】命令，弹出【新建 SOLIDWORKS 文件】对话框，单击【装配体】按钮，单击【确定】按钮，如图 8-28 所示。

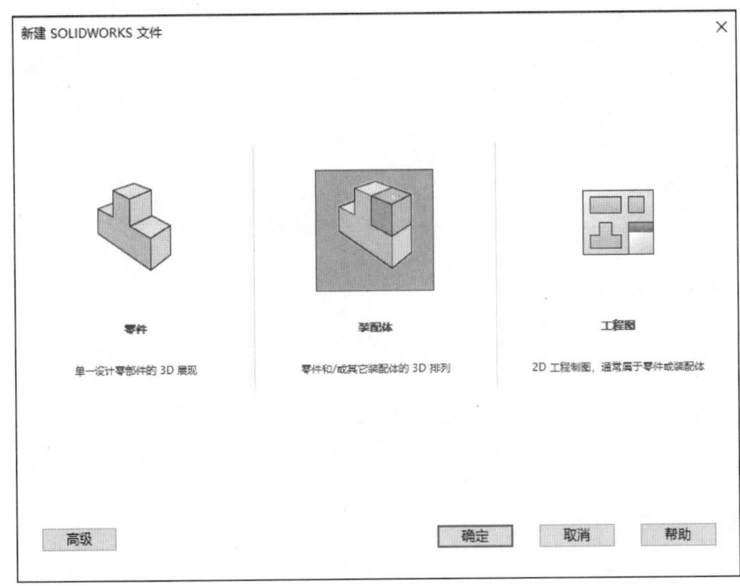

图 8-28 【新建 SOLIDWORKS 文件】对话框

（2）在系统自动弹出的【打开】对话框中选择第 1 个要插入的零件【g0001】，单击【打开】按钮，如图 8-29 所示。

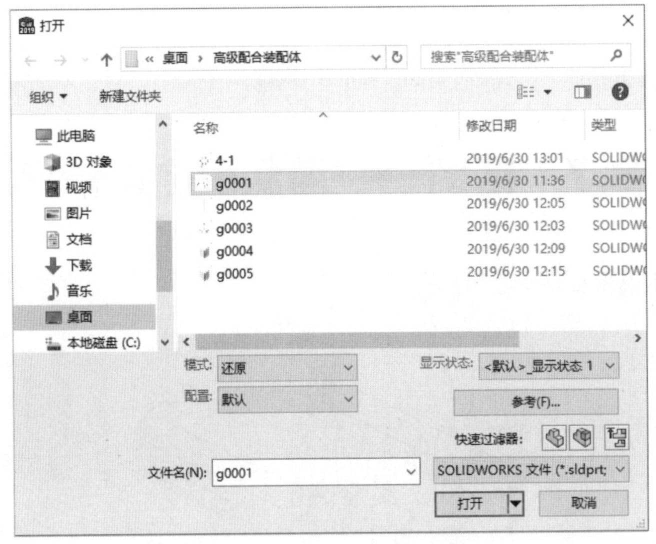

图 8-29 【打开】对话框

（3）在 SOLIDWORKS 装配体窗口合适位置单击放置第 1 个零件，如图 8-30 所示。

2. 插入并配合第 2 个零件

（1）单击【装配体】工具栏中的【插入零部件】图标，在系统自动弹出的【打开】对话框中选择第 2 个要插入的零件【g0002】，单击【打开】按钮。

（2）在 SOLIDWORKS 装配体窗口合适位置单击放置第 2 个零件，如图 8-31 所示。

图 8-30 插入第 1 个零件

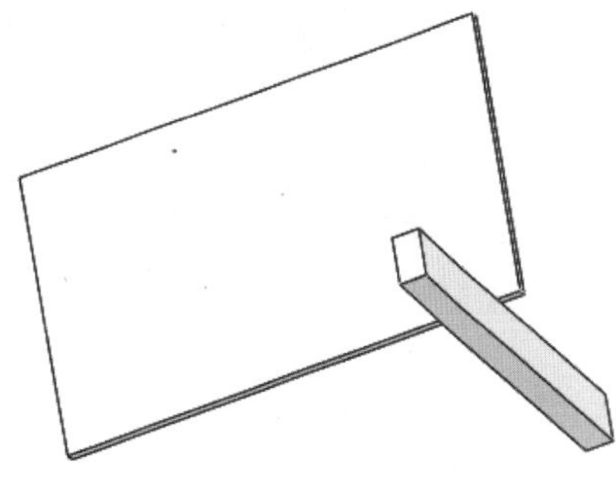

图 8-31 插入第 2 个零件

（3）单击【装配体】工具栏中的【配合】图标，在【配合选择】选项组中选择【g0001】零件的上表面和【g0002】零件的下表面，在【标准配合】选项组中选择【重合】选项，单击【确定】按钮，如图 8-32 所示。

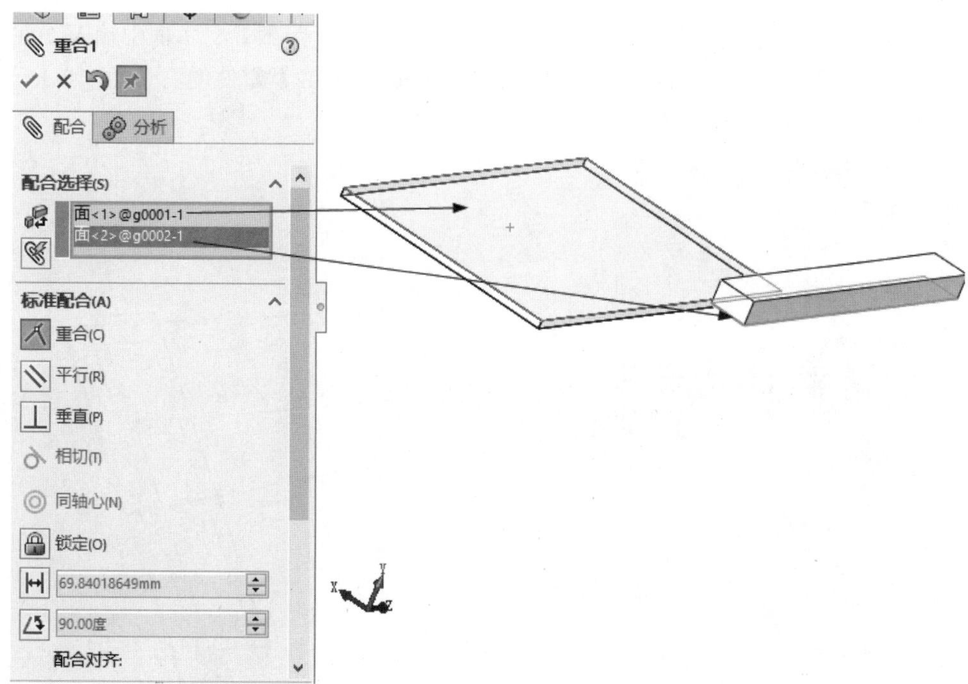

图 8-32 重合配合（1）

（4）在【高级配合】选项组中选择【宽度】选项，在【约束】选项中选择【中心】选项，在【配合选择】选项组的【宽度选择】选项中选择【g0001】零件的前后面，在【薄片选择】选项中选择【g0002】零件的前后面，单击【确定】按钮，如图 8-33 所示。

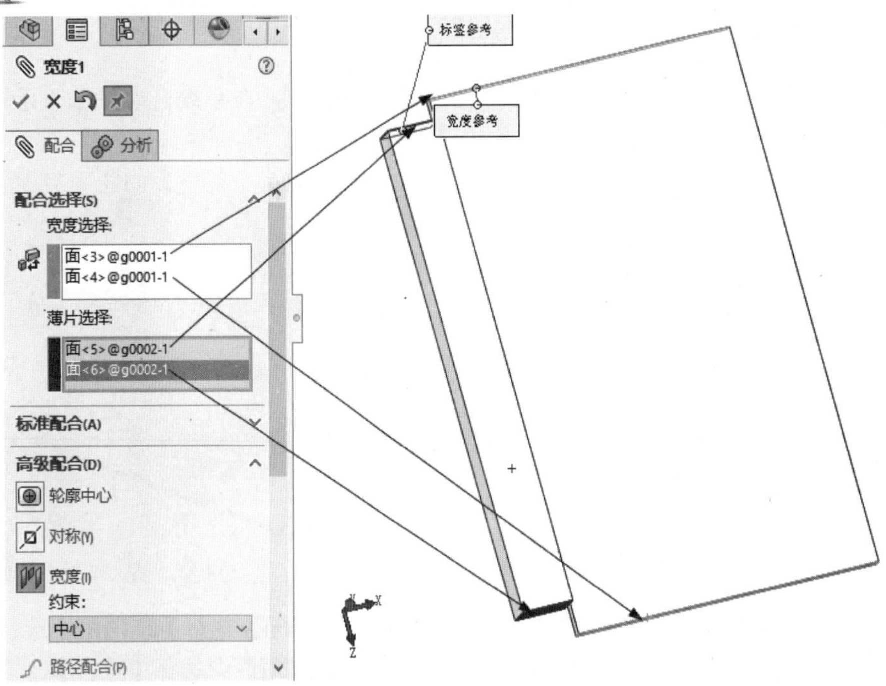

图 8-33　宽度配合（1）

（5）在【标准配合】选项组中选择【距离】选项，在【距离】文本框中输入 20.00mm，在【配合选择】选项组中选择【g0001】零件的右表面和【g0002】零件的右表面，单击【确定】按钮，如图 8-34 所示。

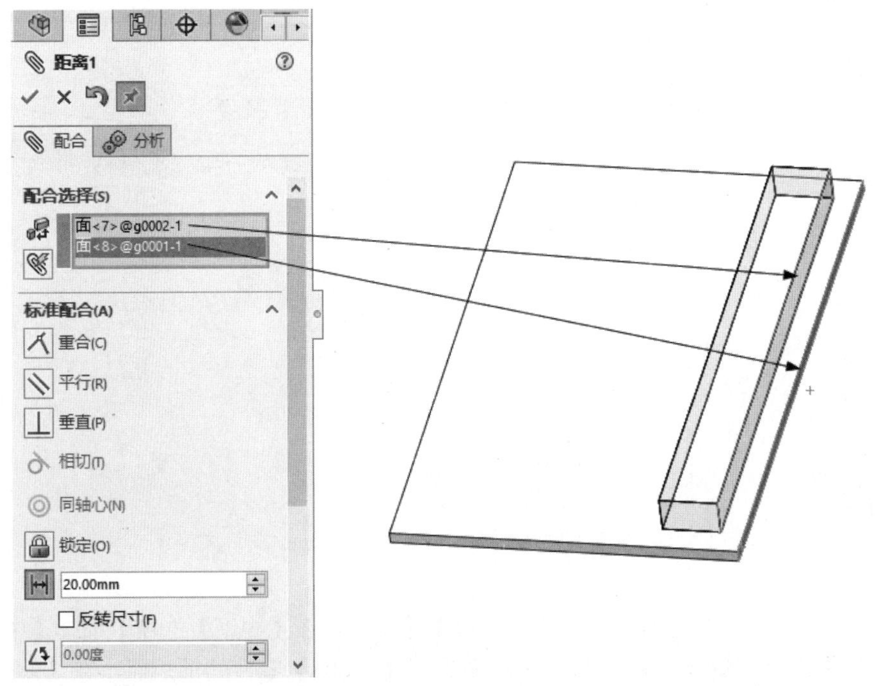

图 8-34　距离配合

3. 插入并配合第 3 个零件

（1）单击【装配体】工具栏中的【参考几何体】图标下的【基准面】按钮，在【第一参考】选项组中选择【g0001】零件的左表面，在【第二参考】选项组中选择【g0001】零件的右表面，如图 8-35 所示。

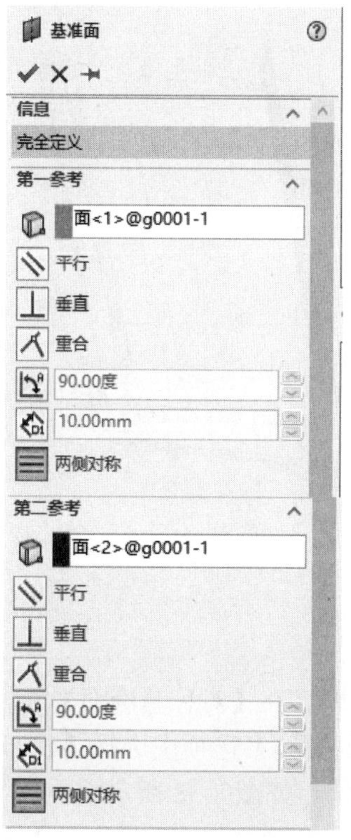

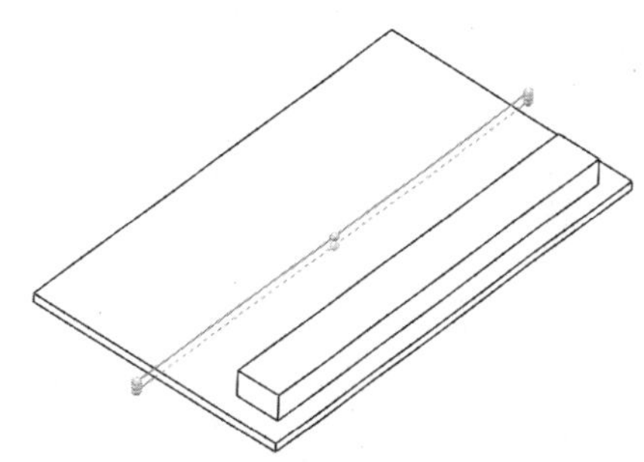

图 8-35 添加参考基准面

（2）单击【装配体】工具栏中的【插入零部件】图标，在系统自动弹出的【打开】对话框中选择第 3 个要插入的零件【g0002】，单击【打开】按钮。

（3）在 SOLIDWORKS 装配体窗口合适位置单击放置第 3 个零件，如图 8-36 所示。

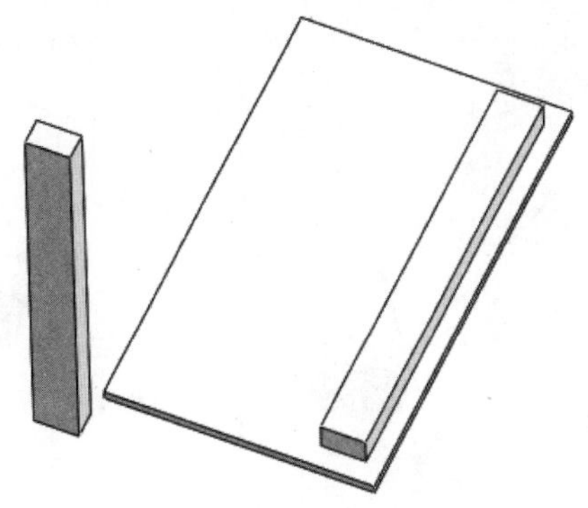

图 8-36 插入第 3 个零件

（4）在【特征管理器设计树】中选中【参考基准面 1】后，单击【装配体】工具栏中的【配合】图标，在【高级配合】选项组中选择【对称】选项，系统默认将【基准面 1】特征填入【对称基准面】选项中，在【要配合的实体】选项中选择【g0002】零件的左侧面和【g0002】零件的右侧面，单击【确定】按钮，如图 8-37 所示。

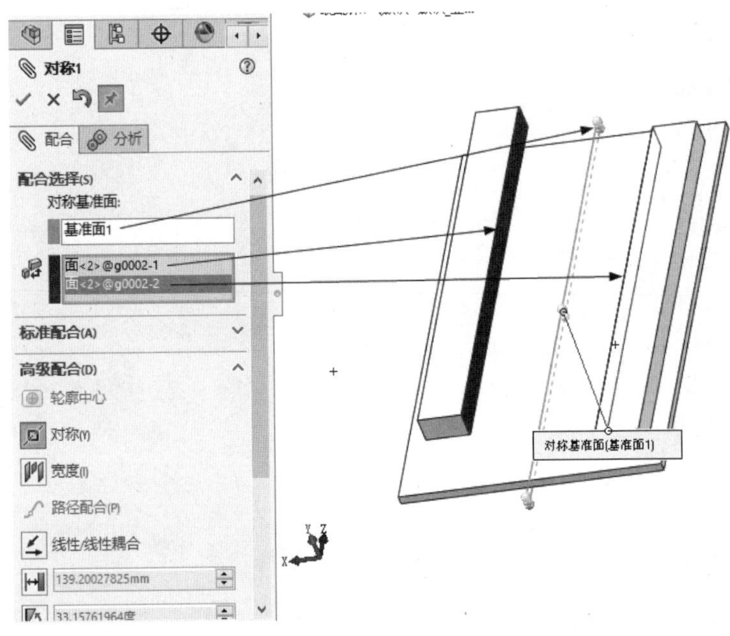

图 8-37　对称配合（1）

（5）在【高级配合】选项组中选择【对称】选项，在【对称基准面】选项中选择【特征管理器设计树】中的【基准面 1】特征，在【要配合的实体】选项中选择【g0002-2】零件的前表面和【g0002-1】零件的前表面，单击【确定】按钮，如图 8-38 所示。

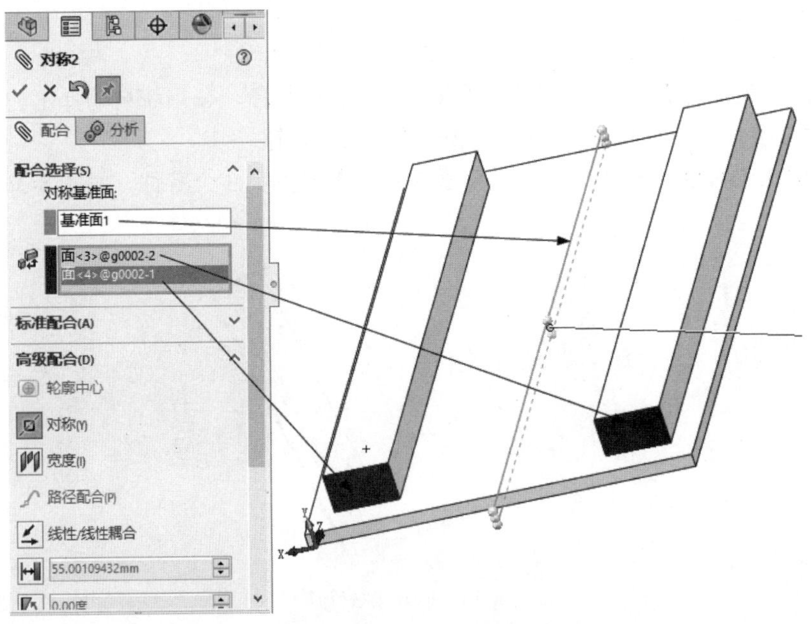

图 8-38　对称配合（2）

（6）在【高级配合】选项组中选择【对称】选项，在【对称基准面】选项中选择【特征管理器设计树】中的【参考基准面 1】特征，在【要配合的实体】选项中选择【g0002-1】零件的上表面和【g0002-2】零件的上表面，单击【确定】按钮，如图 8-39 所示。

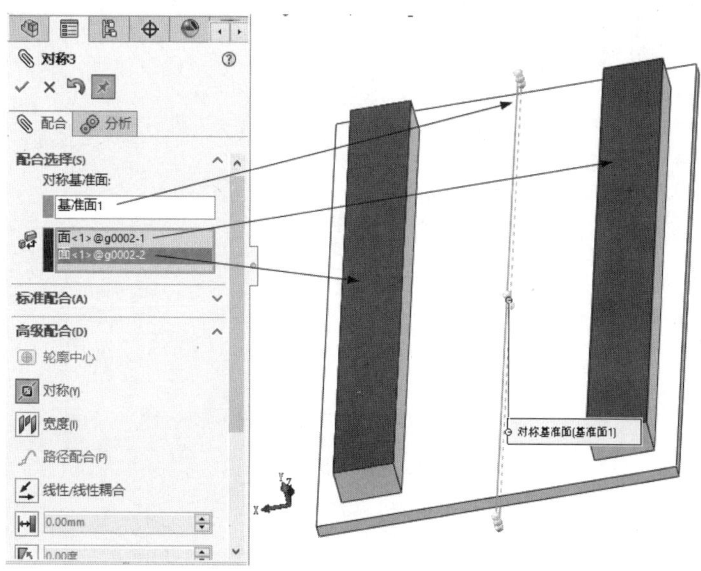

图 8-39　对称配合（3）

4. 插入并配合第 4 个零件

（1）单击【装配体】工具栏中的【插入零部件】图标，在系统自动弹出的【打开】对话框中选择第 4 个要插入的零件【g0003】，单击【打开】按钮。

（2）在 SOLIDWORKS 装配体窗口合适位置单击放置第 4 个零件，如图 8-40 所示。

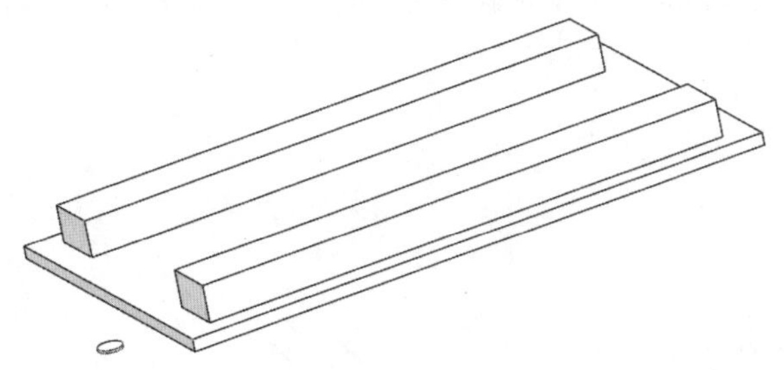

图 8-40　插入第 4 个零件

（3）单击【装配体】工具栏中的【配合】图标，在【高级配合】选项组中选择【轮廓中心】选项，在【配合选择】选项组中选择【g0002】零件的前表面和【g0003】零件的后表面，单击【确定】按钮，如图 8-41 所示。

5. 插入并配合第 5 个零件

（1）单击【装配体】工具栏中的【插入零部件】图标，在系统自动弹出的【打开】对话框中选择第 5 个要插入的零件【g0003】，单击【打开】按钮。

（2）在 SOLIDWORKS 装配体窗口合适位置单击放置第 5 个零件，如图 8-42 所示。

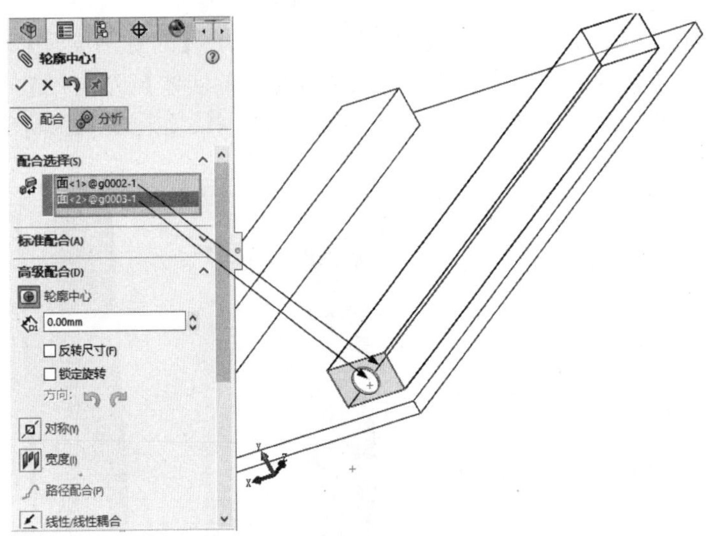

图 8-41　轮廓中心配合（1）

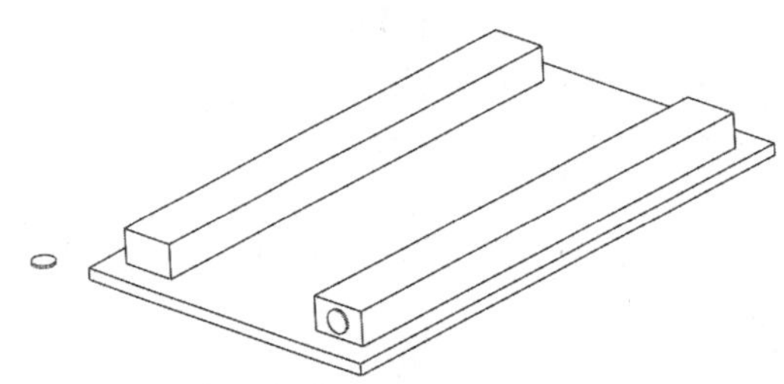

图 8-42　插入第 5 个零件

（3）单击【装配体】工具栏中的【配合】图标，在【高级配合】选项组中选择【轮廓中心】选项，在【配合选择】选项组中选择【g0002】零件的前表面和【g0003】零件的后表面，单击【确定】按钮，如图 8-43 所示。

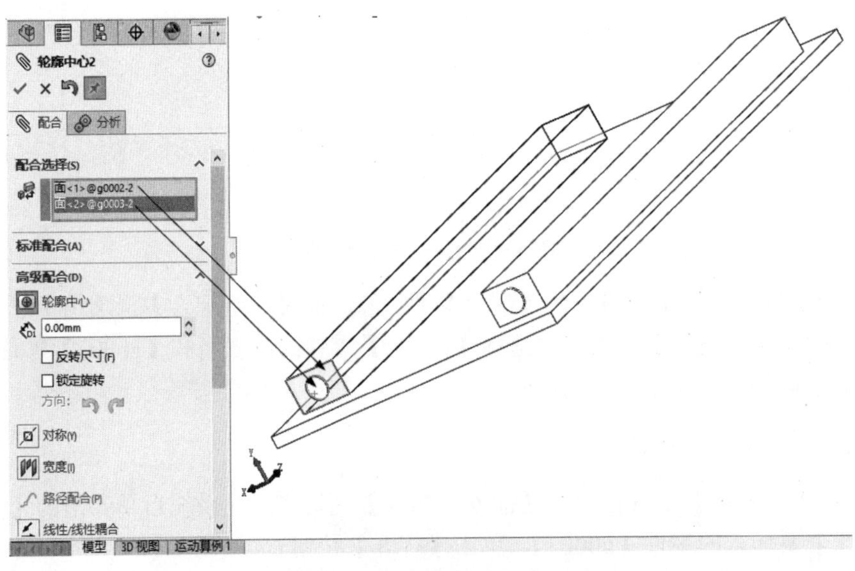

图 8-43　轮廓中心配合（2）

6. 插入并配合第 6 个零件

（1）单击【装配体】工具栏中的【插入零部件】图标，在系统自动弹出的【打开】对话框中选择第 6 个要插入的零件【g0004】，单击【打开】按钮。

（2）在 SOLIDWORKS 装配体窗口合适位置单击放置第 6 个零件，如图 8-44 所示。

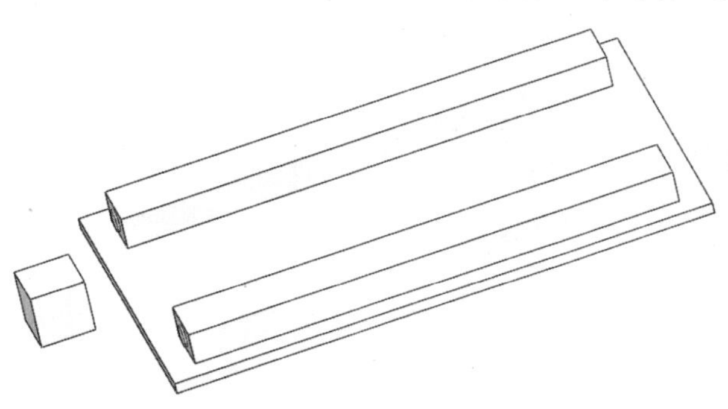

图 8-44 插入第 6 个零件

（3）单击【装配体】工具栏中的【配合】图标，在【标准配合】选项组中选择【重合】选项，在【配合选择】选项组中选择【g0001】零件的边线和【g0004】零件的边线，单击【确定】按钮，如图 8-45 所示。

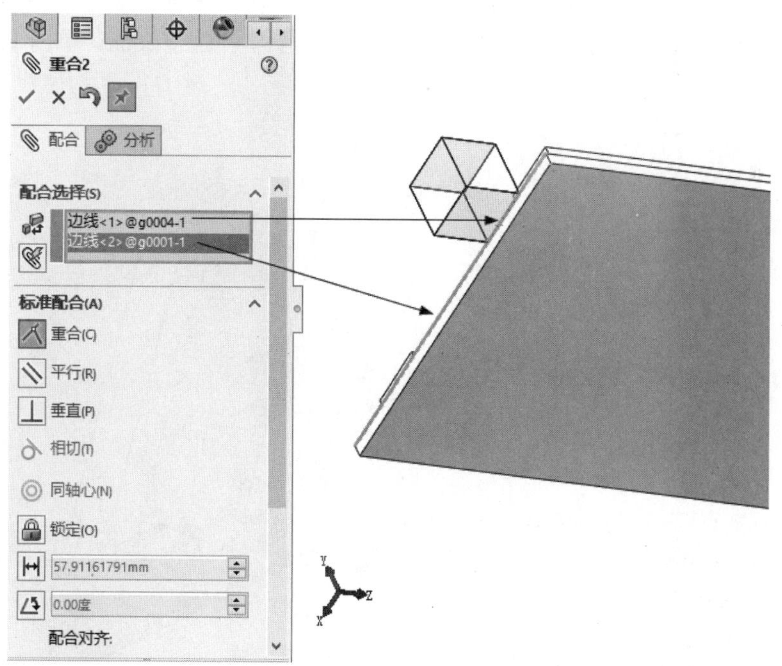

图 8-45 重合配合（2）

（4）在【高级配合】选项组中选择【宽度】选项，在【约束】选项中选择【中心】选项，在【配合选择】选项组的【宽度选择】选项中选择【g0001】零件的左右面，在【薄片选择】选项中选择【g0004】零件的左右面，单击【确定】按钮，如图 8-46 所示。

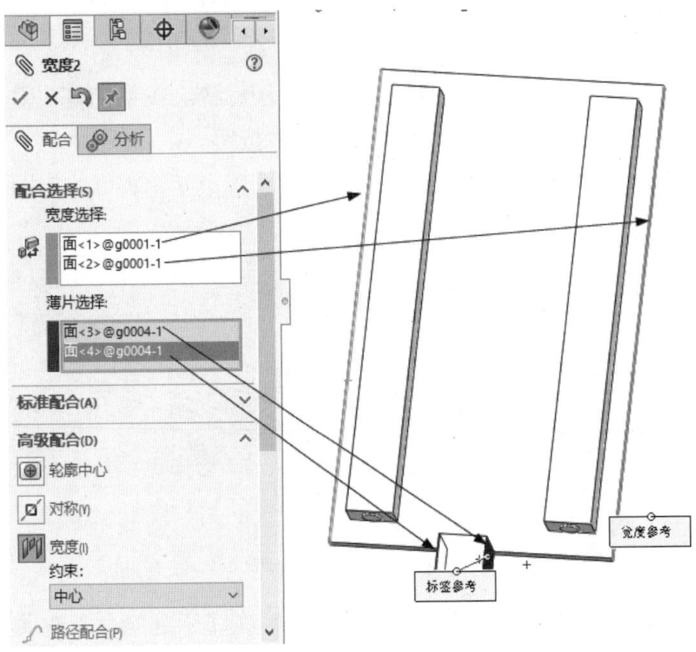

图 8-46　宽度配合（2）

（5）在【标准配合】选项组中选择【角度】选项，在【角度】文本框中输入 30.00 度，在【配合选择】中选择【g0001】零件的上表面和【g0004】零件的下表面，单击【确定】按钮，如图 8-47 所示。

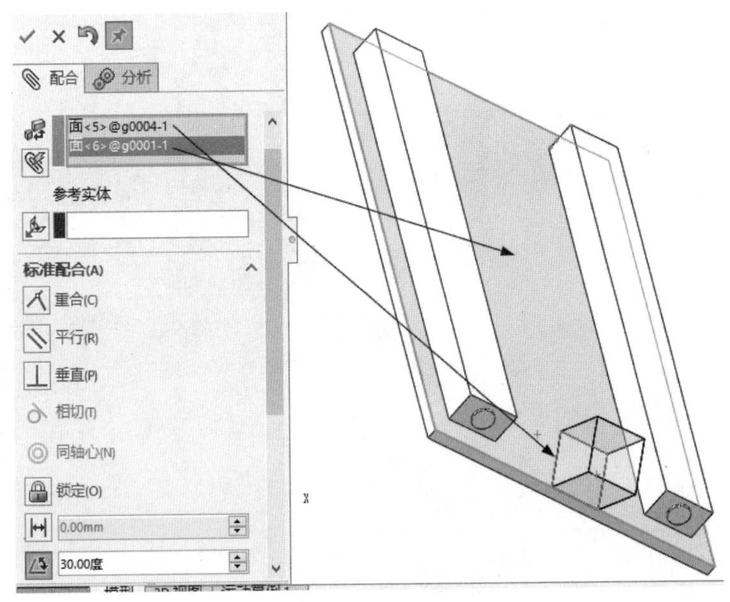

图 8-47　角度配合

7. 插入并配合第 7 个零件

（1）单击【装配体】工具栏中的【插入零部件】图标，在系统自动弹出的【打开】对话

框中选择第 7 个要插入的零件【g0004】，单击【打开】按钮。

（2）在 SOLIDWORKS 装配体窗口合适位置单击放置第 7 个零件，如图 8-48 所示。

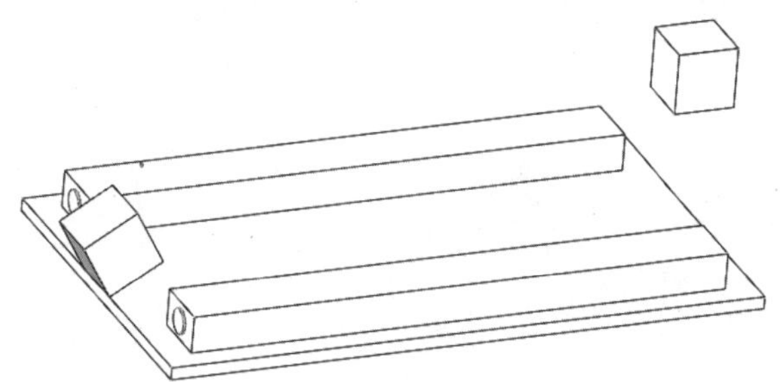

图 8-48　插入第 7 个零件

（3）单击【装配体】工具栏中的【配合】图标，在【标准配合】选项组中选择【重合】选项，在【配合选择】选项组中选择【g0001】零件的边线和【g0004】零件的边线，单击【确定】按钮，如图 8-49 所示。

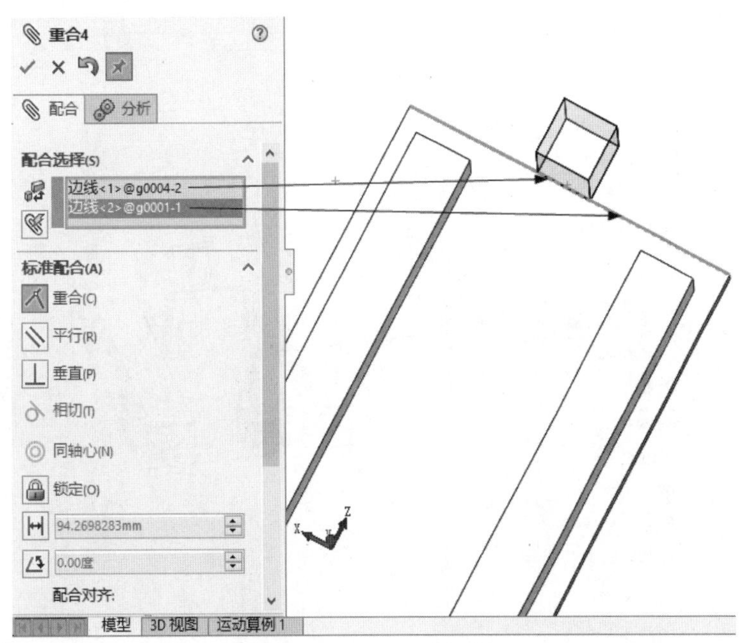

图 8-49　重合配合（3）

（4）在【高级配合】选项组中选择【宽度】选项，在【约束】选项中选择【中心】选项，在【配合选择】选项组的【宽度选择】选项中选择【g0001】零件的左右面，在【薄片选择】选项中选择【g0004】零件的左右面，单击【确定】按钮，如图 8-50 所示。

（5）在【高级配合】选项组中选择【角度范围】选项，在【角度】文本框中输入 30.00 度，并选中【反转尺寸】复选框，在【最大值】文本框中输入 90.00 度，在【最小值】文本框中输入 0.00 度，在【配合选择】选项组中选择【g0001】零件的上表面和【g0004】零件的下表面，在【配合对齐】选项中选择【反向对齐】选项，单击【确定】按钮，如图 8-51 所示。

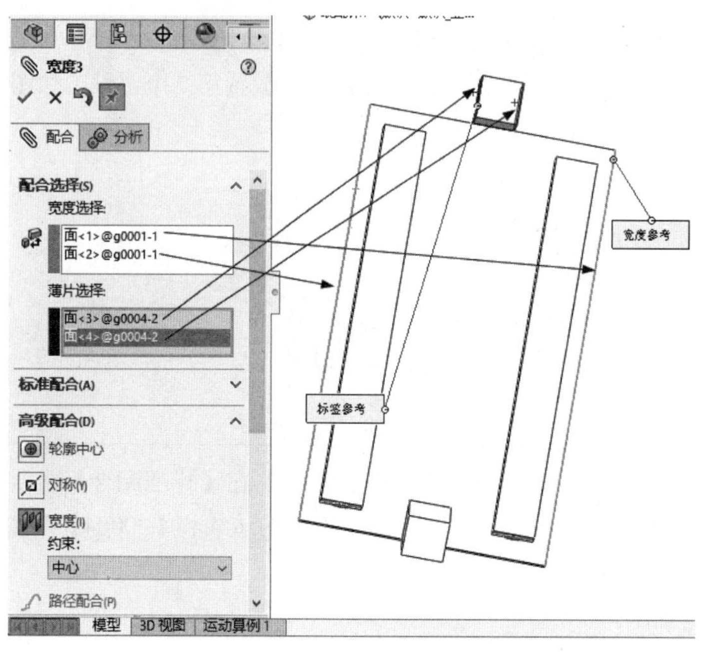

图 8-50　宽度配合（3）

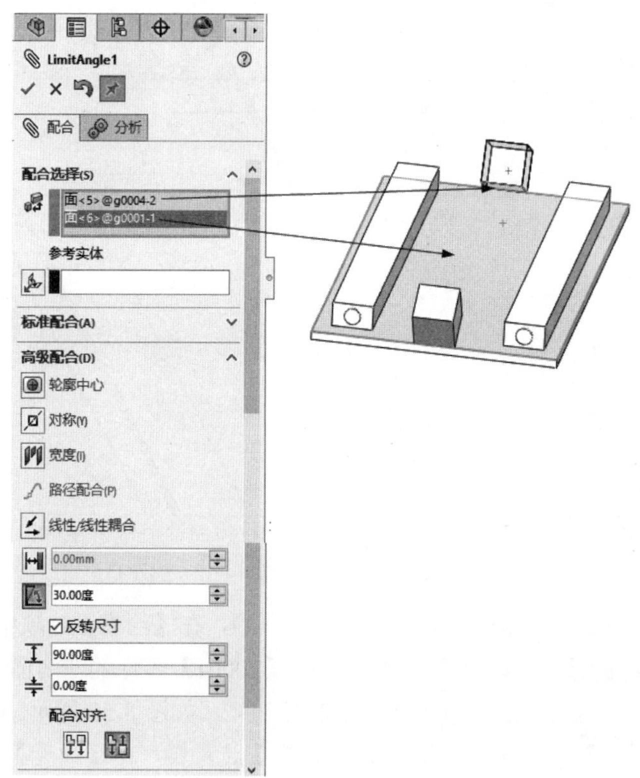

图 8-51　角度范围配合

8. 插入并配合第 8 个零件

（1）单击【装配体】工具栏中的【插入零部件】图标，在系统自动弹出的【打开】对话

框中选择第 8 个要插入的零件【g0004】，单击【打开】按钮。

（2）在 SOLIDWORKS 装配体窗口合适位置单击放置第 8 个零件，如图 8-52 所示。

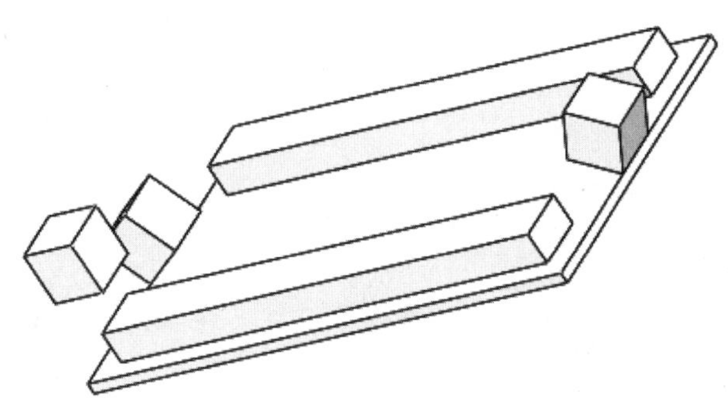

图 8-52　插入第 8 个零件

（3）单击【装配体】工具栏中的【配合】图标，在【高级配合】选项组中选择【路径配合】选项，在【配合选择】选项组的【零部件顶点】选项中选择【g0004】零件的顶点，在【路径选择】选项中选择【g0002】零件的上边线，在【路径约束】选项中选择【自由】选项，单击【确定】按钮，如图 8-53 所示。

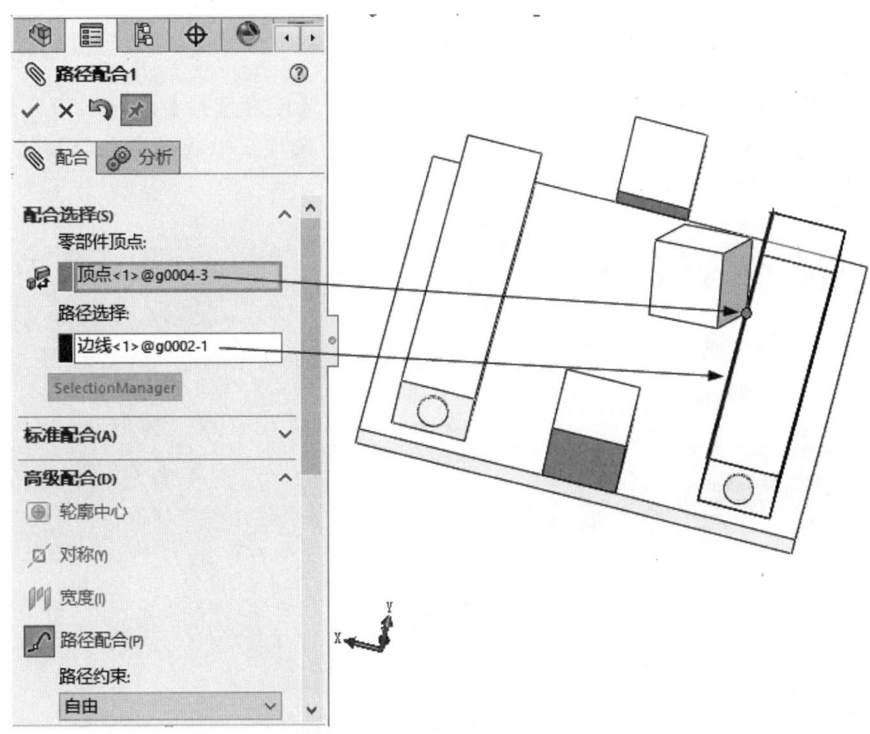

图 8-53　路径配合（1）

（4）在【高级配合】选项组中选择【路径配合】选项，在【配合选择】选项组的【零部件顶点】选项中选择【g0004】零件的另一个顶点，在【路径选择】选项中选择【g0002】零件的上边线，在【路径约束】选项中选择【自由】选项，单击【确定】按钮，如图 8-54 所示。

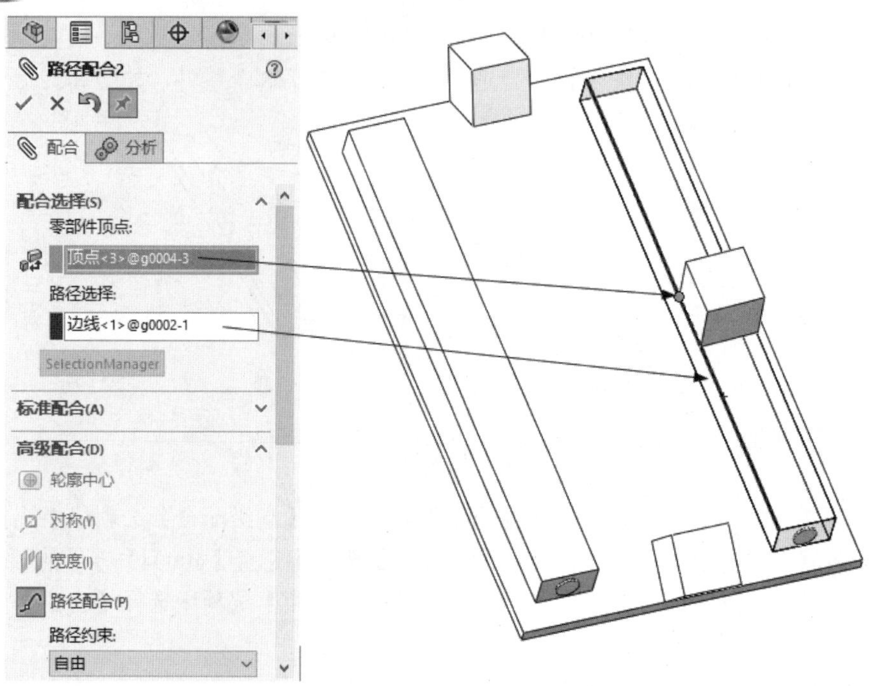

图 8-54　路径配合（2）

（5）单击【装配体】工具栏中的【配合】图标，在【配合选择】选项组中选择【g0004】零件的右表面和【g0002】零件的右表面，在【标准配合】选项组中选择【重合】选项，单击【确定】按钮，如图 8-55 所示。

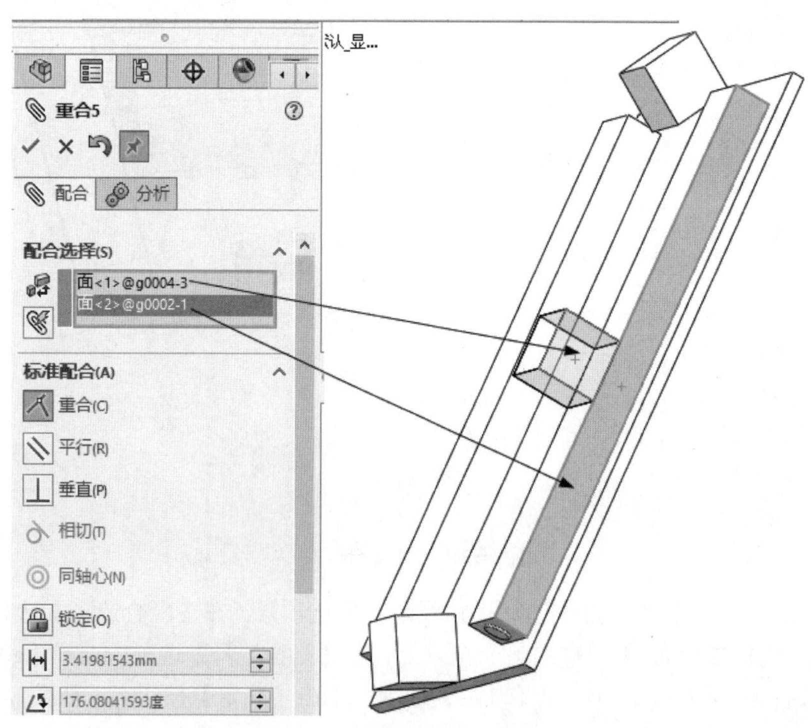

图 8-55　重合配合（4）

9. 插入并配合第 9 个零件

（1）单击【装配体】工具栏中的【插入零部件】图标，在系统自动弹出的【打开】对话框中选择第 9 个要插入的零件【g0005】，单击【打开】按钮。

（2）在 SOLIDWORKS 装配体窗口合适位置单击放置第 9 个零件，如图 8-56 所示。

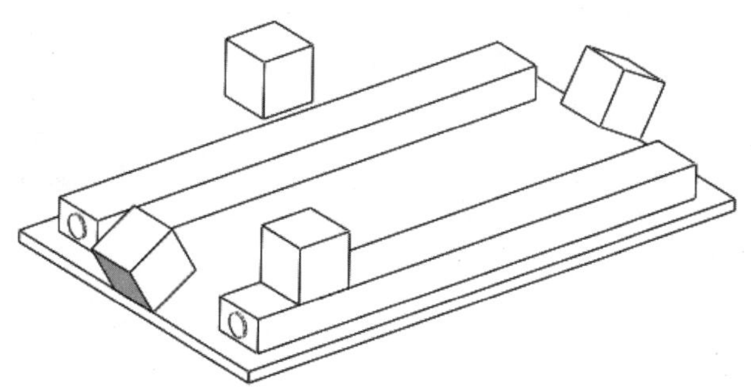

图 8-56　插入第 9 个零件

（3）单击【装配体】工具栏中的【配合】图标，在【配合选择】选项组中选择【g0005】零件的右表面和【g0002】零件的右表面，在【标准配合】选项组中选择【重合】选项，单击【确定】按钮，如图 8-57 所示。

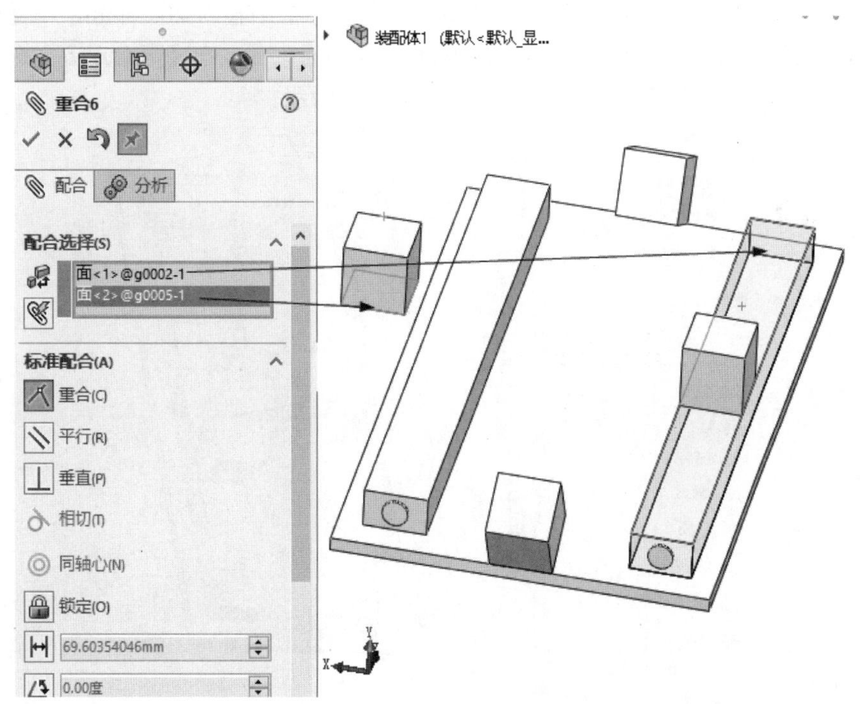

图 8-57　重合配合（5）

（4）在【配合选择】选项组中选择【g0005】零件的下表面和【g0002】零件的上表面，在【标准配合】选项组中选择【重合】选项，单击【确定】按钮，如图 8-58 所示。

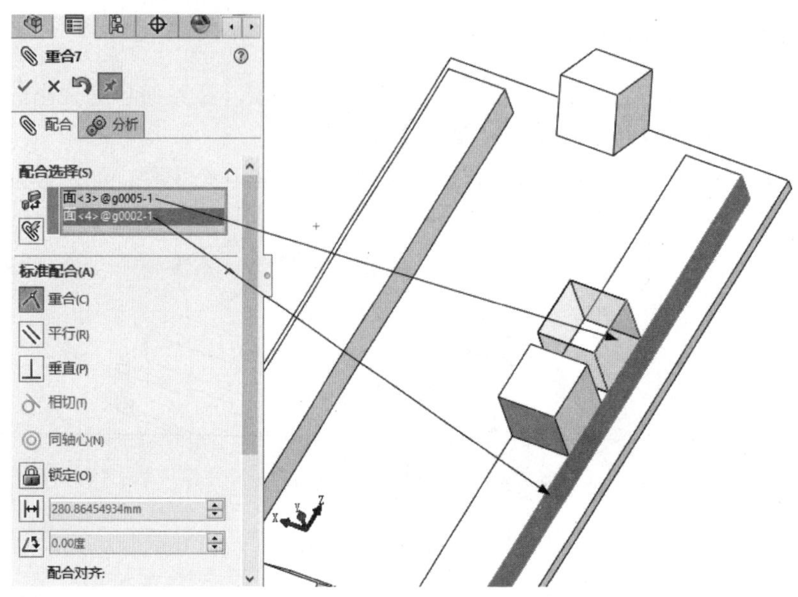

图 8-58　重合配合（6）

（5）在【高级配合】选项组中选择【距离范围】选项，在【距离】文本框中输入 20.00mm，在【最大值】文本框中输入 100.00mm，在【最小值】文本框中输入 20.00mm，在【配合选择】选项组中选择【g0005】零件的前表面和【g0004】零件的后表面，在【配合对齐】选项组中选择【反向对齐】选项，单击【确定】按钮，如图 8-59 所示。

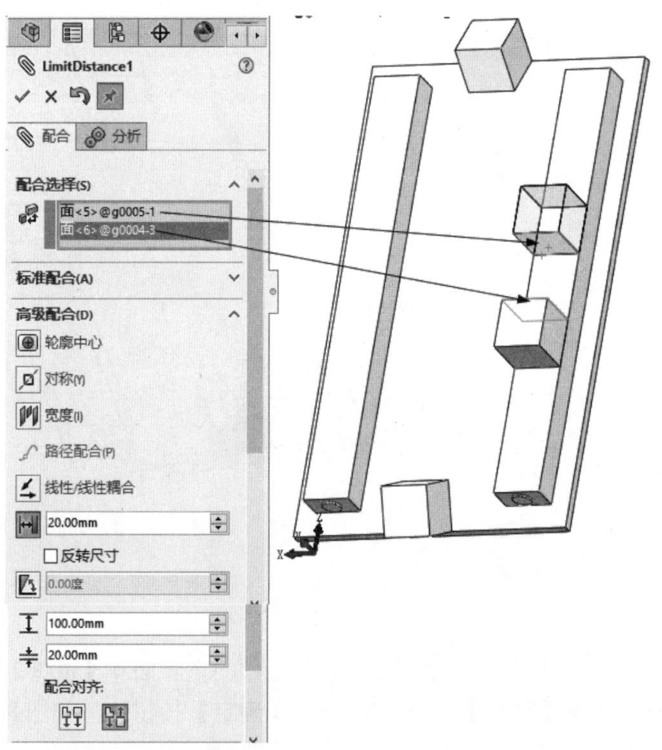

图 8-59　距离范围配合

10. 插入并配合第 10 个零件

（1）单击【装配体】工具栏中的【插入零部件】图标，在系统自动弹出的【打开】对话框中选择第 10 个要插入的零件【g0005】，单击【打开】按钮。

（2）在 SOLIDWORKS 装配体窗口合适位置单击放置第 10 个零件，如图 8-60 所示。

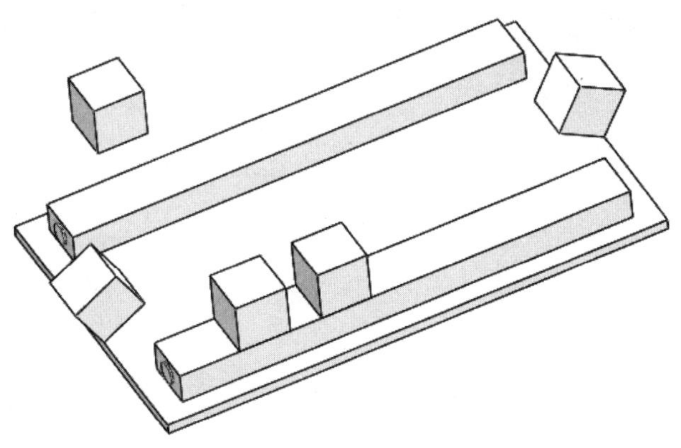

图 8-60 插入第 10 个零件

（3）单击【装配体】工具栏中的【配合】图标，在【配合选择】选项组中选择【g0005】零件的下表面和【g0002】零件的上表面，在【标准配合】选项组中选择【重合】选项，单击【确定】按钮，如图 8-61 所示。

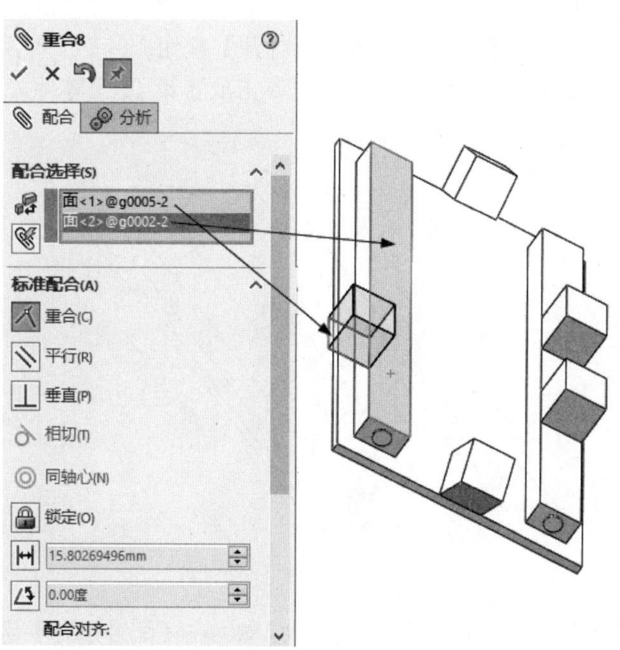

图 8-61 重合配合（7）

（4）在【配合选择】选项组中选择【g0005】零件的左表面和【g0002】零件的左表面，在【标准配合】选项组中选择【重合】选项，单击【确定】按钮，如图 8-62 所示。

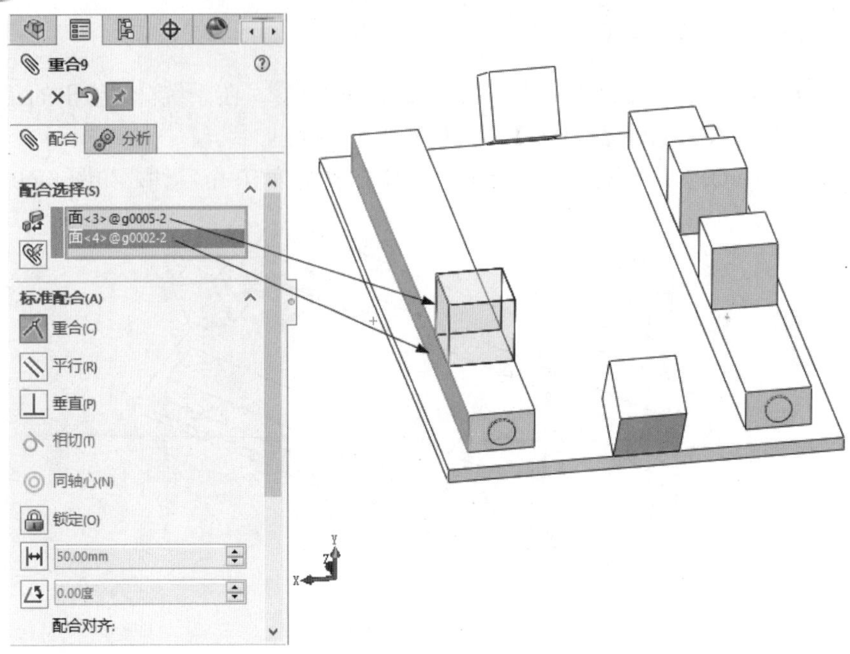

图 8-62　重合配合（8）

11. 插入并配合第 11 个零件

（1）单击【装配体】工具栏中的【插入零部件】图标，在系统自动弹出的【打开】对话框中选择第 11 个要插入的零件【g0005】，单击【打开】按钮。

（2）在 SOLIDWORKS 装配体窗口合适位置单击放置第 11 个零件，如图 8-63 所示。

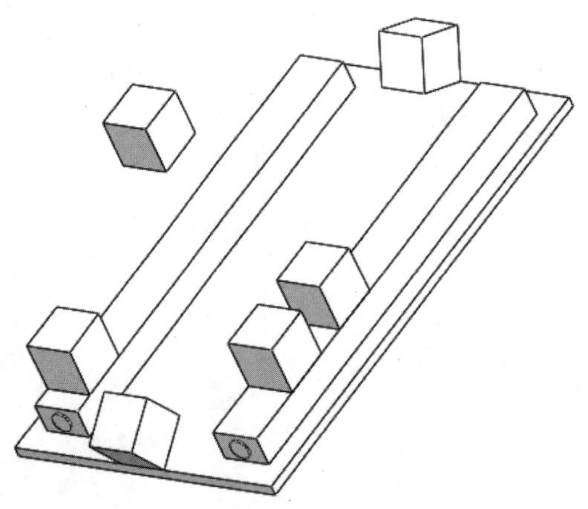

图 8-63　插入第 11 个零件

（3）单击【装配体】工具栏中的【配合】图标，在【配合选择】选项组中选择【g0005】零件的右表面和【g0002】零件的右表面，在【标准配合】选项组中选择【重合】选项，单击【确定】按钮，如图 8-64 所示。

（4）在【配合选择】选项组中选择【g0005】零件的下表面和【g0002】零件的上表面，在【标准配合】选项组中选择【重合】选项，单击【确定】按钮，如图 8-65 所示。

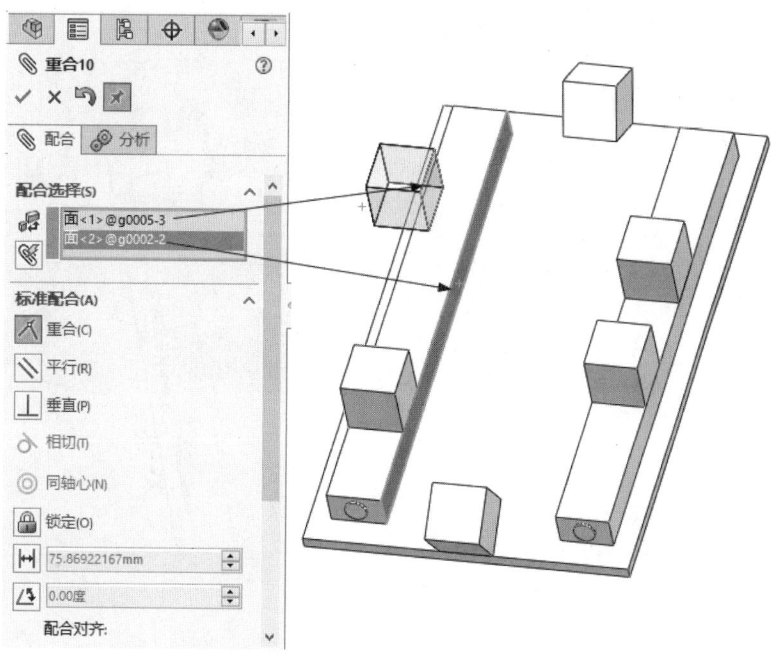

图 8-64　重合配合（9）

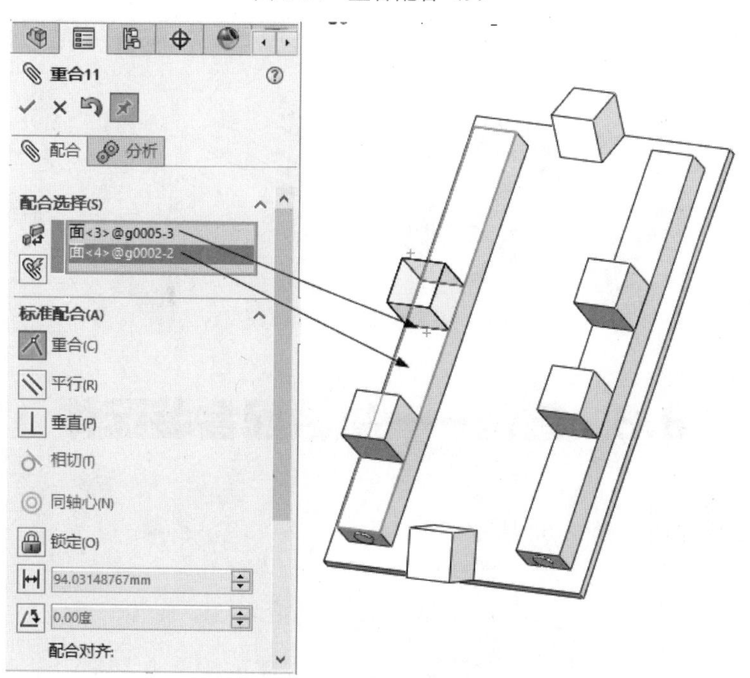

图 8-65　重合配合（10）

（5）在【高级配合】选项组中选择【线性/线性耦合】选项，在【配合选择】选项组的【要配合的实体】选项中选择两个【g0005】零件的上边线，在【比率】文本框中输入 1.00mm：3.00mm，取消选中【反转】复选框，单击【确定】按钮，如图 8-66 所示。

至此，高级配合装配体模型已经绘制完成，如图 8-67 所示。

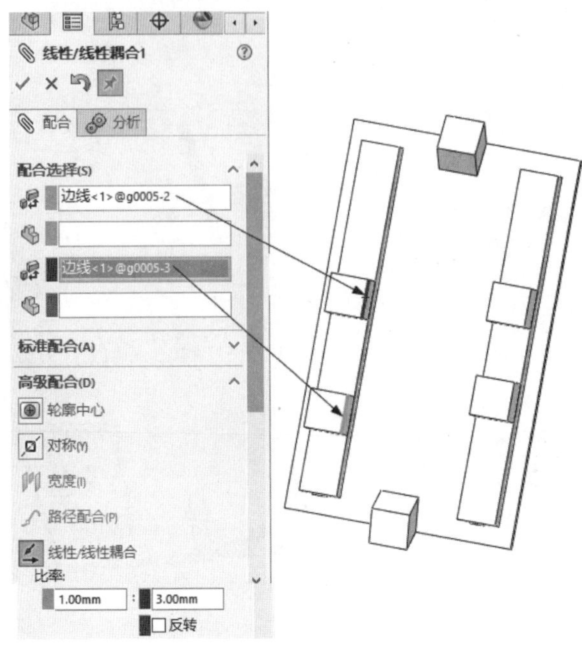

图 8-66　线性/线性耦合特征

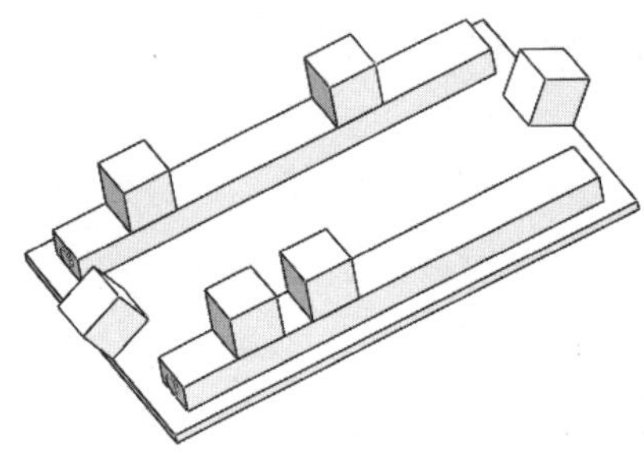

图 8-67　高级配合装配体模型

视 频 讲 解

8.8　范例——机械配合装配体

机械配合装配体模型如图 8-68 所示。

图 8-68　机械配合装配体模型

主要步骤如下。

1. 新建 SOLIDWORKS 装配体并保存文件

（1）启动 SOLIDWORKS，选择菜单栏中的【文件】|【新建】命令，弹出【新建 SOLIDWORKS 文件】对话框，单击【装配体】按钮，单击【确定】按钮，如图 8-69 所示。

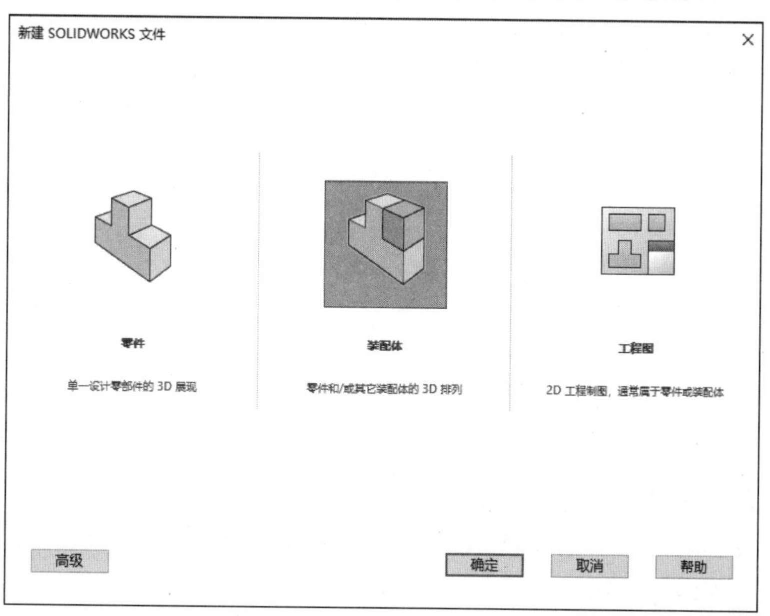

图 8-69　【新建 SOLIDWORKS 文件】对话框

（2）在系统自动弹出的【打开】对话框中选择第 1 个要插入的零件【J0001】，单击【打开】按钮，如图 8-70 所示。

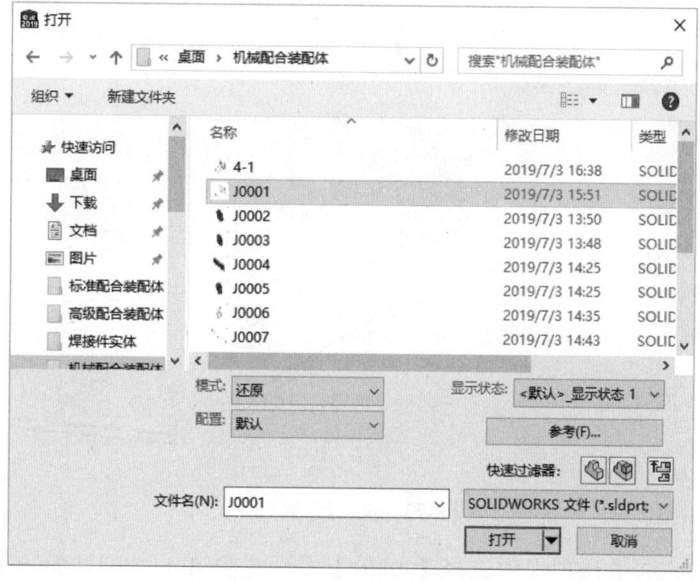

图 8-70　【打开】对话框

（3）在 SOLIDWORKS 装配体窗口合适位置单击放置第 1 个零件，如图 8-71 所示。

2. 插入并配合第 2、3 个零件

（1）单击【装配体】工具栏中的【插入零部件】图标，在系统自动弹出的【打开】对话框中选择第 2 个要插入的零件【J0002】，单击【打开】按钮。

（2）在 SOLIDWORKS 装配体窗口合适位置单击放置第 2 个零件，如图 8-72 所示。

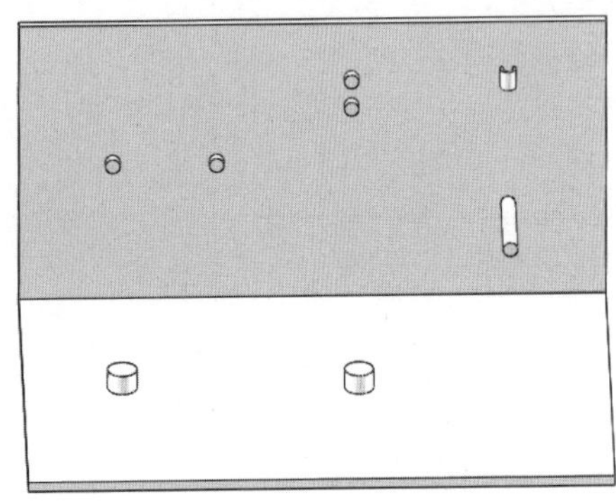
图 8-71 插入第 1 个零件

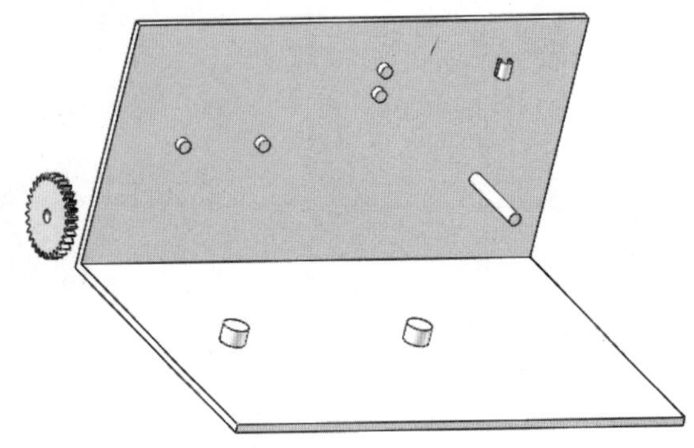
图 8-72 插入第 2 个零件

（3）单击【装配体】工具栏中的【配合】图标，在【配合选择】选项组中选择【J0001】零件的前表面和【J0002】零件的上表面，在【标准配合】选项组中选择【重合】选项，单击【确定】按钮，如图 8-73 所示。

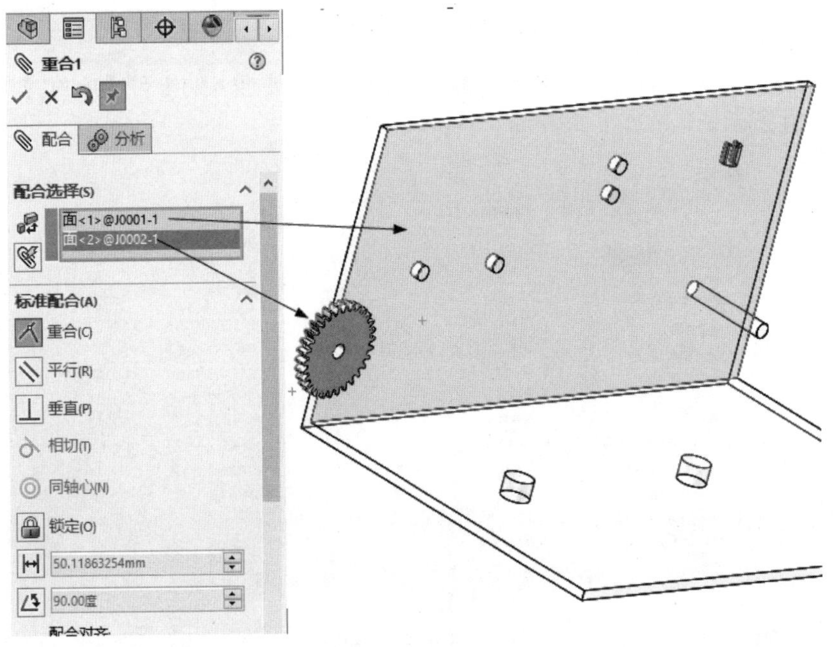

图 8-73 重合配合（1）

（4）在【配合选择】选项组中选择【J0001】零件左侧第 1 个圆柱面和【J0002】齿轮零件内圆柱面，在【标准配合】选项组中选择【同轴心】选项，取消选中【锁定旋转】复选框，单

击【确定】按钮✓，如图 8-74 所示。

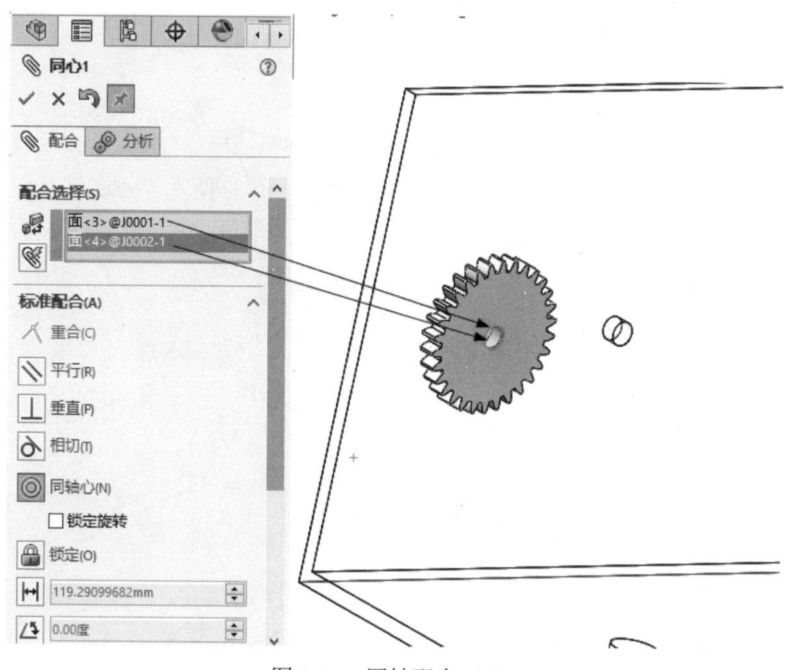

图 8-74　同轴配合（1）

（5）单击【装配体】工具栏中的【插入零部件】图标，在系统自动弹出的【打开】对话框中选择第 3 个要插入的零件【J0003】，单击【打开】按钮。

（6）在 SOLIDWORKS 装配体窗口合适位置单击放置第 3 个零件，如图 8-75 所示。

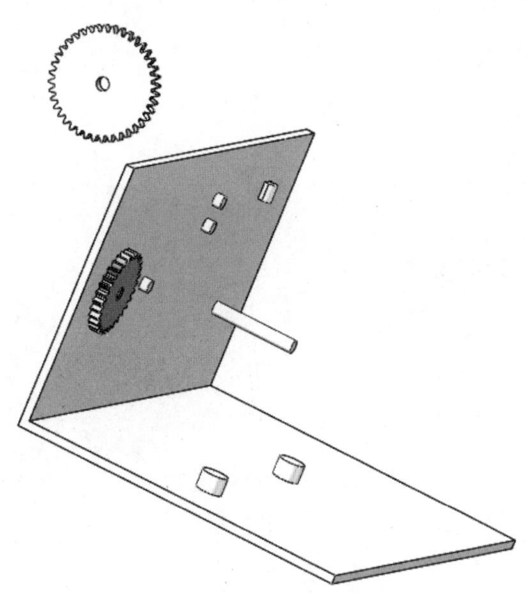

图 8-75　插入第 3 个零件

（7）单击【装配体】工具栏中的【配合】图标，在【配合选择】选项组中选择【J0001】

零件的前表面和【J0003】零件的上表面，在【标准配合】选项组中选择【重合】选项，单击【确定】按钮，如图 8-76 所示。

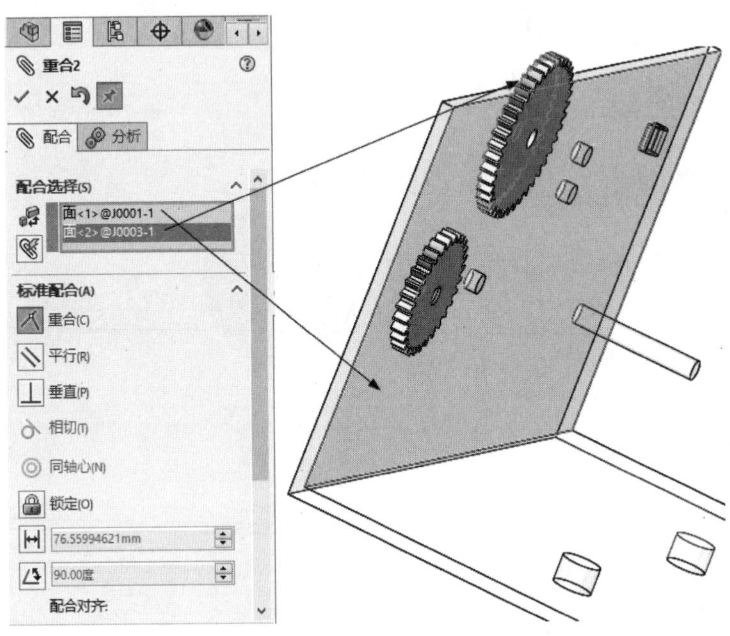

图 8-76　重合配合（2）

（8）在【配合选择】选项组中选择【J0001】零件左侧第 2 个圆柱面和【J0003】齿轮零件内圆柱面，在【标准配合】选项组中选择【同轴心】选项，取消选中【锁定旋转】复选框，单击【确定】按钮，如图 8-77 所示。

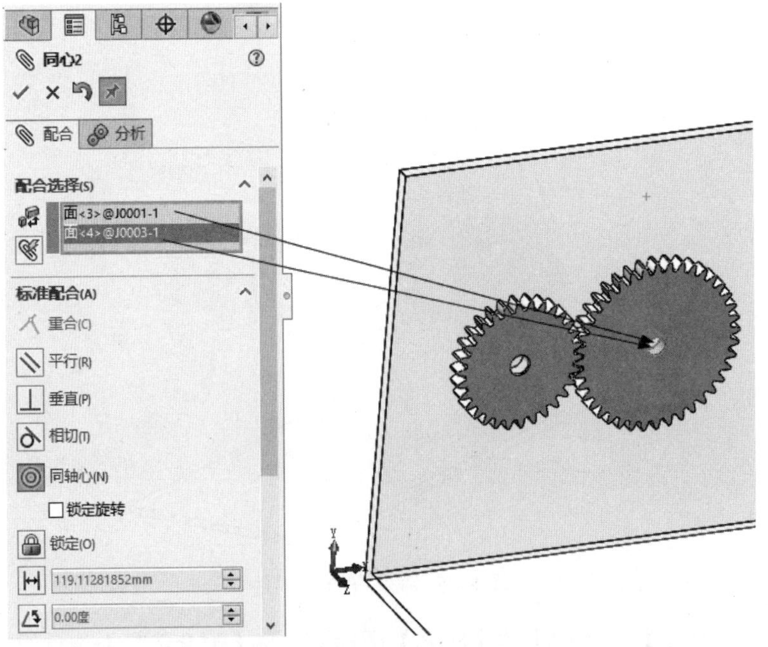

图 8-77　同轴配合（2）

（9）在【机械配合】选项组中选择【齿轮】选项，在【要配合的实体】选项中选择【J0002】小齿轮的内圆柱面和【J0003】大齿轮的内圆柱面，在【比率】文本框中输入 30mm：40mm，选中【反转】复选框，单击【确定】按钮，如图 8-78 所示。

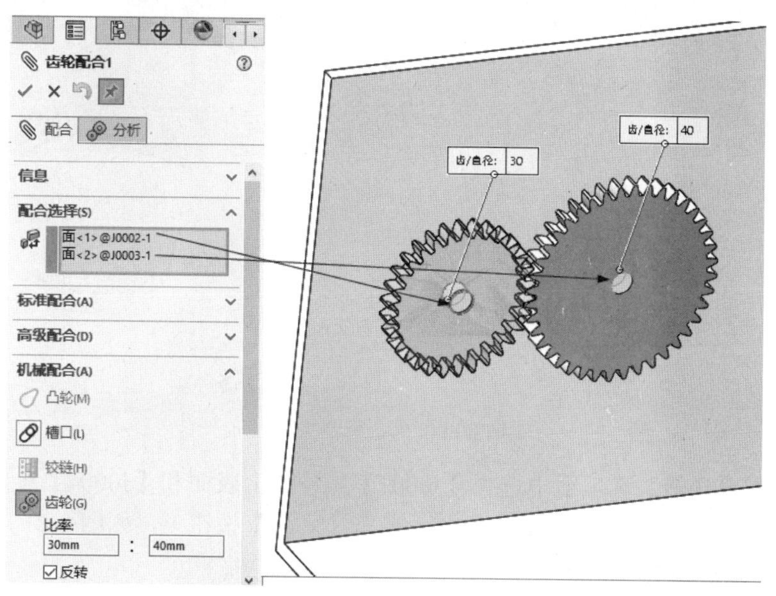

图 8-78　齿轮配合

3. 插入并配合第 4、5 个零件

（1）单击【装配体】工具栏中的【插入零部件】图标，在系统自动弹出的【打开】对话框中选择第 4 个要插入的零件【J0004】，单击【打开】按钮。

（2）在 SOLIDWORKS 装配体窗口合适位置单击放置第 4 个零件，如图 8-79 所示。

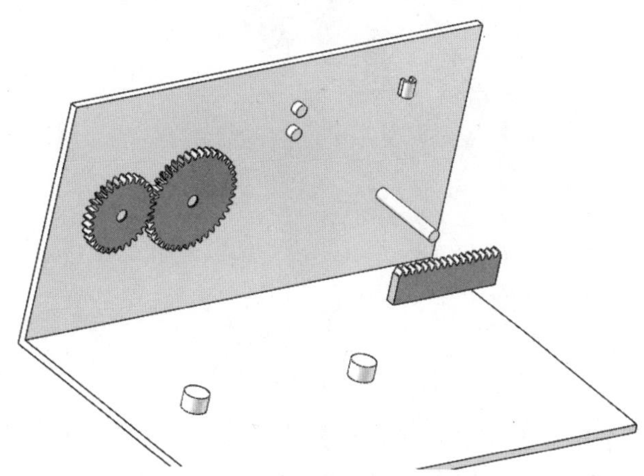

图 8-79　插入第 4 个零件

（3）单击【装配体】工具栏中的【配合】图标，在【配合选择】选项组中选择【J0001】零件的前表面和【J0004】零件的后表面，在【标准配合】选项组中选择【重合】选项，单击【确定】按钮，如图 8-80 所示。

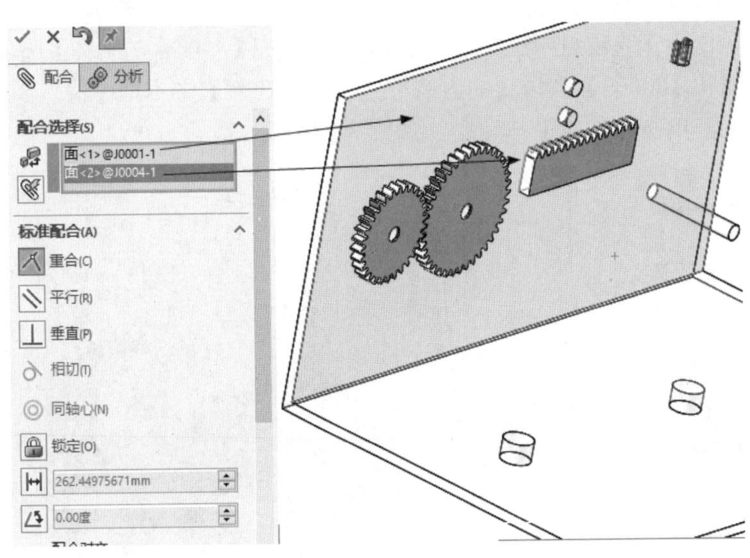

图 8-80　重合配合（3）

（4）在【配合选择】选项组中选择【J0001】零件的上表面和【J0004】零件的下表面，在【标准配合】选项组中选择【重合】选项，单击【确定】按钮，如图 8-81 所示。

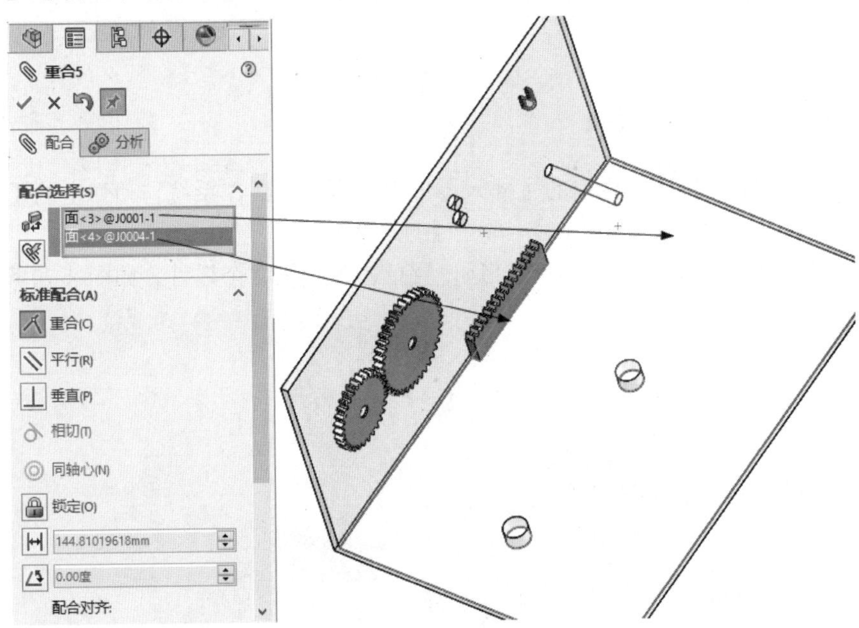

图 8-81　重合配合（4）

（5）在【标准配合】选项组中选择【距离】选项，在【距离】文本框中输入 200.00mm，在【配合选择】选项组中选择【J0001】零件的左侧面和【J0004】零件的左侧面，单击【确定】按钮，如图 8-82 所示。

（6）单击【装配体】工具栏中的【插入零部件】图标，在系统自动弹出的【打开】对话框中选择第 5 个要插入的零件【J0005】，单击【打开】按钮。

（7）在 SOLIDWORKS 装配体窗口合适位置单击放置第 5 个零件，如图 8-83 所示。

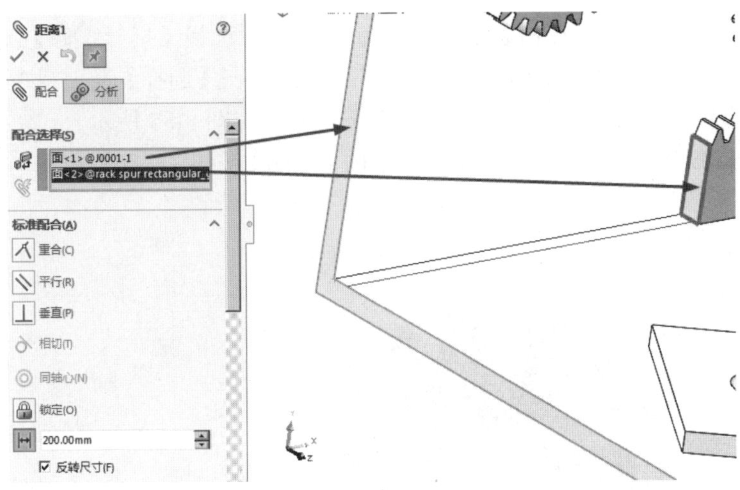

图 8-82　距离配合（1）

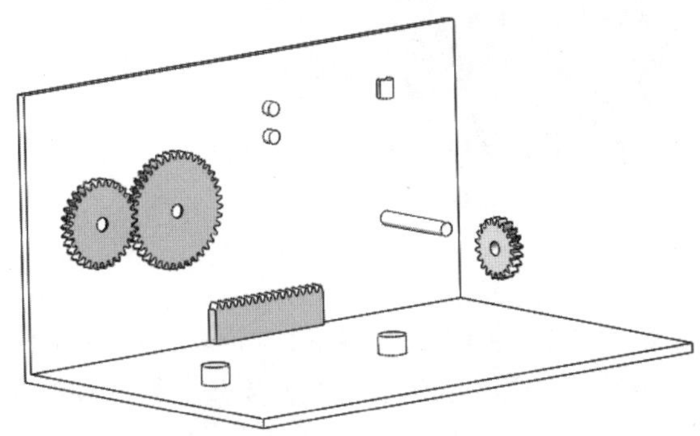

图 8-83　插入第 5 个零件

（8）单击【装配体】工具栏中的【配合】图标，在【配合选择】选项组中选择【J0001】零件的前表面和【J0005】零件的表面，在【标准配合】选项组中选择【重合】选项，单击【确定】按钮，如图 8-84 所示。

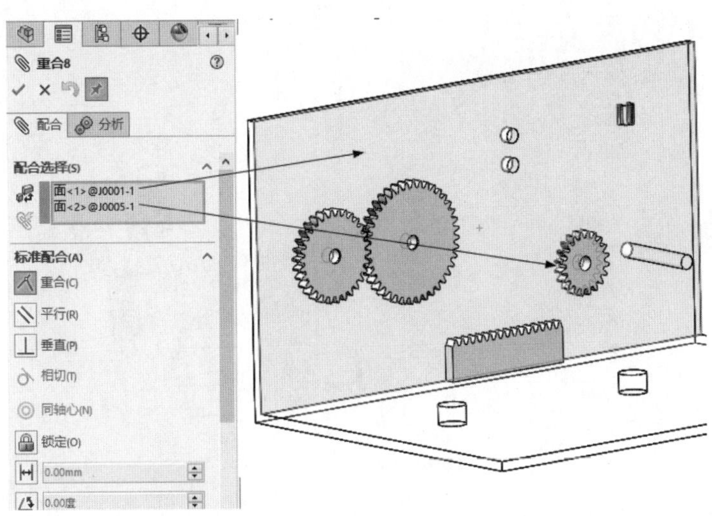

图 8-84　重合配合（5）

（9）单击【特征管理器设计树】中的【J0005】零件，选择【打开零件】选项，单击【特征】工具栏中的【参考几何体】图标下的【点】按钮，在【选择】选项组中选择【圆弧中心】选项，并选择齿轮的内圆边线，单击【确定】按钮，如图 8-85 所示。

（10）单击 SOLIDWORKS 零件界面右上角的【关闭】按钮，在弹出的对话框中单击【是】按钮，如图 8-86 所示。

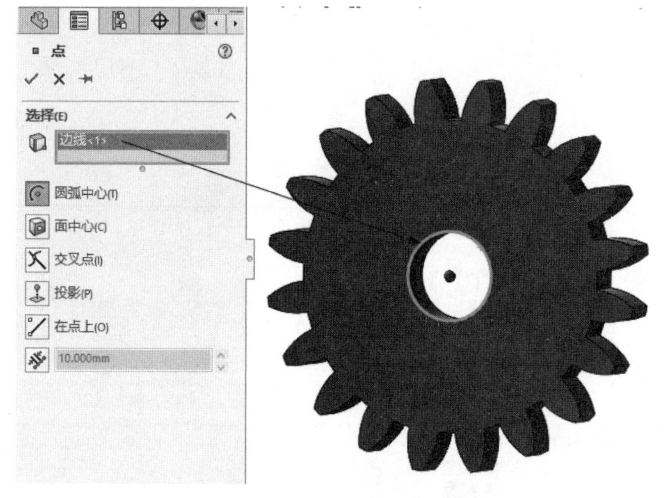

图 8-85　添加参考点

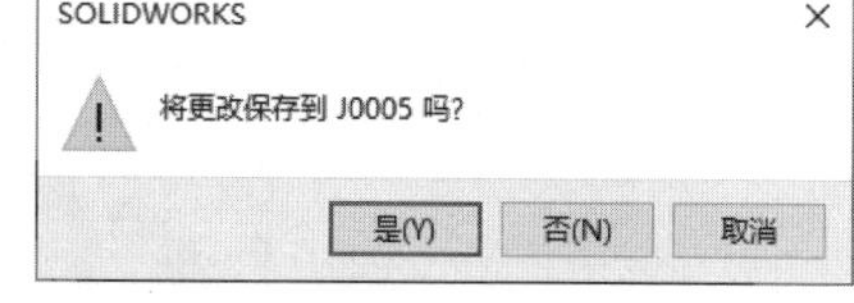

图 8-86　保存零件

（11）单击【装配体】工具栏中的【配合】图标，在【标准配合】选项组中选择【距离】选项，在【距离】文本框中输入 70.00mm，在【配合选择】选项组中选择【J0005】零件的新建参考点和【J0004】零件的下边，单击【确定】按钮，如图 8-87 所示。

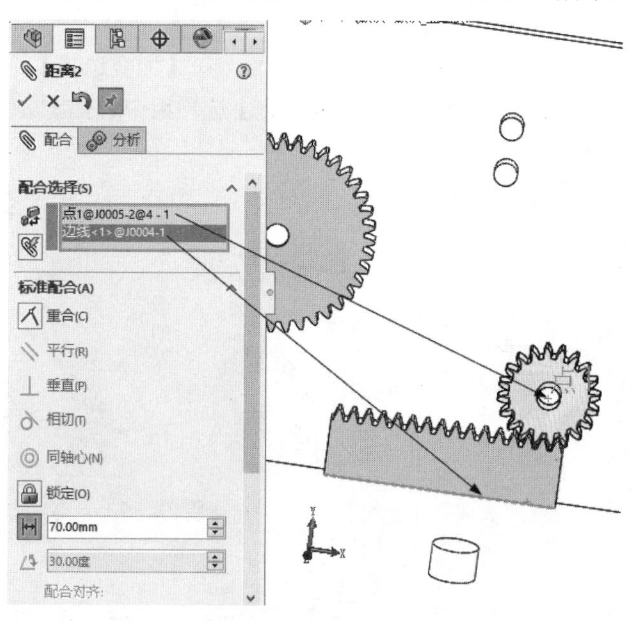

图 8-87　距离配合（2）

（12）单击【特征管理器设计树】中的【J0005】零件，选择【打开零件】选项，单击【J0005】

零件的前表面，使前视基准面成为草图 1 绘制平面。单击【视图定向】下拉图标中的【正视于】按钮，并单击【草图】工具栏中的【草图绘制】按钮，进入草图绘制状态。单击【草图】工具栏中的【圆】按钮，绘制草图 1，如图 8-88 所示。

（13）单击【草图】工具栏中的【智能尺寸】按钮，标注所绘制草图 1 的尺寸，双击左键退出草图，如图 8-89 所示。

图 8-88 绘制草图 1

∅60

图 8-89 标注草图 1 的尺寸

（14）单击 SOLIDWORKS 零件界面右上角的【关闭】按钮×，在弹出的对话框中单击【是】按钮，如图 8-90 所示。

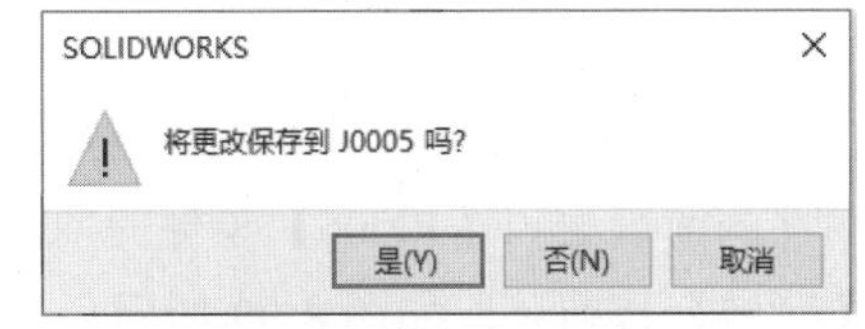

图 8-90 保存零件

（15）单击【装配体】工具栏中的【配合】图标，在【机械配合】选项组中选择【齿条小齿轮】选项，在【配合选择】选项组的【齿条】选项中选择【J0004】零件的下边线，在【小齿轮/齿轮】选项中选择【J0005】零件的分度圆，选中【小齿轮齿距直径】单选按钮，在文本框中输入 60mm，单击【确定】按钮，如图 8-91 所示。

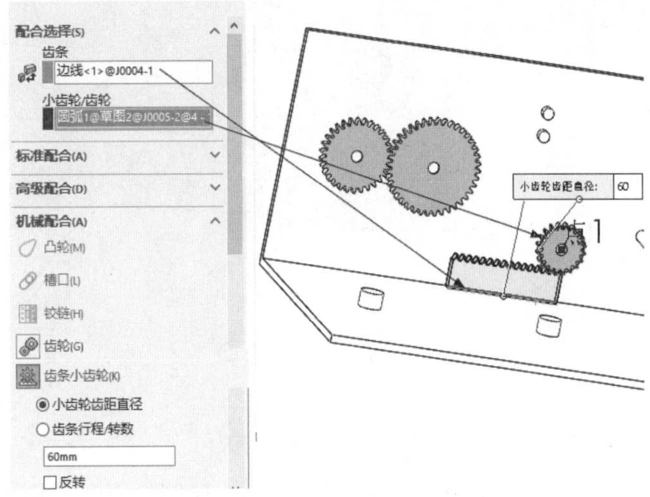

图 8-91 齿条小齿轮配合

4. 插入并配合第 6、7 个零件

（1）单击【装配体】工具栏中的【插入零部件】图标，在系统自动弹出的【打开】对话框中选择第 6 个要插入的零件【J0006】，单击【打开】按钮。

（2）在 SOLIDWORKS 装配体窗口合适位置单击放置第 6 个零件，如图 8-92 所示。

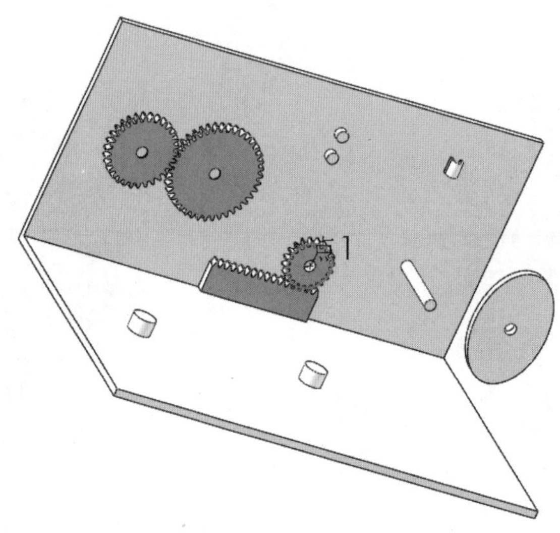

图 8-92　插入第 6 个零件

（3）单击【装配体】工具栏中的【配合】图标，在【配合选择】选项组中选择【J0001】零件的前表面和【J0006】零件的前表面，在【标准配合】选项组中选择【重合】选项，单击【确定】按钮，如图 8-93 所示。

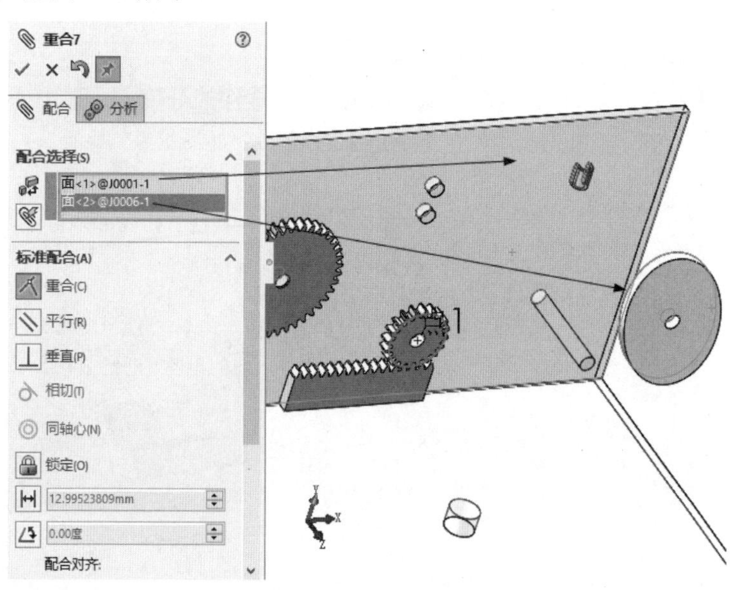

图 8-93　重合配合（6）

（4）在【配合选择】选项组中选择【J0001】零件右侧圆柱面和【J0006】凸轮零件内圆柱

面，在【标准配合】选项组中选择【同轴心】选项◎，取消选中【锁定旋转】复选框，单击【确定】按钮✓，如图 8-94 所示。

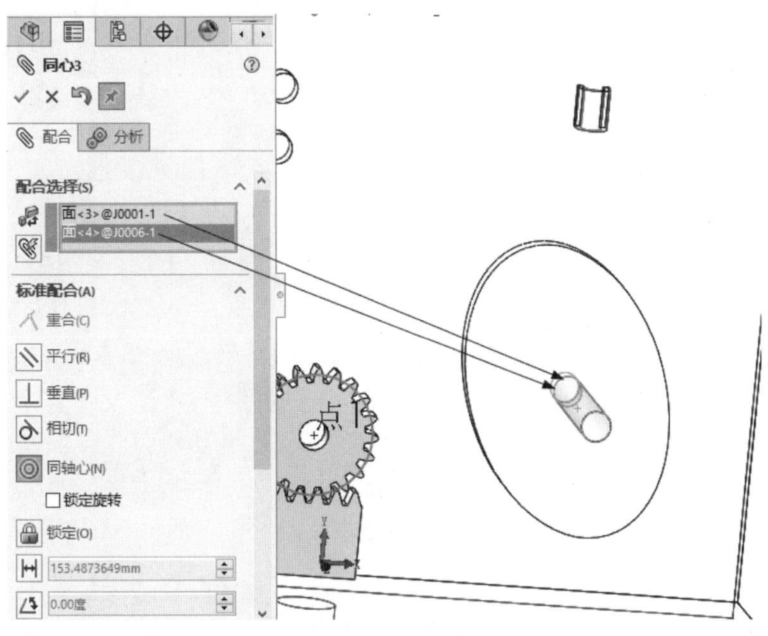

图 8-94　同轴心配合（1）

（5）单击【装配体】工具栏中的【插入零部件】图标，在系统自动弹出的【打开】对话框中选择第 7 个要插入的零件【J0007】，单击【打开】按钮。

（6）在 SOLIDWORKS 装配体窗口合适位置单击放置第 7 个零件，如图 8-95 所示。

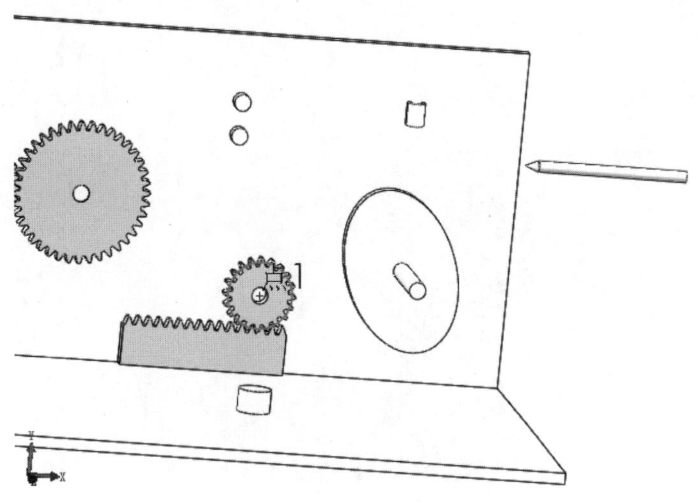

图 8-95　插入第 7 个零件

（7）单击【装配体】工具栏中的【配合】图标，在【配合选择】选项组中选择【J0001】零件的内圆柱面和【J0007】零件的外圆柱面，在【标准配合】选项组中选择【同轴心】选项◎，选中【锁定旋转】复选框，单击【确定】按钮✓，如图 8-96 所示。

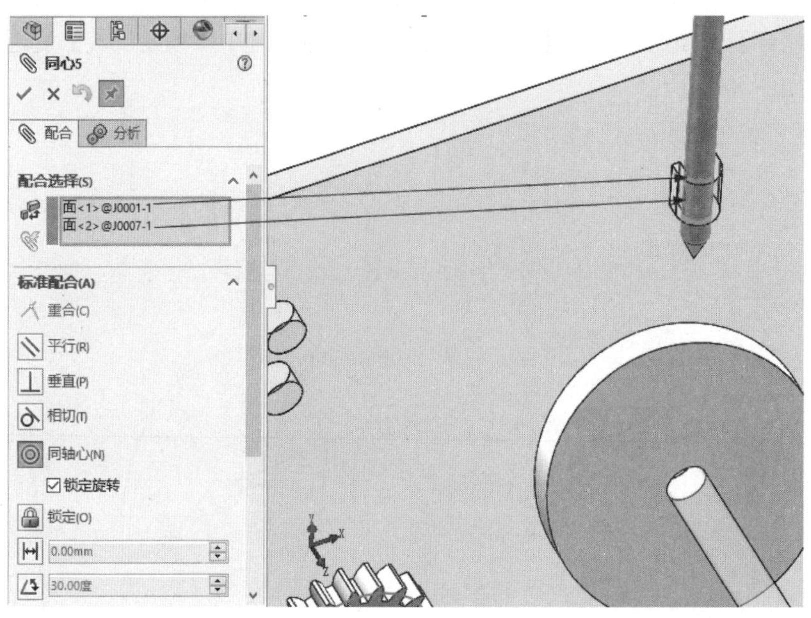

图 8-96　同轴心配合（2）

（8）在【机械配合】选项组中选择【凸轮】选项，在【配合选择】选项组中的【凸轮槽】选项中选择【J0006】零件的凸轮面，在【凸轮推杆】选项中选择【J0007】零件的尖点，单击【确定】按钮，如图 8-97 所示。

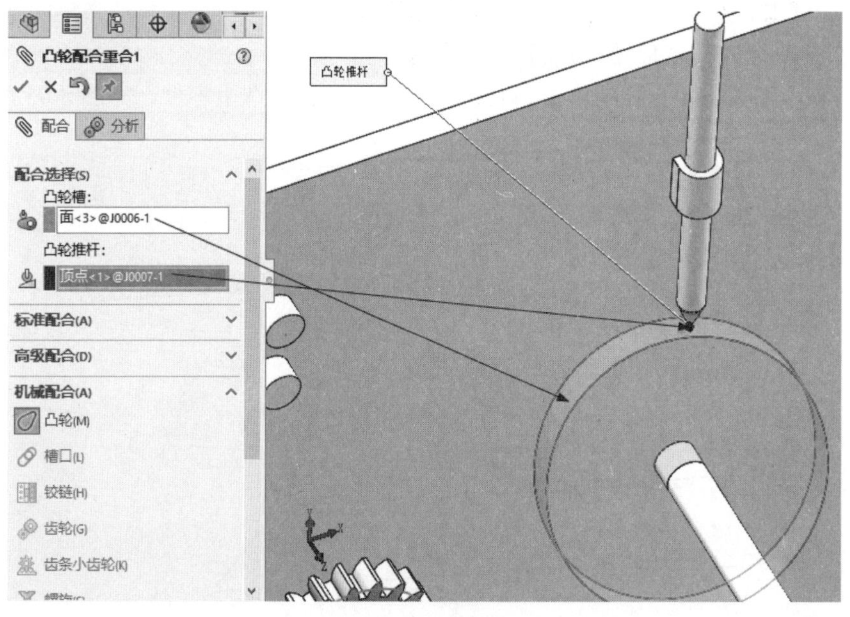

图 8-97　凸轮配合

5. 插入并配合第 8 个零件

（1）单击【装配体】工具栏中的【插入零部件】图标，在系统自动弹出的【打开】对话框中选择第 8 个要插入的零件【J0008】，单击【打开】按钮。

（2）在 SOLIDWORKS 装配体窗口合适位置单击放置第 8 个零件，如图 8-98 所示。

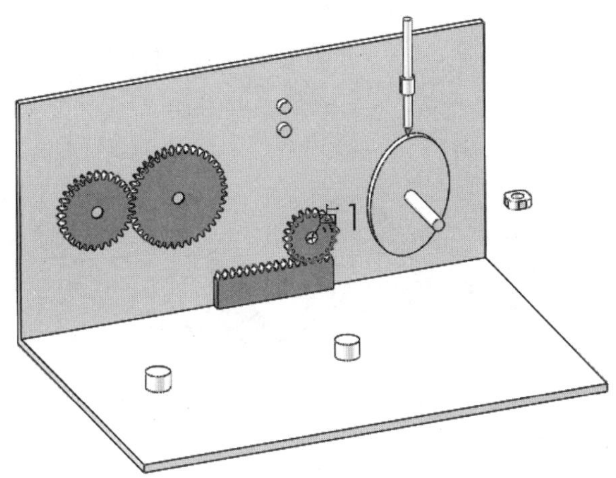

图 8-98　插入第 8 个零件

（3）单击【装配体】工具栏中的【配合】图标，在【配合选择】选项组中选择【J0001】零件的外圆柱面和【J0008】凸轮的内圆柱面，在【标准配合】选项组中选择【同轴心】选项，取消选中【锁定旋转】复选框，单击【确定】按钮，如图 8-99 所示。

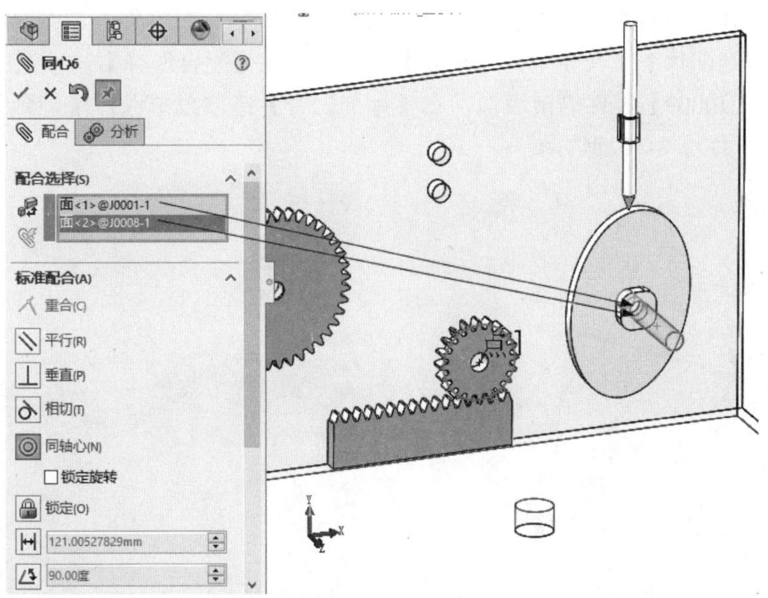

图 8-99　同轴心配合（3）

（4）在【机械配合】选项组中选择【螺旋】选项，在【配合选择】选项组中选择【J0001】零件的外圆柱面和【J0008】凸轮的内圆柱面，选中【距离/圈数】单选按钮，并在【距离/圈数】文本框中输入 5.00mm，激活【反转】选项，单击【确定】按钮，如图 8-100 所示。

6. 插入并配合第 9、10 个零件

（1）单击【装配体】工具栏中的【插入零部件】图标，在系统自动弹出的【打开】对话

框中选择第 9 个要插入的零件【J0009】，单击【打开】按钮。

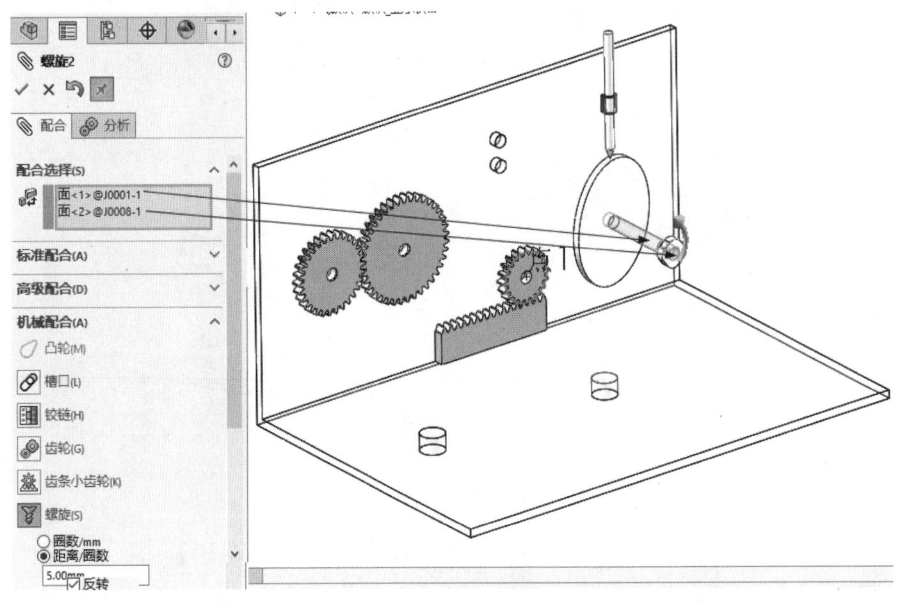

图 8-100　螺旋配合

（2）在 SOLIDWORKS 装配体窗口合适位置单击放置第 9 个零件，如图 8-101 所示。

（3）单击【装配体】工具栏中的【配合】图标，在【配合选择】选项组中选择【J0001】零件的前表面和【J0009】零件的前表面，在【标准配合】选项组中选择【重合】选项，单击【确定】按钮，如图 8-102 所示。

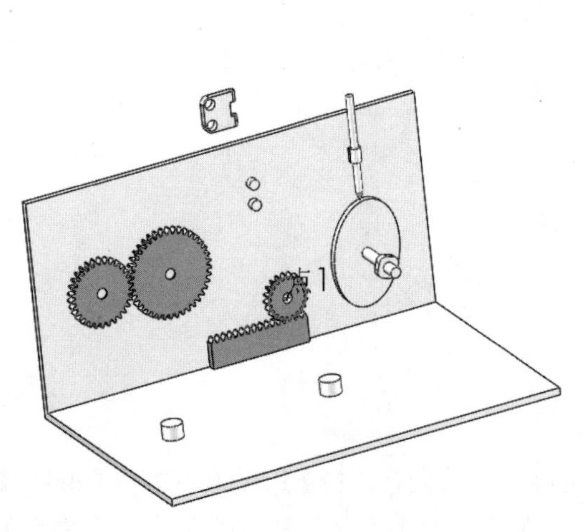

图 8-101　插入第 9 个零件

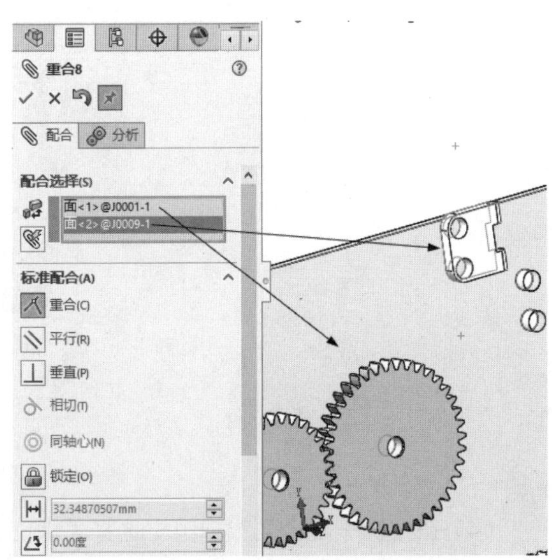

图 8-102　重合配合（7）

（4）在【配合选择】选项组中选择【J0001】零件上面外圆柱面和【J0009】零件上面内圆柱面，在【标准配合】选项组中选择【同轴心】选项，取消选中【锁定旋转】复选框，单击【确定】按钮，如图 8-103 所示。

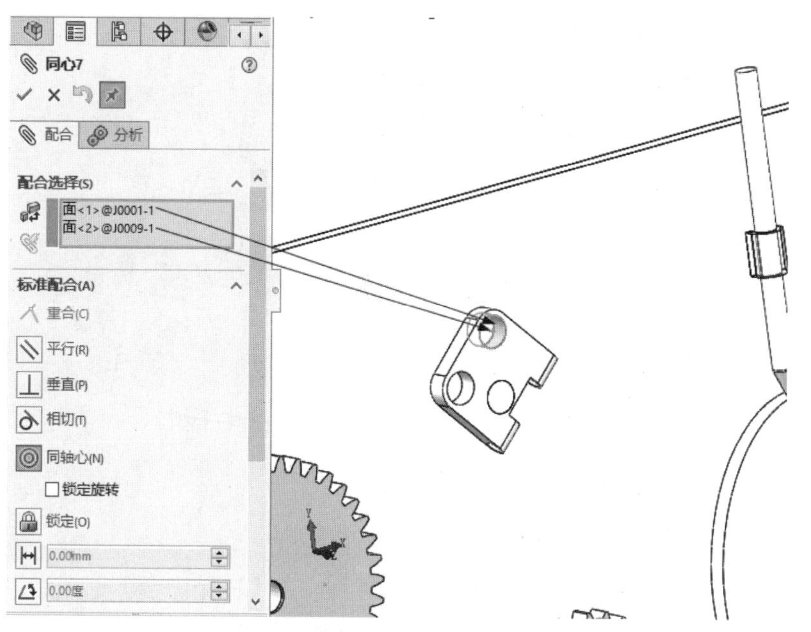

图 8-103　同轴心配合（4）

（5）在【配合选择】选项组中选择【J0001】零件下面外圆柱面和【J0009】零件下面内圆柱面，在【标准配合】选项组中选择【同轴心】选项，取消选中【锁定旋转】复选框，单击【确定】按钮，如图 8-104 所示。

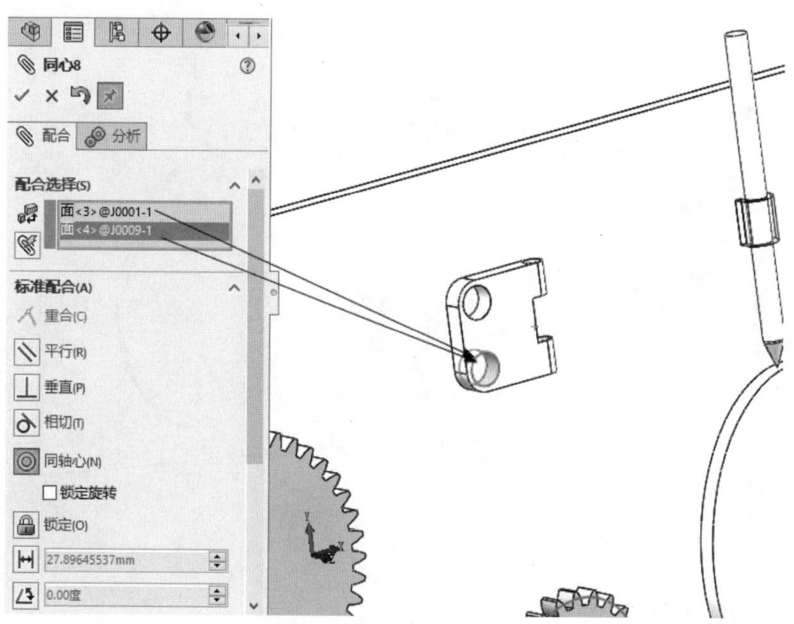

图 8-104　同轴心配合（5）

（6）单击【装配体】工具栏中的【插入零部件】图标，在系统自动弹出的【打开】对话框中选择第 10 个要插入的零件【J0010】，单击【打开】按钮。

（7）在 SOLIDWORKS 装配体窗口合适位置单击放置第 10 个零件，如图 8-105 所示。

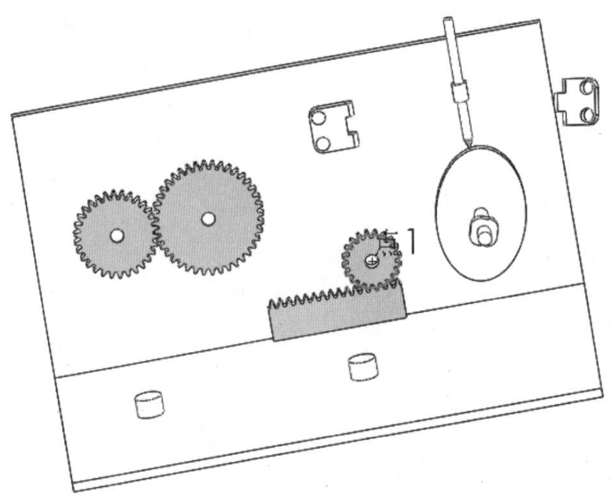

图 8-105　插入第 10 个零件

（8）单击【装配体】工具栏中的【配合】图标，在【机械配合】选项组中选择【铰链】选项，在【配合选择】选项组的【同轴心选择】中选择【J0009】零件和【J0010】零件的同心部分，在【重合选择】中选择【J0009】零件和【J0010】零件的重合部分，单击【确定】按钮，如图 8-106 所示。

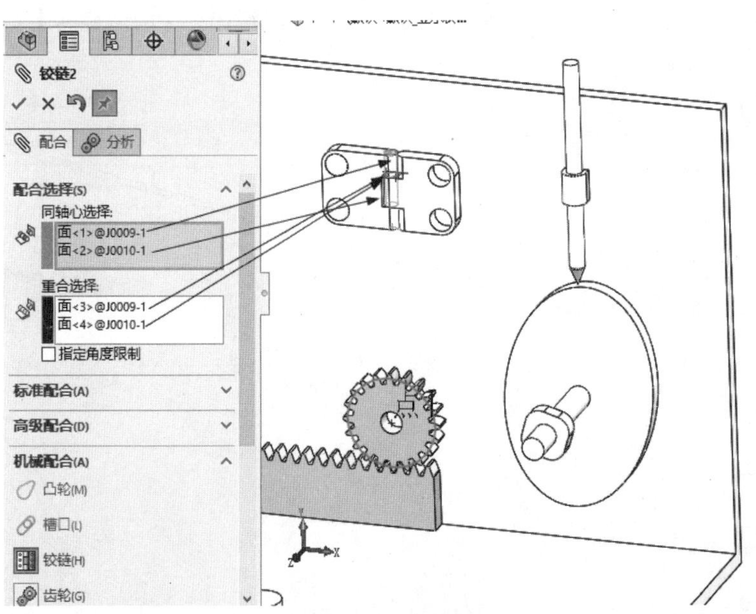

图 8-106　铰链配合

7. 插入并配合第 11 个零件

（1）单击【装配体】工具栏中的【插入零部件】图标，在系统自动弹出的【打开】对话框中选择第 11 个要插入的零件【J0011】，单击【打开】按钮。

（2）在 SOLIDWORKS 装配体窗口合适位置单击放置第 11 个零件，如图 8-107 所示。

（3）单击【装配体】工具栏中的【配合】图标，在【配合选择】选项组中选择【J0001】

零件的上表面和【J0011】零件的前表面，在【标准配合】选项组中选择【重合】选项，单击【确定】按钮，如图 8-108 所示。

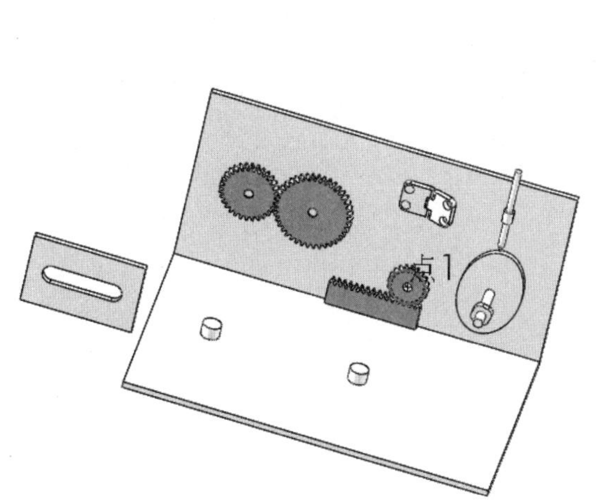

图 8-107 插入第 11 个零件

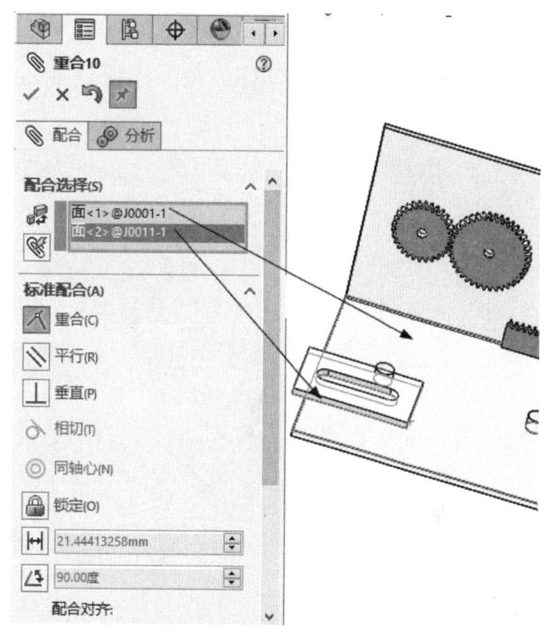

图 8-108 重合配合（8）

（4）在【机械配合】选项组中选择【槽口】选项，在【配合选择】选项组中选择【J0001】零件和【J0011】零件的槽口配合面，在【约束】选项中选择【自由】选项，单击【确定】按钮，如图 8-109 所示。

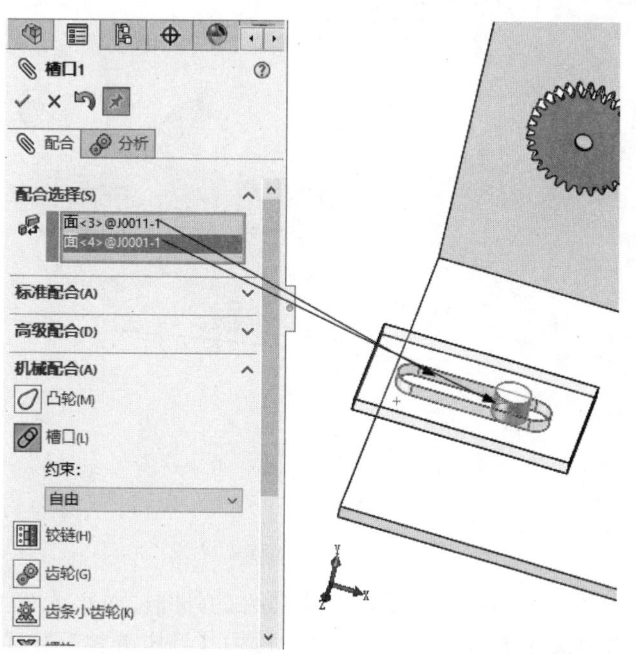

图 8-109 槽口配合

8. 插入并配合剩余零件

（1）单击【装配体】工具栏中的【插入零部件】图标，在系统自动弹出的【打开】对话框中选择第 12 个要插入的零件【J0013】，单击【打开】按钮。

（2）在 SOLIDWORKS 装配体窗口合适位置单击放置第 12 个零件，如图 8-110 所示。

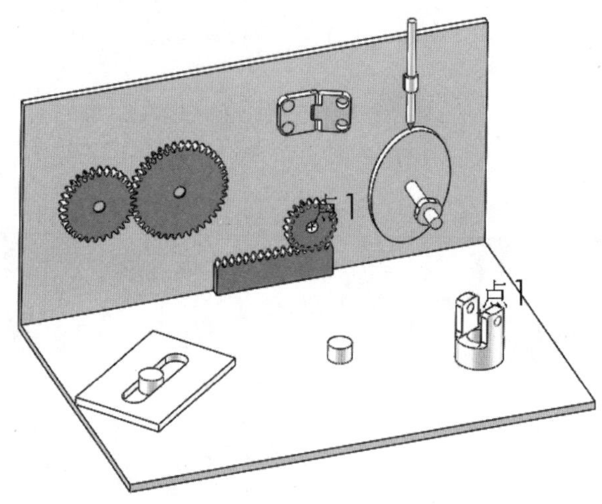

图 8-110 插入第 12 个零件

（3）单击【装配体】工具栏中的【配合】图标，在【配合选择】选项组中选择【J0001】零件的上表面和【J0013】零件的下表面，在【标准配合】选项组中选择【重合】选项，单击【确定】按钮，如图 8-111 所示。

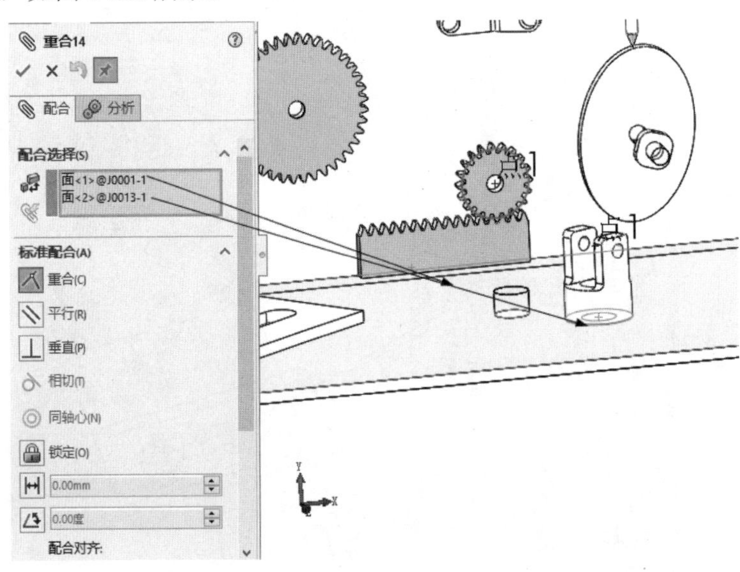

图 8-111 重合配合（9）

（4）在【配合选择】选项组中选择【J0001】零件的外圆柱面和【J0013】零件的内圆柱面，在【标准配合】选项组中选择【同轴心】选项，选中【锁定旋转】复选框，单击【确定】按钮，如图 8-112 所示。

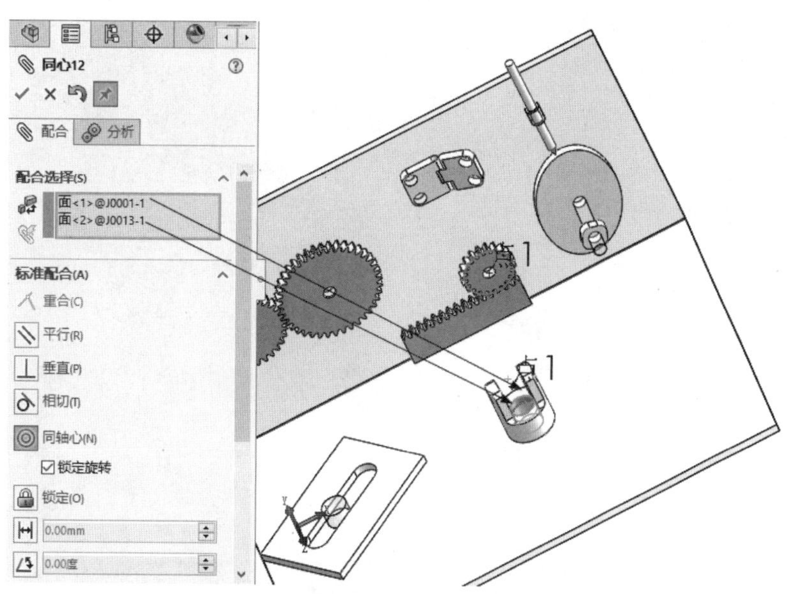

图 8-112　同轴心配合（6）

（5）单击【装配体】工具栏中的【插入零部件】图标，在系统自动弹出的【打开】对话框中选择第 13 个要插入的零件【J0012】，单击【打开】按钮。

（6）在 SOLIDWORKS 装配体窗口合适位置单击放置第 13 个零件，如图 8-113 所示。

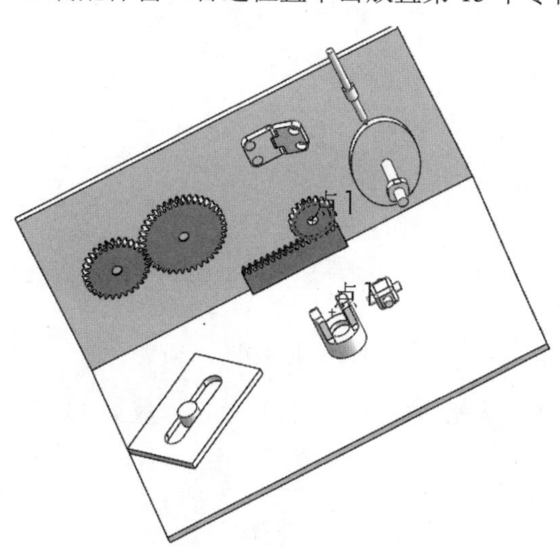

图 8-113　插入第 13 个零件

（7）在【配合选择】选项组中选择【J0013】零件耳朵内圆柱面和【J0012】零件的外圆柱面，在【标准配合】选项组中选择【同轴心】选项，取消选中【锁定旋转】复选框，单击【确定】按钮，如图 8-114 所示。

（8）在【配合选择】选项组中选择【J0013】零件的左侧内壁和【J0012】零件的左侧面，在【标准配合】选项组中选择【重合】选项，单击【确定】按钮，如图 8-115 所示。

（9）单击【装配体】工具栏中的【插入零部件】图标，在系统自动弹出的【打开】对话框中选择第 14 个要插入的零件【J0013】，单击【打开】按钮。

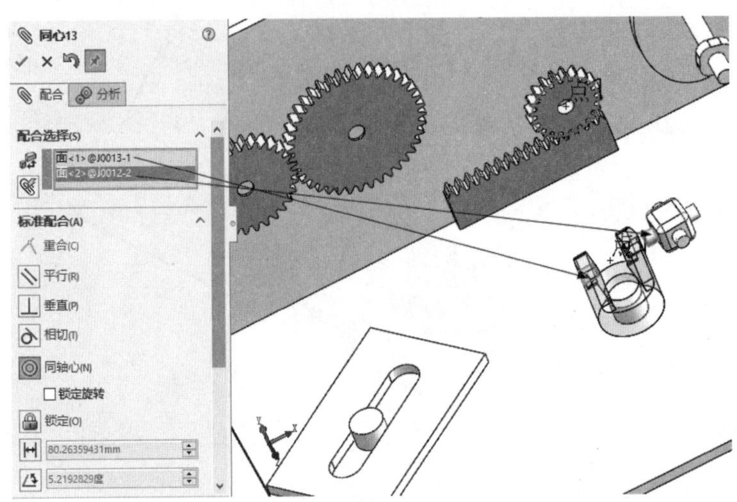

图 8-114　同轴心配合（7）

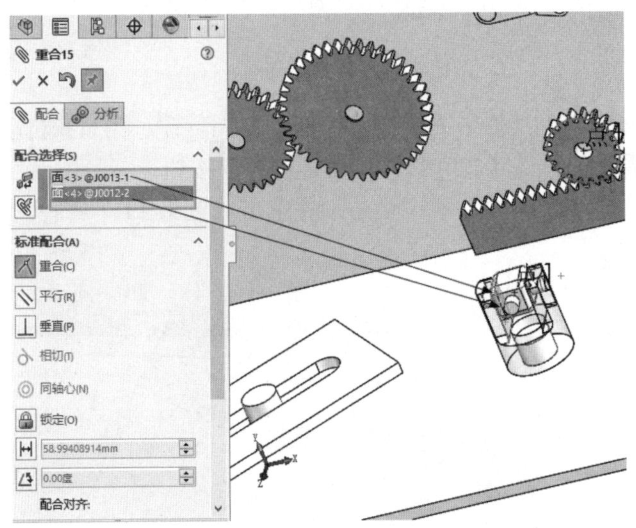

图 8-115　重合配合（10）

（10）在 SOLIDWORKS 装配体窗口合适位置单击放置第 14 个零件，如图 8-116 所示。

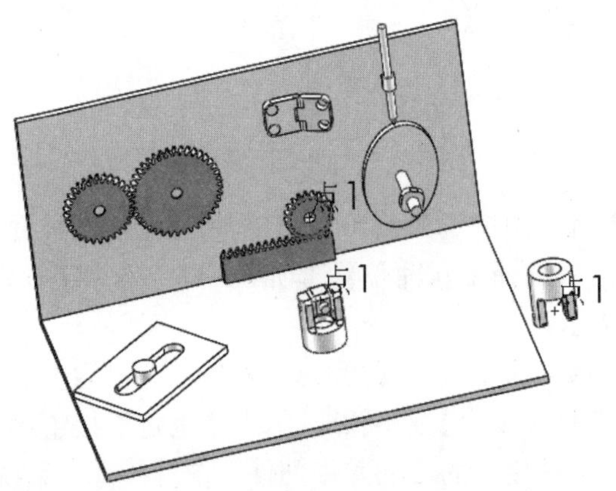

图 8-116　插入第 14 个零件

（11）在【配合选择】选项组中选择【J0013】零件耳朵内圆柱面和【J0012】零件的外圆柱面，在【标准配合】选项组中选择【同轴心】选项，取消选中【锁定旋转】复选框，单击【确定】按钮，如图 8-117 所示。

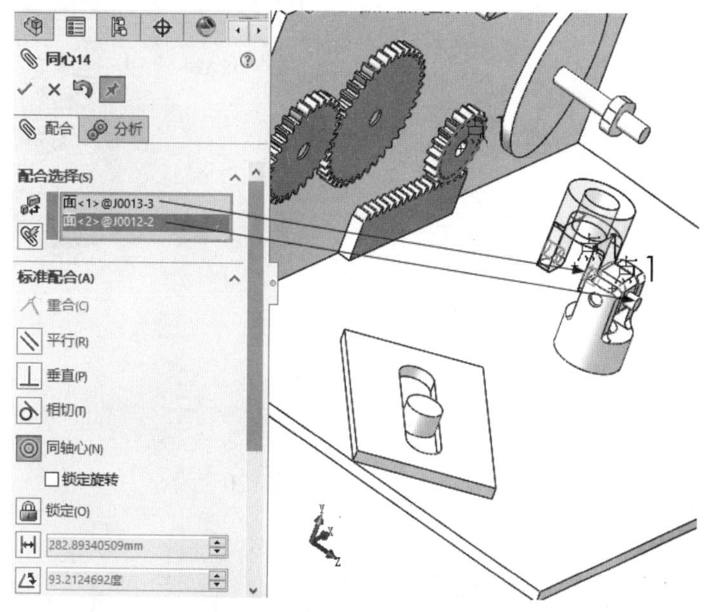

图 8-117　同轴心配合（8）

（12）在【配合选择】选项组中选择【J0013】零件的左侧内壁和【J0012】零件的左侧面，在【标准配合】选项组中选择【重合】选项，单击【确定】按钮，如图 8-118 所示。

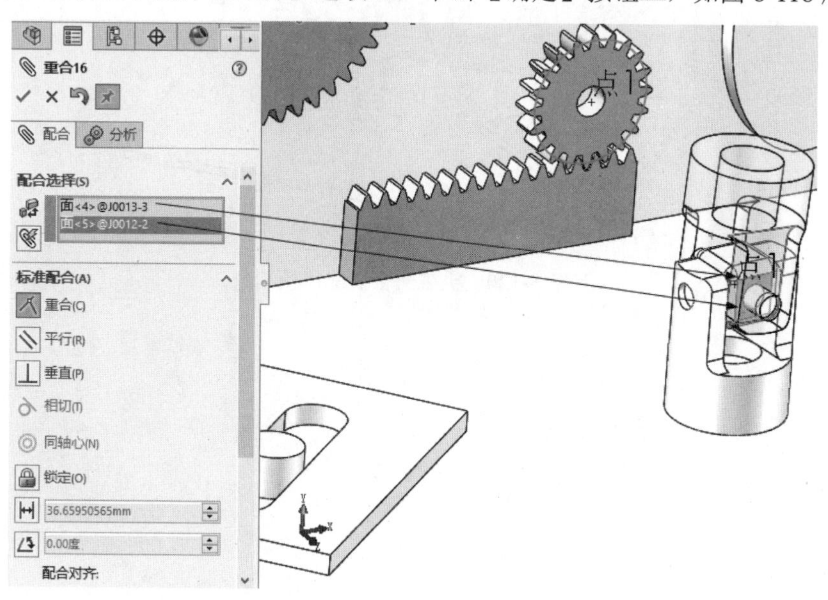

图 8-118　重合配合（11）

（13）在【配合选择】选项组中选择两个【J0013】零件的外圆柱面，选中【定义连接点】复选框，在【定义连接点】选项中选择图示点，单击【确定】按钮，如图 8-119 所示。

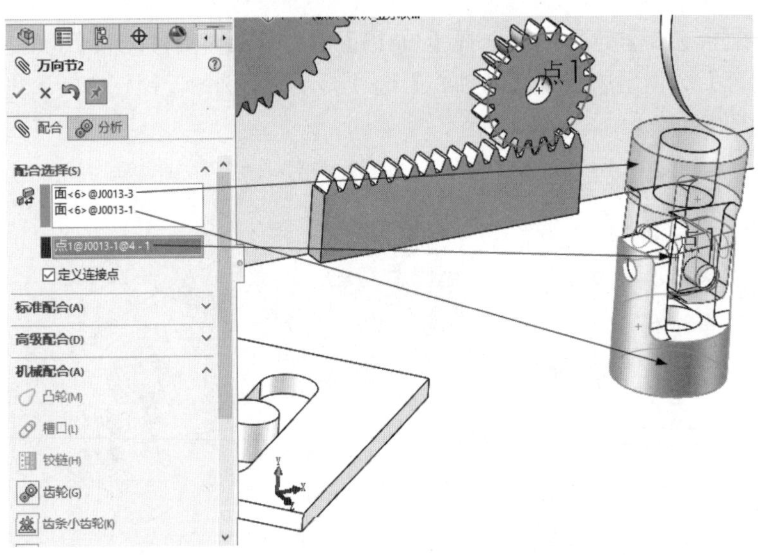

图 8-119　万向节配合

至此，机械配合装配体模型已经绘制完成，如图 8-120 所示。

图 8-120　机械配合装配体模型

第 9 章　工程图设计

本章导读

工程图是用来表达三维模型的二维图样，通常包含一组视图、完整的尺寸、技术要求、标题栏等内容。在工程图设计中，可以利用 SOLIDWORKS 设计的实体零件和装配体直接生成所需视图，也可以基于现有的视图生成新的视图。

9.1　工程图概述

工程图是产品设计的重要技术文件，一方面体现了设计成果；另一方面也是指导生产的参考依据。在产品的生产制造过程中，工程图还是设计人员进行交流和提高工作效率的重要工具，是工程界的技术语言。SOLIDWORKS 提供了强大的工程图设计功能，用户可以很方便地借助于零部件或者装配体三维模型生成所需的各个视图，包括剖视图、局部放大视图等。

SOLIDWORKS 在工程图与零部件或者装配体三维模型之间提供全相关的功能，即对零部件或者装配体三维模型进行修改时，所有相关的工程视图将自动更新以反映零部件或者装配体的形状和尺寸变化；反之，当在一个工程图中修改零部件或者装配体尺寸时，系统也自动将相关的其他工程视图及三维零部件或者装配体中相应结构的尺寸进行更新。

9.2　工程图基本设置

9.2.1　工程图文件

工程图文件是 SOLIDWORKS 设计文件的一种。在一个 SOLIDWORKS 工程图文件中，可以包含多张图纸，这使得用户可以利用同一个文件生成一个零件的多张图纸或者多个零件的工程图，如图 9-1 所示。

工程图文件窗口可以分成两部分。左侧区域为文件的管理区域，显示了当前文件的所有图纸、图纸中包含的工程视图等内容；右侧图纸区域可以认为是传统意义上的图纸，包含了图纸格式、工程视图、尺寸、注解、表格等工程图样所必需的内容。

1. 设置多张工程图纸

在工程图文件中可以随时添加多张图纸，有以下两种方法。

☑ 选择【插入】|【图纸】菜单命令，生成新的图纸。

☑ 在【特征管理器设计树】中右击如图 9-2 所示的图纸图标，在弹出的快捷菜单中选择【添加图纸】命令，生成新的图纸。

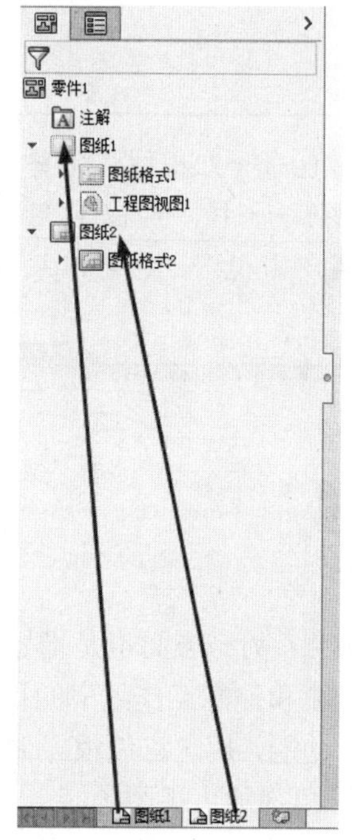

图 9-1 工程图文件中的多张图纸

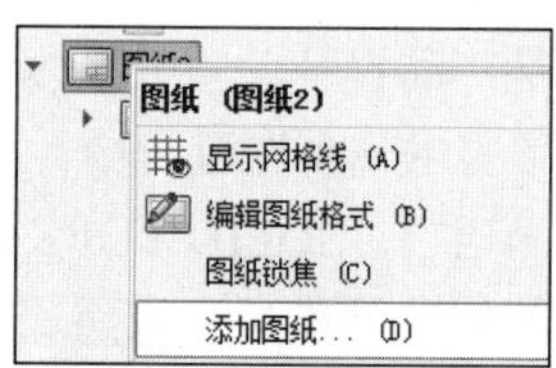

图 9-2 快捷菜单（1）

2. 激活图纸

如果需要激活图纸，可以采用如下方法之一。

☑ 在图纸区域下方单击要激活的图纸的图标。

☑ 右击图纸区域下方要激活的图纸的图标，在弹出的快捷菜单中选择【激活】命令，如图 9-3 所示。

☑ 右击【特征管理器设计树】中的图纸图标，在弹出的快捷菜单中选择【激活】命令，如图 9-4 所示。

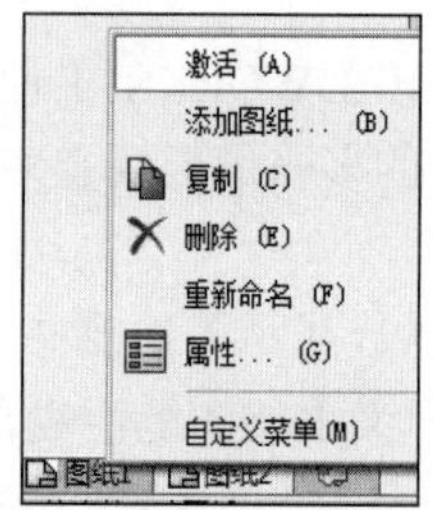

图 9-3 快捷菜单（2）

图 9-4 快捷菜单（3）

9.2.2　线型和图层

利用【线型】工具栏可以对工程视图的线型和图层进行设置。

1. 线型设置

对于视图中图线的线色、线粗、线型、颜色显示模式等，可以利用【线型】工具栏（见图 9-5）进行设置。

☑ 【图层属性】：设置图层属性（如颜色、厚度、样式等），将实体移动到图层中，然后为新的实体选择图层。

☑ 【线色】：可以对图线颜色进行设置。

☑ 【线粗】：单击该按钮，会弹出如图 9-6 所示的【线粗】菜单，可以对图线粗细进行设置。

☑ 【线条样式】：单击该按钮，会弹出如图 9-7 所示的【线条样式】菜单，可以对图线样式进行设置。

图 9-5　【线型】工具栏

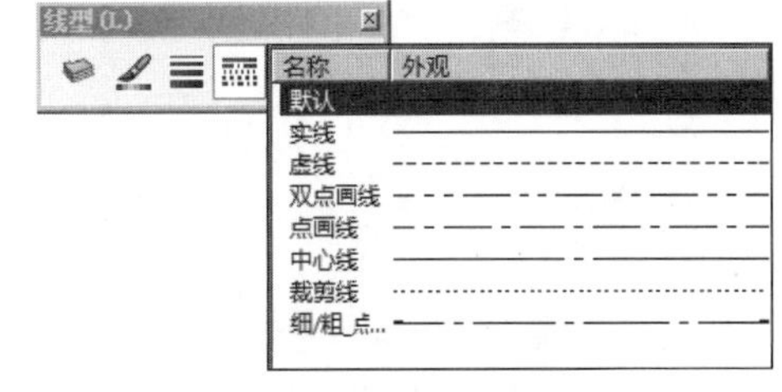

图 9-6　【线粗】菜单　　图 9-7　【线条样式】菜单

☑ 【颜色显示模式】：单击该按钮，线色会在所设置的颜色中进行切换。

在工程图中如果需要对线型进行设置，一般在绘制草图实体之前，先利用【线型】工具栏中的【线色】【线粗】【线条样式】按钮对将要绘制的图线设置所需的格式，可以使被添加到工程图中的草图实体均使用指定的线型格式，直到重新设置另一种格式为止。

2. 图层

在工程图文件中，可以根据用户需求建立图层，并为每个图层上生成的新实体指定线条颜色、线条粗细和线条样式。创建好工程图的图层后，可以分别为每个尺寸、注解、表格和视图标号等局部视图选择不同的图层设置。例如，可以创建两个图层，将其中一个分配给直径尺寸，另一个分配给表面粗糙度注解。

尺寸和注解（包括注释、区域剖面线、块、折断线、局部视图图标、剖面线及表格等）可以被移动到图层上并使用图层指定的颜色，草图实体使用图层的所有属性。【图层】工具栏如图 9-8 所示。

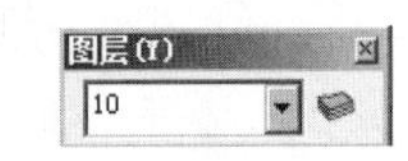

图 9-8　【图层】工具栏

如果将*.DXF 或者*.DWG 文件输入 SOLIDWORKS 工程图中，会自动生成图层。在最初生成*.DXF 或者*.DWG 文件的系统中指定的图层信息（如名称、属性和实体位置等）将被保留。

如果输出带有图层的工程图作为*.DXF 或者*.DWG 文件，则图层信息包含在文件中。当在目标系统中打开文件时，实体都位于相同图层上，并且具有相同的属性，除非使用映射功能将实体重新导向新的图层。

在工程图中，单击【图层】工具栏中的【图层属性】按钮，可以进行相关的图层操作。

（1）建立图层

❶ 在工程图中，单击【线型】工具栏中的【图层属性】按钮，弹出如图 9-9 所示的【图层】对话框。

❷ 单击【新建】按钮，输入新图层的名称。

❸ 更改图层默认图线的颜色、样式和粗细等。单击【颜色】下的方框，弹出【颜色】对话框，可以选择或者设置颜色，如图 9-10 所示；单击【样式】下的图线，在弹出的菜单中选择图线样式，如图 9-11 所示；单击【厚度】下的直线，在弹出的菜单中选择图线粗细，如图 9-12 所示。

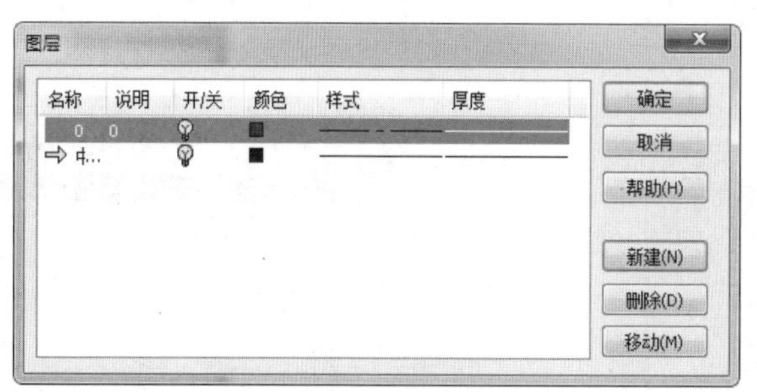

图 9-9 【图层】对话框

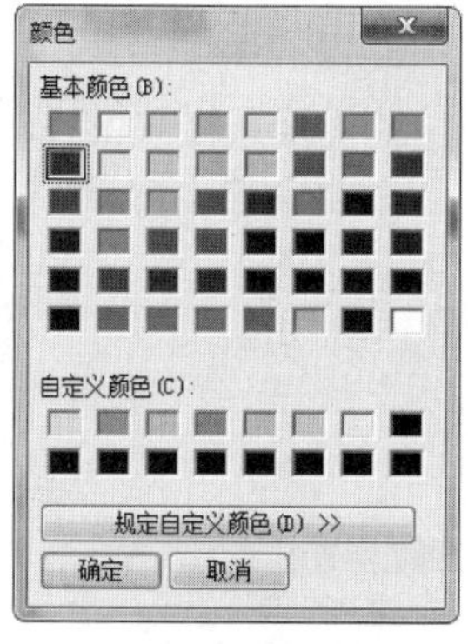

图 9-10 【颜色】对话框

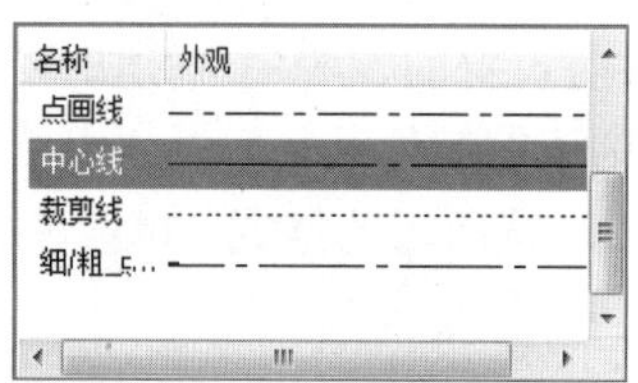

图 9-11 选择图线样式

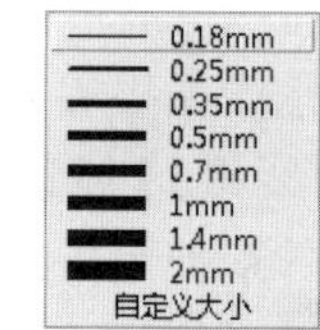

图 9-12 选择图线粗细

❹ 单击【确定】按钮，可以为文件建立新的图层。

（2）图层操作

☑ ⇨ 图标所指示的图层为激活的图层。如果要激活图层，单击图层左侧，则所添加的新实体会出现在激活的图层中。

☑ 💡 图标表示图层打开或者关闭的状态。当灯泡为黄色时，图层可见。单击某一图层的 💡 图标时，则可以显示或者隐藏该图层。

❶ 如果要删除图层，选择图层，然后单击【删除】按钮。

❷ 如果要移动实体到激活的图层，选择工程图中的实体，然后单击【移动】按钮，即可将其移动至激活的图层。

❸ 如果要更改图层名称，单击图层名称，输入所需的新名称即可。

9.2.3 图纸格式

当生成新的工程图时，必须选择图纸格式。图纸格式可以采用标准图纸格式，也可以自定义和修改图纸格式。通过对图纸格式的设置，有助于生成具有统一格式的工程图。

图纸格式主要用于保存图纸中相对不变的部分，如图框、标题栏和明细栏等。

1. 标准图纸格式

SOLIDWORKS 提供了各种标准图纸大小的图纸格式。可以在【图纸属性】对话框的【标准图纸大小】列表框中进行选择。其中 A 格式相当于 A4 规格的纸张尺寸，B 格式相当于 A3 规格的纸张尺寸，可以依此类推。单击【浏览】按钮，可以加载用户自定义的图纸格式。

2. 编辑图纸格式

生成一个工程图文件后，可以随时对图纸大小、图纸格式、绘图比例、投影类型等图纸细节进行修改。

在【特征管理器设计树】中，右击图标，或者在工程图纸的空白区域右击，在弹出的快捷菜单中选择【属性】命令，如图 9-13 所示，弹出【图纸属性】对话框，如图 9-14 所示。

图 9-13 快捷菜单

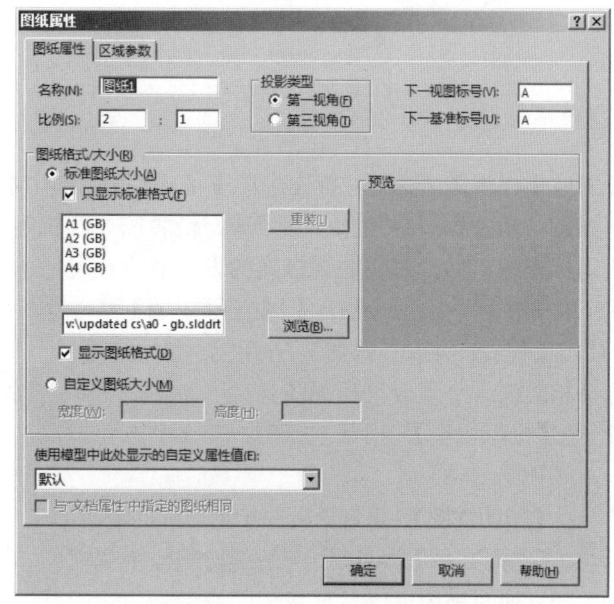

图 9-14 【图纸属性】对话框

【图纸属性】对话框中各选项如下。

- ☑ 【投影类型】：为标准三视图投影选择【第一视角】或者【第三视角】（国标采用【第一视角】）。
- ☑ 【下一视图标号】：指定将使用在下一个剖面视图或者局部视图的字母。
- ☑ 【下一基准标号】：指定要用作下一个基准特征符号的英文字母。
- ☑ 【使用模型中此处显示的自定义属性值】：如果在图纸上显示了一个以上的模型，且工程图中包含链接模型自定义属性的注释，则选择希望使用到的属性所在的模型视图；如果没有另外指定，则将使用插入图纸的第一个视图中的模型属性。

9.3 生成工程视图

工程视图是指在图纸中生成的所有视图。在 SOLIDWORKS 中，用户可以根据需要生成各种零件模型的表达视图，如投影视图、剖面视图、局部视图、轴测视图等，如图 9-15 所示。

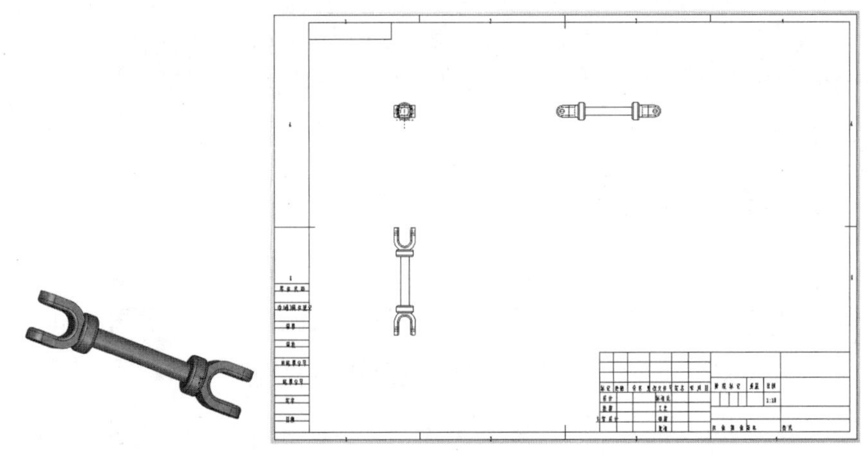

图 9-15　工程视图

在生成工程视图之前，应首先生成零部件或者装配体的三维模型，然后根据此三维模型考虑和规划视图，如工程图由几个视图组成、是否需要剖视等，最后再生成工程视图。

新建工程图文件，完成图纸格式的设置后，就可以生成工程视图了。选择【插入】|【工程视图】菜单命令，弹出工程视图菜单，如图 9-16 所示，根据需要，可以选择相应的命令生成工程视图。

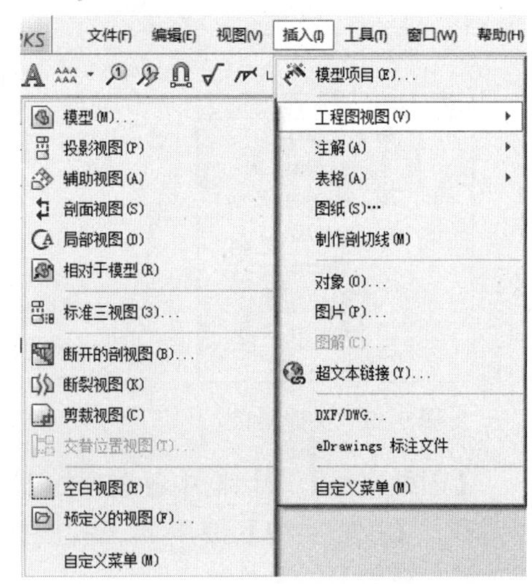

图 9-16　工程视图菜单

☑ 【投影视图】：指从主、俯、左 3 个方向插入视图。

☑ 【辅助视图】：垂直于所选参考边线的视图。

☑ 【剖面视图】：可以用一条剖切线分割父视图，剖面视图可以是直切剖面或者是用阶梯剖切线定义的等距剖面。

☑ 【局部视图】：通常是以放大比例显示一个视图的某个部分。

☑ 【相对于模型】：正交视图，由模型中两个直交面或者基准面及各自的具体方位的规格定义。

☑ 【标准三视图】：前视视图为模型视图，其他两个视图为投影视图，使用在图纸属性

中所指定的第一视角或者第三视角投影法。

☑ 【断开的剖视图】：是现有工程视图的一部分，而不是单独的视图。可以用闭合的轮廓（通常是样条曲线）定义断开的剖视图。

☑ 【断裂视图】：可以将工程图视图以较大比例显示在较小的工程图纸上。

☑ 【剪裁视图】：除了局部视图、已用于生成局部视图的视图或者爆炸视图，用户可以根据需要裁剪任何工程视图。

9.3.1　标准三视图

标准三视图可以生成 3 个默认的正交视图，其中主视图方向为零件或者装配体的前视，投影类型则按照图纸格式设置的第一视角或者第三视角投影法。

在标准三视图中，主视图、俯视图及左视图有固定的对齐关系。主视图与俯视图长度方向对齐，主视图与左视图高度方向对齐，俯视图与左视图宽度相等。俯视图可以竖直移动，左视图可以水平移动。

要设置标准三视图的属性，则单击【工程图】工具栏中的【标准三视图】按钮（或者选择【插入】|【工程视图】|【标准三视图】菜单命令），在属性管理器中弹出【标准三视图】属性管理器，如图 9-17 所示，指针变为形状。

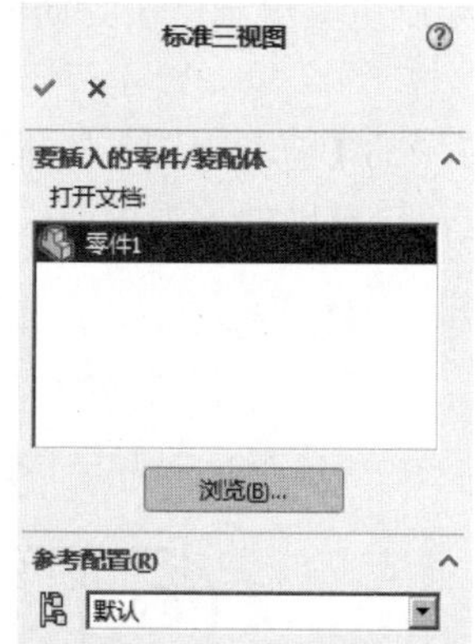

图 9-17　【标准三视图】属性管理器

9.3.2　投影视图

投影视图是根据已有视图利用正交投影生成的视图。投影视图的投影方法是根据在【图纸属性】对话框中所设置的第一视角或者第三视角投影类型而确定。

要设置投影视图的属性，则单击【工程图】工具栏中的【投影视图】按钮（或者选择【插入】|【工程视图】|【投影视图】菜单命令），在属性管理器中弹出【投影视图】属性管理器，如图 9-18 所示，指针变为形状。

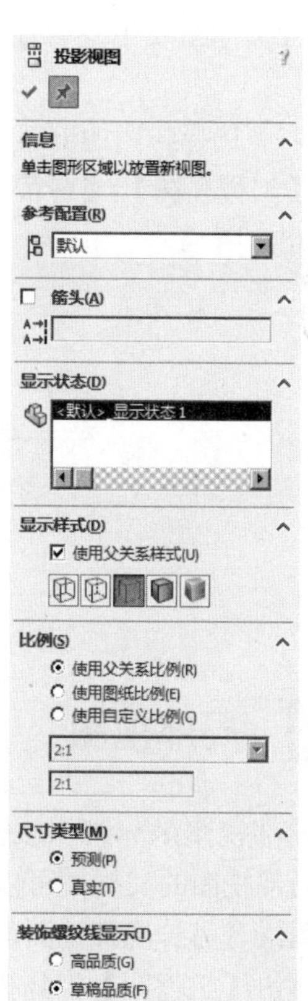

图 9-18　【投影视图】属性管理器

1.【箭头】选项组

【标号】：表示按相应父视图的投影方向得到的投影视图的名称。

2.【显示样式】选项组

【使用父关系样式】：取消选中此复选框，可以选择与父视图不同的显示样式，显示样式包括【线架图】、【隐藏线可见】、【消除隐藏线】、【带边线上色】和【上色】。

3.【比例】选项组

☑ 【使用父关系比例】：可以应用为父视图所使用的相同比例。
☑ 【使用图纸比例】：可以应用为工程图图纸所使用的相同比例。
☑ 【使用自定义比例】：可以根据需要应用自定义的比例。

9.3.3 剪裁视图

剪裁视图通过隐藏除了所定义区域之外的所有内容而集中于工程图视图的某部分。未剪裁的部分使用草图（通常是样条曲线或其他闭合的轮廓）进行闭合。生成剪裁视图的操作步骤如下。

（1）新建工程图文件，生成零部件模型的工程视图。

（2）单击要生成剪裁视图的工程视图，使用草图绘制工具绘制一条封闭的轮廓，如图 9-19 所示。

（3）选择封闭的剪裁轮廓，单击【工程图】工具栏中的【剪裁视图】按钮（或者选择【插入】|【工程视图】|【剪裁视图】菜单命令）。此时，剪裁轮廓以外的视图消失，生成剪裁视图，如图 9-20 所示。

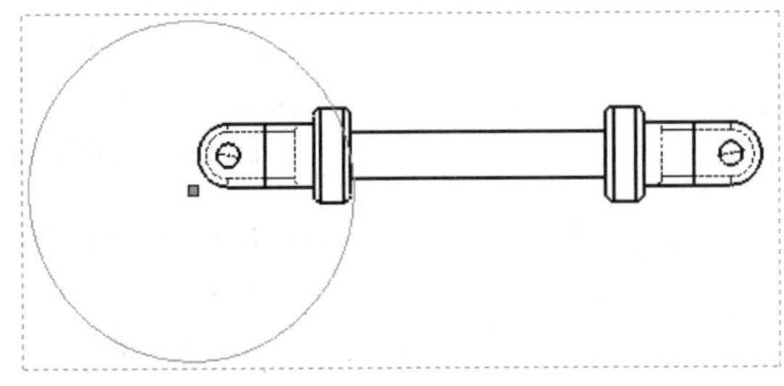

图 9-19 绘制剪裁轮廓

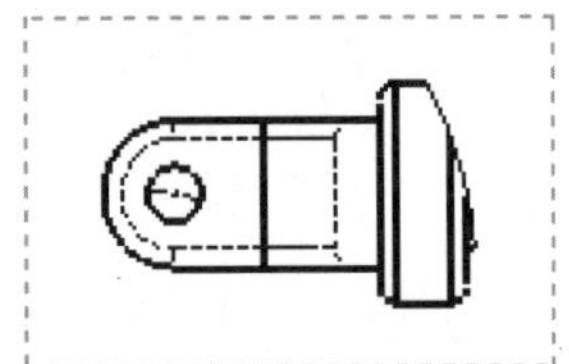

图 9-20 生成剪裁视图

9.3.4 局部视图

局部视图是一种派生视图，可以用来显示父视图的某一局部形状，通常采用放大比例显示。局部视图的父视图可以是正交视图、空间（等轴测）视图、剖面视图、剪裁视图、爆炸装配体视图或者另一局部视图，但不能在透视图中生成模型的局部视图。

单击【工程图】工具栏中的【局部视图】按钮（或者选择【插入】|【工程视图】|【局部视图】菜单命令），在属性管理器中弹出【局部视图】属性管理器，如图 9-21 所示。

1.【局部视图图标】选项组

☑ 【样式】：可以选择一种样式，如图 9-22 所示。

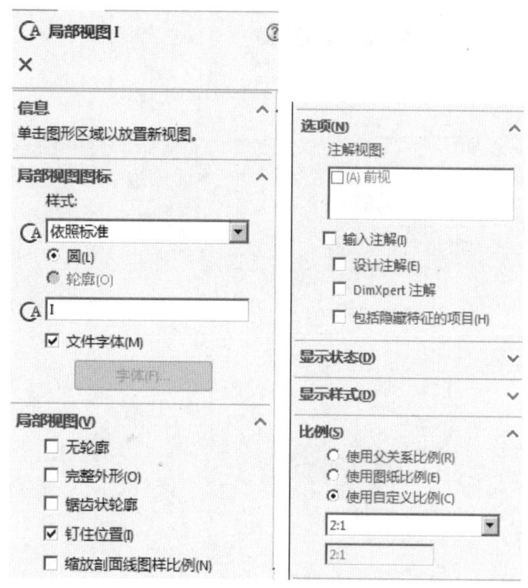

图 9-21　【局部视图】属性管理器

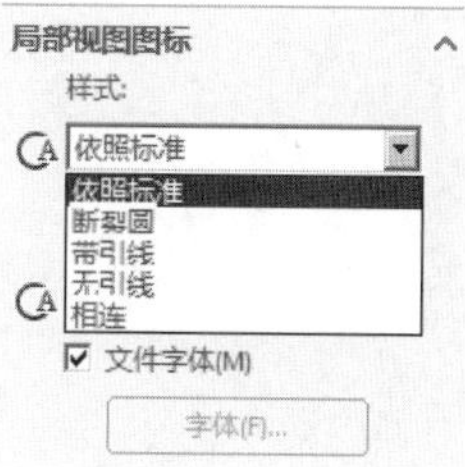

图 9-22　【样式】选项

☑ 【标号】：编辑与局部视图相关的字母。

☑ 【字体】：如果要为局部视图标号选择文件字体以外的字体，取消选中【文件字体】复选框，然后单击【字体】按钮。

2.【局部视图】选项组

☑ 【完整外形】：局部视图轮廓外形全部显示。

☑ 【钉住位置】：可以阻止父视图比例更改时局部视图发生移动。

☑ 【缩放剖面线图样比例】：可以根据局部视图的比例缩放剖面线图样比例。

9.3.5　剖面视图

剖面视图是通过一条剖切线切割父视图而生成，属于派生视图，可以显示模型内部的形状和尺寸。剖面视图可以是剖切面或者是用阶梯剖切线定义的等距剖面视图，并可以生成半剖视图。

单击【草图】工具栏中的【中心线】按钮，在激活的视图中绘制单一或者相互平行的中心线（也可以单击【草图】工具栏中的【直线】按钮，在激活的视图中绘制单一或者相互平行的直线段）。选择绘制的中心线（或者直线段），单击【工程图】工具栏中的【剖面视图】按钮（或者选择【插入】|【工程视图】|【剖面视图】菜单命令），在属性管理器中弹出【剖面视图 A-A】（根据生成的剖面视图，按字母顺序排序）属性管理器，如图 9-23 所示。

1.【剖切线】选项组

☑ 【反转方向】：反转剖切的方向。

☑ 【标号】：编辑与剖切线或者剖面视图相关的字母。

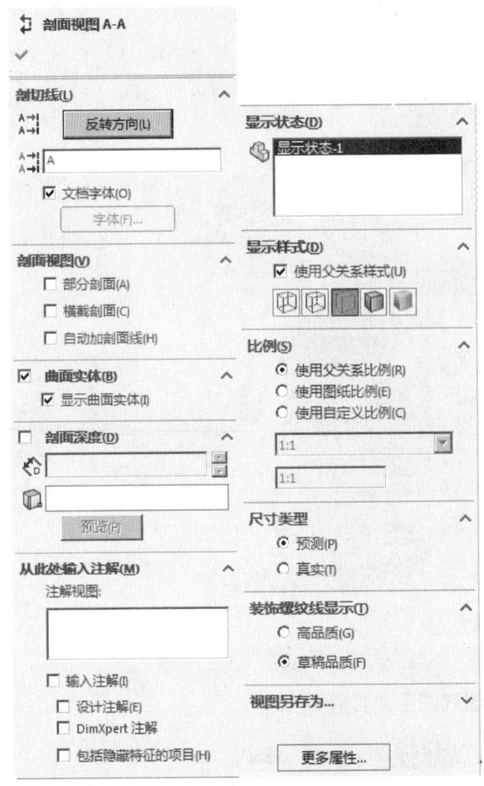

图 9-23 【剖面视图 A-A】属性管理器

☑ 【字体】：要为剖切线标号选择文件字体以外的字体，则取消选中【文档字体】复选框，然后单击【字体】按钮，可以为剖切线或者剖面视图相关字母选择其他字体。

2.【剖面视图】选项组

☑ 【部分剖面】：当剖切线没有完全切透视图中模型的边框线时，会弹出剖切线小于视图几何体的提示信息，并询问是否生成局部剖视图。

☑ 【横截剖面】：只有被剖切线切除的曲面出现在剖面视图中。

☑ 【自动加剖面线】：选中此复选框，系统可以自动添加必要的剖面（切）线。

9.3.6 断裂视图

对于一些较长的零件（如轴、杆、型材等），如果沿着长度方向的形状统一（或者按一定规律）变化时，可以用折断显示的断裂视图来表达，这样就可以将零件以较大比例显示在较小的工程图纸上。断裂视图可以应用于多个视图，并可根据要求撤销断裂视图。

单击【工程图】工具栏中的【断裂视图】按钮（或者选择【插入】|【工程视图】|【断裂视图】菜单命令），在属性管理器中弹出【断裂视图】属性管理器，如图 9-24 所示。

☑ 【添加竖直折断线】：生成断裂视图时，将视图沿水平方向断开。

☑ 【添加水平折断线】：生成断裂视图时，将视图沿竖直方向断开。

☑ 【缝隙大小】：改变折断线缝隙之间的间距量。

☑ 【折断线样式】：定义折断线的类型，如图 9-25 所示，其效果如图 9-26 所示。

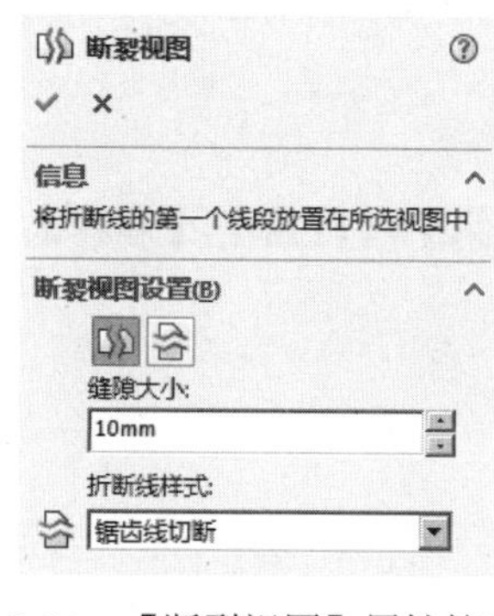

图 9-24 【断裂视图】属性管理器

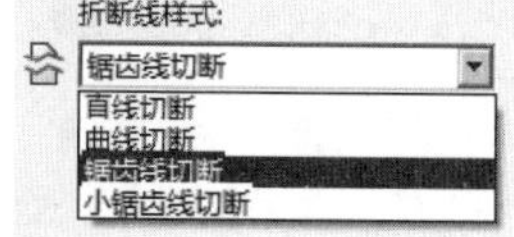

图 9-25 【折断线样式】选项

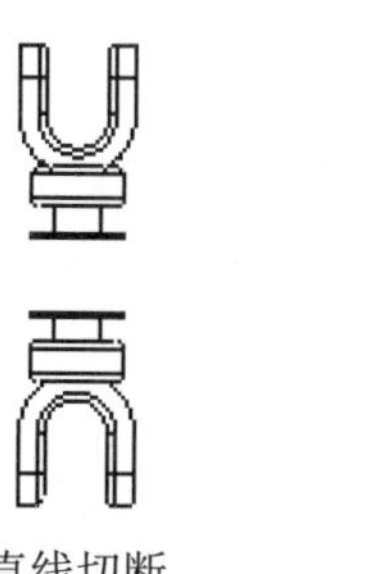

直线切断

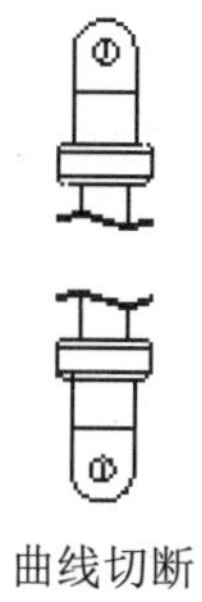

曲线切断

锯齿线切断

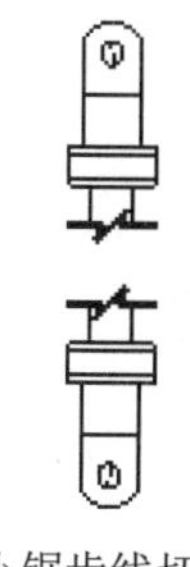

小锯齿线切断

图 9-26 不同折断线样式的效果

9.4 生成尺寸及注释

9.4.1 绘制草图尺寸

工程图中的尺寸标注是与模型相关联的，而且模型中的变更会反映到工程图中。

☑ 模型尺寸。通常在生成每个零件特征时即生成尺寸，然后将这些尺寸插入各个工程视图中。

☑ 为工程图标注。当生成尺寸时，可指定在插入模型尺寸到工程图中时是否应包括尺寸在内，用右键单击尺寸并选择为工程图标注。

☑ 参考尺寸。也可以在工程图文档中添加尺寸，但是这些尺寸是参考尺寸，并且是从动尺寸；不能编辑参考尺寸的数值而更改模型。

☑ 颜色。在默认情况下，模型尺寸为黑色；参考尺寸以灰色显示，并默认带有括号。

☑ 箭头。尺寸被选中时尺寸箭头上出现圆形控标。

☑ 选择。可通过单击尺寸的任何地方，包括尺寸和延伸线和箭头来选择尺寸。

☑ 隐藏和显示尺寸。可使用【工程图】工具栏上的隐藏/显示注解或视图菜单来隐藏和显示尺寸。

☑ 隐藏和显示直线。若要隐藏一尺寸线或延伸线，用右键单击直线，然后选择隐藏尺寸线或隐藏延伸线。

9.4.2 添加注释

单击【注解】工具栏中的【注释】按钮A（或者选择【插入】|【注解】|【注释】菜单命令），在属性管理器中弹出【注释】属性管理器，如图 9-27 所示。

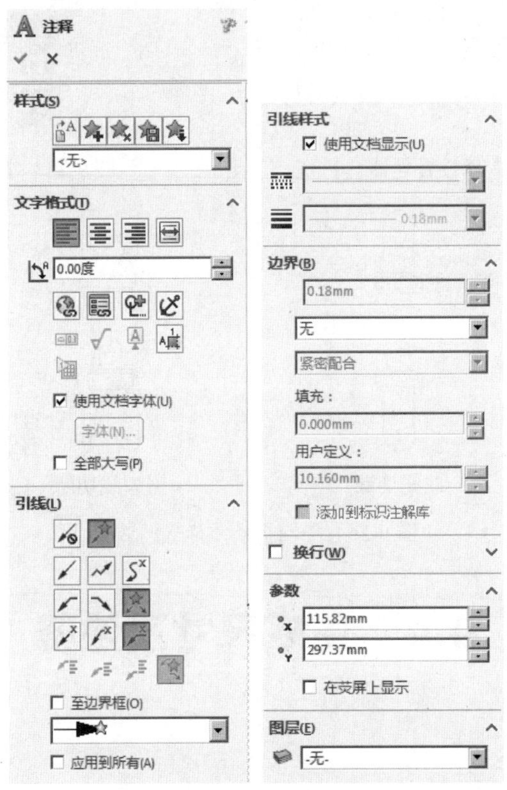

图 9-27　【注释】属性管理器

1.【样式】选项组

☑ 【将默认属性应用到所选注释】：将默认类型应用到所选注释中。

☑ 【添加或更新常用类型】：单击该按钮，在弹出的对话框中输入新名称，然后单击【确定】按钮，即可将常用类型添加到文件中。

☑ 【删除常用类型】：从【设定当前常用类型】中选择一种样式，单击该按钮，即可将常用类型删除。

☑ 【保存常用类型】：在【设定当前常用类型】中显示一种常用类型，单击该按钮，在弹出的【另存为】对话框中选择保存该文件的文件夹，编辑文件名，最后单击【保存】按钮。

☑ 【装入常用类型】：单击该按钮，在弹出的【打开】对话框中选择合适的文件夹，然后选择一个或者多个文件，单击【打开】按钮，装入的常用尺寸出现在【设定当前常用类型】列表中。

2.【文字格式】选项组

☑ 文字对齐方式：包括【左对齐】、【居中】和【右对齐】。

☑ 【角度】：设置注释文字的旋转角度（正角度值表示逆时针方向旋转）。

☑ 【插入超文本链接】：单击该按钮，可以在注释中包含超文本链接。

☑ 【链接到属性】：单击该按钮，可以将注释链接到文件属性。

☑ 【添加符号】：将指针放置在需要显示符号的【注释】文字框中，单击【添加符号】按钮，弹出【符号】对话框，选择一种符号，单击【确定】按钮，符号显示在注释中，如图 9-28 所示。

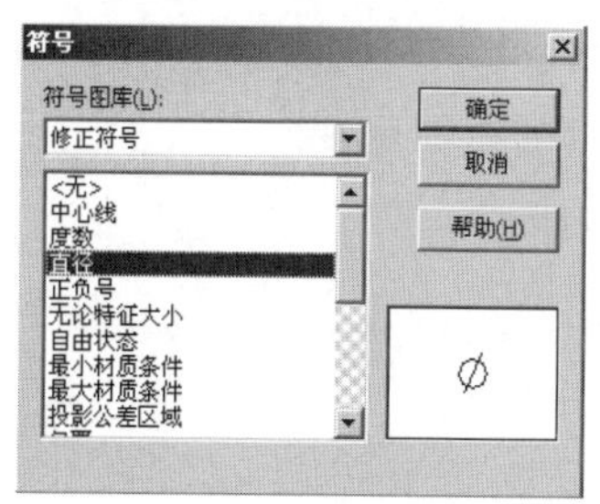

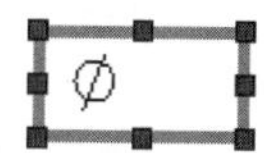

图 9-28 选择符号

☑ 【锁定/解除锁定注释】：将注释固定到位。

☑ 【插入形位公差】：可以在注释中插入形位公差符号。

☑ 【插入表面粗糙度符号】：可以在注释中插入表面粗糙度符号。

☑ 【插入基准特征】：可以在注释中插入基准特征符号。

9.4.3 添加注释的操作步骤

（1）单击【注解】工具栏中的【注释】按钮（或者选择【插入】|【注解】|【注释】菜单命令），指针变为形状，在属性管理器中弹出【注释】属性管理器。

（2）在图纸区域中拖动指针定义文字框，在文字框中输入相应的注释文字。

（3）如果有多处需要注释文字，只需在相应位置单击即可添加新注释，单击【确定】按钮，完成添加注释。

9.5 打印图纸

在 SOLIDWORKS 中，可以打印整个工程图纸，也可以只打印图纸中所选的区域。如果使用彩色打印机，可以打印彩色的工程图（默认设置为使用黑白打印），也可以为单独的工程图纸指定不同的设置。

9.5.1 页面设置

打印工程图前，需要对当前文件进行页面设置。打开需要打印的工程图文件，选择【文件】|

【页面设置】菜单命令，弹出【页面设置】对话框，如图 9-29 所示。

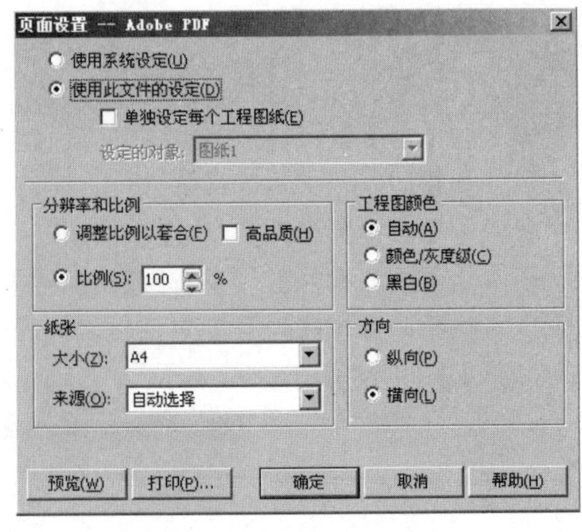

图 9-29 【页面设置】对话框

1.【分辨率和比例】选项组

- ☑ 【调整比例以套合】(仅对于工程图)：按照使用的纸张大小自动调整工程图纸尺寸。
- ☑ 【比例】：设置图纸打印比例，按照该比例缩放值（即百分比）打印文件。
- ☑ 【高品质】(仅对于工程图)：SOLIDWORKS 软件为打印机和纸张大小组合决定最优分辨率，生成 Raster 输出并进行打印。

2.【纸张】选项组

- ☑ 【大小】：设置打印文件的纸张大小。
- ☑ 【来源】：设置纸张所处的打印机纸匣。

3.【工程图颜色】选项组

- ☑ 【自动】：如果打印机或者绘图机驱动程序报告能够进行彩色打印，发送彩色数据，否则发送黑白数据。
- ☑ 【颜色/灰度级】：忽略打印机或者绘图机驱动程序的报告结果，发送彩色数据到打印机或者绘图机。
- ☑ 【黑白】：不论打印机或者绘图机的报告结果如何，发送黑白数据到打印机或者绘图机。

9.5.2 打印出图

完成页面设置和线粗设置后，就可以进行打印出图的操作了。

1. 整个工程图图纸

选择【文件】|【打印】菜单命令，弹出【打印】对话框。在【打印范围】选项组中，选中【所有图纸】或【图纸】单选按钮并输入想要打印的页数，单击【确定】按钮打印文件。

2. 打印工程图所选区域

（1）选择【文件】|【打印】菜单命令，弹出【打印】对话框。在【打印范围】选项组中，选中【选择】单选按钮，单击【确定】按钮，弹出【打印所选区域】对话框，如图 9-30 所示。

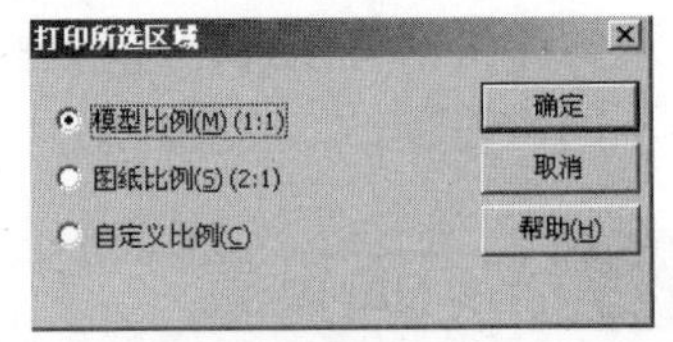

图 9-30 【打印所选区域】对话框

- ☑ 【模型比例（1∶1）】：此选项为默认选项，表示所选区域按照实际尺寸打印，即 mm 的模型尺寸按照

mm 打印。

☑　【图纸比例（2∶1）】：所选区域按照其在整张图纸中的显示比例进行打印。

☑　【自定义比例】：所选区域按照定义的比例因子打印，输入比例因子数值，单击【应用比例】按钮。改变比例因子时，在图纸区域中选择框将发生变化。

（2）拖动选择框到需要打印的区域。可以移动、缩放视图，或者在选择框显示时更换图纸。此外，选择框只能整框拖动，不能拖动单独的边来控制所选区域，单击【确定】按钮，完成所选区域的打印。

9.6　范例——零件图制作

视频讲解

本例要生成一个支架零件模型（见图 9-31）的零件图，如图 9-32 所示。

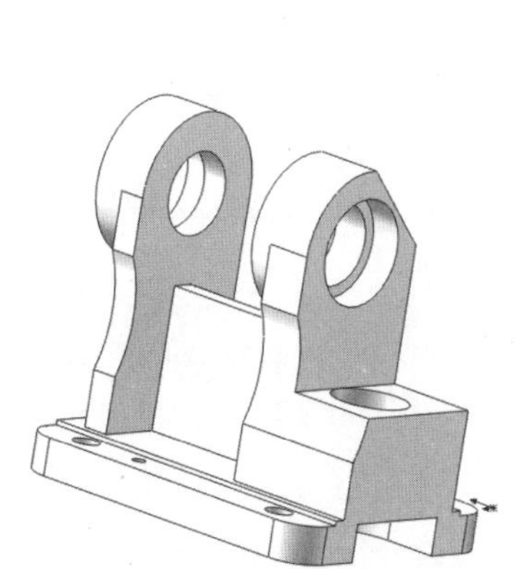

图 9-31　支架零件模型

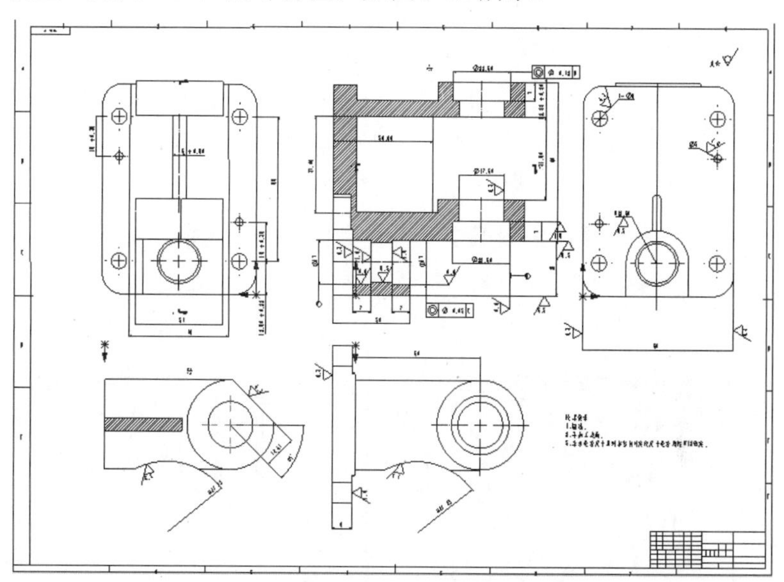

图 9-32　支架零件图

具体步骤如下。

1. 设置图纸格式

（1）启动 SOLIDWORKS，选择【文件】|【打开】菜单命令，在弹出的【打开】对话框中选择要生成工程图的零件文件。

（2）选择【文件】|【新建】菜单命令，弹出【新建 SOLIDWORKS 文件】对话框，单击【工程图】按钮，创建一个新的工程图文件，如图 9-33 所示。

（3）弹出【模型视图】属性管理器，如图 9-34 所示。

2. 生成后视图

（1）双击【模型视图】属性管理器中的 wq0417 文件，弹出新的属性管理器。通过此属性管理器可改变视图的【参考配置】【方向】【输入选项】【显示状态】【选项】【显示样式】【比例】【装饰螺纹线显示】。为了能更好地观察到零件在图纸中的状态，选中【方向】栏中的【预览】复选框，如图 9-35 所示。

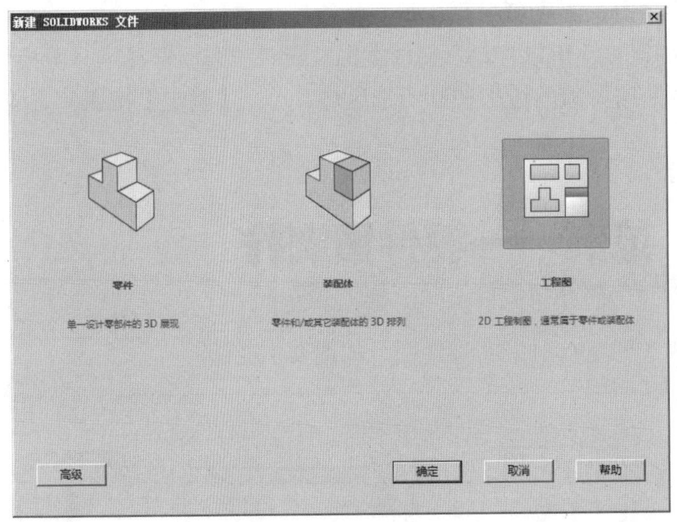

图 9-33　创建工程图文件

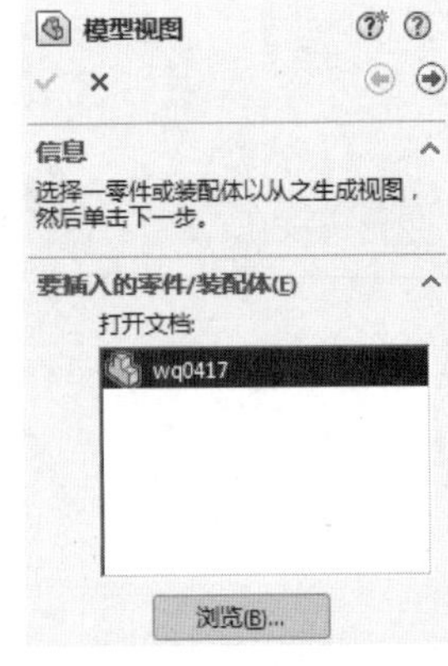

图 9-34　【模型视图】属性管理器

（2）移动鼠标到图纸中，可看到模型的预览图，如图 9-36 所示。

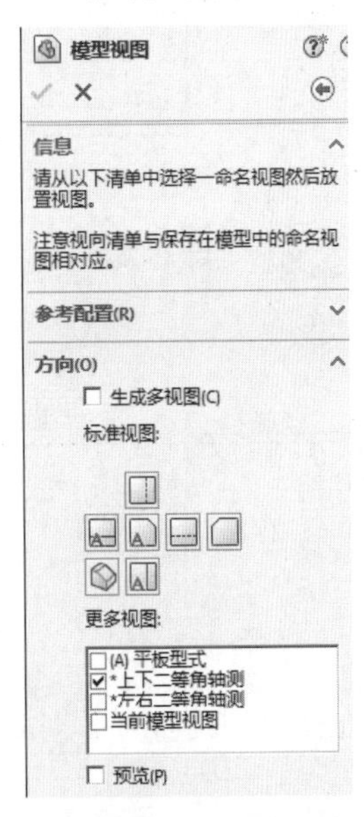

图 9-35　选中【预览】复选框

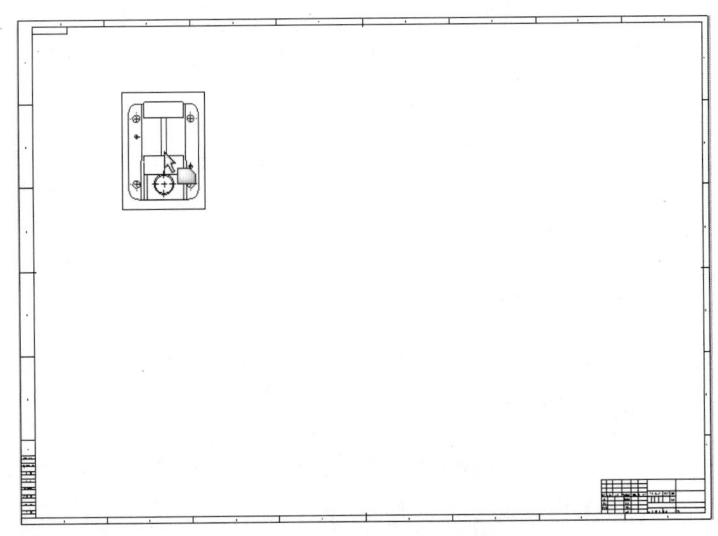

图 9-36　后视图的预览

（3）视图占图纸中的比例太小，不符合工程图的要求。在属性管理器的【比例】栏中选中【使用自定义比例】单选按钮，在下拉列表框中选择【用户定义】，修改图纸中的比例为 4∶1，如图 9-37 所示。

（4）移动鼠标到图纸中，此时视图大小适中，比例符合工程图要求，如图 9-38 所示。

（5）移动鼠标到合适的位置单击，即可放置后视图。

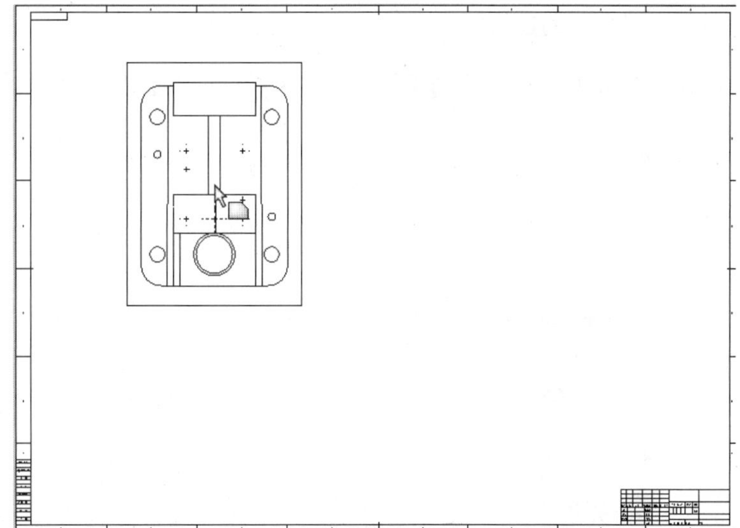

图 9-37 修改视图比例

图 9-38 修改比例后的预览视图

3. 生成前视图

（1）选择【插入】|【工程图视图】|【模型】菜单命令，如图 9-39 所示。

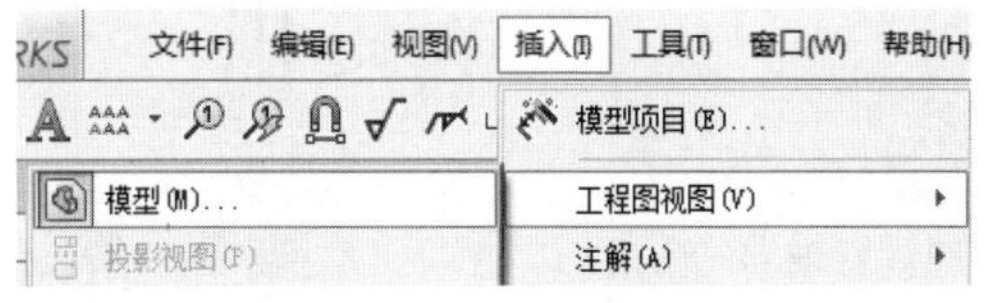

图 9-39 插入工程视图

（2）弹出【模型视图】属性管理器，双击【模型视图】属性管理器中的 wq0417，弹出新的属性管理器。单击【前视图】按钮。移动鼠标到图纸中，可看到模型前视图的预览图，放置零件前视图，如图 9-40 所示。

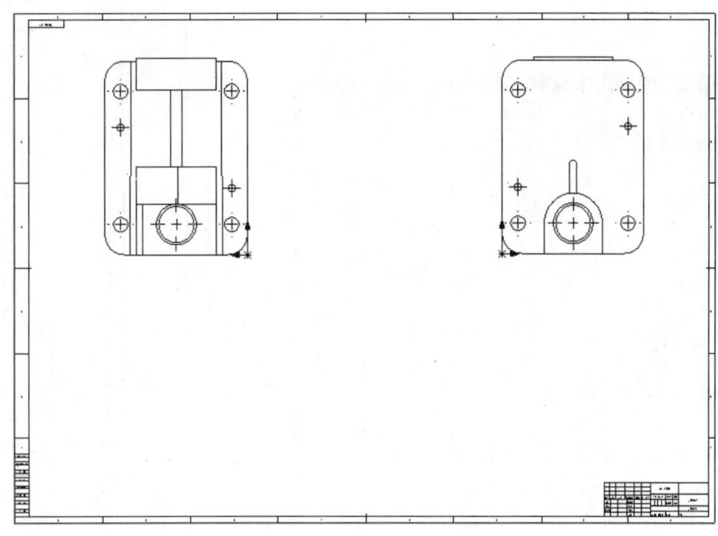

图 9-40 放置零件前视图

4. 生成全剖的左视图

（1）单击【视图布局】|【剖面视图】按钮，弹出【剖面视图辅助】属性管理器，如图 9-41 所示。

（2）绘图区将自动出现竖直的线段，移动鼠标将线段放置在视图中部，单击鼠标，如图 9-42 所示。

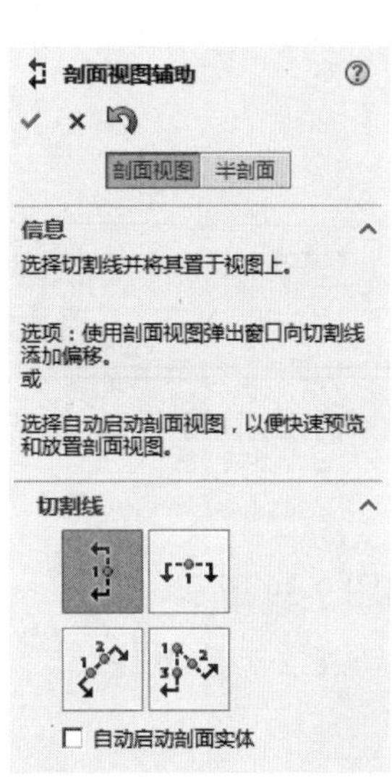

图 9-41 【剖面视图辅助】属性管理器

图 9-42 绘制剖切线

（3）单击【确定】按钮✓，弹出【剖面视图】对话框，如图 9-43 所示。

（4）在图中选择筋板，如图 9-44 所示。

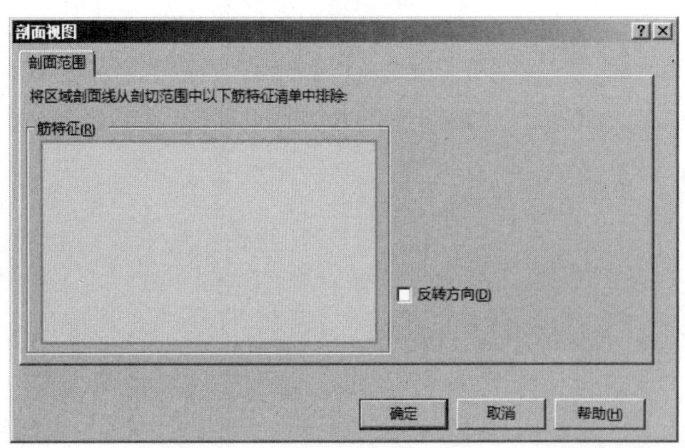

图 9-43 【剖面视图】对话框

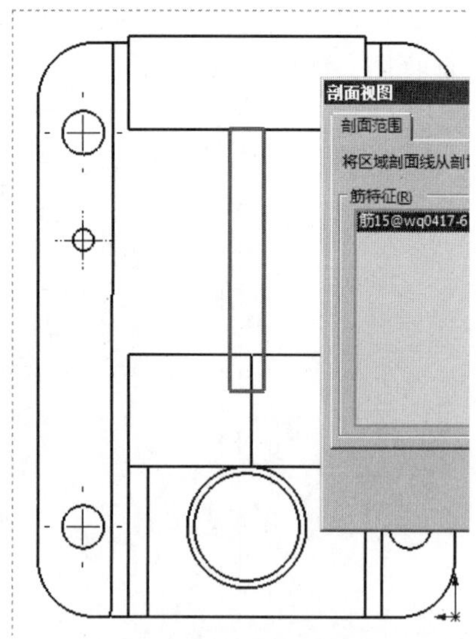

图 9-44 选择筋板

（5）单击【确定】按钮，弹出【剖面视图 A-A】属性管理器，对剖面视图进行设置。

（6）移动鼠标至前视图左侧合适位置，单击放置视图，如图 9-45 所示。

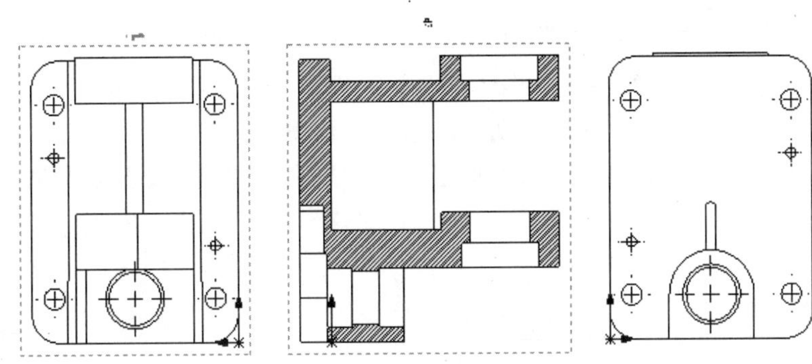

图 9-45　放置视图

5. 生成上视图

（1）选择【插入】|【工程图视图】|【投影视图】菜单命令，弹出【投影视图】属性管理器，如图 9-46 所示。

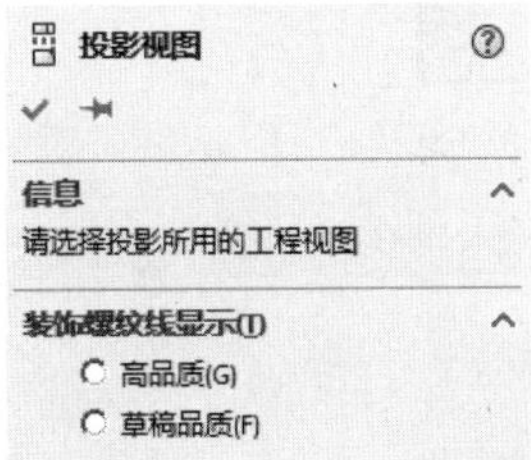

图 9-46　【投影视图】属性管理器

（2）选择投影所用的工程视图，如图 9-47 所示

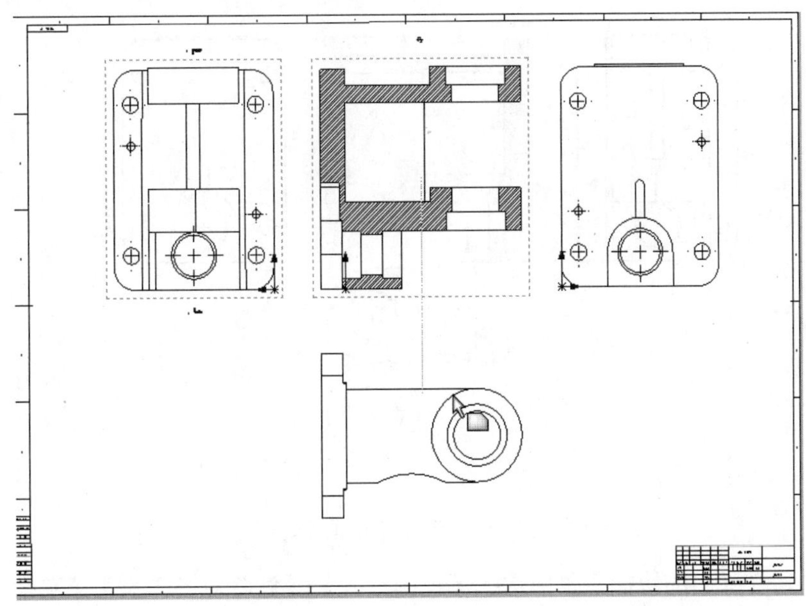

图 9-47　选择投影工程视图

（3）移动鼠标到合适的位置，单击，即可放置上视图。

6. 生成全剖左视图部分剖切面

（1）单击支架全剖左视图，单击【草图】工具栏中的【直线】按钮，在激活的支架全剖左视图中绘制一条水平的直线作为剖切线，如图 9-48 所示，选择该剖切线。

（2）单击【工程图】|【剖面视图】按钮，弹出【剖面视图 E-E】属性管理器，如图 9-49 所示。

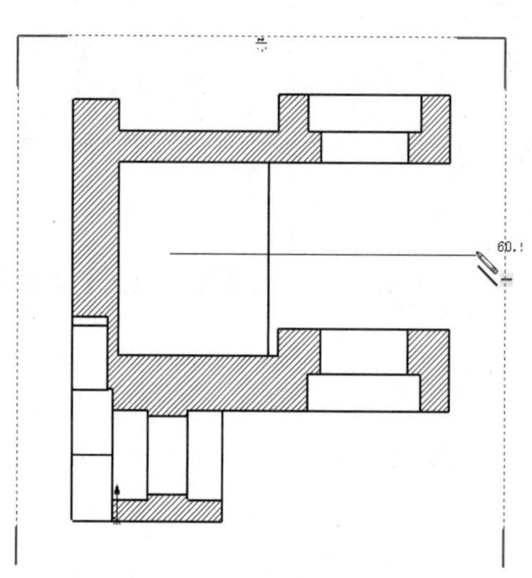

图 9-48　绘制剖切线

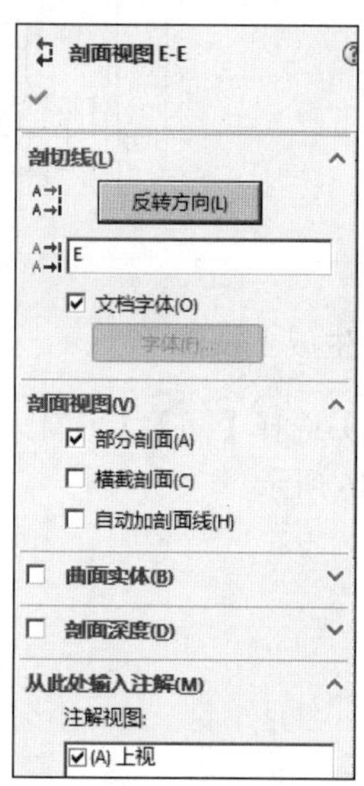

图 9-49　【剖面视图 E-E】属性管理器

（3）在零件主视图的下方拖动指针，单击，将部分剖切视图放置在合适位置，单击【确定】按钮，生成部分剖切图，如图 9-50 所示。

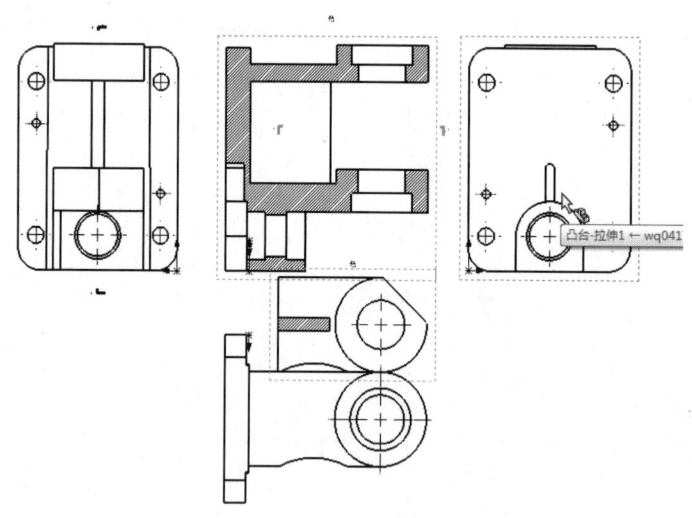

图 9-50　生成部分剖切图

（4）右击，在弹出的快捷菜单中选择【视图对齐】|【解除对齐关系】菜单命令，把视图放置在合适位置，单击鼠标左键，如图 9-51 所示。

图 9-51　解除对齐关系

（5）右击，在弹出的快捷菜单中选择【视图对齐】|【中心水平对齐】菜单命令，再单击投影视图，则部分剖切面视图放置成功，如图 9-52 所示。

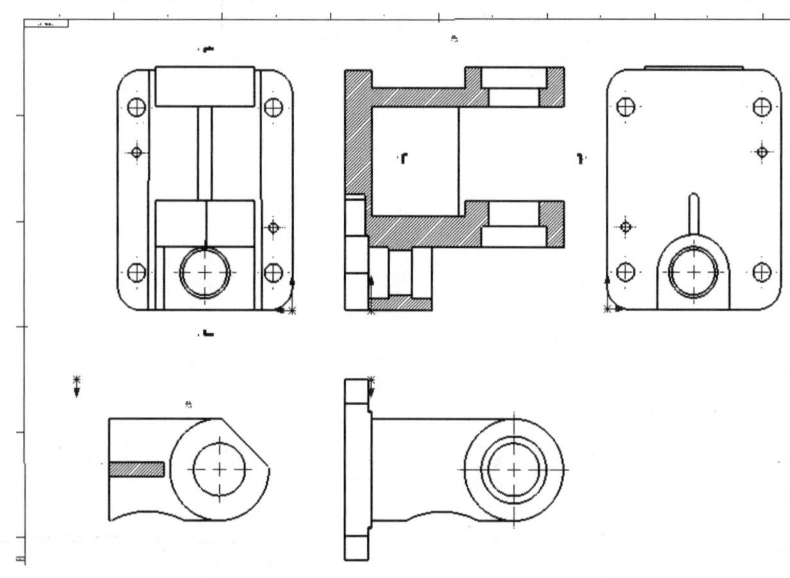

图 9-52　改变全剖左视图部分剖切面视图位置

7. 添加中心线

选择【注解】|【中心线】菜单命令，分别选择后视图筋的左右边线来添加中心线，如图 9-53 所示。

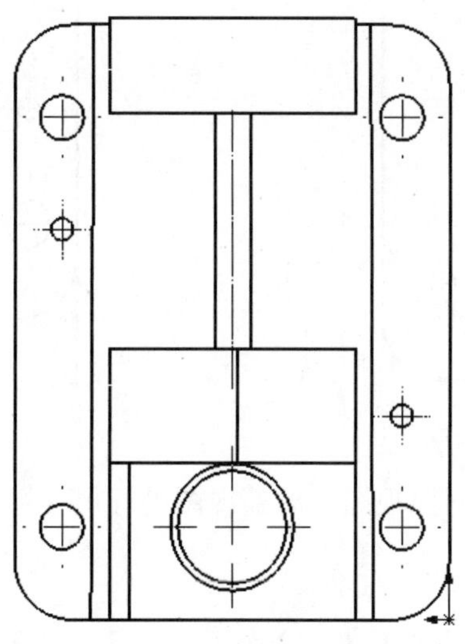

图 9-53　添加中心线

8. 标注尺寸

（1）选择【工具】|【标注尺寸】|【智能尺寸】菜单命令，弹出【尺寸】属性管理器。

（2）分别单击需要标注的边线，弹出尺寸标注。移动鼠标到合适的地方，单击鼠标，即可完成该尺寸的标注。对凸台的宽度标注，如图 9-54 所示。

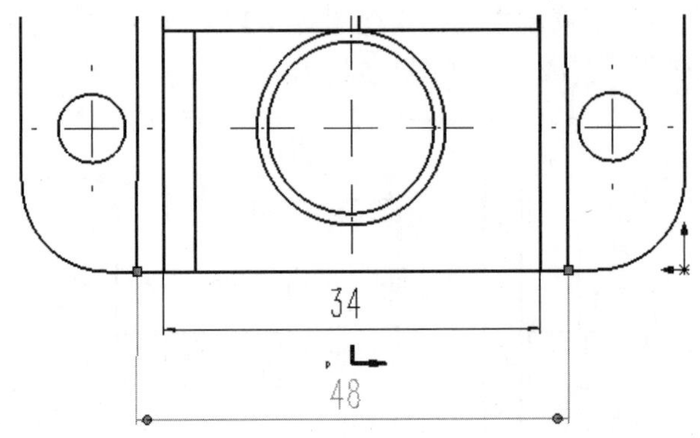

图 9-54 宽度标注

（3）选择【工具】|【标注尺寸】|【竖直尺寸】菜单命令，选择零件底座的上边线和下边线，标注支架底座高度，如图 9-55 所示。

（4）选择【工具】|【标注尺寸】|【智能尺寸】菜单命令，选择模型中的圆边线，标注圆尺寸，如图 9-56 所示。

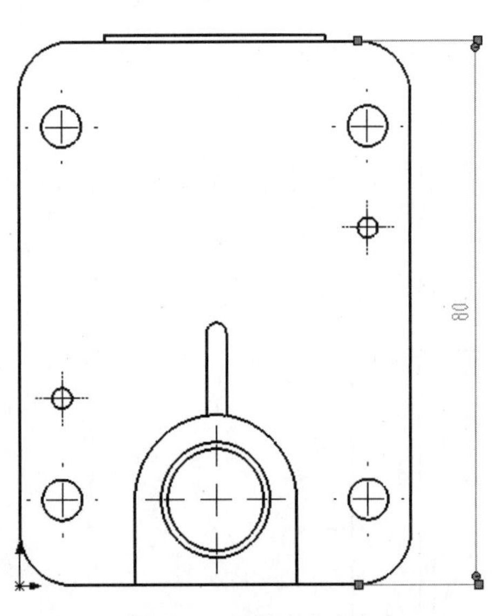

图 9-55 零件底座高度

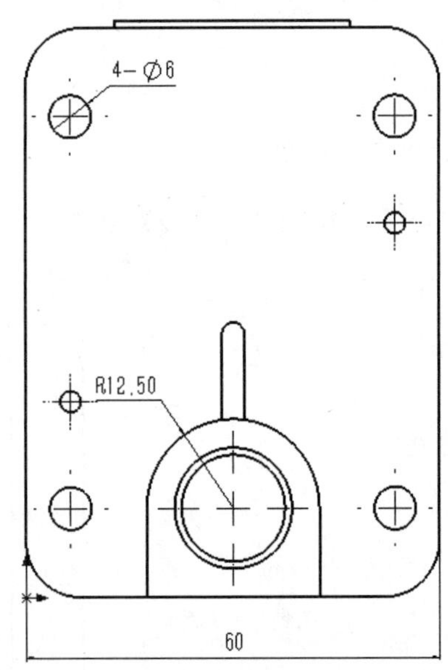

图 9-56 圆形尺寸

（5）分别对全剖左视图、剖面视图、局部视图进行尺寸标注，如图 9-57 所示。

9. 标注公差

（1）选择【注解】|【形位公差】菜单命令，弹出【属性】对话框，如图 9-58 所示。

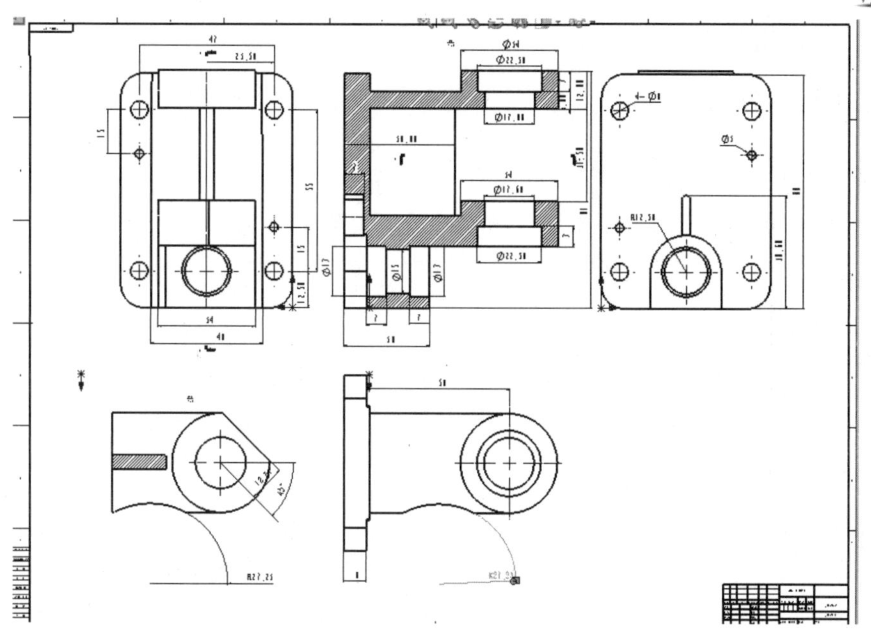

图 9-57　所有视图的尺寸标注

（2）在【符号】下拉菜单中选择【环向跳动】◎,【公差 1】中输入 0.42，选中【公差 2】并在【公差 2】中输入 B，如图 9-59 所示。

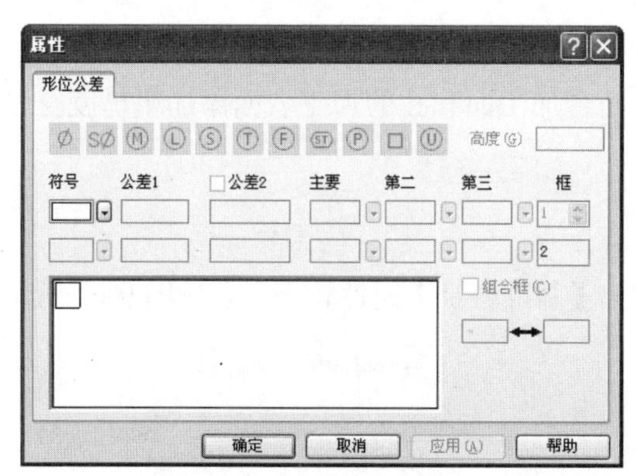

图 9-58　【属性】对话框

图 9-59　设置同心度公差

（3）单击【确定】按钮，并移动鼠标将公差放置在 Φ34 尺寸线上，如图 9-60 所示。

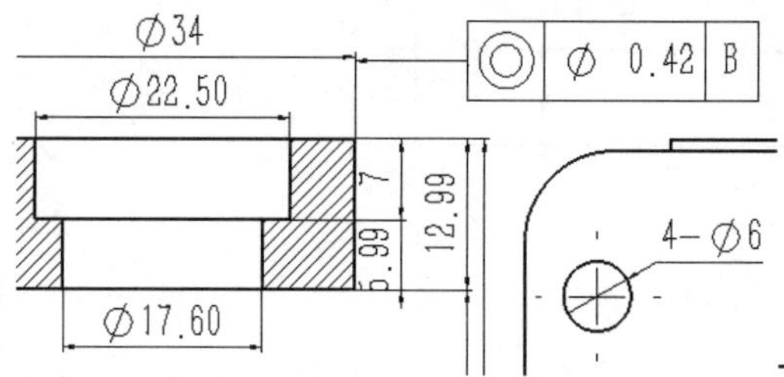

图 9-60　放置尺寸公差

10. 添加表面粗糙度

（1）选择【注解】|【表面粗糙度符号】菜单命令，弹出【表面粗糙度】属性管理器，如图 9-61 所示。

（2）单击【要求切削加工符号】按钮，在【符号布局】的文本框中输入 6.3。对零件前视图中的零件侧面和 Φ12.5 孔内表面添加粗糙度符号，如图 9-62 所示。

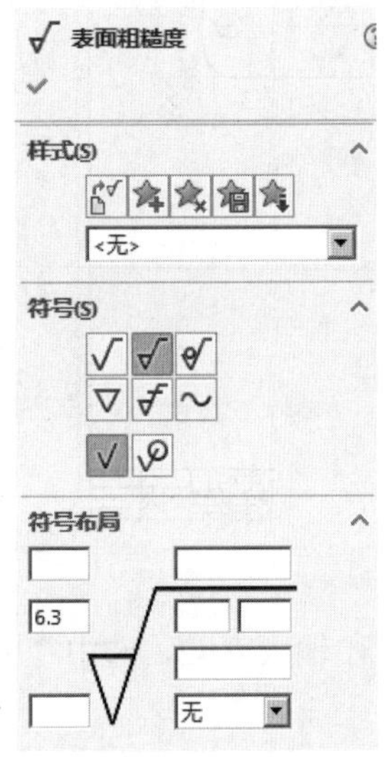

图 9-61 【表面粗糙度】属性管理器

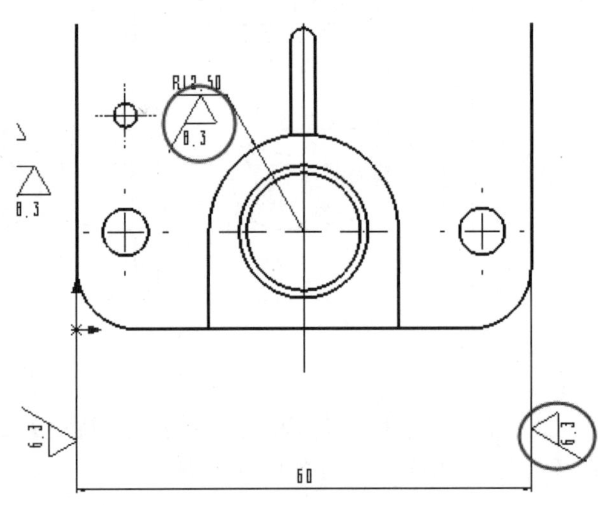

图 9-62 添加粗糙度符号

（3）单击【要求切削加工符号】按钮，单击凸台加工面和孔的加工表面添加粗糙度符号，粗糙度分别为 6.3、1.6、0.8，如图 9-63 所示。

11. 添加尺寸基准

（1）选择【注解】|【基准特征】菜单命令，弹出【基准特征】属性管理器，如图 9-64 所示。

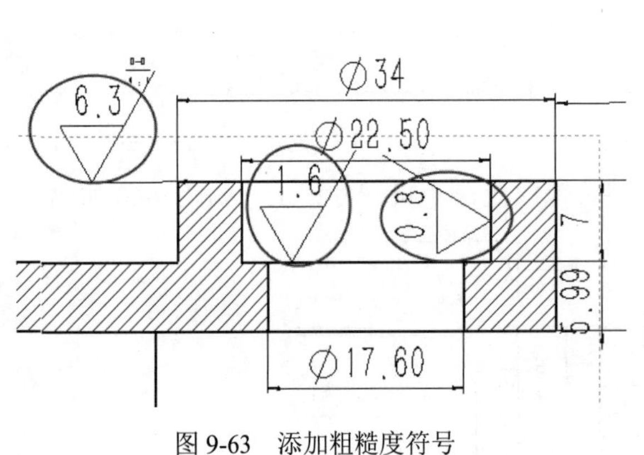

图 9-63 添加粗糙度符号

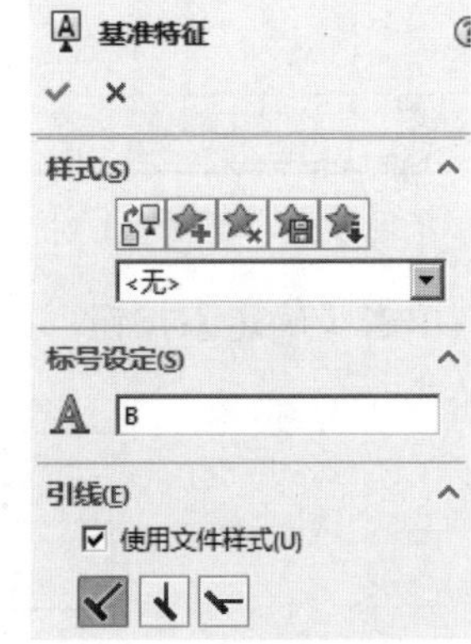

图 9-64 【基准特征】属性管理器

（2）在【标号设定】中输入 B。在绘图区单击支架 Φ22.5 孔的内表面，拖动鼠标到适当位置再次单击放置基准，如图 9-65 所示。

（3）在【标号设定】中输入 C。在绘图区单击支架 Φ17 孔内表面，拖动鼠标到适当位置再

次单击放置基准，如图 9-66 所示。

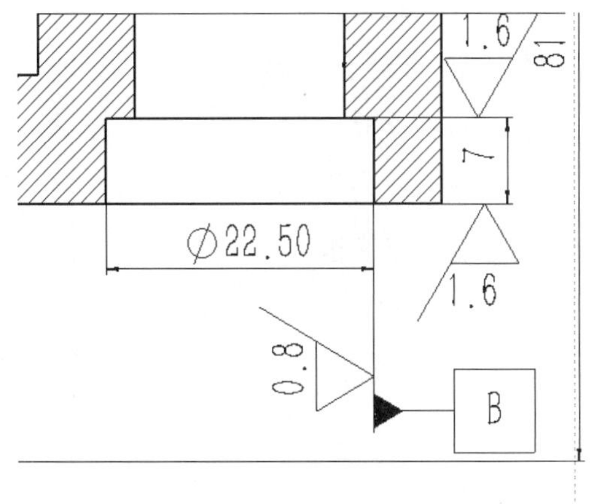

图 9-65　添加尺寸基准

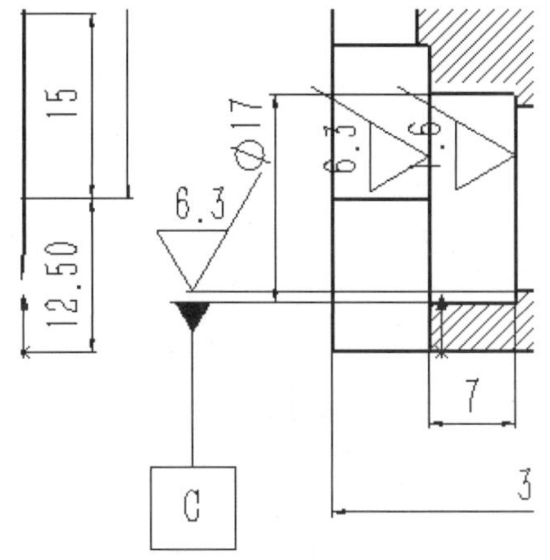

图 9-66　添加尺寸基准

12. 保存文件

选择【文件】|【保存】菜单命令，选择保存位置以及输入文件名，完成工程图的创建。最终完成的工程图如图 9-67 所示。

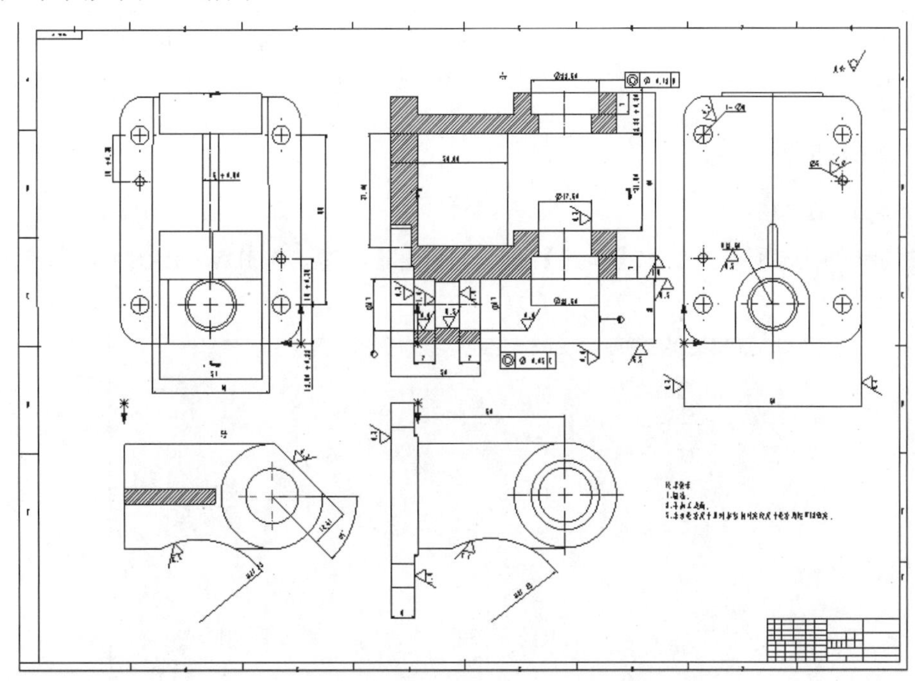

图 9-67　完成工程图

9.7　范例——装配图制作

视频讲解

本例生成一个千斤顶模型（见图 9-68）的装配图，如图 9-69 所示。

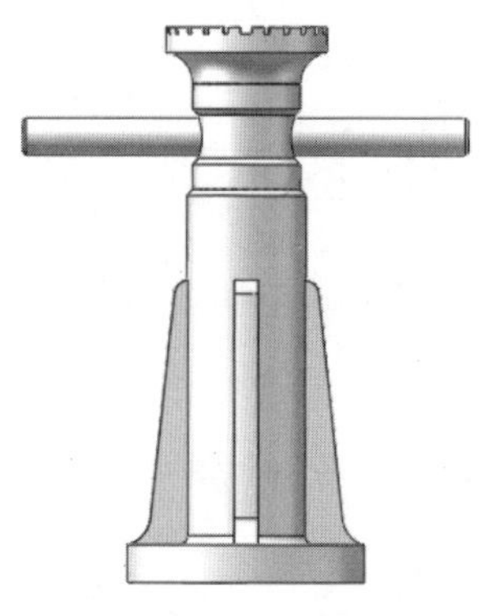

图 9-68　千斤顶模型

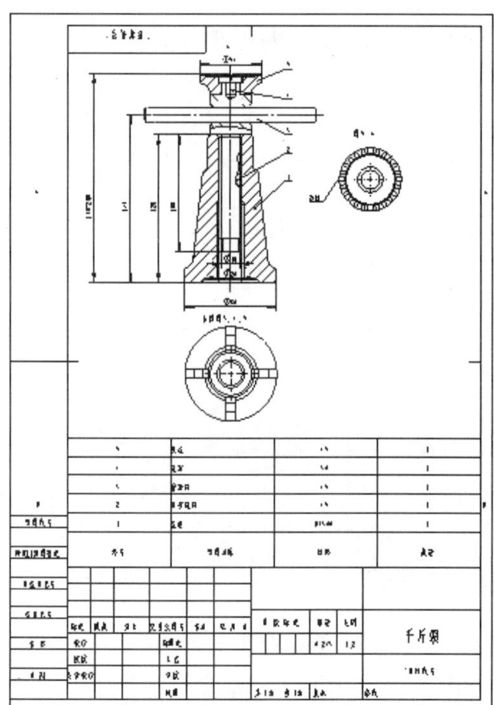

图 9-69　千斤顶装配图

具体步骤如下。

1. 建立工程图前准备工作

（1）新建工程图纸

❶ 在菜单栏中选择【文件】|【新建】命令，弹出【新建 SOLIDWORKS 文件】对话框，如图 9-70 所示。

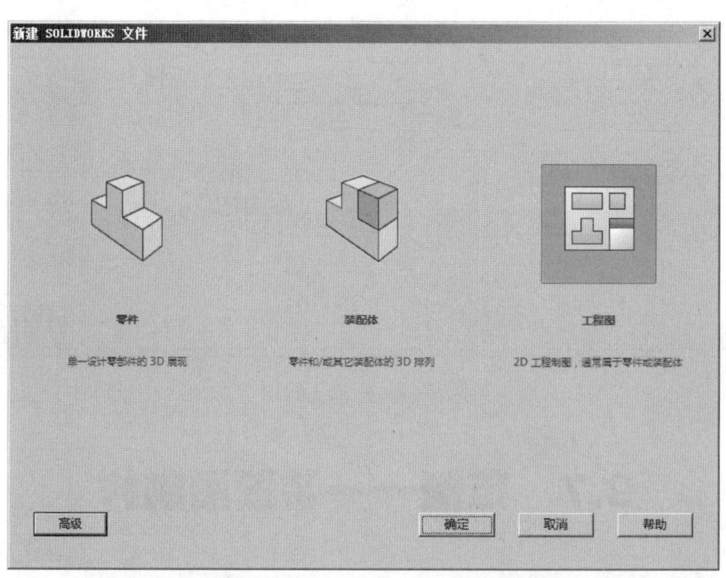

图 9-70　【新建 SOLIDWORKS 文件】对话框（1）

❷ 单击【高级】按钮，选择【模板】选项卡，在其中选择 A4 的图纸，如图 9-71 所示。

❸ 单击【确定】按钮，生成 A4 模型图纸，如图 9-72 所示。

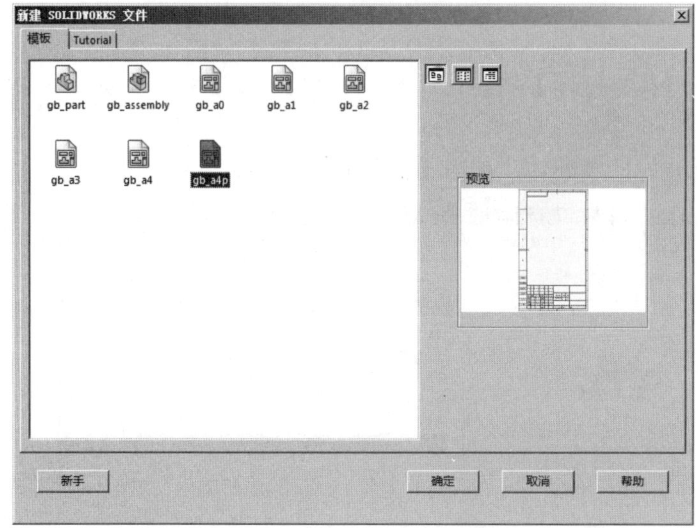

图 9-71　【新建 SOLIDWORKS 文件】对话框（2）

图 9-72　A4 模型图纸

（2）设置绘图标准

❶ 选择【工具】|【选项】菜单命令，弹出【系统选项】对话框，如图 9-73 所示，选择【文档属性】选项卡。

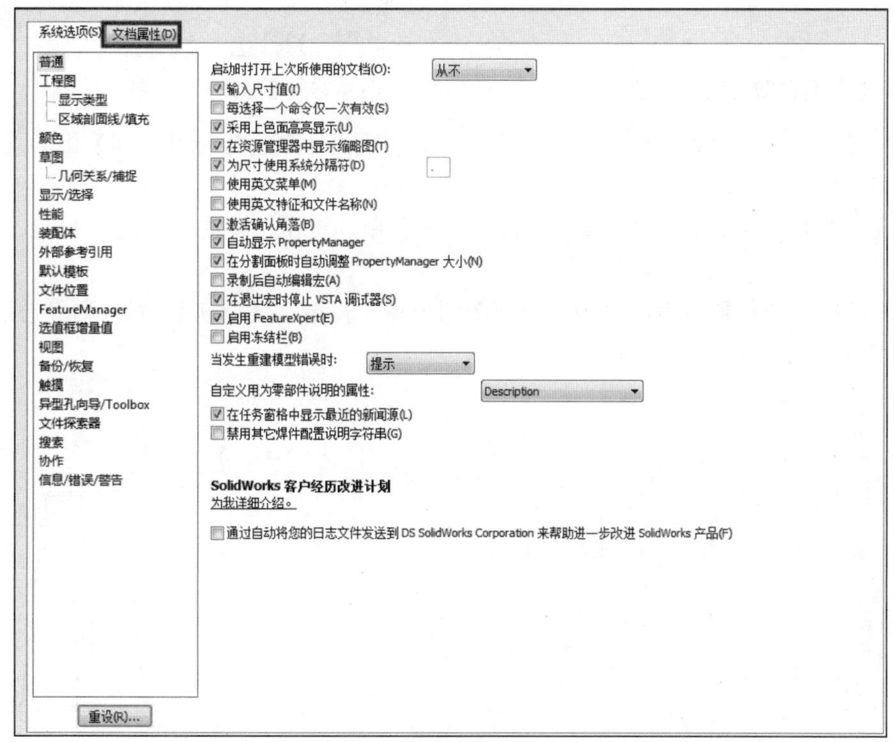

图 9-73　【系统选项】对话框

❷ 将总绘图标准设置为GB，单击【确定】按钮结束。

2. 插入视图

（1）生成前视图

❶ 在图纸格式设置完成后，弹出【模型视图】属性管理器，单击【浏览】按钮，如图9-74所示。

❷ 弹出【打开】对话框，选择已建好的装配体，单击【打开】按钮，如图9-75所示。

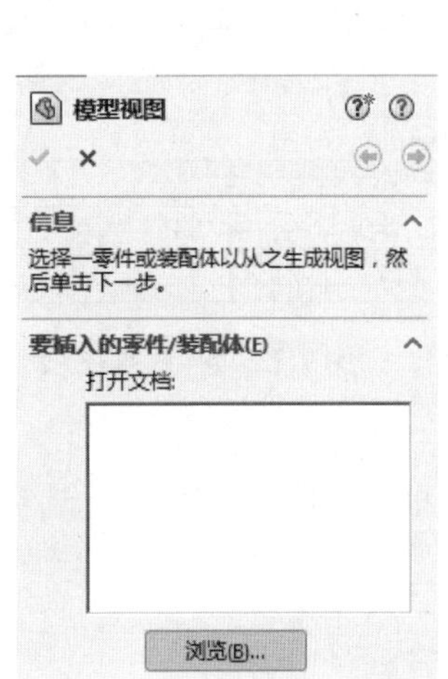

图9-74　【模型视图】属性管理器

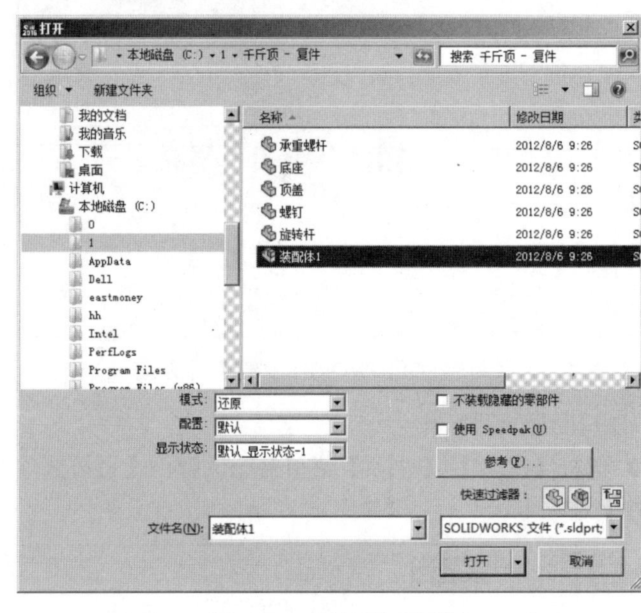

图9-75　【打开】对话框

❸ 弹出【模型视图】属性管理器，在【方向】选项组中单击【标准视图】中的【前视图】按钮，如图9-76所示。

❹ 在【比例】选项组中，选中【使用图纸比例】单选按钮，即选择比例为1∶2，如图9-77所示。

❺ 在图纸适合的位置单击，以确定前视图的位置，再单击【确认】按钮，完成前视图的初步视图，如图9-78所示。

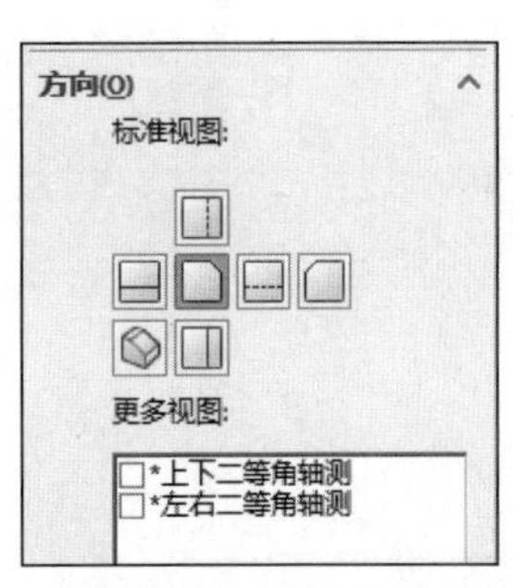

图9-76　【方向】选项组

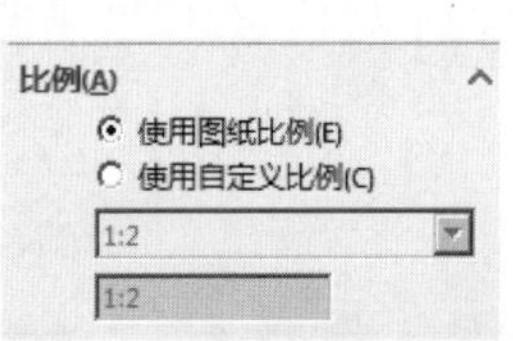

图9-77　【比例】选项组

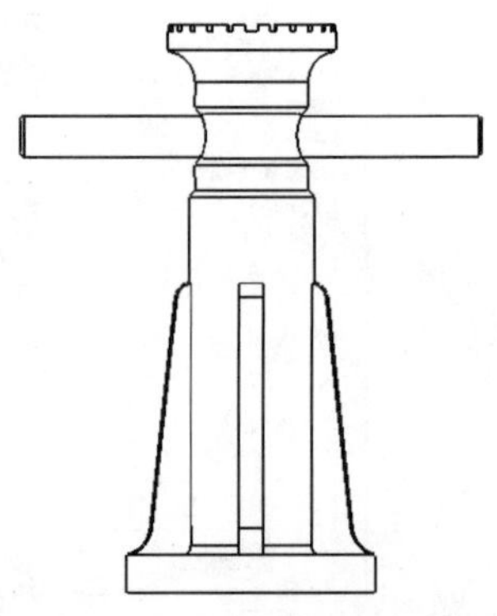

图9-78　生成的初步前视图

（2）生成辅助视图

❶ 在图纸格式设置完成后，弹出【模型视图】属性管理器，单击【浏览】按钮，选择已建好的底座零件。单击【打开】按钮，弹出【模型视图】属性管理器，在【方向】选项组中单击【标准视图】中的【俯视图】按钮，并选中【预览】选项，在【比例】选项组中，选中【使用图纸比例】单选按钮，即选择比例为 1∶2。在图纸适合的位置单击，以确定辅助视图的位置，再单击【确认】按钮，完成辅助视图 1，如图 9-79 所示。

❷ 在图纸格式设置完成后，弹出【模型视图】属性管理器。单击【浏览】按钮，选择已建好的顶盖零件，单击【打开】按钮，弹出【模型视图】属性管理器。在【方向】选项组中单击【标准视图】中的【上视图】按钮，并选中【预览】选项，在【比例】选项组中，选中【使用图纸比例】单选按钮，即选择比例为 1∶2。在图纸适合的位置单击，以确定辅助视图的位置，再单击【确认】按钮，完成辅助视图，如图 9-80 所示。

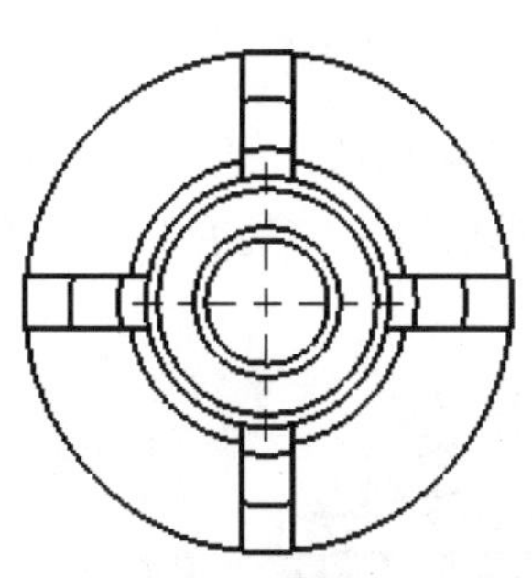

图 9-79　生成辅助视图（1）

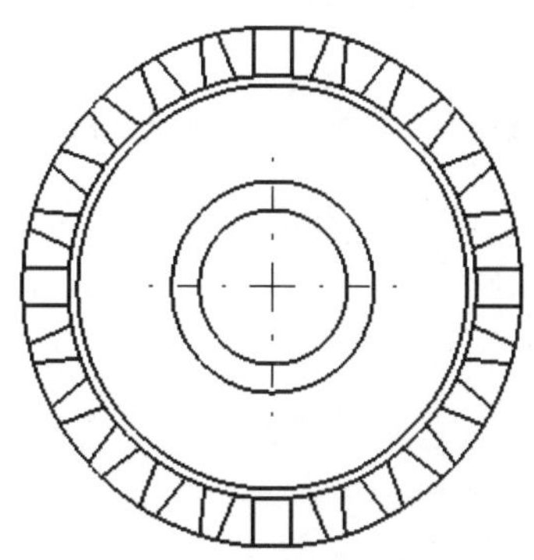

图 9-80　生成辅助视图（2）

3. 绘制剖面图

（1）绘制主视图的全剖视图

❶ 单击【视图布局】中的【断开的剖视图】按钮，弹出【断开的剖视图】属性管理器，根据提示信息，在已生成的主视图外围画一条闭合的曲线，如图 9-81 所示。

❷ 完成闭合的样条曲线，弹出【剖面视图】对话框，选中【自动打剖面线】复选框，单击确定按钮，如图 9-82 所示。

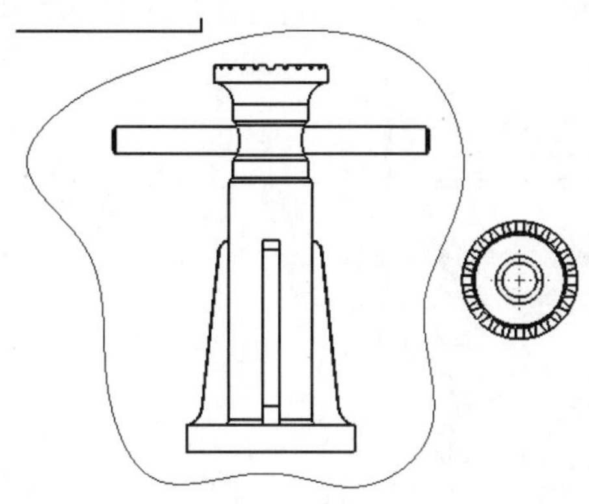

图 9-81　主视图的闭合曲线（1）

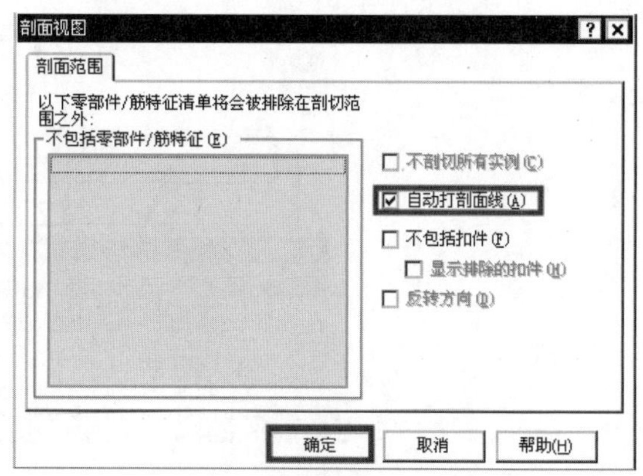

图 9-82　【剖面视图】对话框

❸ 弹出【断开的剖视图】属性管理器，在【深度】文本框中输入40.00mm，选中【预览】和【自动加剖面线】复选框，如图9-83所示。

❹ 单击【确认】按钮，完成对初步的主视图的全剖视图，如图9-84所示。

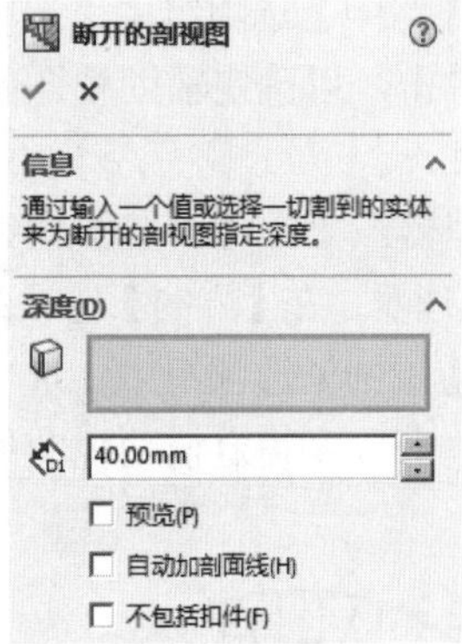

图9-83　【断开的剖视图】属性管理器（1）

图9-84　初步的主视图的全剖视图（1）

❺ 完成主视图的全剖视图后，在左侧显示特征树并展开特征树，如图9-85所示。

❻ 选中【断开的剖视图1】特征，单击鼠标右键，在弹出的快捷菜单中选择【属性】命令，如图9-86所示。

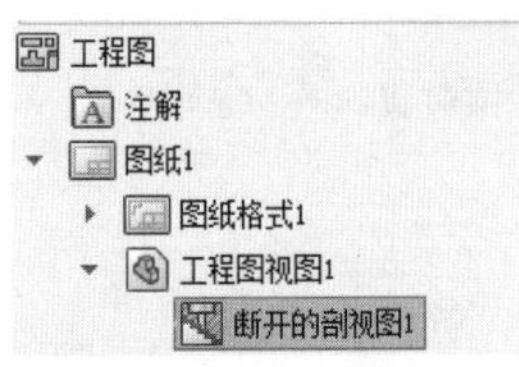

图9-85　展开的特征树（1）

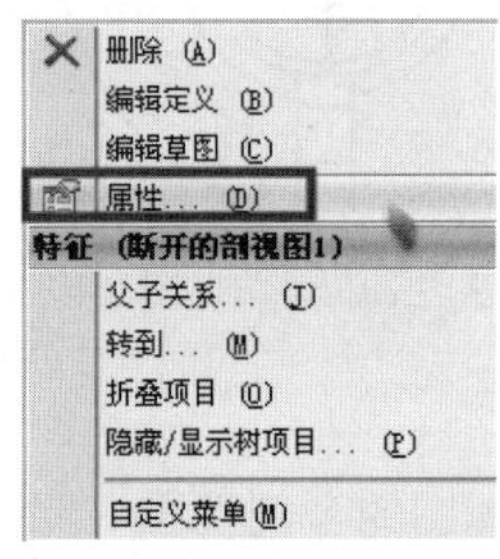

图9-86　【断开的剖视图1】快捷菜单

❼ 弹出【工程视图属性】对话框，选择【剖面范围】选项卡，在主视图中选中不需要剖切的零件【旋转杆】【承重螺杆】【螺钉】，如图9-87所示。

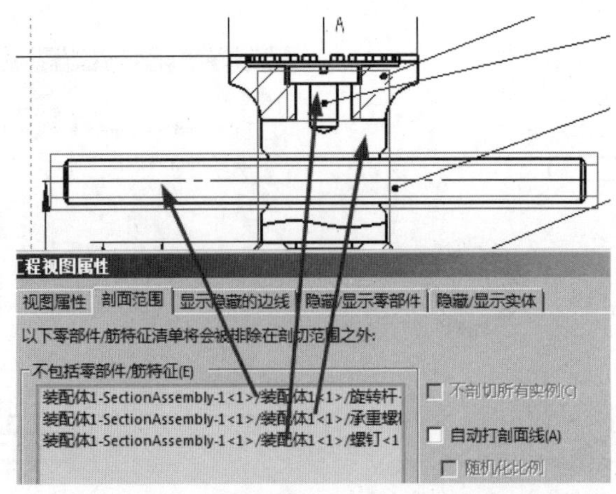

图9-87　已选中不需要剖切的零件（1）

❽ 单击[确定]按钮，完成主视图的正确剖切，剖好的主视图如图 9-88 所示。

（2）生成主视图上的局部剖视图 1

❶ 单击【视图布局】中的【断开的剖视图】按钮，弹出【断开的剖视图】属性管理器，根据提示信息，在已生成的主视图外围画一条闭合的曲线，如图 9-89 所示。

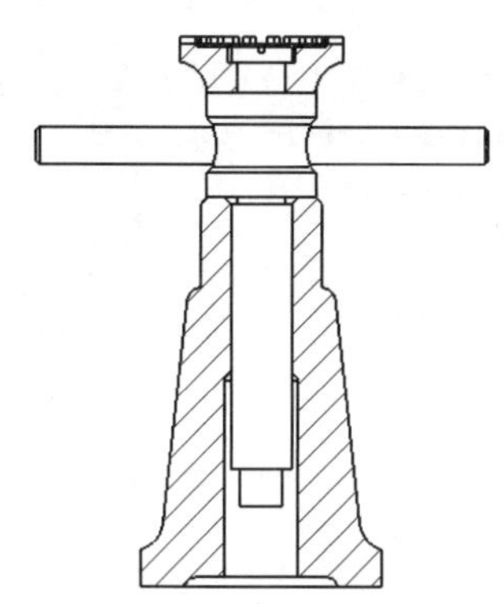

图 9-88 主视图的完整剖切图（1）

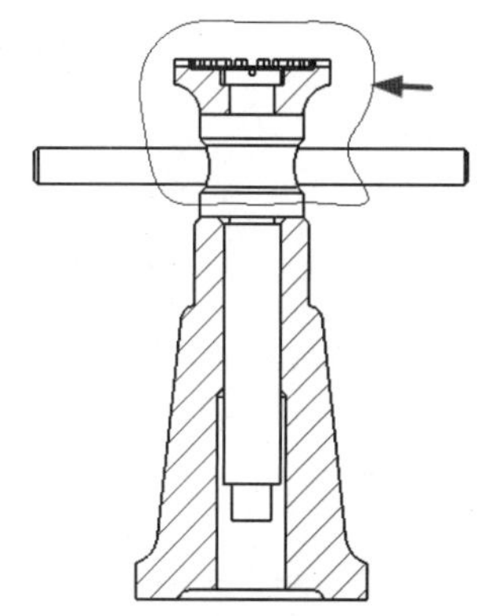

图 9-89 主视图的闭合曲线（2）

❷ 完成闭合的样条曲线，弹出【剖面视图】对话框，选中【自动打剖面线】复选框，单击[确定]按钮，弹出【断开的剖视图】属性管理器，在【深度】栏中输入 40.00mm，选中【预览】和【自动加剖面线】复选框，如图 9-90 所示。

❸ 单击【确认】按钮，完成对主视图的全剖视图，如图 9-91 所示。

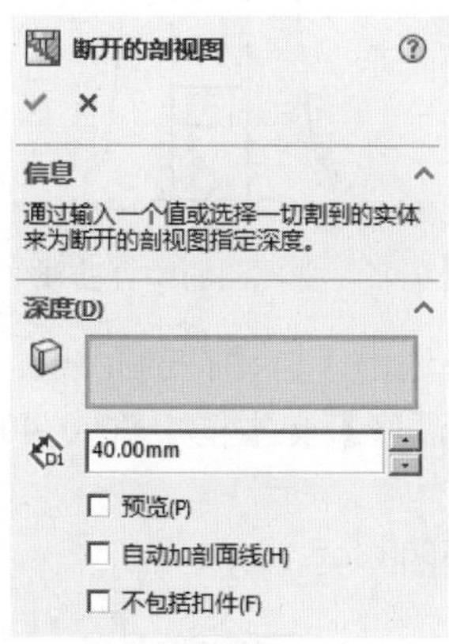

图 9-90 【断开的剖视图】属性管理器（2）

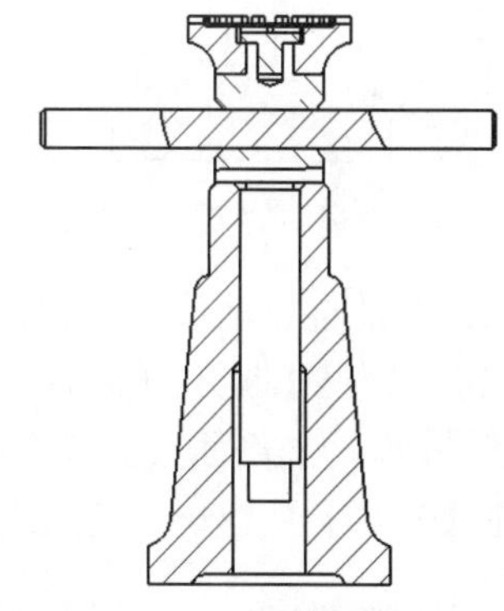

图 9-91 初步的主视图的全剖视图（2）

❹ 完成主视图的全剖视图后，在左侧显示特征树并展开特征树，如图 9-92 所示。

❺ 选中【断开的剖视图 2】，单击鼠标右键，在弹出的快捷菜单中选择【属性】命令，弹出【工程视图属性】对话框，选择【剖面范围】选项卡，在主视图中选中不需要剖切的零件【旋转杆】【顶盖】【螺钉】，如图 9-93 所示。

❻ 单击[确定]按钮，完成主视图的正确剖切，剖好的主视图如图 9-94 所示。

（3）生成主视图的局部剖视图 2

❶ 单击【视图布局】中的【断开的剖视图】按钮，弹出【断开的剖视图】属性管理器，根据提示信息，在已生成的主视图中画一条闭合的曲线，如图 9-95 所示。

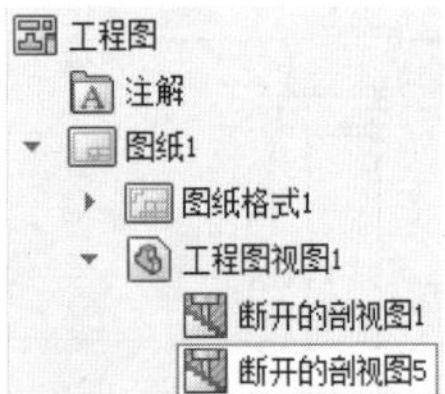

图 9-92　展开的特征树（2）

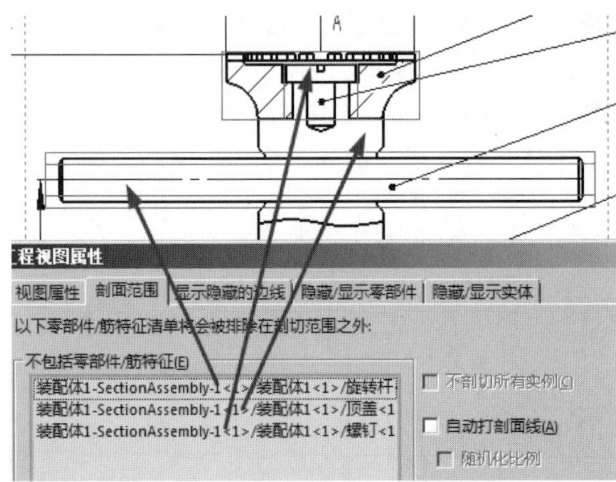

图 9-93　已选中不需要剖切的零件（2）

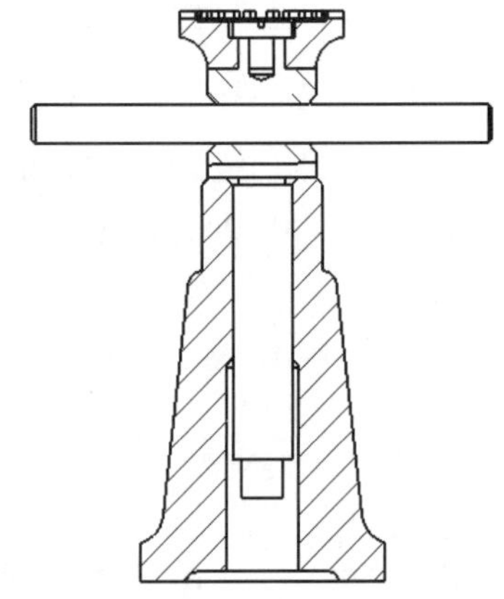

图 9-94　主视图的完整剖切图（2）

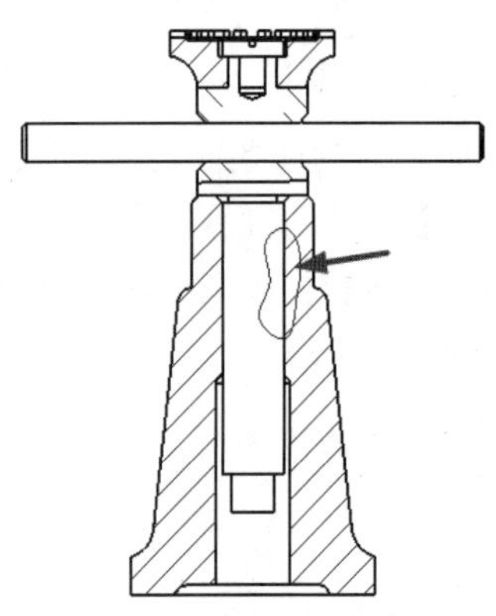

图 9-95　主视图的闭合曲线（3）

❷ 完成闭合的样条曲线后，弹出【剖面视图】对话框，选中【自动打剖面线】复选框，单击确定按钮，弹出【断开的剖视图】属性管理器，在【深度】文本框中输入 40.00mm，选中【预览】和【自动加剖面线】复选框，如图 9-96 所示。

❸ 单击【确认】按钮，完成对主视图的全剖视图，如图 9-97 所示。

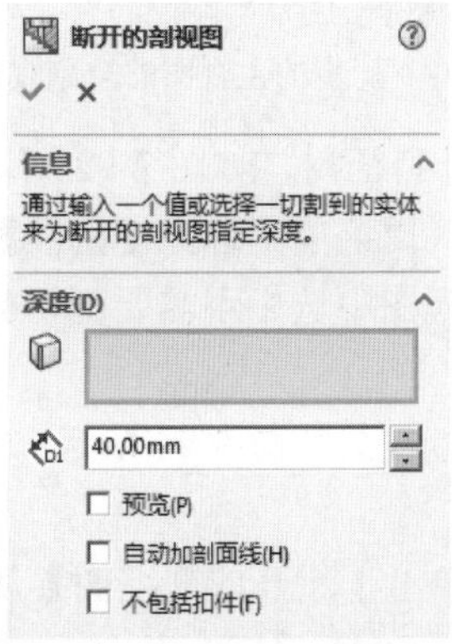

图 9-96　【断开的剖视图】属性管理器（3）

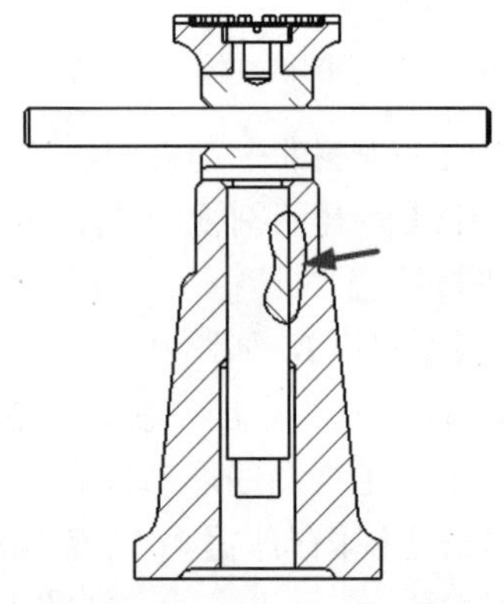

图 9-97　主视图的全剖视图

❹ 完成主视图的全剖视图后，在左侧显示特征树并展开特征树，如图 9-98 所示。

❺ 选中【断开的剖视图 6】，单击鼠标右键，在弹出的快捷菜单中选择【属性】命令，弹出【工程视图属性】对话框，选择【剖面范围】选项卡，在主视图中选中不需要剖切的零件【旋转杆】，如图 9-99 所示。

工程图
注解
图纸1
图纸格式1
工程图视图1
断开的剖视图1
断开的剖视图5
断开的剖视图6

图 9-98　展开的特征树（3）

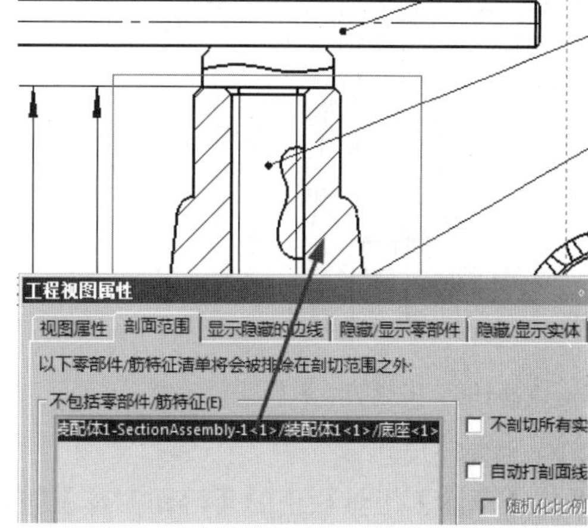

图 9-99　已选中不需要剖切的零件（3）

❻ 单击 确定 按钮，完成主视图的正确剖切，剖好的主视图如图 9-100 所示。

4. 标注尺寸

（1）添加中心线

使用【注解】工具栏中的【中心线】命令，单击视图中要标注的位置，如图 9-101 所示。

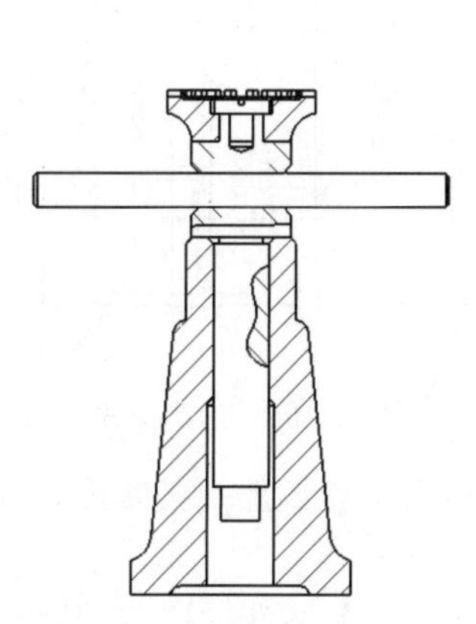

图 9-100　主视图的完整剖切图（3）

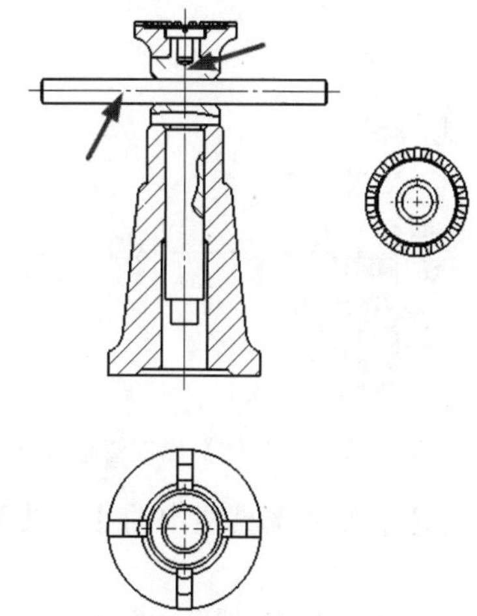

图 9-101　添加中心线

（2）标注一般尺寸

❶ 单击【注解】工具栏中的【智能尺寸】按钮，选择要标注的两条线段，之后会自动弹出尺寸，移动鼠标，更改尺寸的位置，单击以确定位置。单击【确认】按钮后，一般尺寸标注完成，如图 9-102 所示。

❷ 使用同样的方法标注各个视图中的一般尺寸，如图 9-103 所示。

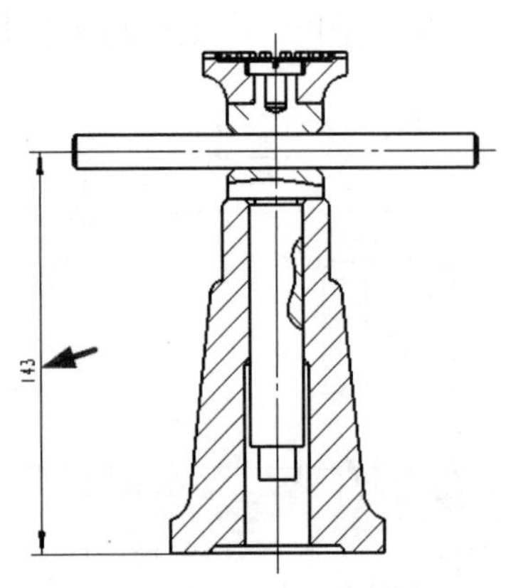

图 9-102　生成的一般尺寸

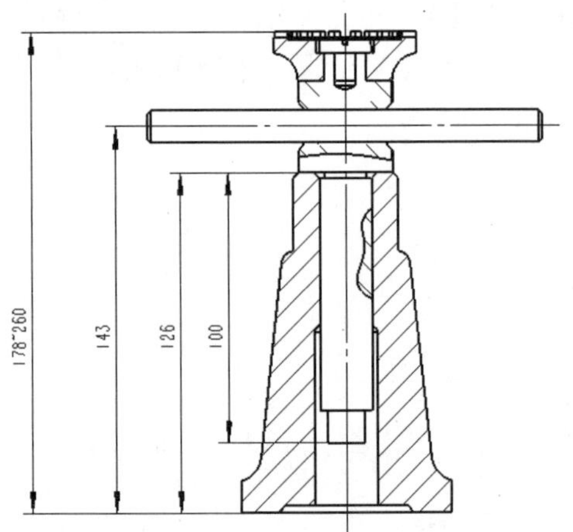

图 9-103　一般尺寸标注

（3）标注直径尺寸

❶ 单击【草图】工具栏中的【等距实体】按钮，弹出【等距实体】属性管理器，在【等距实体】文本框中输入 8.00mm，并且选中【添加尺寸】【选择链】复选框，如图 9-104 所示。

❷ 单击全剖视图上的竖直中心线，弹出两条等距实线，单击【确认】按钮，如图 9-105 所示。

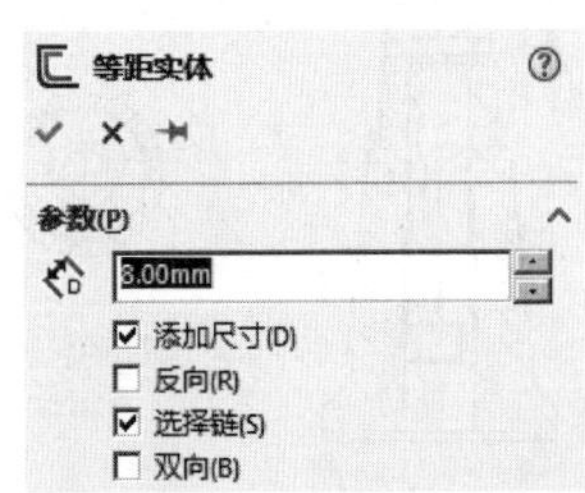

图 9-104　【等距实体】属性管理器

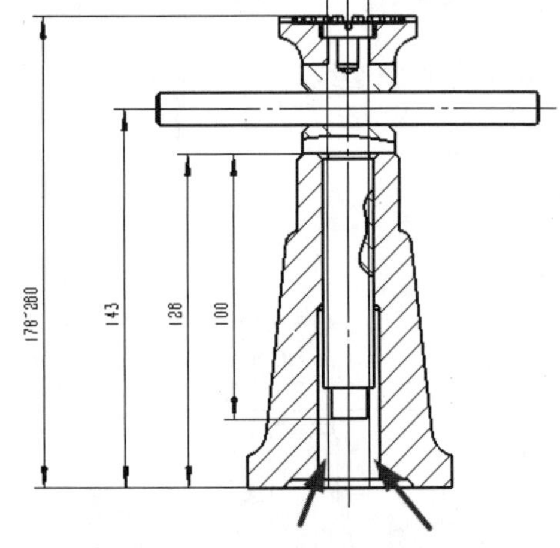

图 9-105　等距实线

❸ 单击【草图】工具栏中的【直线】按钮，在视图中适当位置添加两条实线，如图 9-106 所示。

❹ 单击【草图】工具栏中的【剪裁实体】按钮，弹出【剪裁】属性管理器，选择【剪裁到最近端】，如图 9-107 所示。

❺ 依次单击图中不需要的实线，如图 9-108 所示。

❻ 剪裁完成后，单击【确认】按钮，完成螺纹线的添加，如图 9-109 所示。

❼ 单击【注解】工具栏中的【智能尺寸】按钮，弹出【尺寸】属性管理器。单击选择要标注距离的两条线，即会自动弹出尺寸，移动鼠标，更改尺寸的位置，单击以确定位置，如

图 9-110 所示。

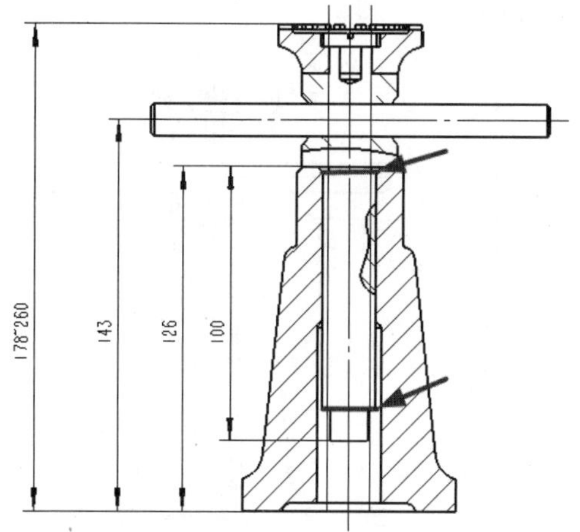

图 9-106 添加两条实线

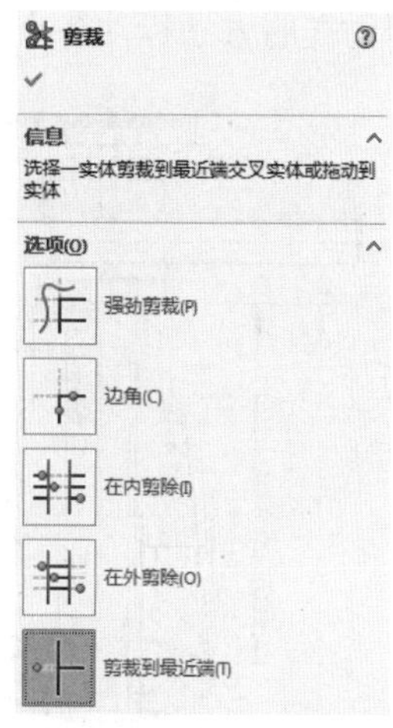

图 9-107 【剪裁】属性管理器

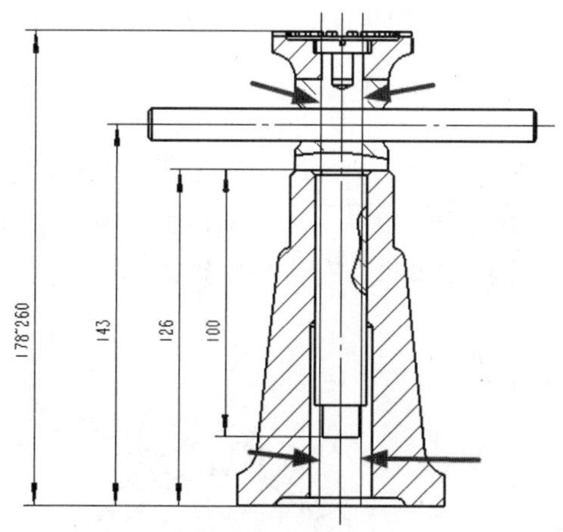

图 9-108 剪裁实线

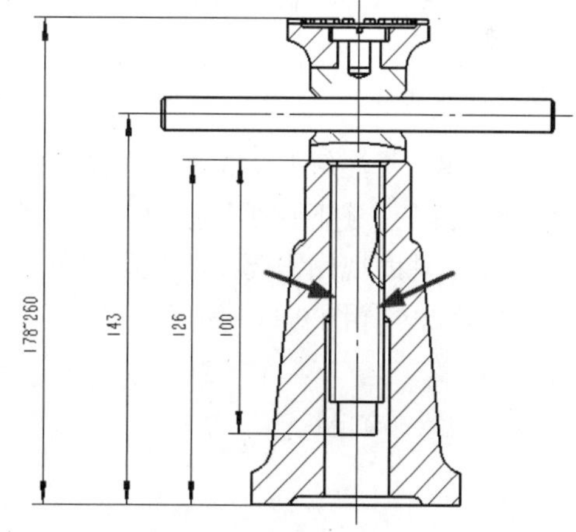

图 9-109 添加的螺旋线

❽ 在【标注尺寸文字】选项组中单击⌀按钮，如图 9-111 所示。

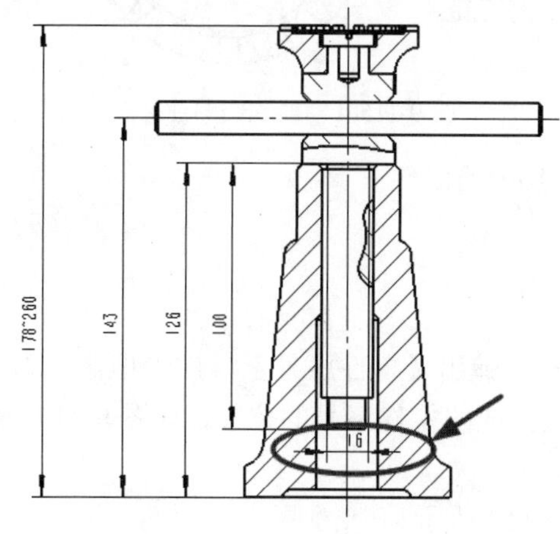

图 9-110 直径尺寸的初步尺寸

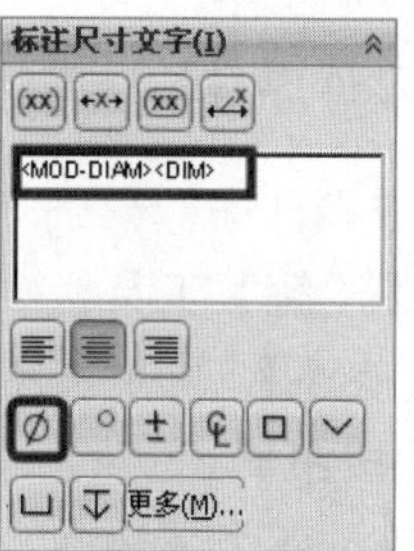

图 9-111 【标注尺寸文字】选项组

❾ 单击【确认】按钮✔，完成直径尺寸的标注，如图 9-112 所示。

❿ 使用同样的方法标注各个视图中的直径尺寸，如图 9-113 所示。

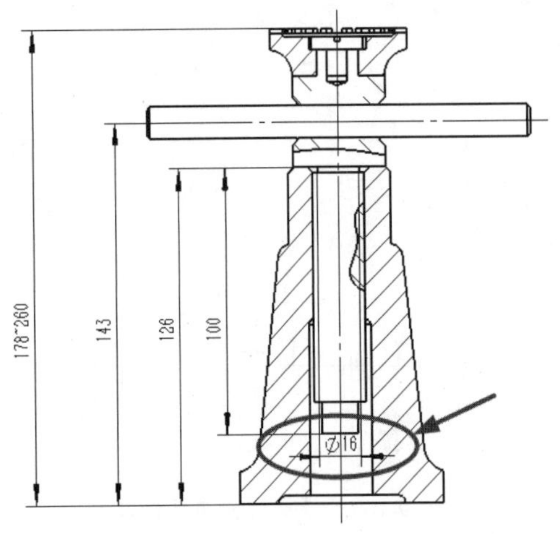

图 9-112　全剖视图的直径尺寸

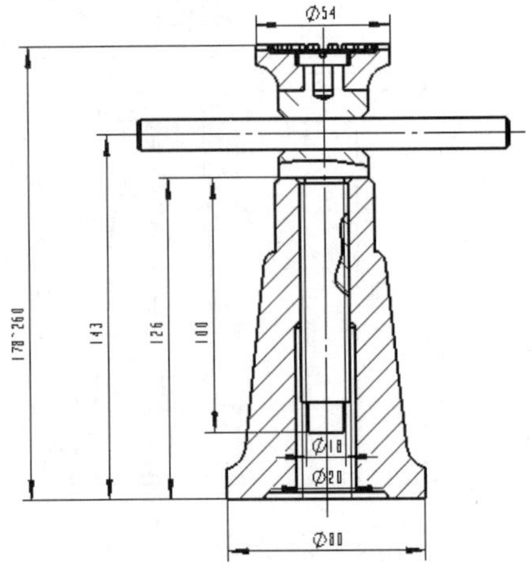

图 9-113　直径尺寸标注

5. 添加注释

（1）单击【注解】工具栏中的【注释】按钮A，在【引线】选项组中单击【自动引线】、【引线最近】、【下画线】按钮，在【箭头样式】中选择选项，如图 9-114 所示。

（2）在辅助视图需要注释的位置单击，弹出输入注释文本框，在方框中输入 24 槽，再在图纸空白处单击，如图 9-115 所示。

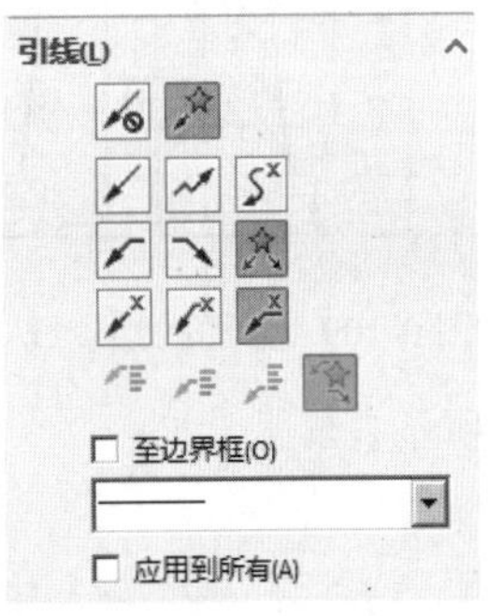

图 9-114　【引线】选项组

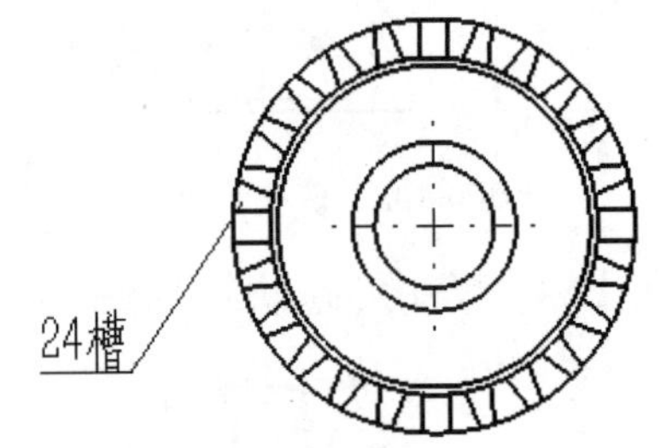

图 9-115　辅助视图的注释

（3）使用同样的方法，添加其他注释，如图 9-116 所示。

6. 生成零件序号和材料明细表

（1）生成零件序号

❶ 单击【注解】工具栏中的【零件序号】按钮，弹出【零件序号】属性管理器，单击全剖视图中的【底座】，再单击图纸的空白位置，以确定生成的零件序号的位置，如图 9-117 所示，单击【确认】按钮✔。

❷ 依次单击各个零件标注各个零件序号，如图 9-118 所示。

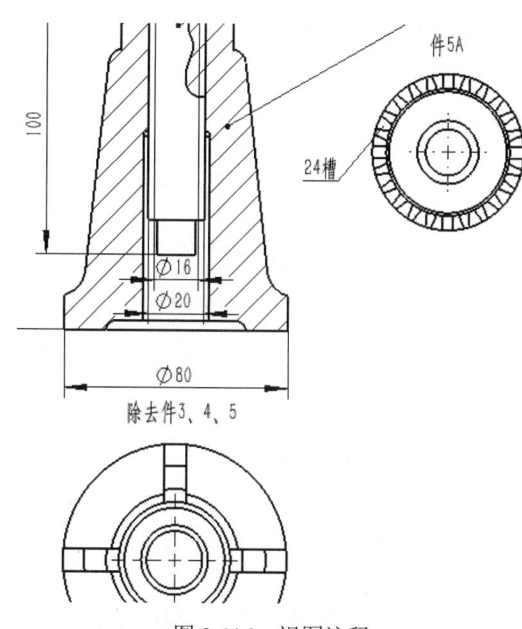

图 9-116 视图注释

图 9-117 标注底座的零件序号

❸ 单击选中旋转杆的零件序号，在【零件序号文字】中选择【文本】选项，并在文本框中输入 3，如图 9-119 所示。

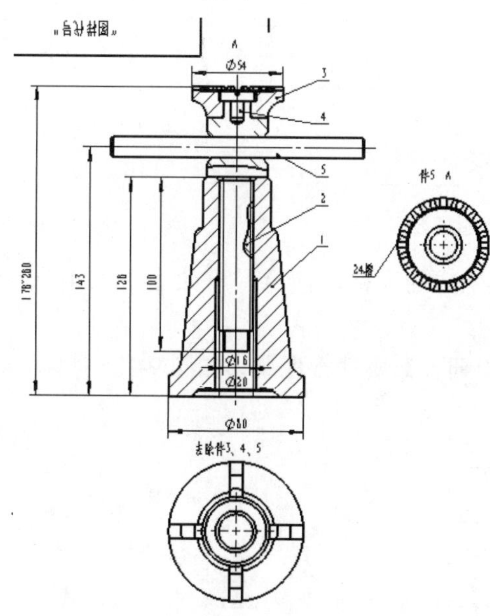

图 9-118 初步零件序号

图 9-119 已经修改的【零件序号设定】选项组

❹ 单击【确认】按钮✓，完成此零件序号的修改，使用同样的方法依次修改其他零件序号，如图 9-120 所示。

（2）生成材料明细表

❶ 单击【注解】工具栏中的【表格】按钮，弹出下拉菜单，如图 9-121 所示，选择【材料明细表】菜单命令。

❷ 单击全剖视图，弹出【材料明细表】属性管理器，如图 9-122 所示。

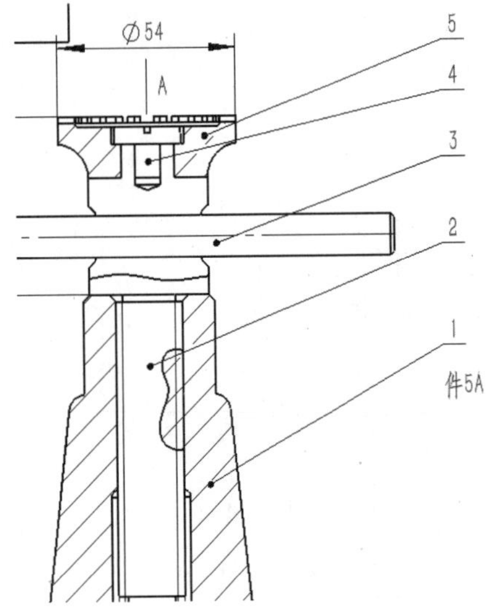

图 9-120　零件序号标注

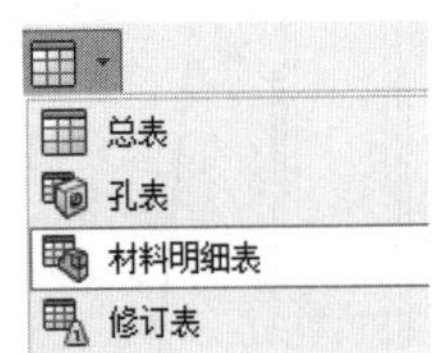

图 9-121　材料明细表

图 9-122　【材料明细表】属性管理器（1）

❸ 选中【附加到定位点】复选框，单击✓按钮继续。生成表，如图 9-123 所示。

项目号	零件号	说明	数量
1	底座		1
2	承重螺杆		1
3	顶盖		1
4	螺钉		1
5	旋转杆		1

图 9-123　初步材料明细表

❹ 生成的表在图纸外，需要稍加改动，单击刚生成的表格，便可弹出如图 9-124 所示的边框。

❺ 单击图中表格左上方的✥图标，弹出【材料明细表】属性管理器，如图 9-125 所示。

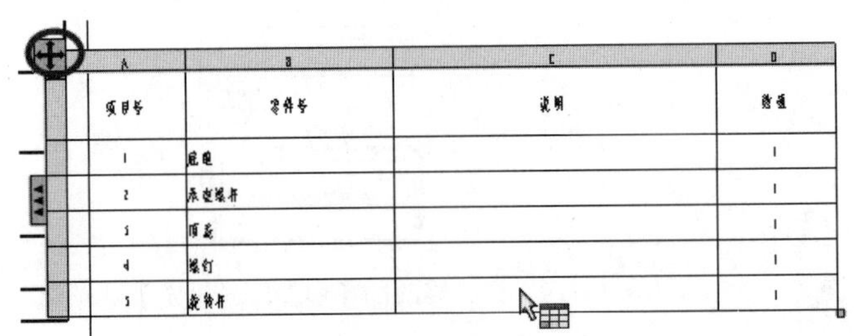

图 9-124　边框

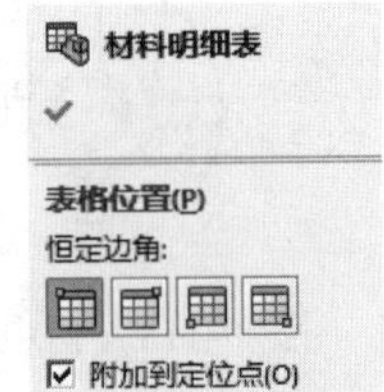

图 9-125　【材料明细表】属性管理器（2）

❻ 单击【表格位置】|【恒定边角】的【右下点】按钮▦。单击✓按钮继续，生成的表格即可和图纸外边框对齐，如图 9-126 所示。

❼ 将鼠标移动到此表格任意位置单击，弹出表格工具，如图 9-127 所示。

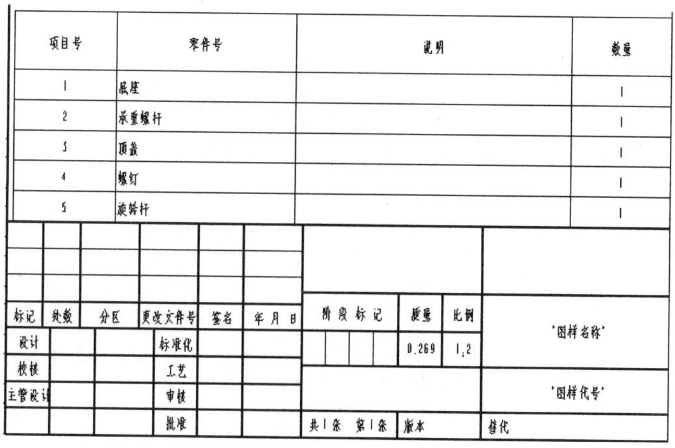

项目号	零件号	说明	数量
1	底座		1
2	承重螺杆		1
3	顶盖		1
4	螺钉		1
5	旋转杆		1

图 9-126 和外边框对齐的材料明细表

图 9-127 表格工具

❽ 单击【表格标题在上】按钮，便可弹出如图 9-128 所示表格，符合国标的排序。

❾ 右击要更改列，在弹出的快捷菜单中选择【格式化】|【列宽】菜单命令，如图 9-129 所示。在弹出的【列宽】对话框中输入 45mm，如图 9-130 所示。

5	旋转杆		1
4	螺钉		1
3	顶盖		1
2	承重螺杆		1
1	底座		1
项目号	零件号	说明	数量

图 9-128 排序后的表格

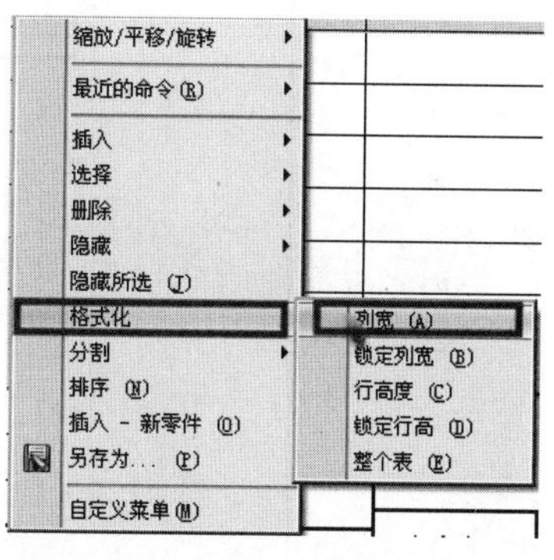

图 9-129 快捷菜单

❿ 在后面的 3 个列中都执行此操作，修改后的表格如图 9-131 所示。

列宽

列宽(C) 45mm

确定 取消

图 9-130 输入数值

5	旋转杆		1
4	螺钉		1
3	顶盖		1
2	承重螺杆		1
1	底座		1
项目号	零件号	说明	数量

标记 处数 分区 更改文件号 签名 年 月 日 阶 段 标 记 质量 比例 "图样名称"

设计 标准化 0.269 1:2

校核 工艺

主管设计 审核 "图样代号"

批准 共1张 第1张 版本 替代

图 9-131 修改列宽后的表格

7. 编辑图纸格式

（1）在图纸中右击，在弹出的快捷菜单中选择【编辑图纸格式】菜单命令，使用注释功能添加工程图标题【千斤顶】，将标题文字格式改为如图 9-132 所示，单击【确认】按钮✔后，生成标题如图 9-133 所示。

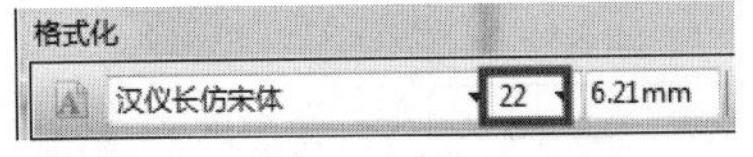

图 9-132 修改标题文字格式

图 9-133 生成标题

（2）在图纸上右击，在弹出的快捷菜单中选择【编辑图纸】菜单命令，此时，工程图已经绘制完毕，如图 9-134 所示。

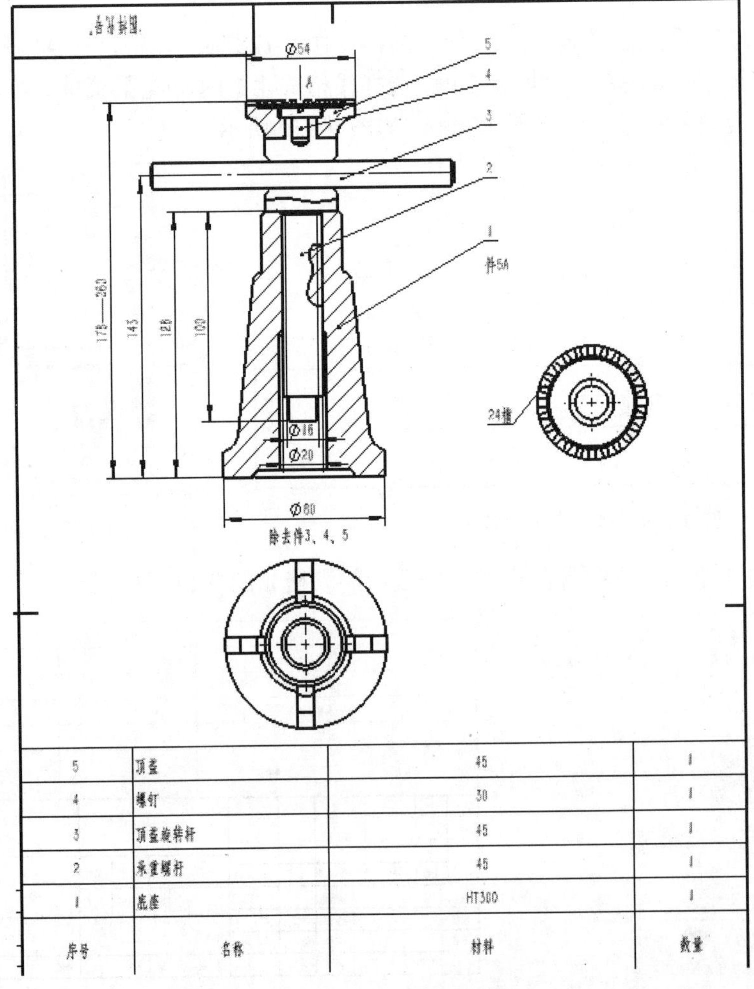

5	顶盖	45	1
4	螺钉	30	1
3	顶盖旋转杆	45	1
2	承重螺杆	45	1
1	底座	HT300	1
序号	名称	材料	数量

图 9-134 绘制完的工程图